中职中专教育部示范专业项目式规划教材·计算机类

# 3ds Max 动画设计案例教程


刘 斯 主编

赵 泉 刘子攀 副主编

薛福顺 邵 恒 主审



科学出版社

北 京

## 内 容 简 介

本书贯彻“案例教学和项目教学”的思想，采用“任务驱动”的教学方式，由浅入深、循序渐进地介绍了三维设计软件3ds Max 9的使用方法和操作技巧。本书共分10章，主要内容包括精彩的3ds Max世界、基础建模、高级建模、材质与贴图、灯光与摄影机、基础动画、粒子系统和空间扭曲、角色动画、环境与渲染以及职业项目实训等。本书范例丰富、典型，操作步骤详细，图文并茂，通俗易懂，软件功能与所列举的实例紧密结合，便于提高和拓展读者对3ds Max基本功能的掌握与应用。

本书适合作为中等职业学校“三维制作”课程的教学用书，也可作为工业产品外观设计、室内外装潢的多媒体制作、影视广告及动漫等商业设计人员的参考用书，还可作为各类计算机培训学校开办3ds Max三维设计初、中级培训班的首选教材。

**图书在版编目（CIP）数据**

3ds Max动画设计案例教程/刘斯主编. —北京：科学出版社，2010
（中职中专教育部示范专业项目式规划教材・计算机类）
ISBN 978-7-03-026245-5

Ⅰ.3… Ⅱ.刘… Ⅲ.三维-动画-图形软件，3ds Max-教材 Ⅳ.TP391.41

中国版本图书馆CIP数据核字（2009）第232518号

责任编辑：陈砺川 唐洪昌 / 责任校对：耿 耘
责任印制：吕春珉 / 封面设计：胡文航 周铁虎

科学出版社 出版
北京东黄城根北街16号
邮政编码：100717
http://www.sciencep.com
双青印刷厂 印刷

科学出版社发行 各地新华书店经销
*
2010年1月第 一 版 开本：787×1092 1/16
2010年1月第一次印刷 印张：24
印数：1—3 000 字数：554 000

**定价：39.00元（含光盘）**

（如有印装质量问题，我社负责调换〈环伟〉）
销售部电话 010-62134988 编辑部电话 010-62138978-8020

## 中职中专教育部示范专业项目式规划教材·计算机类

# 前　言

3ds Max是美国Autodesk公司的子公司——Discreet公司推出的基于Windows操作平台的一个应用软件包，是当今运行在PC上的最畅销的三维动画和建模软件，已经广泛应用于电脑游戏、电视广告、电影制作、机械制造、军事技术、科学研究、建筑艺术等各个领域，为使用者提供了强有力的开发工具。它具有极为精彩的图形输出质量和快速的运算速度，任意的动画表现和广泛的特殊效果，还包括丰富而友善的开发环境，具备独特直观的建模和动画设计功能以及高速的图像生成能力。

本书遵循初学者的求知规律，以3ds Max 9为蓝本，由浅入深、循序渐进地介绍了中文版3ds Max的操作方法和动画制作技巧。本书内容翔实，叙述通俗易懂，具有很强的实用性和可操作性。除此之外，本书在内容安排和版式结构上还具有以下特点。

① 内容设计精心。本教材的编写力求体现当前的教学改革精神，始终贯彻“案例教学和项目教学”的思想，各章节的实例应用“任务驱动”的编写手法，依循“任务目的—相关知识—任务分析—任务实施”的线索讲授操作技能，具有很强的针对性、实用性和可操作性，尤其对于高级建模、角色动画等关键章节的编写更是独具匠心。在实例设计上也是环环相扣，采用梯度式教学法，由易到难，有利于学生在短期内掌握整套学习模式。

② 结构清晰。为了适合初学者的求知特点，本书在版式结构上做了认真的规划。在每一章开始部分都明确指出了本章的学习目标，有助于学生抓住重点，清楚自己的学习计划。内容叙述部分将知识点贯穿于实例中讲解。在每个章节的结束部分又都配有本章要点环节，为读者做好知识点的总结，以帮助学生巩固所学的内容，达到举一反三的效果。各章内容的总体结构切实做到了适应职校学生的学习规律。

③ 实例丰富。本书中的所有实例均由从业多年的优秀专业教师精心挑选，每一个实例都具有很强的实战性。书中所涉及的每个知识点的讲解均有实例贯穿其中，将3ds Max的各项操作方法充分融合到实例中。同时通过每章中的“能力提升”实例来强化学生对各知识点的深入理解。

④ 采用图解方式。教材编写方便学生的自学，在行文过程中，每一个操作步骤后均附上对应的操作截屏图，便于学生直观、清晰地看到操作效果，牢牢记住操作的各个细节。实例中配有一定数量的“提示”内容，列出了一些学生应该特别注意的内容或知识点，以供学生参考，十分便于教师施教和学生自学。

⑤ 注重实际能力。本书从职业学校学生的实际出发，注重培养学生的实践动手能力和创新能力。在最后一章“职业项目实训”中含有仿真场景制作、影视片头效果设计等，实例新颖典型。通过这种综合实战来扩大学生视野，树立学生的创新精神，培养学生独立解决问题的能力与创业能力，全面提高学生的职业素养。

为了方便学习，本书配有光盘，收录了每个章节的所有实例的源文件、最终效果文件以及相关的素材。

本书由刘斯任主编，赵泉、刘子攀任副主编。第1章及第7章由刘斯编写，第2章由许碧

玉编写，第 3 章及第 10 章由赵泉编写，第 4 章由谭祥芝编写，第 5 章及第 6 章由谷林玉编写，第 8 章及第 9 章由刘子攀编写。各章节所举实例多为编著者独立创意，自行设计，经过试用后收到了较好的教学效果。这里，特别感谢薛福顺、邵恒两位教授的审稿。

由于编者水平有限，本书难免在内容选材和叙述上有不当之处，欢迎广大读者批评指正。有关意见和建议请发邮件至电子邮箱：liusi_xm@163.com。

编　者

2009 年 12 月

# 目 录

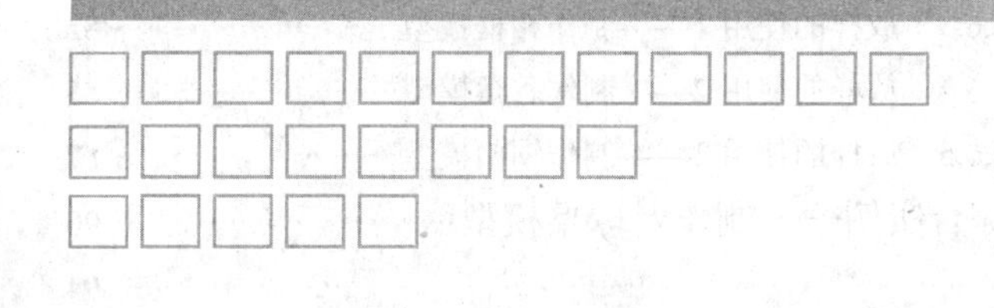

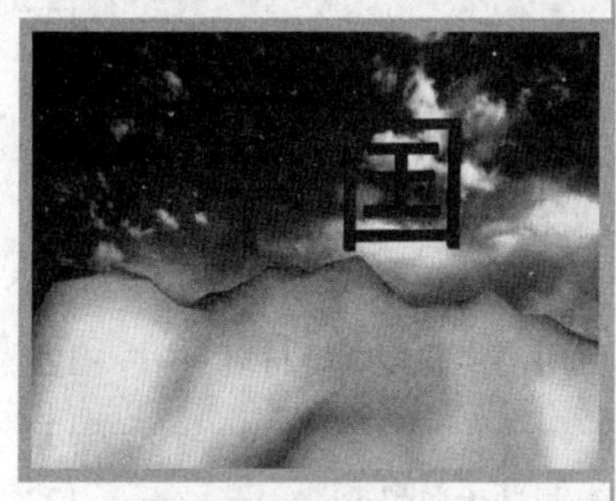

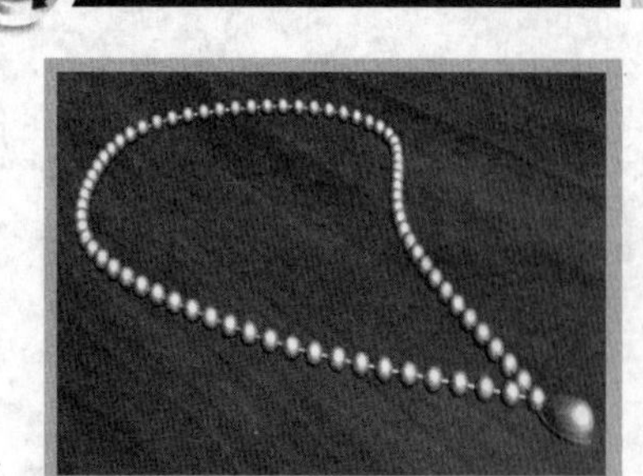

# 第 1 章

# 精彩的 3ds Max 世界

3ds Max 是一个基于 Windows 操作平台的优秀的三维动画制作软件，从 1996 年正式面世以来已经荣获了近百项行业大奖，获得了业内人士的诸多好评，成为 Windows 环境下三维设计师的首选开发工具。该软件主要应用于室内外建筑设计、影视广告、工业设计、电脑游戏等领域。本章将全面介绍 3ds Max 9 的发展历程、应用、工作界面和基本操作，并介绍其基本的工作流程。

**学习目标**

- 了解3ds Max的发展历程。
- 了解3ds Max的应用领域。
- 了解3ds Max的工作界面。
- 了解3ds Max的基本操作。
- 了解3ds Max的基本工作流程。

# 1.1 3ds Max 简介

3ds Max 是当今世界销售量最大的三维建模、动画与渲染解决方案的软件。用户可以使用 3ds Max 在自己的个人计算机上快速创建专业品质的三维模型、照片级真实的静止图像以及电影品质的动画产品。

## 1.1.1 3ds Max 的发展历程

3ds Max 有着悠久的发展历史。最早出现的该类软件是 1992 年的 3D Studio。3D Studio 当时在 PC 上独领风骚，一直发展到 4.0 版。随着 Windows 的普及，3D Studio 开发者重新编写了代码，在 1996 年 4 月，基于 Windows 95 和 NT 平台的 3D Studio Max 1.0 诞生了。这与其说是 3D Studio 版本的升级换代，倒不如说是一个全新软件的诞生，它只保留了一些 3D Studio 的影子，而加入了全新的历史堆栈功能。一年后，开发者又一次改写代码，推出了 3D Studio Max 2.0。这个版本在原有的基础上进行了上千处的改进，加入了 Raytrace 光线跟踪材质、NURBS 曲面建模等先进功能。此后，该软件的 2.5 版又对 2.0 版做了近五百处的改进，使得 3D Studio Max 2.5 成为了十分稳定和流行的一个版本。在随后的几年里，3D Studio Max 先后升级到了 3.0、3.1、4.0、4.2 版本。3D Studio 原本是 Autodesk 公司的产品，到了 3D Studio Max 时代，它成为了 Autodesk 的子公司 Kinetix 的专属产品。到了 4.0 版本，其所属公司又发生了变化，由原来的 Kinetix 公司变为了现在的 Discreet 公司，3D Studio Max 的名称也精简为 3ds Max。Discreet 公司是著名的后期合成软件开发商，这使得 3ds Max 开始与合成软件结合，尤其与 Combustion 合成软件建立了紧密的关系。

在 3ds Max 的整个发展过程中，该软件在不断吸收一些好的插件加入到自身的功能中。例如，其在 2.0 版中引入了光线跟踪材质、FFD 变形修改；3.0 版引入了 Surface Tools 面片建模、Morpher 变形动画工具；4.0 版引入了 Reactor 动力学；5.0 版引入了 Flatten 贴图修改、Lightscape 光能传递渲染器等。2003 年 10 月 3ds Max 6 在我国正式发布；2004 年 11 月 3ds Max 7 在我国正式发布，这个版本的发布预示着 3ds Max 又朝着更高的目标前进了。此次的升级主要是针对建筑设计、游戏领域与电影特效领域，其为用户带来了可定制的高效的工作流程。3ds Max 7 增强了多边形设计等细节，并且 Discreet 公司将其获奖的最高级人物动作工具套件 character studio 集成于 3ds Max 7 的核心工具套件之中。其与 Mental ray 的完美结合，将 3ds Max 的渲染真正地提高到了电影级别，为 3ds Max 进行电影制作铺平了道路。

2006 年 7 月 31 日，Autodesk 公司在美国波士顿的 SIGGRAPH2006 盛会上宣布 3ds Max 9 正式发布。这个版本的发布预示着 3ds Max 达到了更高的境界，其市场定位也更加明确。

3ds Max 的未来是美好的，其原始的开发商 Autodesk 公司是软件业的巨人，Discreet 公司则处于 SGI 后期合成软件的主导地位，其发展潜力非常巨大。

## 1.1.2 3ds Max 的应用领域

3ds Max 的应用领域十分广泛，比如普通设计领域的建筑装潢、工业设计，娱乐领域的影视动画、电影特技、游戏制作、多媒体设计、网页动画设计，军事领域的实战模拟，医学领域的人造器官设计、医学手术模拟，等等。在国内，3ds Max 主要应用在建筑装潢、工业设计、游戏制作和影视动画制作等方面。

1. 建筑装潢

建筑装潢设计可以分为室内装潢和室外建筑装潢两个部分，建筑装潢设计是目前国内相当庞大并极具发展潜力的工业领域。在进行建筑施工与装潢设计之前，可以先通过 3ds Max 进行真实场景的模拟，渲染出多角度的效果图，以观察装潢后的各种效果。也可在未动工之前制作出工程竣工后的效果展示图。如果效果不理想，则可在施工前改变方案，从而可以节约大量的时间和资金。如图 1.1 所示为室内效果图实例，如图 1.2 所示为室外效果图实例。

图 1.1　室内效果图

图 1.2　室外效果图

2. 工业设计

随着社会的发展、各种生活需求的扩张以及人们对产品精密度和视觉效果诉求的提升，工业设计已逐步成为一个成熟的应用领域。随着 3ds Max 软件在建模工具、格式兼容、渲染效果与性能方面的不断提升，3ds Max 在工业设计领域中已经成为产品造型设计的最为有效的技术之一。在新产品的开发中，可以利用 3ds Max 进行 CAD 计算机辅助设计，在产品批量生产之前以模拟产品的实际情况。3ds Max 日益强大的功能无疑可以出色地承担工业设计可视化的任务。如图 1.3 所示为工业产品设计实例。

3. 广告片头及栏目包装

应用三维和后期特效软件参与制作，以求取得更加绚丽多彩的效果，是当今影视广告领域的一大趋势。目前，由于 3ds Max 自身的强大功能和众多特效插件的支持，在制作金属、玻璃、文字、光线、粒子等电视包装常用效果方面得心应手，同时也和许多常用的后期软件都有良好的文件接口，所以它们之间具有良好的交互性。这些优势使得 3ds Max 在国内的片头广告及栏目包装领域中占据着很大的市场份额。如图 1.4 所示为影视广告片头设计实例。

4. 影视动画

在电影中，电脑特效已逐渐成为吸引观众目光的法宝。利用三维软件不但可以制作出现实中不存在的物体和景观，而且可以节约大量的制作成本。3ds Max 拥有完善的建模、纹理制作、

动画制作、渲染等功能，能够帮助创作人员轻松地制作出各类精彩的影视动画作品，并通过与常用后期软件的良好结合，使得整个制作流程更加畅通，这些都奠定了3ds Max在当今影视广告制作领域的地位。随着数字技术在当今影视领域的深入应用，越来越多的数字制作公司更注重开拓全三维动画电影这一庞大的市场。如图1.5所示为动画片场景实例。

图1.3　工业产品设计

图1.4　影视广告片头设计

5. 游戏制作

3ds Max软件在全球电子游戏市场扮演领导角色已经多年，它是全球最具生产力的动画制作系统，广泛应用于游戏资源的创建和编辑任务。3ds Max与游戏引擎的出色结合能力，极大地满足了游戏开发商们的众多要求，使得设计师们可以充分发挥自己的创造潜能，其细腻的画面、宏伟的场景和逼真的造型，都使得游戏的观赏性和真实性大大增加，从而也使3D游戏的玩家愈来愈多，相应地也导致3D游戏的市场不断壮大。在3ds Max 9中，游戏制作功能进一步得到了增强和完善。如图1.6所示为三维游戏场景实例。

图1.5　动画片场景

图1.6　三维游戏场景

6. 其他方面

三维动画在工业制造、医疗卫生、法律（例如事故分析）、娱乐和教育等方面同样得到了一定的应用。例如在国防军事方面，用三维动画来模拟火箭的发射、进行飞行模拟训练等非常直观有效，可节省大量的资金。在医学方面，可以将细微的手术过程演示到大屏幕上，进行观察学习，从而极大地方便了学术交流和教学演示。

## 1.2 3ds Max的工作环境

### 1.2.1 3ds Max的工作界面

当用户在计算机上安装了3ds Max 9软件后，在桌面上就可看到3ds Max 9的启动图标，双击该图标就可打开它的工作界面，如图1.7所示。

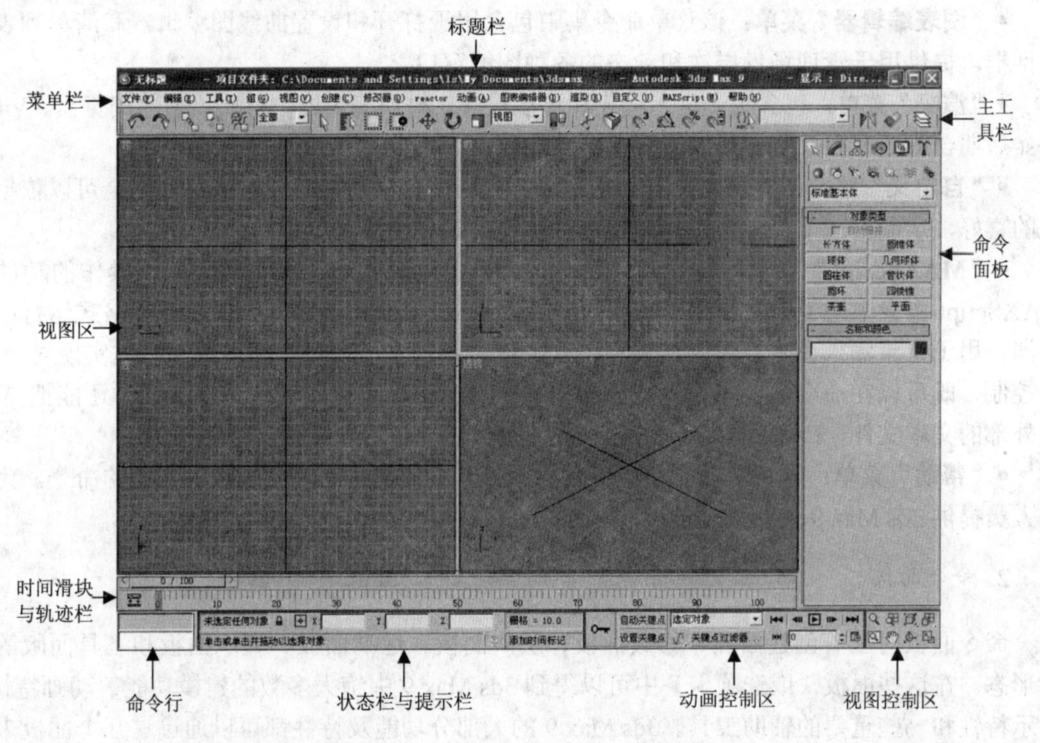


图1.7 3ds Max 9中文版的工作界面

3ds Max 9的工作界面包含了标题栏、菜单栏、主工具栏、视图区、时间滑块和轨迹栏、状态栏与提示栏、动画和视图控制区以及命令面板等区域。了解工作界面中各命令选项和工具按钮的摆放位置，对于在3ds Max 9中高效地进行编辑与创作是很有帮助的。下面具体介绍3ds Max 9用户界面的主要组成部分。

1. 菜单栏

- **"文件"菜单**：用于对3ds Max 9的场景文件进行创建、保存、导入和导出等操作。通过该菜单中的"导入"命令还可以实现在各个场景文件之间进行模型的相互调用。
- **"编辑"菜单**：用于选择对象，并且可以对选择的对象进行复制和删除等操作。
- **"工具"菜单**：提供三维造型中常用的操作命令，如精确的几何变换、镜像、阵列以及材质的指定和编辑等。它的许多命令在主工具条中有相应的按钮，便于更加快捷地进行操作。
- **"组"菜单**：该菜单中的"成组"命令用来将场景中的对象组合为一个组集，这样不仅便于记忆，而且也便于对该组进行移动和旋转等几何变换。当使用"解组"命令对组体分离时，又可以恢复为原来各个分离的对象。

- **“视图”菜单：**用于执行与视图操作有关的命令，例如保存激活的视图、设置视图背景图像、更新背景图像和重画所有的视图等。
- **“创建”菜单：**包含 3ds Max 9 所有可以创建的对象命令。这些对象包括基本几何体和扩展几何体、各种图形、灯光、摄影机和粒子对象等。
- **“修改器”菜单：**该菜单命令集中包含用于为所创建的几何体实施各种变形的命令等。
- **“reactor”菜单：**包含力学反馈对象及创建力学反馈动画的工具。
- **“动画”菜单：**包含所有的动画和约束场景对象的工具。
- **“图表编辑器”菜单：**该菜单命令集中包含用于打开和设置曲线图编辑器和清单列表等对话框，提供用于管理场景层次和动态的各种图解窗口。
- **“渲染”菜单：**包含用于进入渲染和环境设置、材质编辑器、材质 / 贴图浏览器、Video Post 后期合成处理和 RAM 播放器等多个功能项。
- **“自定义”菜单：**提供允许自己定制用户界面的各项功能。通过该菜单完全可以依据个人的喜好，定制出一个包含个性化的菜单栏、工具条和快捷菜单等用户界面层。
- **“MAXScript”菜单：**提供在 3ds Max 9 中运用脚本语言实现 Max 操作的功能。MAXScript 由一个用于创建和编辑脚本的编辑器组成，里面还包含一个以命令行格式运行的听写器，用于记录输入命令、返回结果和错误。使用该脚本语言可以通过编写脚本实现对 Max 的控制，既可以在命令面板中设置按钮和文本框，也可以设置浮动对话框，同时还能把 Max 与外部的文本文件、Excel 的电子表格等连接起来。
- **“帮助”菜单：**该菜单命令集中包含用于打开 3ds Max 9 中文版联机帮助的命令，为设计人员提供 3ds Max 9 的帮助功能。

### 2. 命令面板

命令面板对应着创建面板、修改面板、层次面板、运动面板、显示面板和工具面版等 6 种形态。在这些面板（或选项卡）中可以得到 3ds Max 9 中绝大多数的建模功能、动画特性、显示特性和一些重要的辅助工具。3ds Max 9 的大部分功能及特性都可以通过这几个面板来实现，各个命令面板的功能如下。

（1）“创建”面板

“创建”面板主要用于创建各种模型，也就是 3ds Max 9 中所有的对象类型，包括几何体、图形、灯光、摄影机、辅助对象、空间扭曲和系统共 7 种创建对象，如图 1.8 所示。

在“创建”面板中单击其中任意一个按钮，就会打开相应的子面板，可以进行相应的参数设置。在这里以“几何体”为例进行简单介绍。

通过单击“几何体”按钮，在弹出的子面板中可以进行不同的创建操作，生成各种三维几何体，如长方体、球体和圆柱体等，如图 1.9 所示。

继续单击其他按钮，就会出现这些命令的相应控制命令。命令按种类不同划分为各个项目面板，并且每个项目面板的顶部都有其项目名称。

在“创建”面板的子类别下拉列表框中，还包含了其他的建模功能，其中的门、窗和楼梯等主要用于建筑领域，如图 1.10 所示。

子类别下拉列表框中各选项的功能如下所述。

- **“标准基本体”：**主要用于创建长方体、球体、圆柱体和锥体等。
- **“扩展基本体”：**主要用于创建一些比较复杂的几何体，如多面体、圆环和倒角立方体等。

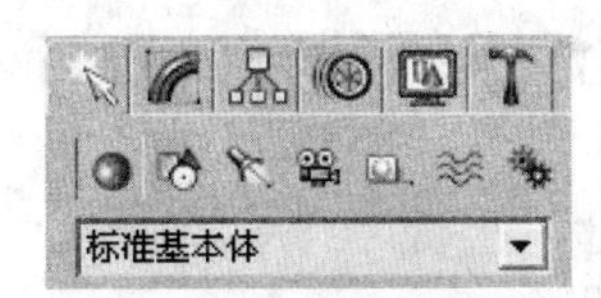


图 1.8 “创建”面板

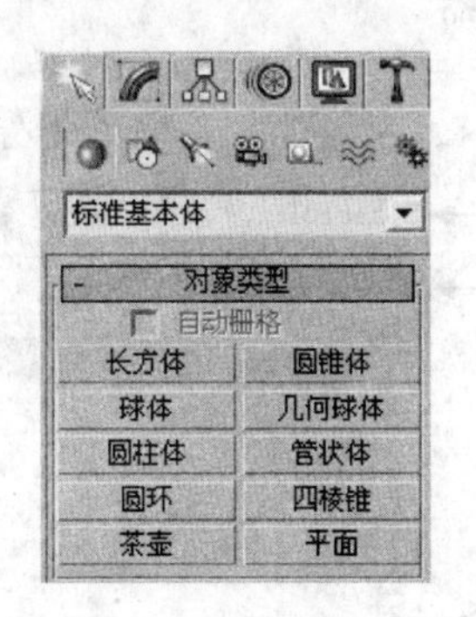


图 1.9 “几何体”子面板

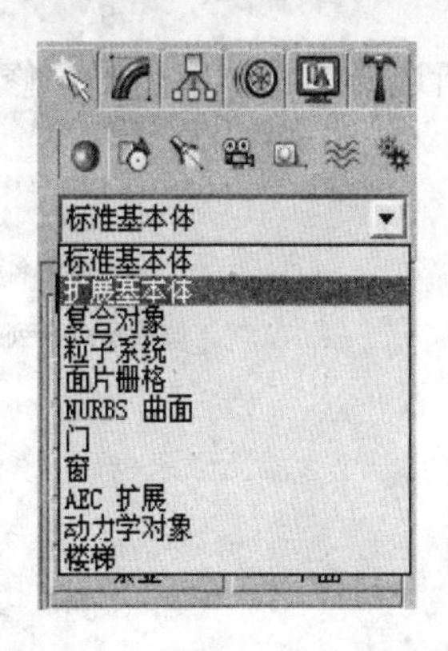


图 1.10 子类别下拉列表框

- **“复合对象”**：主要用于将几个现有的对象合并成新的对象。
- **“粒子系统”**：主要用于创建雪花、暴风雪和粒子等效果。
- **“面片栅格”**：用于弥补传统网格建模技术的不足，同时又是面片建模的一种方法。
- **“NURBS 曲面”**：用于创建各种复杂的曲面。
- **“门”**：用于创建枢轴门、推拉门和折叠门等各种类型的门。
- **“窗”**：主要用于创建遮篷式窗、平开窗、固定窗、旋开窗、伸出式窗和推拉窗等各种类型的建筑窗户。
- **“AEC 扩展”**：主要用于创建植物、墙和栏杆等物体。
- **“动力学对象”**：主要用于创建弹簧和阻尼器等动力学对象。
- **“楼梯”**：用于创建 L 形、U 形、直线形和螺旋形楼梯。

“图形”子面板、“灯光”子面板、“摄影机”子面板、“辅助对象”子面板、“空间扭曲”子面板、“系统”子面板与“几何体”子面板的用法基本相同，在此就不再具体介绍了。

**提 示**

❖在子面板的下拉列表框中选择不同的选项，【对象类型】的卷展栏中将显示不同的按钮，单击某一按钮时，在卷展栏的下方就会出现相应的设置选项，设置好后即可创建对应的物体。

（2）“修改”面板

在“修改”面板中不仅可以查看而且可以修改对象的创建几何参数，如果发现不符合要求，这时并不需要回到“创建”面板去进行重建，只需在修改器堆栈中单击物体名称下面的【参数】卷展栏，就可以对物体的各个参数进行相应的修改。也不用担心物体被修改后无法恢复，因为所有的修改操作都会被记录在修改器堆栈中以方便再次修改。在“修改”面板中包含物体名称、物体颜色、修改器命令列表、修改器堆栈以及【参数】卷展栏等，如图 1.11 所示。各部分功能叙述如下。

- **“物体名称”**：在此文本框中显示选择物体的名称，同时，也可以修改物体的名称。
- **“物体颜色”**：单击颜色框将弹出一个颜色选择对话框，使用该对话框可以设置所选物体的颜色。
- **“修改器命令列表”**：单击右边的下拉箭头就会打开一个修改器菜单，选择一种修改器

后就为所选择的物体应用了该修改器。

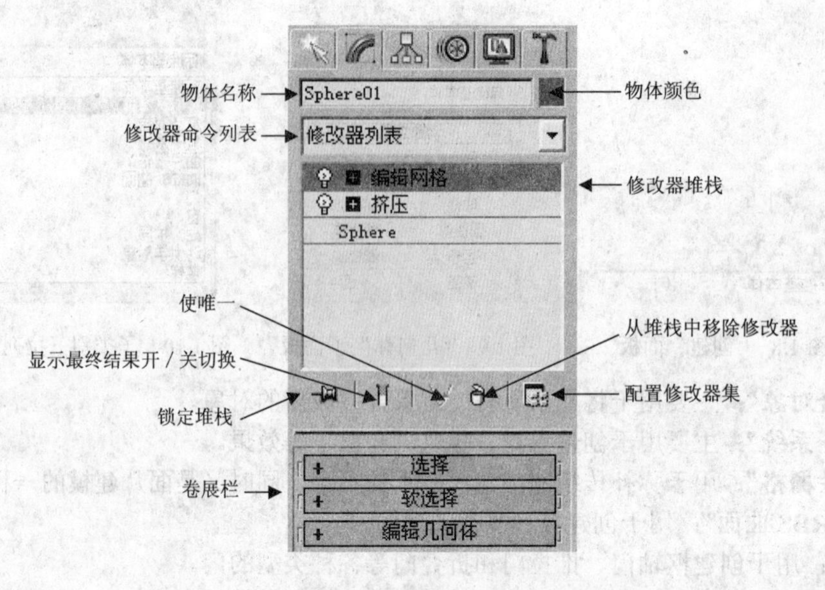


图 1.11 “修改”面板

- **“修改器堆栈”**：在这里记录的是所有添加的修改器信息，并按先后顺序组成一个列表，最先添加的修改器在底层，最后添加的则在最上面。
- **“锁定堆栈”**：在视图中选择一个物体后，单击该按钮，它会改变形状，此时修改器堆栈就会锁定到该物体上。此时，即使在视图中选择了其他物体，在修改器堆栈中也会仅显示锁定物体的修改命令。
- **“显示最终结果开 / 关切换”**：默认处于打开状态，当选择了修改器堆栈中的某一层时，在视图中显示的是当前所在层之前的修改结果，若按下该切换按钮则可以观察到修改该层参数后的最终结果。
- **“使唯一”**：当选择一组物体并添加相同的修改器之后，如果选择其中的一个物体，那么该按钮才有效。此时，如果改变修改器中的参数，将会同时对该组中的所有物体产生影响。
- **“从堆栈中移除修改器”**：如果选择修改器堆栈中的一个修改器名称，然后单击该按钮，就会把该修改器从堆栈中删除掉。
- **“配置修改器集”**：单击该按钮后，如果选择下拉菜单命令，则可以让面板显示修改器的按钮，并可以把这些按钮组成一个显示集合，或者让这些按钮按类别显示。

**提　示**

❖在每个卷展栏的标题左侧有一个“+”或“−”。当显示为“+”时，卷展栏处于卷起状态，单击该“+”可以将卷展栏展开，同时“+”变成“−”；当显示为“−”时，卷展栏处于展开状态，单击该“−”可以将卷展栏卷起，只显示标题条，同时“−”变成“+”。

（3）“层次”面板

“层次”面板用来对物体进行连接控制，并可以通过连接控制建立一种层级结构，还可

以对物体进行正向运动、反向运动和双向运动的控制，从而产生生动的动画效果，如图 1.12 所示。有关部分功能叙述如下。

- **“轴”**：用于设置与其他物体连接的中心、反向运动坐标轴心及旋转、缩放依据的中心。
- **“IK”**：即反向动力学的设置，主要是相对于正向运动而言。
- **“链接信息”**：用来控制移动、旋转和缩放时在三个轴上的锁定与继承情况。

（4）“运动”面板

“运动”面板提供了用来调节被选择对象的各项工具。通过在此面板中进行设置，可以为一个物体对相关图像设置动画、控制器，还可以将运动轨迹转换成样条曲线或将样条曲线轨迹转换成运动轨迹，如图 1.13 所示。

（5）“显示”面板

“显示”面板主要用来对场景中的各种对象进行冻结、显示或隐藏。3ds Max 场景中的所有对象，如物体、灯光、图形、摄影机、辅助对象等，其显示或隐藏状态都可以在“显示”面板中进行设置。通过这些设置可以提高操作速度，即加快视图的显示速度，更好地完成场景制作，如图 1.14 所示。

（6）“工具”面板

“工具”面板在用户工作过程中的使用频率最高，主要用于完成一些特殊的操作，很多独立运行的插件和 3ds Max 的脚本程序都安装在这里，如图 1.15 所示。

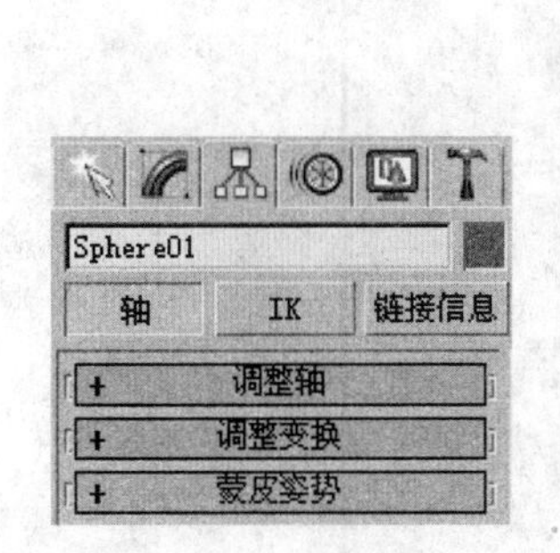


图 1.12 “层次”面板

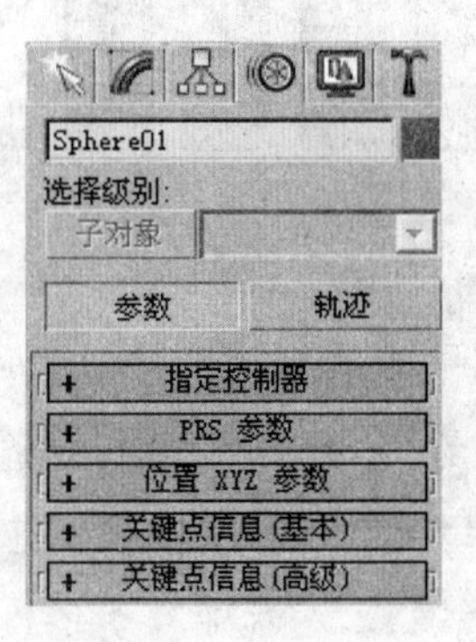


图 1.13 “运动”面板

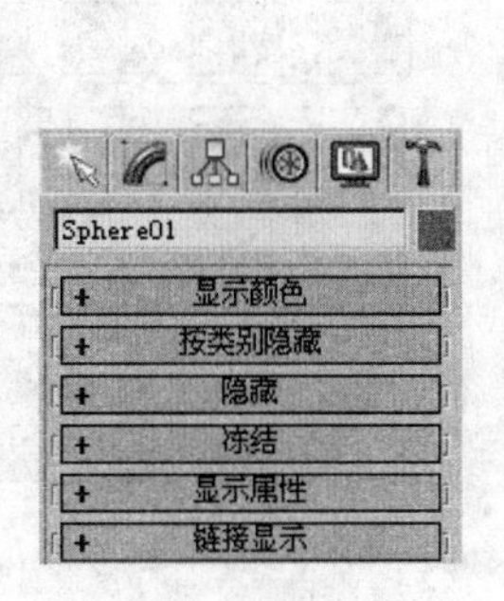


图 1.14 “显示”面板

图 1.15 “工具”面板

3. 视图区

在系统默认设置下，视图区共有 4 个视图，它们分别是顶视图、前视图、左视图和透视图，如图 1.16 所示。它们是按视觉角度进行划分的。在顶视图中，表示我们是在物体的顶部进行观看；前视图表示我们是在物体的正前方进行观看；左视图表示我们是在物体的左侧面进行观看；透视图表示我们是在一个特定的角度观看物体，从这里可以看到物体的前面、侧面和顶面等。要想改变视图类型，有三种方法可以实现。

① 在视图左上角的视图标志上右击，系统将弹出如图 1.17 所示的快捷菜单，从中可以直接访问视图的操作命令。

② 执行“自定义”→“视口配置”命令，在弹出的对话框中，选择“布局”选项卡，如图 1.18 所示，单击其中的选项就可更改视图中场景的显示方式或改变视图的布局。

③ 使用快捷键直接把当前视图改变为其他视图，对于前视图、顶视图、左视图、透视图以及隐藏的底视图、用户视图、摄影机视图，它们的快捷键就对应它们英文单词的首字母，因

此只要选择了要更改的视图后按【F】、【T】、【L】、【P】、【B】、【U】、【C】键即可。而对于右视图，则只能通过其他的方法来改变，其中【R】键是“选择并均匀缩放”按钮的快捷键。

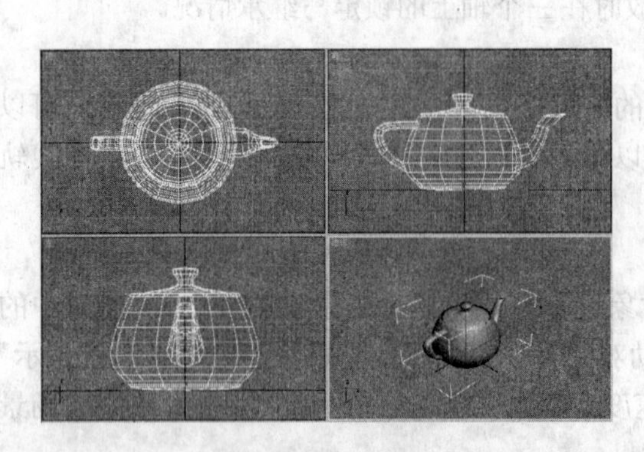

图 1.16　4 个视图

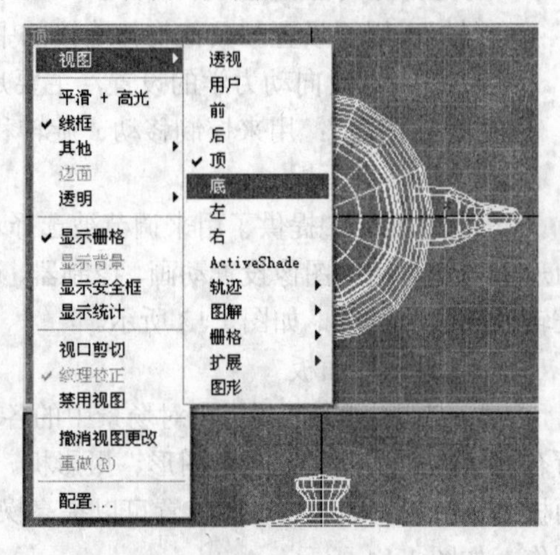


图 1.17　弹出快捷菜单

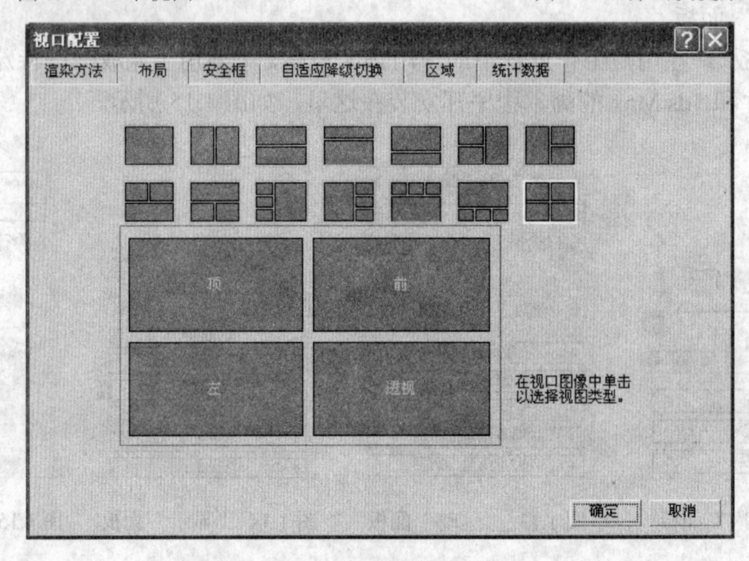


图 1.18　视口配置对话框

**提　示**

❖在视图中单击或右击都可以激活视图，使其成为当前视图，单击视图标志也可以激活视图。单击视图标志或在视图中右击仅能激活视图而不影响视图中的物体。

这 4 个视图都可以进行这样的切换设置，建议读者记住切换这些视图的相应的快捷键，在工作的时候，只需按这些快捷键就可以快速切换到自己需要的视图中去。

另外，在每个视图中都带有栅格，这是为了帮助用户确定位置和坐标。但是，有时我们又不需要它们，对此可以使用一种比较快捷的方式把栅格去掉。比如，我们想把前视图中的栅格去掉，那么在前视图处于激活的状态下通过按【G】键就可以把栅格去掉了。如果想恢复带有

栅格的状态，那么再次按【G】键就可以了，如图1.19所示。另外还可以设置视图中物体的显示模式。在默认设置下，在顶视图、前视图和左视图中的物体是以线框模式显示的，而在透视图中的物体则是以实体模式显示的，但可以改变它们的显示模式。比如，把左视图中的物体改变成实体模式显示，只要在视图中的“左”上右击，就会弹出一个快捷菜单，在弹出的菜单中选择“平滑+高光”命令就可以把左视图中的物体改变成实体显示了，如图1.20所示。同样，也可以使用该方法把透视图中的球体改变成以线框模式显示。

图1.19 去掉栅格的前视图

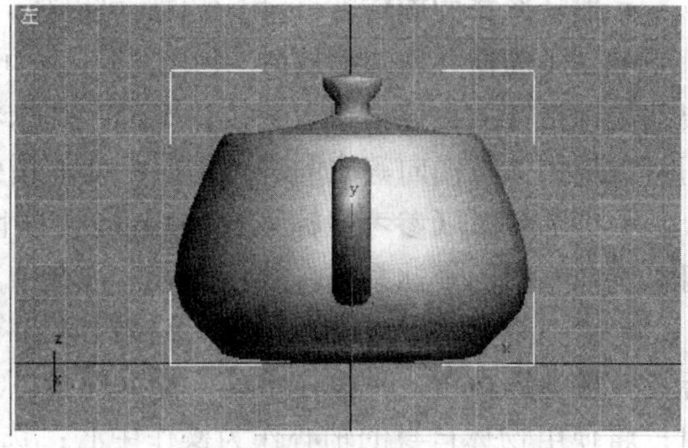

图1.20 改变左视图显示模式

4. 主工具栏

主工具栏包含的都是按钮图标，比如选择按钮、旋转按钮和移动按钮等，单击这些图标即可激活它们，如图1.21所示。由于按钮图标太多，因而不能在屏幕上全部显示出来，但是若把鼠标指针放置在工具栏上，此时鼠标指针将会变成一个手形形状，通过左右拖拽即可把隐藏的按钮图标显示出来。另外，把鼠标指针放在这些图标上时，就会显示该图标的中文释意。下面简要地介绍这些图标的功能。

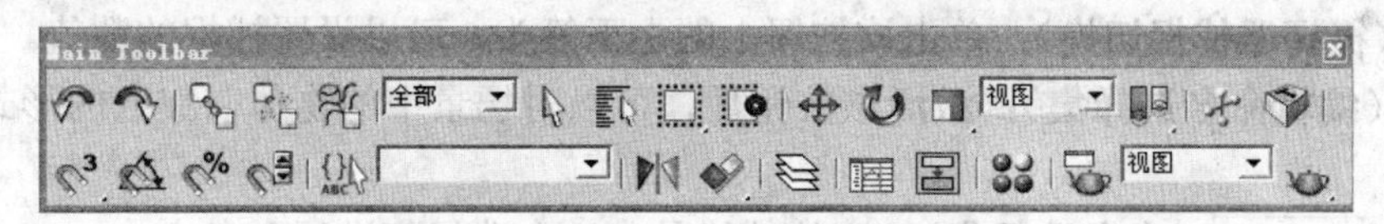


图1.21 主工具栏

- （**撤销**）：单击该按钮一次可以撤销上一次的操作。
- （**重做**）：单击该按钮一次可以恢复上一次撤销的操作。
- （**选择并链接**）：使用该按钮可以把两个物体链接起来，使它们产生父子层级关系。
- （**断开当前选择链接**）：使用该按钮可以把两个有父子关系的物体断开联系，使它们都成为独立的物体。
- （**绑定到空间扭曲**）：使用该按钮可以把选择的物体绑定到空间扭曲物体上，使它们都受空间扭曲物体的影响。
- 全部（**选择过滤器**）：单击这里的下拉箭头可以按照3ds Max 9中文版所提供的选项选择场景中的物体，默认设置为“全部”。
- （**选择对象**）：使用该按钮可以在场景中选择物体，被选中的物体会以白色模式显示。
- （**按名称选择**）：单击该按钮后，将会弹出“选择对象”对话框，在该对话框中可以按照物体的名称选择它们。该按钮对于在比较复杂的场景中选择物体有很大的帮助。

- **（矩形选择区域）**：使用鼠标指针按住该按钮不动可以打开一个按钮下拉列表，它们分别为、、、，系统默认设置为按钮。根据实际情况，选择其中一种范围选择框的工具按钮，可以通过绘制各种形状来框选场景中的物体。
- **（窗口／交叉）**：激活该按钮后，只有当一个物体全部都位于选择框内时才能够被选中。
- **（选择并移动）**：使用该工具可以按一定的方向（轴向）移动选择的物体。
- **（选择并旋转）**：使用该工具可以按一定的方向（轴向）旋转选择的物体。
- **（选择并均匀缩放）**：使用该工具，可以把选择好的物体总体按等比例进行缩放。如果把鼠标指针放在该按钮上并按住不动，那么将会打开和两个新的缩放按钮。使用按钮可以把物体按横向等比例进行缩放，而使用按钮可以把物体按纵向等比例进行缩放。
- 视图 **（参考坐标系）**：单击这里的下拉箭头，将会打开一个下拉菜单，在该菜单中可以选择不同的坐标系统。共包含有7种选项，一般使用“视图”选项即可。
- **（使用轴点中心）**：选择该按钮时，将使用物体自身的轴心作为操作中心。如果把鼠标指针放在该按钮上并按住不动，那么将会打开两个新的按钮，它们是和。选择按钮时，将使用物体自身的轴心作为操作中心；选择按钮时，将使用当前坐标系统的轴心作为操作中心。
- **（选择并操作）**：使用该工具可以选择和改变物体的大小。
- **（捕捉开关）**：激活该按钮可以锁定三维捕捉开关。如果把鼠标指针放在该按钮上并按住不动，那么将会打开两个新的按钮，它们是和。激活按钮时可以锁定2维捕捉开关，激活按钮时可以锁定2.5维捕捉开关。
- **（角度捕捉切换）**：激活该按钮可以锁定角度捕捉开关，此时，在执行旋转操作时，将会把物体按固定的角度进行旋转。
- **（百分比捕捉切换）**：激活该按钮后，就会打开百分比捕捉开关。
- **（微调器捕捉切换）**：单击该按钮上的上下箭头，可以设置捕捉的数值。
- **（编辑命名选择集）**：激活该按钮后，可以对场景中的物体以集合的形式进行编辑和修改。
- **（命名选择集）**：它的功能是为一个选择集进行命名。
- **（镜像）**：使用它可以按指定的坐标轴把一个物体以相对方式复制到另外一个方向上。在制作效果图时经常会使用到该按钮。
- **（对齐）**：使用该按钮可以使一个物体与另外一个物体在方位上对齐。如果把鼠标指针放在该按钮上并按住不动，那么将会打开5个新的按钮，它们是、、、、，分别用于不同方式的对齐。
- **（层管理）**：使用该按钮可以弹出“图层属性”对话框来管理图层。
- **（曲线编辑器）**：使用该按钮可以弹出“轨迹视图”对话框，该对话框主要用于制作和设置动画。
- **（图解视图）**：使用该按钮可以打开“图解视图”。
- **（材质编辑器）**：使用该按钮可以打开“材质编辑器”。材质编辑器是一个非常重要的窗口，它用于设置物体的材质。
- **（渲染场景对话框）**：使用该按钮可以对当前的场景进行渲染。
- 视图 **（渲染类型）**：用于设置渲染的方式或者类型，比如可以设置只对选定的区

域进行渲染。

- （快速渲染）：单击该按钮可以对当前视图进行快速渲染。如果把鼠标指针放在该按钮上并按住不动，那么将会打开按钮，使用它可以快速地渲染当前视图。但是，当场景中的材质和灯光发生改变时，系统都会自动进行渲染。

5. 视图控制区

视图控制区位于整个3ds Max 9中文版界面的右下方，是由很多按钮组成的，使用这些按钮可以对视图进行放大或者缩小控制。另外，还有几个右下方带有黑三角的按钮，如果单击这些按钮，那么就会弹出多个小按钮。这些按钮都具有不同的作用，而且还会经常用到。视图控制区如图1.22所示，各有关按钮的功能叙述如下。

图1.22 视图控制区

- **（缩放）**：将鼠标指针移动到任意视图，然后按住鼠标左键上下拖动即可放大或者缩小视图中的物体。按住【Ctrl】键可以阻止对透视视图进行缩放。
- **（缩放所有视图）**：将鼠标指针移动到任意视图，然后按住鼠标左键上下拖动即可同时放大或者缩小所有的视图。
- **（最大化显示）**：将鼠标指针移动到任意视图，然后单击该按钮就可以使该视图最大化显示。
- **（最大化显示选定对象）**：将鼠标指针移动到任意视图，然后单击该按钮就可以使该视图中的物体最大化显示。
- **（所有视图最大化显示）**：将鼠标指针移动到任意视图，然后单击该按钮就可以使所有视图同时最大化显示。
- **（所有视图最大化显示选定对象）**：将鼠标指针移动到任意视图，然后单击该按钮就可以使所有视图中的物体同时最大化显示。
- **（缩放区域）**：使用该按钮可以在任意视图中局部缩放物体。
- **（视野）**：在当前视图是透视图时，激活该按钮，在透视图中就可调整视图大小，向上推动则调整视图区中可见的场景数量和透视张角量。更改视野的效果与更改摄影机上的镜头类似：视野越大，就可以看到更多的场景，而透视会扭曲，这与使用广角镜头相似；视野越小，看到的场景就越少，而透视会展平，这与使用长焦镜头类似。
- **（平移视图）**：单击该按钮后，将鼠标指针移动到任意视图中，然后通过拖动即可以水平方式或者垂直方式移动整个视图，这样可便于我们观察视图。
- **（弧形旋转）**：单击该按钮后，当前处于激活状态的视图中就会显示出一个黄色的指示圈，并带有4个手柄，用户可以通过把鼠标指针移动到这个圈内或者圈外，或者4个手柄上，然后按住鼠标左键拖动，可以使视图以弧形方式进行移动。
- **（弧形旋转选定对象）**：单击该按钮后，按住鼠标左键拖动，可以使视图中的物体以弧形方式进行移动。
- **（弧形旋转子对象）**：单击该按钮后，将会在所选定的物体内部出现一个黄色的圆圈，按住鼠标左键拖动，将以视图中选定物体的子物体为轴心进行旋转。
- **（最大化视口切换）**：单击该按钮后，当前处于激活状态的视图将以最大化模式显示，再次单击该按钮，视图将恢复到原来的大小。

6. 动画控制区

动画控制区位于界面的下方，主要用于控制动画的设置及播放、记录动画、动画帧及时间的选择。动画控制区如图 1.23 所示。各部分功能叙述如下。

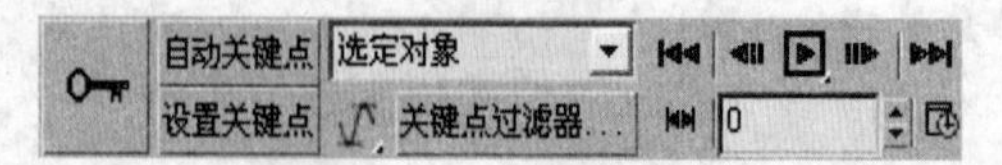


图 1.23 动画控制区

- 自动关键点 **（自动关键点）**：单击该按钮，可自动记录关键帧的全部信息。
- 设置关键点 **（设置关键点）**：与 配合使用，用于设置关键帧。
- 选定对象：显示选择集合的名称，可以快速地从一个选择集合转换到另外一个选择集合。
- 关键点过滤器...：激活该按钮后，将会打开“关键点过滤器”窗口，在该窗口中可以设置不被录制的物体属性。
- **（转至开头）**：激活该按钮后，动画记录将返回到第一帧。
- **（关键点模式切换）**：激活该按钮后， 和 按钮将分别改变为 和 ，单击它们，动画画面将在关键帧之间进行跳转。
- **（上一帧）**：激活该按钮后，将会把动画画面切换到前一帧的画面中。
- **（播放动画）**：激活该按钮后，动画就会进行播放。在该按钮中还隐藏有一个按钮，按下该按钮时，在视图中将只播放被选中物体的动画。
- **（下一帧）**：激活该按钮后，将会把动画画面切换到下一帧的画面中。
- 0 **（时间控制器）**：显示当前帧所在的位置。可手动输入数值来控制当前帧的位置，在它右侧的两个上下箭头是微调按钮。
- **（转至结尾）**：激活该按钮后，动画记录将返回到最后一帧。
- **（时间配置）**：激活该按钮后，将会打开“时间配置”窗口，在该窗口中可以设置动画的模式和总帧数。

7. 状态栏

在 3ds Max 9 中文版的左下区域就是状态栏，它的作用主要是显示一些信息和操作提示。另外它还可以锁定物体，防止发生误操作。状态栏如图 1.24 所示。各部分功能叙述如下。

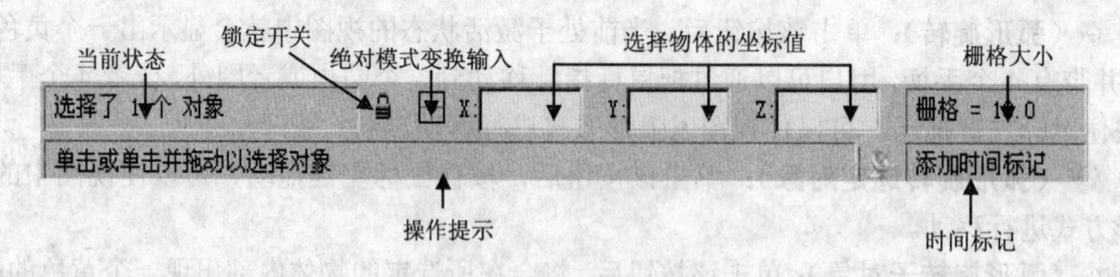


图 1.24 状态栏

- **“锁定开关”**：默认状态下，它是关闭的。按下该按钮，它将以黄色显示，即把选定的物体锁定。此时，切换视图或者调整工具时，都不会改变当前所操作的物体。
- **“绝对模式变换输入”**：通过该变换类型按钮可以实现对移动、旋转和缩放的精确控制。

当该按钮被打开时，其右侧的“X”、“Y”、“Z”文本框输入的是相对变换数值；当该按钮被关闭时，文本框中的数值表示世界空间的绝对坐标值。

- **“选择物体的坐标值”**：在这3个框中分别显示选定物体的世界坐标值。
- **“栅格大小”**：显示当前视图中一个方格的尺寸。
- **“操作提示”**：可以依据当前鼠标指针所处的位置提供功能解释，当不知道下一步应该做什么时可以看一看这里。
- **“时间标记”**：用于添加或者编辑时间标记。3ds Max 9允许在动态过程中对任何点赋值一个文本标签，在动画制作的过程中可以通过命名的标签很容易地找到需要的点。

以上简要介绍了3ds Max 9中文版的界面构成，有了这些基本的知识之后，用户在实例操作中就不会迷惑了。另外，对于在这部分内容中出现的一些概念或者词语，如果感到迷惑是很正常的，3ds Max 9中文版是一个功能非常庞大的软件，结合后面的练习，用户慢慢就会理解这些概念的含义了。

## 1.2.2 3ds Max文件基本操作

在3ds Max 9中文版中，文件操作包括新建场景文件、保存场景文件、打开已有的文件、合并场景文件等。

### 1. 新建与保存一个3ds Max场景

当我们开始创建一个项目时，就需要创建一个新的场景。如果是刚打开3ds Max 9中文版，那么直接创建物体就可以了。如果当前正在制作其他的模型或者项目，而此时需要重新创建一个场景，那么就需要执行“文件”→“新建”命令来创建一个新的场景。也可以使用组合键【Ctrl+N】，这样就可以创建一个新的场景了。

当我们创建完一个场景或者暂时中断创建该场景时，就需要把创建的场景保存起来。有两种方法可以保存3ds Max文件，一种方法是执行“文件”→“保存”命令，另一种方法是使用组合键【Ctrl+S】。然后会弹出“文件另存为”对话框，如图1.25所示。在该对话框中设置保存的路径，也就是具体保存在哪个磁盘的文件夹中，再设置好保存的文件名称，然后单击“保存”按钮。这样就可以把创建的场景保存起来了。

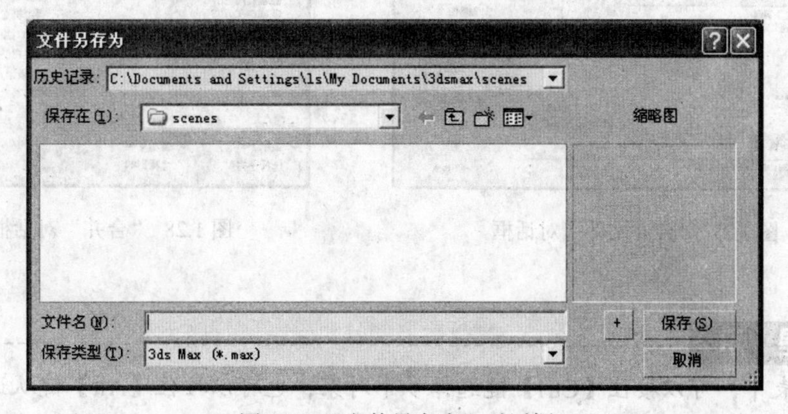


图1.25 “文件另存为”对话框

如果需要把一个场景另外保存一份，那么可以执行“文件”→“另存为”命令，然后设置好保存的途径和文件名称就可以了。

2. 打开 3ds Max 9 中文版文件

执行菜单栏中的“文件”→“打开”命令，在弹出的“打开文件”对话框中，选择要打开的文件后，单击“打开”按钮，如图 1.26 所示，即可完成对文件的打开。另外，使用组合键【Ctrl+O】，也可以达到同样的目的。在“文件”菜单中有一个“打开最近”命令，通过它可以快速打开最近曾经打开过的文件。

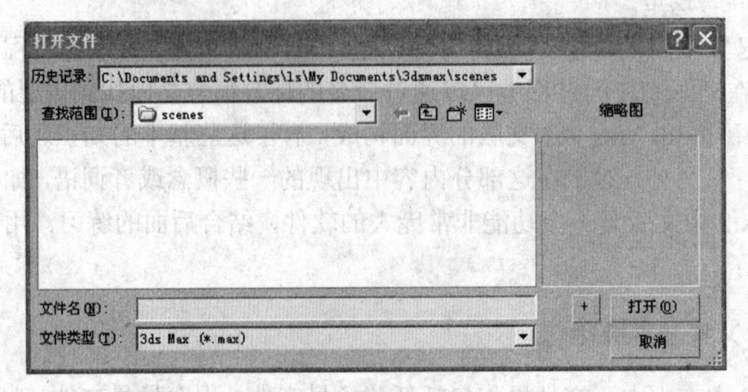

图 1.26 “打开文件”对话框

3. 合并场景

在创建工作中，经常需要把多个已经创建好的场景合并到一起，这一操作对于制作复杂场景是非常有用的。我们可以这样合并场景：首先打开一个场景，然后执行“文件”→“合并”命令，则会弹出“合并文件”对话框，如图 1.27 所示。然后在弹出的“合并”对话框中选择要合并的对象，单击“确定”按钮即可完成合并，如图 1.28 所示。

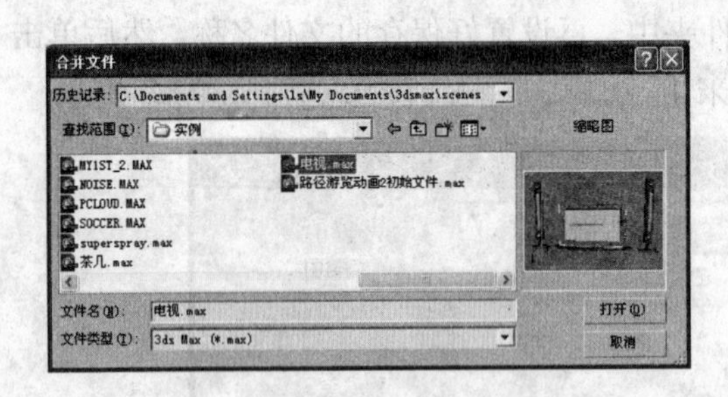

图 1.27 “合并文件”对话框

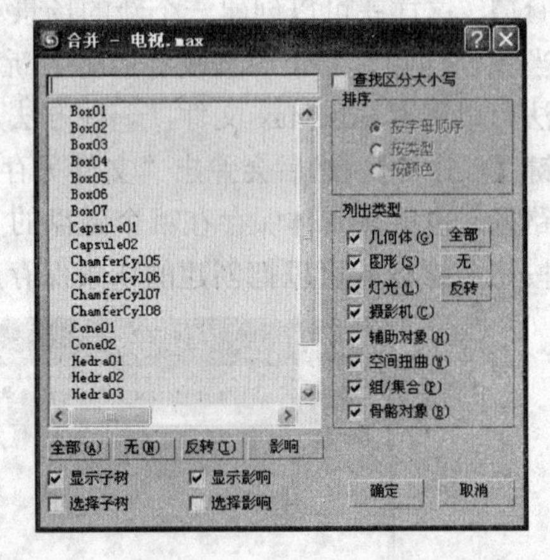

图 1.28 “合并”对话框

**提 示**

❖列表中，可以按住【Ctrl】键选择多个对象，也可以按住【Alt】键从选择集中减去对象。

❖当两个场景中的物体名称或者材质名称相同时，就会弹出一个对话框，提示重新命名物体的名称或者材质的名称。

4. 重置3ds Max 9中文版系统

当操作有误或者出现错误时，可以重新返回到3ds Max的初始状态重置创作。执行菜单栏中的“文件”→“重置”命令即可完成重置操作，我们常用这个命令来实现新建文件的目的。当然，如果在使用该命令的时候，正在编辑的文件有改动但并未保存，系统就会自动弹出对话框，询问用户是否需要保存，如图1.29所示。

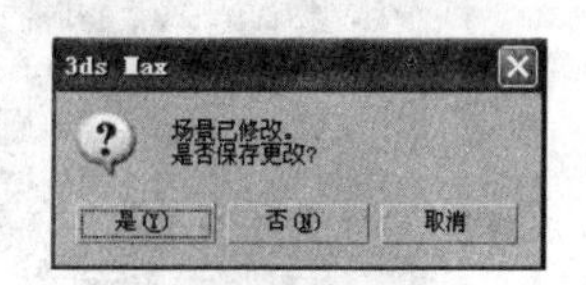

图1.29 询问对话框

5. 导入和导出文件

要在3ds Max中打开非MAX类型的文件，则需要用到“文件”菜单下的“导入”命令。这些几何体文件格式包括3D Studio网格（3DS）、3D Studio项目（PRJ）、3D Studio图形（SHP）、Adobe Illustrator（AI）、AutoCAD（DWG）、AutoCAD（DXF）、Lightscape解决方案（LS）、Lightscape准备（LP）和Lightscape视图（vw）等。对于有些要导入的文件，将会弹出一个对话框，允许用户进行相关的设置。操作方法与打开和保存的操作十分类似。

要把3ds Max中的场景保存为其他格式文件，则需要用到“文件”菜单下的“导出”命令。这些格式包括3D DWF、3D Studio（3DS）、Adobe Illustrator（AI）、AutoCAD（DWG）、AutoCAD（DXF'）、Lightscape材质（ATR）、Lightscape块（BLK）、Lightscape参数（DF）、Lightscape层（LAY）、Lightscape视图（VW）、Lightscape准备文件（LP），等等。

如果计算机中安装的是3ds Max低版本，正常情况下是不能打开高版本3ds Max文件的，这是因为3ds Max在打开文件时会首先检测文件的版本，对于当前版本的场景文件都会拒绝。导入、导出文件命令就可以使用低版本3ds Max打开高版本的3ds Max文件，方法是：首先把高版本的3ds Max文件，执行“文件”→“输出”命令，将场景文件输出为.3DS格式文件；然后再启动低版本的3ds Max，执行“文件”→“输入”命令，再选择所需要的.3DS格式文件，则高版本的场景文件便可在低版本中打开了。

## 1.2.3 场景中物体的基本操作

下面将介绍如何在场景中操作已创建的模型，比如物体的选择、移动、缩放、复制、组合及对齐操作，这些知识是非常重要的，必须掌握这些在以后的制作中经常使用的基本操作技能。

1. 选择物体

在3ds Max 9中文版中，选择物体是最为重要的一环，几乎所有的操作都离不开这一操作。以下是选择对象的几种常见方法。

（1）使用“选择对象”工具按钮进行直接选择

直接单击工具条上的“选择对象”按钮，被激活的工具按钮将显示黄色，将鼠标指针移动到场景中的对象上单击，被选择的对象就显示为白色线框，如图1.30（a）所示。如果是以实体模式显示的物体，则在它周围显示一个范围框，如图1.30（b）所示。

① 如果想取消选择该物体，那么在其外侧单击即可，或者按住【Alt】键单击该物体。

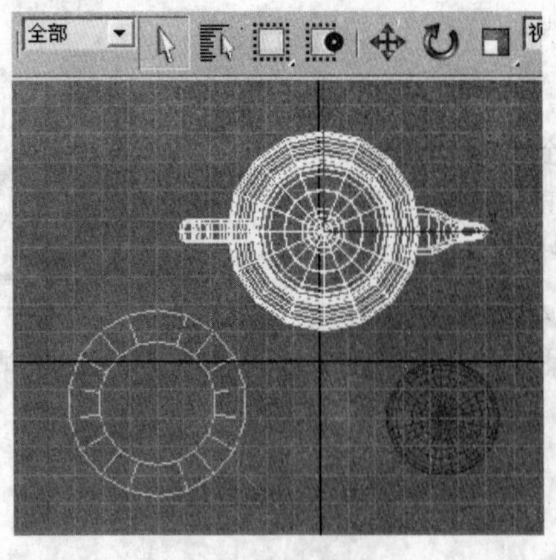


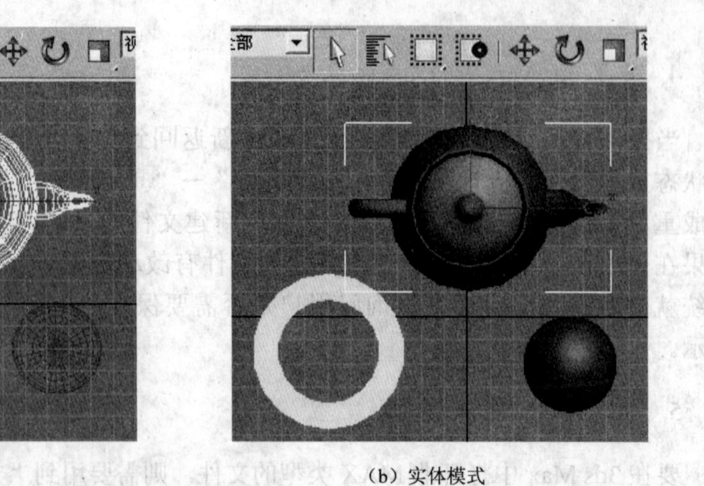

（a）线框模式　　　　　　　　（b）实体模式

图 1.30　选择对象的效果

② 如果要选中多个物体，可以按住【Ctrl】键依次单击需要选择的物体，也可以按住鼠标左键拖拽出一个框来选择多个物体，也就是人们常说的框选。

（2）使用范围框选择

如果想在一个场景中同时选择多个物体，那么就可以使用范围框进行选择。把鼠标指针放在矩形选择按钮上按住不放，就会打开一列范围框选择工具按钮，根据它们的名称和外形，我们就可以通过绘制各种形状来框选场景中的物体。

- **（矩形选择）**：选择该按钮后单击并拖动鼠标可以定义一个矩形选择区域，在该矩形区域中的对象都将被选中。
- **（圆形选择）**：选择该按钮后单击并拖动鼠标将定义一个圆形选择区域，该区域中的对象都将被选中。一般是在圆心处单击，拖动鼠标至半径距离处释放鼠标。
- **（围栏式选择）**：选择该按钮后单击并拖动鼠标将定义围栏式区域边界的第一段，然后继续单击和拖动鼠标可以定义更多的边界段，双击或者在起点处单击则可以对该区域完成选择。该方式适合于具有不规则区域边界的对象的选择。
- **（套索式选择）**：这是 3ds Max 9 提供的一个新的区域选择方式，同时它也是围栏式选择方式的进一步完善，通过单击和拖动鼠标可以选择出任意复杂和不规则区域。这种区域选择方式更加提高了一次选中所有需要对象的成功率，它使得区域选择的功能更加强大。

（3）编辑菜单命令选择

我们还可以使用“编辑”菜单命令来选择物体，不过这有一定的局限性。下面我们分类进行介绍。

① 执行“编辑”→“全选”命令可以选中场景中的所有物体，组合键是【Ctrl+A】。

② 执行“编辑”→“全部不选”命令可以取消选中场景中的所有物体，组合键是【Ctrl+D】。

③ 执行“编辑”→“反选”命令可以将场景中未被选中的物体都选中，组合键是【Ctrl+I】。

④ 执行“编辑”→“选择方式”→“颜色”命令可以按颜色选中场景中的同色物体。

（4）按名称选择

3ds Max 系统会自动为场景中的每一个对象命名，同时允许用户为对象重命名。在选择对象时，用户就可以根据对象名称来快速选择对象。操作步骤如下。

① 单击工具栏中的“按名称选择”按钮，弹出“选择对象”对话框，如图 1.31 所示。

② 在“选择对象”对话框中单击选中需要的物体名称，然后单击“选择”按钮即可选中该物体了。

如果场景中有多个不同类型的对象，可以通过对话框右边的“列出类型”复选项对不同类型的对象进行过滤。方法是：在右边的“列出类型”复选项下取消某一个类型的勾选，则此类型的对象名称就不会出现在左边的框中，这样就可以对场景中的对象进行过滤。在创建一项工作中，建议养成为物体命名的习惯，而且最好起一个比较有意义的名称，方便以后选择对象。

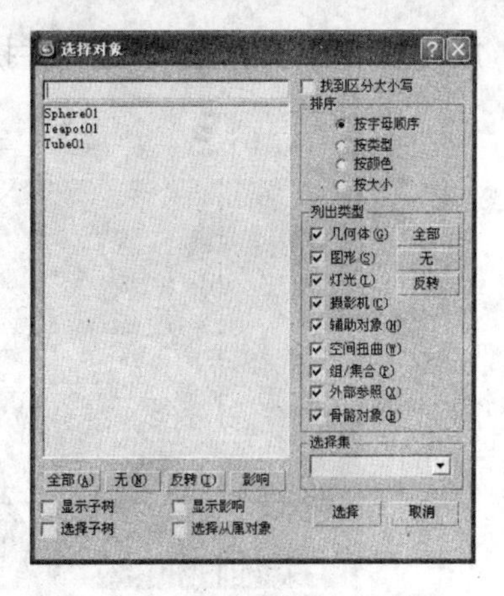


图 1.31　“选择对象”对话框

**提　示**

❖列表中，打开“选择对象”对话框的快捷键方式是按【H】键。

❖按住【Ctrl】键连续单击对象名称，可以将多个对象选中；再次单击选择的对象名称，可以取消对象的选中；如果想取消所有对象的选择，单击 无(N) 按钮即可。

### 2. 删除物体

删除场景中的一个或者多个物体有两种比较好的方法，一种方法是在视图中选中不需要的物体，然后按【Delete】键就可以删除了；另一种方法是执行“编辑”→“删除”命令也可以删除不需要的物体。

### 3. 移动、旋转和缩放物体

移动、旋转和缩放场景中的物体是三种非常重要的变换对象的操作，这些操作都有专门的工具。

（1）选择并移动物体

单击主工具栏中的“选择和移动”按钮可以实现移动功能，它的作用是通过在 X、Y、Z 这三个方向上的移动来改变选择对象的空间位置。当需要在 X、Y 或 Z 方向上做直线移动时，移动光标接近对应的方向箭头如 X 红色箭头，此时红色箭头的轴会以高亮的黄色显示，然后按住左键拖动鼠标将只会在 X 方向上执行移动操作。当需要做平面移动时，移动光标接近线框中心的平面，待某一个平面以黄色高亮度显示时，拖动鼠标即可实现平面的移动，如图 1.32 所示。

（2）选择和旋转物体

单击主工具栏中的“选择和旋转”按钮可以实现旋转功能，它的作用是通过旋转来改变对象在视图空间中的方向。如图 1.33 所示为旋转线框时的形状。图中围绕物体的各个圆环分别表示绕不同的方向旋转，移动光标接近任何一个圆环，该圆环将以高亮的黄色显示以表示被选中，此时按住鼠标左键执行旋转操作就可以实现单方向的旋转。

（3）选择和缩放物体

3ds Max 9 包括三种缩放类型，分别为选择并均匀缩放（按钮图标为）、选择并非均匀缩

放（按钮图标为▭）和选择并挤压缩放（按钮图标为▭）。

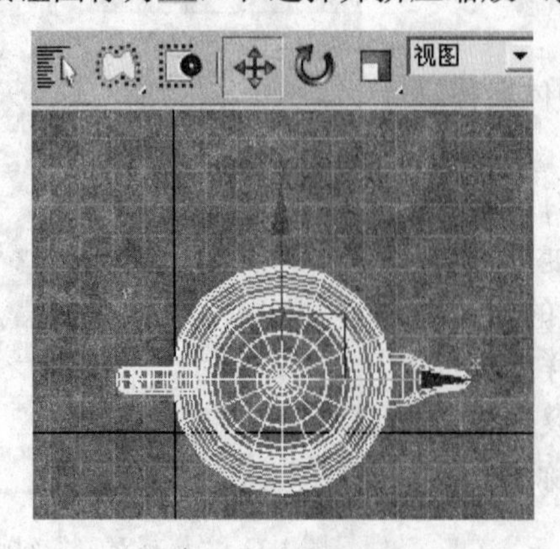


图 1.32　移动物体

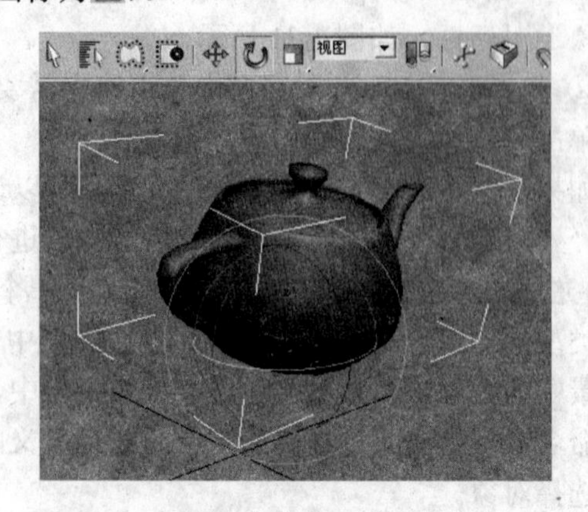


图 1.33　旋转物体

① 均匀缩放可通过在某一个轴向上进行缩放来同时影响其他两个轴向上缩放的比例，在 3 个坐标轴上的缩放比例是相同的。右击均匀缩放按钮▭将弹出可用于精确均匀缩放的“缩放变换输入”对话框，如图 1.34 所示。

② 非均匀缩放顾名思义就是可以分别控制在 3 个轴上的缩放比例，右击▭按钮将会弹出用于精确非均匀缩放的“缩放变换输入”对话框，如图 1.35 所示。

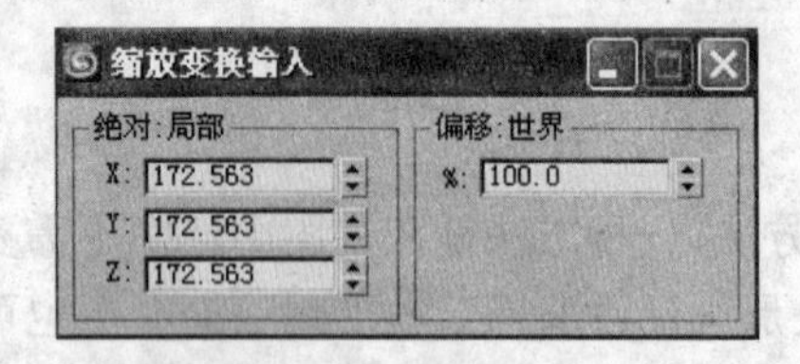


图 1.34　精确均匀缩放的“缩放变换输入”对话框

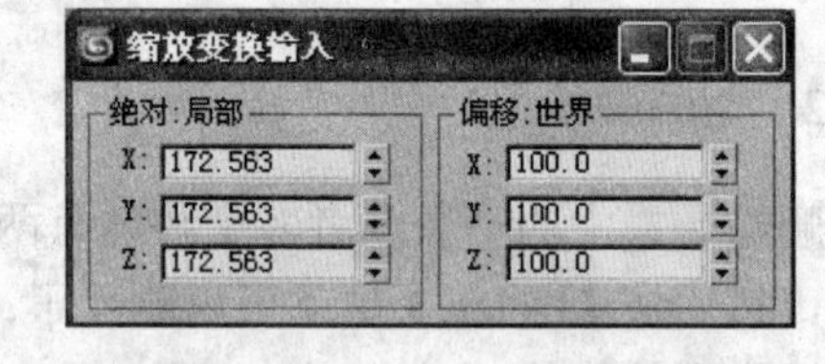


图 1.35　精确非均匀缩放的“缩放变换输入”对话框

③ 挤压缩放是一个很有趣的缩放功能，因为挤压缩放要维持缩放后对象的体积与原始的对象体积相等，所以在一个方向上的放大必将引起在其他两个方向上的缩小，显然它与非均匀缩放是有区别的。此外，挤压缩放也提供类似如图 1.35 所示的精确缩放的对话框。如图 1.36 所示为缩放物体时线框的形状。

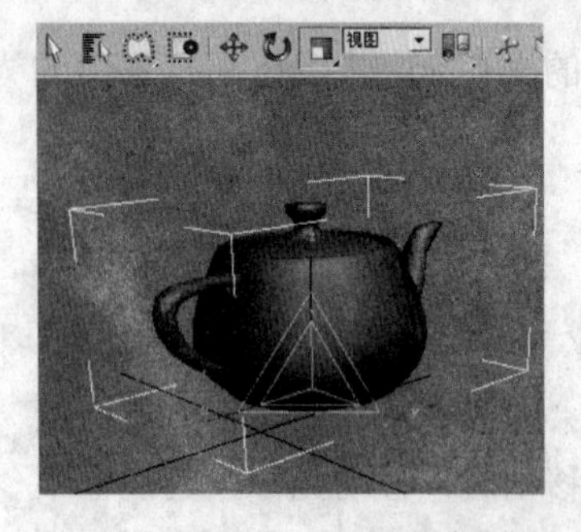


图 1.36　缩放物体时线框的形状

④ 当想要只在一个轴向上缩放时（尤其对于非均匀缩放功能），可以移动光标接近该坐标轴。当该坐标轴以高亮的黄色显示时按住左键拖动，就可以使缩放只在这个方向上进行。当想实现整体缩放时，移动光标接近中心，中心的三角形将以高亮的黄色显示，此时按住左键拖动鼠标就可以实现整体缩放。

4. 复制物体

复制对象的通用术语为“克隆”。在三维效果表现中，往往通过复制来获得形状、大小等属性相同的多个对象。在 3ds Max 中，在移动、旋转或缩放对象时按下【Shift】键，就可以完成复制操作。

（1）使用菜单命令复制

在视图中选择被复制的对象，执行“编辑”→“克隆”命令，将会弹出一个对话框，如

图1.37所示。完成选择后单击“确定”按钮，再使用工具移动复制的对象，如图1.38所示。

如果想复制多个物体，那么再执行“编辑”→“克隆”命令即可。使用该命令每次只能复制一次。如果想同时复制出多个，最好还是使用【Shift】键。

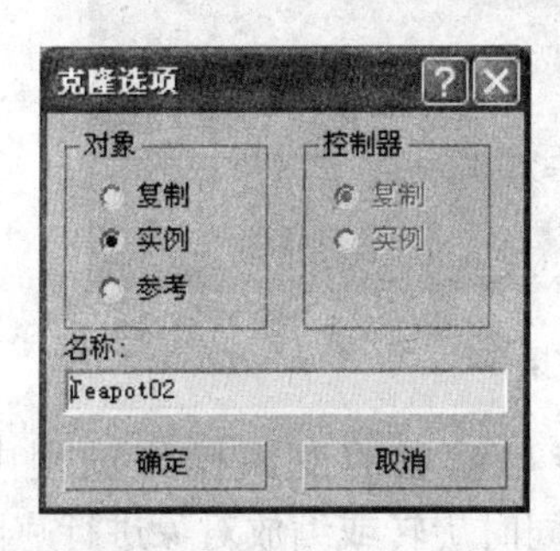


图1.37 “克隆选项”对话框

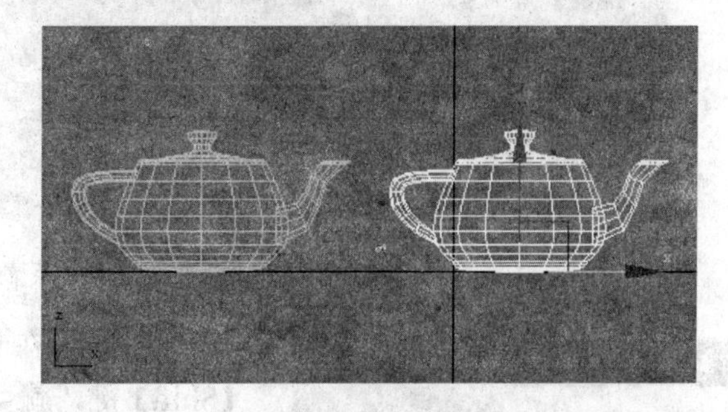

图1.38 复制茶壶

**提 示**

❖选择“复制”方式：创建的对象与原始对象之间没有关系，即修改一个对象时，不会对另外一个对象产生影响。

❖选择“实例”方式：创建的对象与原始对象之间具有关联关系，它们共享对象修改器和主对象，也就是说，修改“实例”对象时将会影响原始对象。

❖选择“参考”方式：同“实例”对象一样，“参考”对象至少可以共享同一个主对象和一些对象修改器。但所有克隆对象修改器堆栈的顶部将显示一条灰线，即“导出对象线”，在该直线上方添加的修改器不会传递到其他参考对象，只有在该直线下方添加的修改器才会传递给其他参考对象。

（2）使用【Shift】键复制

这种复制方法是最常用的，比如在我们制作形状相同而且数量很多的模型时，就可以使用这种方法进行复制。下面介绍使用【Shift】+进行移动复制的操作步骤。

① 在视图中创建出物体后，单击选定物体，并激活工具。

② 按住【Shift】键，沿选定物体上的轴向向左或者向上拖动，此时会弹出一个对话框，如图1.39所示。

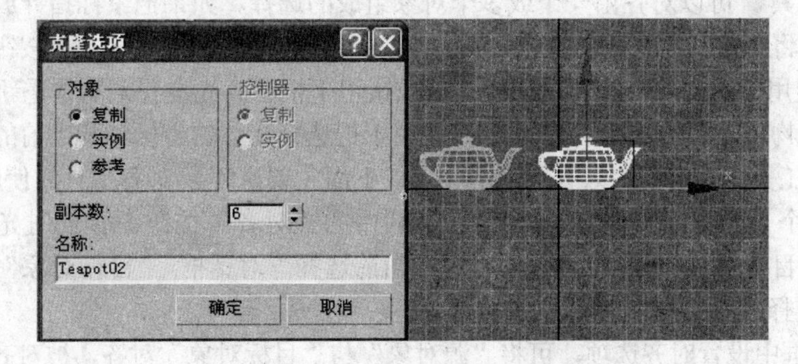


图1.39 “克隆选项”对话框

③ 在“克隆选项”对话框中有一个“副本数”选项，在这个输入框中输入需要的复制数量，可以是任意数量，然后单击“确定”按钮即可按设置的数量进行复制，而且复制出的物体

间距是相同的，如图 1.40 所示。

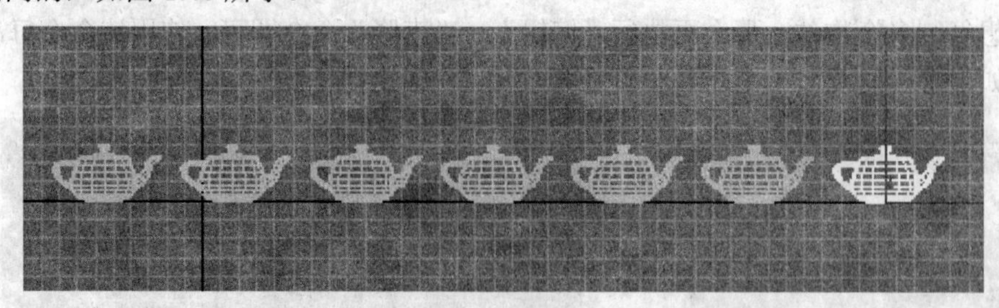

图 1.40　移动复制 6 个茶壶的效果

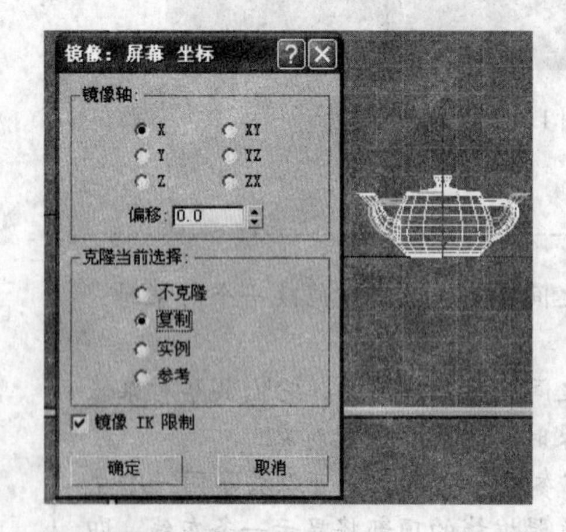


图 1.41　“镜像”对话框和镜像后的结果

同样，在旋转与缩放的变换操作过程中按住【Shift】键，就可以同时旋转或缩放对象进行克隆，在此不再赘述了。

（3）镜像复制

当需要创建对称的规则对象时，就需要使用到镜像复制方法，这种复制方法也是比较方便的，其操作步骤如下。

执行“工具”→“镜像”命令或者单击工具栏中的按钮，弹出一个“镜像”对话框，设置好镜像轴、偏移量和复制选项后，单击“确定”按钮即可。如果选择“不克隆”选项，其结果就是将对象进行一个“翻转”，否则就会对称复制出一个对象，如图 1.41 所示。

**提　示**

❖在一般情况下，“偏移”值可以不用设置，镜像克隆完毕后直接使用移动工具将其移动到合适的位置即可。

5. 对齐对象

使用对齐工具可以对齐由一个或多个对象组成的选择。如果把鼠标指针放在该按钮上并按住不动，那么将会打开 5 个新的按钮，它们是、、、、。按钮用于快速地对齐物体，按钮用于对齐两个物体的法线，按钮用于根据高光位置把物体重新定位，按钮用于把摄影机和物体表面的法线对齐，按钮用于把选择物体的坐标轴和当前的视图对齐。在众多的“对齐”工具中，常用的只有对齐工具。下面主要讲解对齐工具的使用方法和技巧。

① 选择一个“源对象”，然后激活主工具栏中的“对齐”按钮，此时光标显示对齐图标，然后选择“目标对象”，此时将弹出“对齐当前选择”对话框，“目标对象”的名称将显示在“对齐当前选择”对话框的标题栏中。

② 在对话框中设置对齐选项，可将“源对象”与“目标对象”对齐，被对齐的对象立即移动到新位置，在决定最终方向之前，可以随时取消设置，使场景返回其原始状态并再次开始对齐操作。这样用户可以进行多次尝试直到获得想要的结果。如图 1.42 所示为在“对齐当前选择”对话框中“对齐位置”选项下同时勾选“X 位置”、“Y 位置”和“Z 位置”实现中心对齐的效果。

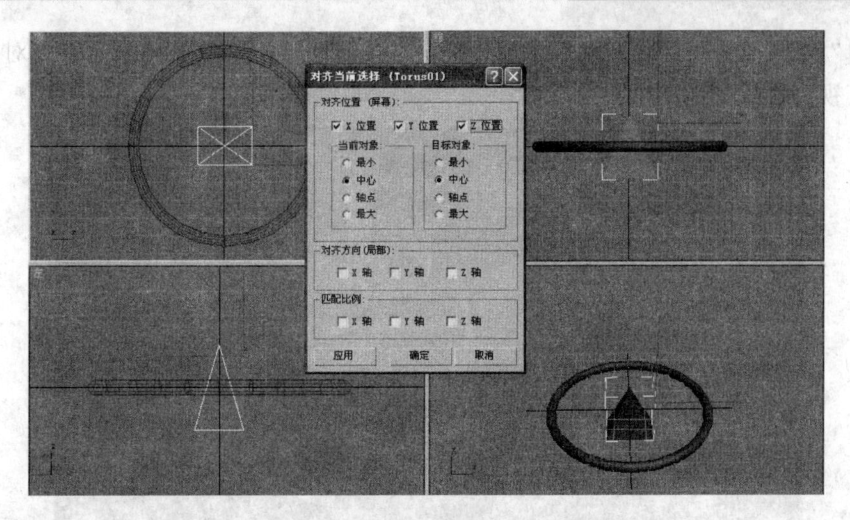


图 1.42 “对齐当前选择”对话框及中心对齐的效果

6. 改变物体的轴心

在 3ds Max 9 中文版中，物体的轴心就是该物体的旋转轴，一般位于物体的中心或底部位置，在创建它时，会自动生成。对于相同的物体，如果轴心不同，那么对它们的操作结果也会不同。在创建过程中，有时会需要改变物体的轴心，操作步骤如下。

① 使用移动工具选中物体，此时，可以看到该物体的坐标轴了，在坐标轴的中心位置就是该物体的轴心，单击按钮，进入到“层次”面板，再单击“仅影响轴”按钮。此时就会显示出轴心坐标轴了，如图 1.43 所示。

② 使用移动工具把轴心坐标轴向下移动到适当的位置，如图 1.44 所示。然后再单击“仅影响轴”按钮，此时使用“选择并旋转”工具来旋转模型的话，就会看到模型的旋转轴心改变了，如图 1.45 所示。

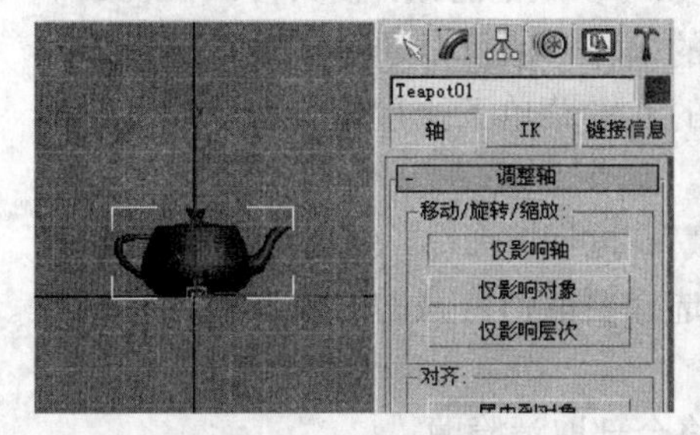


图 1.43 “层次”面板与物体的轴心坐标轴

图 1.44 改变物体的轴心

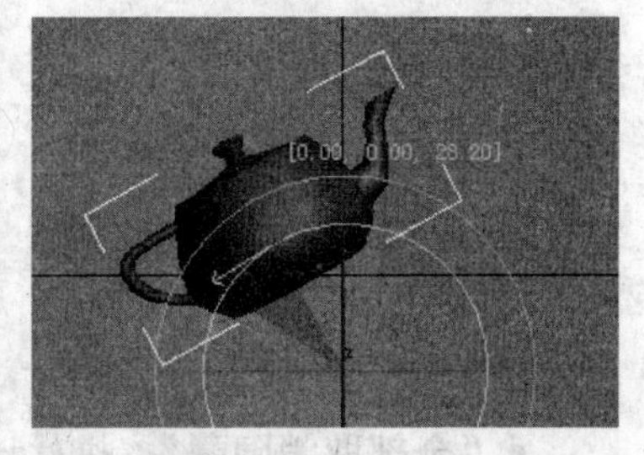

图 1.45 旋转轴心后旋转物体的效果

7. 组合物体

现实中的很多物件都是由多个部分组成的，例如制作一把椅子，就需要有椅背、椅座和椅腿等多个对象，把这些对象制作完成并拼在一起就能形成一把完整的椅子，但是当把椅子放入一个场景时，就需要不断地对椅子这个整体对象进行调整，此时如果把整个椅子设置为一个“组”对象就方便多了。

（1）成组的方法

创建组时，可以将所要用于创建组的所有对象全部选中，执行“组”→“成组”命令，在弹出的“组”对话框为组命名，然后单击“确定”按钮即可，如图 1.46 所示。将对象成组后，即可以将其视为场景中的单个对象。

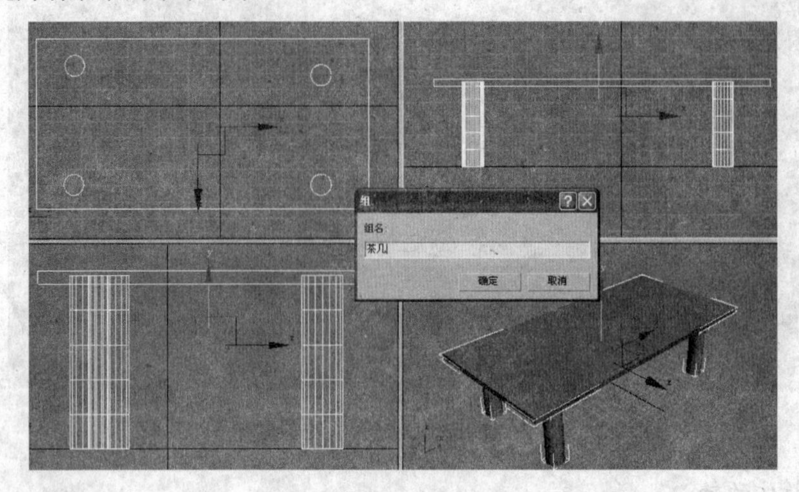


图 1.46 “组”对话框

（2）编辑组与解组

对于已经成组的对象，可以打开和关闭组来访问组中包含的单个对象，而无须分解组，这样可以维护组的完整性。打开组的方法很简单，选择组对象，执行“组”→“打开”命令即可，然后可以单独选择组中的任意一个对象进行编辑。如果要关闭组，选择一个组对象，执行“组”→“关闭”命令即可。如果要彻底解组，则选择组对象，执行“组”→“解组”命令即可。

8. 隐藏对象与取消隐藏

操作者可以隐藏场景中的任一对象。隐藏的对象将从视图中消失，使得选择其余对象更加容易。隐藏对象还可以加速计算机运行速度。被隐藏的对象可以取消隐藏，使其再次在视图中显示。隐藏与显示对象的操作一般可以通过右键菜单完成。在视图中右击，在弹出的右键菜单下执行相关命令即可，如图 1.47 所示。

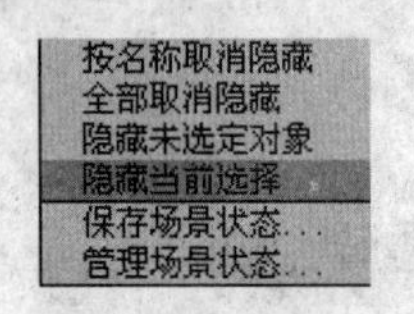


图 1.47 隐藏与取消隐藏对象菜单

- **“按名称取消隐藏”**：执行该命令，弹出“按名称选择”对话框，在该对话框中选择要取消隐藏的对象，确认将其取消隐藏。
- **“全部取消隐藏”**：执行该命令，所有选择的对象将全部取消隐藏。
- **“隐藏未选定对象”**：执行该命令，场景中未选择的对象将全部隐藏。
- **“隐藏当前选择”**：执行该命令，当前选择的对象将全部隐藏。

**提 示**

❖灯光和摄影机同样可以隐藏。但是，隐藏的灯光和摄影机以及所有相关联的视口将与正常状态一样继续工作，并不会因为隐藏而发生变化。

3ds Max 9 中文版功能非常多，本章选择了一些常用而且重要的功能进行介绍，在后面的章节中，还会结合实例介绍其他一些功能。

# 1.3　动画制作即时体验

## 1.3.1　3ds Max 的创作流程

无论使用 3ds Max 来完成何种制作，总的技术流程在一般情况下都是遵循着建模→材质与灯光→动画→渲染及后期处理这样一种模式来进行的，一般创作流程如图 1.48 所示。在对软件具体功能学习的过程中，始终抱有流程的概念去理解具体的功能，将会更高效地提升用户实际的应用能力。

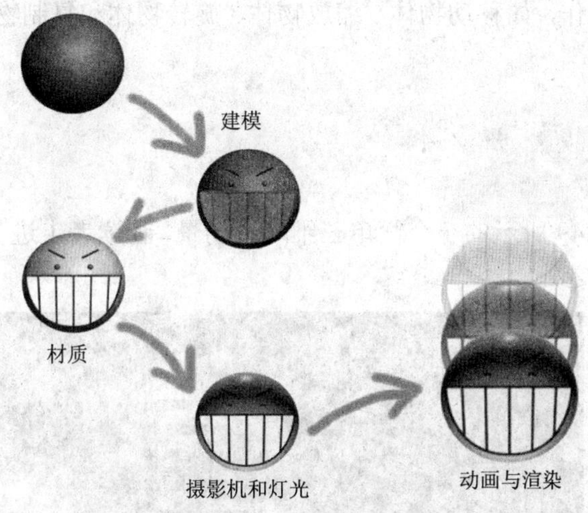


图 1.48　动画创作的一般流程图

### 1. 建模

建模是 3ds Max 9 工作的第一个步骤，建模的好坏将直接影响到最终效果的表现。3ds Max 具有强大的建模功能，可以按照自己想法创建自己需要的模型。

### 2. 材质

材质是自然物体本身的属性，是创建场景中不可缺少的要素。有了材质，物体对象才有了真实感。

### 3. 摄影机和灯光

创建摄影机可以如在真实世界中一样控制镜头的长度、视野和运动，并提供了业界标准参数，可精确实现摄影机的匹配功能，保证最终效果。创建灯光则可以照明场景，并能投射阴影、投射图像，精确控制影响范围和作用对象，以及添加如体积光、镜头光晕等大气效果。

### 4. 动画

利用“自动关键帧”按钮，可以记录场景中模型的移动、旋转和比例变换。当激活“自动关键帧”状态时，场景中的任何变化都会被记录成动画过程。

5. 渲染

渲染会将场景中的对象进行材质着色，并将某个取景角度以图像或动画的方式表现出来。另外环境与特效作为渲染效果来提供，可理解为制作渲染图像的合成图层，可以变换颜色或使用贴图使场景背景更丰富；特效中的效果作为环境效果来提供，特效可为场景添加如雾、火焰、模糊等特殊效果。

### 1.3.2 我的第一个作品——飞翔的文字

前面讲解了 3ds Max 9 的一些基础知识，通过这些知识的学习，使用户了解了其界面的基本内容，对象的基本操作，如移动物体、缩放物体、旋转物体和复制物体等。现在做一个入门动画练习。

本例将制作如图 1.49 所示的一个简单三维动画场景，让读者走进 3ds Max 9 的世界，初步领略 3ds Max 9 的迷人之处。

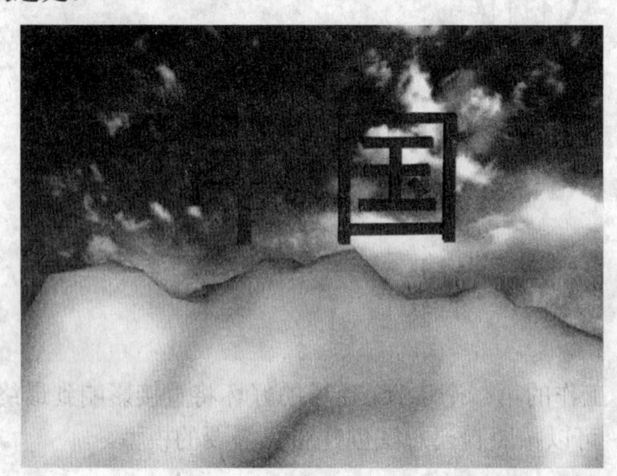

图 1.49 “飞翔的文字”动画场景

首先，运用建模功能的基本功能制作一座山峰与文字模型，设置文字模型材质并指定给它，然后，运用 3ds Max 中的动画制作功能使文字活动起来，最后，进行渲染输出。本实例比较简单，先不需要设置灯光与摄影机，在后面相关章节中再学习其设置方法。

1. 建模

操作步骤如下。

① 执行“文件”→“重置”命令，重新初始化 3ds Max 9，将创建一个全新的场景。在顶

视图上单击，激活顶视图。

② 在“创建”面板中，单击“几何体”按钮，在“几何体”对象类型中，单击“长方体”按钮，然后在顶视图上用鼠标拖拽出一个立方体，如图 1.50 所示。

③ 用鼠标选择命令面板，通过键盘输入的方式，对于长宽高尺寸进行快速调整，设定相关参数，如图 1.51 所示。

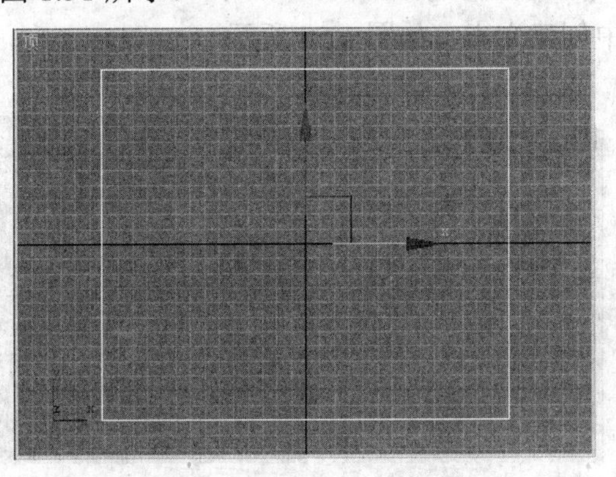

图 1.50　创建一个立方体

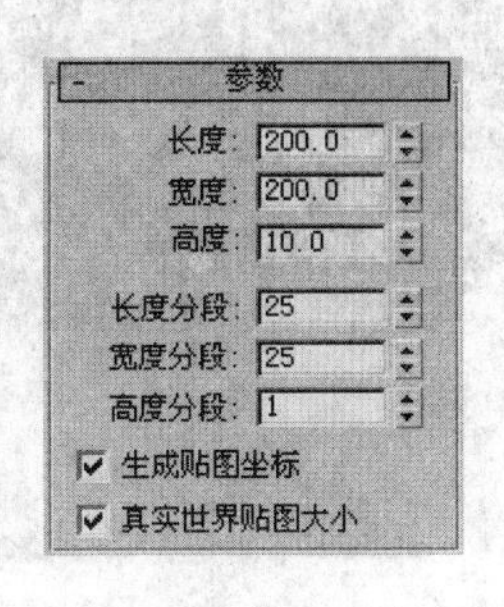


图 1.51　设定立方体参数

**提　示**

❖加长与宽的分段数增加了立方体的复杂程度，将来用它制作起伏的山脉时有更多的控制顶点。

④ 改变立方体的颜色。在物体名称栏右侧有一个颜色按钮，它代表当前物体的显示颜色，现在用鼠标去选择它，弹出“对象颜色”对话框，选择左下角的浅蓝色色块，按下“确定”按钮，如图 1.52 所示。现在立方体以浅蓝色方式显示。

⑤ 进入“修改”面板，打开“修改器”下拉列表，选取“噪波”选项，设定相关参数，如图 1.53 所示。其中可以通过调节“强度”选项区中的 Z 参数值调整山峰的高度。

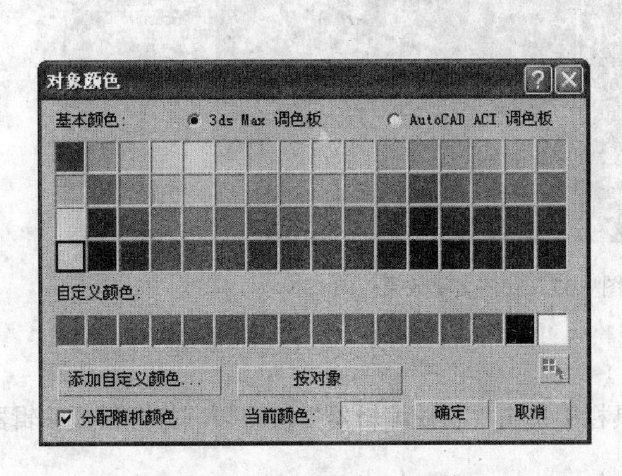


图 1.52　“对象颜色”对话框

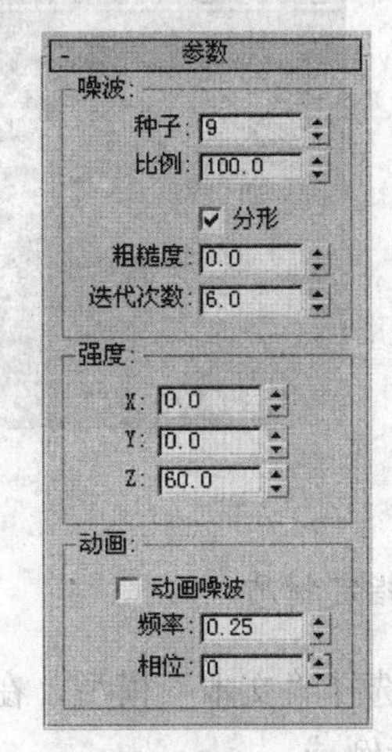


图 1.53　“噪波”参数

⑥ 激活透视图调整视图角度。在 3ds Max 中，任意视图的角度都可以进行轻松的调整，

角度工具位于屏幕的右下角。调整时可在绿色圆圈内或圆圈外，或 4 个绿方框上进行不同方式的调整。可以通过窗口右下角的“旋转”和“镜头调节”按钮，来调节山峰在“透视图”中的位置，使其看起来更加真实一些，如图 1.54 所示。

⑦ 在“创建”面板中，单击“图形”按钮，在“图形”对象类型中，单击“文本”按钮，然后在【参数】卷展栏中输入文本，设置参数如图 1.55 所示。

⑧ 在前视图中单击，即可在场景中创建文本，如图 1.56 所示。

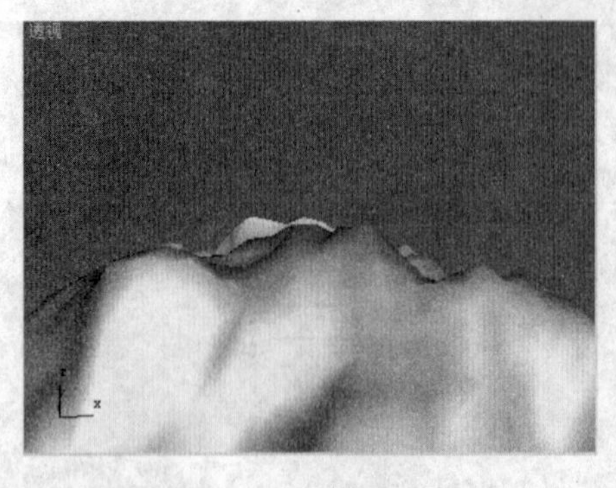

图 1.54 “透视图”雪山效果

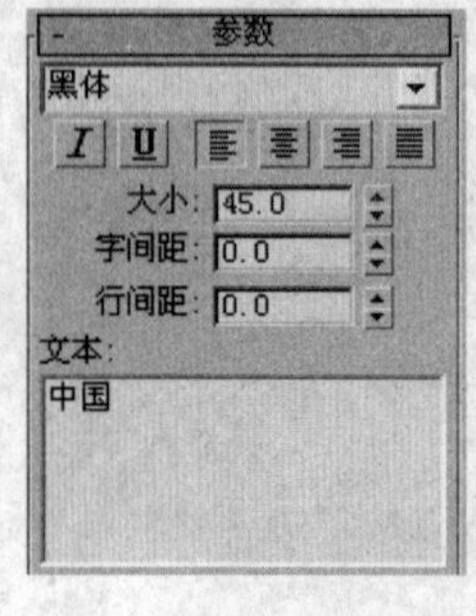


图 1.55 字体参数设置

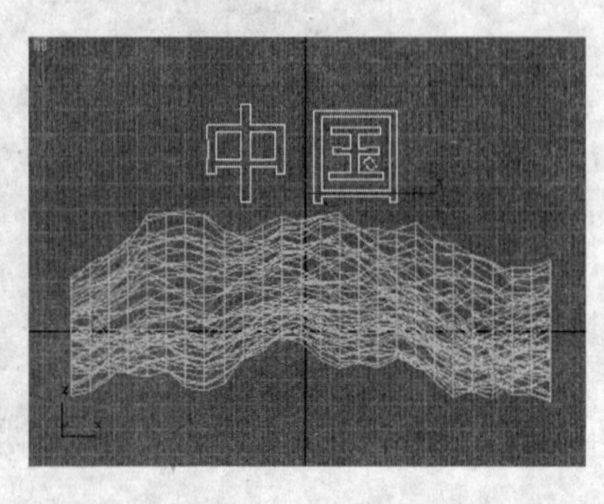


图 1.56 在场景中创建文本

⑨ 进入“修改”面板，打开“修改器”下拉列表，选取“挤出”选项，在【参数】卷展栏中设置“数量”为 6，此时得到的立体文字效果如图 1.57 所示（挤出的厚度如果不满意，可随时调整“数量”参数值）。

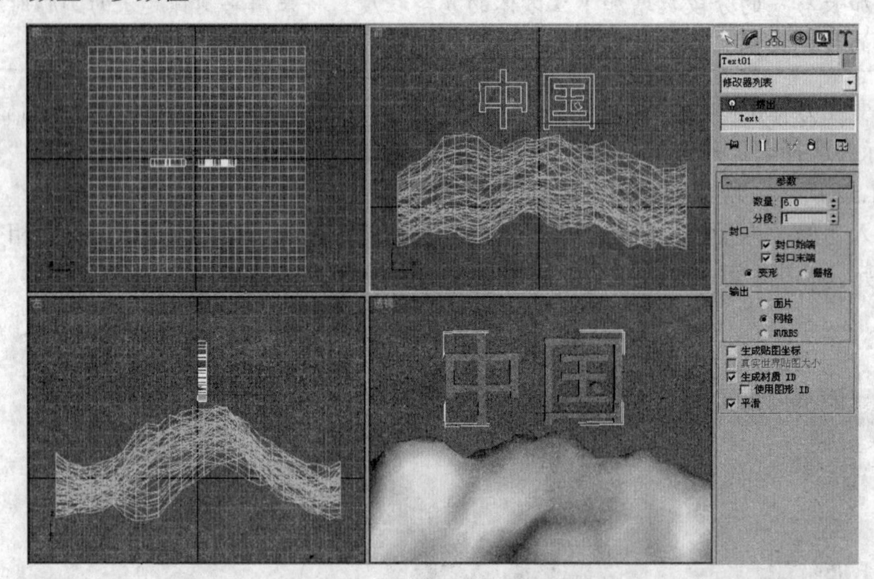


图 1.57 立体文字效果

2. 指定材质

① 选择“文本”模型，在主工具栏中单击“材质编辑器”按钮，打开材质编辑器，选择一个示例球。

② 单击“漫反射”旁的色块，在开启的“颜色选择器”中可以为材质表面设置颜色，颜色值可以根据自己的喜好来设定，如设置“红”、“绿”、“蓝”值分别为 215、0、0。为了增加

质感，可调节高光级别与光泽度参数，如图 1.58 所示。

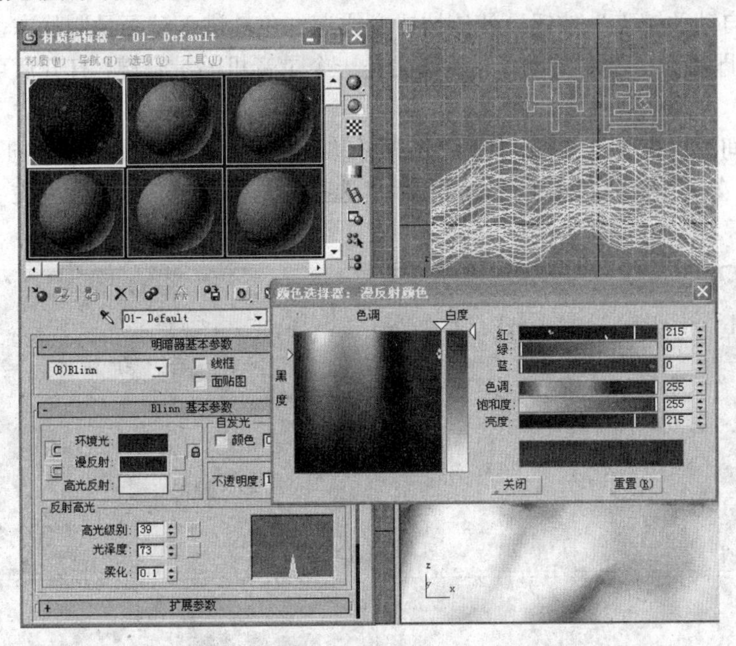


图 1.58　在“颜色选择器”中设置颜色

③ 使用“指定材质给对象”按钮，将该材质指定给“文本”模型，物体即时显示出材质颜色，如图 1.59 所示。

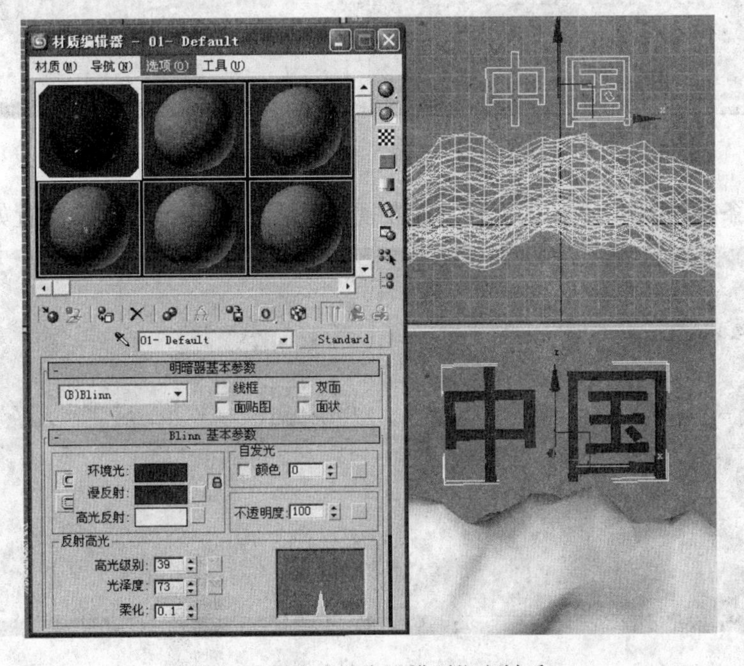


图 1.59　给“文本”模型指定材质

3. 设置文字飞动动画

① 确认“文字”为当前选择物体，按下屏幕底端中央的“锁定选择”按钮，这样“文

字”被锁定，用户只能在视口中移动“文字”，而不能移动群山。

② 按下“自动关键点”按钮，使该按钮变成深红色，进入动画录制状态，然后在不同帧做不同的改变，即可产生不同的动作，就好比是一个录音机的录音键，打开后可以记录你的一切声音。

③ 再将时间滑块拖至第 0 帧，使用“选择并移动”工具，在左视图中向下移动“文字”，在顶视图中将“文字”移动到左上角，再使用“选择并均匀缩放”工具使文字缩小，最后效果如图 1.60 所示。

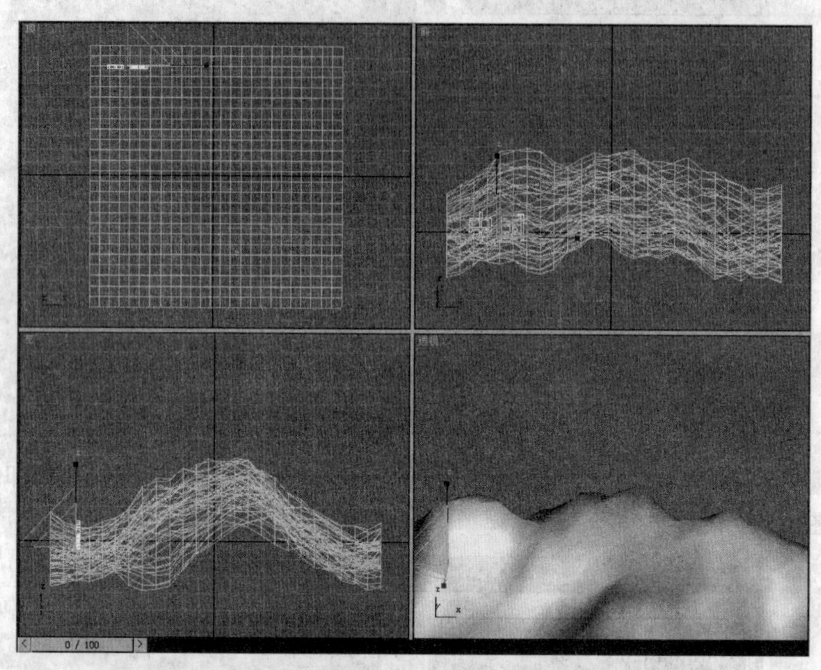


图 1.60　设置“文字”第 0 帧动画初始状态

④ 把进度条拖动到第 30 帧的位置，在左视图中适当上移“文字”，位置如图 1.61 所示。

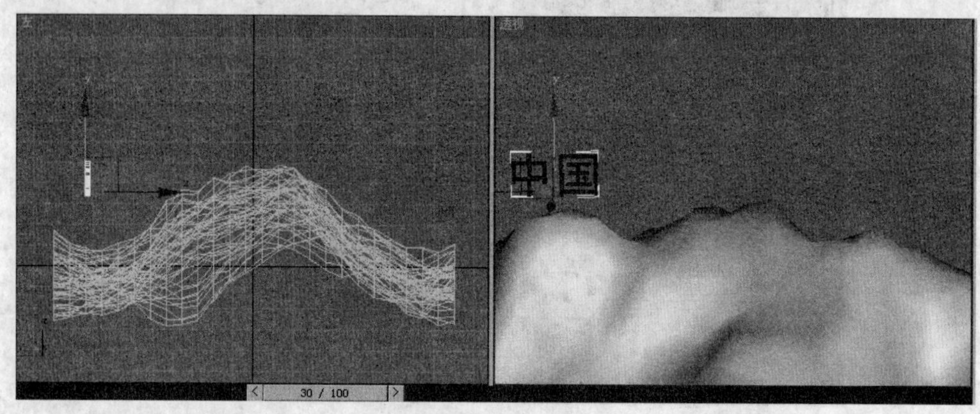


图 1.61　第 30 帧的效果图

⑤ 把进度条拖动到第 60 帧的位置，分别在“顶”与“左”视图中适当移动“文字”，使文字向屏幕前部靠近，然后再使用“选择并均匀缩放”工具使文字放大，最后效果如图 1.62 所示。

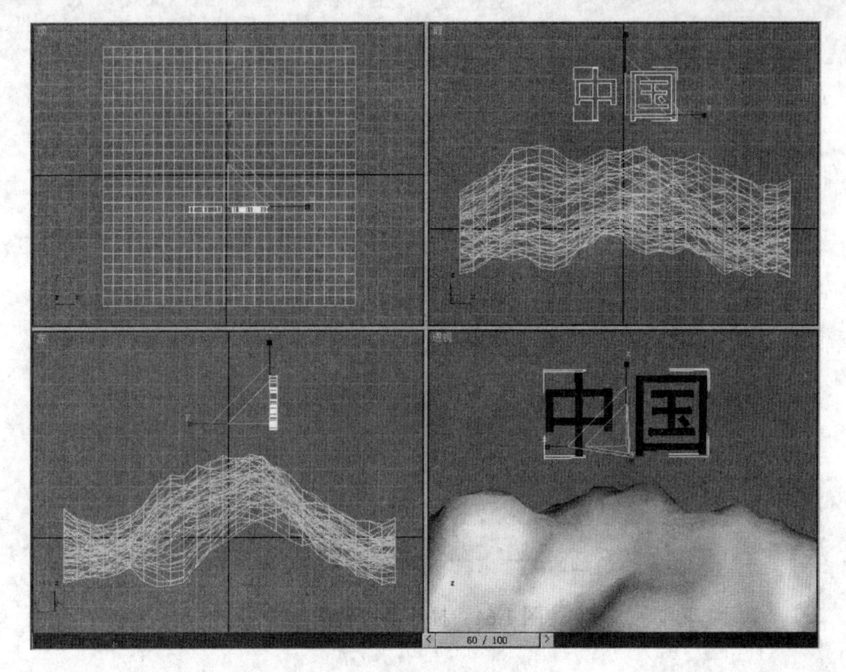


图1.62 第60帧的效果图

⑥ 把进度条拖动到第 80 帧的位置，在主工具栏中按下“角度捕捉切换”按钮，然后再使用“选择并旋转”工具使文字旋转360°，效果如图1.63所示。

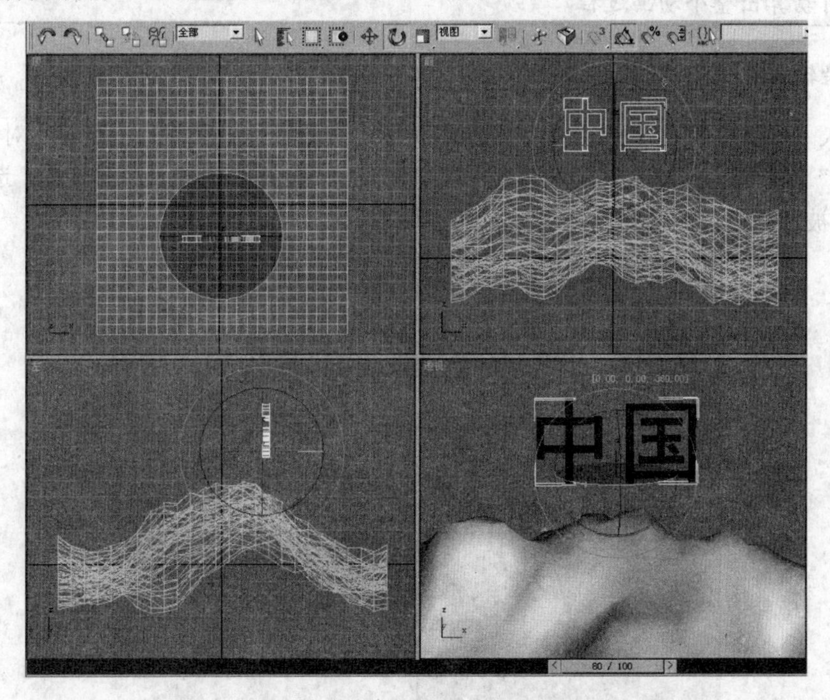


图1.63 第80帧的效果图

⑦ 把进度条拖动到第100帧的位置，最后把文字移到视图中部。关闭“自动关键点”按钮，单击“播放动画”按钮，在“透视”视口中播放动画，可观察到“文字”几何体在透视图中的运动过程，如图1.64所示。

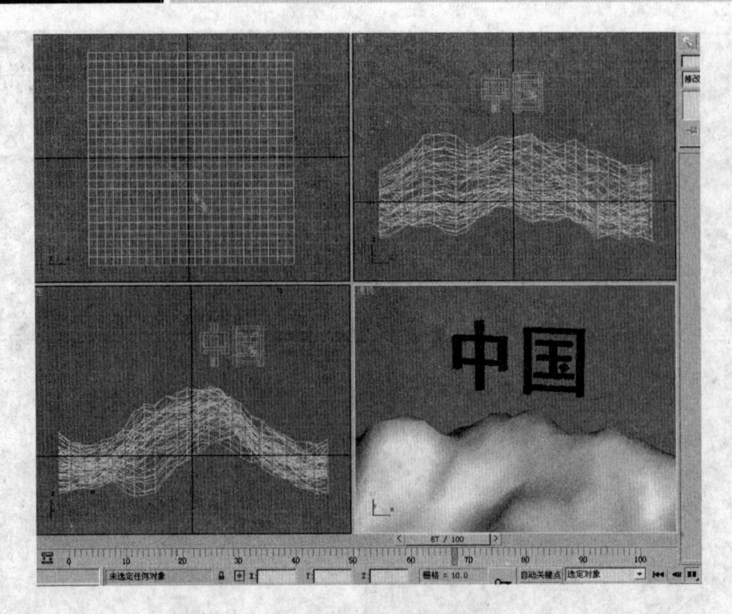

图 1.64　播放动画效果

**提　示**

❖3ds Max 为动画制作提供了强大的功能，读者只要设定了关键帧的画面，系统将自动算出整个动画过程。

4. 渲染输出

① 进入“工具”面板，单击“资源浏览器”按钮，弹出“资源浏览器”对话框，选择一幅“天空”背景图，拖动文件到“透视”视口，弹出“位图视口放置”对话框，选择“确定”即可。此时被选择的位图已作为背景显示在“透视”视口中，如图 1.65 所示。

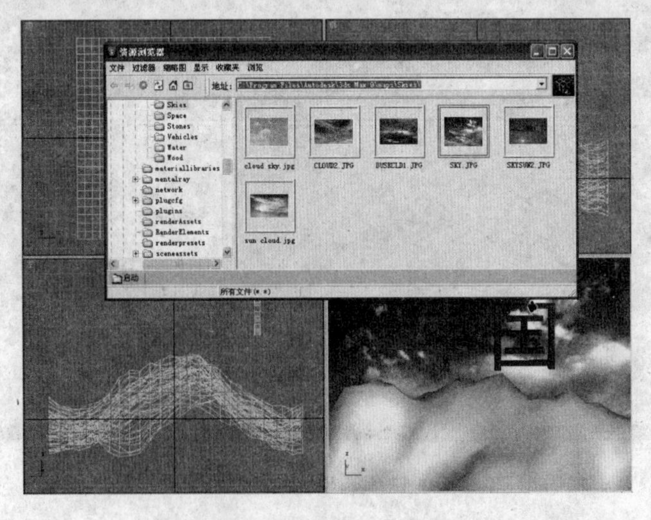

图 1.65　设置背景环境

② 现在所有的制作工作都完成了，你一定希望将这个有意义的开端文件进行保存。执行“文件”→“保存”命令，再打开“文件另存为”对话框，在该对话框中设置保存的路径和文

件名称，然后单击“保存”按钮。这样就可以把刚刚创建的场景保存起来了。

③ 激活“渲染场景”按钮，弹出“渲染场景”对话框，在对话框中，设置“时间输出”为“活动时间段”或选择“范围”，设置输出大小，在“渲染输出”组合框中单击“文件”按钮，弹出“渲染输出文件”对话框，输入文件名，选择保存类型为“AVI 文件”，在弹出的“AVI 文件压缩设置”对话框中使用默认方式，再单击“确定”按钮即可，如图 1.66 所示。

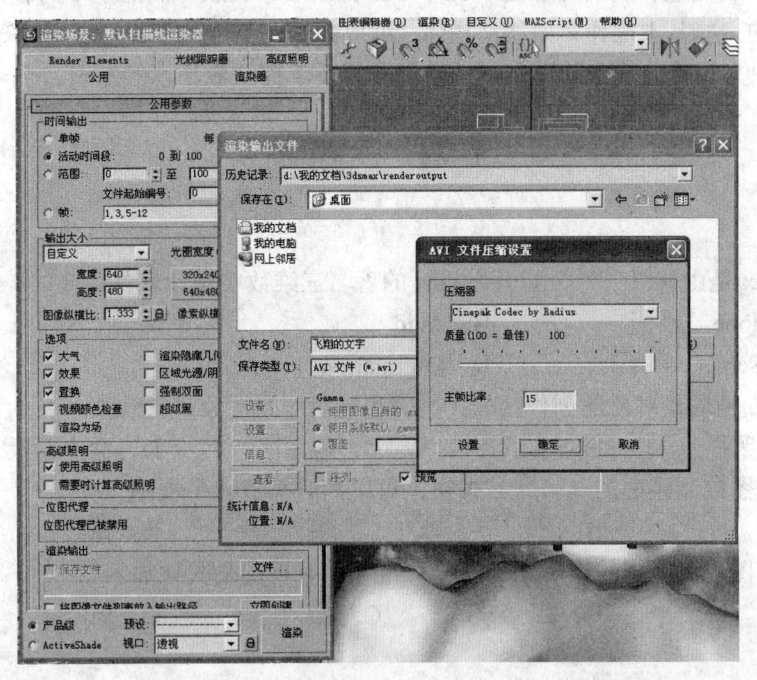


图 1.66　设置渲染输出文件名与类型

④ 在“渲染场景”对话框中，单击“渲染”按钮即可逐帧渲染输出最终的 AVI 动画文件，如图 1.67 所示。

图 1.67　渲染输出动画文件

## 本章要点

本章介绍了有关 3ds Max 9 中文版的功能及应用领域。用户只有了解了相应的功能，才有兴趣去学习它和使用它。另外本章还介绍了 3ds Max 9 中文版界面的基本内容，掌握使用 3ds Max 9 中文版的一些基本操作，如移动物体、缩放物体、旋转物体和复制物体等。这些都是使用 3ds Max 9 中文版的最基本的操作，都是用户需要掌握的最基本的知识。

# 习　题

## 一、选择题

1．3ds Max 是由（　　）公司开发设计的著名三维数字设计软件。

A．Adobe　　B．Avid

C．Discreet　　D．Digimation

2．（　　）是场景对象的创作区域，同时也能对场景对象进行观察。

A．标题栏　　B．主工具栏　　C．视图区　　D．命令面板

3．单击视图控制区中的（　　）按钮，可以同时缩放 4 个视图。

A．　　B．　　C．　　D．

4．单击视图控制区中的（　　）按钮，可使所有视图最大化显示。

A．　　B．　　C．　　D．

## 二、操作题

自由设计制作一茶壶在茶几表面飘移的动画，单帧效果图如图 1.68 所示（提示：茶几可运用“长方体”工具制作，使用【Shift】+的方法制作茶几腿，再运用“选择并移动”工具调整各对象的位置关系）。

图 1.68　茶壶飘移动画单帧的效果图

# 第 2 章

# 基础建模

用 3ds Max 创建模型类似于用积木搭建房屋，主要是利用软件提供的各种几何体建立基本的结构，再对它们进行适当的修改，直至最后建好模型。在本章中主要介绍各种基本几何体和图形的创建，包括标准基本体、扩展基本体和二维图形的创建，以及对基本几何体的各种修改方法，包括二维修改器和三维修改器命令，对几何体使用复合命令生成新模型的方法。

**学习目标**

- 掌握标准基本体和扩展基本体的创建。
- 掌握二维图形的创建。
- 掌握常用二维修改器命令的使用，包括挤出、倒角和车削。
- 掌握常用三维修改器命令的使用，包括弯曲、扭曲、锥化、噪波命令的使用。
- 掌握常用复合对象建模的方法，包括布尔和放样。

# 2.1 标准基本体的使用

标准基本体是 3ds Max 提供的基本造型模型，该软件系统提供了 10 种基本模型给用户在做造型时使用。

## 2.1.1 标准基本体的使用——简易桌椅

通过制作如图 2.1 所示的“简易桌椅”的实例，学习标准基本体的创建、修改以及使用标准基本体进行三维效果表现的方法和技巧。

1. 认识标准基本体

标准基本体是 3ds Max 提供的一些最基本的造型，可利用标准基本体类似于积木搭建房屋一样组合成复杂的造型。

2. 创建扩展基本体

单击按钮进入“创建”面板，单击“几何体”按钮，进入几何体子命令面板，在其下拉列表中选择“标准基本体”选项，如图 2.2 所示，在【对象类型】卷展栏中显示标准基本体对象和创建按钮，如图 2.3 所示，激活相关按钮，即可在视图中创建标准基本体的实体模型。

图 2.1 “简易桌椅”效果图

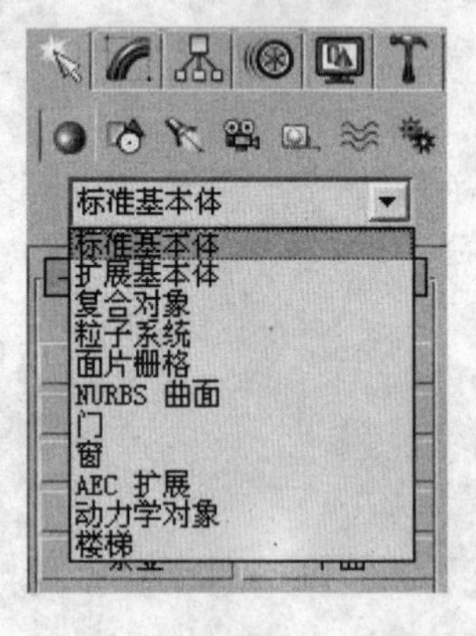


图 2.2 “几何体”下拉列表

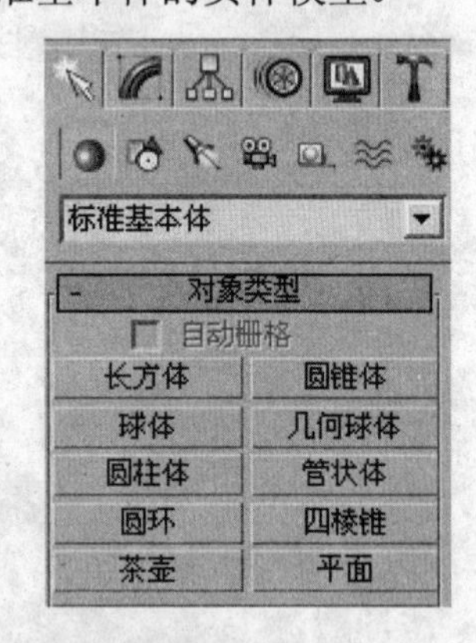


图 2.3 “对象类型”卷展栏

（1）创建“长方体”

使用“长方体”功能可以创建长方体。

在【对象类型】卷展栏中激活“长方体”按钮，在任一视图中拖动鼠标以定义长方体的底部矩形尺寸。松开鼠标上移或下移鼠标定义长方体的高度，如图 2.4 所示，再次单击鼠标左键完成长方体创建。

**提 示**

❖如果要创建立方体，可以在【创建方法】卷展栏中，单击“立方体”选项即可。

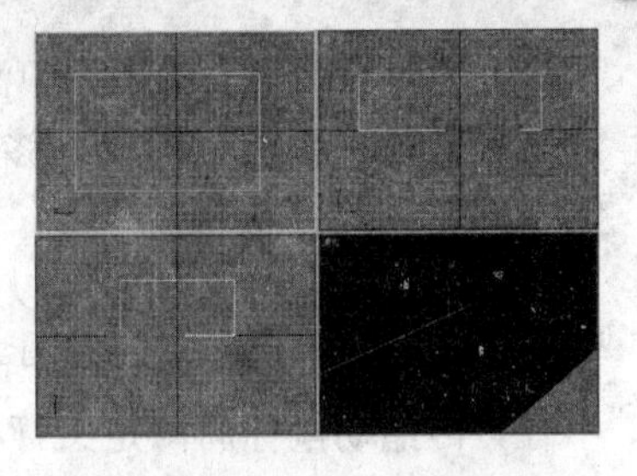

图 2.4 “长方体”的创建

（2）创建“圆锥体”

使用“圆锥体”功能可以创建圆锥体。

在【对象类型】卷展栏中激活“圆锥体”按钮，在任一视图中拖动鼠标以定义圆锥体的底部圆形半径。松开鼠标上移或下移鼠标定义圆锥体的高度（此时形状为柱体），如图 2.5（a）所示，单击鼠标左键并向内或向外移动，定义圆锥体另一端的半径，如图 2.5（b）所示，再次单击即完成圆锥体创建。

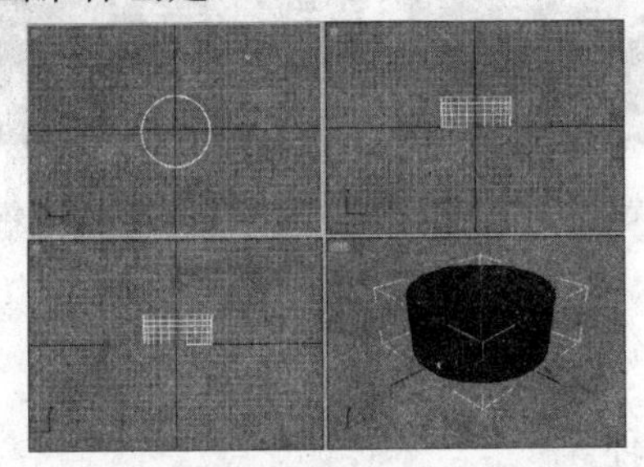

（a）圆柱体

（b）圆锥体

图 2.5 圆锥体的创建

（3）创建“球体”

使用“球体”功能可以创建球体。

在【对象类型】卷展栏中激活“球体”按钮，在任一视图中拖动鼠标以定义球体半径，如图 2.6 所示，单击完成球体创建。

（4）创建“几何球体”

使用“几何球体”功能可以创建几何球体，它与球体在效果上完全相同，所不同的是几何球体是由三角面拼接而成的。

在【对象类型】卷展栏中激活“几何球体”按钮，在任一视图中拖动鼠标以定义球体半径，如图 2.7 所示，单击完成几何球体创建。

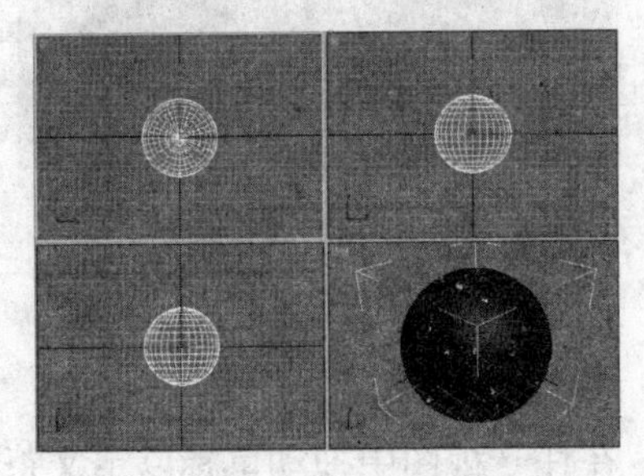

图 2.6 球体

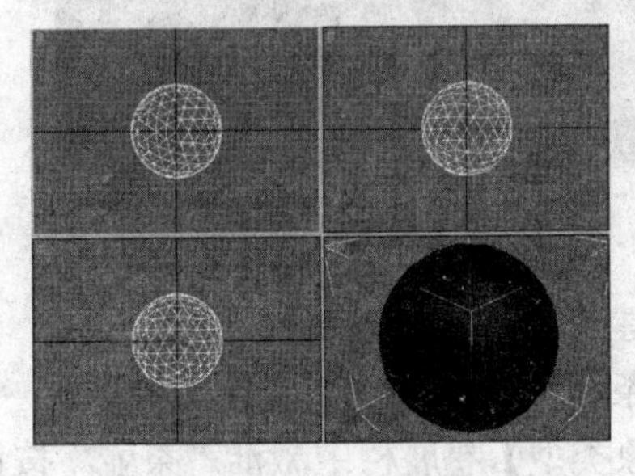

图 2.7 几何球体

（5）创建“圆柱体”

使用“圆柱体”功能可以创建圆柱体。

在【对象类型】卷展栏中激活“圆柱体”按钮，在任一视图中拖动鼠标以定义圆柱体的底面半径。松开鼠标上移或下移鼠标定义圆柱体的高度，如图2.8所示，单击完成圆柱体创建。

（6）创建“管状体”

使用“管状体”功能可以创建管状体。

在【对象类型】卷展栏中激活“管状体”按钮，在任一视图中拖动鼠标以定义管状体的外半径，再拖动鼠标向内定义管状体的内半径，单击完成管状体底面，如图2.9（a）所示。松开鼠标上移或下移鼠标定义管状体的高度，如图2.9（b）所示，单击即完成管状体创建。

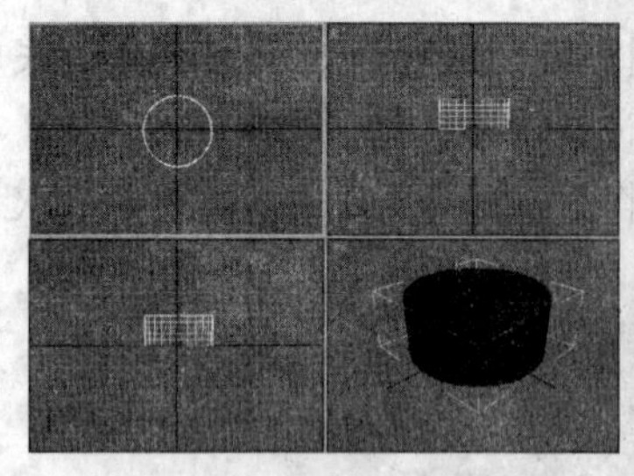

图2.8　圆柱体

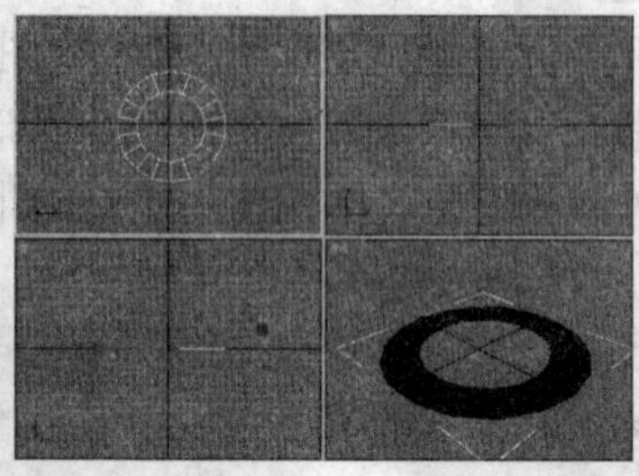

（a）管状体底面

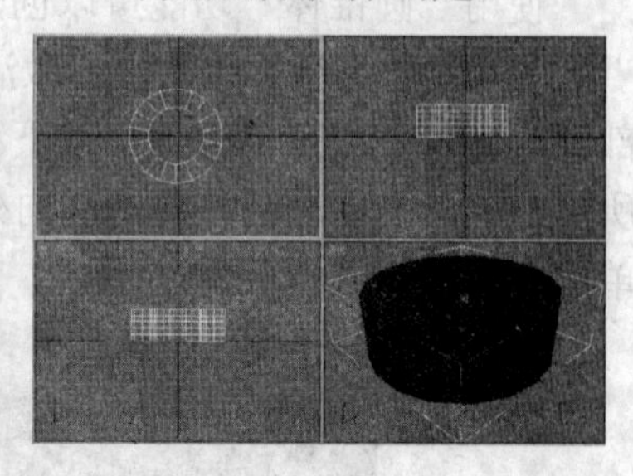

（b）管状体

图2.9　管状体的创建

（7）创建“圆环”

使用“圆环”功能可以创建（轮胎状的）圆环。

在【对象类型】卷展栏中激活“圆环”按钮，在任一视图中拖动鼠标以定义圆环的外半径，再向内拖动鼠标定义圆环的内半径，如图2.10所示。单击完成圆环创建。

（8）创建“四棱锥”

使用“四棱锥”功能可以创建四棱锥。

在【对象类型】卷展栏中激活“四棱锥”按钮，在任一视图中拖动鼠标以定义四棱锥的底面。松开鼠标上移或下移鼠标定义四棱锥的高度，如图2.11所示，单击完成四棱锥创建。

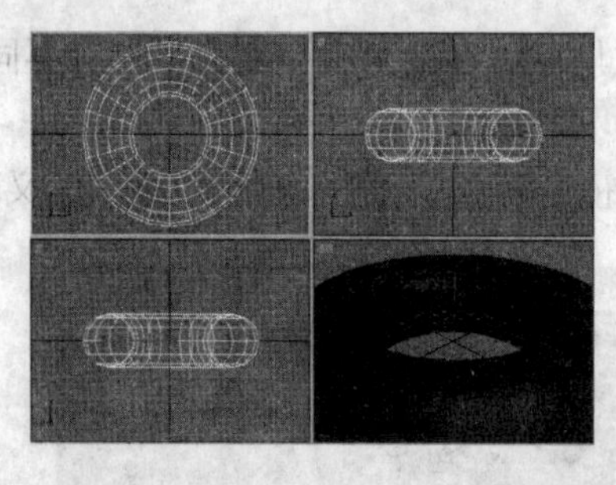

图2.10　圆环

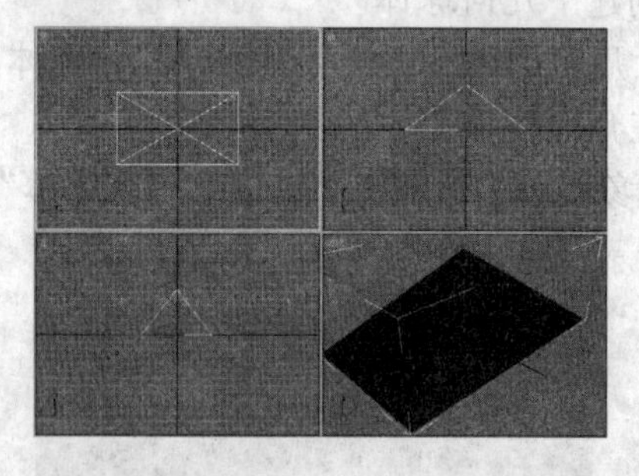

图2.11　四棱锥

（9）创建“茶壶”

使用“茶壶”功能可以创建茶壶模型。

在【对象类型】卷展栏中激活“茶壶”按钮，在任一视图中拖动鼠标以定义茶壶大小，如图2.12所示，松开鼠标左键完成茶壶创建。

（10）创建“平面”

使用“平面”功能可以创建平面。

在【对象类型】卷展栏中激活“平面”按钮，在任一视图中拖动鼠标以定义平面大小，如图 2.13 所示。

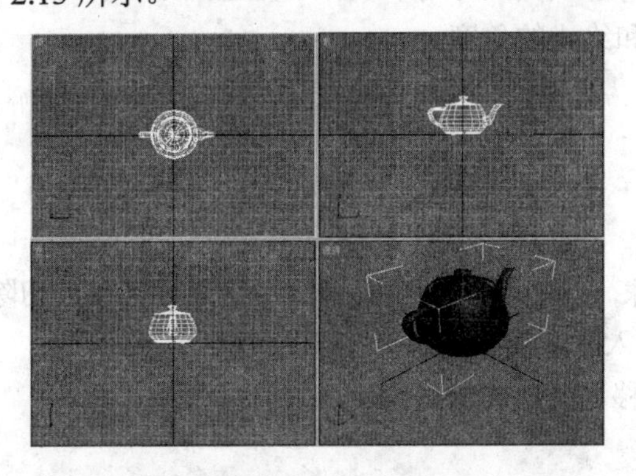

图 2.12 茶壶

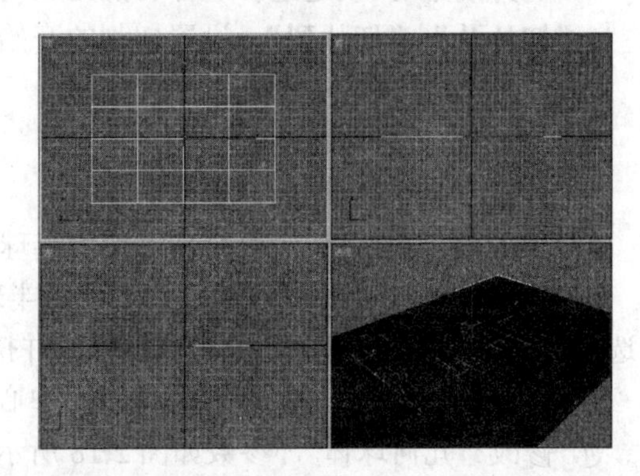

图 2.13 平面

提 示

❖平面是几何体模型中唯一没有厚度的模型，常用于制作地面。

3. 修改标准基本体

修改标准基本体对象需要进入“修改”面板，名称和颜色修改如图 2.14 所示，参数的修改在【参数】卷展栏中。

① 修改“长方体”，参数如图 2.15 所示。

- **“长度”、“宽度”、“高度”**：设置长方体的长度、宽度和高度。
- **“长度分段”、“宽度分段”、“高度分段”**：设置长方体在长宽高上的分段数量。
- **“生成贴图坐标”**：勾选该项可生成坐标地图。
- **“真实世界贴图大小”**：勾选该项可显示真实的贴图大小。

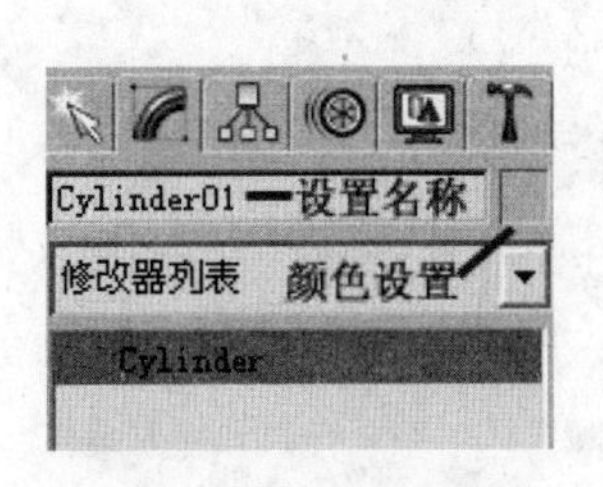


图 2.14 名称和颜色修改

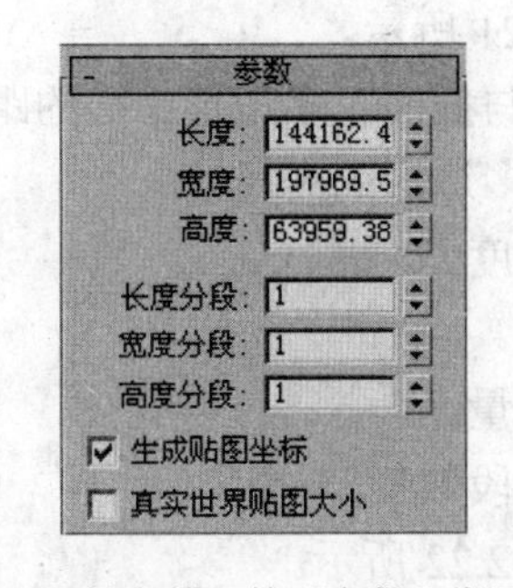


图 2.15 “长方体”的“参数”卷展栏

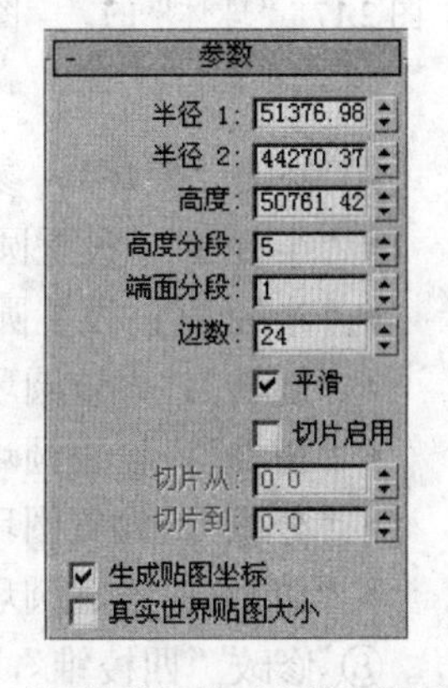


图 2.16 “圆锥体”的“参数”卷展栏

② 修改“圆锥体”，参数如图 2.16 所示。

- **“半径 1”、“半径 2”、“高度”**：设置圆锥体的顶面和底面的半径和高度。
- **“高度分段”、“端面分段”、“边数”**：设置圆锥体在高度上、顶面上和侧面上的分段数量。

● **"平滑"**：设置是否对圆锥体进行平滑处理。

● **"切片启用"**：设定是否进行切割处理，勾选该项，可用于制作不完整圆锥体。

● **"切片从"、"切片到"**：设置切割的开始和终止的角度。

③ 修改"球体"，参数如图 2.17 所示。

● **"半径"**：设置球体的半径。

● **"分段"**：设置球体的分段数量。

● **"半球"**：设置该值，可将球体变为半球。

● **"切除"、"挤压"**：该选项仅用于调整半球，点选"切除"，原来的网格划分格数被切除，点选"挤压"，原来的网格划分格数被保留并挤入剩余的半球。

● **"轴心在底部"**：球体沿自身 Z 轴将中心移动到球体的底部。

④ 修改"几何球体"，参数如图 2.18 所示。

⑤ 修改"圆柱体"，参数如图 2.19 所示。

⑥ 修改"管状体"，参数如图 2.20 所示。

● **"半径 1"、"半径 2"**：设置管状体的内外半径。

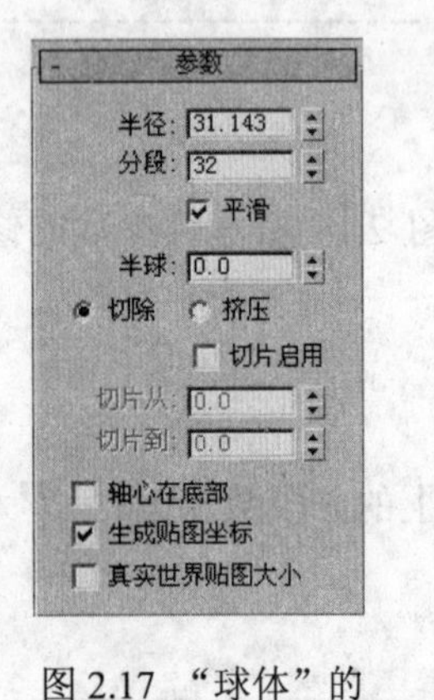


图 2.17 "球体"的"参数"卷展栏

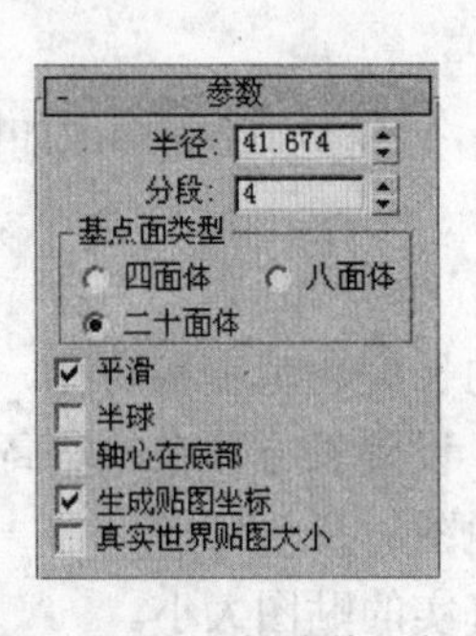


图 2.18 "几何球体"的"参数"卷展栏

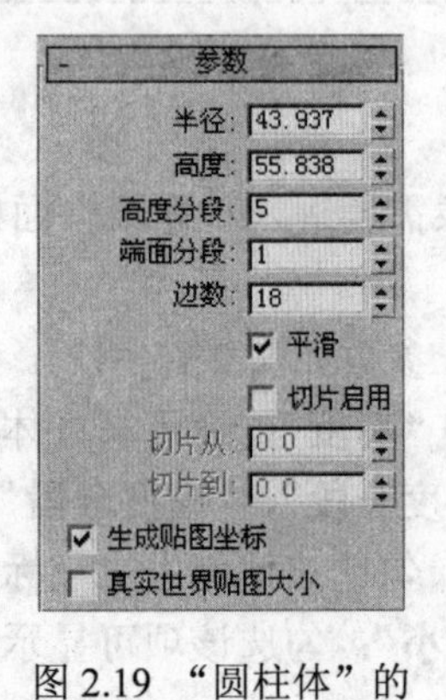


图 2.19 "圆柱体"的"参数"卷展栏

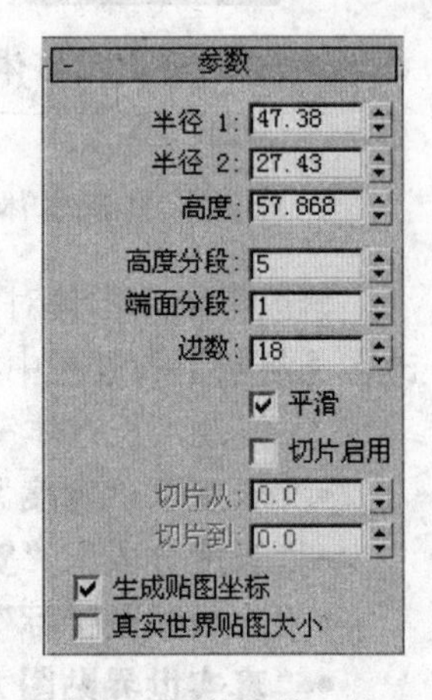


图 2.20 "管状体"的"参数"卷展栏

⑦ 修改"圆环"，参数如图 2.21 所示。

● **"半径 1"**：设置圆环的中心与截面正多边形中心的距离。

● **"半径 2"**：设置圆环截面正多边形的内径。

● **"旋转"**：设置圆环的旋转角度。

● **"扭曲"**：设置圆环的扭曲度。

● **"分段"**：设置圆环的分段数量。

● **"边数"**：设置圆环截面的分段数量。

⑧ 修改"四棱锥"，参数如图 2.22 所示。

● **"宽度"、"深度"、"高度"**：设置四棱锥的宽度、深度和高度。

⑨ 修改"茶壶"，参数如图 2.23 所示。

● **"茶壶部件"**：设置茶壶各部件的显示。

⑩ 修改"平面"，参数如图 2.24 所示。

● **"渲染倍增"**：设置平面渲染的缩放比例和渲染的密度，只在渲染时才能看出效果。

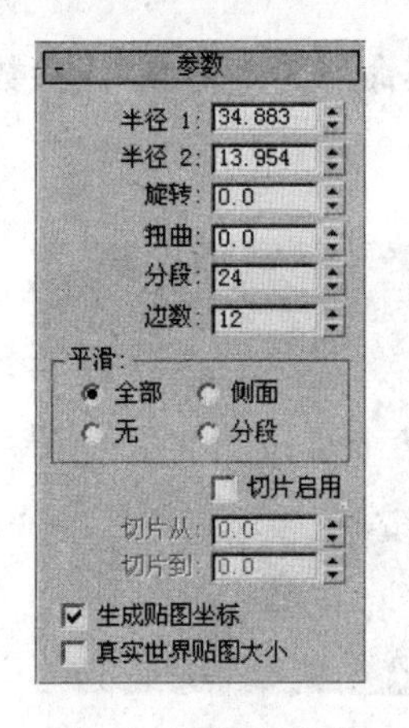


图 2.21 “圆环”的“参数”卷展栏

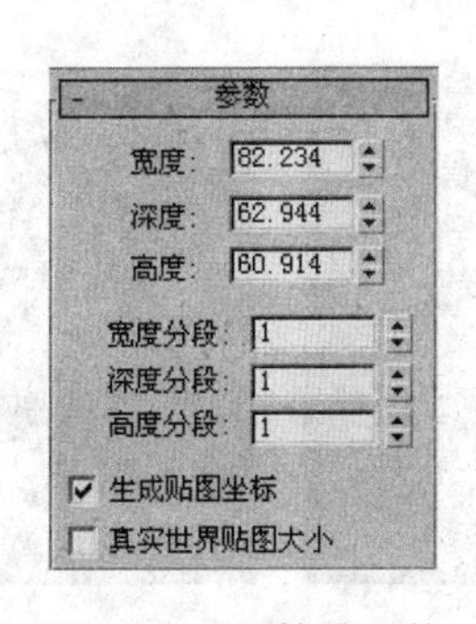


图 2.22 “四棱锥”的“参数”卷展栏

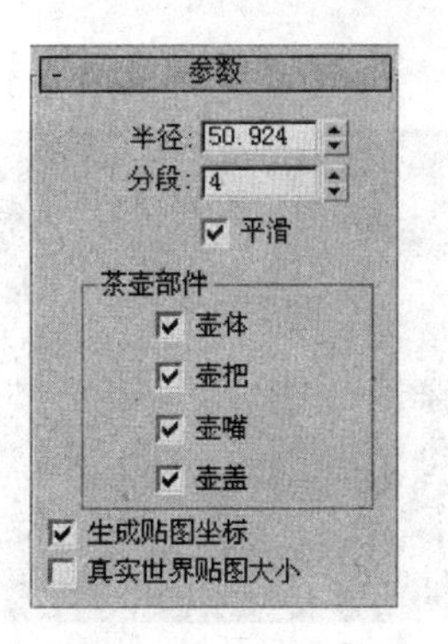


图 2.23 “茶壶”的“参数”卷展栏

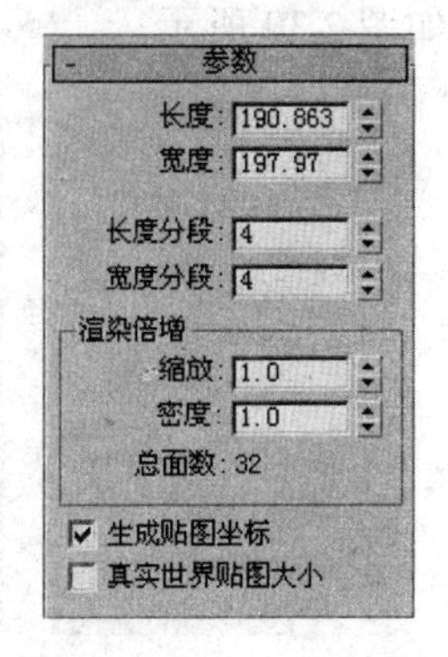


图 2.24 “平面”的“参数”卷展栏

本节制作的“简易桌椅”主要由桌子和椅子构成。本例主要使用长方体和圆柱体组合构成，其中桌面、椅面和椅背由长方体构成，桌腿和椅腿由圆柱体构成。

（1）制作桌子模型

① 单击按钮进入“创建”面板，单击“几何体”按钮，进入几何体子命令面板，在其下拉列表中选择“标准基本体”选项，在顶视图中创建一个“长方体”，将其命名为“桌面”，参数如图 2.25 所示，效果如图 2.26 所示。

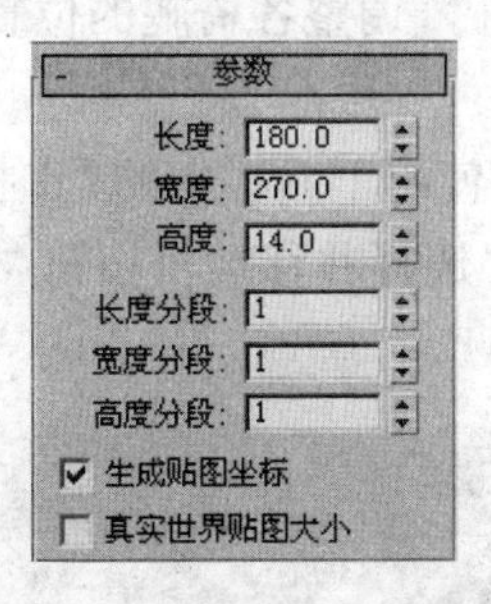


图 2.25 设置长方体参数

图 2.26 长方体效果

② 在顶视图中创建圆柱体，将其命名为“桌腿”，使用工具栏中的“选择并移动”按钮调整桌腿的位置，参数如图 2.27 所示，效果如图 2.28 所示。

③ 按住【Shift】键，使用工具栏中的“选择并移动”按钮，以“实例”的方式将“桌腿”复制 3 个，再使用工具栏中的“选择并移动”按钮，调整各桌腿的位置，完成桌子模型的制作，效果如图 2.29 所示。

（2）制作椅子模型

① 单击按钮进入“创建”面板，单击“几何体”按钮，进入几何体子命令面板，在

其下拉列表中选择“标准基本体”选项，在顶视图中创建长方体，将其命名为“椅面”，参数如图 2.30 所示。

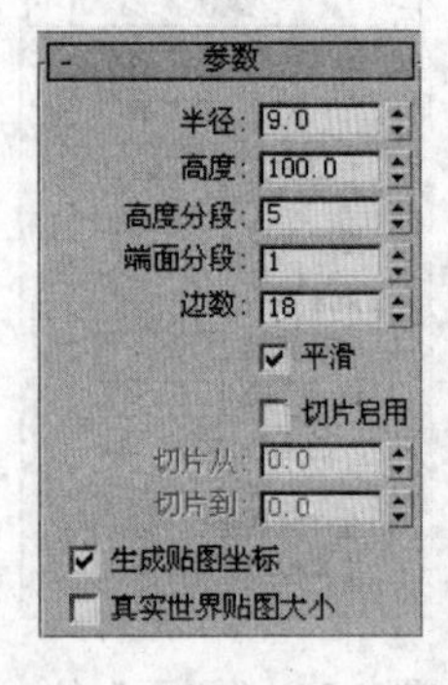


图 2.27　设置圆柱体参数

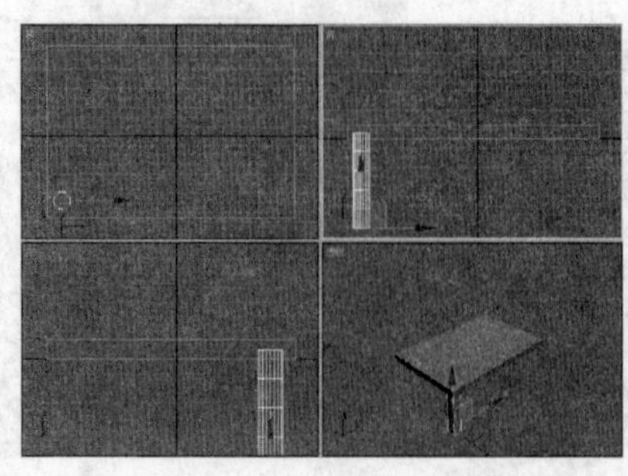

图 2.28　圆柱体效果

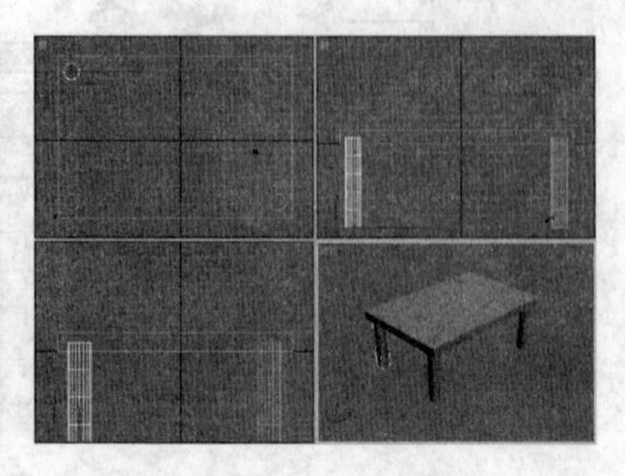

图 2.29　桌子模型效果图

② 在顶视图中创建圆柱体，将其命名为“椅腿”，使用工具栏中的“选择并移动”按钮调整椅腿的位置，参数如图 2.31 所示，效果如图 2.32 所示。

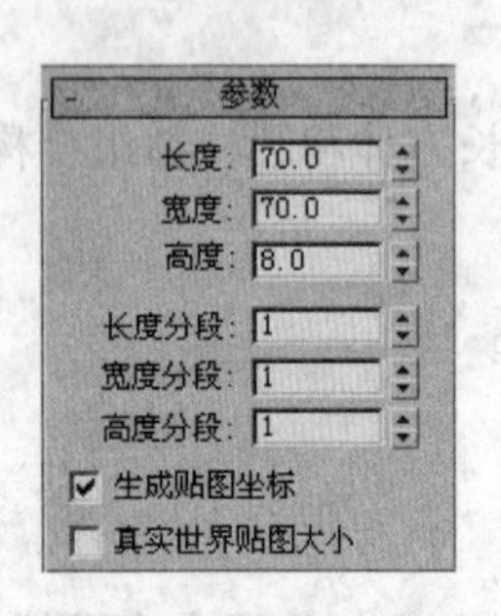


图 2.30　设置椅面参数

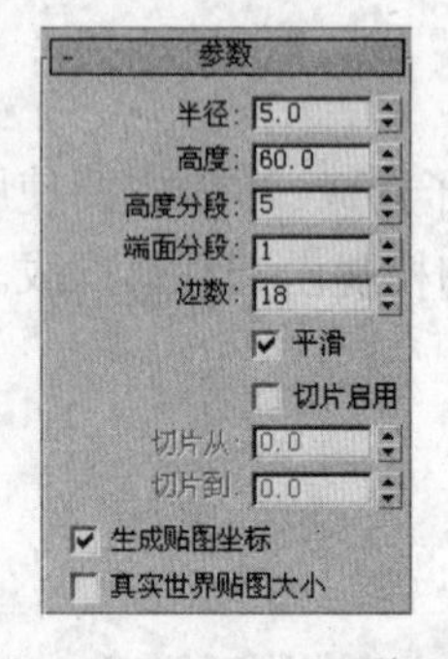


图 2.31　设置圆柱体参数

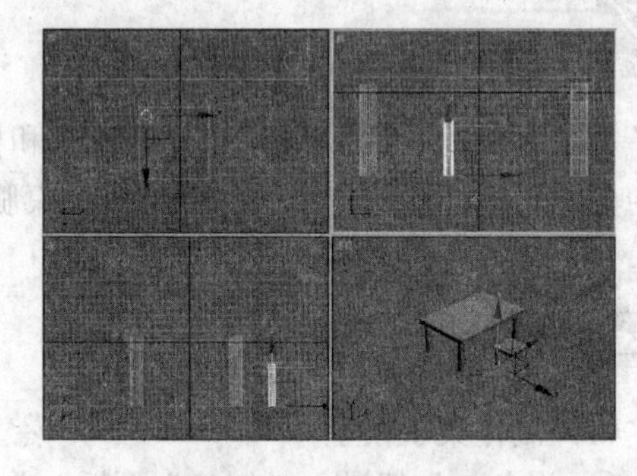

图 2.32　圆柱体效果

③ 按住【Shift】键，使用工具栏中的“选择并移动”按钮，以“实例”的方式将“椅腿”复制 3 个，再使用工具栏中的“选择并移动”按钮调整各椅腿的位置，效果如图 2.33 所示。

④ 在前视图中创建圆柱体，作为椅腿中间的横杠，使用工具栏中的“选择并移动”按钮调整横杠的位置。按住【Shift】键，使用工具栏中的“选择并移动”按钮，以“实例”的方式将横杠复制 1 个，效果如图 2.34 所示。

图 2.33　调整椅腿位置

图 2.34　调整横杠位置

⑤ 在顶视图中创建圆柱体，将其命名为“靠背 1”，使用工具栏中的“选择并移动”按钮调整“靠背 1”的位置，参数如图 2.35 所示，效果如图 2.36 所示。

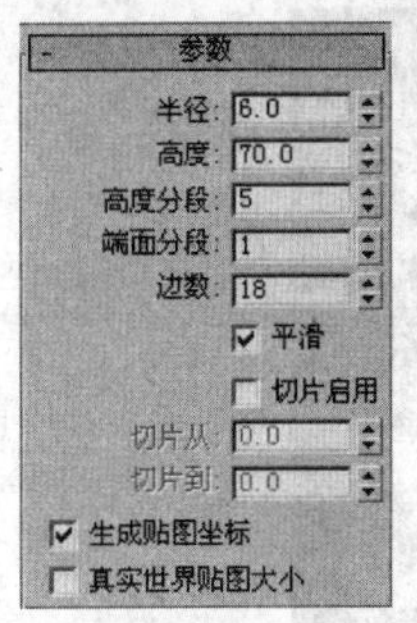


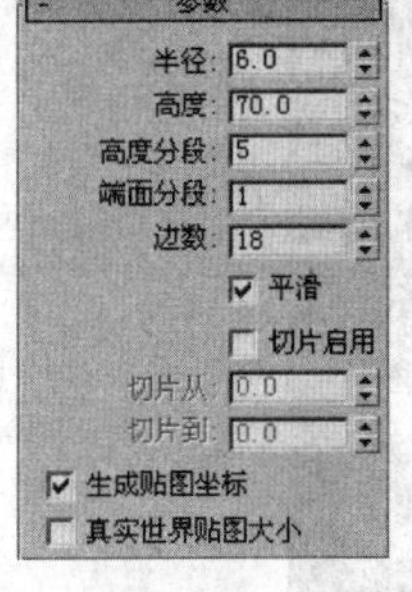

图 2.35　设置圆柱体参数

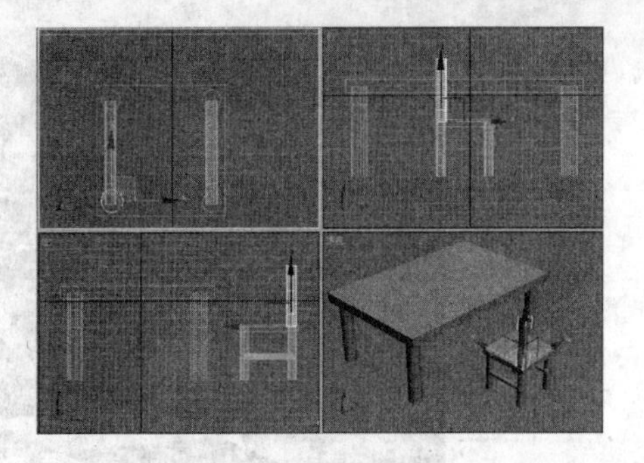

图 2.36　靠背 1 效果

⑥ 按住【Shift】键，使用工具栏中的“选择并移动”按钮，以“实例”的方式将“靠背 1”复制 1 个，效果如图 2.37 所示。

⑦ 在前视图中创建长方体，作为椅子的靠背，效果如图 2.38 所示。

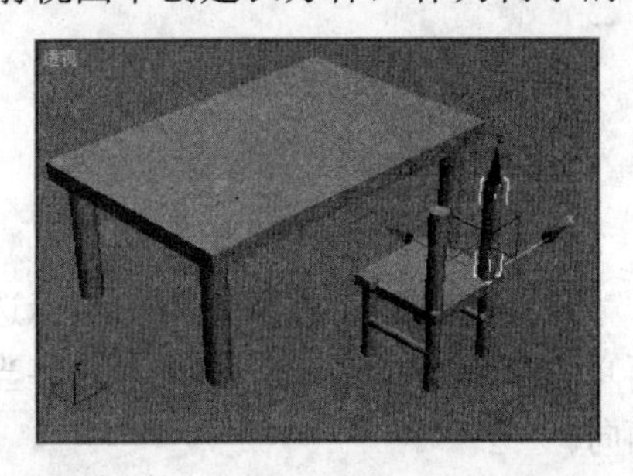

图 2.37　复制靠背

图 2.38　制作椅子靠背

⑧ 将椅子的靠背部分全选中，在左视图中将其旋转，完成椅子模型。效果如图 2.39 所示。

⑨ 将椅子各部分全选中，执行“组”→“成组”命令。按住【Shift】键，使用工具栏中的“选择并移动”按钮，以“实例”的方式将椅子复制 3 张，使用工具栏中的“选择并旋转”按钮调整各椅子的角度并上材质，最终渲染效果如图 2.40 所示。

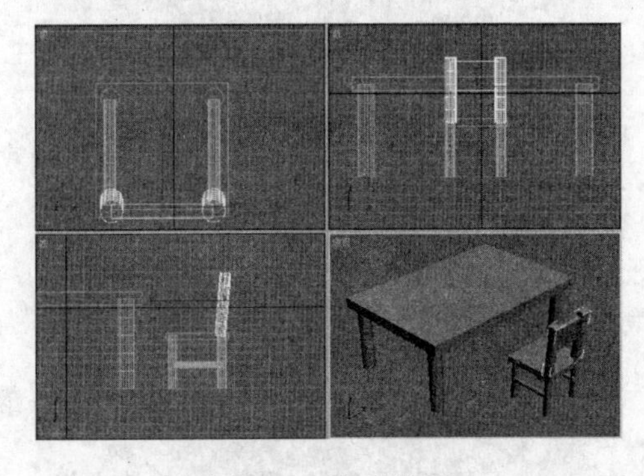

图 2.39　椅子模型

图 2.40　最终效果图

## 2.1.2 圆柱体的使用——制作机器人模型

通过制作如图 2.41 所示的“机器人”模型，学习基本几何形体的综合应用方法和技巧。

图 2.41 “机器人”模型效果图

1. 对象间的对齐

对齐视图中的多个对象可使用工具栏中的“对齐”按钮。在视图中用鼠标选中需要对齐的对象，单击工具栏中“对齐”按钮后，再单击要对齐的对象，弹出“对齐当前选择”对话框，如图 2.42 所示，可设置对齐的位置和轴向。

2. 对象的镜像

在视图中选择需被镜像的对象，单击工具栏中“镜像”按钮，弹出“镜像：屏幕 坐标”对话框，如图 2.43 所示，可设置镜像轴和克隆选项。

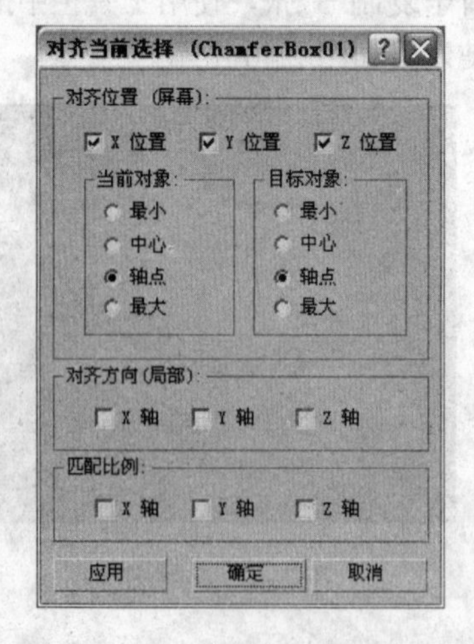


图 2.42 “对齐当前选择”对话框

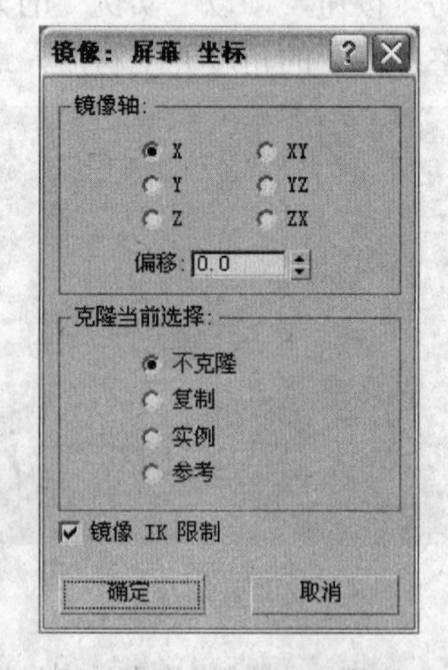


图 2.43 “镜像：屏幕 坐标”对话框

“机器人”模型主要由以下几个部分组成：头部、上臂、躯干、下肢和脚部。本例主要运

用最基本的三维模型作为机器人的结构要素，其中主要运用了圆柱体、长方体、球体等标准几何体来完成制作。

（1）创建头部

① 执行“文件”→“查看图像文件”命令，导入对照的效果图。单击按钮进入“创建”面板，单击“几何体”按钮，进入几何体子命令面板，在其下拉列表中选择“标准基本体”选项，在顶视图中创建圆柱体，将圆柱体的边数设置为 40，作为机器人的脸部模型，参数如图 2.44 所示，效果如图 2.45 所示。

② 在脸部上方，再创建一圆柱体，颜色设置为黑色来作为帽子，使用“对齐”按钮将帽子与脸部对齐，如图 2.46 所示。

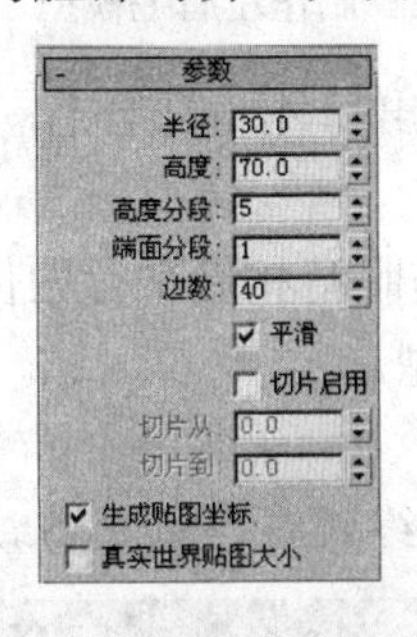


图 2.44 脸部圆柱体参数

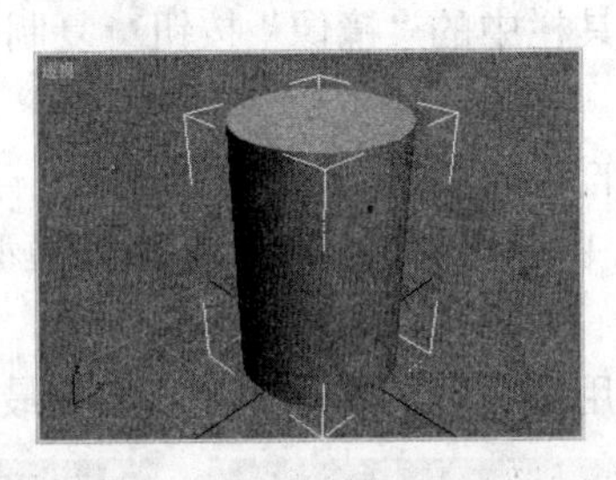

图 2.45 创建脸部

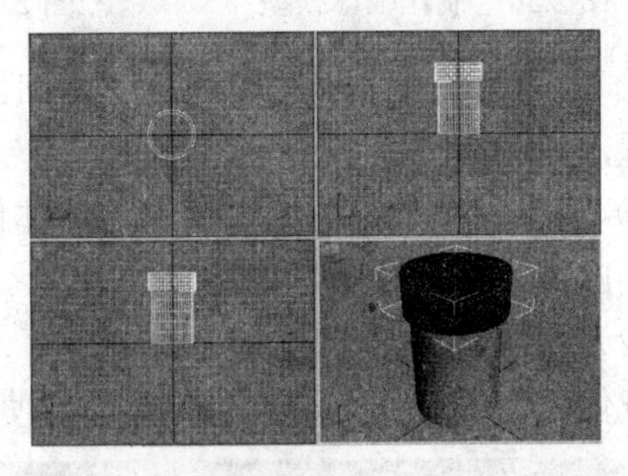

图 2.46 创建帽子

③ 创建一个比帽子半径稍大的圆柱体，将颜色设置为黄色来作为帽檐，将其与帽子中心对齐后，稍微向下移动。按住【Shift】键，使用工具栏中的“选择并移动”按钮，以“实例”的方式将帽檐再复制 1 个，效果如图 2.47 所示。

④ 创建一个比脸部半径稍小的圆柱体作为下巴，使用工具栏中的“选择并移动”按钮将其移动到脸部下方。再创建一个比下巴半径稍大的圆柱体，将其移动到下巴的下方，如图 2.48 所示。

⑤ 在前视图中创建长方体，作为机器人的鼻子，结合三视图使用工具栏中的“选择并移动”按钮调整鼻子的位置，如图 2.49 所示。

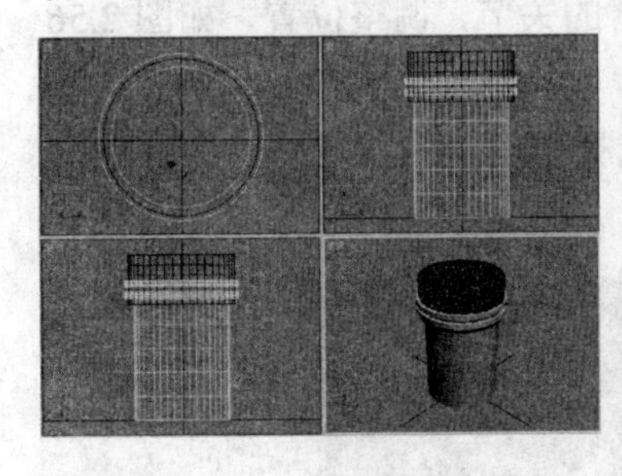

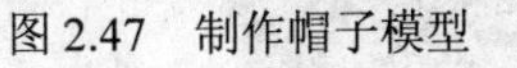

图 2.47 制作帽子模型

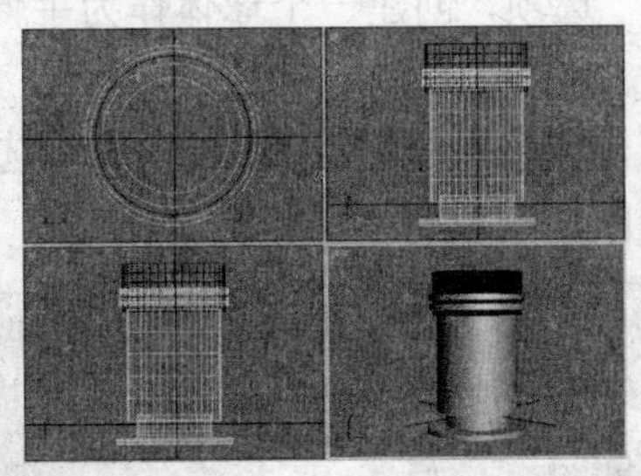

图 2.48 制作下巴模型

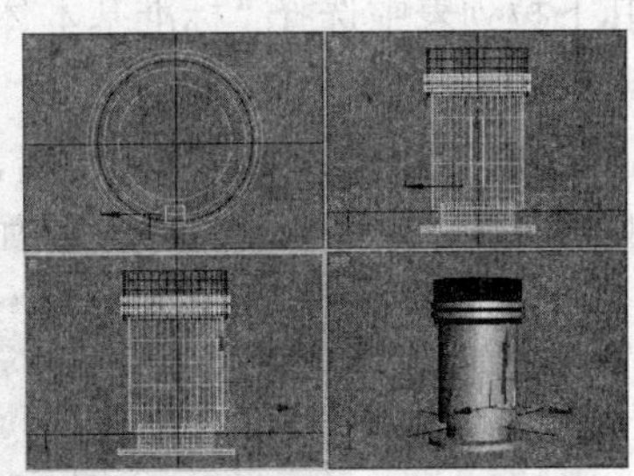

图 2.49 制作鼻子模型

⑥ 在前视图中创建一个球体，调整大小，颜色设置为白色来作为眼球，结合三视图使用工具栏中的“选择并移动”按钮调整眼球的位置。再创建一个半径稍小的球体，颜色设置为黑色来作为眼珠，调整眼珠的位置，如图 2.50 所示。

⑦ 将眼球和眼珠选中，执行“组”→“成组”命令，并将该组命名为“眼睛”。选择“眼睛”，按住【Shift】键，使用工具栏中的 “选择并移动”按钮，以“实例”的方式将眼睛再复制 1 个，如图 2.51 所示。

⑧ 在前视图中创建一个细长的长方体，作为眉毛。使用工具栏中的“选择并旋转”按钮，在前视图和顶视图中调整眉毛的角度，如图 2.52 所示。

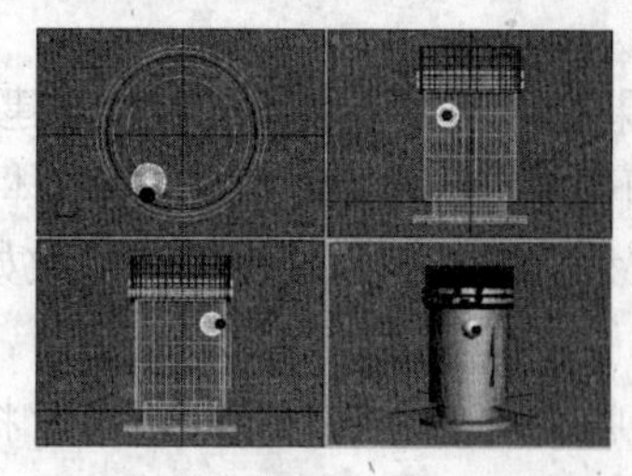
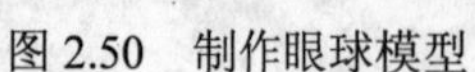

图 2.50　制作眼球模型

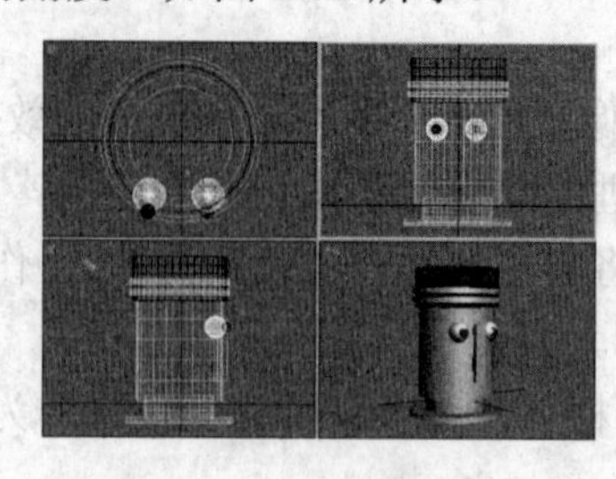

图 2.51　制作眼睛模型

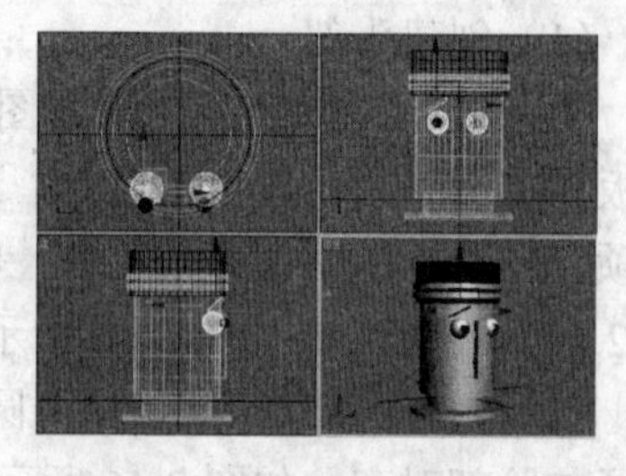

图 2.52　制作左眉毛模型

⑨ 选择已制作的“左眉毛”，使用工具栏中的“镜像”按钮复制出另外一只眉毛，调整好位置，如图 2.53 所示。

⑩ 创建一个与眼球半径相当的球体作为耳朵，结合三视图调整至与眼睛相近平行的位置。再复制出另外一只耳朵，如图 2.54 所示。由此即完成机器人头部的模型。

（2）创建身体

身体模型的制作方法同头部类似，使用圆柱体和球体进行组合，最终效果如图 2.55 所示。

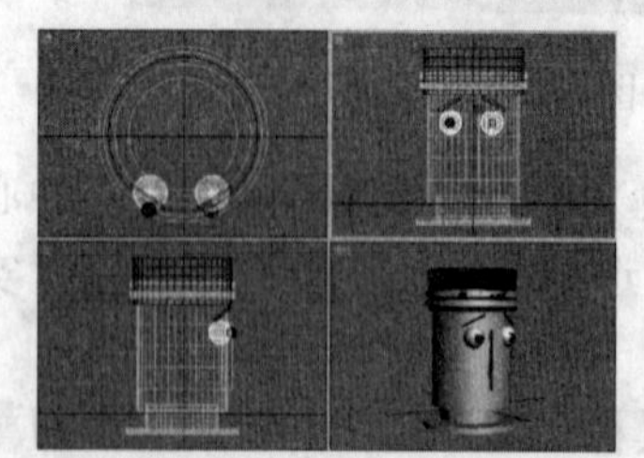

图 2.53　制作眉毛模型

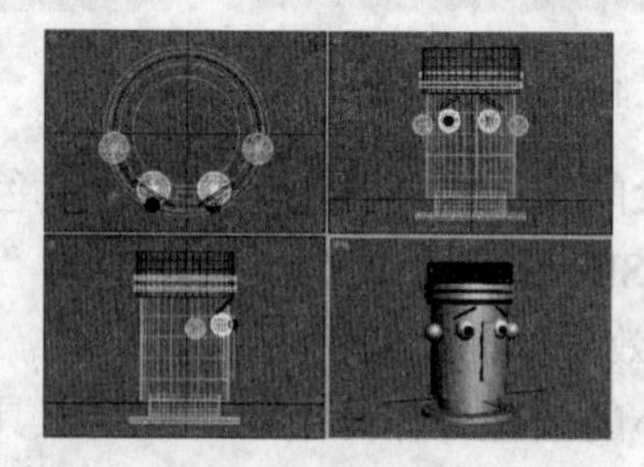

图 2.54　制作耳朵模型

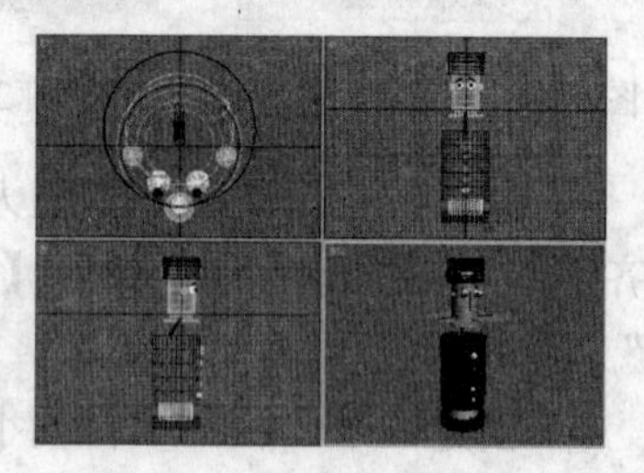

图 2.55　制作身体模型

（3）创建上肢

① 单击按钮进入“创建”面板，单击“几何体”按钮，进入几何体子命令面板，在其下拉列表中选择“标准基本体”选项，创建一个球体作为手臂的关节，调整位置，如图 2.56 所示。

② 创建一圆柱体作为上臂，调整位置，使用工具栏中“选择并旋转”按钮，在前视图和顶视图中调整上臂的角度，如图 2.57 所示。

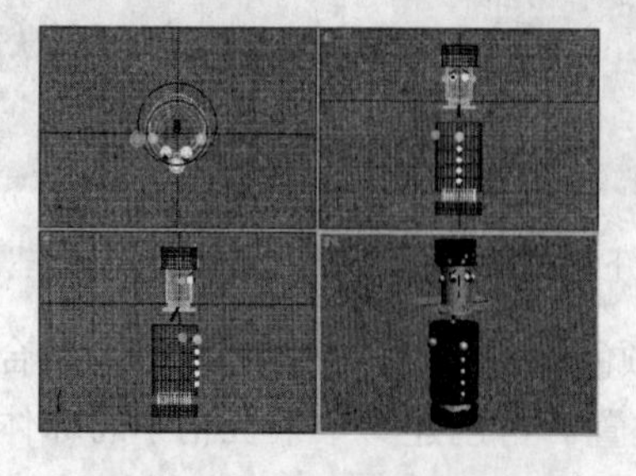

图.2.56　制作关节模型

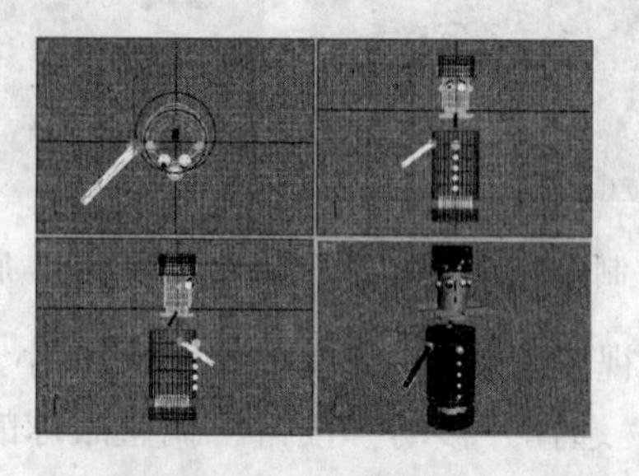

图 2.57　制作上臂模型

③ 选中关节，按住【Shift】键，使用工具栏中的“选择并移动”按钮，以“实例”的方式将关节再复制1个，移动到上臂的末端。使用相同的方法，再复制一个上臂作为前臂，调整位置，如图2.58所示。

④ 在顶视图中创建一长方体，按住【Shift】键，使用工具栏中“选择并均匀缩放”按钮，以“实例”的方式将关节再缩小复制两个作为手掌，调整其相对位置，如图2.59所示。

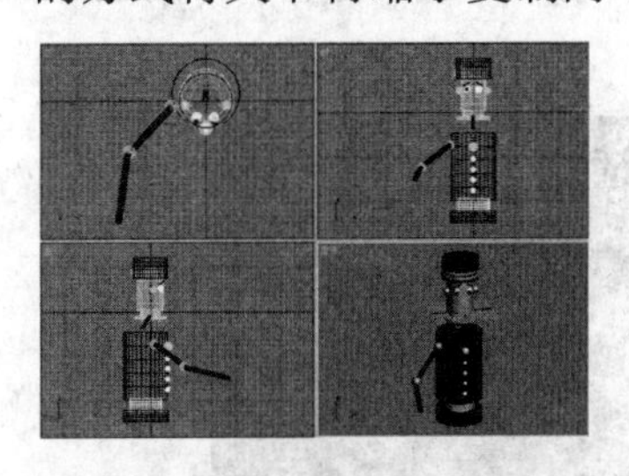

图2.58 制作前臂模型

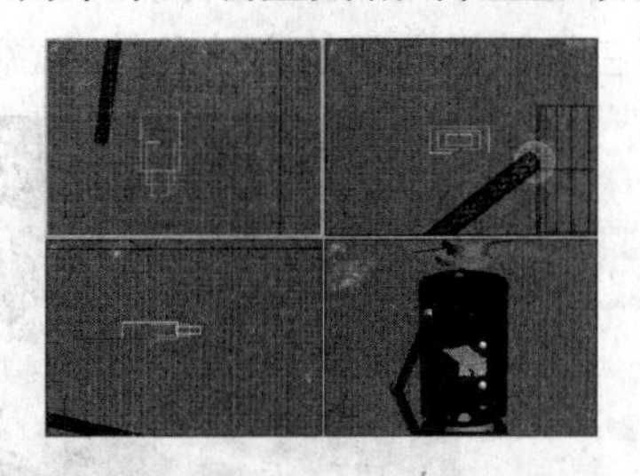

图2.59 制作手掌模型

⑤ 将手掌的3个长方体都选中，执行“组”→“成组”命令，将其成组，再调整手掌的位置和角度。

⑥ 将上肢的各部分包括关节、上臂、前臂和手掌都选中，执行“组”→“成组”命令，并将该组命名为“上肢”。使用工具栏中“镜像”按钮复制出另外一个上肢，调整位置，如图2.60所示。

（4）创建下肢

下肢模型的制作方法同上肢类似，使用圆柱体和长方体进行组合，如图2.61所示。由此即完成机器人模型的制作。

最后再添加一平面，作为地面，上材质，最终渲染的整体效果如图2.62所示。

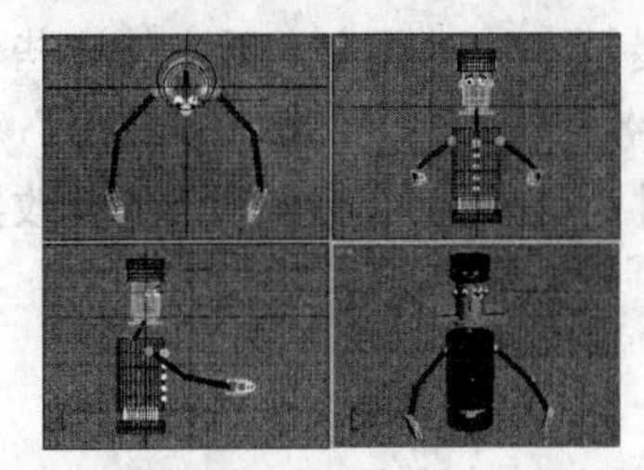

图2.60 制作上肢模型

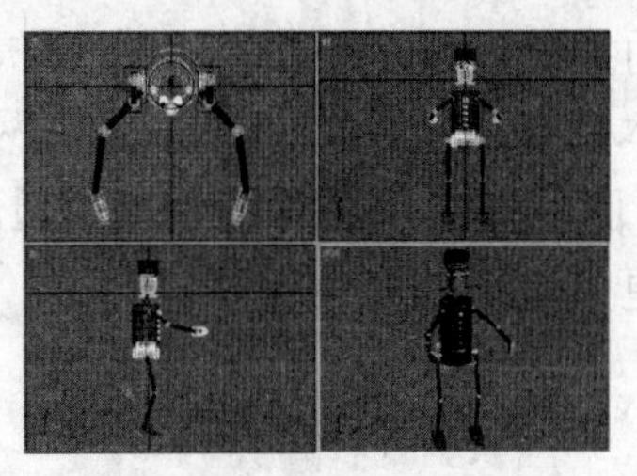

图2.61 制作下肢模型

图2.62 机器人最终渲染效果

**提 示**

❖做镜像时注意对“轴”的调整。

❖整个模型的比例要适当。

❖可将上肢、下肢解组，调整各自的位置，让两手臂做出不同的动作。

## 2.2 扩展基本体的使用——组合沙发

扩展基本体相较于标准基本体而言，造型要复杂一些，可以看作是标准基本体的一个补充。启动3ds Max后单击按钮进入“创建”面板，再单击“几何体”按钮，在其下拉

列表中选择“扩展基本体”，即进入扩展基本体的创建。

## 任务目的

通过制作如图 2.63 所示的“组合沙发”的实例，学习扩展基本体的创建、修改以及使用扩展基本体进行三维效果表现的方法和技巧。

图 2.63　组合沙发效果图

## 相关知识

### 1. 认识扩展基本体

扩展基本体是标准基本体的扩展，用户可以使用单个扩展基本体对现实生活中的一些对象建模，也可以将这些扩展基本体对象转换为“可编辑的网络”对象、“可编辑多边形”对象、“NURBS”曲面对象以及“面片”对象进行编辑，或通过为这些扩展基本体添加修改器来进行进一步的细化，以制作更为复杂的三维模型。

### 2. 创建扩展基本体

单击命令面板上的“创建”按钮，进入“创建”面板，在该命令面板中单击“几何体”按钮，进入几何体子命令面板，在其下拉列表中选择“扩展基本体”选项，如图 2.64 所示，在【对象类型】卷展栏中显示扩展基本体对象和创建按钮，如图 2.65 所示，激活相关按钮，即可在视图中创建扩展基本体的实体模型。

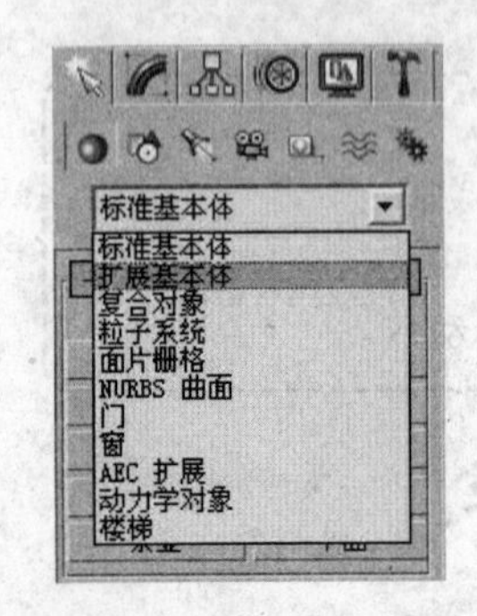


图 2.64 “扩展基本体”选项

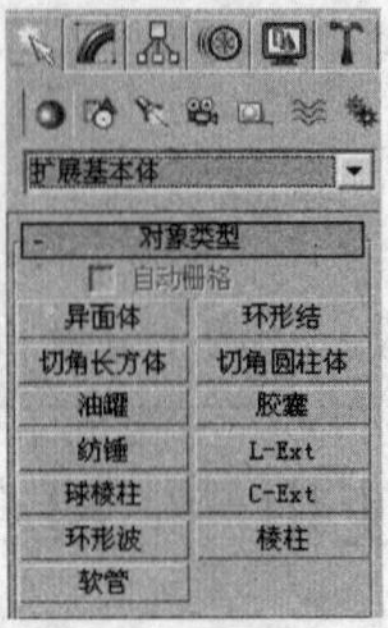

图 2.65 “对象类型”卷展栏

(1) 创建“异面体”

使用“异面体”功能可以创建异面体。

在【对象类型】卷展栏中激活“异面体”按钮，在任一视图中拖动鼠标以定义异面体的半径，如图 2.66 所示。

(2) 创建“环形结”

使用“环形结”功能可以创建环形结。

在【对象类型】卷展栏中激活“环形结”按钮，在任一视图中拖动鼠标以定义环形结的范围，如图2.67所示。

松开鼠标上移或下移鼠标定义环形结截面的半径，如图2.68所示，再次单击即完成环形结创建。

（3）创建“切角长方体”

使用“切角长方体”功能可以创建具有倒角或圆形边的长方体。

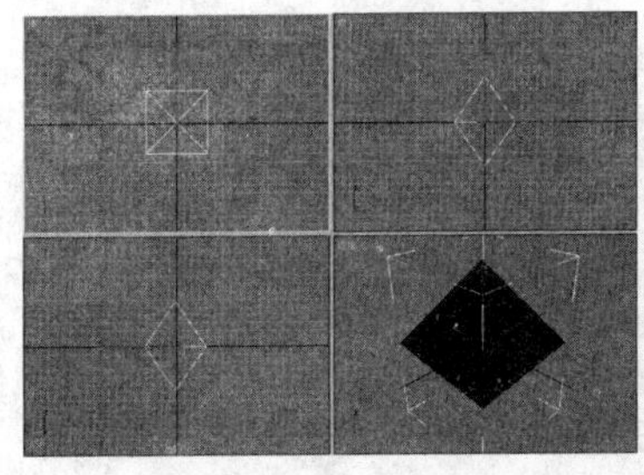

图2.66 异面体

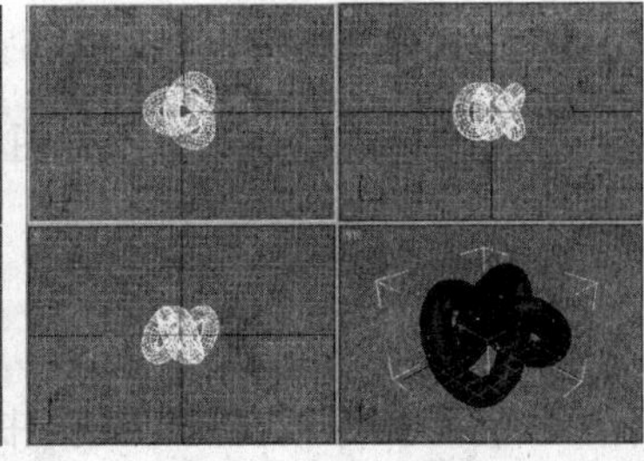

图2.67 环形结范围

图2.68 环形结截面半径

在【对象类型】卷展栏中激活“切角长方体”按钮，在任一视图中拖动鼠标以定义长方体的底部矩形尺寸，松开鼠标上移或下移鼠标定义长方体的高度，如图2.69所示。

再单击鼠标左键然后向上移动，定义圆角的宽度（向左上方移动可增加宽度，向右下方移动可减小宽度），如图2.70所示，再次单击鼠标左键即完成切角长方体创建。

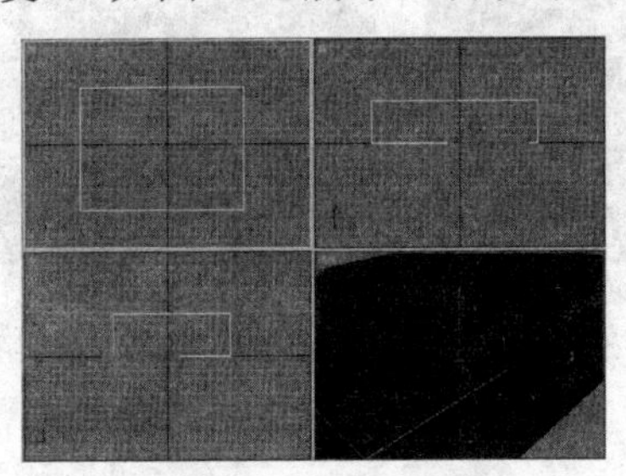

图2.69 长方体

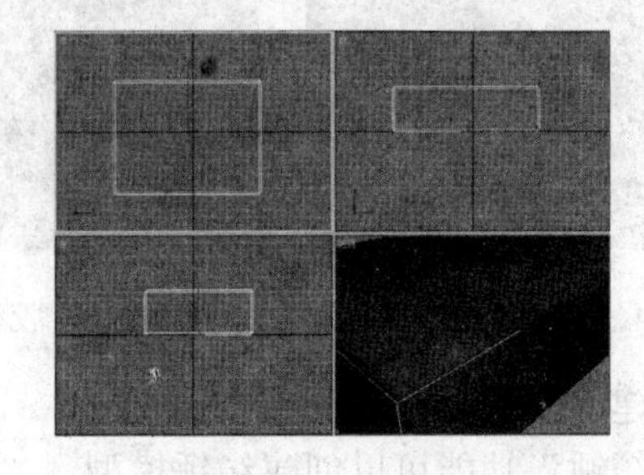

图2.70 切角长方体

**提 示**

❖如果要创建立方体倒角的长方体，可以在【创建方法】卷展栏上，单击“立方体”选项即可。

（4）创建“切角圆柱体”

使用“切角圆柱体”功能可以创建具有切角或圆形封口的圆柱体。

在【对象类型】卷展栏中激活“切角圆柱体”按钮，在任一视图中拖动鼠标定义切角圆柱体的底部圆的半径，松开鼠标上移或下移鼠标定义圆柱体的高度，如图2.71所示。

单击鼠标左键并向上移动鼠标，定义圆角的宽度（向左上方移动可增加宽度，向右下方移动可减小宽度），如图2.72所示，再次单击鼠标左键即完成切角圆柱体的创建。

（5）创建“油罐”

使用“油罐”功能可以创建油罐模型。

在【对象类型】卷展栏中激活“油罐”按钮，在任一视图中拖动鼠标定义油罐的半径，松开鼠标上移或下移鼠标定义油罐的高度，如图2.73所示。

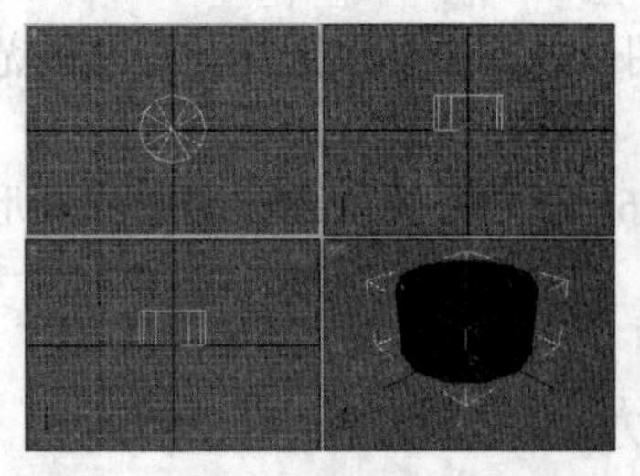
图 2.71 切角圆柱体未完成状态

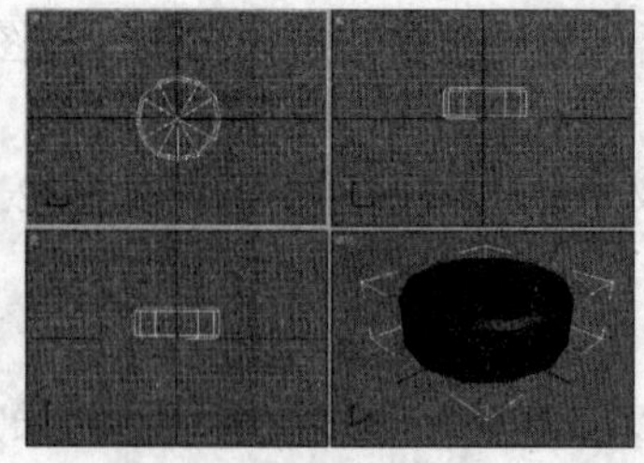
图 2.72 切角圆柱体完成

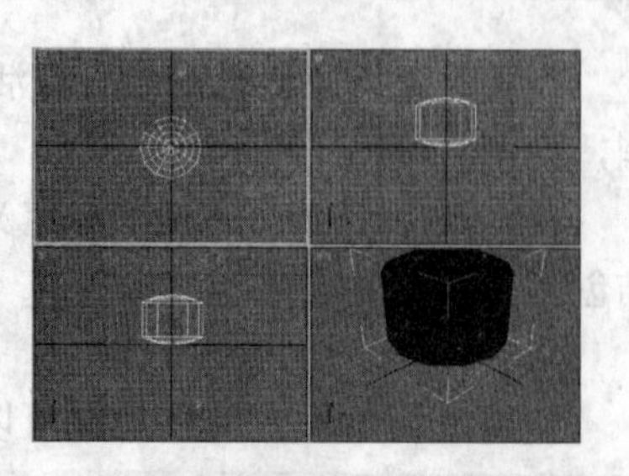
图 2.73 油罐未完成状态

单击鼠标左键并向上移动鼠标，定义油罐的封口高度，如图 2.74 所示，再次单击鼠标左键即完成油罐的创建。

（6）创建“胶囊”

使用“胶囊”功能可以创建胶囊模型。

在【对象类型】卷展栏中激活“胶囊”按钮，在任一视图中拖动鼠标以定义胶囊的半径，如图 2.75 所示。

松开鼠标上移或下移鼠标定义胶囊的高度，如图 2.76 所示，再次单击鼠标左键即完成胶囊创建。

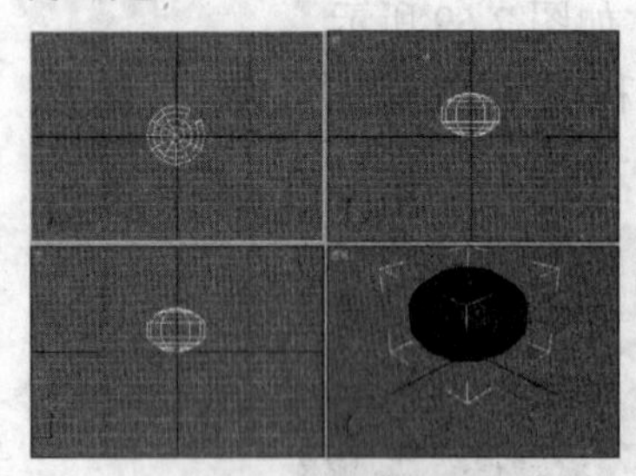
图 2.74 油罐完成

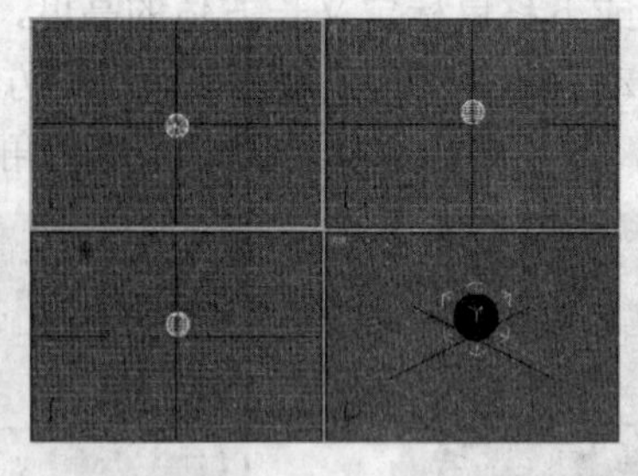
图 2.75 胶囊未完成状态

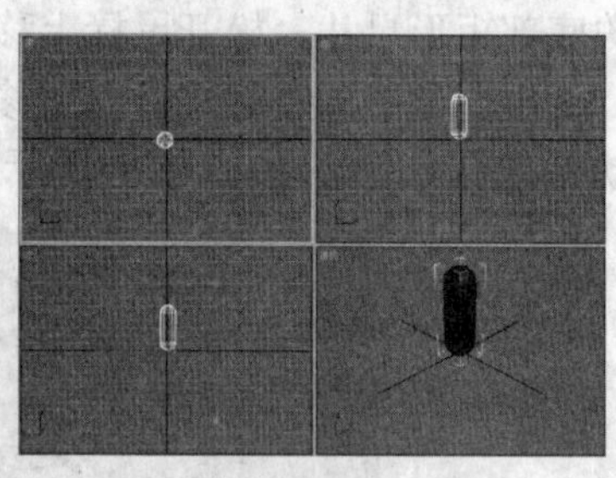
图 2.76 胶囊完成

（7）创建“纺锤”

使用“纺锤”功能可以创建纺锤模型。

在【对象类型】卷展栏中激活“纺锤”按钮，在任一视图中拖动鼠标定义纺锤的半径，松开鼠标上移或下移鼠标定义纺锤的高度，如图 2.77 所示。

单击鼠标左键并向上移动鼠标，定义纺锤的封口高度，如图 2.78 所示，再次单击鼠标左键即完成纺锤的创建。

（8）创建“L-Ext”

使用“L-Ext”功能可以创建 L-Ext 模型。

在【对象类型】卷展栏中激活“L-Ext”按钮，在任一视图中拖动鼠标定义 L-Ext 的宽度，松开鼠标上移或下移鼠标定义 L-Ext 的高度，如图 2.79 所示。

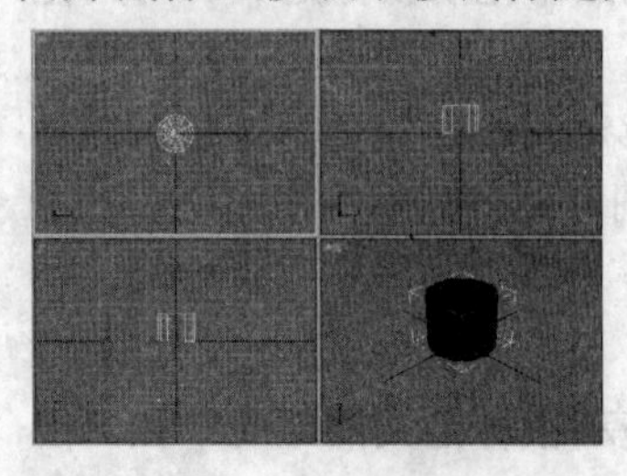
图 2.77 纺锤未完成状态

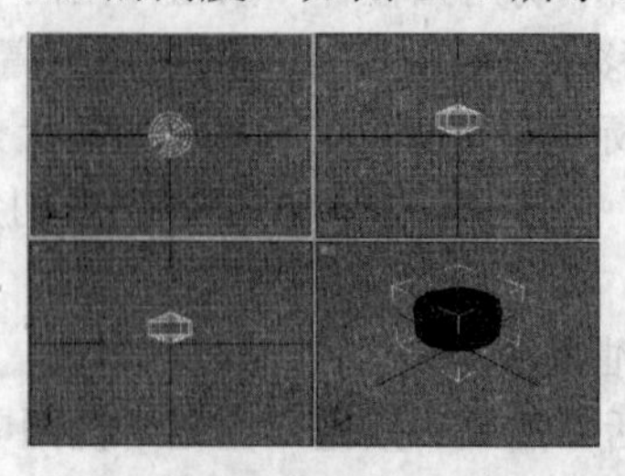
图 2.78 纺锤完成

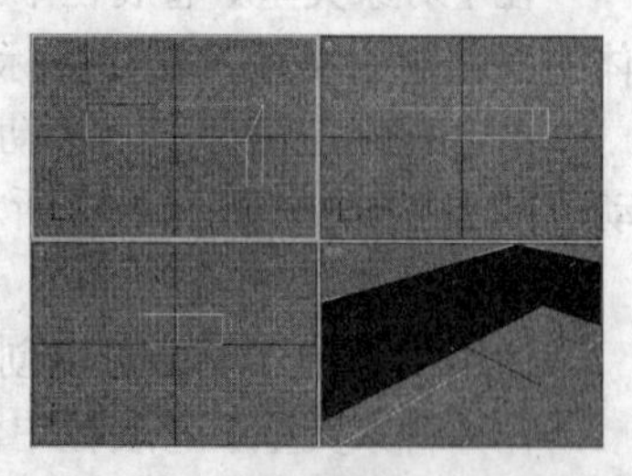
图 2.79 “L-Ext”未完成状态

单击鼠标左键并向上移动鼠标，定义 L-Ext 的侧面宽度，如图 2.80 所示，再次单击鼠标左键即完成 L-Ext 的创建。

（9）创建“球棱柱”

使用“球棱柱”功能可以创建球棱柱模型。

在【对象类型】卷展栏中激活“球棱柱”按钮，在任一视图中拖动鼠标定义球棱柱的半径，松开鼠标上移或下移鼠标定义球棱柱的高度，如图 2.81 所示。

单击鼠标左键并向上移动鼠标，定义球棱柱的圆角，如图 2.82 所示，再次单击鼠标左键即完成球棱柱的创建。

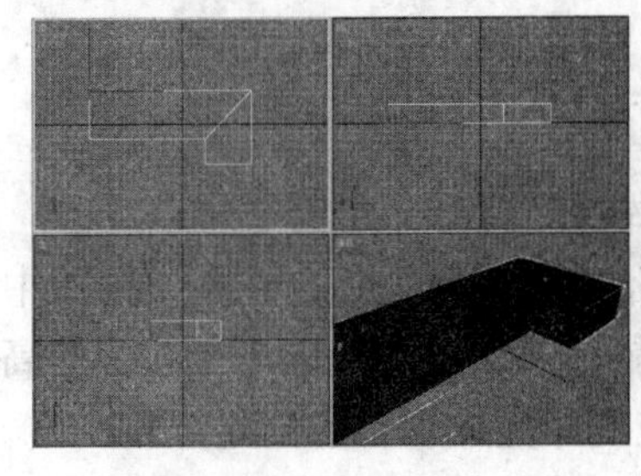

图 2.80 “L-Ext”完成

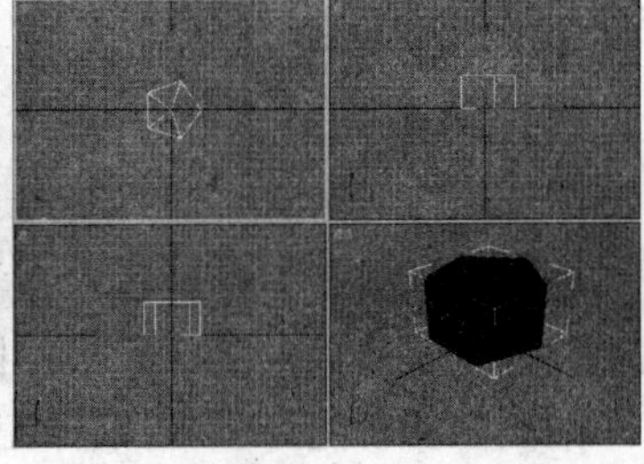

图 2.81 球棱柱未完成状态

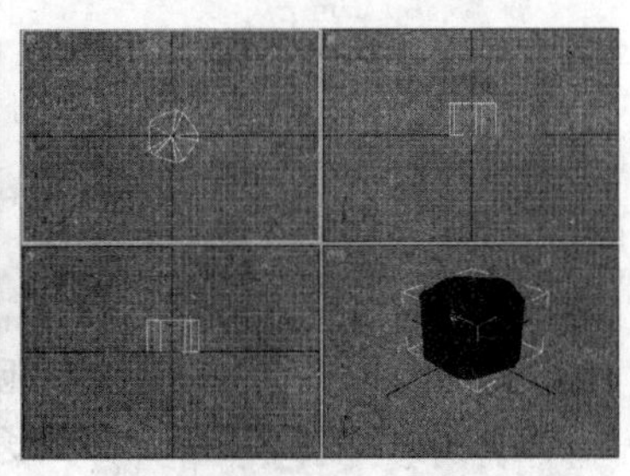

图 2.82 球棱柱完成

（10）创建“C-Ext”

使用“C-Ext”功能可以创建 C-Ext 模型。

在【对象类型】卷展栏中激活“C-Ext”按钮，在任一视图中拖动鼠标定义 C-Ext 的宽度，松开鼠标上移或下移鼠标定义 C-Ext 的高度，如图 2.83 所示。

单击鼠标左键并向上移动鼠标，定义 C-Ext 的侧面宽度，如图 2.84 所示，再次单击鼠标左键即完成 C-Ext 的创建。

（11）创建“环形波”

使用“环形波”功能可以创建环形波模型。

在【对象类型】卷展栏中激活“环形波”按钮，在任一视图中拖动鼠标定义环形波的半径。松开鼠标向内移动鼠标定义环形波的环形宽度，如图 2.85 所示。

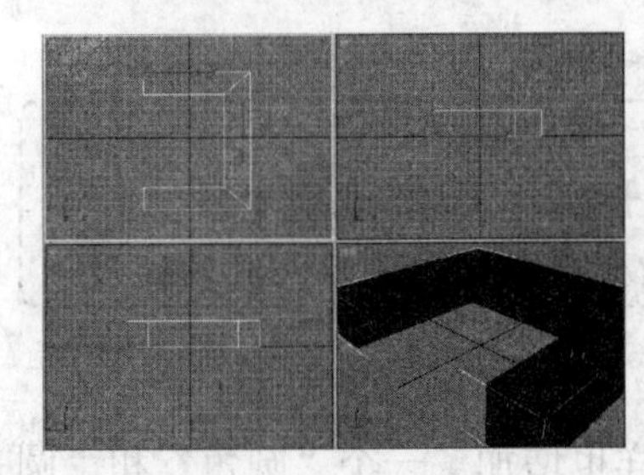

图 2.83 “C-Ext”未完成状态

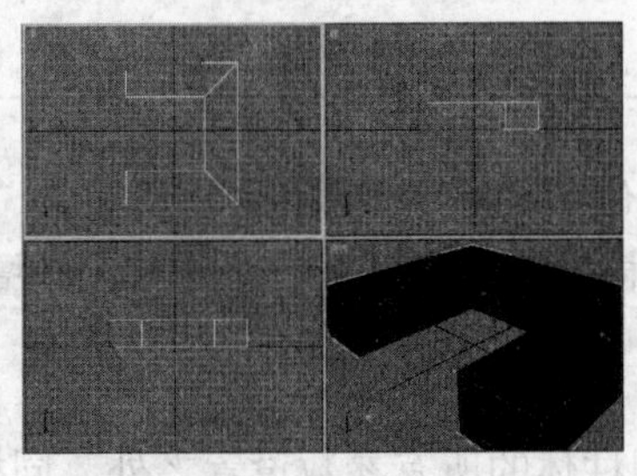

图 2.84 “C-Ext”完成

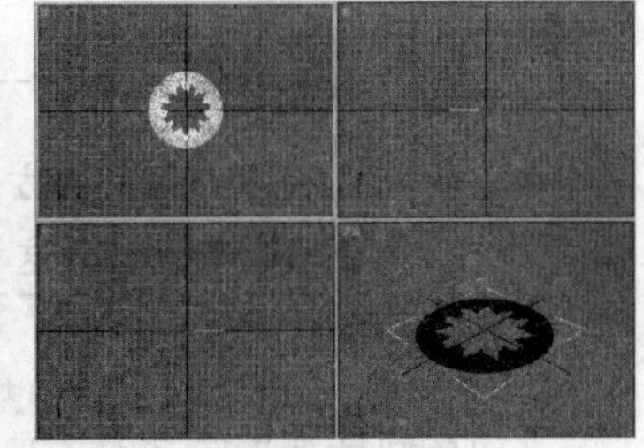

图 2.85 环形波未完成状态

单击鼠标左键并向上移动鼠标，定义环形波的高度，如图 2.86 所示，再次单击鼠标左键即完成环形波的创建。

（12）创建“棱柱”

使用“棱柱”功能可以创建棱柱模型。

在【对象类型】卷展栏中激活“棱柱”按钮，在任一视图中拖动鼠标定义棱柱底面的底边，松开鼠标上下左右移动鼠标定义棱柱底面两边的长度，如图 2.87 所示。

单击鼠标左键并向上移动鼠标，定义棱柱的高度，如图 2.88 所示，再次单击鼠标左键即完成棱柱的创建。

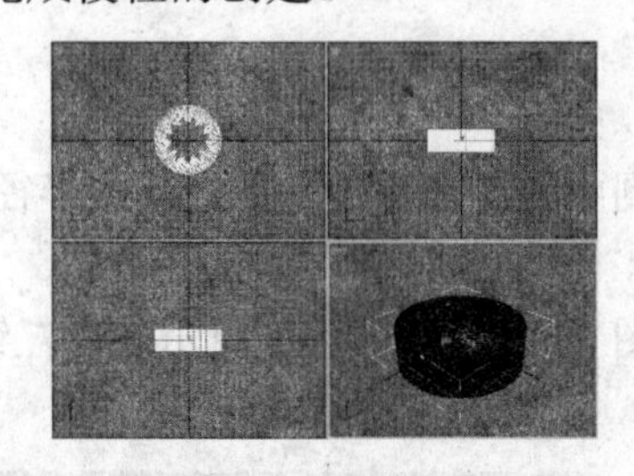
图 2.86　环形波完成

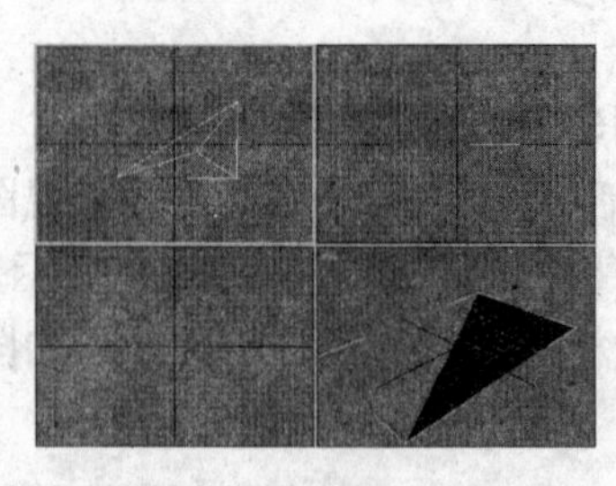
图 2.87　棱柱未完成状态

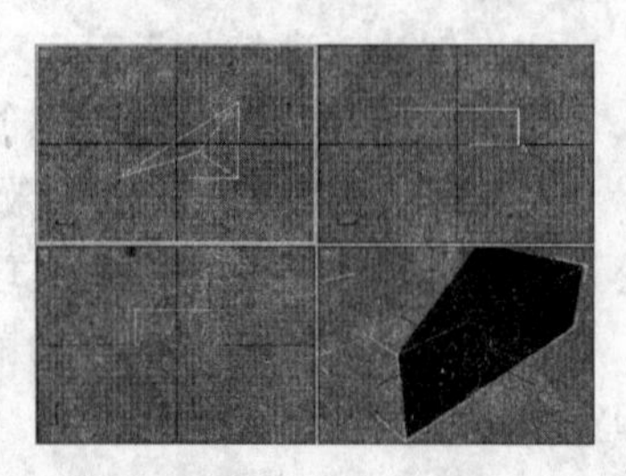
图 2.88　棱柱完成

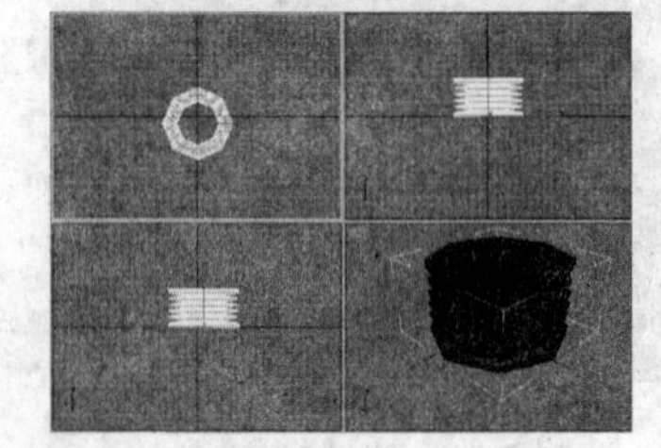
图 2.89　软管完成

（13）创建“软管”

使用“软管”功能可以创建软管模型。

在【对象类型】卷展栏中激活“软管”按钮，在任一视图中拖动鼠标定义软管的半径，松开鼠标上下移动鼠标定义软管的高度，如图 2.89 所示。单击鼠标左键即完成软管的创建。

### 3. 修改扩展基本体

修改扩展基本体对象同样需要进入“修改”面板，然后在【参数】卷展栏中更改其参数。

（1）修改“切角长方体”

“切角长方体”除了具有长方体的所有参数设置之外，还增加了“圆角”和“圆角分段”设置，用来产生切角效果。“切角长方体”的【参数】卷展栏，如图 2.90 所示。

- **“长度”、“宽度”、“高度”：**设置切角长方体的相应数值。
- **“圆角”：**设置圆角边的圆滑效果，值越高，边上的圆角将越精细。
- **“长度分段”、“宽度分段”、“高度分段”：**设置沿着相应轴的分段数量。
- **“圆角分段”：**设置圆角边的分段数，添加圆角分段，将增加圆形边。
- **“平滑”：**勾选该选项，将混合面的显示，从而在渲染视图中创建平滑的外观。

**提　示**

❖如果不对“切角长方体”添加修改器，最好设置其“长度分段”、“宽度分段”、“高度分段”数为 1，这样可以减少对象的面片数，以增大重画以及最后渲染的速度。

（2）修改“切角圆柱体”

“切角圆柱体”除了具有圆柱体的所有参数设置之外，同样也增加了一个“圆角”和“圆角分段”的设置，用来产生切角效果，其【参数】卷展栏如图 2.91 所示。

- **“半径”：**设置“切角圆柱体”的半径。
- **“高度”：**设置“切角圆柱体”的高度。
- **“圆角”：**设置顶部和底部封口边的圆滑度，其值越高，边上的圆角越精细。
- **“高度分段”：**设置高度分段的数量。
- **“圆角分段”：**设置圆角边的分段数。
- **“边数”：**设置“切角圆柱体”周围的边数。启用“平滑”时，较大的数值将着色和渲

染为真正的圆。禁用“平滑”时，较小的数值将创建规则的多边形对象。

- **“端面分段”：**设置沿着“切角圆柱体”顶部和底部的分段数。
- **“平滑”：**勾选该选项，将混合“切角圆柱体”的面，从而在渲染视图中创建平滑的外观。
- **“启用切片”：**勾选该功能，可在“切片起始位置”和“切片结束位置”设置从局部 $x$ 轴的零点开始围绕局部 $z$ 轴的度数以创建切片。如果禁用“启用切片”，将重新显示完整的“切角圆柱体”。

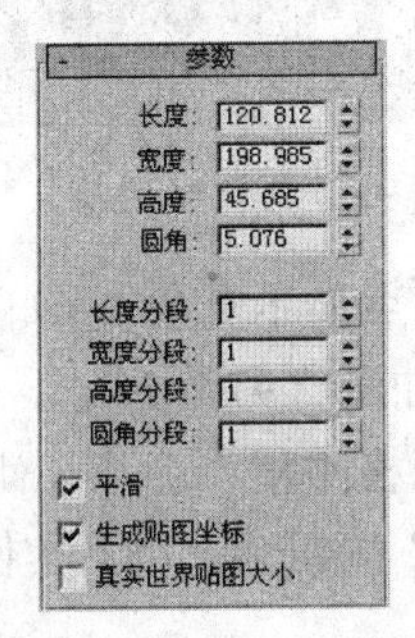


图 2.90 “切角长方体”的“参数”卷展栏

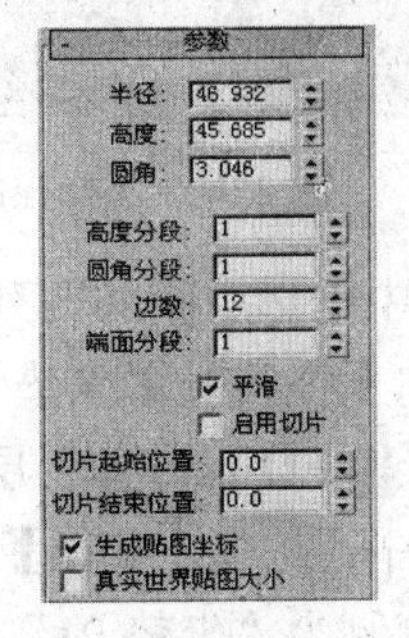


图 2.91 “切角圆柱体”的“参数”卷展栏

本节制作的“组合沙发”主要包括“沙发扶手”、“沙发靠背”、“沙发坐垫”、“茶几面”、“茶几腿”等构件。在制作时，首先使用“切角长方体”分别创建“沙发扶手”、“沙发靠背”、“沙发坐垫”等模型，然后使用“切角长方体”创建一个玻璃茶几面，再使用“切角圆柱体”创建茶几的 4 条腿，完成“组合沙发”的模型制作，最后进行渲染。

（1）制作沙发坐垫

① 单击命令面板上的“创建”按钮，进入“创建”面板，在该命令面板中单击“几何体”按钮，进入几何体子命令面板，在其下拉列表中选择“扩展基本体”选项，在透视图中创建一个切角长方体，将其命名为“坐垫”，有关参数和效果如图 2.92 所示。

② 在“修改器列表”中选择“FFD 长方体”命令，为“坐垫”添加一个修改器，然后展开“FFD 长方体”层级，进入“控制点”层级，如图 2.93 所示。

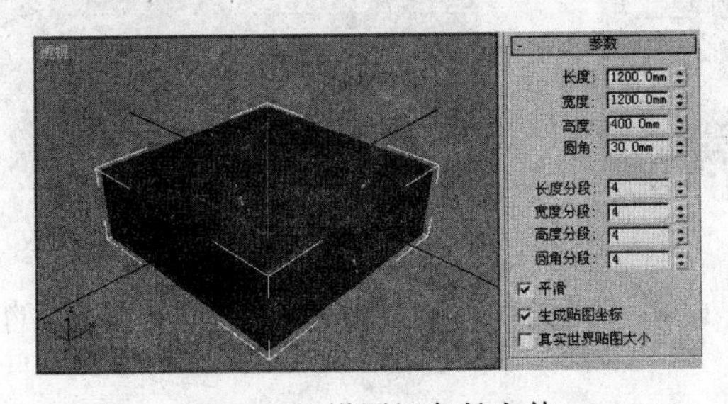


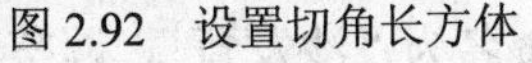
图 2.92 设置切角长方体

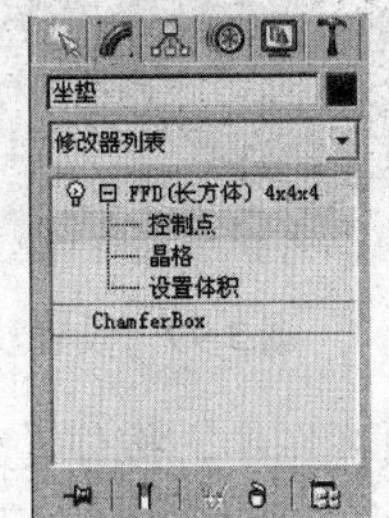


图 2.93 进入“控制点”层级

③ 激活工具栏中的“选择并移动”按钮，在左视图中框选左边中间的两行控制点，被选择的控制点显示黄色，如图 2.94 所示，然后沿 $X$ 轴向右拖拽对“坐垫”进行变形修改操作，

如图 2.95 所示。

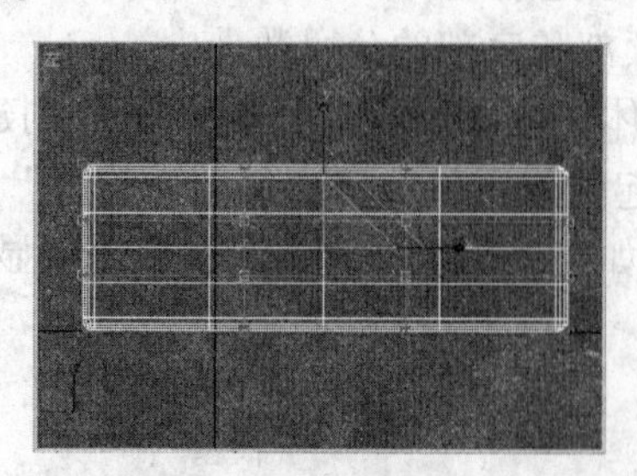

图 2.94　选择控制点

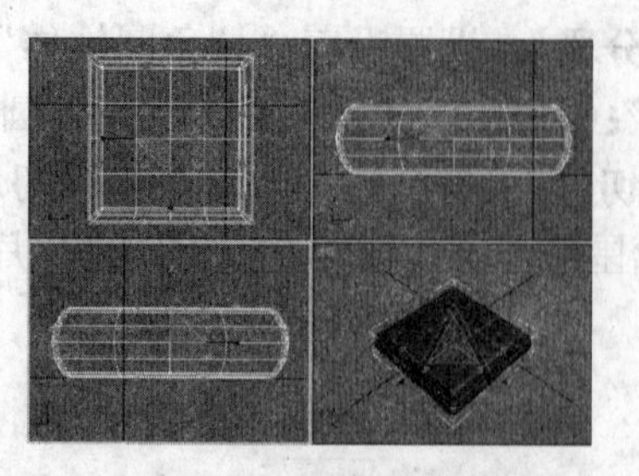

图 2.95　调整控制点

④ 在顶视图中框选中间的四列控制点（被选择的控制点显示黄色），如图 2.96 所示，在前视图中沿 $y$ 轴向上拖拽对“坐垫”进行变形修改操作，如图 2.97 所示。

⑤ 选择坐垫“FFD 长方体”层级，执行修改器中“网格平滑”命令。调整坐垫的厚度。

⑥ 在顶视图中，按住【Shift】键，单击“选择并移动”按钮，以“实例”的方式将“坐垫”沿 $x$ 轴向右复制为“坐垫 01”，效果如图 2.98 所示。

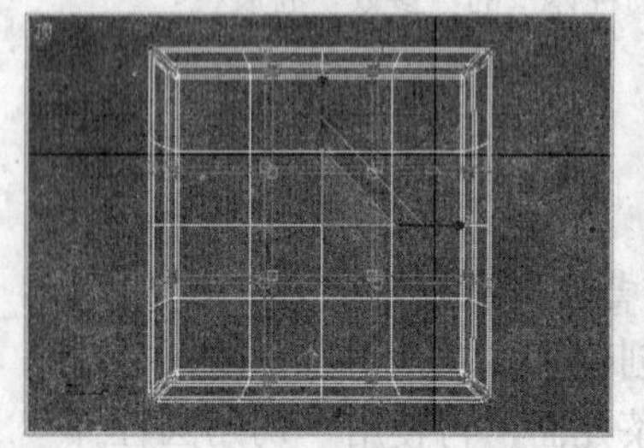

图 2.96　选择控制点

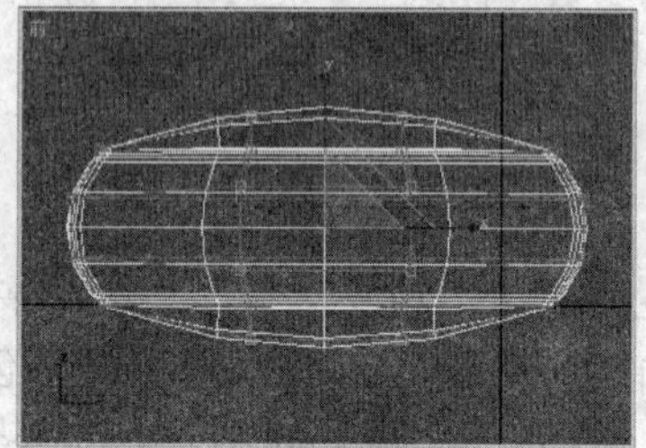

图 2.97　调整控制点

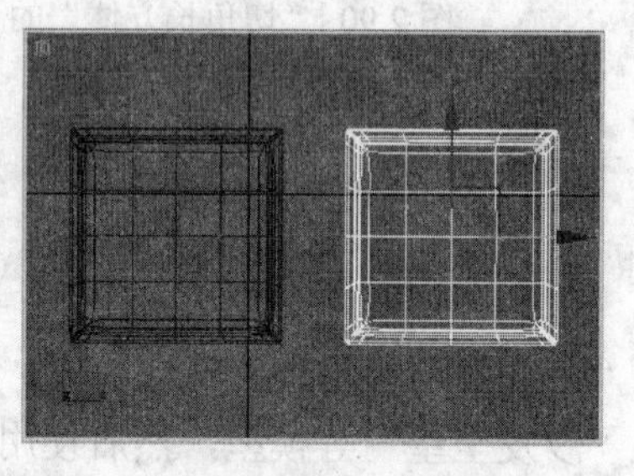

图 2.98　复制坐垫

（2）制作沙发

① 单击命令面板上的“创建”按钮，进入“创建”面板，在该命令面板中单击“几何体”按钮，进入几何体子命令面板，在其下拉列表中选择“扩展基本体”选项，在顶视图中创建一个切角长方体，将其命名为“沙发”，调整其位置，参数和效果如图 2.99 所示。在左视图中创建一个切角长方体，将其命名为“扶手”，调整其位置，参数和效果如图 2.100 所示。

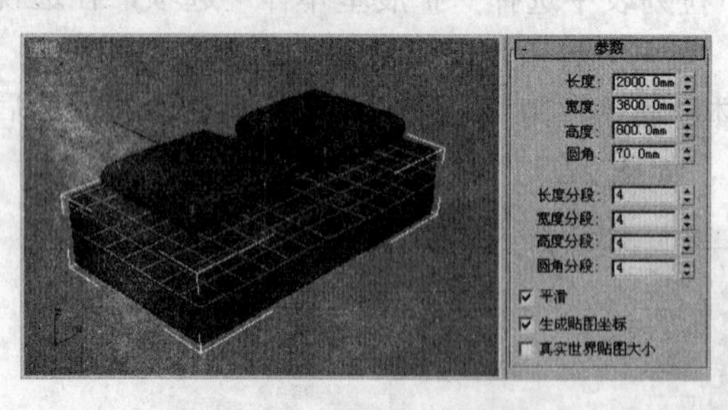


图 2.99　设置沙发参数

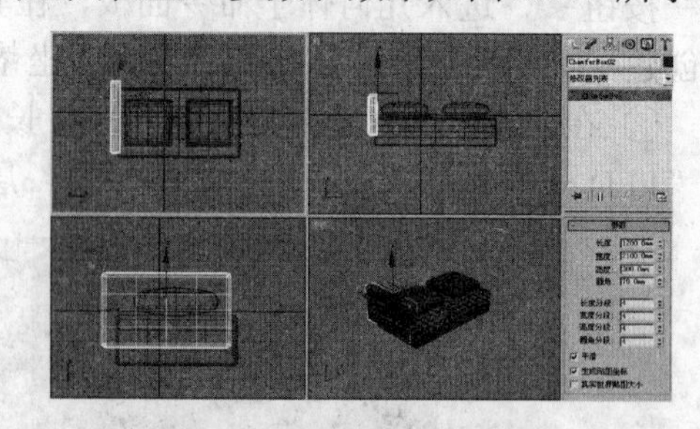

图 2.100　设置扶手参数

② 在顶视图中，按住【Shift】键，单击“选择并移动”按钮，以“实例”的方式将“坐垫”沿 $X$ 轴向右复制为“扶手 01”。

③ 在前视图中创建一个切角长方体，将其命名为“沙发背”，调整其位置，参数和效果如图 2.101 所示。

至此，沙发制作完毕。下面通过旋转复制制作出其他两组沙发。

（3）制作其他两组沙发

① 在顶视图中选择沙发的所有模型，按住【Shift】键，单击“选择并移动”按钮复制出另一沙发，删除其中的一个坐垫并调整沙发的长度，将该沙发整体选中，旋转90°，作为单人沙发，如图2.102所示。

② 再复制出另一组单人沙发，调整位置，效果如图2.103所示。

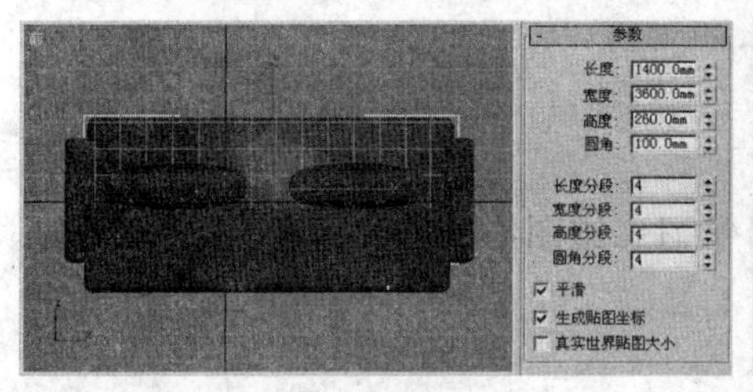

图2.101 设置沙发背参数

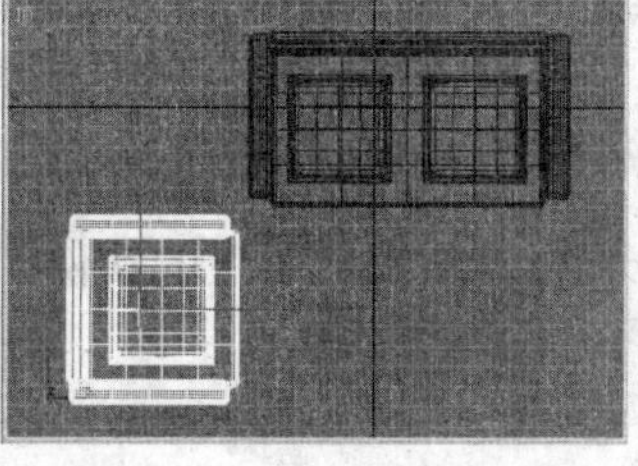

图2.102 制作单人沙发

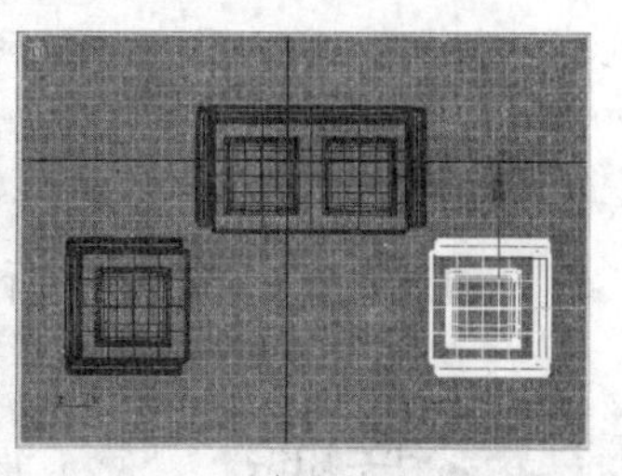

图2.103 复制单人沙发

（4）制作茶几

① 单击命令面板上的“创建”按钮，进入“创建”面板，在该命令面板中单击“几何体”按钮，进入几何体子命令面板，在其下拉列表中选择“扩展基本体”选项，在顶视图的3组沙发中间位置创建一个切角长方体，将其命名为“茶几面”，调整其位置，如图2.104所示。

② 在顶视图中创建“半径”为100，“高度”为900、“圆角”为0、“边数”为4的切角圆柱体，将其命名为“茶几腿”并调整其位置。在顶视图中，按住【Shift】键，单击“选择并移动”按钮，以“实例”的方式将“茶几腿”复制3个，调整位置如图2.105所示。

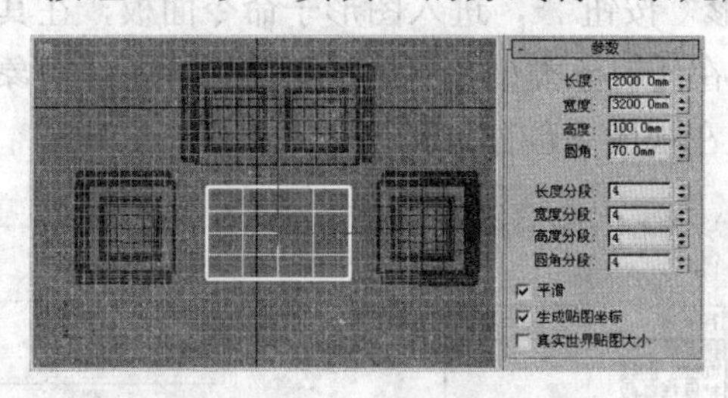

图2.104 创建茶几面

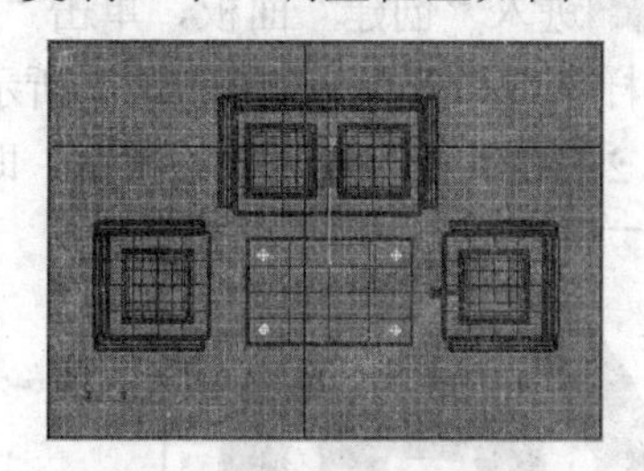

图2.105 创建茶几腿

③ 继续在顶视图中创建“长度”为1400、“宽度”为2600、“高度”为60、“圆角”为100、“圆角分段”为4的切角长方体，将其命名为“茶几底面”，然后在前视图中将其沿$y$轴移动到合适位置，如图2.106所示。

④ 在顶视图中创建一平面，作为地面，调整其位置和大小。

至此，茶几制作完毕。最后进行渲染，整体效果如图2.107所示。

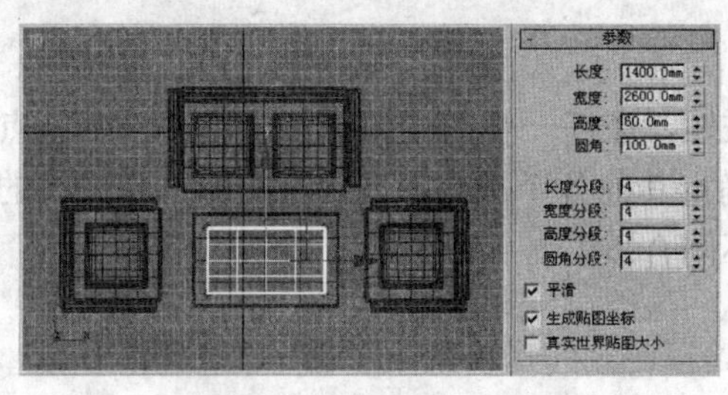

图2.106 创建茶几底面

图2.107 最终渲染效果图

## 2.3　二维图形的使用——制作标志

在3ds Max中除了提供三维物体的创建外，还提供了一些基本的二维图形的创建，它们可以通过一些命令将二维几何图形转换为三维立体模型，还可以被用来作为动画运动时的路径。

通过制作如图2.108所示的“制作标志”的实例，学习二维图形的创建和修改。

1. 认识二维图形

二维图形在建模中起着非常重要的作用，是进行三维建模的基础。在3ds Max中二维图形是一种矢量线，由基本的点、段和线等元素组成，编辑的方法是通过点两侧的曲率滑杆来调整其形态。它主要分为样条线和NURBS曲线两大类，本节中主要介绍的是样条线。

2. 二维图形的创建

单击 进入“创建”面板，单击“图形”按钮 ，进入图形子命令面板，在其下拉列表中选择“样条线”选项，如图2.109所示，在【对象类型】卷展栏下显示样条线对象和创建按钮，如图2.110所示，激活相关按钮，即可在视图中创建二维图形。

图2.108　制作标志

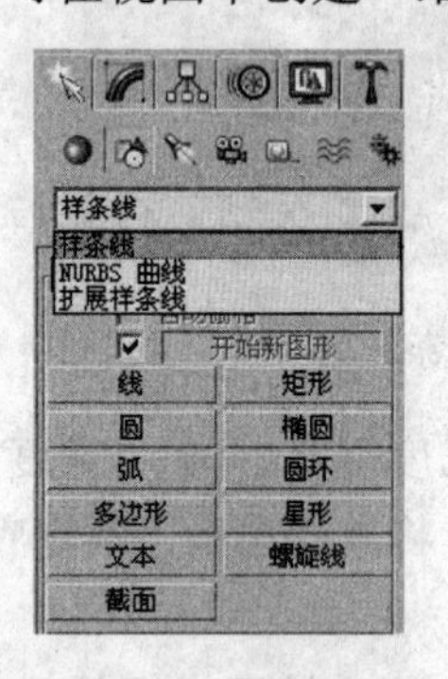


图2.109　样条线选项

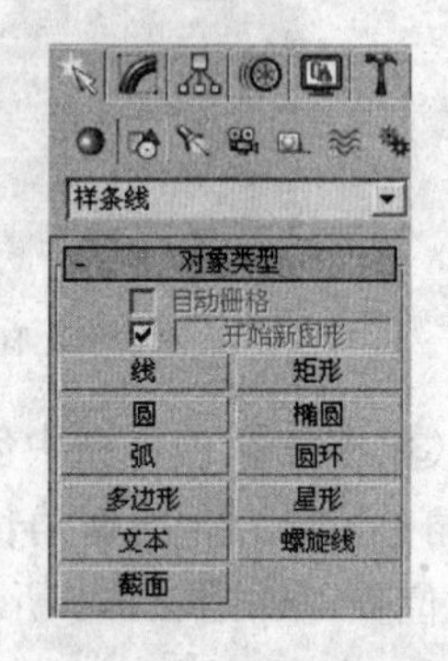


图2.110　样条线面板

（1）创建“线”

使用“线”功能可以创建线。

在【对象类型】卷展栏中激活“线”按钮，在任一视图中单击，确定第一个顶点，移动鼠标，再次单击确定第二个顶点，依此类推确定其他各个顶点，最后右击即可完成线的绘制，如图2.111所示。线可创建为闭合，也可为不闭合。

（2）创建“矩形”

使用“矩形”功能可以创建矩形。

在【对象类型】卷展栏中激活“矩形”按钮，在任一视图中拖动鼠标定义矩形线的大小，

如图 2.112 所示。

（3）创建“圆”

使用“圆”功能可以创建圆。

在【对象类型】卷展栏中激活“圆”按钮，在任一视图中拖动鼠标定义圆的半径，单击鼠标左键完成圆的创建，如图 2.113 所示。

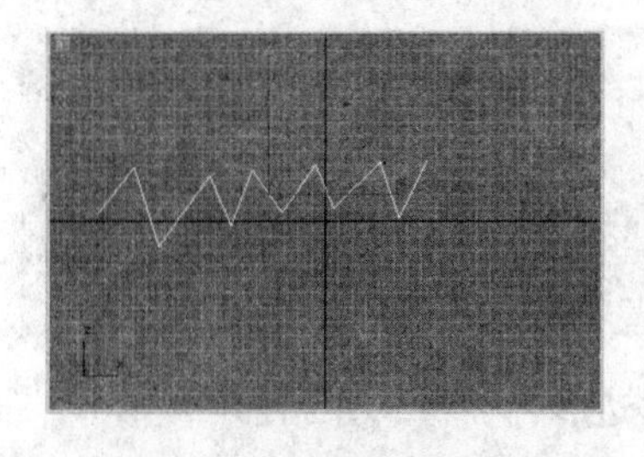

图 2.111　画出曲线

图 2.112　矩形

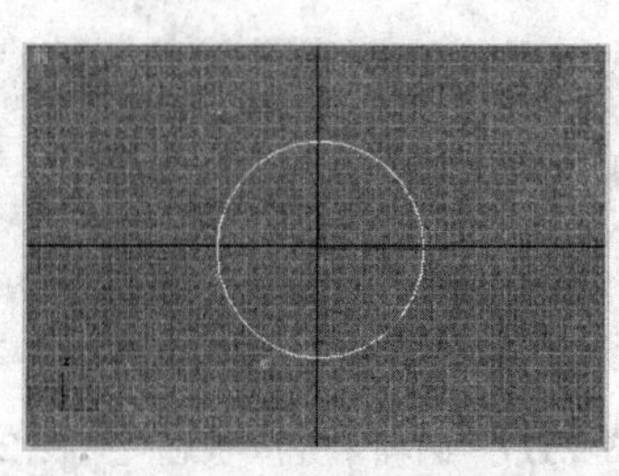

图 2.113　圆

（4）创建“椭圆”

使用“椭圆”功能可以创建椭圆。

在【对象类型】卷展栏中激活“椭圆”按钮，在任一视图中拖动鼠标定义椭圆的长短轴，单击鼠标左键完成椭圆的创建，如图 2.114 所示。

（5）创建“弧”

使用“弧”功能可以创建一段弧。

在【对象类型】卷展栏中激活“弧”按钮，在任一视图中单击拖动鼠标定义弧的两个顶点的位置，如图 2.115 所示。

松开鼠标上下移动鼠标定义弧的高度，如图 2.116 所示。单击鼠标左键即完成弧的创建。

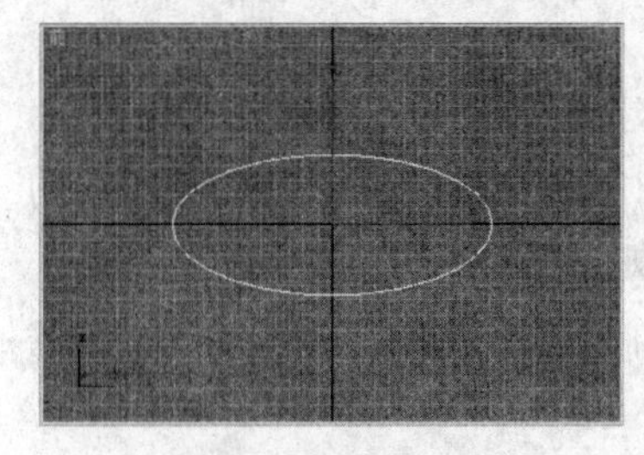

图 2.114　椭圆

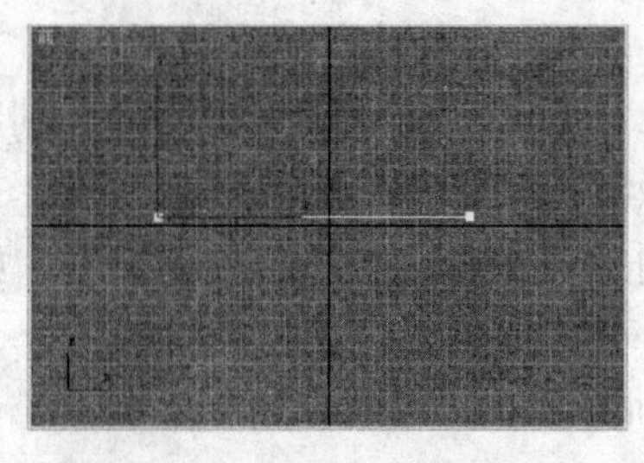

图 2.115　定义弧的两个顶点

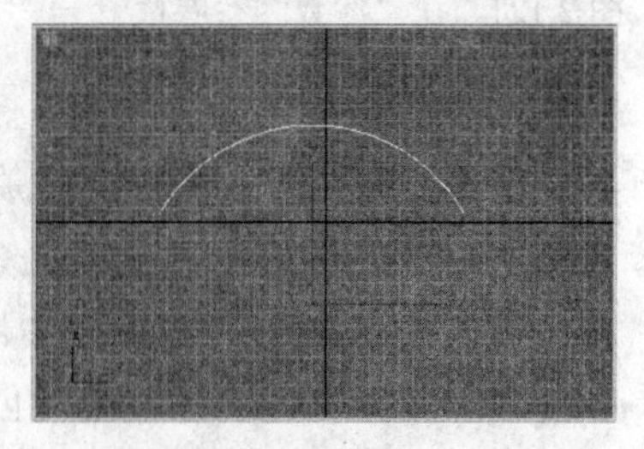

图 2.116　移动鼠标后弧效果

（6）创建“圆环”

使用“圆环”功能可以创建圆环。

在【对象类型】卷展栏中激活“圆环”按钮，在任一视图中单击拖动鼠标定义圆环的一个半径，如图 2.117 所示。

松开鼠标向内或向外移动鼠标定义圆环的另一半径，如图 2.118 所示。单击鼠标左键即完成圆环的创建。

（7）创建“多边形”

使用“多边形”功能可以创建多边形。

在【对象类型】卷展栏中激活“多边形”按钮，在任一视图中单击拖动鼠标定义多边形的大小，如图 2.119 所示，单击鼠标左键完成多边形的创建，多边形的边数可在修改器中修改。

（8）创建“星形”

使用“星形”功能可以创建星形。

在【对象类型】卷展栏中激活“星形”按钮，在任一视图中单击拖动鼠标定义星形的一个半径，松开鼠标向内或向外移动鼠标定义星形的另一个半径，如图 2.120 所示。单击鼠标左键即完成星形的创建，星形的边数可在修改器中修改点的参数而得到。

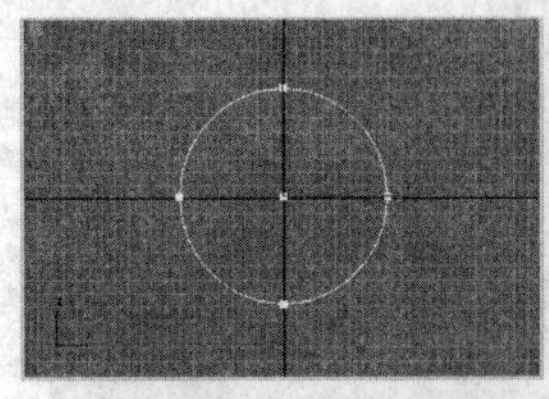
图 2.117　圆环未完成状态

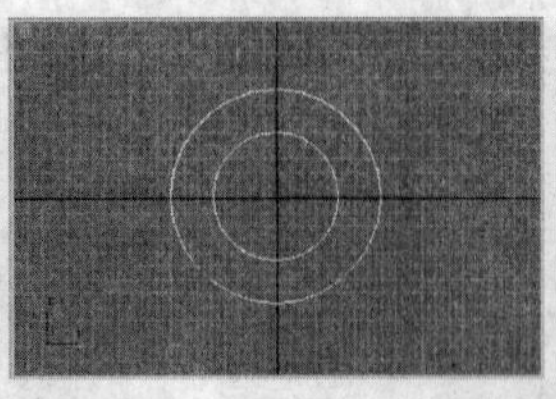
图 2.118　圆环完成

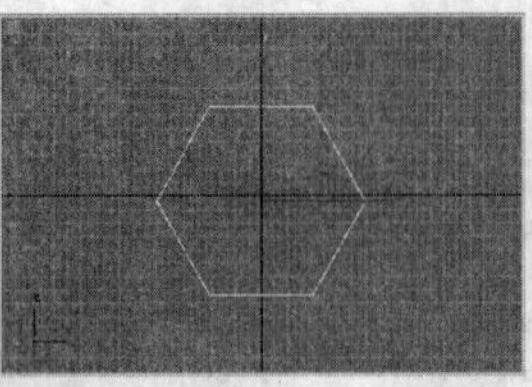
图 2.119　多边形

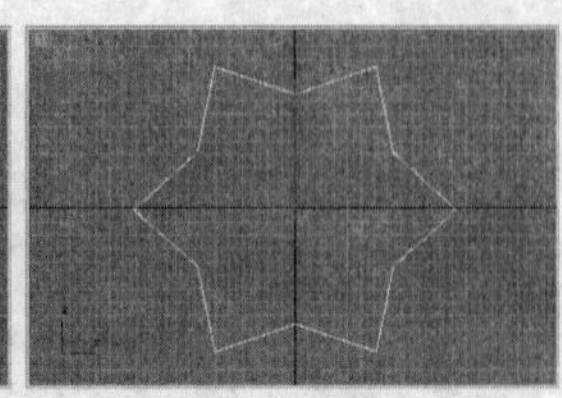
图 2.120　星形

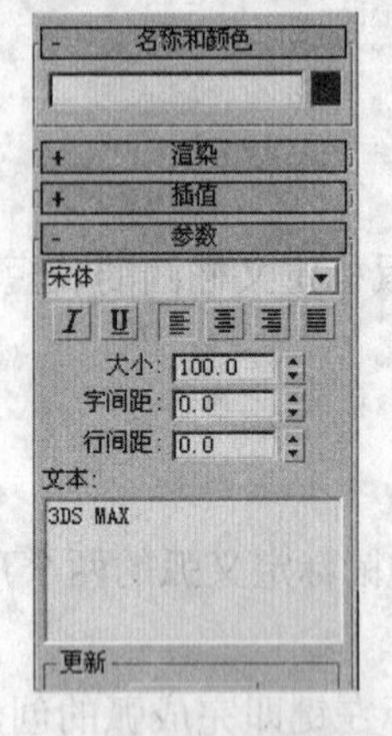

图 2.121　在“参数”卷展栏中输入文本

**提　示**

❖创建多边形和星形，若要修改其边数，可在创建后在修改器中修改其边数和点的参数值。

（9）创建“文本”

使用“文本”功能可以创建文本。

在【对象类型】卷展栏中激活“文本”按钮，在【参数】卷展栏中输入文本，调整文本的大小，如图 2.121 所示。在任一视图中单击定义文本的输入，如图 2.122 所示。

（10）创建“螺旋线”

使用“螺旋线”功能可以创建螺旋线。

在【对象类型】卷展栏中激活“螺旋线”按钮，在任一视图中单击拖动鼠标定义螺旋线的一个半径。松开鼠标向内或向外移动鼠标定义螺旋线的高度，如图 2.123 所示。

单击鼠标左键并向上或向下移动鼠标，定义螺旋线的另一个半径，如图 2.124 所示，再次单击鼠标左键即完成螺旋线的创建。

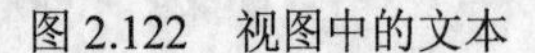
图 2.122　视图中的文本

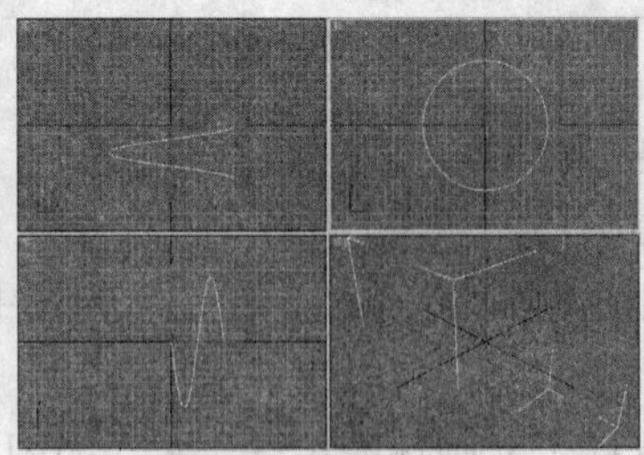
图 2.123　螺旋线未完成状态

图 2.124　螺旋线完成

3. 顶点的类型和线的调整

3ds Max 中顶点有 4 种类型，分别为角点、平滑、Bezier 和 Bezier 角点。顶点的调整、顶点类型的转换，在线的顶点层级下进行。选择需要调整的线，在修改器中单击“line”旁的⊞，

展开并选择“顶点”层级，如图 2.125 所示，然后选择顶点调整其位置，右击弹出快捷菜单，如图 2.126 所示，在菜单中选择顶点类型，通过调整顶点两侧的曲率滑杆来调整线的形状。

图 2.125 “顶点”层级

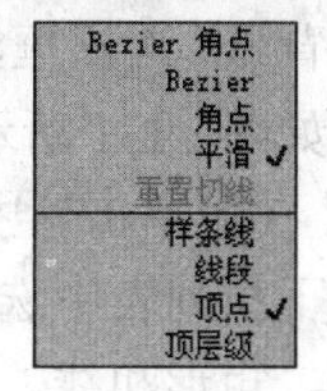


图 2.126 快捷菜单

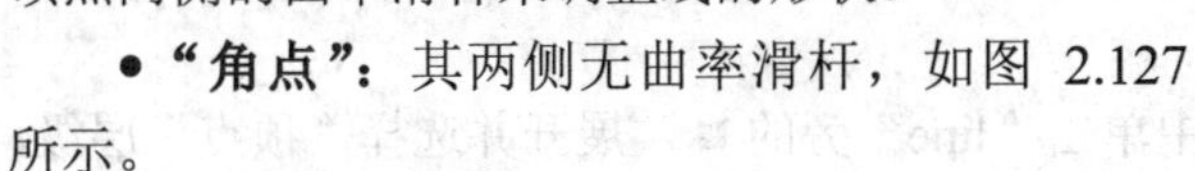

- **“角点”**：其两侧无曲率滑杆，如图 2.127 所示。
- **“平滑”**：其两侧无曲率滑杆，但软件系统会根据该点左右相邻的两个顶点自动将该段线调整为弯曲的曲线，如图 2.128 所示。

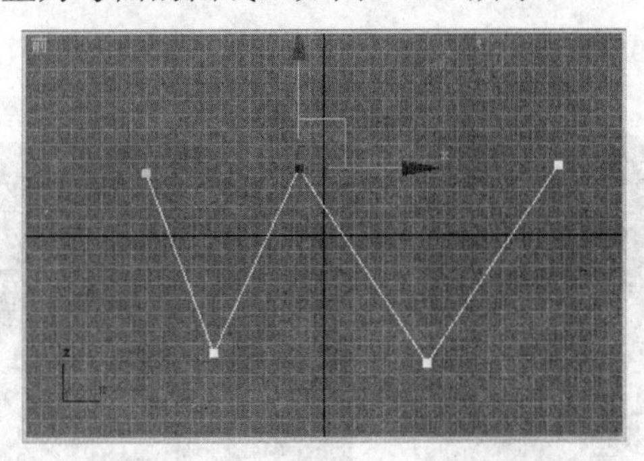

图 2.127 角点模式

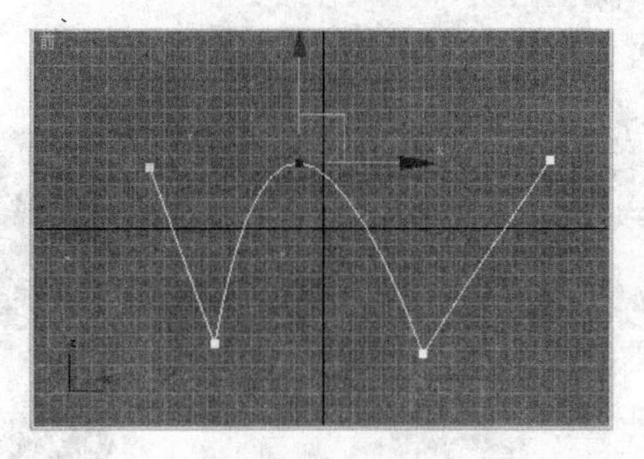

图 2.128 平滑模式

- **“Bezier”**：其两侧有曲率滑杆，且两个曲率滑杆呈 180º，调整其中一端时另一端也同样做相应变化，如图 2.129 所示。
- **“Bezier 角点”**：其两侧有曲率滑杆，但两个曲率滑杆是相互独立的，调整其中一端时，另一端不变，即不受其影响，如图 2.130 所示。

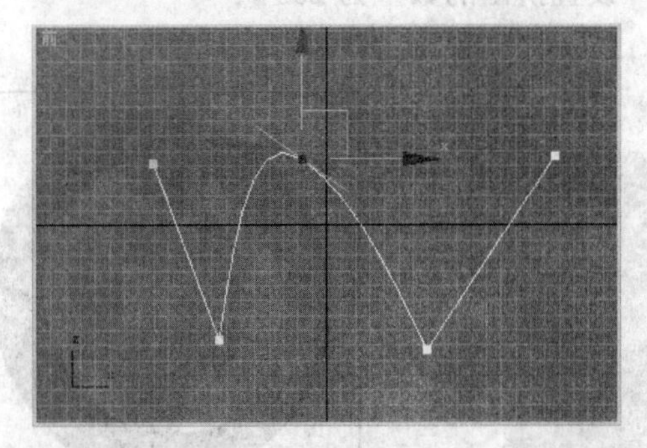

图 2.129 Bezier 模式

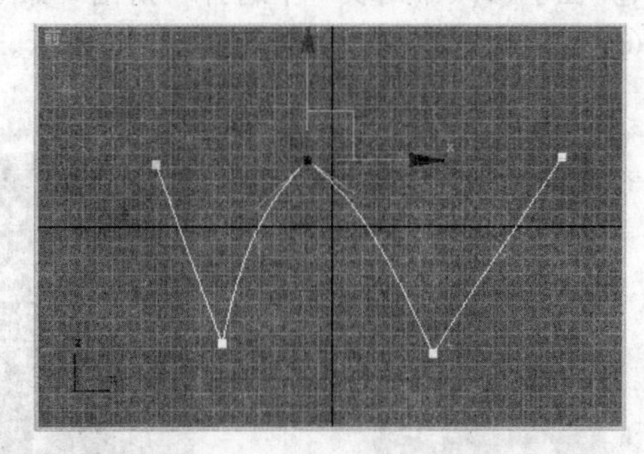

图 2.130 Bezier 角点模式

## 任务分析

本节的“制作标志”主要是由线来制作造型。创建完线稿，再执行修改器中的“挤出”命令，最后进行渲染。

## 任务实施

① 将标志图导入为视口背景，选择前视图，执行“视图”→“视口背景”命令，弹出“视

口背景”对话框，设置视口背景的文件源，选择素材文件夹中“标志.JPG”文件，其他参数设置如图 2.131 所示。

② 单击按钮进入“创建”面板，单击“图形”按钮，进入图形子命令面板，在其下拉列表中选择“样条线”选项，在前视图中根据视口背景图片创建如图 2.132 所示的圆、矩形和线。

③ 选中其中的线进行调整，在修改器中单击“line”旁的，展开并选择“顶点”层级，调整线的各顶点。使用工具栏中“镜像”按钮，将线对称复制一个，如图 2.133 所示。

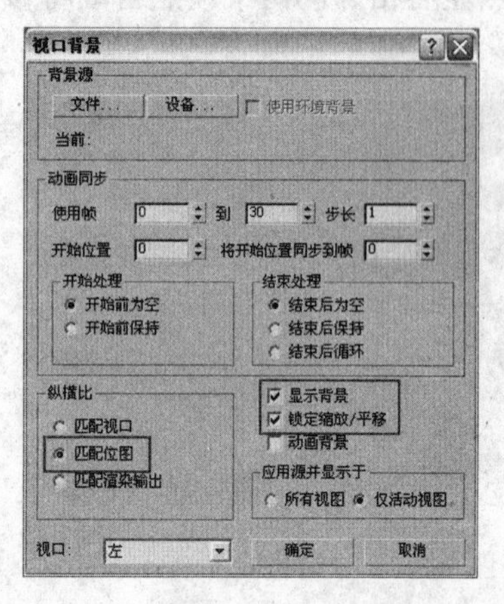


图 2.131　设置“视口背景”对话框

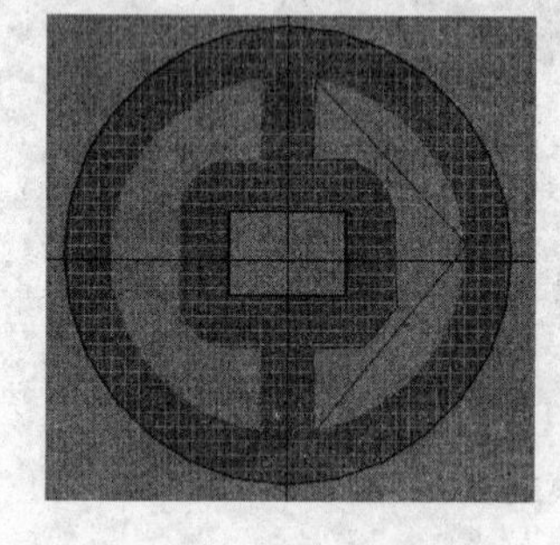

图 2.132　圆、矩形和线

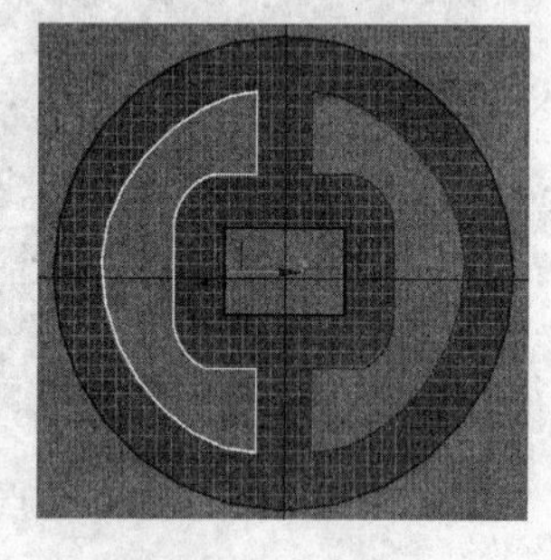

图 2.133　调整线

④ 在“几何体”卷展栏中激活“附加”按钮，如图 2.134 所示，在视图中单击其他的线、圆和矩形，将所有的线、圆和矩形复合成一个整体，如图 2.135 所示。

⑤ 在“修改器列表”中选择“挤出”命令，设置挤出的数量为 20。

⑥ 最后进行渲染，效果如图 2.136 所示。

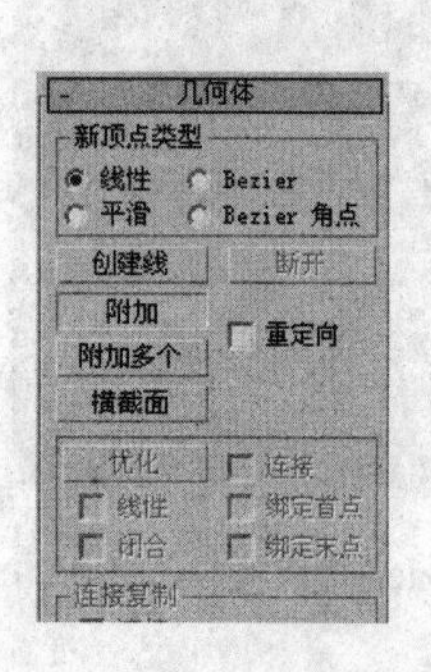


图 2.134　激活“附加”按钮

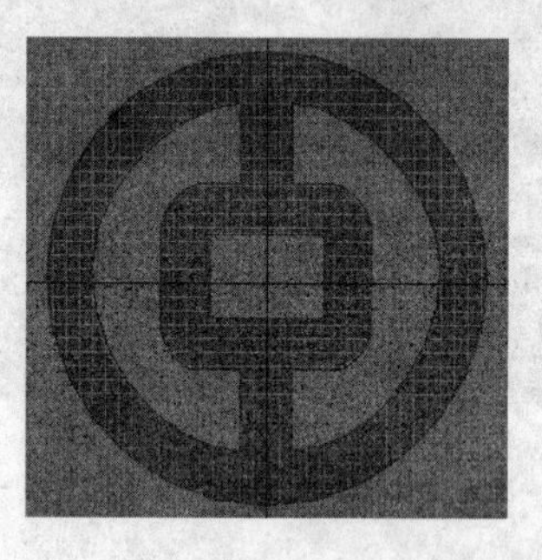

图 2.135　线、圆和矩形复合成整体

图 2.136　最终渲染效果图

## 2.4　基本修改命令

在 3ds Max 中“修改”面板属于一个核心内容，它提供了大量的修改命令，用于对模型进行各种方式的修改加工，通过调整创建参数来进行简单的模型修改。本节介绍使用 3ds Max 中系统配置的修改器对基本的二维图形、三维立体模型进行各种变形修改的方法。

## 2.4.1 倒角命令的使用——制作 CCTV 台标

修改器中的“倒角”命令是以一个二维图形为底面，挤出三次，并对其进行倒角设置。“倒角”命令最常用的就是金属字的制作。由于该命令可以进行倒角，对于三维物体的表面有一定的光滑作用，因此非常合适表现金属材质。

通过制作如图 2.137 所示的“CCTV 台标”的实例，学习“倒角”命令的使用。

1. “挤出”命令

“挤出”命令是对一个二维图形进行立体化。选中一个二维图形，执行修改器中的“挤出”命令，参数如图 2.138 所示。

- **“数量”**：设置挤出的高度。
- **“分段”**：设置挤出高度的分段数量。
- **“封口”**：设置始端和末端是否封闭。
- **“变形”**：点选该项可不进行面的精简计算，不能用于变形动画的制作。
- **“栅格”**：点选该项可进行面的精简计算，不能用于变形动画的制作。
- **“输出”**：设置输出线架造型的形式。

图 2.137 CCTV 台标

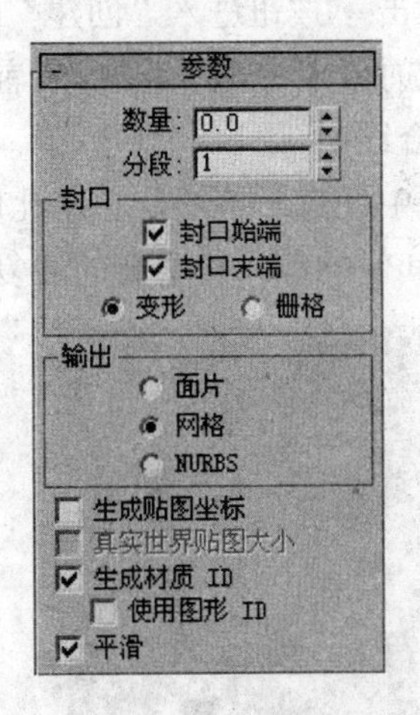


图 2.138 “挤出”命令参数

2. “倒角”命令

“倒角”命令是对一个二维图形进行立体化。选中一个二维图形，执行修改器中“倒角”命令，参数如图 2.139 所示。

- **“起始轮廓”**：设置原始二维图形的外轮廓大小。数值大于 0，外轮廓加粗；数值等于 0，外轮廓保持原来大小；数值小于 0，外轮廓变细。

- **"级别 1"、"级别 2"、"级别 3"**：分别设置 3 个级别的挤出高度和轮廓。

## 任务分析

"CCTV 台标"主要是由线和文本来制作造型。创建完线稿，再执行修改器中"倒角"命令，最后进行渲染。

## 任务实施

① 将 CCTV 台标图案导入为视口背景，选择前视图，选择"视图"→"视口背景"命令，弹出"视口背景"对话框，设置视口背景的文件源，选择素材文件夹中"中央电视台标志.TGA"文件，其他参数设置如图 2.140 所示。

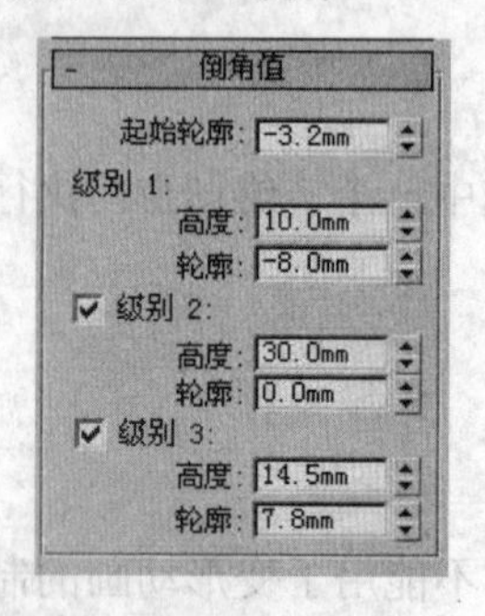


图 2.139 "倒角"命令参数

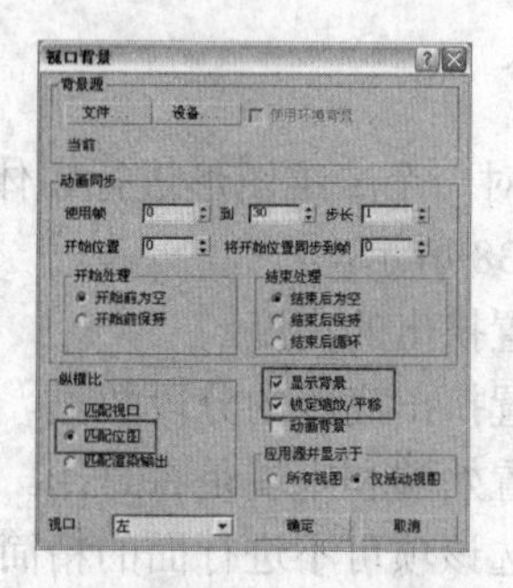

图 2.140 设置"视口背景"对话框

② 单击按钮进入"创建"面板，单击"图形"按钮，进入图形子命令面板，在其下拉列表中选择"样条线"选项，在前视图中根据视口背景图片创建如图 2.141 所示的 4 条线（台标轮廓闭合线）。

③ 选中任意一条线，在【几何体】卷展栏中激活"附加"按钮，如图 2.142 所示，在视图中单击其他的线，将所有的线复合成一个整体，如图 2.143 所示。

图 2.141 创建 4 条线

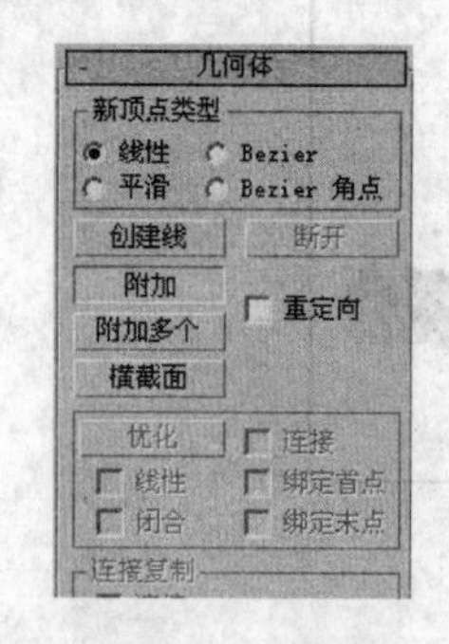


图 2.142 激活"附加"按钮

图 2.143 复合所有线

④ 在"修改器列表"中选择"倒角"命令，设置倒角参数如图 2.144 所示。

⑤ 在台标旁边创建"中央电视台"文本，调整文字的大小，如图 2.145 所示。对文字同样做倒角效果，在"修改器列表"中选择"倒角"命令来完成。

⑥ 最后进行渲染，效果如图 2.146 所示。

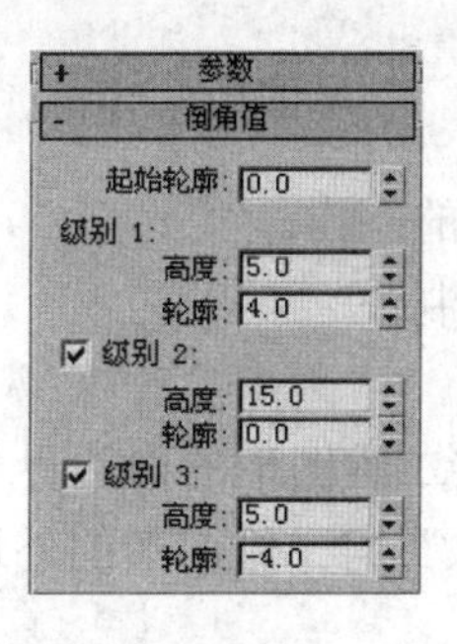


图 2.144 “倒角”命令参数

图 2.145 添加文字

图 2.146 最终渲染效果图

## 2.4.2 车削命令的使用——制作高脚杯模型

任务目的

通过制作如图 2.147 所示的“高脚杯模型”，学习“车削”命令的使用。

相关知识

“车削”是一个比较实用的命令，其原理是将一个二维图形作为截面图形，通过旋转这个二维图形来产生一个三维几何体，参数如图 2.148 所示。

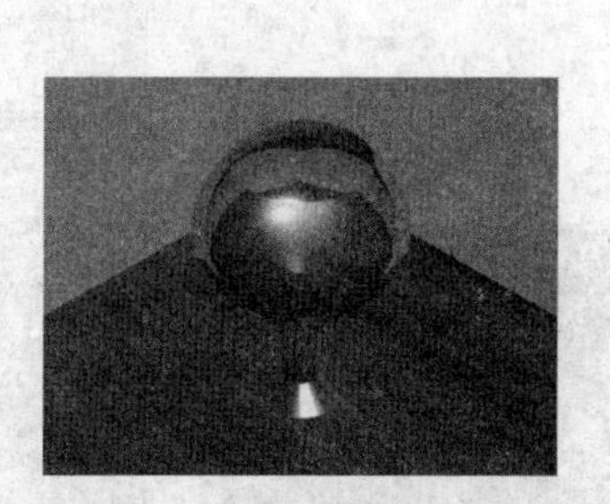

图 2.147 高脚杯模型

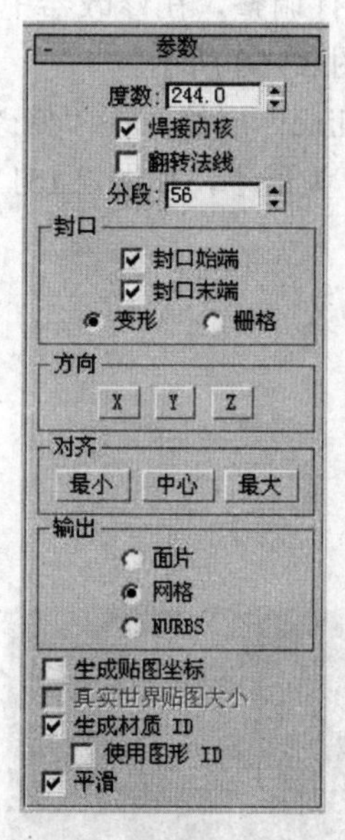


图 2.148 “车削”命令参数

- **“度数”**：设置二维图形旋转成形的角度。360 度为一个完整的环形，小于 360 度为一个扇形。
- **“焊接内核”**：勾选该项可以将中心轴上重合的点进行焊接精简，得到结构相对简单的造型。如果要做变形物体，则不能勾选该项。
- **“翻转法线”**：勾选该项可将造型表面的法线方向反向。

- **“分段”**：设置旋转圆周上的分段数，数值越高造型越光滑。
- **“封口”**：设置始端和末端是否封闭。
- **“变形”**：点选该项可不进行面的精简计算，不能用于变形动画的制作。
- **“栅格”**：点选该项可进行面的精简计算，不能用于变形动画的制作。
- **“方向”**：设置二维图形旋转轴中心的方向。
- **“对齐”**：设置二维图形与中心轴的对齐方式。选择“最小”将二维图形的内边界与中心轴对齐；选择“中心”将二维图形的中心与中心轴对齐。选择“最大”将二维图形的外边界与中心轴对齐。系统默认为“最大”选项。
- **“输出”**：设置输出线架造型的形式。

## 任务分析

制作高脚杯模型主要是先创建二维图形，通过对二维图形执行修改器中“车削”命令完成模型的制作，最后进行渲染。

## 任务实施

① 单击按钮进入“创建”面板，单击“图形”按钮，进入图形子命令面板，在其下拉列表中选择“样条线”选项，在前视图中创建如图 2.149 所示的二维图形。

② 对线进行调整，在修改器中单击“line”旁的，展开并选择“顶点”层级，调整线的各顶点，如图 2.150 所示。

③ 选择“line”层级，在“修改器列表”中选择“车削”命令，设置车削参数，“分段”为 30，“对齐”为最小，如图 2.151 所示。二维图形做完车削后，效果如图 2.152 所示，高脚杯模型即完成。

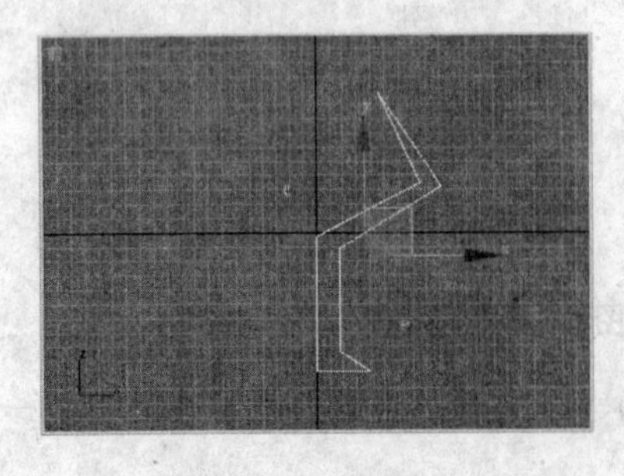

图 2.149　创建线

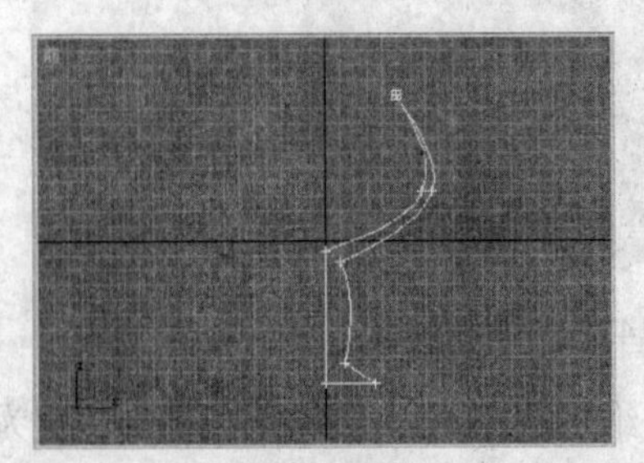

图 2.150　调整顶点

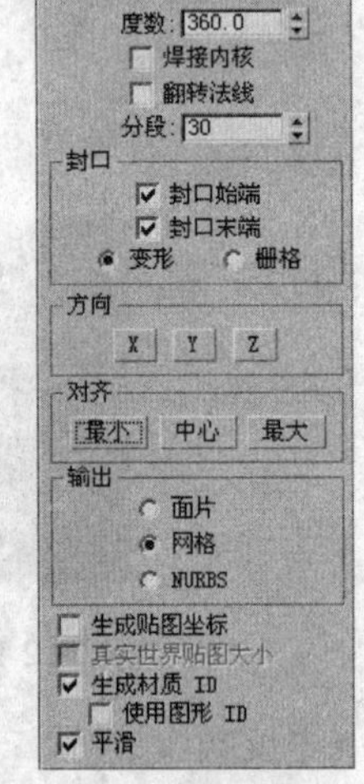


图 2.151　“车削”命令参数

④ 在高脚杯模型下方创建一平面，作为桌面，如图 2.153 所示。

⑤ 最后给桌面和高脚杯上材质，进行渲染，效果如图 2.154 所示。

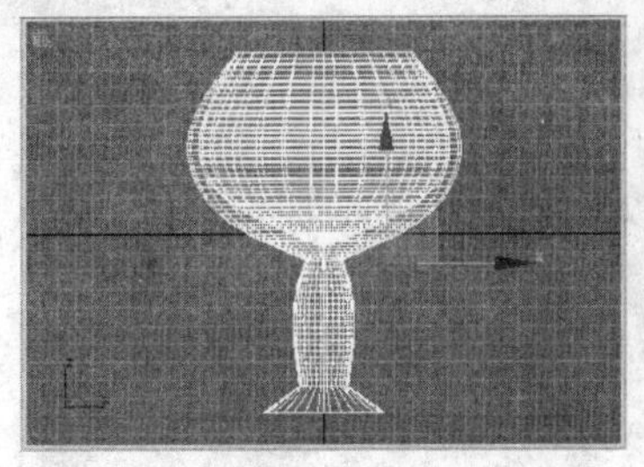

图 2.152 执行“车削”命令

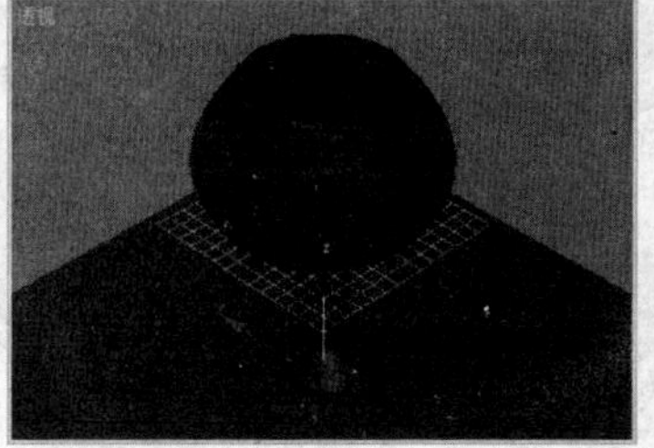

图 2.153 添加桌面

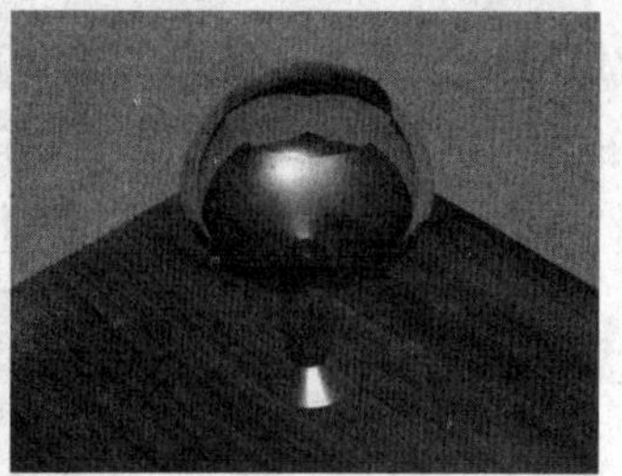

图 2.154 最终渲染效果图

## 2.4.3 弯曲命令的使用——制作躺椅模型

使用“弯曲”命令可以对选择的物体进行无限度数的弯曲变形操作，通过 X、Y、Z 轴向控制物体的弯曲角度和方向。

### 任务目的

通过制作如图 2.155 所示的“躺椅模型”，学习“弯曲”命令的使用。

图 2.155 躺椅模型

### 相关知识

“弯曲”命令是通过 X、Y、Z 轴向控制物体的弯曲角度和方向。“弯曲”命令参数如图 2.156 所示。

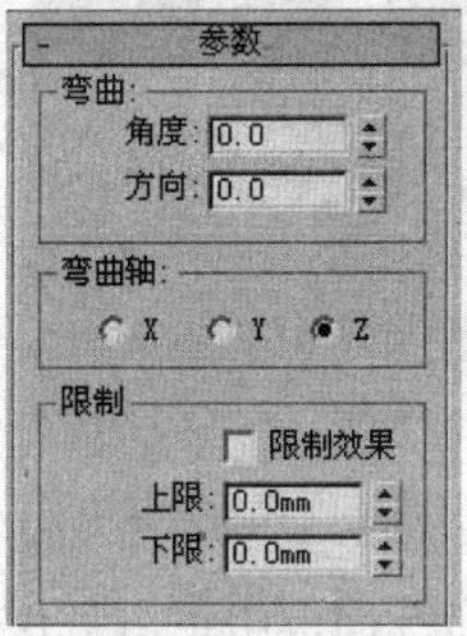

图 2.156 “弯曲”命令参数

- **“角度”**：物体弯曲的角度。
- **“方向”**：物体沿自身 Z 轴方向的旋转角度。
- **“弯曲轴”**：指定弯曲所在的轴向。
- **“限制”**：将弯曲效果限定在中心轴以上或以下的某一部分。
- **“上限”**：弯曲限制在中心轴以上，在限制区域以外不会受弯曲的影响。
- **“下限”**：弯曲限制在中心轴以下，在限制区域以外不会受弯曲的影响。

### 任务分析

制作躺椅模型主要使用了修改器中的“弯曲”命令，通过创建长方体，对长方体执行“弯曲”命令，来完成躺椅模型的制作。

### 任务实施

① 单击命令面板上的“创建”按钮，进入“创建”面板，在该命令面板中单击“几何体”按钮，进入几何体子命令面板，在其下拉列表中选择“标准基本体”选项，在顶视图

中创建一长方体，参数如图 2.157 所示。

② 执行修改器“弯曲”命令，参数如图 2.158 所示。

③ 再次执行“弯曲”命令，参数如图 2.159 所示，效果如图 2.160 所示。

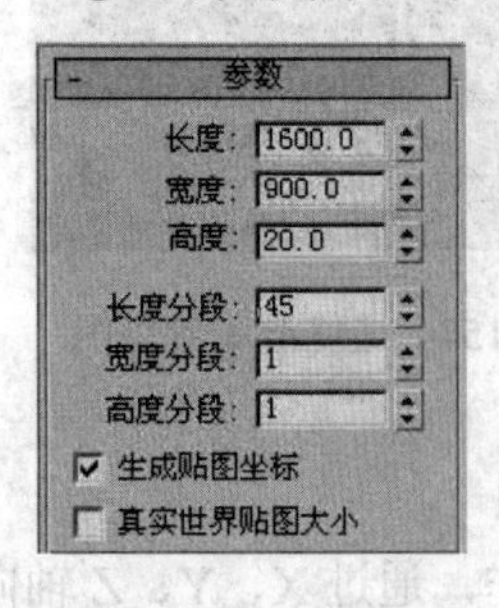


图 2.157 长方体参数

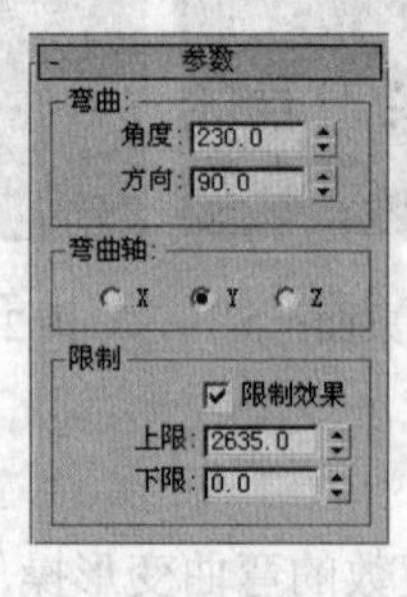


图 2.158 “弯曲”命令参数

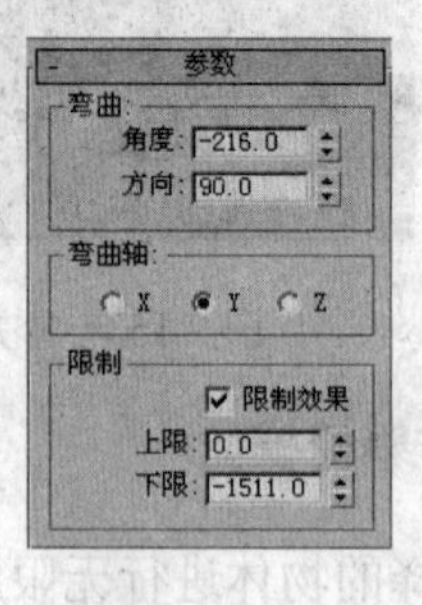


图 2.159 “弯曲”命令参数

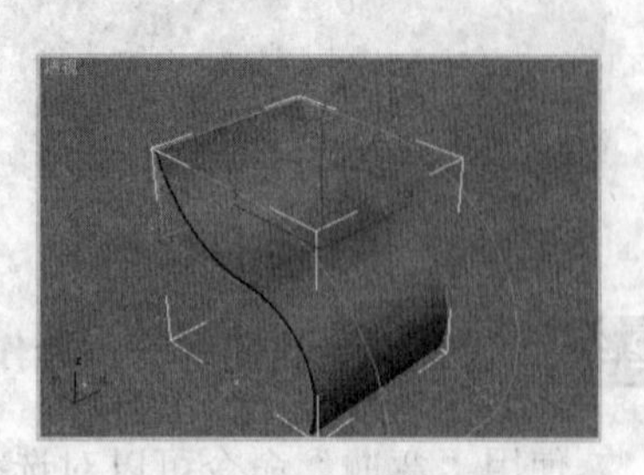

图 2.160 “弯曲”后效果

④ 在修改器中选择第二个“弯曲”命令，打开“中心”子层级，在左视图中将中心稍微向右移动，返回“Bend”层级。单击工具栏中“选择并旋转”按钮，将躺椅沿逆时针方向旋转一定角度，效果如图 2.161 所示。

⑤ 单击命令面板上的“创建”按钮，进入“创建”面板，在该命令面板中单击“几何体”按钮，进入几何体子命令面板，在其下拉列表中选择“标准基本体”选项，创建一长方体，长、宽、高和长度分段分别为 800、700、35、45。

⑥ 执行“弯曲”命令，参数效果如图 2.162 所示。调整其位置，效果如图 2.163 所示。

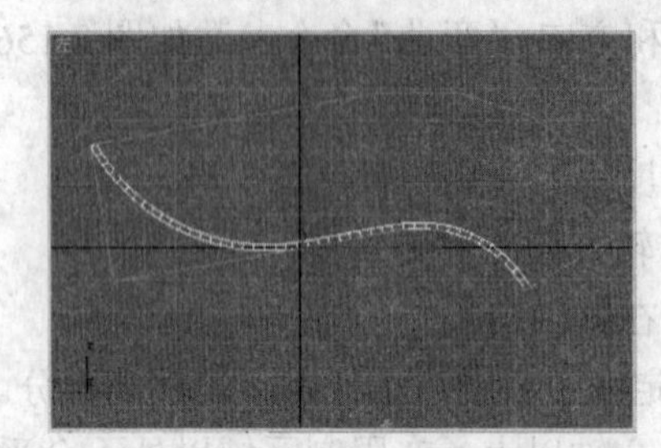

图 2.161 调整中心后效果

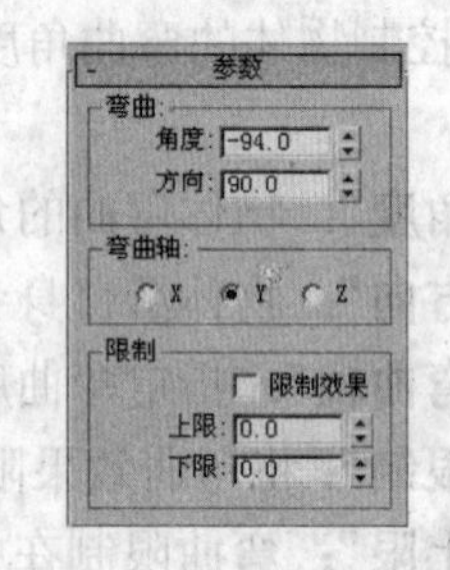


图 2.162 “弯曲”命令参数

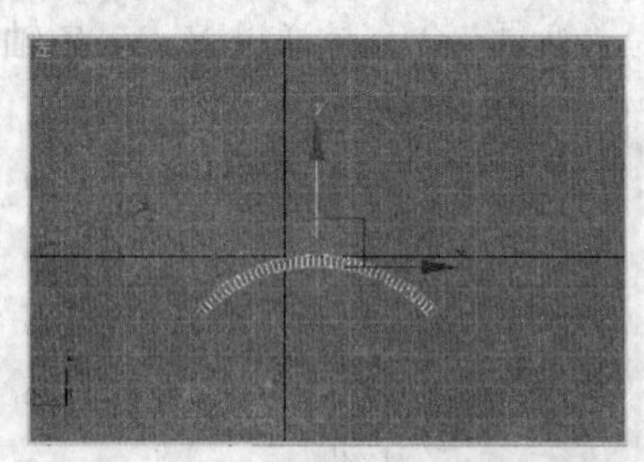

图 2.163 调整位置后效果

⑦ 单击命令面板上的“创建”按钮，进入“创建”面板，在该命令面板中单击“几何体”按钮，进入几何体子命令面板，在其下拉列表中选择“标准基本体”选项，创建一个圆柱体，使用克隆复制出其他 3 个，调整位置，作为躺椅的腿造型，效果如图 2.164 所示。再创建一胶囊，调整位置，作为躺椅的靠头部分，效果如图 2.165 所示。

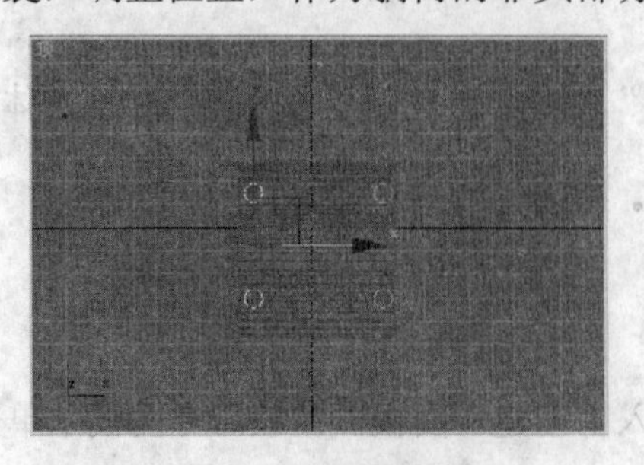

图 2.164 制作躺椅腿

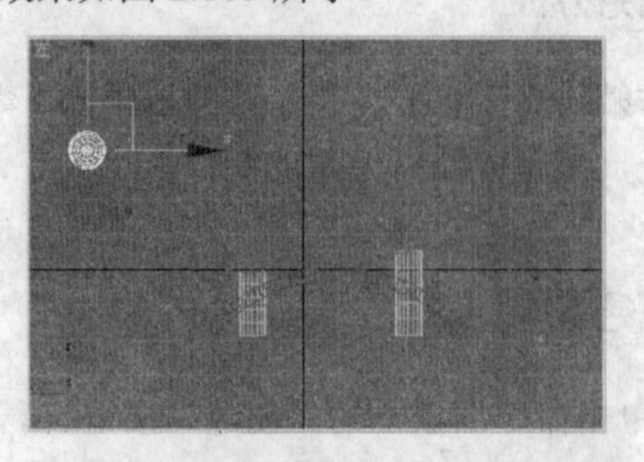

图 2.165 制作躺椅靠头

⑧ 创建一圆柱体，“半径”为 20，“高度”为 800，“高度分段”为 20，再执行“弯曲”命令，作为躺椅的扶手，参数如图 2.166 所示。

⑨ 调整扶手位置。再复制一个作为另一侧扶手。上材质。最终渲染效果如图 2.167 所示。

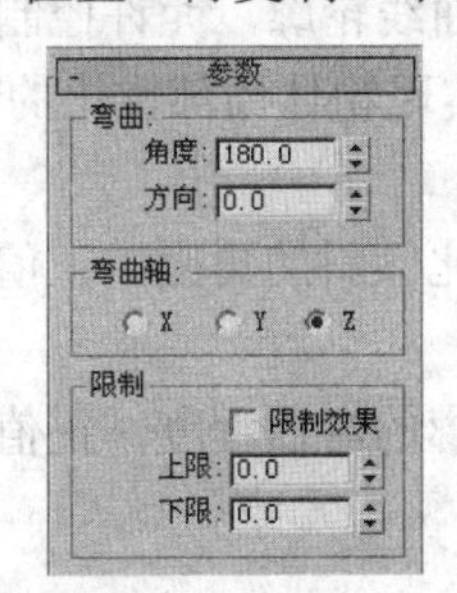


图 2.166 “弯曲”命令参数

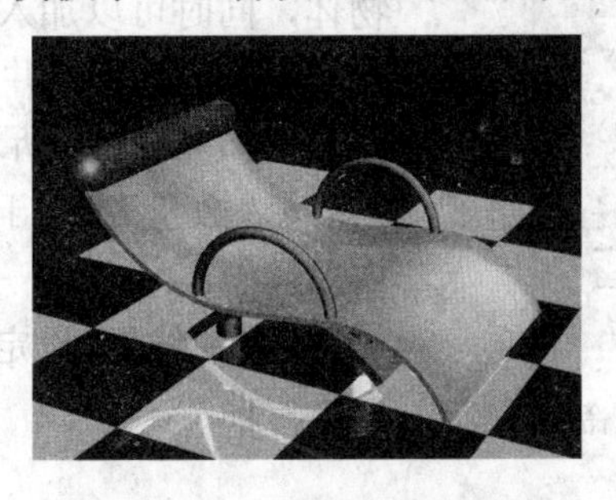

图 2.167 最终渲染效果图

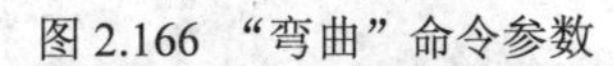

## 2.4.4 扭曲命令和锥化命令的使用——制作冰淇淋模型

### 任务目的

通过制作如图 2.168 所示的“冰淇淋模型”，学习“扭曲”命令和“锥化”命令的使用。

### 相关知识

1. “扭曲”命令

“扭曲”命令是通过 X、Y、Z 轴向来控制物体的扭曲角度和偏移。“扭曲”命令参数如图 2.169 所示。

- **“角度”**：物体扭曲的角度。
- **“偏移”**：物体扭曲的偏移量。
- **“扭曲轴”**：指定扭曲所在的轴向。
- **“限制”**：将扭曲效果限定在中心轴以上或以下的某一部分。

图 2.168 冰淇淋模型

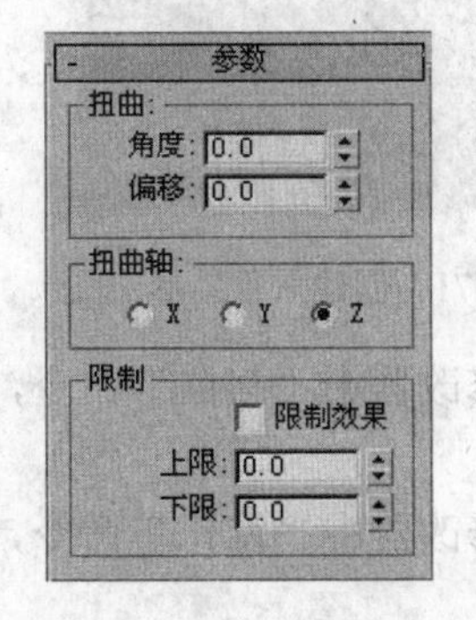


图 2.169 “扭曲”命令参数

- **“上限”**：扭曲限制在中心轴以上，在限制区域以外不会受扭曲的影响。
- **“下限”**：扭曲限制在中心轴以下，在限制区域以外不会受扭曲的影响。

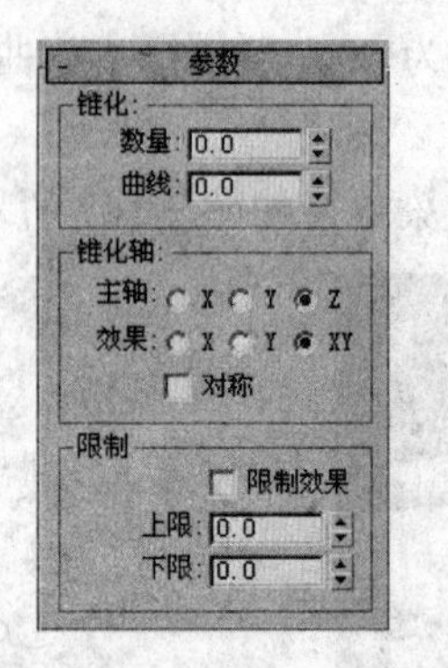


图 2.170 “锥化”命令参数

2. “锥化”命令

“锥化”命令是通过缩放对象的两端而产生锥形轮廓来修改物体，同时可以加入光滑的曲线轮廓，允许控制锥化的倾斜度、曲线轮廓的曲度，并且可以实现物体局部锥化的效果。“锥化”命令参数如图 2.170 所示。

- **“数量”：**用于设定锥化倾斜的角度，正值向外倾斜，负值向里倾斜。
- **“曲线”：**设定锥化轮廓的弯曲程度，正值向外弯曲，负值向里弯曲。

## 任务分析

制作冰淇淋模型主要使用了修改器“扭曲”命令和“锥化”命令。创建一个六角星形，对六角星形执行“挤出”命令，再执行“扭曲”命令和“锥化”命令，完成冰淇淋模型的制作。

## 任务实施

① 单击按钮进入“创建”面板，单击“图形”按钮，进入图形子命令面板，在其下拉列表中选择“样条线”选项，激活“星形”按钮，在顶视图中创建如图 2.171 所示的六角星形，参数如图 2.172 所示。

② 执行修改器中“挤出”命令，“挤出”命令的参数如图 2.173 所示。

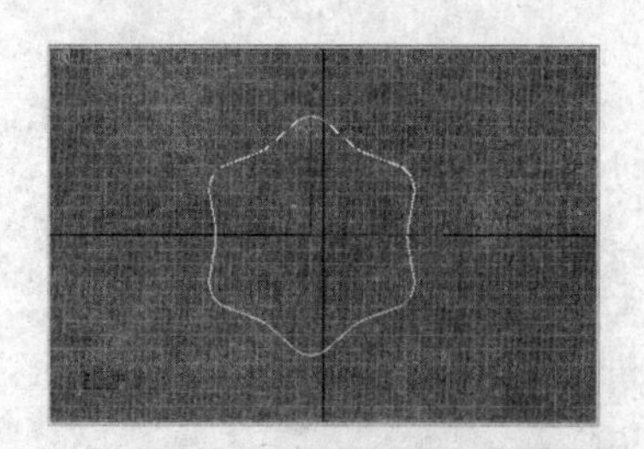

图 2.171　创建六角星形

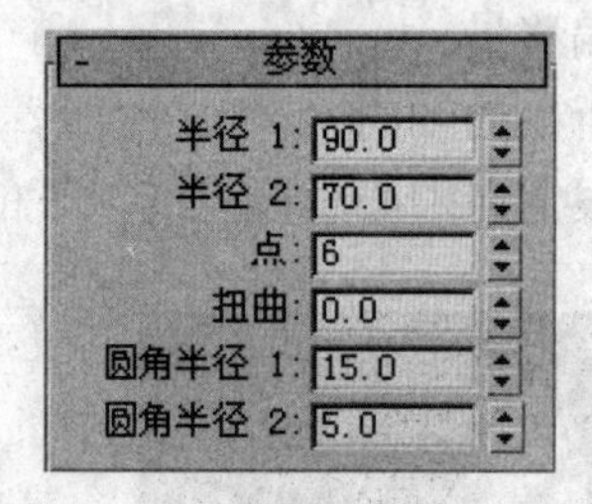


图 2.172　六角星形参数

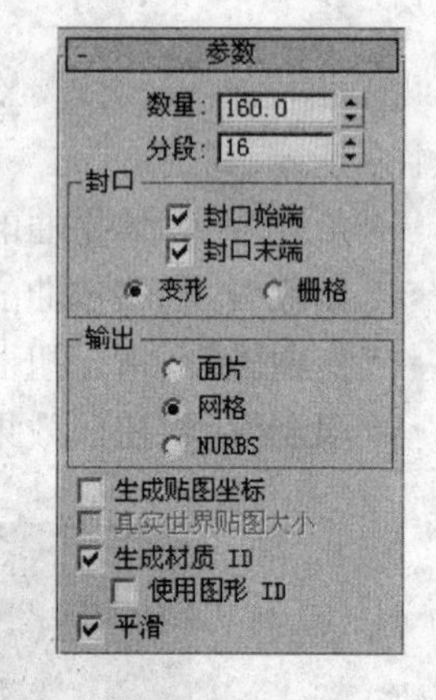


图 2.173　“挤出”命令参数

③ 执行修改器中“扭曲”命令，“扭曲”命令的参数如图 2.174 所示，效果如图 2.175 所示。

④ 执行修改器中“锥化”命令，“锥化”命令的参数如图 2.176 所示，效果如图 2.177 所示。

⑤ 单击按钮进入“创建”面板，单击“图形”按钮，进入图形子命令面板，在其下拉列表中选择“样条线”选项，在前视图中创建如图 2.178 所示的线。

⑥ 执行修改器中“车削”命令，“车削”命令的参数如图 2.179 所示，效果如图 2.180 所示。

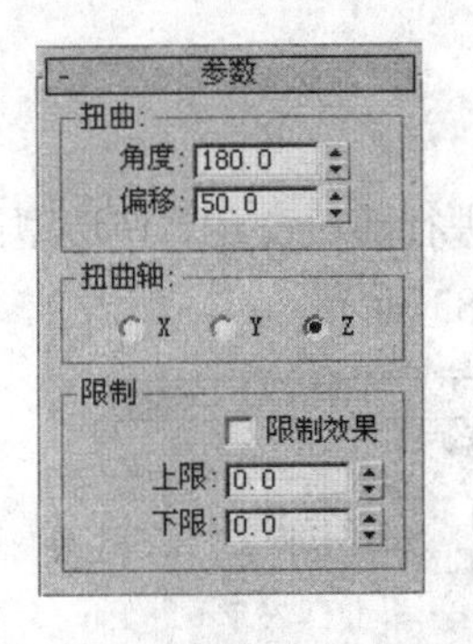


图 2.174 “扭曲”命令参数

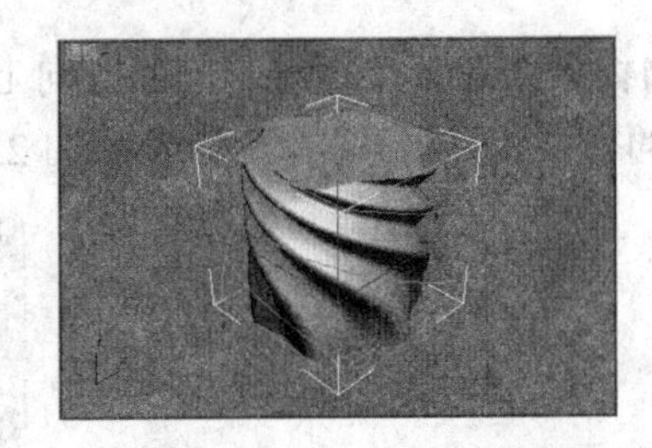

图 2.175 “扭曲”后效果

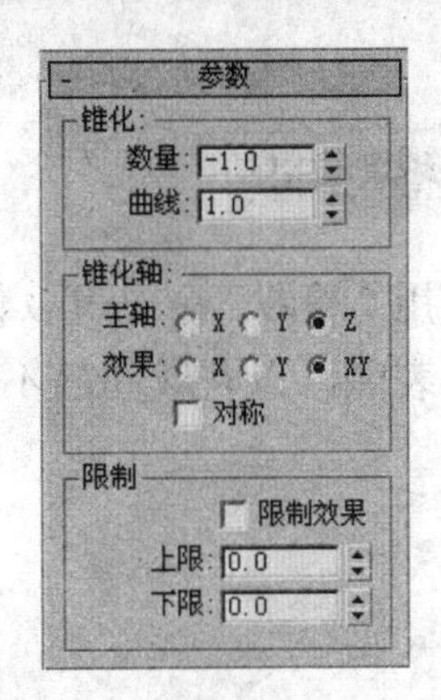


图 2.176 “锥化”命令参数

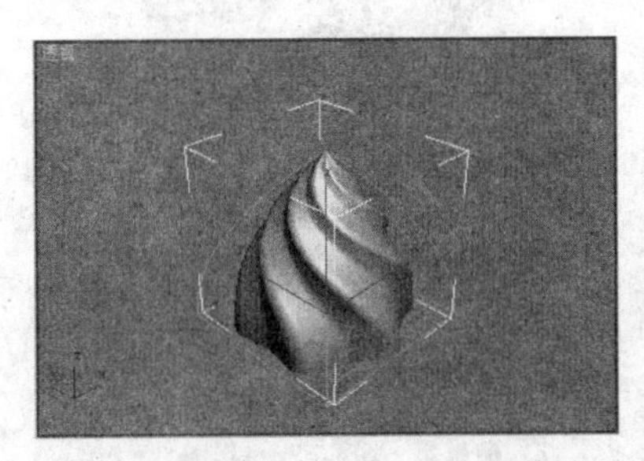

图 2.177 “锥化”后效果

图 2.178 创建线

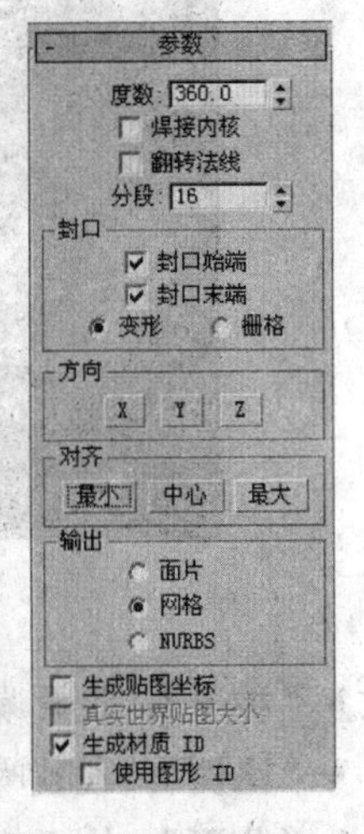


图 2.179 “车削”命令参数

⑦ 给冰淇淋各部分上材质。最终渲染效果如图 2.181 所示。

图 2.180 “车削”后效果

图 2.181 最终渲染效果图

## 2.4.5 噪波命令的使用——制作山脉模型

通过制作如图 2.182 所示的“山脉模型”，学习“噪波”命令的使用。

## 相关知识

使用“噪波”命令可以使物体表面的各个点在不同的方向上进行随机变动，使造型产生不规则的表面，以获取凹凸不平的效果。“噪波”命令参数如图 2.183 所示。

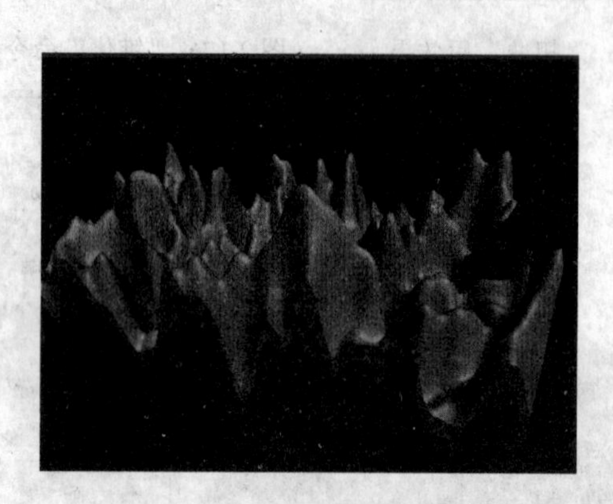

图 2.182　山脉模型

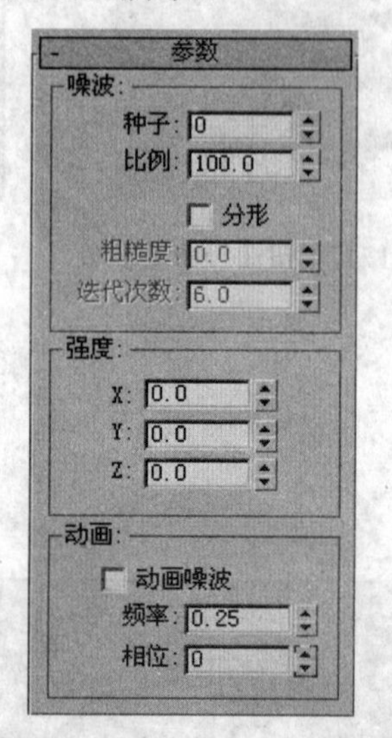


图 2.183　“噪波”命令参数

- **“种子”**：设置噪波随机效果。
- **“比例”**：设置噪波影响的尺寸。
- **“分形”**：用于产生数字分形的地形，适合于做地面之用。
- **“粗糙度”**：设置表面的起伏效果，数值大，起伏剧烈，表面粗糙。
- **“迭代次数”**：设置分形函数的迭代次数。
- **“强度”**：用于分别控制 X、Y、Z 轴向上物体的噪波影响程度，数值大，噪波剧烈。
- **“动画”**：可以使用系统内定的噪波动画控制，使之产生一个正弦形波动的动态噪波。

## 任务分析

创建一个长方体，设置其长度、宽度和高度的分段值，再执行“噪波”命令，即可完成山脉模型的创建。

## 任务实施

① 单击命令面板上的“创建”按钮，进入“创建”面板，在该命令面板中单击“几何体”按钮，进入几何体子命令面板，在其下拉列表中选择“标准基本体”选项，在顶视图中创建一个长方体，参数如图 2.184 所示。

② 执行修改器中“噪波”命令，参数如图 2.185 所示。

③ 给山脉上材质。最终渲染效果如图 2.186 所示。

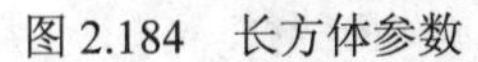

图 2.184 长方体参数

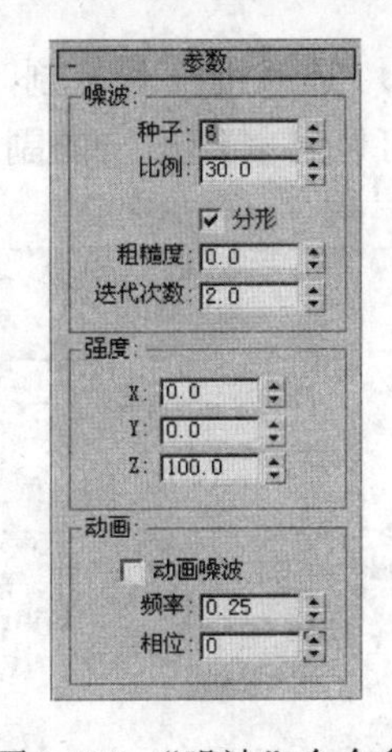


图 2.185 “噪波”命令参数

图 2.186 最终渲染效果图

## 2.5 使用阵列和间隔工具命令复制对象

“工具”菜单中的“阵列”和“间隔工具”命令都能完成对象的复制功能。“阵列”命令既可以创建出当前选择物体的一连串复制物体，也可以控制产生一维、二维、三维的阵列复制，并可以对复制出来的物体进行精确的定位。“间隔工具”命令与“阵列”命令不同，利用“间隔工具”命令可得到随意摆放的复制对象。

### 2.5.1 阵列命令的使用——制作吊顶灯模型

通过制作如图 2.187 所示的“吊顶灯模型”，学习“阵列”命令的使用。

图 2.187 吊顶灯模型

1. “阵列”命令

“阵列”对话框如图 2.188 所示。“阵列维度”组合框由 3 个维度的阵列设置组成，后

两个维度依次对前一个维度发生作用，“1D”是一维阵列复制，“2D”是二维阵列复制，“3D”是三维阵列复制。“阵列变换”组合框中可以对复制出来的副本进行移动、旋转和缩放。

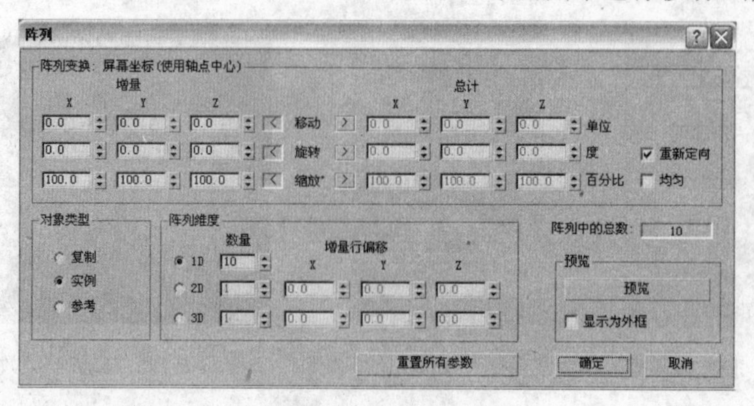


图 2.188 “阵列”对话框

2. 使用“阵列”命令复制对象

(1) 一维复制

在视图中创建一个茶壶，执行“工具”→“阵列”命令，“阵列维度”中选择“1D”，设置X轴增量和一维复制个数，参数如图 2.189 所示，效果如图 2.190 所示。

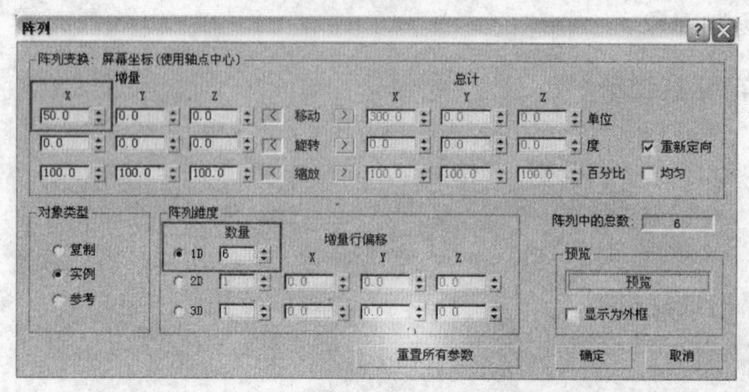

图 2.189 “阵列”对话框参数

图 2.190 一维复制

(2) 二维复制

在视图中创建一个茶壶，执行“工具”→“阵列”命令，“阵列维度”中选择“2D”，参数如图 2.191 所示，效果如图 2.192 所示。

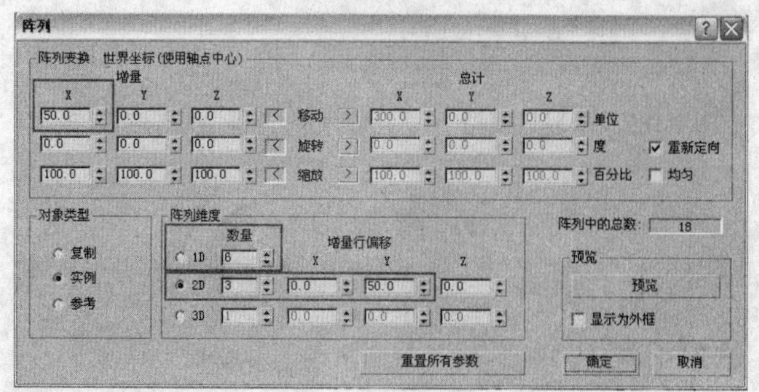


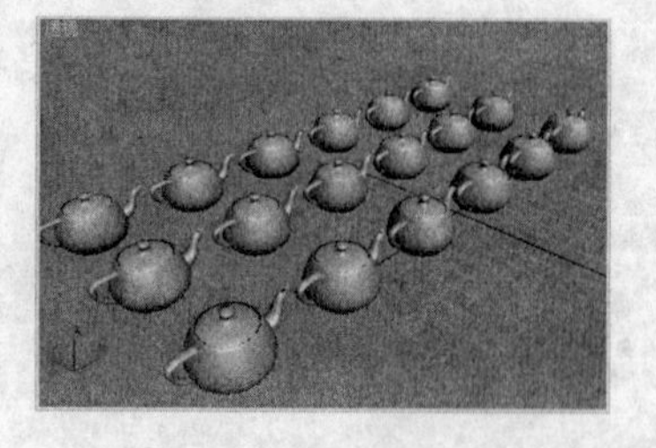

图 2.191 “阵列”对话框参数

图 2.192 二维复制

（3）三维复制

在视图中创建一个茶壶，执行“工具”→“阵列”命令，“阵列维度”中选择“3D”，参数如图 2.193 所示，效果如图 2.194 所示。

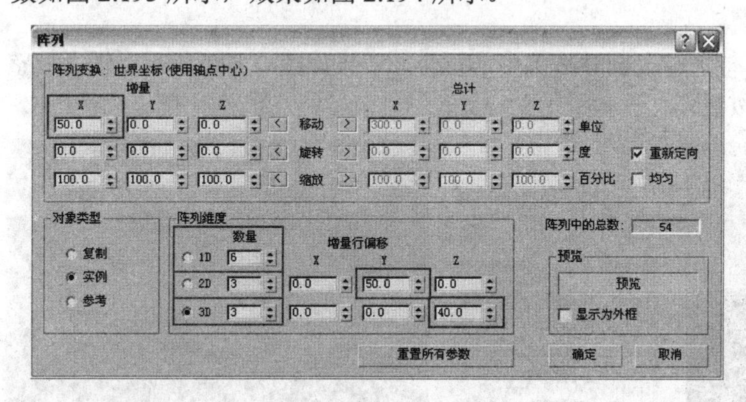


图 2.193 “阵列”对话框参数

图 2.194 三维复制

## 任务分析

先创建圆柱体和球体，组合出吊顶灯中的一盏小灯，再执行“阵列”命令将其复制出另外两盏，组合成完整的吊顶灯。

## 任务实施

① 单击命令面板上的“创建”按钮，进入“创建”面板，在该命令面板中单击“几何体”按钮，进入几何体子命令面板，在其下拉列表中选择“标准基本体”选项，在视图中创建一个扁平的圆柱体。

② 单击命令面板上的“创建”按钮，进入“创建”面板，在该命令面板中单击“几何体”按钮，进入几何体子命令面板，在其下拉列表中选择“标准基本体”选项，在视图中创建一个管状体，单击“选择并移动”按钮调整其位置使其底部与圆柱体对齐，效果如图 2.195 所示。

③ 再创建一个细长圆柱体和小球体，位置如图 2.196 所示。

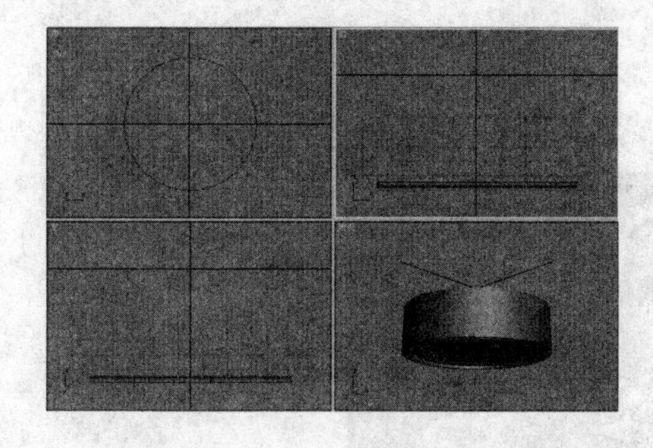

图 2.195 创建圆柱体和管状体

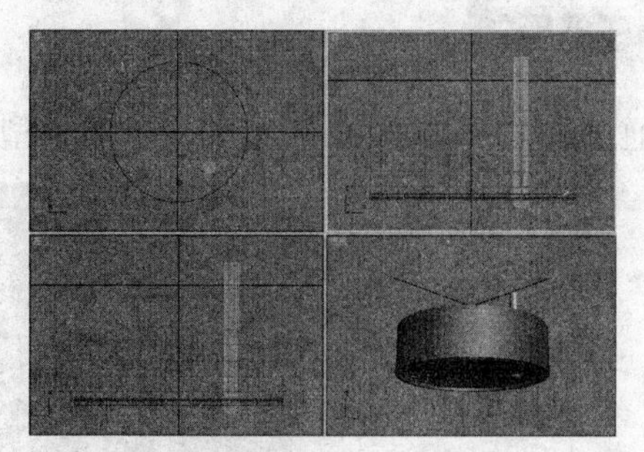

图 2.196 创建圆柱体和球体

④ 将所有的几何体选中，执行“组”→“成组”命令，将该组命名为“小灯”。

⑤ 在“小灯”上方创建一个扁平圆柱体，作为吊顶灯固定在天花板的部件。在圆柱体上方创建一个平面，作为天花板。效果如图 2.197 所示。

⑥ 选择“小灯”，单击命令面板上的“层次”按钮，再单击“仅影响轴”按钮，如图 2.198 所示。

⑦ 调整“小灯”的轴心，使之与大圆柱体的中心重合，效果如图 2.199 所示。轴心调整完后，再次单击“仅影响轴”按钮。

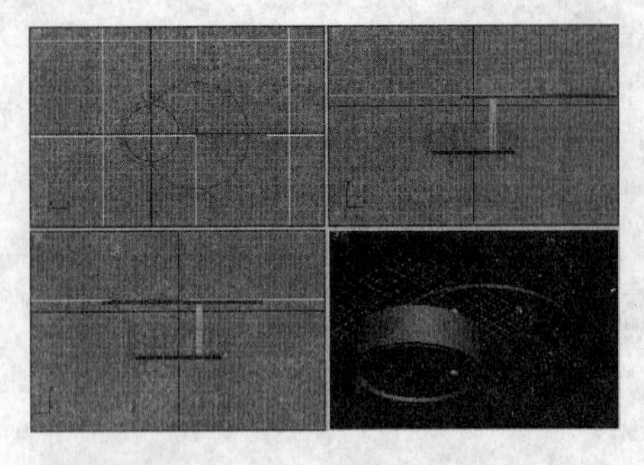

图 2.197 创建圆柱体和平面

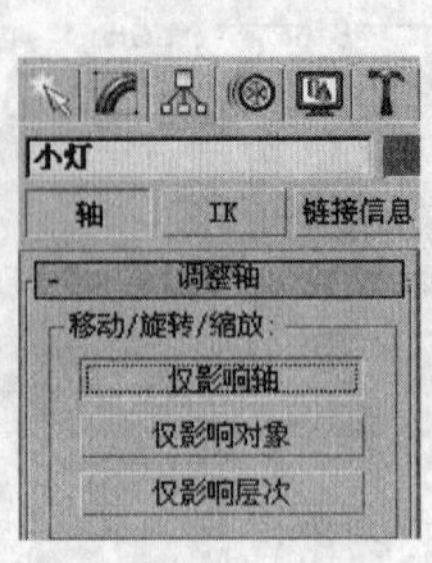


图 2.198 单击“仅影响轴”按钮

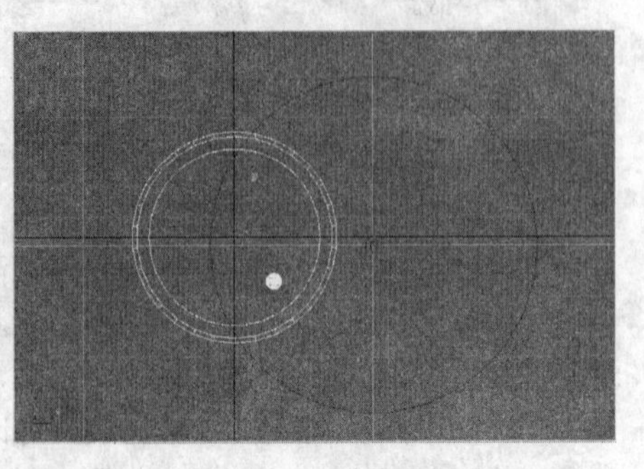

图 2.199 调整轴心

⑧ 执行“工具”→“阵列”命令，参数如图 2.200 所示。

⑨ 给吊顶灯各部分上材质，打上灯光，最终渲染效果如图 2.201 所示。

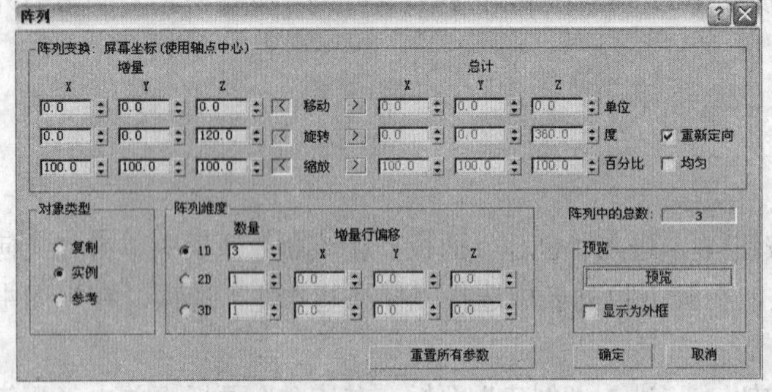


图 2.200 “阵列”对话框

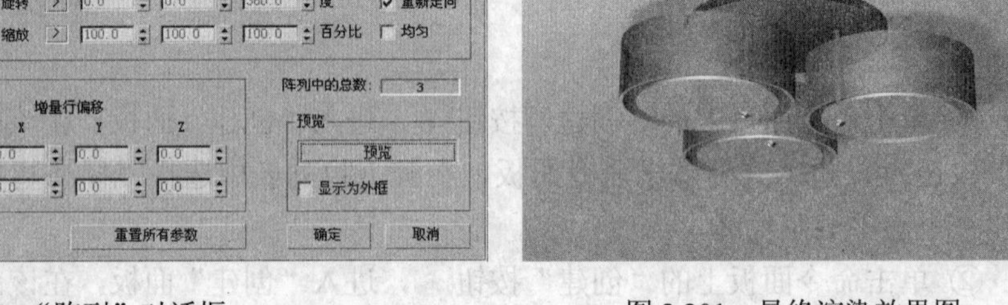

图 2.201 最终渲染效果图

## 2.5.2 间隔工具命令的使用——制作项链模型

### 任务目的

通过制作如图 2.202 所示的“项链模型”，学习“间隔工具”命令的使用。

图 2.202 项链模型

## 相关知识

利用“间隔工具”命令复制对象，可得到位置随意摆放的副本。复制方法如下：

① 创建要复制的对象，如创建一个长方体。

② 创建副本要摆放的轨迹，如创建一条曲线，如图 2.203 所示。

③ 选中要复制的对象即长方体，执行“工具”→“间隔工具”命令，弹出“间隔工具”对话框，如图 2.204 所示。单击“拾取路径”按钮，再单击视图中曲线，设置计数的数值，最后单击“应用”按钮，关闭窗口。执行“间隔工具”命令后效果如图 2.205 所示。

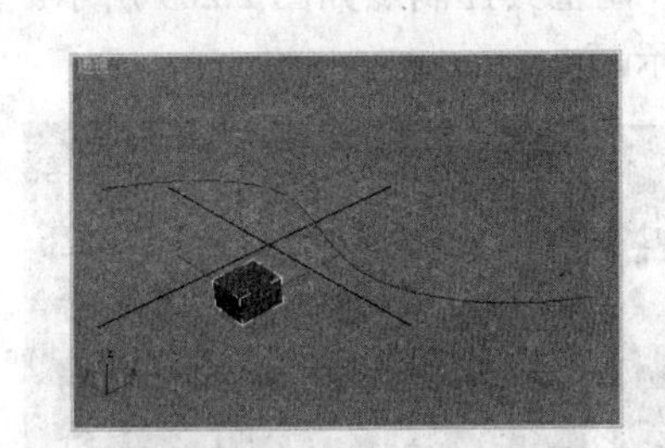

图 2.203　创建长方体和线

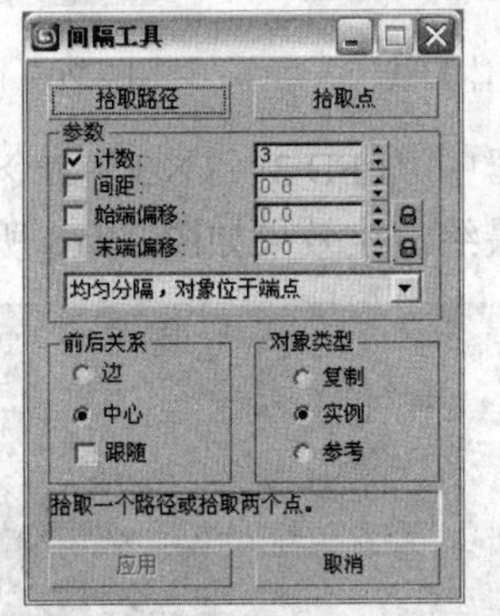


图 2.204　“间隔工具”对话框

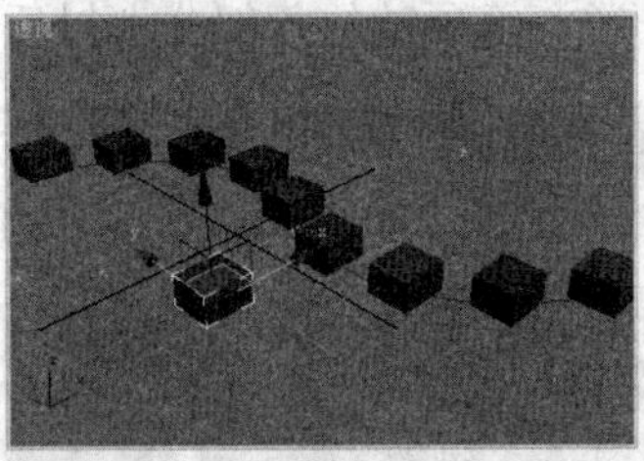

图 2.205　执行“间隔工具”后效果

## 任务分析

先创建一球体，作为项链中的一颗珠子，再创建一条封闭的线，作为复制的路径，选中珠子，执行“间隔工具”命令，即可完成项链模型的制作。使用相同的方法可制作项链的坠子。

## 任务实施

① 单击命令面板上的“创建”按钮，进入“创建”面板，在该命令面板中单击“几何体”按钮，进入几何体子命令面板，在其下拉列表中选择“标准基本体”选项，在视图中创建一个小球体，作为项链上的珠子。

② 进入“创建”面板，单击“图形”按钮，进入图形子命令面板，在其下拉列表中选择“样条线”选项，创建如图 2.206 所示的封闭线。

③ 选中球体，执行“工具”→“间隔工具”命令，弹出“间隔工具”对话框，单击“拾取路径”按钮，再单击视图中曲线，根据球体的大小和线设置“计数”的数值，如图 2.207 所示。

④ 进入“创建”面板，在该命令面板中单击“几何体”按钮，进入几何体子命令面板，在其下拉列表中选择“标准基本体”选项，在视图中创建一个平面，作为桌面。

⑤ 进入“创建”面板，单击“图形”按钮，进入图形子命令面板，在其下拉列表中选择“样条线”选项，创建一个椭圆线。

⑥ 选中椭圆，执行修改器中“挤出”命令，效果如图 2.208 所示。

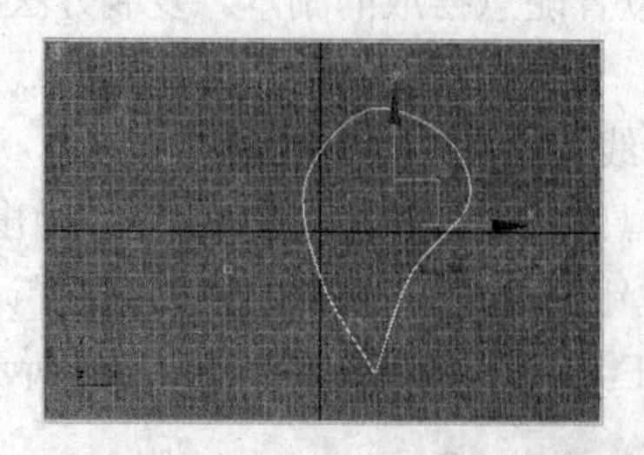

图 2.206　创建球体和线

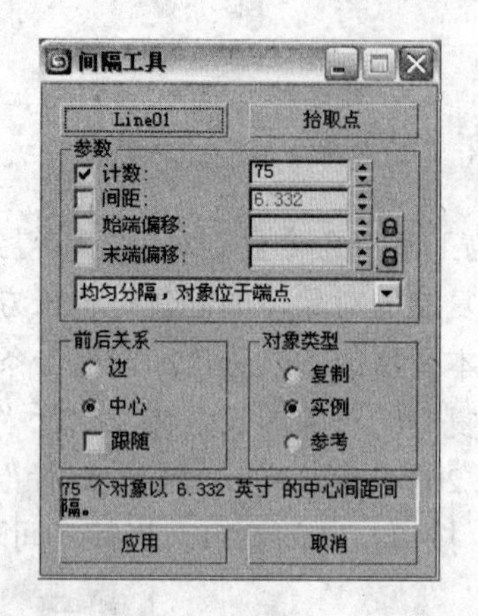


图 2.207　“间隔工具”参数

⑦ 创建一个半球，执行修改器中“FFD 3×3×3”命令，调整其控制点如图 2.209 所示。

⑧ 给项链的各部分上材质，最终渲染效果如图 2.210 所示。

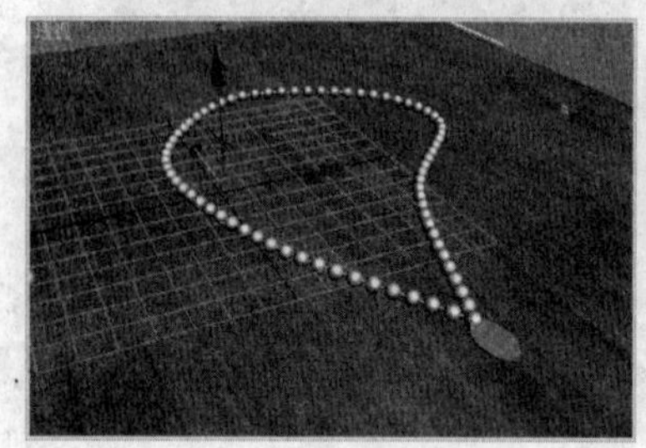

图 2.208　执行”挤出”命令

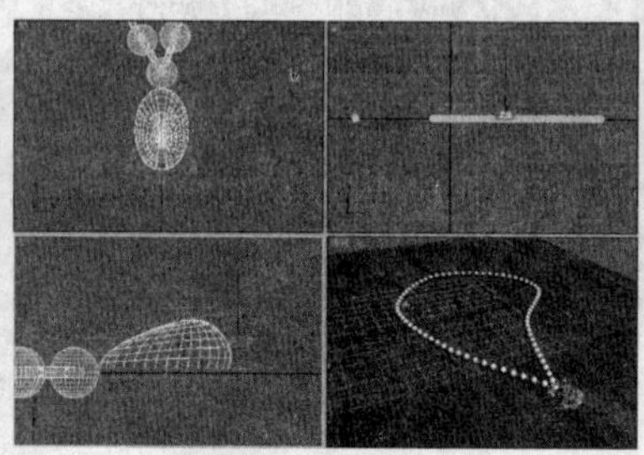

图 2.209　调整控制点

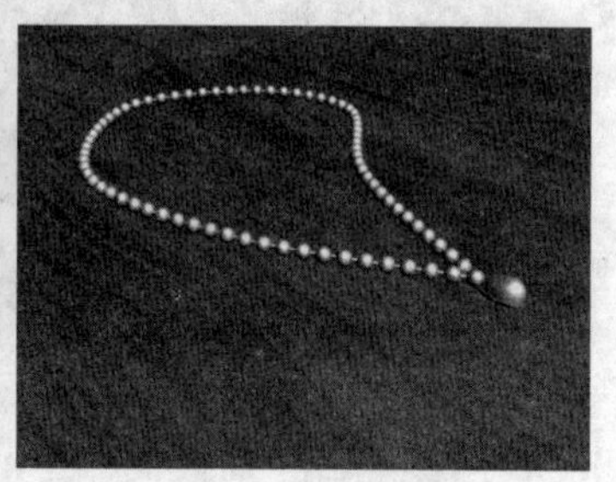

图 2.210　最终渲染效果图

## 2.6　使用复合对象制作造型

所谓复合对象，就是将两个或多个单独的物体组合起来而形成一个新的物体。3ds Max 中提供了 12 种复合对象的方法，分别是变形、散布、一致、连接、水滴网格、图形合并、布尔、地形、放样、网格化、ProBoolean 和 ProCutter，它们都显示在“创建”面板中，如图 2.211 所示。本节主要介绍其中的布尔和放样。

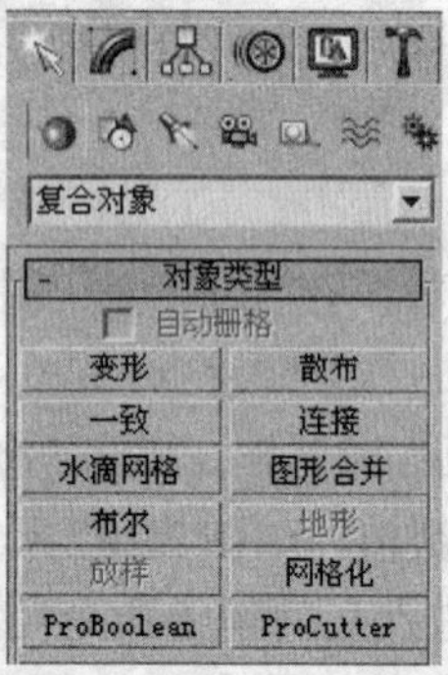

图 2.211　12 种复合对象的方法

- **“变形”**：系统将在两个或多个具有相同顶点数的对象间自动插入动画帧，通过对象间的形状变换来完成变形动画的制作。
- **“散布”**：用于将某个物体在选定的对象上无序散布。
- **“一致”**：用于将一个物体的顶点投射到另一个物体上，使被投射的物体产生变形，只适用于网格或可以转换为网格的物体。
- **“连接”**：用于将两个网格或可以转换为网格的对象连接，并通过参数来控制二者连接的形状。
- **“水滴网格”**：用于制作流体附着在物体表面的动画和黏稠的液体形态。
- **“图形合并”**：用于将二维线形融合到三维的网格对象中，也可将样条线从网格对象中删除。
- **“布尔”**：通过对两个或两个以上具有重叠部分的对象进行布尔运算来获得合成的对象。

- **“地形”**：使用等高线创建地形。
- **“放样”**：将创建的二维图形沿着一条路径生长，从而得到三维模型。
- **“网格化”**：用于将粒子系统转化为网格对象。

## 2.6.1 布尔的使用 1——制作烟灰缸模型

布尔运算是创建复合模型的一个重要方法，可以将两个或两个以上具有重叠部分的对象组合成新的对象。

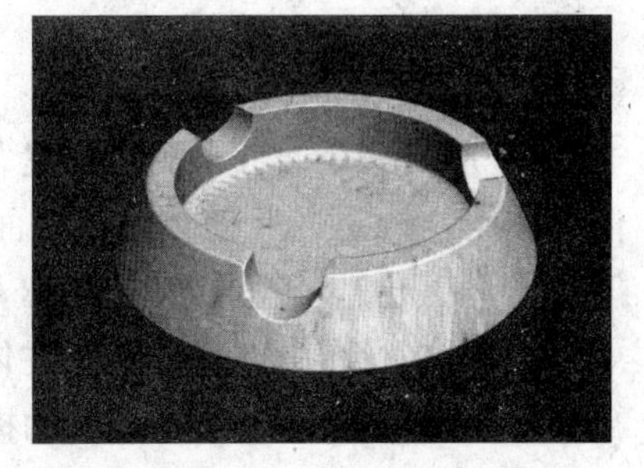

图 2.212 烟灰缸模型

通过制作如图 2.212 所示的“烟灰缸模型”，学习“布尔”命令的使用。

布尔运算方式有多种，有并集、交集、差集和切割。先选择的对象为布尔运算中的 A 对象，单击命令面板上的“创建”按钮，进入“创建”面板，在该命令面板中单击“几何体”按钮，进入几何体子命令面板，在其下拉列表中选择“复合对象”选项，单击 布尔 ，在“拾取布尔”卷展栏中单击 拾取操作对象 B 按钮，再单击视图中做布尔运算的 B 对象，即可完成布尔运算。

- **“并集”**：可以将相交的物体合并在一起，重叠部分相互结合，从而得到新模型。
- **“交集”**：可以将相交物体间不相交的部分去除，只保留相交的部分。
- **“差集”**：可以对相交的物体进行相减运算，得到剩下的部分。
- **“切割”**：操作时是针对实体对象的面片，得到的新模型也属于面片物体。

在视图中创建一个长方体和一个球体，如图 2.213 所示。先选择长方体，做布尔运算，并集运算效果如图 2.214 所示，交集运算效果如图 2.215 所示，差集运算效果如图 2.216 所示，切割运算效果如图 2.217 所示。

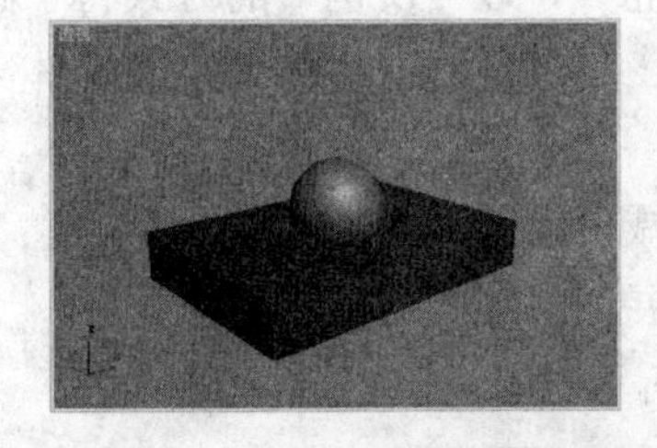

图 2.213 创建长方体和球体

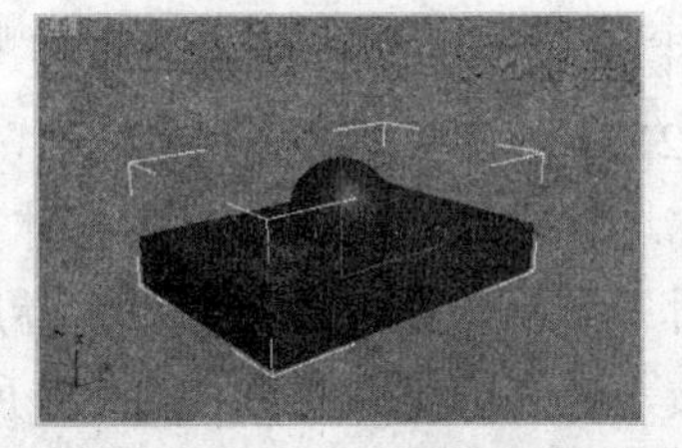

图 2.214 并集运算效果

图 2.215 交集运算效果

图 2.216 差集运算效果

图 2.217 切割运算效果

## 任务分析

在视图中创建一个圆锥体、一个大圆柱体和三个大小相同的小圆柱体，选择圆锥体，使用布尔运算中的差集运算，将圆锥体减去四个圆柱体，烟灰缸模型即可完成。

## 任务实施

① 单击命令面板上的“创建”按钮，进入“创建”面板，在该命令面板中单击“几何体”按钮，进入几何体子命令面板，在其下拉列表中选择“标准基本体”选项，在视图中创建一个圆锥体，效果如图 2.218 所示。

② 再在视图中创建一个圆柱体，效果如图 2.219 所示。

③ 选择圆锥体，单击命令面板上的“创建”按钮，进入“创建”面板，在该命令面板中单击“几何体”按钮，进入几何体子命令面板，在其下拉列表中选择“复合对象”选项，单击 布尔 ，在【拾取布尔】卷展栏中单击 拾取操作对象 B 按钮，再单击视图中的圆柱体，效果如图 2.220 所示。

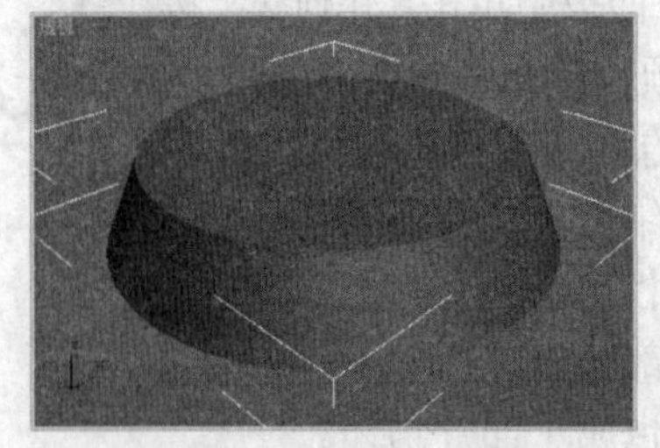

图 2.218　创建圆锥体

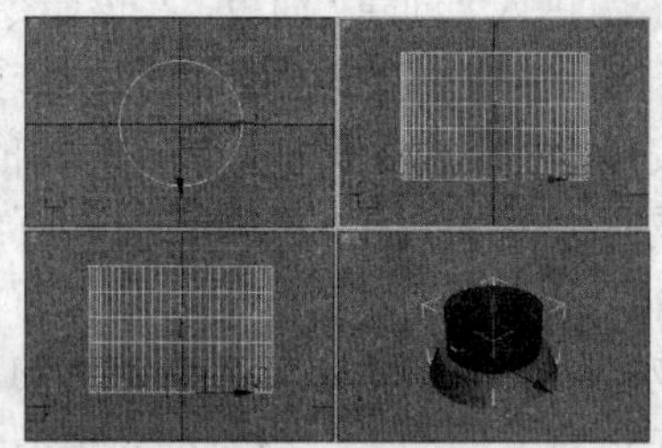

图 2.219　创建圆柱体

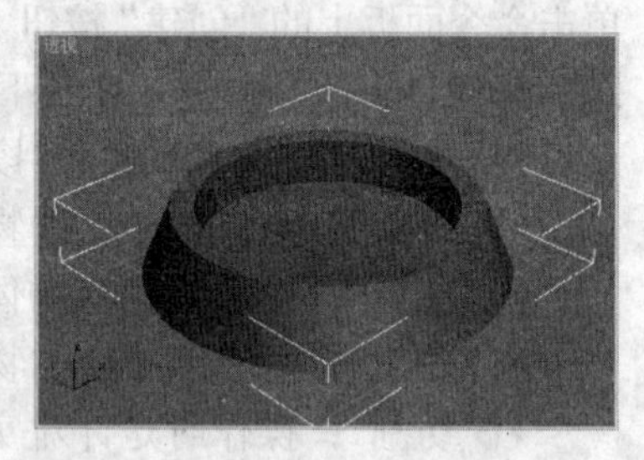

图 2.220　执行“布尔”运算

④ 再在视图中创建一个小圆柱体。

⑤ 按住【Shift】键，使用工具栏中的“选择并移动”按钮，以“实例”的方式将小圆柱体再复制两个，然后使用工具栏中的“选择并旋转”按钮，将复制出的两个小圆柱体分别旋转 60º和 120º。效果如图 2.221 所示。

⑥ 同步骤③中方法再做布尔运算，依次将 3 个小圆柱体减去，效果如图 2.222 所示。

⑦ 执行修改器中“网格平滑”命令，其中【细分量】卷展栏中的“迭代次数”为 3。

⑧ 最后给烟灰缸模型上材质，最终渲染效果如图 2.223 所示。

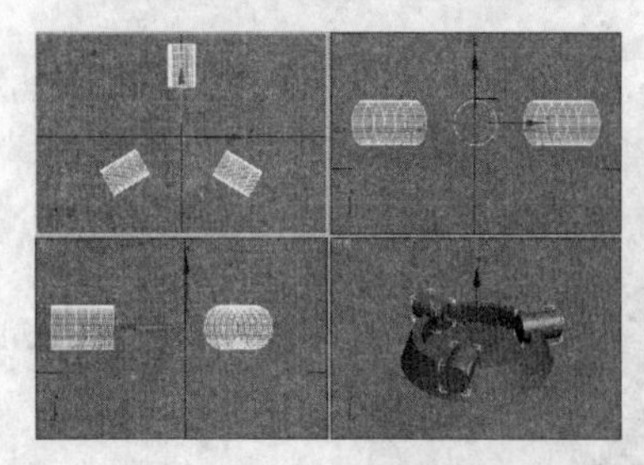

图 2.221　创建小圆柱体

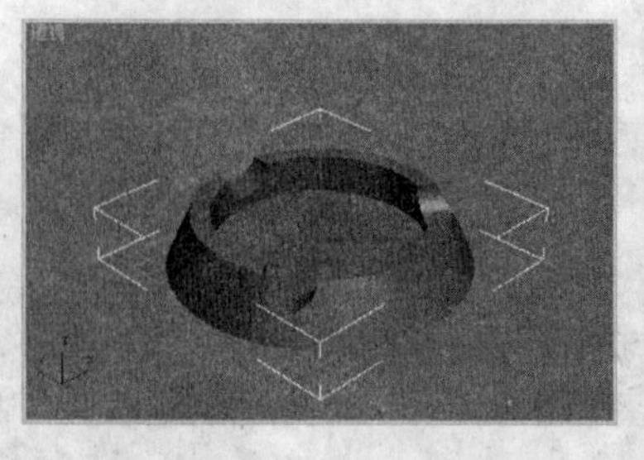

图 2.222　执行“布尔”运算

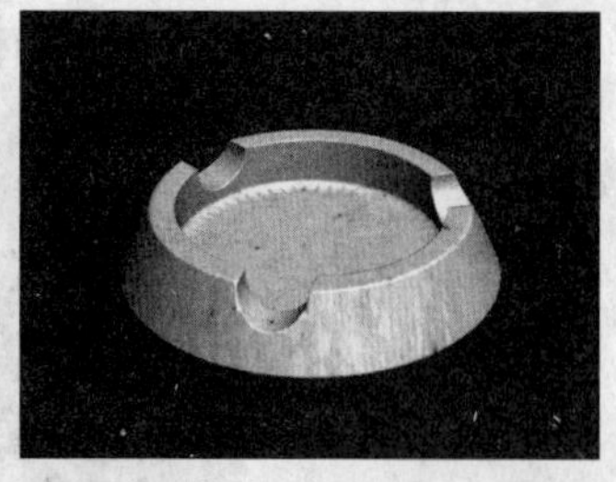

图 2.223　最终渲染效果图

## 2.6.2 布尔的使用 2——制作螺丝刀模型

任务目的

通过制作如图 2.224 所示的“螺丝刀模型”，熟悉布尔运算的使用。

图 2.224　螺丝刀模型

任务分析

先创建一线条，执行修改器中的“车削”命令，再创建 5 个大小相同的小圆柱体，选择执行“车削”命令的对象，执行布尔运算，将 5 个小圆柱体减去，完成螺丝刀手柄的制作。然后创建一个细长的圆柱体，再创建 4 个大小相同的异面体，选择圆柱体，执行布尔运算，将 4 个异面体减去，即完成螺丝刀刀柄的制作。

任务实施

① 单击按钮进入“创建”面板，单击“图形”按钮，进入图形子命令面板，在其下拉列表中选择“样条线”选项，在顶视图中创建如图 2.225 所示的封闭线。

② 在修改器中单击“line”旁的，展开并选择“顶点”层级，调整线的各顶点，如图 2.226 所示。

③ 单击“line”旁的，展开并选择“line”层级，执行修改器中的“车削”命令，如图 2.227 所示。

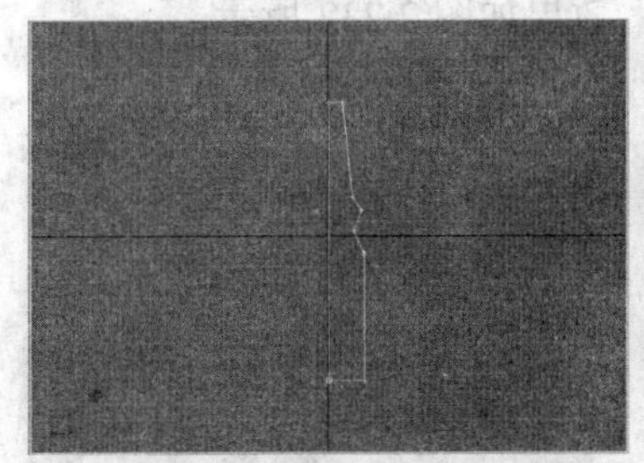

图 2.225　创建线

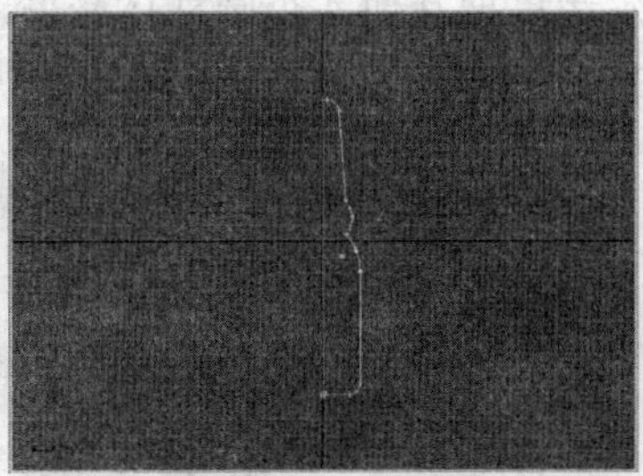

图 2.226　调整顶点

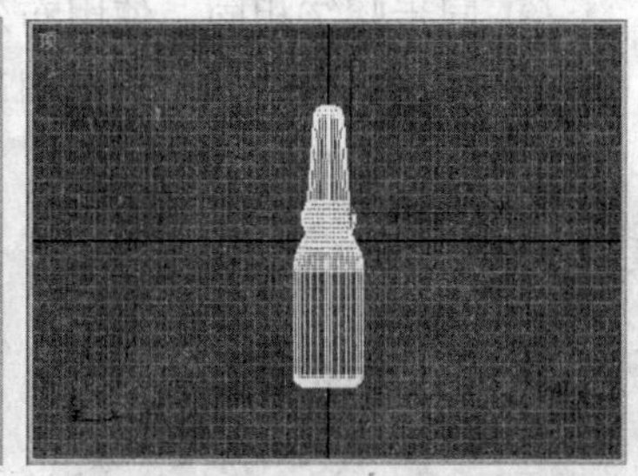

图 2.227　执行“车削”命令

④ 单击命令面板上的“创建”按钮，进入“创建”面板，在该命令面板中单击“几何体”按钮，进入几何体子命令面板，在其下拉列表中选择“标准基本体”选项，在视图中创建一个小圆柱体，如图 2.228 所示。

⑤ 打开命令面板上的“层次”按钮，单击【调整轴】卷展栏中的 仅影响轴 ，将圆柱体的中心轴调整如图 2.229 所示的位置，再次单击 仅影响轴 。

⑥ 激活前视图，执行“工具”→“阵列”命令，“阵列”对话框如图 2.230 所示。

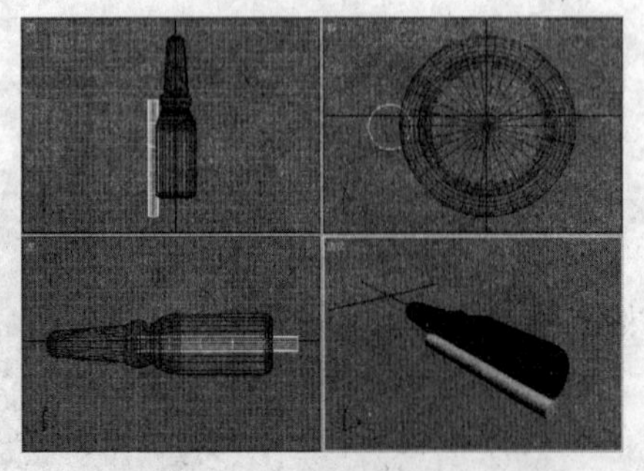

图 2.228　创建圆柱体

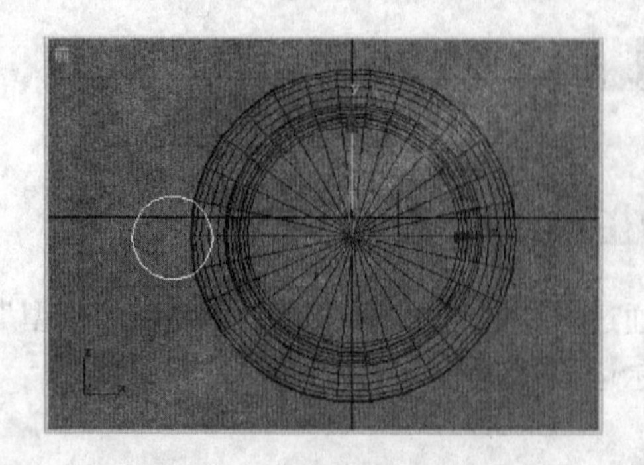

图 2.229　调整圆柱体轴心

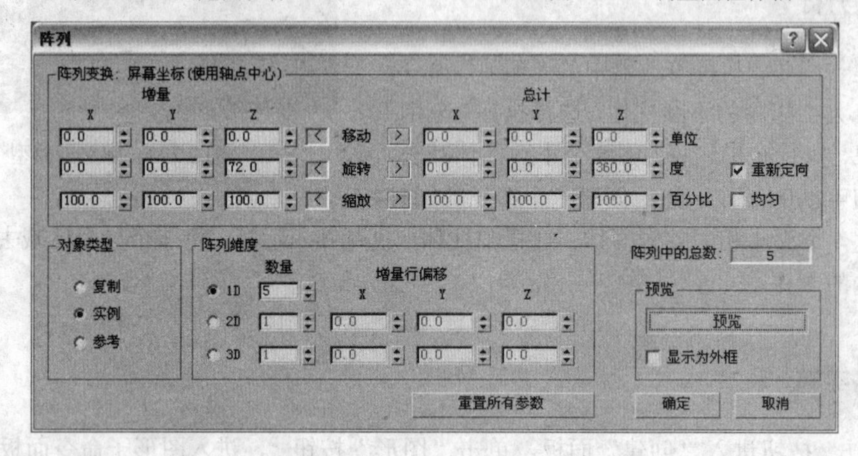


图 2.230　“阵列”对话框

⑦ 选择螺丝刀的手柄部分，单击命令面板上的“创建”按钮，进入“创建”面板，在该命令面板中单击“几何体”按钮，进入几何体子命令面板，在其下拉列表中选择“复合对象”选项，单击 布尔 ，在【拾取布尔】卷展栏中单击 拾取操作对象 B 按钮，再单击视图中的小圆柱体，效果如图 2.231 所示。

⑧ 同步骤⑦相同，使用布尔运算把其他 4 个圆柱体减去，效果如图 2.232 所示。

⑨ 再在视图中创建一个细长圆柱体，如图 2.233 所示。

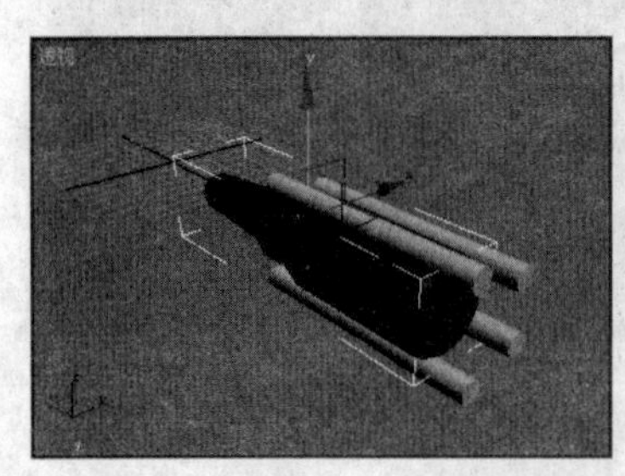

图 2.231　执行“布尔”运算

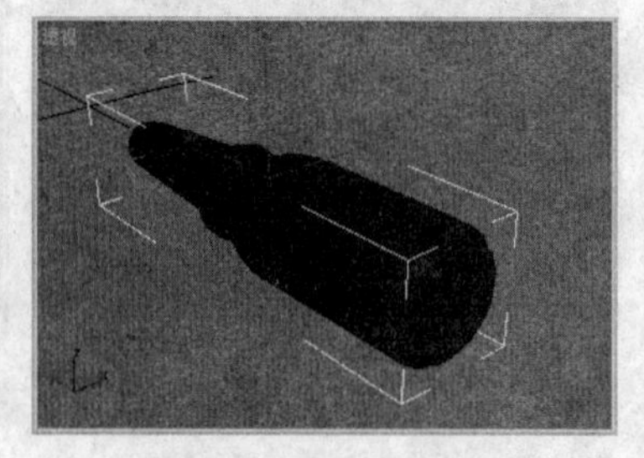

图 2.232　再执行“布尔”运算

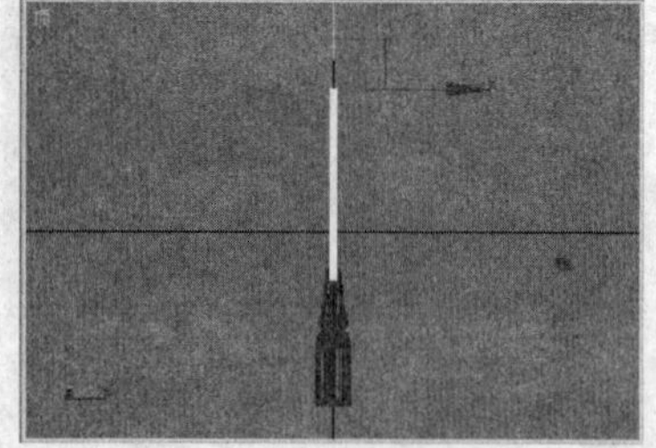

图 2.233　创建圆柱体

⑩ 单击命令面板上的“创建”按钮，进入“创建”面板，在该命令面板中单击“几何体”按钮，进入几何体子命令面板，在其下拉列表中选择“扩展基本体”选项，在视图中创建一个异面体，如图 2.234 所示。

⑪ 执行修改器中的“编辑网格”命令，单击“编辑网格”旁的 ，展开并选择“顶点”层级，调整线的各顶点，如图 2.235 所示。

⑫ 返回“编辑网格”层级。打开命令面板上的“层次”按钮，单击【调整轴】卷展栏中的仅影响轴，将异面体的中心轴调整如图 2.236 所示的位置，再次单击仅影响轴。

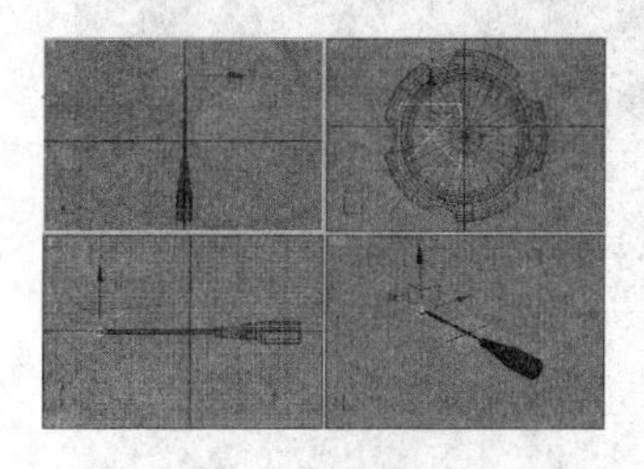

图 2.234　创建异面体

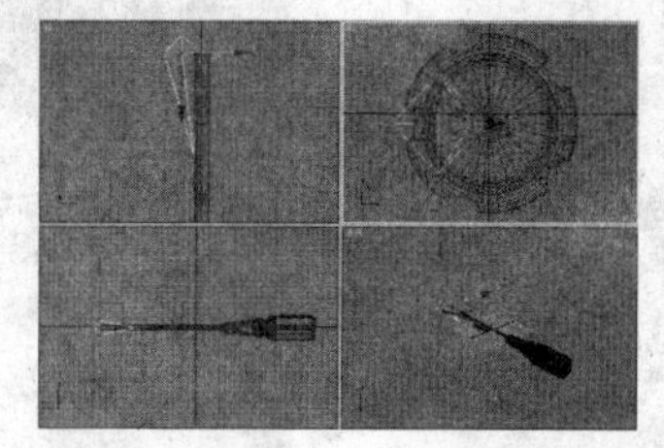

图 2.235　调整顶点

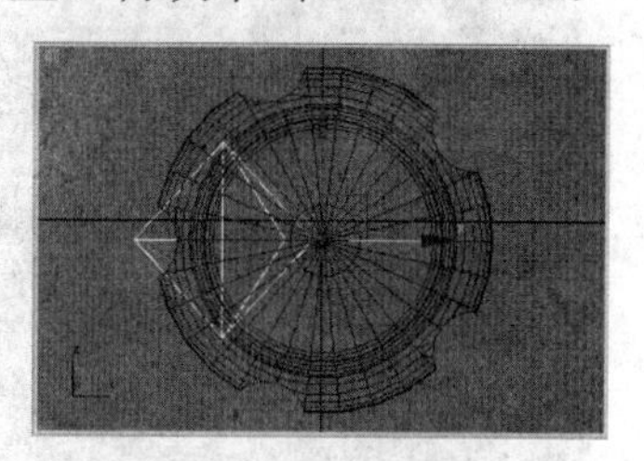

图 2.236　调整轴心

⑬ 激活前视图，执行“工具”→“阵列”命令，“阵列”对话框如图 2.237 所示。

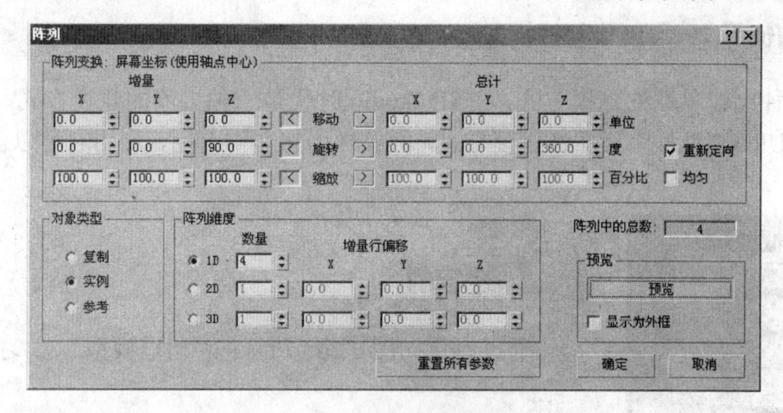


图 2.237　“阵列”对话框

⑭ 选中圆柱体，单击命令面板上的“创建”按钮，进入“创建”面板，在该命令面板中单击“几何体”按钮，进入几何体子命令面板，在其下拉列表中选择“复合对象”选项，单击布尔，在【拾取布尔】卷展栏中单击拾取操作对象 B按钮，再单击视图中的异面体，效果如图 2.238 所示。

⑮ 与步骤⑦相同，使用布尔运算把其他 3 个异面体减去，效果如图 2.239 所示。

⑯ 再在视图中创建一个圆锥体，如图 2.240 所示。

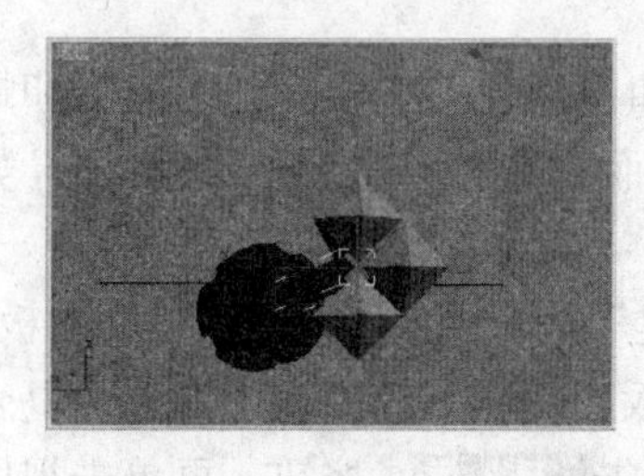

图 2.238　执行“布尔”运算

图 2.239　再执行“布尔”运算

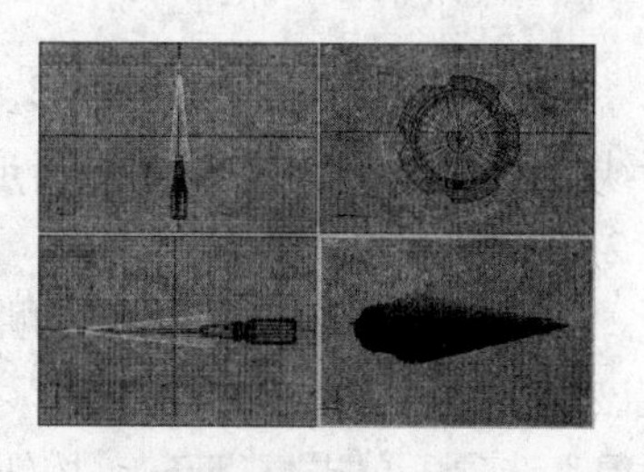

图 2.240　创建圆锥体

⑰ 选中圆柱体，单击命令面板上的“创建”按钮，进入“创建”面板，在该命令面板中单击“几何体”按钮，进入几何体子命令面板，在其下拉列表中选择“复合对象”选项，单击布尔，在【参数】卷展栏中的“操作”框里选择“交集”，在【拾取布尔】卷展栏中单击拾取操作对象 B按钮，再单击视图中的圆锥体，效果如图 2.241 所示。

⑱ 给螺丝刀的各部分上材质，最终渲染效果如图 2.242 所示。

图 2.241　执行“布尔”运算

图 2.242　最终渲染效果图

## 2.6.3 放样的使用 1——制作相框模型

放样是一种比较早期的建模方式，在 3D Studio 时代是一种主流的建模方式。在 3ds Max 9 中虽然有了 NURBS 和面片等高级建模方式，但放样仍然非常有用，利用它可以创建各种形态的造型。

图 2.243　相框模型

通过制作如图 2.243 所示的“相框模型”，学习放样的使用。

放样的原理是将两个或多个二维图形沿着某个路径伸展，进而形成复杂的三维物体。其中的两个或多个的二维图形为放样的图形，即物体的截面，所沿路径为放样的路径。因此放样包括两类元素，一是放样的图形，二是放样的路径，其中图形可以有多个，但是路径只能有一个。

1. 制作放样物体

① 在视图中绘制二维图形，作为放样的图形和路径。例如在顶视图中绘制圆、星形和螺旋线，圆和星形作为放样的图形，即为三维对象的横截面，而螺旋线作为放样的路径，如图 2.244 所示。

② 选择螺旋线，即放样的路径，单击命令面板上的“创建”按钮，进入“创建”面板，在该命令面板中单击“几何体”按钮，进入几何体子命令面板，在其下拉列表中选择“复合对象”选项，单击 放样 按钮，在【创建方法】卷展栏中单击 获取图形 按钮，再单击视图中的圆，效果如图 2.245 所示。

③ 在【路径参数】卷展栏中设置“路径”为 80，如图 2.246 所示。单击 获取图形 按钮，再单击视图中的星形，效果如图 2.247 所示。

以上例子使用了两个二维图形作为截面，也可只使用其中的一个。

在【创建方法】卷展栏中，可以看到使用放样创建对象有两种方法：获取路径和获取图形。

- **“获取路径”**：当选择的二维图形是用来作为物体的截面即放样的图形时，单击

获取路径，再单击视图中作为放样路径的图形。

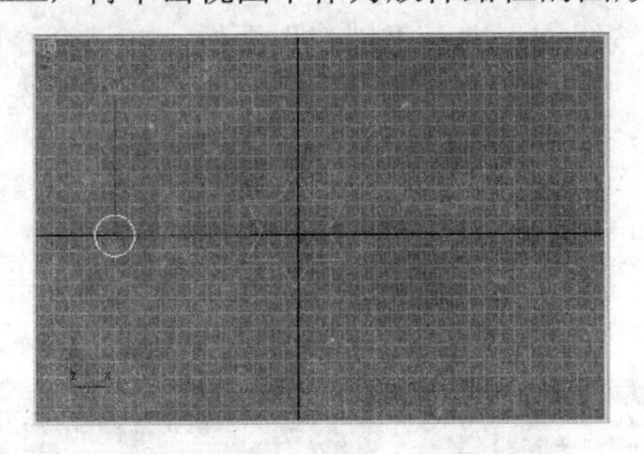

图 2.244 创建放样的图形和路径

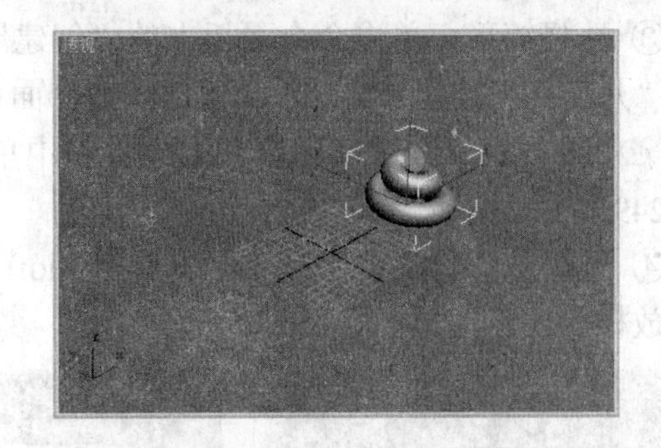

图 2.245 执行“放样”命令

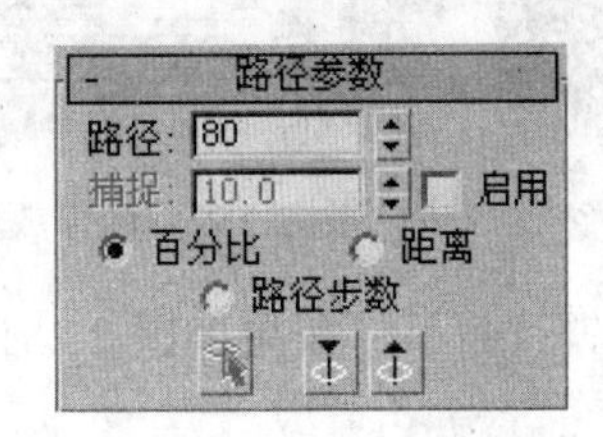


图 2.246 “路径参数”卷展栏参数

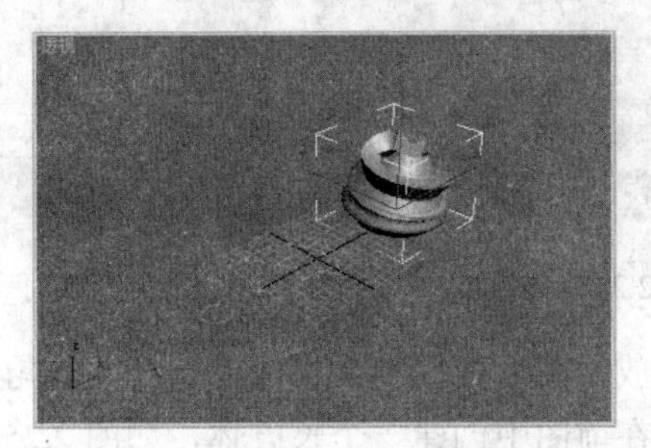

图 2.247 再次执行“放样”命令

- **“获取图形”：**当选择的二维图形是用来作物体的路径时，单击获取图形，再单击视图中作为放样图形的图形。

2. 修改放样物体

放样物体包括了放样的图形和路径，对其进行修改，只需修改其图形或路径即可。

（1）修改图形

选择放样物体，在修改器中单击“loft”旁的⊞，展开并选择“图形”层级，在视图中选中放样的图形，可进行修改和移动，可调整大小和顶点、修改参数等。

（2）修改路径

选择放样物体，在修改器中单击“loft”旁的⊞，展开并选择“路径”层级，在视图中选中放样的路径，可进行修改和移动，可调整大小和顶点、修改参数等。

## 任务分析

先在视图中创建一个矩形，作为放样的路径。再创建一条线，作为放样的图形，即相框的截面。选择矩形，使用“放样”命令，完成相框造型。然后创建一个长方体，作为相片。再创建一条封闭线条，执行“挤出”命令，作为相框的架子。

## 任务实施

① 单击按钮进入“创建”面板，单击“图形”按钮，进入图形子命令面板，在其下拉列表中选择“样条线”选项，在前视图中创建一个矩形。

② 再在前视图中创建一条如图 2.248 所示的线。

③ 选择矩形，单击命令面板上的“创建”按钮，进入“创建”面板，在该命令面板中单击“几何体”按钮，进入几何体子命令面板，在其下拉列表中选择“复合对象”选项，单击 放样 按钮，在【创建方法】卷展栏中单击 获取图形 按钮，再单击视图中的线，效果如图 2.249 所示。

④ 选择放样物体，在修改器中单击“loft”旁的，展开并选择“图形”层级，在视图中选中放样的图形，如图 2.250 所示。

图 2.248 创建线

图 2.249 执行“放样”命令

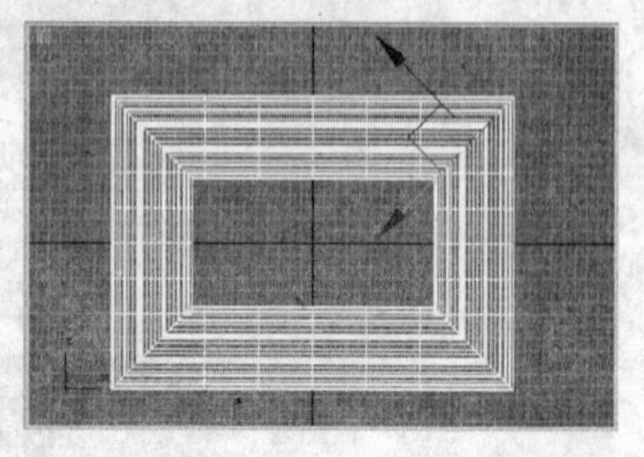

图 2.250 选择放样图形

⑤ 将放样图形使用工具栏中“选择并均匀缩放”按钮缩小，效果如图 2.251 所示。

⑥ 再在前图中创建一个长方体，如图 2.252 所示。

⑦ 进入“创建”面板，单击“图形”按钮，进入图形子命令面板，在其下拉列表中选择“样条线”选项，在前视图中创建一条线，如图 2.253 所示。然后执行修改器中的“挤出”命令，令其旋转一个小角度。

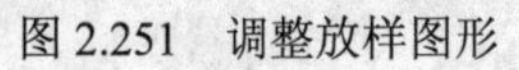

图 2.251 调整放样图形

图 2.252 创建长方体

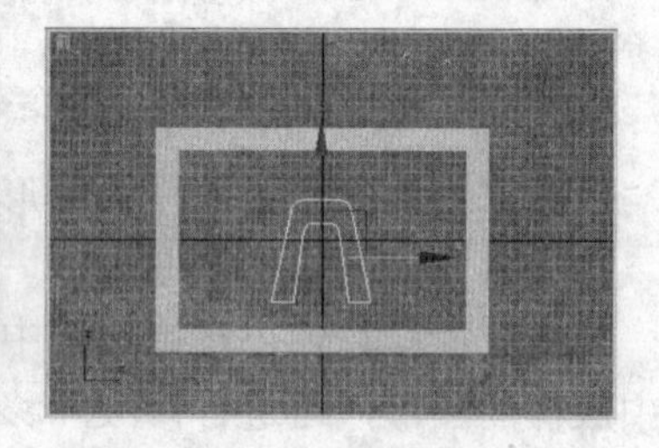

图 2.253 创建线

⑧ 进入“创建”面板，单击“图形”按钮，进入图形子命令面板，在其下拉列表中选择“样条线”选项，在前视图中创建文字“love”，对其执行修改器中的“挤出”命令，如图 2.254 所示。

⑨ 将框架、相片和文字部分在左视图中旋转一个小角度，效果如图 2.255 所示。

⑩ 给相框各部分上材质，最终渲染效果如图 2.256 所示。

图 2.254 创建文字

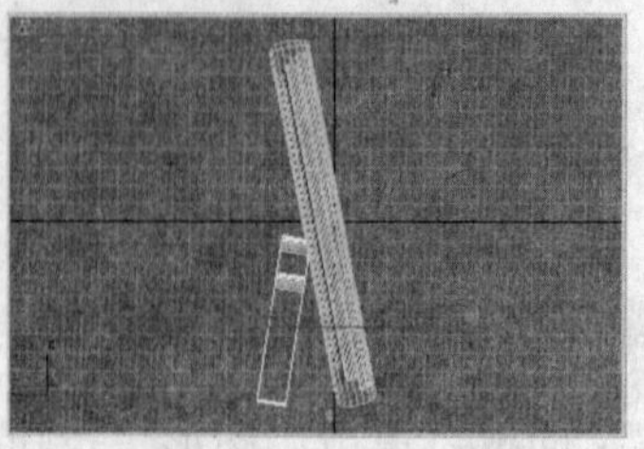

图 2.255 旋转框架

图 2.256 最终渲染效果图

## 2.6.4 放样的使用 2——制作香蕉模型

### 任务目的

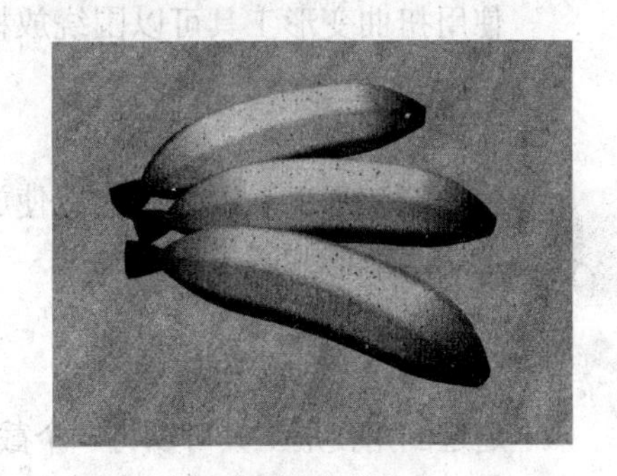
图 2.257 香蕉模型

通过制作如图 2.257 所示的“香蕉模型”，掌握放样的使用。

在场景中，对于通过放样的复合模型，当需要改变其外观形态时，除了可通过调整它放样的路径或图形来实现外，还可以对放样的截面图即图形进行变形控制，可得到更为复杂的对象。在【变形】卷展栏中有如图 2.258 所示的 5 种变形的方式。

1. 缩放变形

使用缩放变形可使放样的截面在 X、Y 轴向上进行缩放变形。打开【变形】卷展栏，单击缩放按钮，可弹出“缩放变形”对话框，如图 2.259 所示。其中各工具按钮的功能如下。

- ：均衡按钮，可使 X、Y 轴进行统一的变化。
- ：显示 X 轴，可控制 X 轴方向的曲线可见。
- ：显示 Y 轴，可控制 Y 轴方向的曲线可见。

图 2.258 变形方式

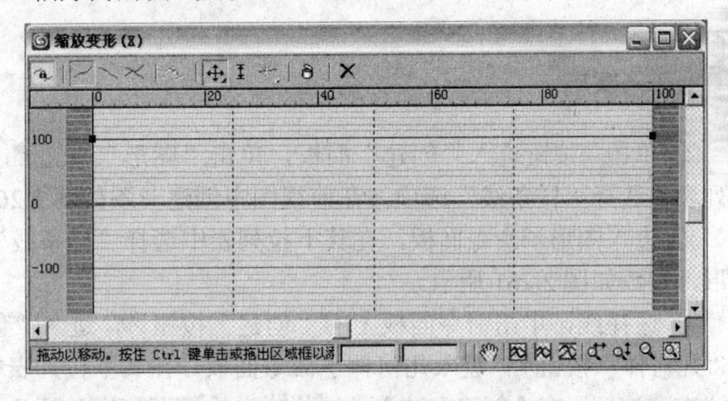

图 2.259 “缩放变形”对话框

- ：显示 X、Y 轴，可控制 X 轴和 Y 轴方向的曲线都可见。
- ：可移动控制点。
- ：缩放控制点，通常选择多个控制点时使用。
- ：插入角点，可插入作为控制点。
- ：可删除控制点。
- ：重置曲线，可取消对控制线所做的所有的修改。

使用缩放变形时，需选择放样的物体，打开【变形】卷展栏，单击缩放按钮，设置“缩放变形”对话框，在“缩放变形”对话框中通过移动、插入角点、改变角点类型和调整对话框中的线，对放样的物体进行变形。

2. 扭曲变形

使用扭曲变形工具可以围绕放样路径将截面图形旋转一定角度，产生扭曲的模型效果。

3. 倾斜变形

为轴向变形工具，利用它可使放样对象绕局部坐标系X轴或Y轴旋转截面，以改变模型在路径始末端的倾斜度。

4. 倒角变形

通过倒角变形工具可以将一个截面从它的原始位置切进或拉出一定的距离，类似于倒角效果。

扭曲变形、倾斜变形和倒角变形的对话框与缩放变形对话框类型，使用方法也与缩放变形类似。

5. 拟和变形

其原理是将一个放样的物体在X轴平面与Y轴平面上同时受到两个图形的限制，最终压制而形成模型。在2.6.5小节中将具体介绍它的使用。

先创建一条弯曲的线，作为放样的路径。再创建一个七边形，作为放样的图形。选择线，执行“放样”命令，使用缩放变形，最后完成香蕉模型的制作。

任务实施

① 单击按钮进入“创建”面板，单击“图形”按钮，进入图形子命令面板，在其下拉列表中选择“样条线”选项，在前视图中创建一条如图2.260所示的线。

② 进入图形子命令面板，在其下拉列表中选择“样条线”选项，在前视图中创建一个七边形，参数如图2.261所示。

③ 选择线，单击命令面板上的“创建”按钮，进入“创建”面板，在该命令面板中单击“几何体”按钮，进入几何体子命令面板，在其下拉列表中选择“复合对象”选项，单击 放样 按钮，在【创建方法】卷展栏中单击 获取图形 按钮，再单击视图中的七边形。打开修改器中【蒙皮参数】卷展栏，将“选项”中的“路径步数”设置为20，效果如图2.262所示。

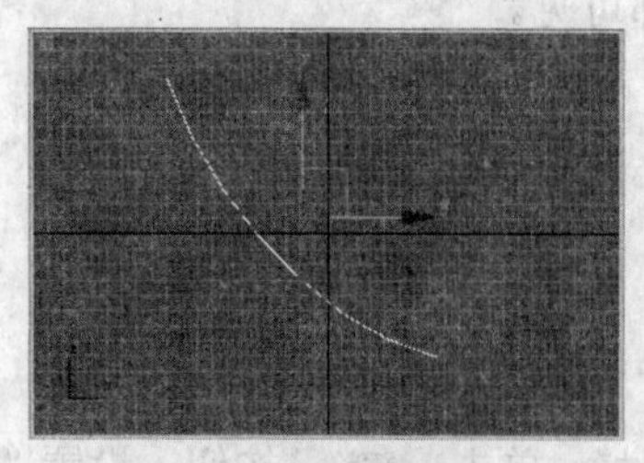

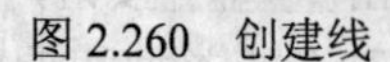
图2.260 创建线

图2.261 七边形参数

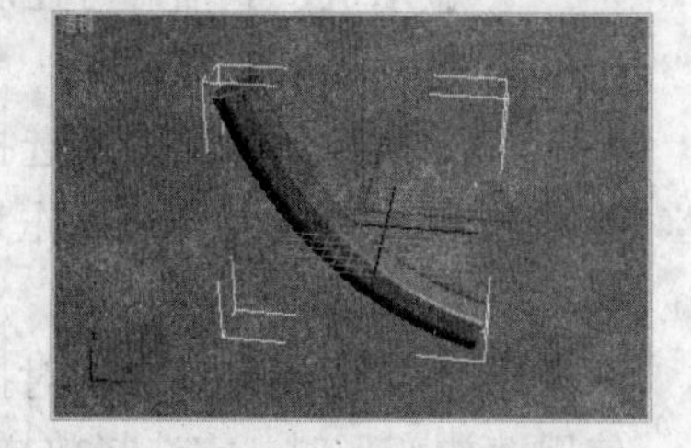
图2.262 执行“放样”命令

④ 打开【变形】卷展栏，单击 缩放 按钮，弹出“缩放变形”对话框，插入角点，移动

角点的位置，右击转变角点的类型，设置如图 2.263 所示的线条，效果如图 2.264 所示，香蕉模型即告完成。

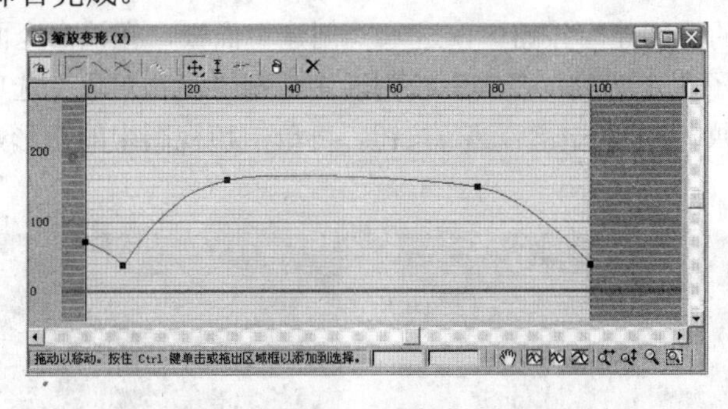


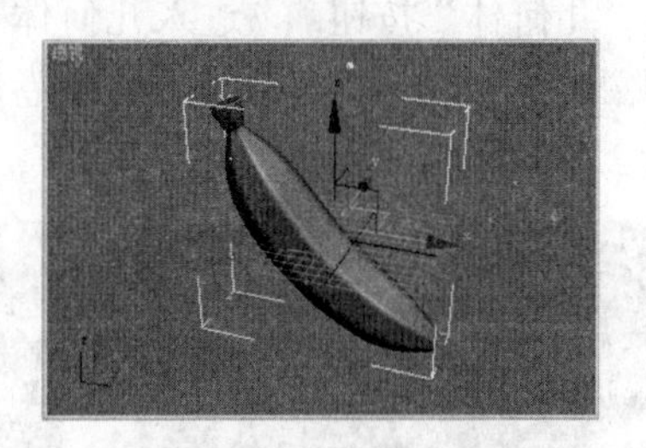

图 2.263 “缩放变形”对话框　　图 2.264 使用缩放变形

⑤ 将香蕉复制几个，上材质，最终渲染效果如图 2.265 所示。

## 2.6.5 放样的使用 3——制作钢勺模型

通过制作如图 2.266 所示的“钢勺模型”，掌握放样中拟和变形的使用。

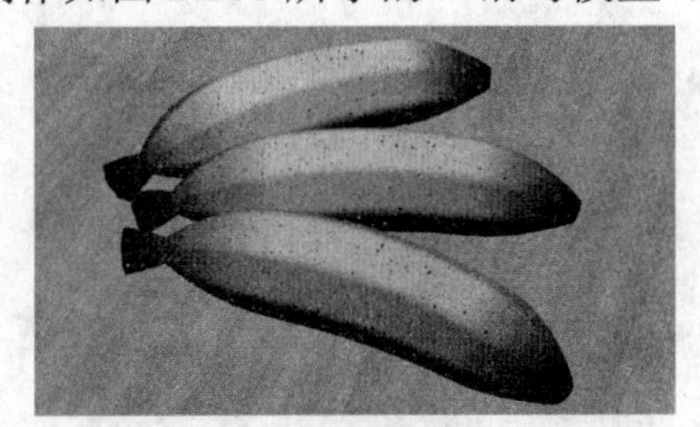

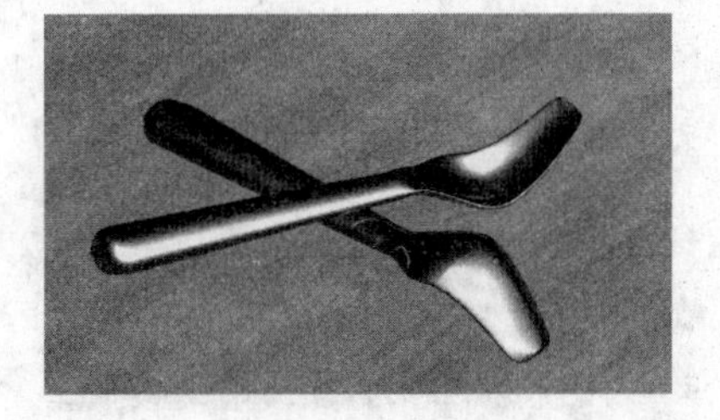

图 2.265 最终渲染效果图　　图 2.266 钢勺模型

拟和变形的原理是将一个放样的物体在X轴平面与Y轴平面上同时受到两个图形的限制，最终压制而形成模型。这个功能是变形放样中功能最强大的，但也是最难控制的。“拟和变形（X）”对话框如图 2.267 所示。通过下面的例子可了解拟和变形的使用。

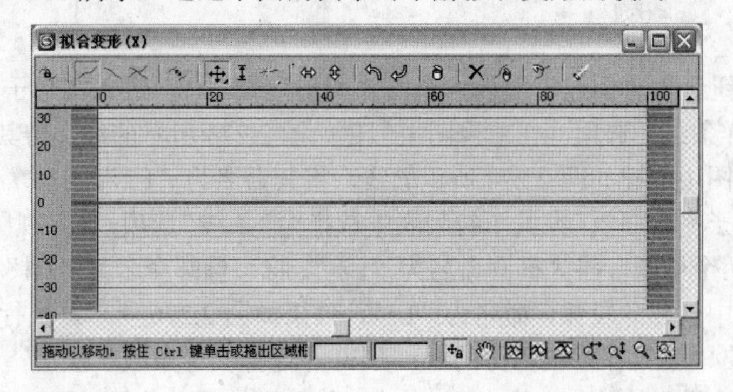


图 2.267 “拟和变形（X）”对话框

① 在顶视图中各创建一个矩形、圆和星形线，效果如图 2.268 所示。

② 在前视图中创建一条直线，效果如图 2.269 所示。

③ 选择直线，单击命令面板上的“创建”按钮，进入“创建”面板，在该命令面板中单击“几何体”按钮，进入几何体子命令面板，在其下拉列表中选择“复合对象”选项，单击 放样 按钮，在【创建方法】卷展栏中单击 获取图形 按钮，再单击顶视图中的矩形，效果如图 2.270 所示。

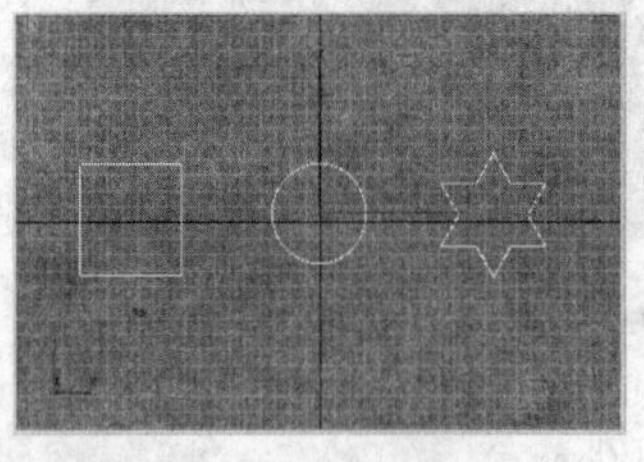

图 2.268 创建矩形、圆和星形

图 2.269 创建直线

图 2.270 执行“放样”命令

④ 打开【变形】卷展栏，单击 拟合 按钮，弹出“拟和变形（X）”对话框，取消选中均衡按钮，单击显示 X 轴按钮，再单击获取图形按钮，随后单击视图中的圆，效果如图 2.271 所示。单击显示 Y 轴按钮，再单击获取图形按钮，随后单击视图中的星形，效果如图 2.272 所示。

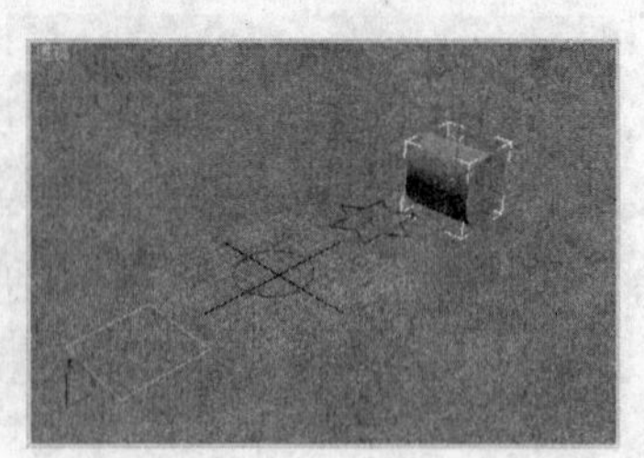

图 2.271 获取 X 轴图形

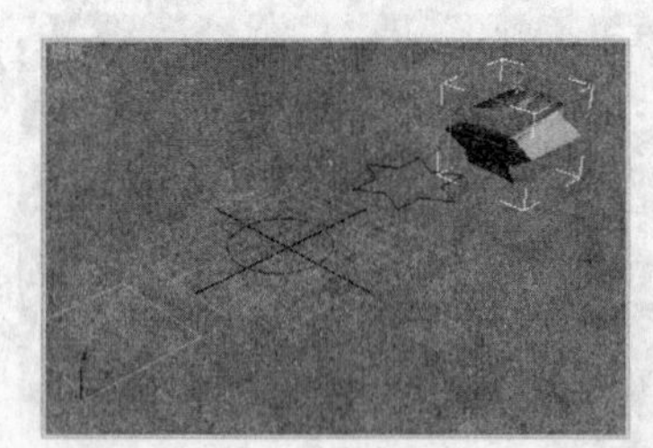

图 2.272 获取 Y 轴图形

## 任务分析

先创建线，然后使用放样命令，做拟和变形，即可完成钢勺模型的制作。

## 任务实施

① 单击按钮进入“创建”面板，单击“图形”按钮，进入图形子命令面板，在其下拉列表中选择“样条线”选项，在前视图中创建如图 2.273 所示的线，将其命名为“L1”。

② 再在顶视图中创建如图 2.274 所示的线，将其命名为“L2”。

③ 进入图形子命令面板，在其下拉列表中选择“样条线”选项，在左视图中创建如图 2.275 所示的一大一小两个椭圆，将大椭圆命名为“L3”，将小椭圆命名为“L4”。

④ 在左视图中创建一段弧，命名为“L5”，效果如图 2.276 所示。执行修改器中“编辑样条线”命令，单击“编辑样条线”旁的，展开并选择“样条线”层级，将所有线选中，在【几何体】卷展栏中设置“轮廓”值为 7，单击“轮廓”按钮，效果如图 2.277 所示。单击“编

辑样条线”旁的，展开并选择“顶点”层级，调整各顶点，效果如图 2.278 所示。

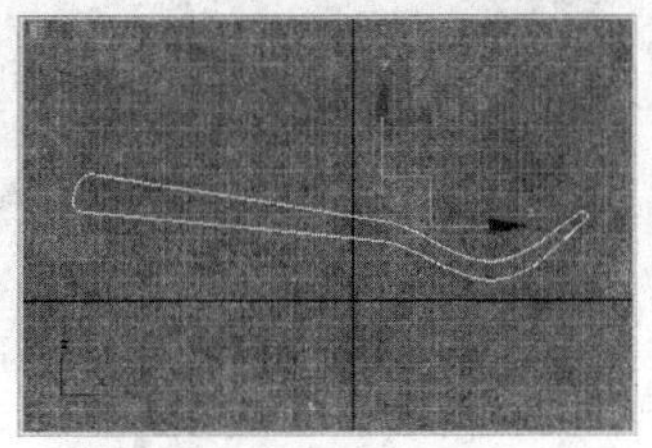

图 2.273 创建线

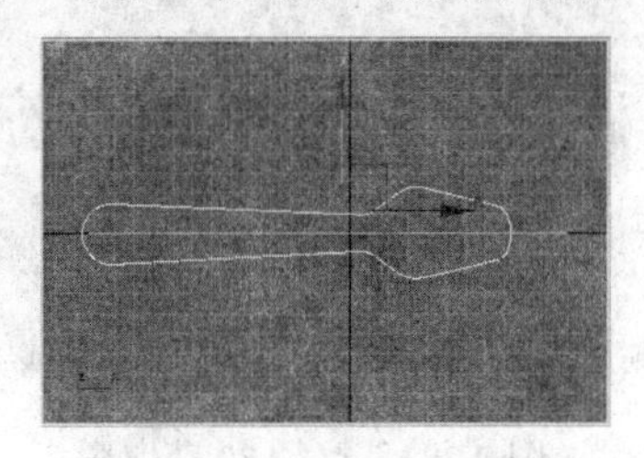

图 2.274 再创建线

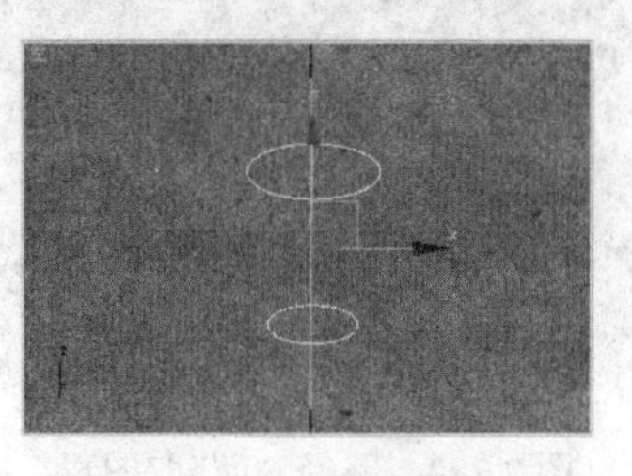

图 2.275 创建椭圆

⑤ 选择“L5”，按住【Shift】键，单击“选择并移动”按钮，以“复制”的方式将其复制一个，使用工具栏中“选择并均匀缩放”按钮将其缩小，命名为“L6”，效果如图 2.279 所示。

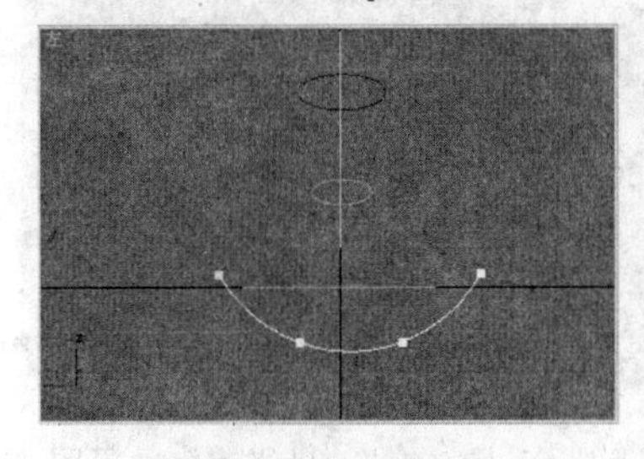

图 2.276 创建弧

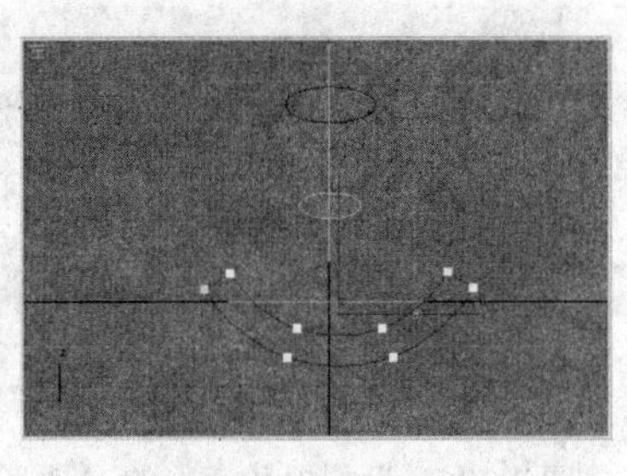

图 2.277 制作弧轮廓

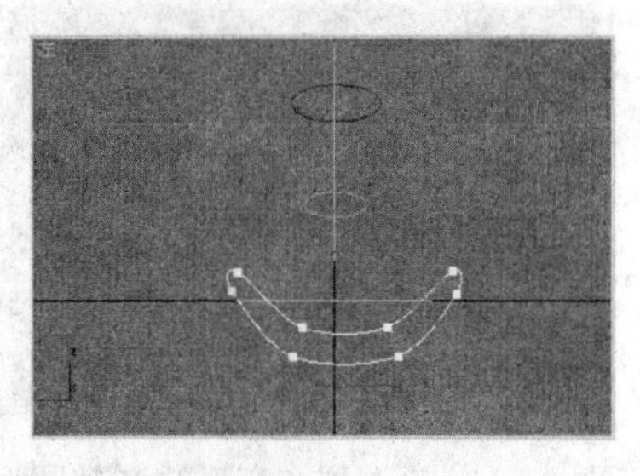

图 2.278 调整顶点

⑥ 在顶视图中创建一条与“L1”一样长的直线，效果如图 2.280 所示。

⑦ 选中直线，单击命令面板上的“创建”按钮，进入“创建”面板，在该命令面板中单击“几何体”按钮，进入几何体子命令面板，在其下拉列表中选择“复合对象”选项，单击放样按钮，在【创建方法】卷展栏中单击获取图形按钮，再单击左视图中的大椭圆即“L3”，效果如图 2.281 所示。

⑧ 打开修改器，在【路径参数】卷展栏中，将“路径”值设置为 60，单击获取图形按钮，再单击左视图中的小椭圆即“L4”，效果如图 2.282 所示。

⑨ 在【路径参数】卷展栏中，将“路径”值设置为 80，单击获取图形按钮，再单击左视图中的较长线即“L5”，效果如图 2.283 所示。

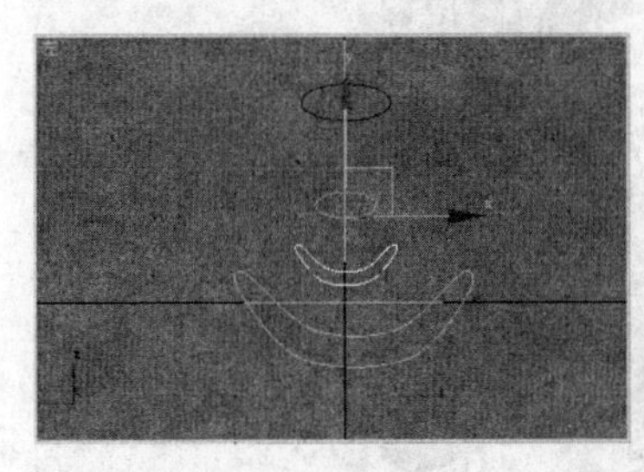

图 2.279 复制缩小线

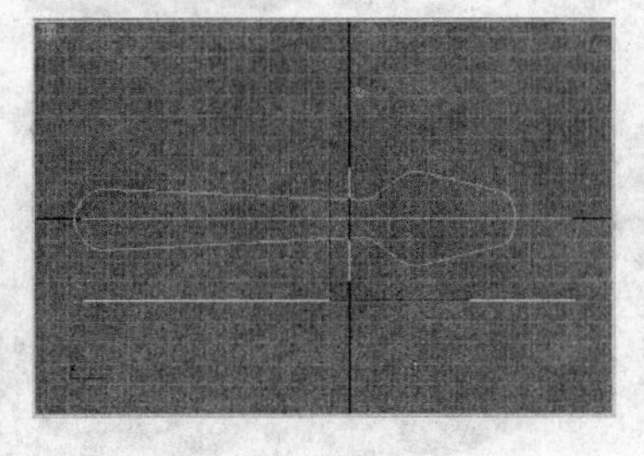

图 2.280 创建直线

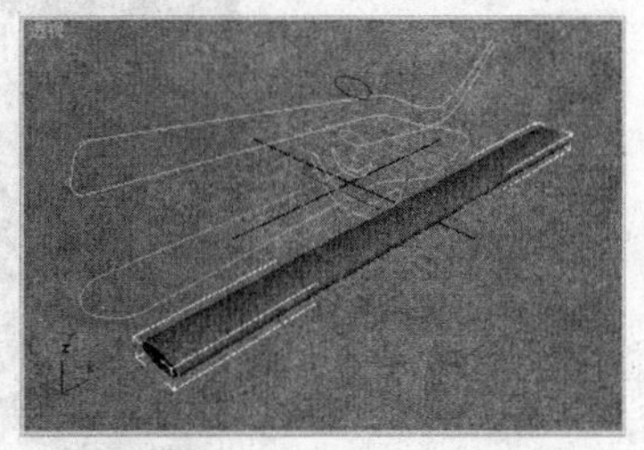

图 2.281 执行“放样”命令

⑩ 在【路径参数】卷展栏中，将“路径”值设置为 100，单击获取图形按钮，再单击左视图中的较短线即“L6”，效果如图 2.284 所示。

⑪ 打开【变形】卷展栏，单击拟合按钮，弹出“拟和变形（X）”对话框，取消选中均衡按钮，单击显示 X 轴按钮，再单击获取图形按钮，随后单击顶视图中的线“L2”，效

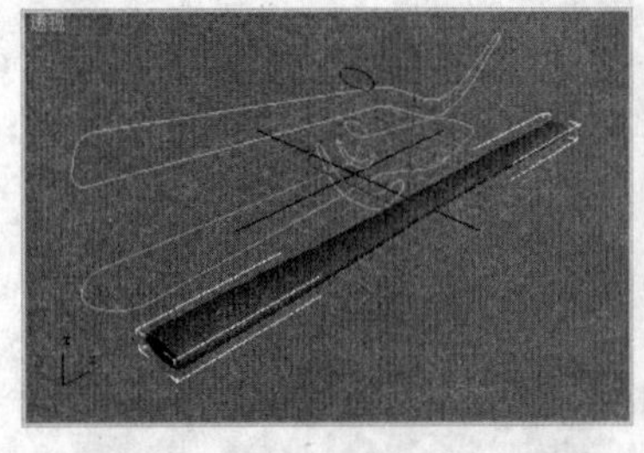

图 2.282　路径 60 获取图形

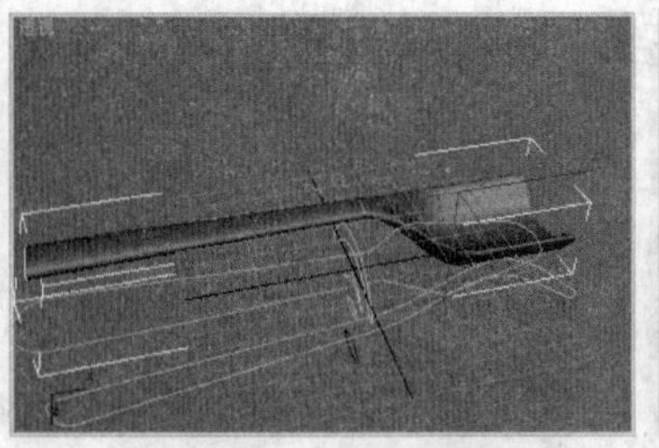

图 2.283　路径 80 获取图形

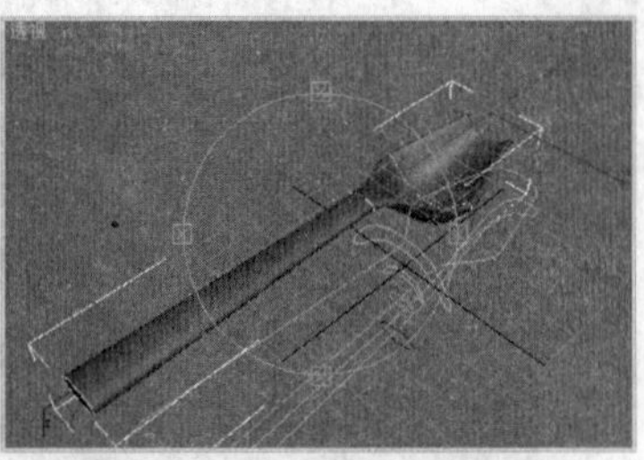

图 2.284　路径 100 获取图形

果如图 2.285 所示。单击显示 Y 轴按钮，再单击获取图形按钮，随后单击前视图中的“L1”，单击“拟和变形（X）”对话框中的垂直镜像按钮，效果如图 2.286 所示。

⑫ 将完成的钢勺模型再复制一个，上金属材质，最终渲染效果如图 2.287 所示。

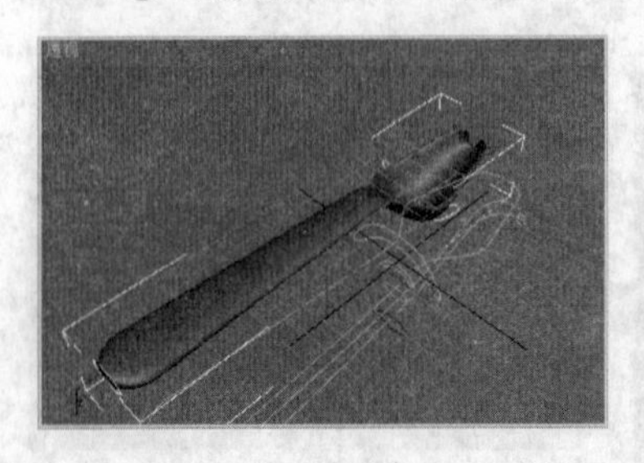

图 2.285　设置拟和变形的 X 轴图形

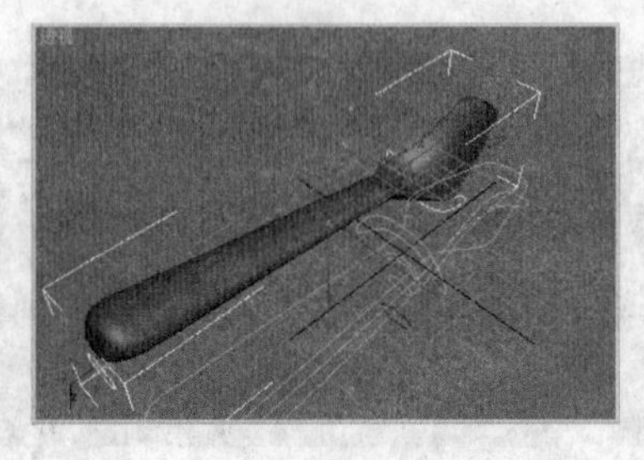

图 2.286　设置拟和变形的 Y 轴图形

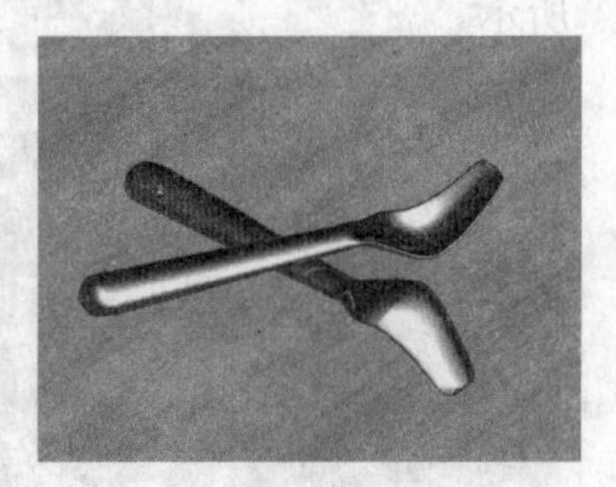

图 2.287　最终渲染效果图

## 2.7　综合实例——制作台球桌模型

### 任务目的

通过制作如图 2.288 所示的“台球桌模型”，熟悉各种建模的方法，提高综合运用能力。

图 2.288　台球桌模型

## 任务分析

本例中的台球桌使用了“放样”、“布尔”等命令共同完成。台球桌边缘先使用“放样”命令完成边缘的基本造型，再使用“布尔”命令挖去球洞。桌面是先创建一个矩形，执行“挤出”命令，再使用“布尔”命令挖去球洞。六个角落上的橡胶护栏是使用“放样”命令完成的。球袋使用半球体完成。台球桌的桌腿使用“车削”命令完成。

## 任务实施

① 单击按钮进入“创建”面板，单击“图形”按钮，进入图形子命令面板，在其下拉列表中选择“样条线”选项，在顶视图中创建如图 2.289 所示的矩形。

② 再在前视图中创建如图 2.290 所示的线。

③ 选择矩形，单击命令面板上的“创建”按钮，进入“创建”面板，在该命令面板中单击“几何体”按钮，进入几何体子命令面板，在其下拉列表中选择“复合对象”选项，单击 放样 按钮，在【创建方法】卷展栏中单击 获取图形 按钮，再单击前视图中的线，效果如图 2.291 所示。

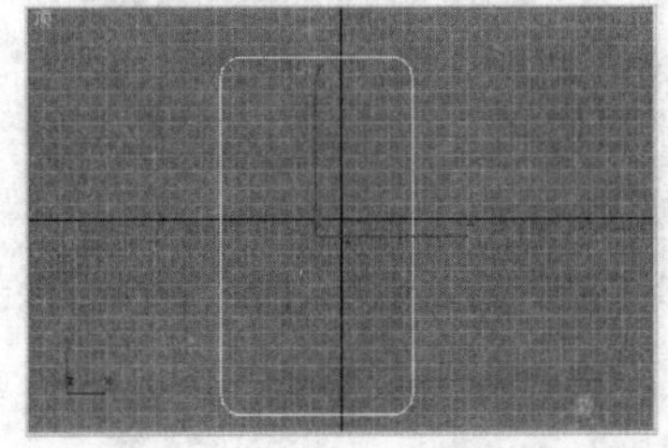

图 2.289 创建矩形

图 2.290 创建线

图 2.291 执行“放样”命令

④ 选择矩形，将矩形再复制一个，选择复制后的矩形，执行修改器中的“挤出”命令，设置挤出的数量，效果如图 2.292 所示，完成桌面的创建。

⑤ 再在前视图中创建如图 2.293 所示的线。

⑥ 选择线，执行修改器中的“车削”命令，完成桌腿模型，效果如图 2.294 所示。

⑦ 将桌腿再复制 3 个，放置到相应位置上，如图 2.295 所示。

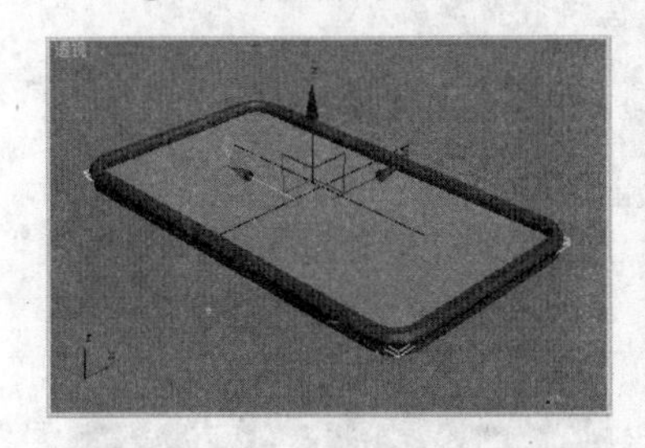

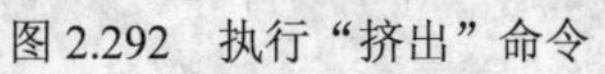

图 2.292 执行“挤出”命令

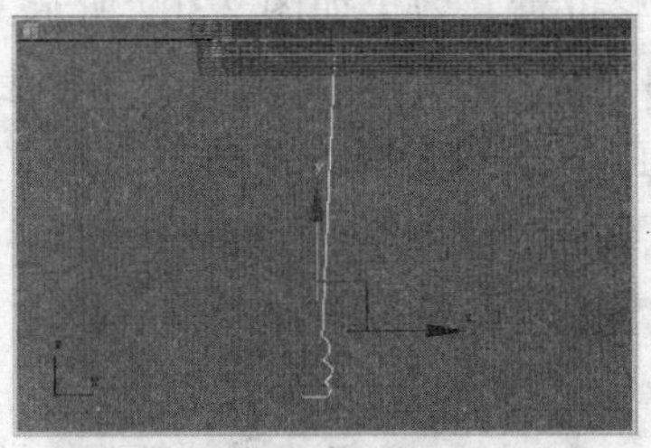

图 2.293 创建线

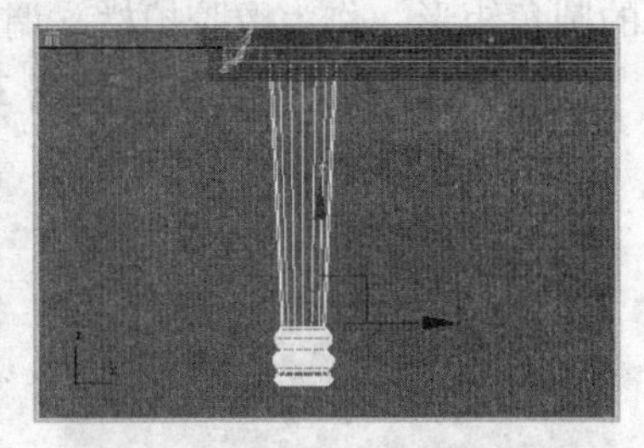

图 2.294 执行“车削”命令

⑧ 单击命令面板上的“创建”按钮，进入“创建”面板，在该命令面板中单击“几何体”按钮，进入几何体子命令面板，在其下拉列表中选择“标准基本体”选项，在顶视图中

创建一个圆柱体，将其放置于台球桌边缘上，如图 2.296 所示。

⑨ 将圆柱体再复制 5 个，调整其位置，如图 2.297 所示。

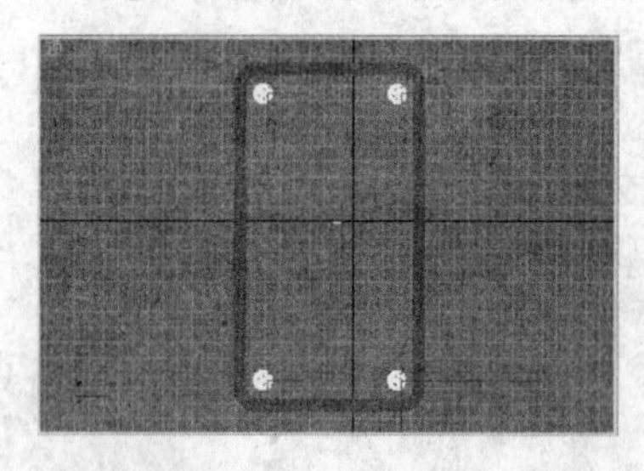

图 2.295 复制桌腿

图 2.296 创建圆柱体

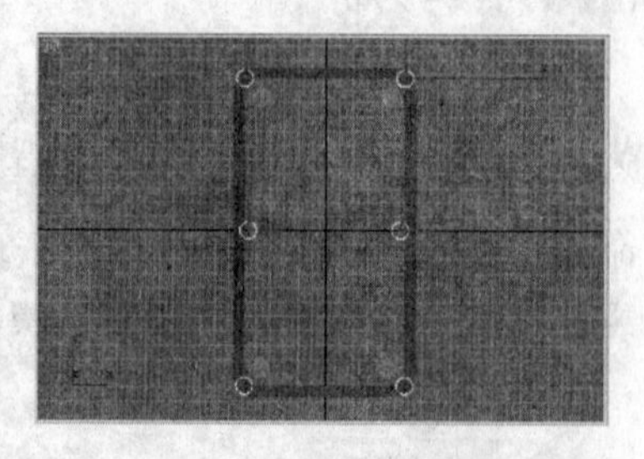
图 2.297 复制圆柱体

⑩ 选择台球桌边缘，单击命令面板上的“创建”按钮，进入“创建”面板，在该命令面板中单击“几何体”按钮，进入几何体子命令面板，在其下拉列表中选择“复合对象”选项，单击 布尔 ，在【拾取布尔】卷展栏中单击 拾取操作对象 B 按钮，再单击视图中的圆柱体。用相同的方法，将其他 5 个圆柱体减去，完成球洞的创建，效果如图 2.298 所示。

⑪ 选择桌面，与步骤⑧、⑨、⑩相同，使用“布尔”命令，在桌面上减去 6 个圆柱体，效果如图 2.299 所示。

⑫ 再在顶视图中创建如图 2.300 所示的线。

图 2.298 执行“布尔”命令

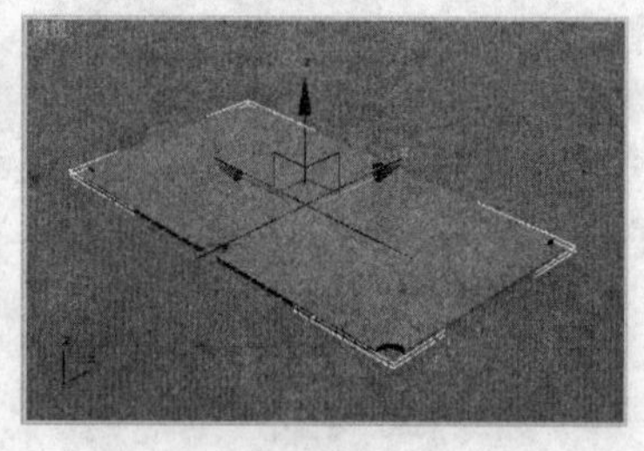
图 2.299 执行“布尔”命令

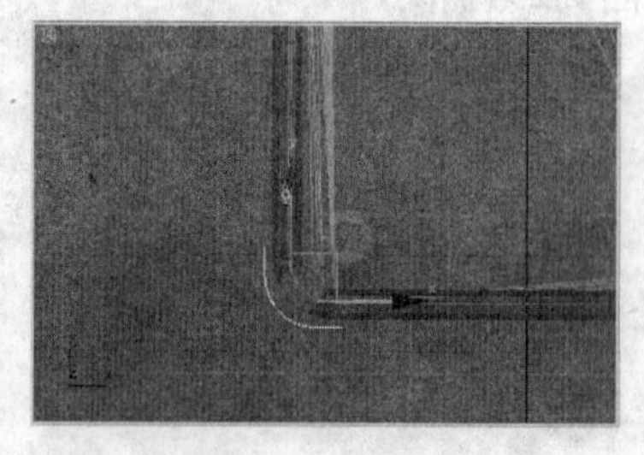
图 2.300 创建线

⑬ 进入“创建”面板，单击“图形”按钮，进入图形子命令面板，在其下拉列表中选择“样条线”选项，在前视图中创建如图 2.301 所示的圆角矩形。

⑭ 选择顶视图中弯曲的线，单击命令面板上的“创建”按钮，进入“创建”面板，在该命令面板中单击“几何体”按钮，进入几何体子命令面板，在其下拉列表中选择“复合对象”选项，单击 放样 按钮，在【创建方法】卷展栏中单击 获取图形 按钮，再单击前视图中的圆角矩形，作为橡胶护栏，调整位置，效果如图 2.302 所示。

⑮ 将橡胶护栏模型再复制 3 个，放置在球桌的四个角落上，如图 2.303 所示。

⑯ 再在顶视图中间球洞位置，创建如图 2.304 所示的线。

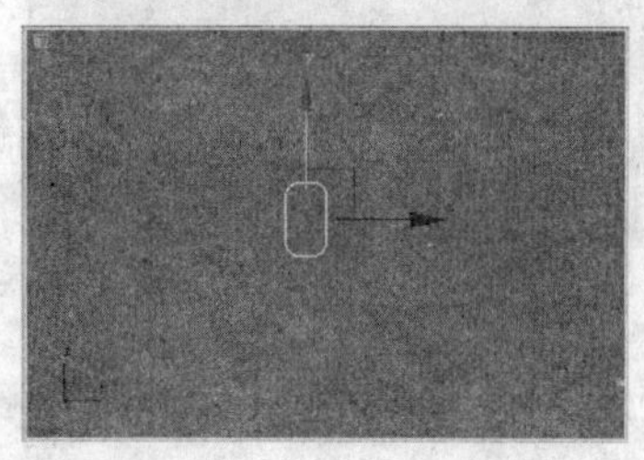
图 2.301 创建圆角矩形

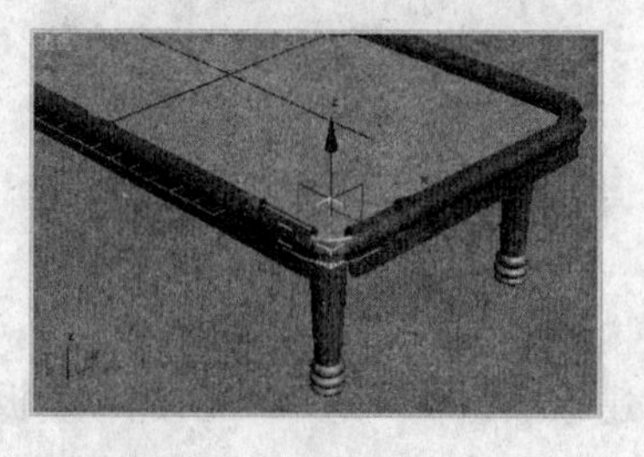
图 2.302 执行“放样”命令

图 2.303 复制橡胶护栏

⑰ 进入“创建”面板，在该命令面板中单击“几何体”按钮，进入几何体子命令面板，在其下拉列表中选择“复合对象”选项，单击 放样 按钮，在【创建方法】卷展栏中单击 获取图形 按钮，再单击前视图中的圆角矩形，作为中间的橡胶护栏，调整位置，效果如图 2.305 所示。

⑱ 再复制一个，放置到另一个中间球洞处，如图 2.306 所示。

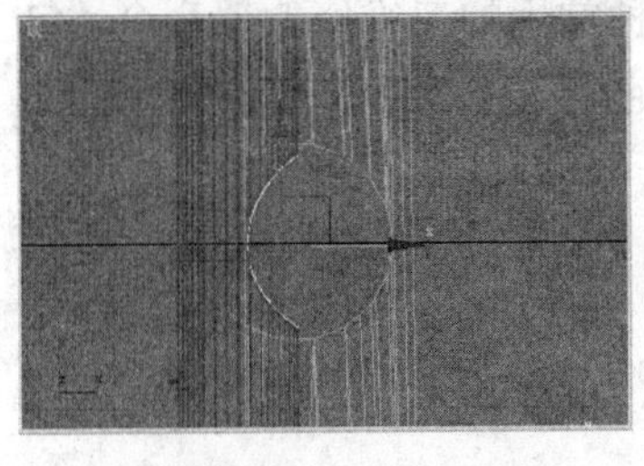

图 2.304 创建线

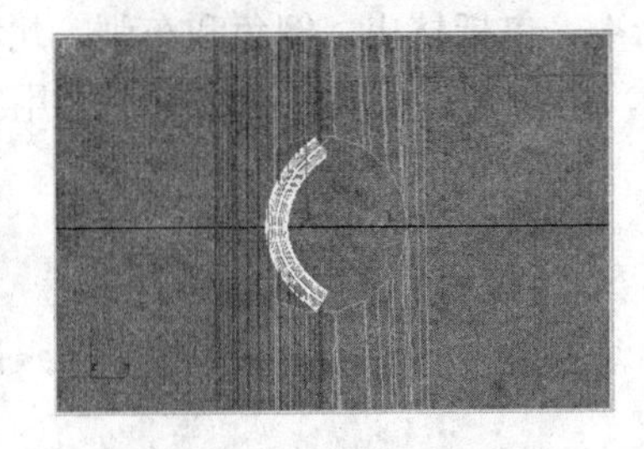

图 2.305 执行”放样”命令

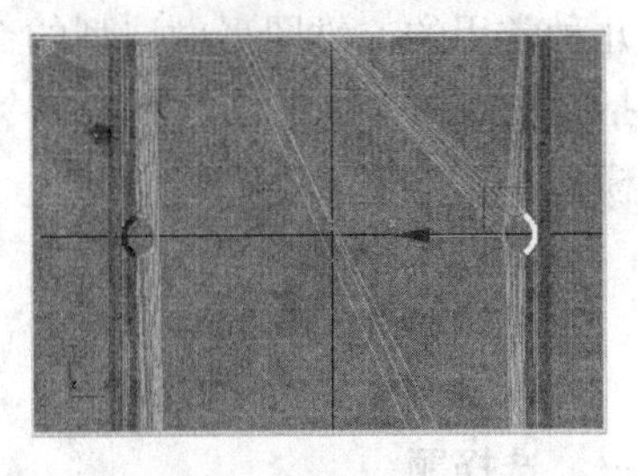

图 2.306 复制橡胶护栏

⑲ 进入“创建”面板，在该命令面板中单击“几何体”按钮，进入几何体子命令面板，在其下拉列表中选择“标准基本体”选项，在顶视图中创建一个半球体，将其放置于台球桌边缘上，如图 2.307 所示。

⑳ 再创建一个稍小的半球，如图 2.308 所示。

㉑ 选择较大的半球，单击命令面板上的“创建”按钮，进入“创建”面板，在该命令面板中单击“几何体”按钮，进入几何体子命令面板，在其下拉列表中选择“复合对象”选项，单击 布尔 ，在【拾取布尔】卷展栏中单击 拾取操作对象 B 按钮，再单击视图中较小的半球，完成球袋模型的制作，效果如图 2.309 所示。

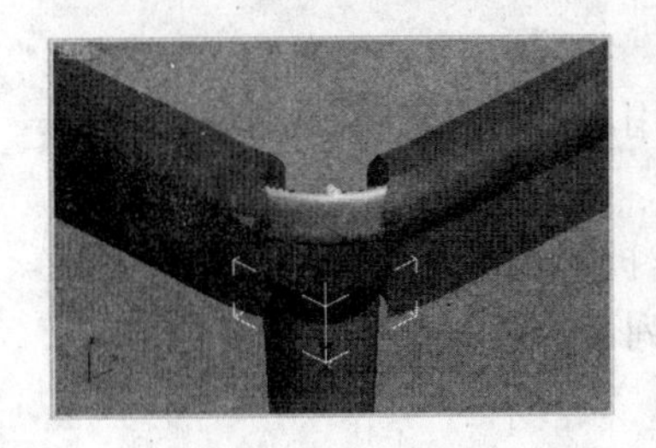

图 2.307 创建半球体

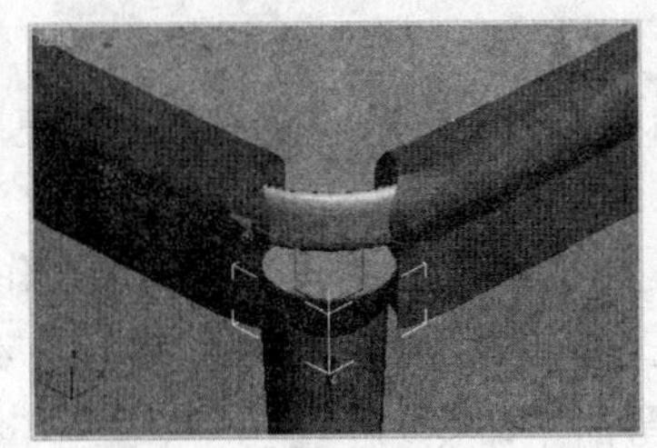

图 2.308 创建半球

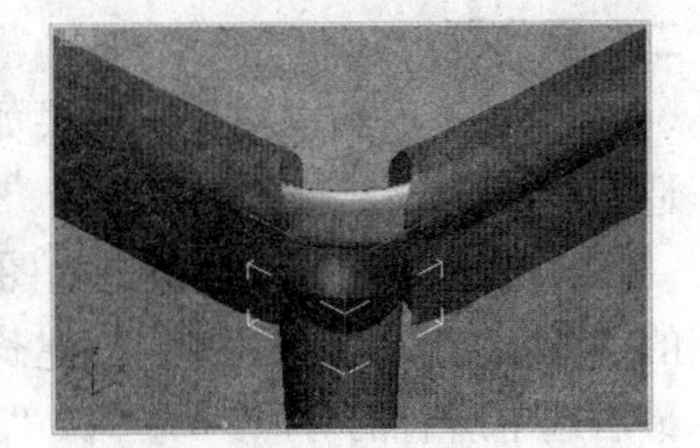

图 2.309 执行“布尔”命令

㉒ 将球袋再复制 5 个，放置在其他橡胶护栏下，效果如图 2.310 所示。

㉓ 进入“创建”面板，在该命令面板中单击“几何体”按钮，进入几何体子命令面板，在其下拉列表中选择“标准基本体”选项，在顶视图中创建 7 个大小相同的球体和一细长的圆柱体，6 个球随意地摆放在球桌上，圆柱体作为球杆，效果如图 2.311 所示。

㉔ 给各对象上材质，最终渲染效果如图 2.312 所示。

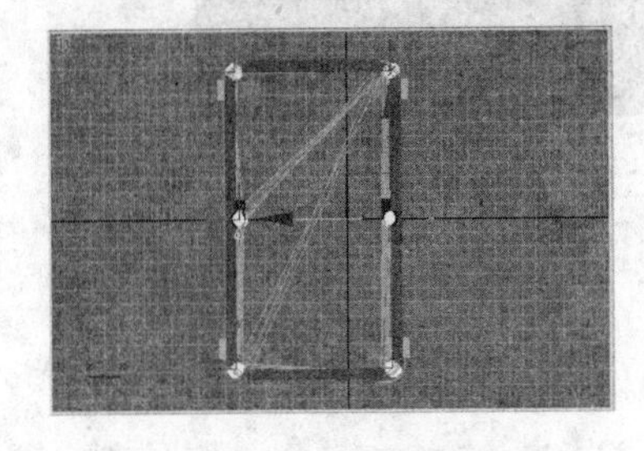

图 2.310 复制球袋

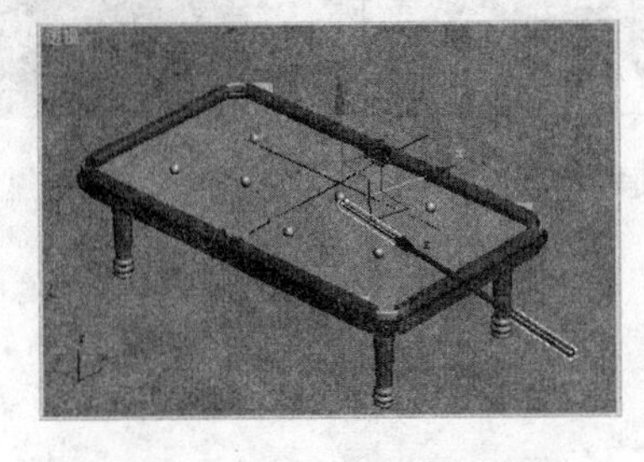

图 2.311 创建球和球杆

图 2.312 最终渲染效果图

## 本章要点

本章主要学习了“标准基本体”和“扩展基本体”的创建、“二维图形”的创建，介绍了几种常用的二维图形做造型的命令，包括挤出、倒角和车削，几种常用的三维修改器命令，包括弯曲、扭曲、锥化、噪波命令，在制作模型的过程中灵活运用它们，可以制作出各种各样的模型。

# 习　题

## 一、选择题

1. 下列修改器中，不能将二维造型转化为三维造型的是（　　）。

A.“挤出”编辑修改器　　B.“弯曲”编辑修改器

C.“车削”编辑修改器　　D.“倒角”编辑修改器

2. 二维造型的布尔运算方式总共为（　　）。

A. 1 种　　B. 2 种

C. 3 种　　D. 4 种

3. 下列（　　）能作为放样的截面造型。

A. UNRBS 曲面　　B. 高度为零的立方体

C. 多边形面片　　D. 不封闭的二维造型

## 二、操作题

1. 制作电脑桌模型，效果如图 2.313 所示（提示：主要使用圆柱体和切角长方体等搭建造型）。

2. 制作纸扇模型，效果如图 2.314 所示（提示：本例可制作折形线，设置其轮廓，对生成的线条执行“挤出”命令，创建长方体作为扇子的骨架，使用阵列命令，克隆复制出其他扇架，最后选中所有的对象，统一做“弯曲”命令）。

图 2.313　电脑桌模型

图 2.314　纸扇模型

# 第 3 章 高级建模

建模是三维动画设计制作的第一步，是三维世界的核心和基础，没有一个好的模型，其他什么好的效果都难以表现。3ds Max 具有多种建模手段，除了内置的几何体模型和对图形的挤压、车削、放样建模以及布尔运算等复合物体的基础建模外，还有多边形建模、面片建模与 NURBS 建模等几种高级建模方式。在这些建模方式中，多边形建模算是最为传统和经典的一种建模方式。

3ds Max 多边形建模方法比较容易理解，非常适合初学者学习，并且在建模的过程中学生有更多的想象空间和修改余地。3ds Max 中的多边形建模主要有两个命令：Editable Mesh（可编辑网格）和 Editable Poly（可编辑多边形），本章将主要就可编辑多边形作系统的介绍。

**学习目标**

- 掌握多边形建模的基本原理。
- 掌握运用多边形创建规则模型的正确布线方法。
- 掌握运用多边形创建不规则工业模型的技法。
- 掌握面片建模的基本原理。
- 掌握运用面片创建复杂模型的方法。

## 3.1 多边形建模

多边形建模方法最重要的特点就是不受制作方式的限制，对于复杂造型的模型，它可以制作一体成型的模型，如日常生活中所用的鼠标、键盘、显示器，科幻游戏中长角的怪兽以及复杂的人体等，而其他建模方式却很难达到这一点。

### 3.1.1 多边形建模基础 1——西餐叉子

任务目的

通过制作如图 3.1 所示的“西餐叉子”的实例，学习利用把长方体转化为 Editable Poly（可编辑多边形）来创建、修改以及使用相关编辑器来制作一体模型的方法与技巧。

图 3.1 西餐叉子效果图

任务分析

实例中的“西餐叉子”虽然是一体的模型，但从建模的分步上来说，可以分为“叉子手柄”和“叉子叉头”两个部分。在制作时，首先使用转换为可编辑多边形的“长方体”创建出较为容易的“叉子手柄”，然后使用“挤出”、“连接”等编辑命令来创建、调整出“叉子叉头”部分，完成“西餐叉子”的模型制作，最后为其制作材质并设置灯光效果，进行渲染。

任务实施

1. 制作叉子手柄

① 执行“文件”→“查看图像文件”命令，导入对照的效果图。在顶视图中创建一长方体，将其命名为“叉子”，效果如图 3.2 所示。

② 在“修改器列表”中将长方体的“长度分段”、“宽度分段”分别设置为 2 和 5，如图 3.3 所示。

提 示

❖按【F4】键，可使透视图中长方体的分段得到显示，如图 3.3 所示。

❖“叉子手柄”的长宽比例要适当。

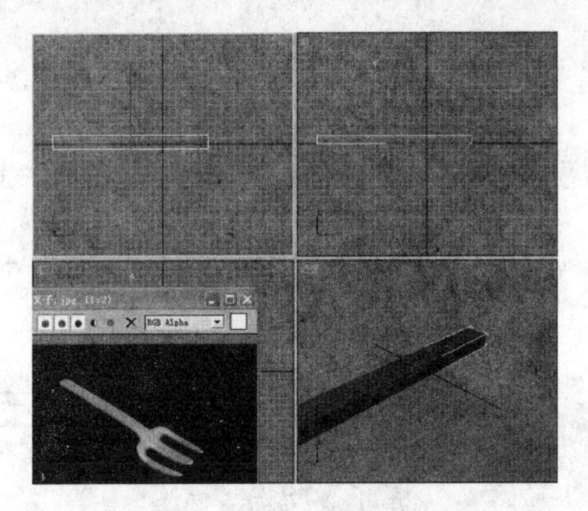

图 3.2　导入参考图来创建长方体

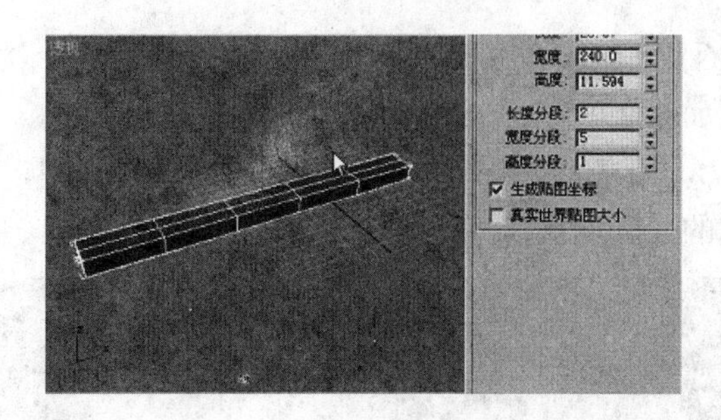


图 3.3　设置长方体的分段数

③ 保证长方体被选择的状态下右击，执行“转化为”→“转化为可编辑多边形”命令，如图 3.4 所示。修改器列表中显示的即是可编辑多边形的相关命令面板，如图 3.5 所示。

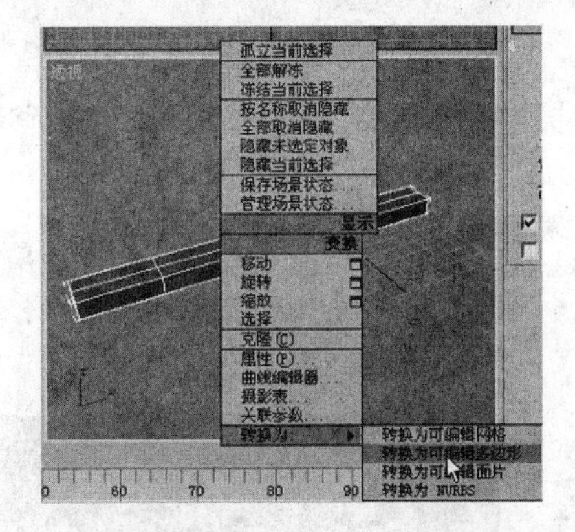


图 3.4　转换为“可编辑多边形”

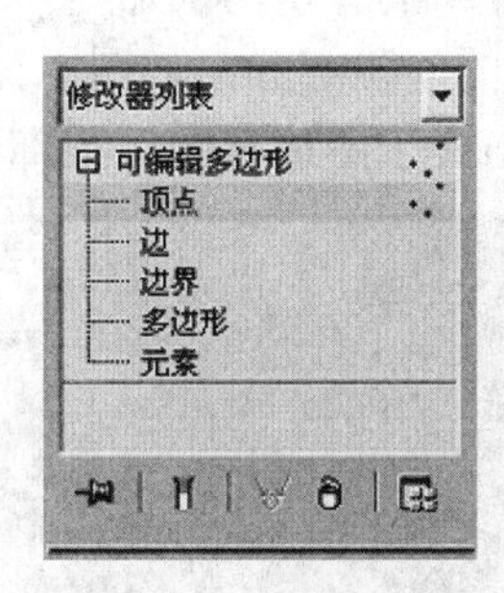


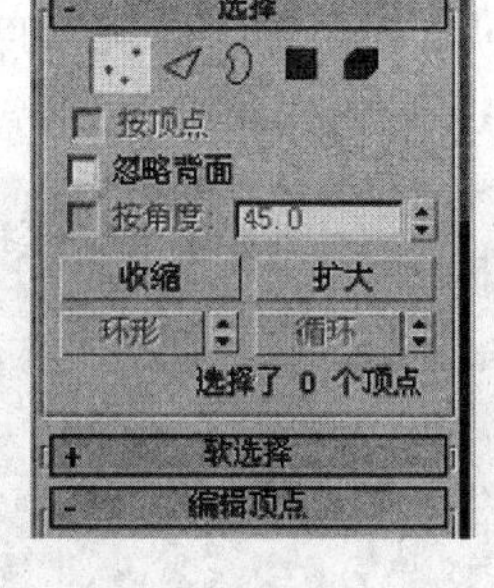


图 3.5　可编辑多边形命令面板

**提　示**

❖ “可编辑多边形”堆栈下的顶点、边、边界、多边形和元素分别对应“选择”面板下边的 5 个形状命令，如图 3.5 所示。

④ 单击“修改器列表”下“可编辑多边形”堆栈前面的命令按钮■，展开“可编辑多边形”堆栈并选择“顶点”选项，如图 3.5 所示。在顶视图中框选“叉子手柄”前端要做成弯曲部分的点，如图 3.6 所示，单击“选择并移动”按钮✥，向右移动到所需位置，如图 3.7 所示。依次调整需要调整的各点，如图 3.8 所示。

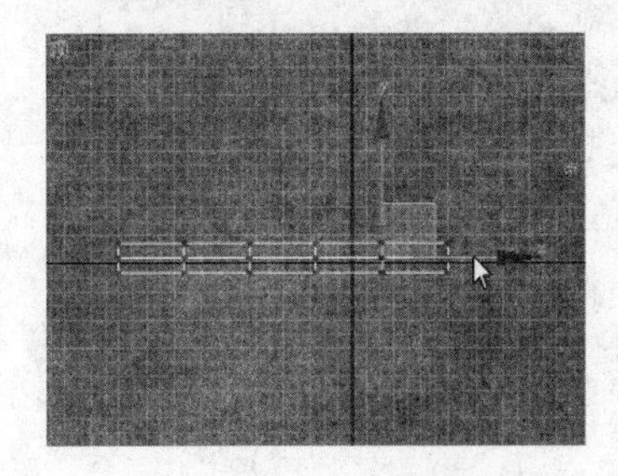

图 3.6　选择需要调整的点

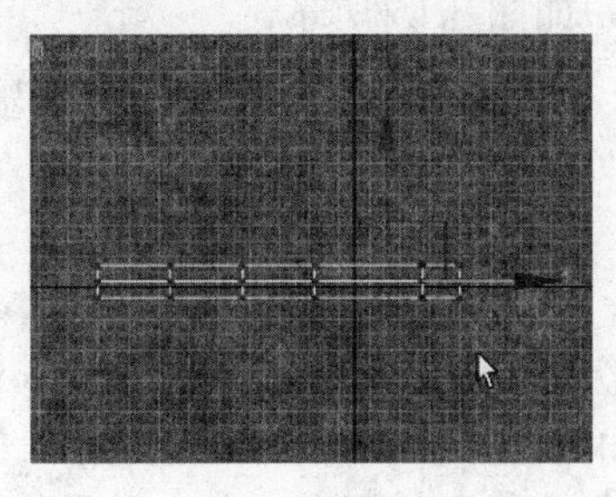

图 3.7　调整点

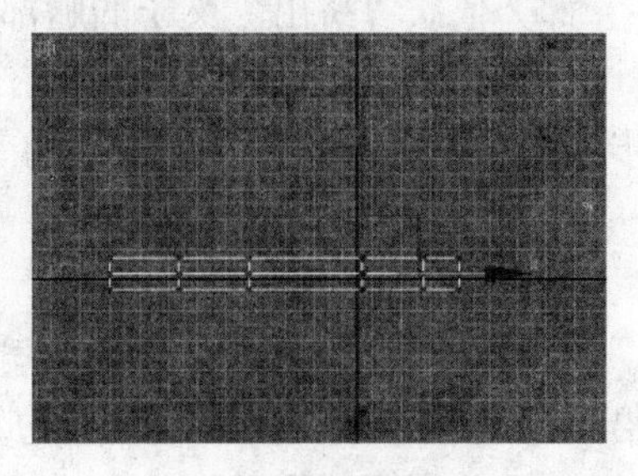

图 3.8　再次调整点

2. 制作叉子叉头部分

① 利用窗口右下角的“最大化视口切换”按钮，切换至透视图，在多边形层级下选择面，如图3.9所示。

② 用【Alt+鼠标中键】组合键旋转透视图，用【Ctrl+鼠标左键】组合键加选与步骤①中对称的面，如图3.10所示。

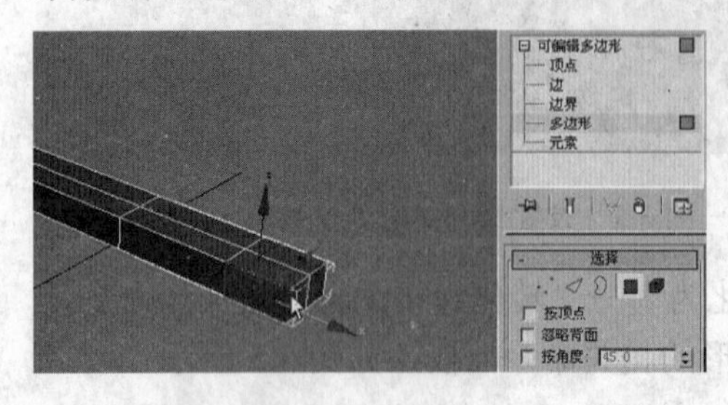


图3.9 选择面

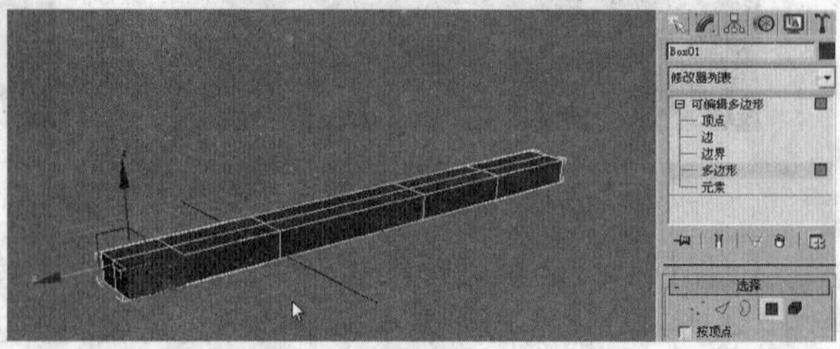

图3.10 加选对称的面

③ 执行“修改器列表”中的“挤出”命令，将鼠标指针放置在已选“多边形”处，移动鼠标位置，挤出叉子腿之间的间隔部分，如图3.11所示。

④ 运用相同的方法挤出叉子两边腿的后跟部，效果如图3.12所示。

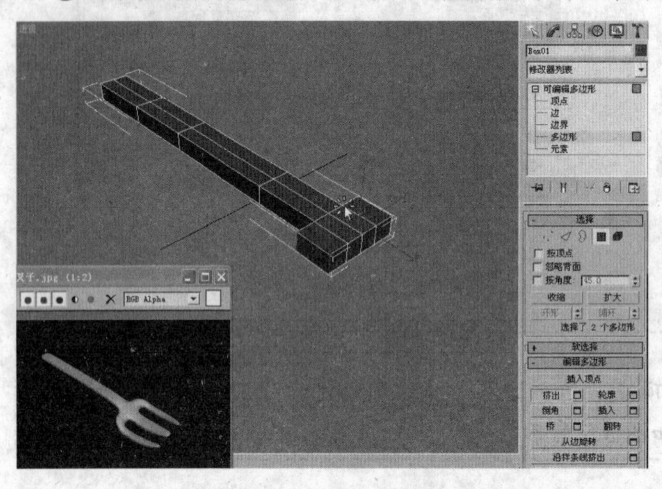


图3.11 挤出叉子腿之间的间隔部分

图3.12 挤出叉子两边腿的后跟部

⑤ 在顶视图中调整三根叉子腿的后跟部至大致的宽度，如图3.13所示。

⑥ 选择三根叉子腿的后跟部前端的面，如图3.14所示。

⑦ 依次“挤出”叉子的腿部，如图3.15所示。

至此，叉子的基本形状已制作完毕。下面通过选择“可编辑多边形”→“顶点”选项进一步调整出叉子的弯曲等细节上的变化。

3. 细节调整

① 在顶视图中于“顶点”层级下选择叉子两边根部的点，单击“选择并移动”按钮，沿X轴方向移动两点，使两个边角趋于平滑，如图3.16所示。

② 单击“选择并缩放”按钮继续调整两个边角，效果如3.17所示。

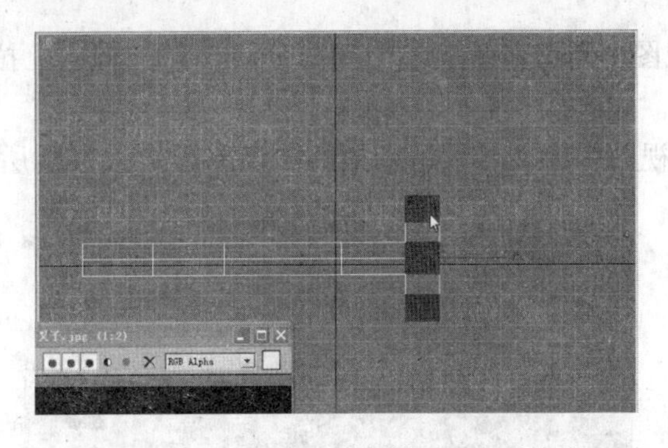

图 3.13 调整三根叉子腿的后跟部的宽度

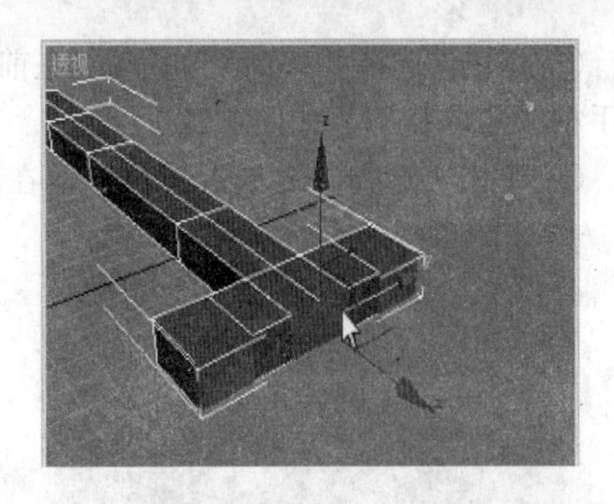

图 3.14 选择三根叉子腿的后跟部前端的面

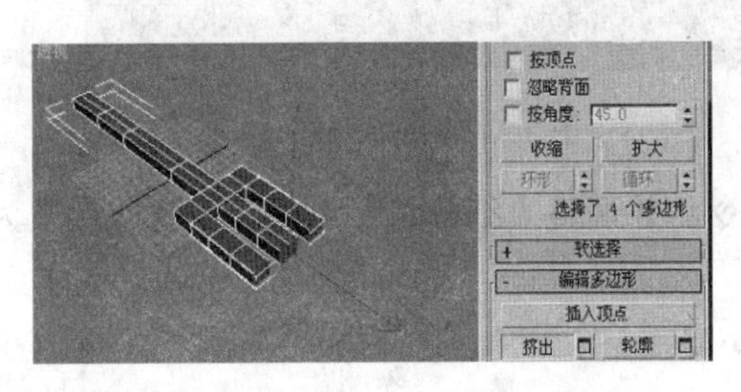

图 3.15 依次挤出叉子的腿部

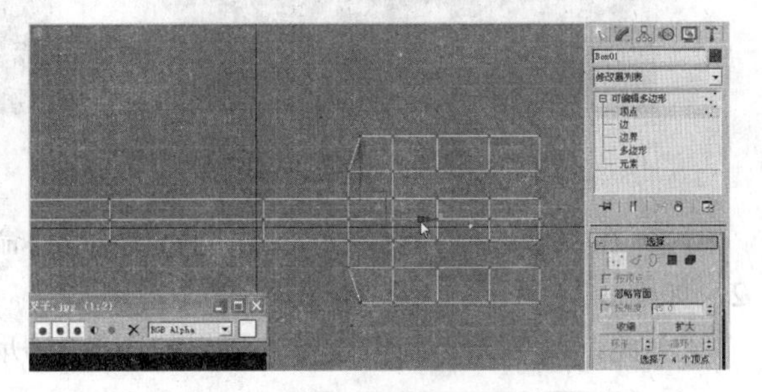

图 3.16 调整两个边角

③ 单击“选择并移动”按钮，在前视图中沿 Y 轴方向调整叉子叉头的位置，如图 3.18 所示。继续调整，使叉子叉头有一定的弯曲，如图 3.19 所示。

④ 在透视图中于“多边形”层级下选择叉子 3 个叉头的前端的面，如图 3.20 所示。单击“选择并缩放”按钮，将叉头前端的面缩放，如图 3.21 所示。

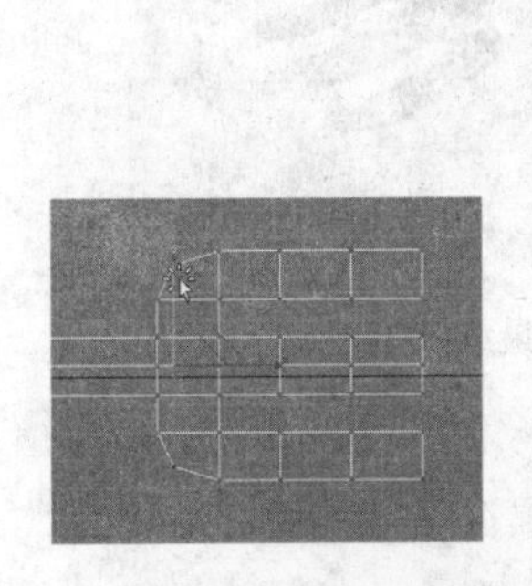

图 3.17 继续调整两个边角

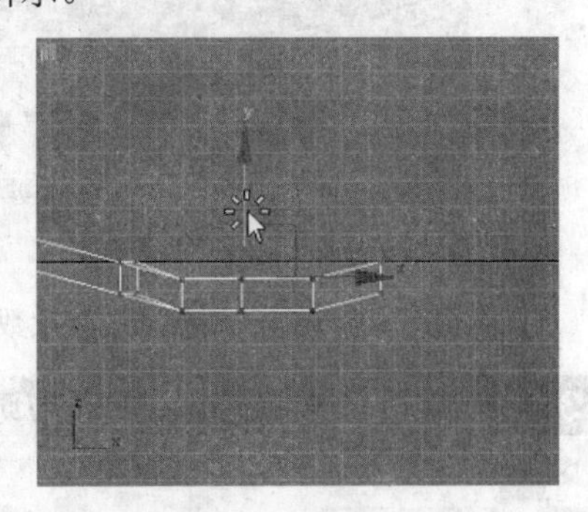

图 3.18 调整叉子叉头的弯曲处

图 3.19 继续调整

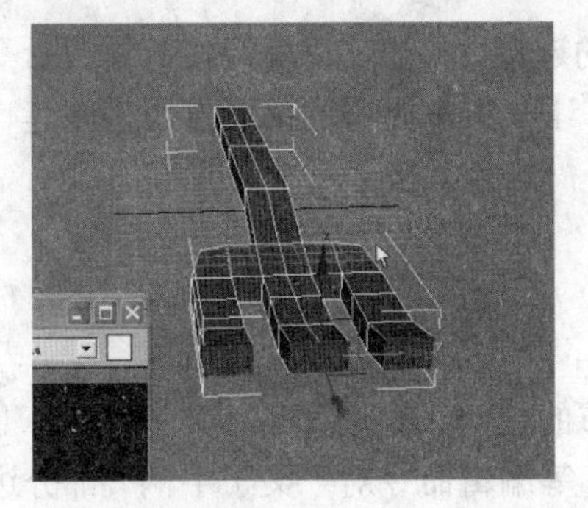

图 3.20 选择叉子 3 个叉头的前端的面

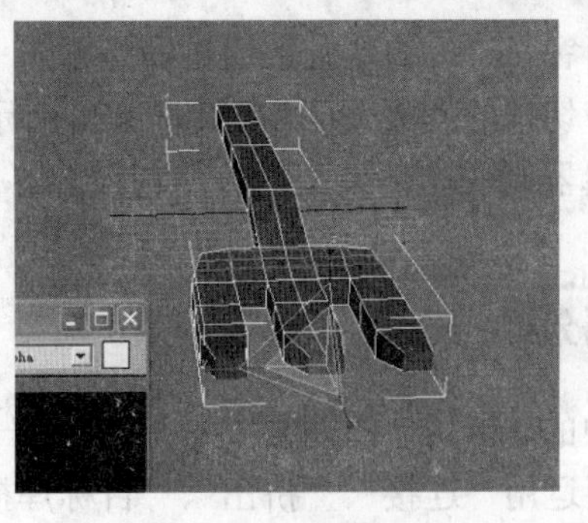

图 3.21 将面缩放

⑤ 单击“选择并移动”按钮，在前视图中将叉子手柄的中间部分沿 Y 轴方向向上拉伸，使手柄成弯曲状态，如图 3.22 所示。

⑥ 单击“选择并缩放”按钮，在透视图中将叉子手柄末梢的面缩放，如图 3.23 所示。

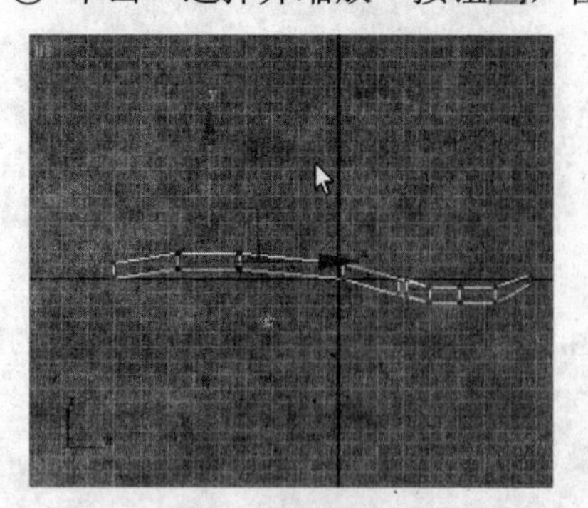

图 3.22　使手柄呈弯曲状态

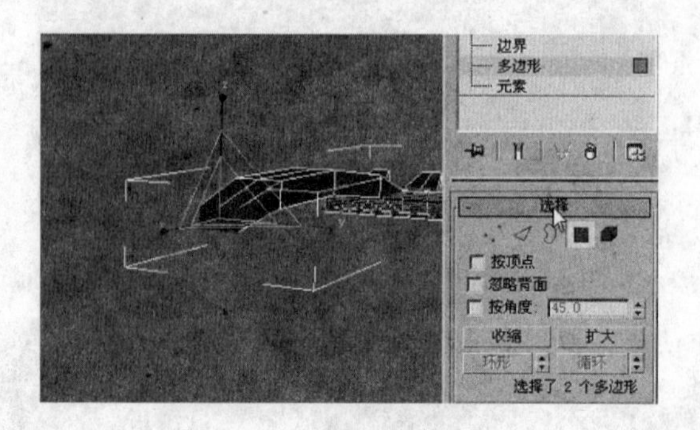


图 3.23　将面缩放

⑦ 在“修改器列表”下添加“网格平滑”命令，并调整“细分量”下的“迭代次数”为 2，如图 3.24 所示。

至此，西餐叉子制作完毕。效果如图 3.25 所示。

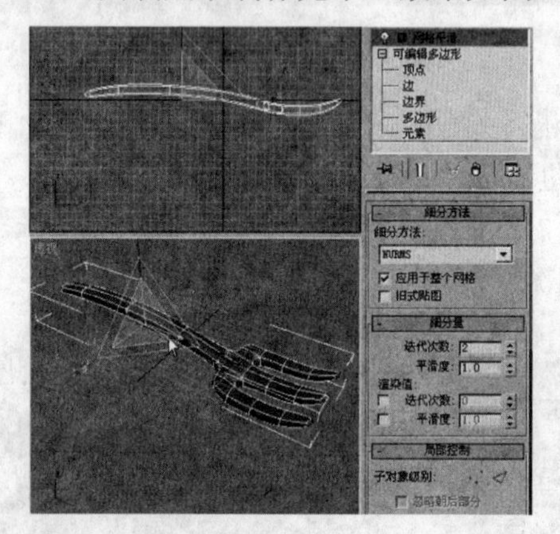


图 3.24　调整“迭代次数”

图 3.25　最终效果

## 3.1.2　多边形建模基础 2——带切口的西餐叉子

### 任务目的

在“西餐叉子”的基础上通过命令面板中的连接、挤出、目标焊接等修改命令的调整，制作完成“带切口的西餐叉子”，如图 3.26 所示，让学生掌握通过拓展方式来创建、修改以及使用相关编辑器制作一体模型的方法与技巧。

### 任务分析

本例中的“带切口的西餐叉子”相比前一节的实例只是增加了“叉子手柄”上对切口的制作。可主要运用“连接”、“挤出”、“目标焊接”等编辑命令对“叉子手柄”部分进行修改，完成对切口的处理操作。

任务实施

① 执行“文件”→“打开”命令，导入文件“西餐叉子”。效果如图 3.27 所示。

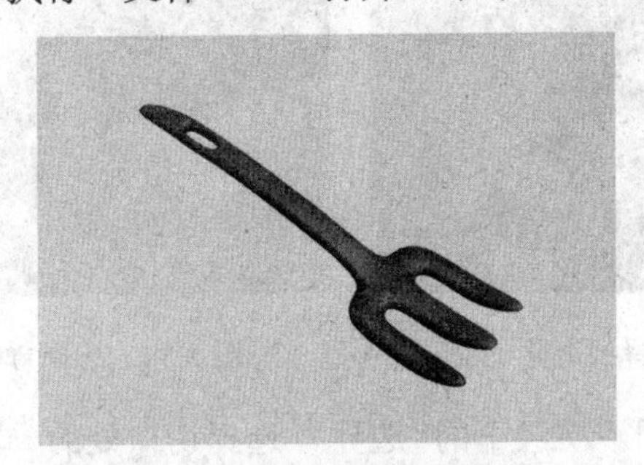

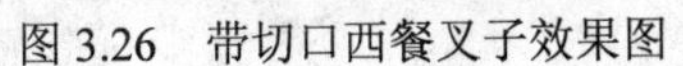
图 3.26 带切口西餐叉子效果图

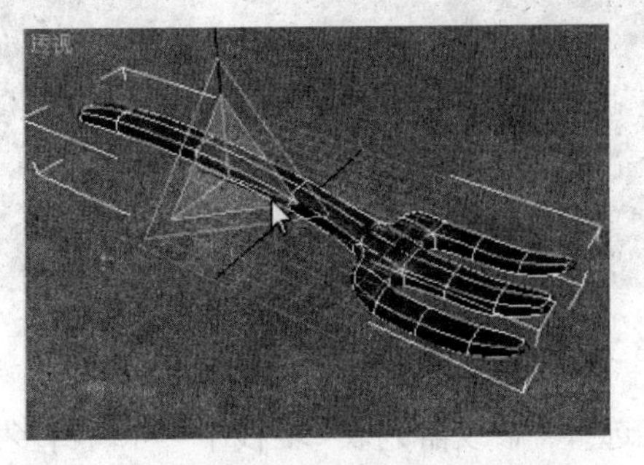

图 3.27 导入文件

② 选择“修改器列表”堆栈下的“可编辑多边形”层级下的“边”，单击“选择并移动”按钮来选择其中的任意一条“边”，然后单击“环形”命令按钮，如图 3.28 所示。

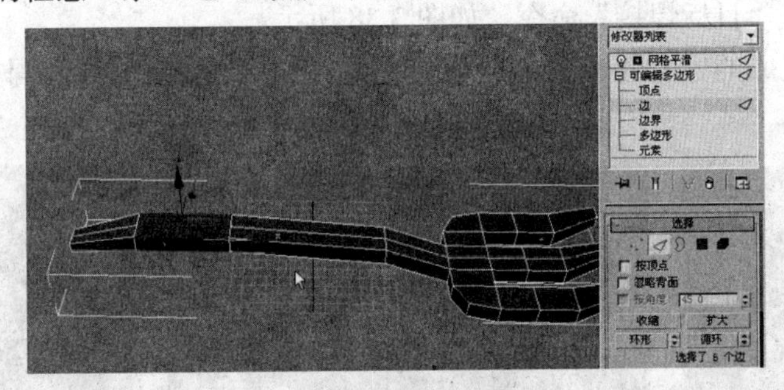


图 3.28 选择要编辑的边

提 示

❖步骤②中选择一圈“边”的做法还可以采用如下方法：在“前视图”中用鼠标框选准备做“连接”操作的一圈“边”。

③ 选择“修改器列表”堆栈下“可编辑多边形”层级下的“边”，单击“连接”按钮，弹出“连接边”对话框，调整分段及收缩值，如图 3.29 所示。用同样的方法选择垂直方向上的边，如图 3.30 所示，执行“连接”命令（如图 3.31 所示），结果如图 3.32 所示。

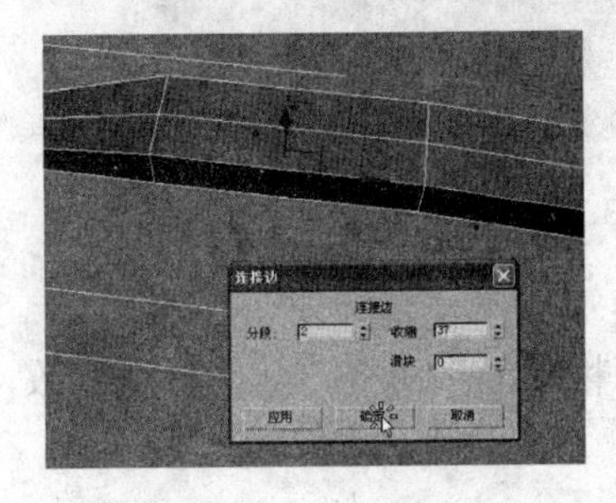

图 3.29 “连接”操作

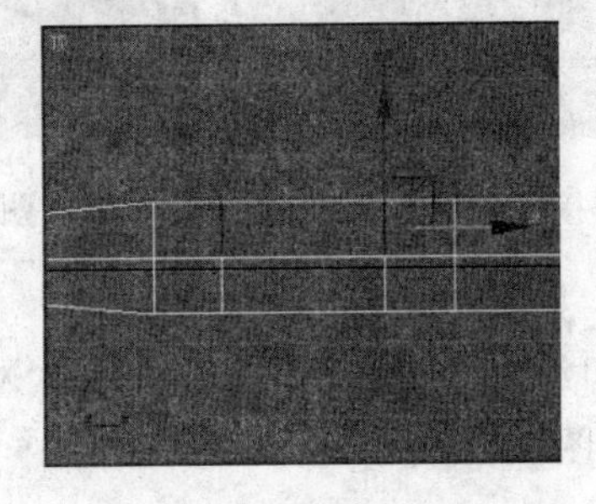

图 3.30 选择要编辑的边

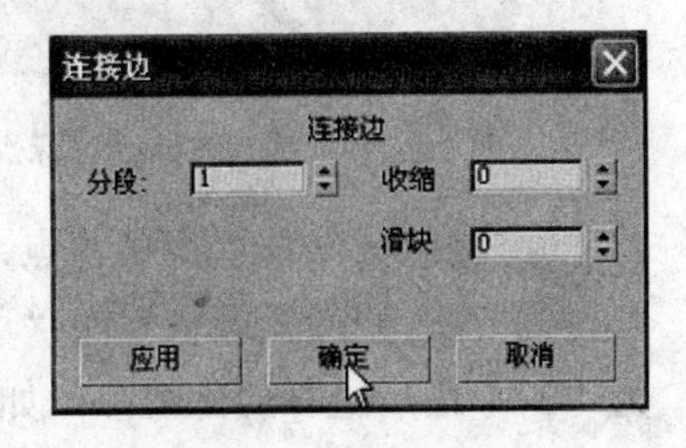


图 3.31 “连接”操作

④ 选择新生成的多边形，如图 3.33 所示，注意背面也要选取，如图 3.34 所示，按【Delete】键删除，如图 3.35 所示。

图 3.32 “连接”后的结果

图 3.33 选择要删除的面

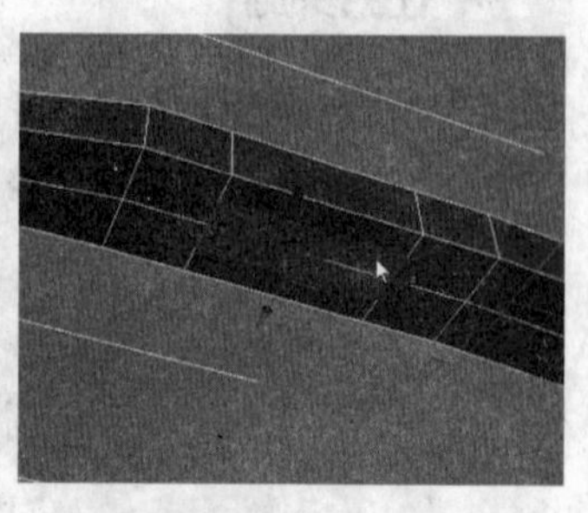
图 3.34 选择背面

⑤ 选择“修改器列表”堆栈下“可编辑多边形”层级下的“边界”，选择切口处的一圈“边”，如图 3.36 所示。

⑥ 单击“选择并移动”按钮，结合【Shift】键，复制生成准备做“焊接”的面，如图 3.37 所示。

⑦ 右击，选择“目标焊接”命令，如图 3.38 所示。

⑧ 单击复制生成的面上的一个点，然后单击与之对应的点，执行“焊接”操作，如图 3.39 所示。

图 3.35 删除面

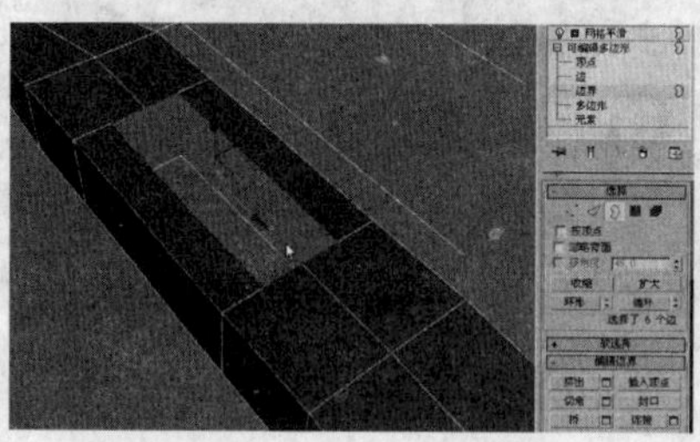
图 3.36 选择面

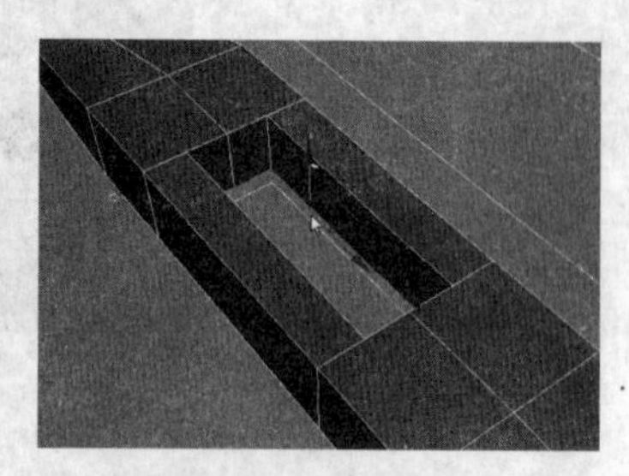
图 3.37 复制生成面

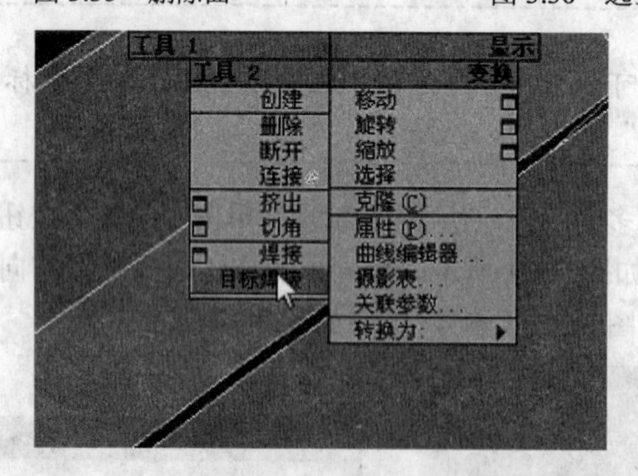

图 3.38 选择“目标焊接”命令

图 3.39 “焊接”操作

⑨ 按照此法依次焊接各点，如图 3.40 所示。

⑩ 在“修改器面板”的“可编辑多边形”堆栈上加入“网格平滑”命令，迭代次数修改为“2”，最后进行局部渲染，如图 3.41 所示。

图 3.40 “焊接”后的结果

图 3.41 渲染效果

## 3.1.3 能力提升——制作带靠背的椅子模型

### 任务目的

通过制作如图 3.42 所示的“带靠背的椅子”模型，熟悉并掌握较复杂多边形建模的综合应用方法与技巧。

图 3.42 带靠背的椅子模型

### 任务分析

“带靠背的椅子”主要由以下几个部分组成：椅子面和挡板、椅子后靠背、前腿及腿部的横梁。本模型主要运用长方体转化为可编辑多边形作为基本的主体部分，并主要运用连接、挤出等修改命令进行修改和加工，最后为椅子添加腿部的四跟横梁。

### 任务实施

1. 椅子面和挡板

① 创建一个长方体，修改长宽高的分段数分别为 3、3 和 1，如图 3.43 所示。将创建的长方体转化为可编辑多边形，单击“选择并均匀缩放”按钮通过缩放顶点实现如图 3.44 所示的效果。

② 通过“连接”命令为可编辑多边形加线，如图 3.45 所示。重复加线，运用“选择并均匀缩放”按钮实现如图 3.46 所示的结果。

③ 选择底面要做挡板的面，如图 3.47 所示。运用“挤出”命令挤出挡板部分，如图 3.48 所示。

2. 创建椅子后靠背和前腿

① 创建后靠背。在命令面板中单击“创建”按钮，再单击“几何体”按钮，在顶视图中创建长方体，并设置长、宽、高分段数分别为 2、2、5，如图 3.49 所示。

② 在“修改器列表”中加入“FFD 3×3×3”命令，如图 3.50 所示。

图 3.43　导入对照的效果图

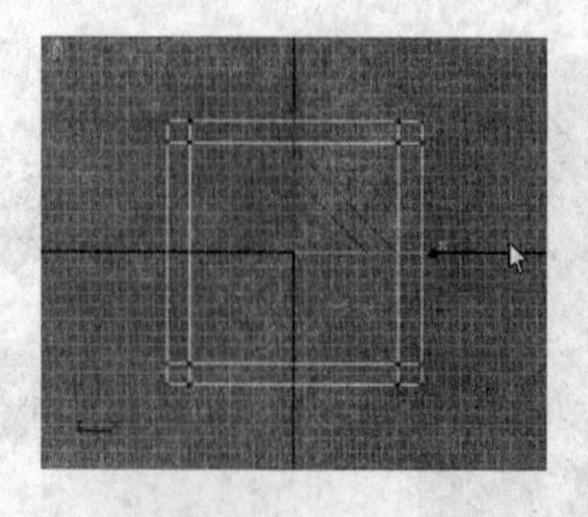

图 3.44　缩放效果

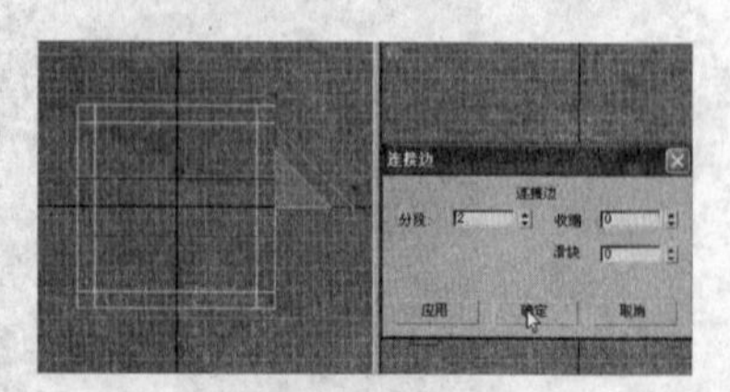

图 3.45　为可编辑多边形加线

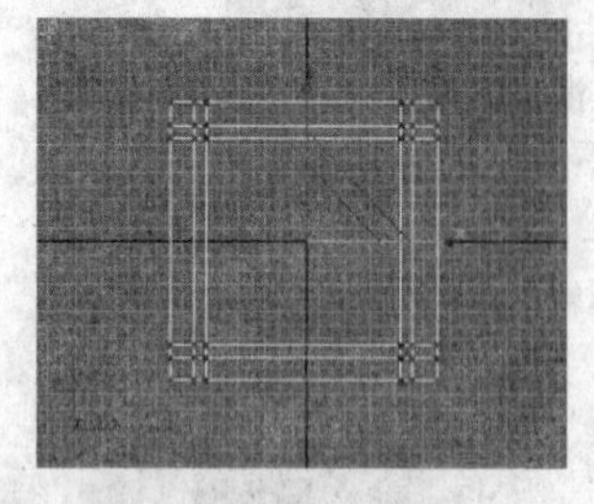

图 3.46　重复加线并缩放

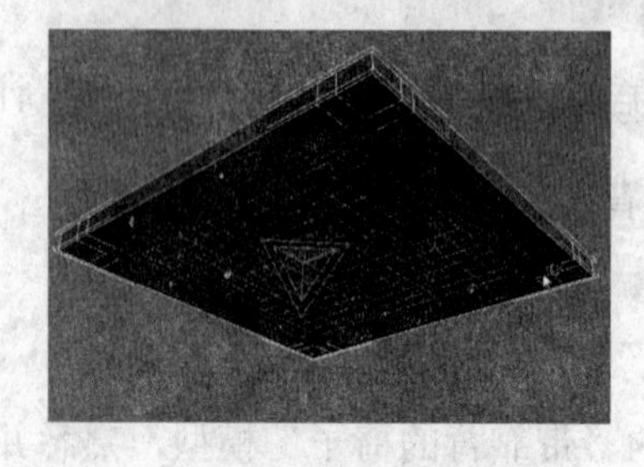

图 3.47　选择面

图 3.48　挤出挡板部分

③ 在前视图中使长方体呈弯曲状态，如图 3.51 所示。在“FFD3×3×3”堆栈的“控制点”层级下选择中间的控制点，运用“选择并均匀缩放”按钮加粗中间分段，如图 3.52 所示。

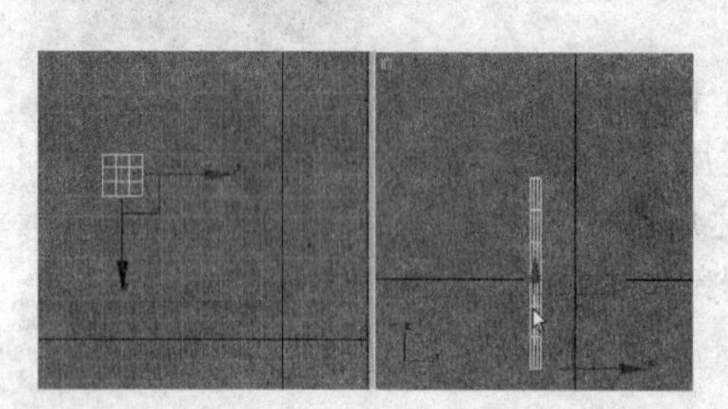

图 3.49　创建长方体

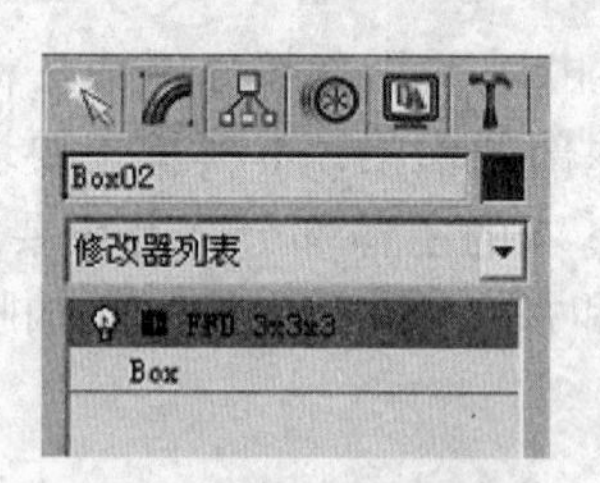


图 3.50　加入修改命令

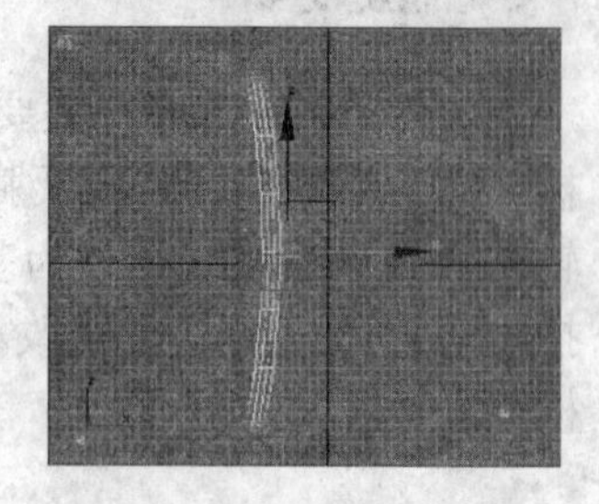

图 3.51　弯曲长方体

**提　示**

❖步骤③中对椅子后靠背的粗度调节还可选择长方体两端的控制点，使其缩放至更细一些，如图 3.52 所示。

④ 创建椅子前腿，注意着地点要与后靠背保持水平，如图 3.53 所示。选择已创建的两根椅子腿，按住【Shift】键复制生成另外的两根腿，最后效果如图 3.54 所示。

⑤ 选择其中的一根椅子后腿，转化为可编辑多边形，运用“连接”命令在需要的位置加线，如图 3.55 所示。在“多边形”层级下挤出新创建的面，如图 3.56 所示。

⑥ 单击“选择并移动”按钮，将新创建的面调整至与如图 3.55 所示的加线生成的面的边界重合，如图 3.57 所示。调整结果如图 3.58 所示。

⑦ 运用“连接”命令在新创建的横梁上为后靠背制作竖向装饰条，做出足够的切面，如图 3.59 所示。在“多边形”层级下运用“挤出”命令创建竖向装饰条，如图 3.60 所示。调整结果如图 3.61 所示。

⑧ 最终渲染效果如图 3.62 所示。

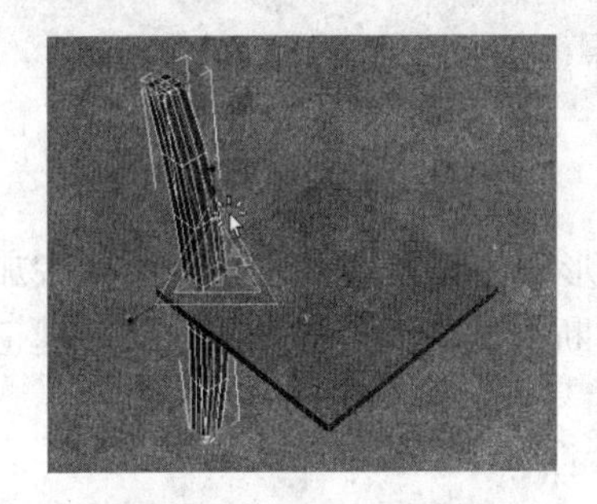

图 3.52 加粗中间分段

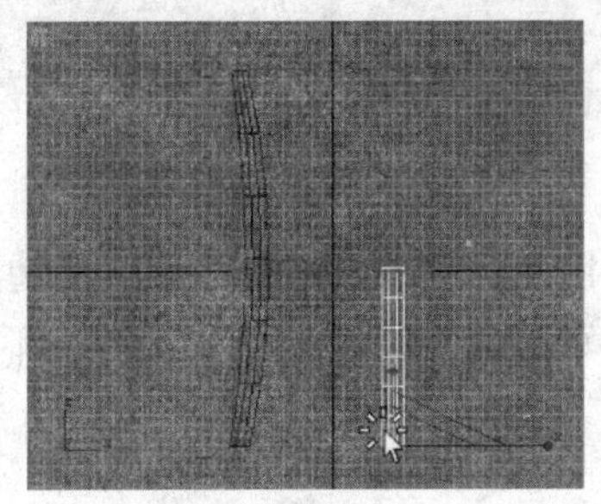

图 3.53 创建椅子前腿

图 3.54 复制生成另一侧腿

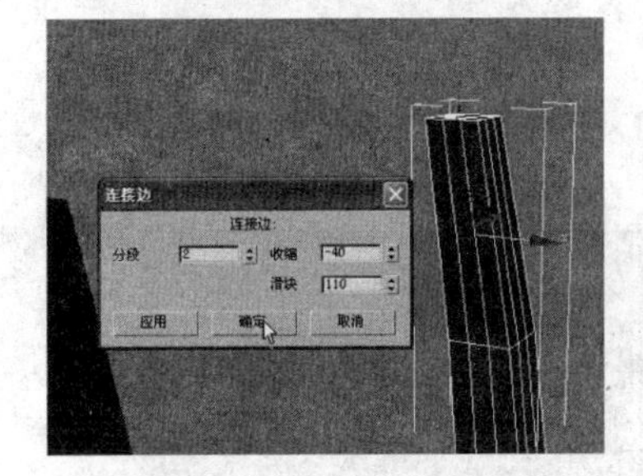


图 3.55 加线

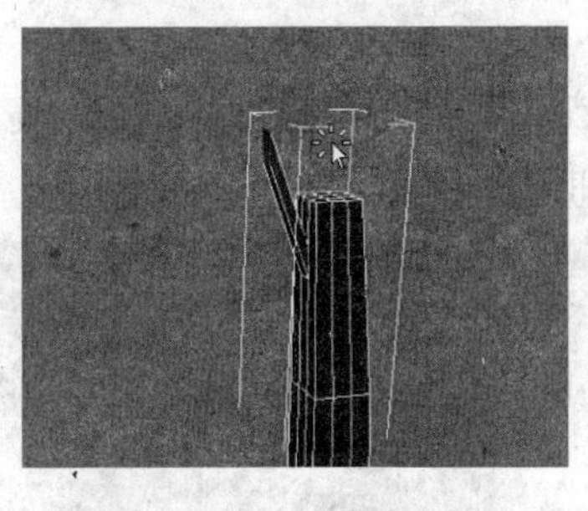

图 3.56 挤出面

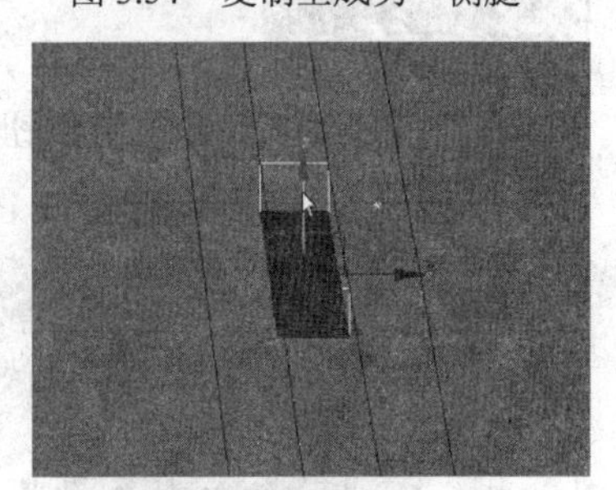

图 3.57 调整面

图 3.58 调整结果

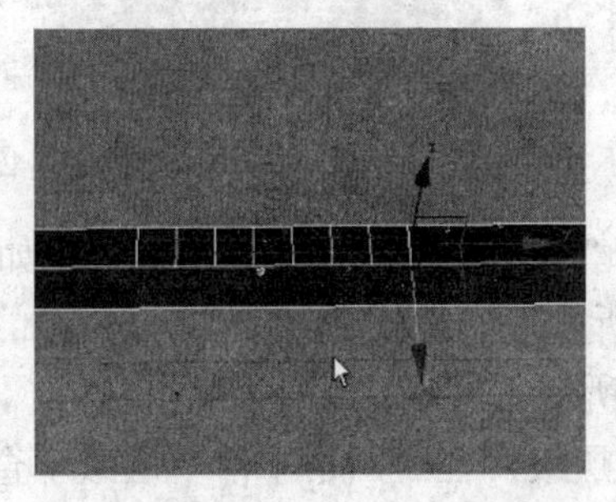

图 3.59 “连接”加线

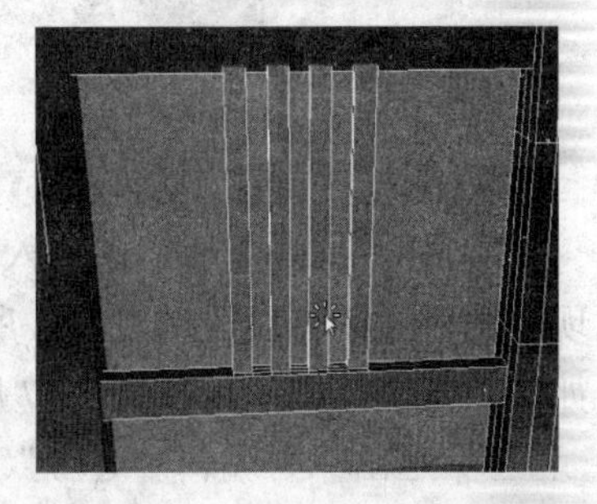

图 3.60 挤出竖向装饰条

图 3.61 调整结果

图 3.62 最终渲染效果图

### 3.1.4 长方体转化为切角长方体

**任务目的**

通过制作如图 3.63 所示的“切角长方体”，熟悉多边形建模中加入“网格平滑”命令前后的区别，从而掌握对规则物体进行圆角化处理的应用方法与技巧。

## 任务分析

“切角长方体”模型主要运用把长方体转化为可编辑多边形作为母本，并主要运用连接加线等修改命令进行修改和加工，再通过加入“网格平滑”并不断测试平滑后的效果，最后真正地将长方体转化为切角长方体。

## 任务实施

① 单击“捕捉开关”按钮，创建一个长方体，长、宽、高的分段数分别为 1、1、1、尺寸分别为 200、200 和 200，如图 3.64 所示。

图 3.63　切角长方体

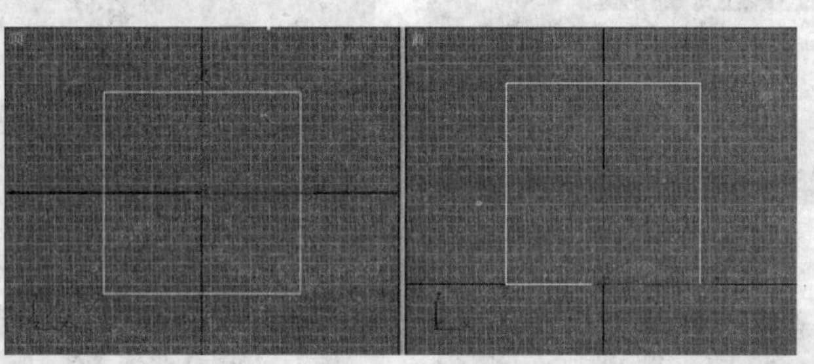

图 3.64　创建长方体

② 在“命令面板”中加入“网格平滑”命令，测试效果如图 3.65 所示。之所以平滑后出现棱角，原因是线段数过少，所以下一步就是对该形体进行加线处理，如图 3.66 所示。依据如上方法继续加线，如图 3.67 所示。

③ 退出“可编辑多边形”层级，在“网格平滑”层级下查看平滑效果，如图 3.68 所示。

图 3.65　加入“网格平滑”命令

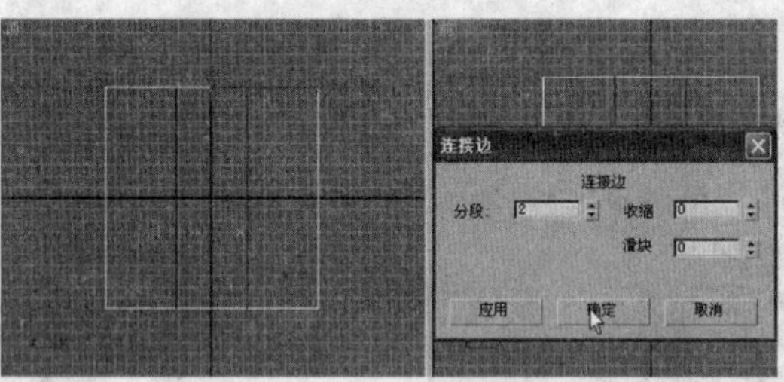


图 3.66　连接加线

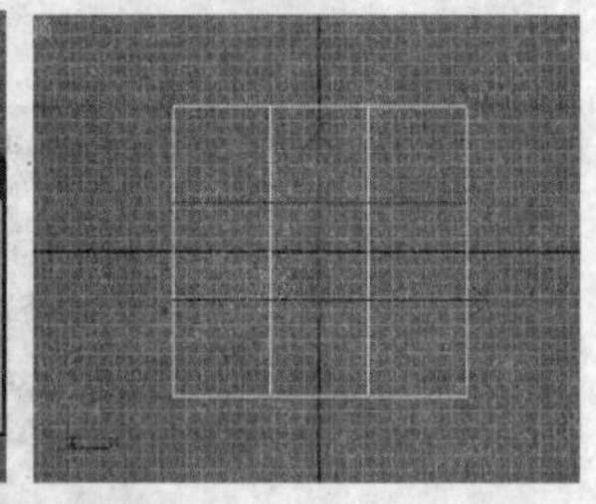

图 3.67　继续加线

④ 单击“选择并均匀缩放”按钮通过缩放顶点实现如图 3.69 所示的效果。调整结果如图 3.70 所示。

**提　示**

❖从图 3.68 所示的圆滑结果可以看出，虽然长方体边长的分段数增加了，但是平滑效果还是较差，这主要是因为线段的分段太过平均，所以接下来应该做的就是调整线段的分段间隔。调整结果如图 3.70 所示。

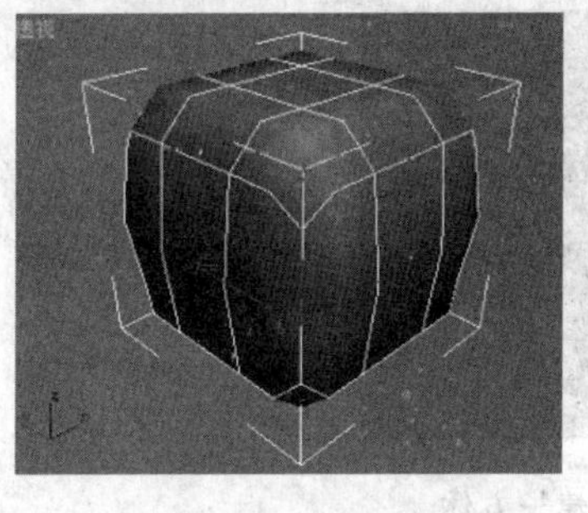

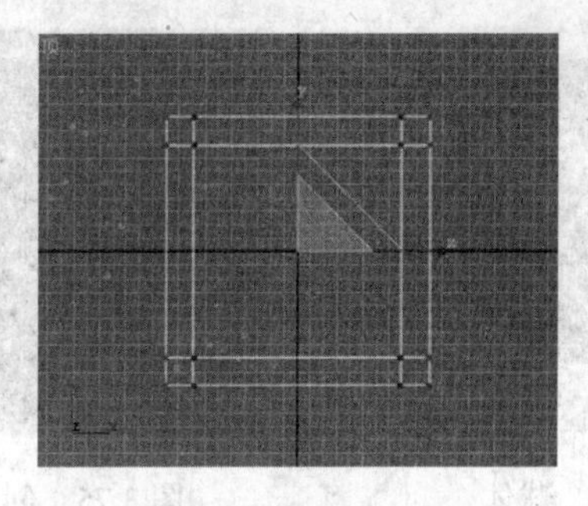

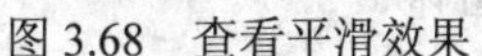
图 3.68　查看平滑效果　　图 3.69　缩放顶点　　图 3.70　调整结果

⑤ 在“可编辑多边形”的“边”层级下运用“连接”命令继续加线，如图 3.71 所示。在“顶点”层级下单击“选择并均匀缩放”按钮，通过缩放顶点实现如图 3.72 所示的效果。

⑥ 退出“顶点”层级，在网格平滑后渲染模型，最终效果如图 3.73 所示。

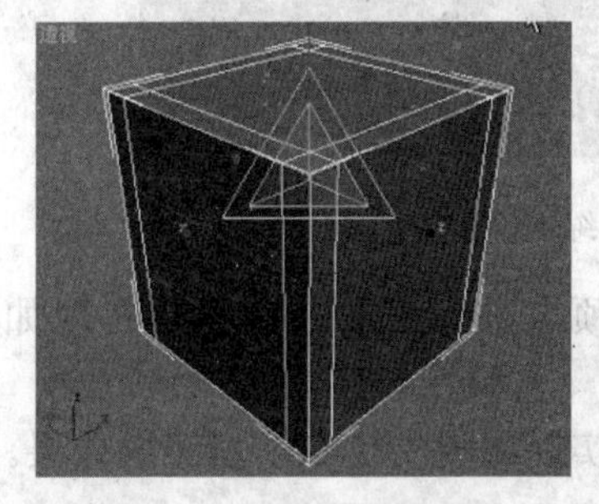

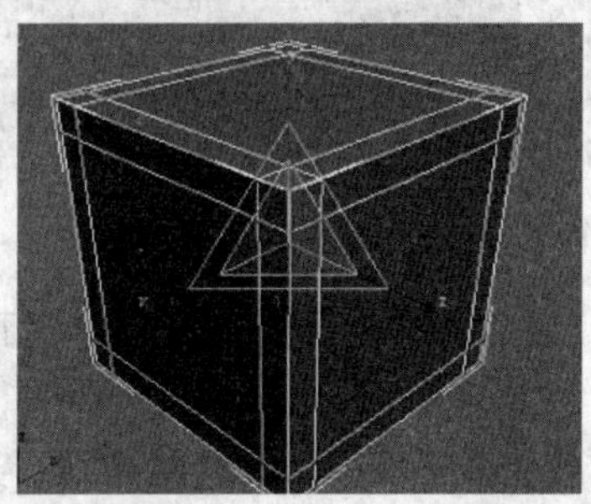

图 3.71　缩放顶点　　图 3.72　调整结果　　图 3.73　最终效果图

## 3.1.5 长方体转化为球体

### 任务目的

通过制作如图 3.74 所示的“球体”，熟悉并掌握多边形建模中加入“网格平滑”命令制作圆滑物体的方法，从而掌握把规则物体作球体化处理的应用技巧。

### 任务分析

本“球体”模型同上一小节中的“切角长方体”一样，也主要是用长方体转化为可编辑多边形作为母本，同样也是运用“连接”加线等修改命令来进行修改和加工，但不同的是对多边形线段间隔有不同处理。

### 任务实施

① 单击“捕捉开关”按钮，创建一个长方体，长、宽、高的分段数分别为 3、3、3，尺寸分别为 200、200 和 200，如图 3.75 所示。

② 右击执行“转化为可编辑多边形”命令，在“顶点”层级下单击“选择并均匀缩放”按钮通过缩放顶点实现如图 3.76 所示的效果。调整结果如图 3.77 所示。

图 3.74 球体

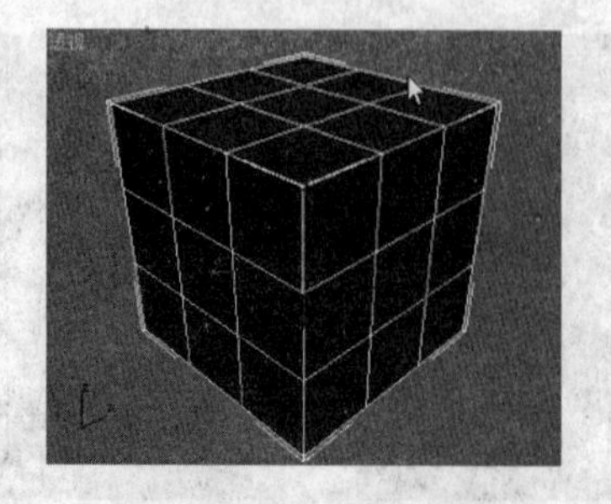

图 3.75 创建长方体

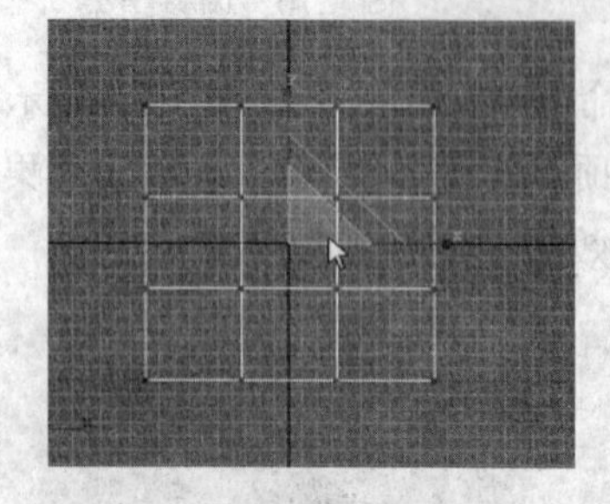

图 3.76 选择顶点进行缩放操作

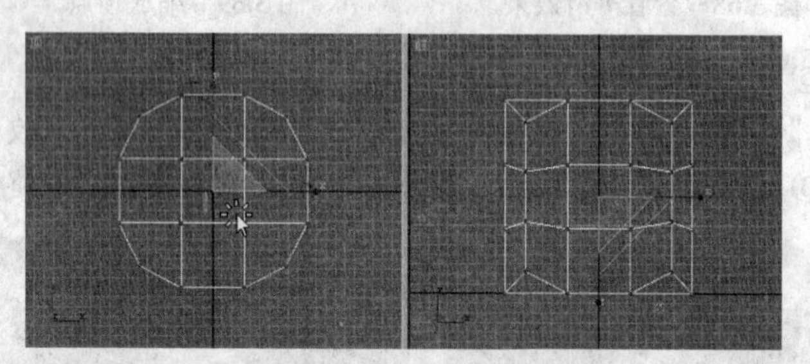

图 3.77 缩放结果

③ 单击“选择并均匀缩放”按钮在“前视图”中对顶点进行缩放、调整，实现如图 3.78（a）所示的效果。

④ 再次通过“选择并均匀缩放”按钮缩放、调整顶点，实现如图 3.78（b）所示的效果。

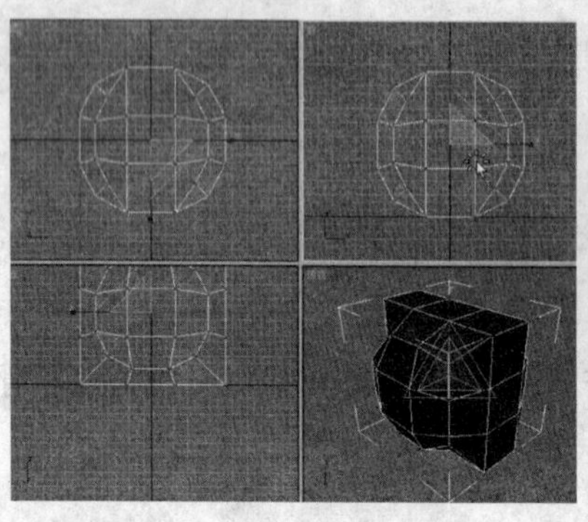

（a）缩放调整

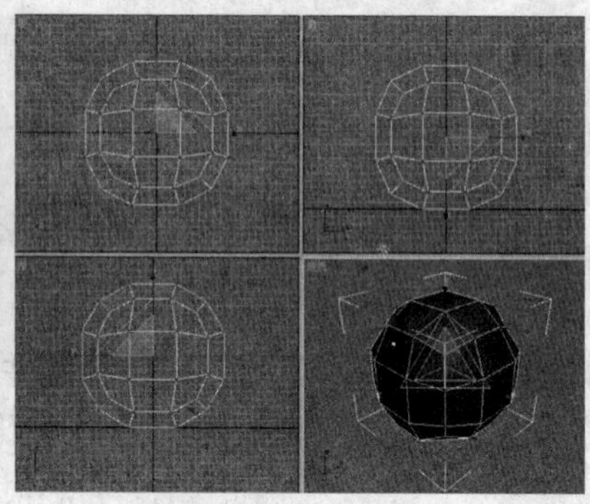

（b）继续缩放调整

图 3.78 缩放调整效果

⑤ 在“修改器列表”中添加“网格平滑”命令，渲染结果如图 3.79 所示。

⑥ 将“修改”面板中“细分量”框中的“迭代次数”调整为 2，再次渲染，得到最终效果如图 3.80 所示。

**提 示**

❖为了使模型能够最大限度地达到圆滑的效果，在如图 3.78（b）所示的“顶视图”、“前视图”和“左视图”中点的排序都要近似圆形。

❖步骤⑥中“迭代次数”增加为 2，主要是因为在如图 3.79 所示的球体的弧形边缘存在明显的棱角。

图 3.79　初步渲染结果

图 3.80　最终效果图

## 3.1.6 制作圆角边缘水槽模型

### 任务目的

通过制作如图 3.81 所示的“圆角边缘水槽”模型，进一步了解和掌握多边形建模中关于“连接”加线和“网格平滑”命令的应用技巧。

图 3.81　圆角边缘水槽

### 任务分析

本模型同上两个小节中的“切角长方体”、“球体”一样，都是用长方体转化为可编辑多边形作为母本，同样也是运用“连接”加线等修改命令进行修改和加工，但较之前两个实例最大的不同在于本实例更注重对知识点的综合运用，在细节的处理上也更加详尽和细致。

### 任务实施

① 单击“捕捉开关”按钮，创建一个长方体，长、宽、高的分段数分别为 3、3、3，尺寸分别为 200、200 和 200，然后转化为可编辑多边形，如图 3.82 所示。

② 在“可编辑多边形”堆栈的“顶点”层级下单击“选择并均匀缩放”按钮，通过缩放顶点实现如图 3.83 和图 3.84 所示的效果。

图 3.82　创建长方体

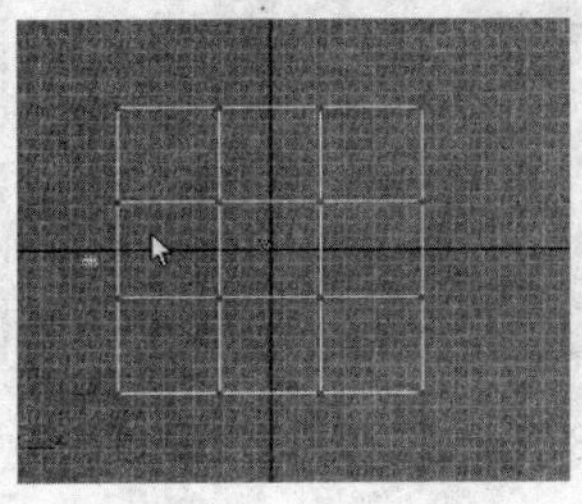

图 3.83　缩放顶点

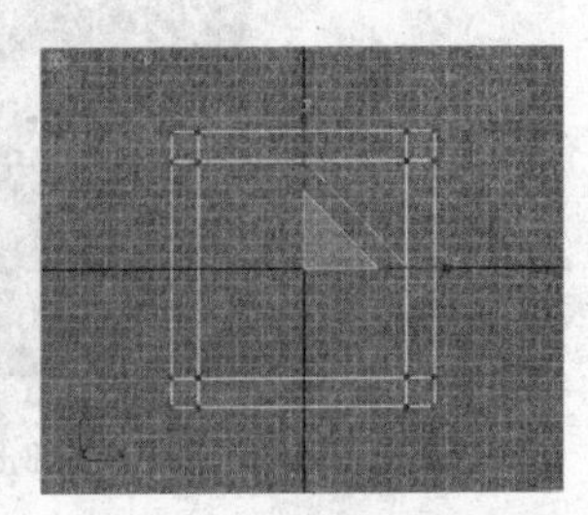

图 3.84　调整结果

③ 在“可编辑多边形”堆栈的“多边形”层级下单击“挤出”命令，对模型进行编辑调整，实现如图 3.85 所示的效果。再添加“网格平滑”命令，并测试渲染效果，如图 3.86 所示。

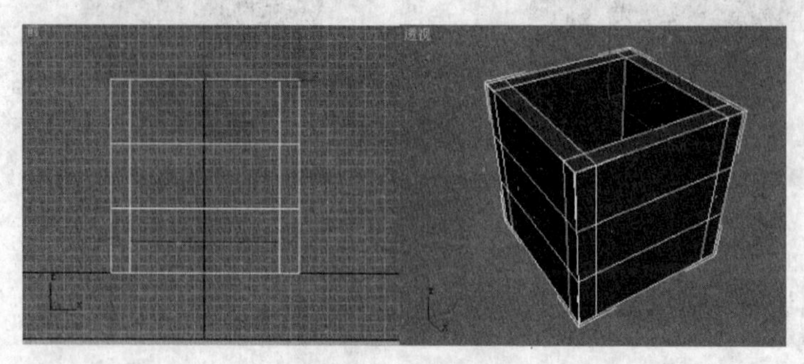

图 3.85　挤出效果

**提　示**

❖如图 3.86 所示的效果可以说明水槽的高度分段过于稀疏，以至于槽口出现明显的褶皱现象，故接下来的操作将主要是调整水槽的高度分段。

④ 在“可编辑多边形”堆栈的“顶点”层级下框选需要调整的点，如图 3.87 所示。通过“选择并均匀缩放”按钮来缩放、调整顶点，实现如图 3.88 所示的效果。

图 3.86　初步渲染结果

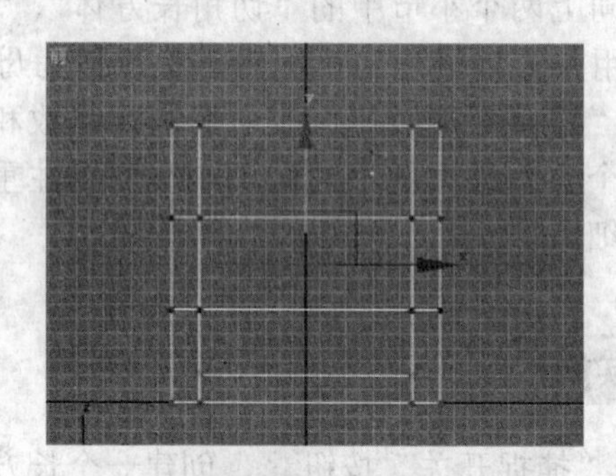

图 3.87　选中需要调整的点

⑤ 在“可编辑多边形”堆栈的“边”层级下框选需要调整的边，如图 3.89 所示。

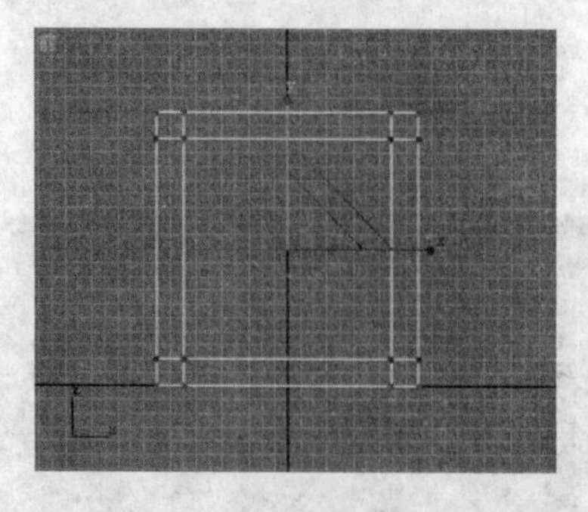

图 3.88　调整效果

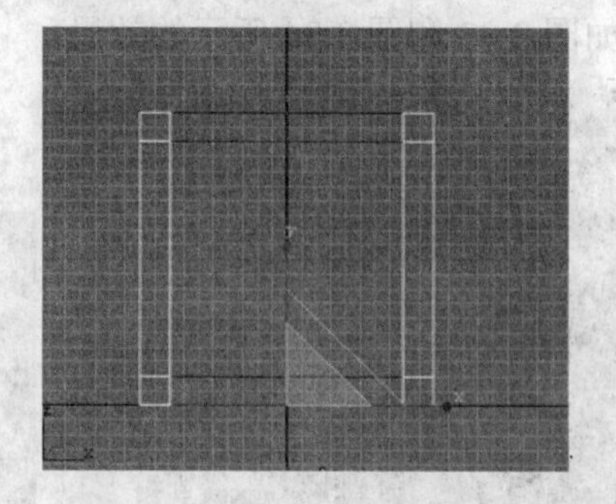

图 3.89　选中需要调整的边

⑥ 运用“连接”命令进行加线，参数及效果如图 3.90 所示。

⑦ 继续运用“连接”命令对水槽的高度分段进行加线操作，效果如图 3.91 中所示的“前视图”。

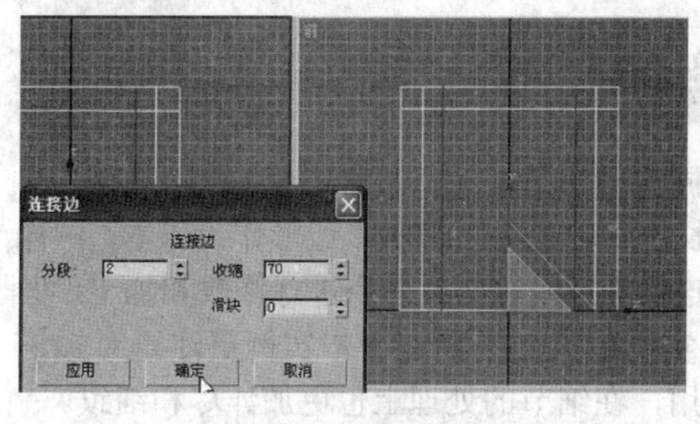


图 3.90 “连接”加线

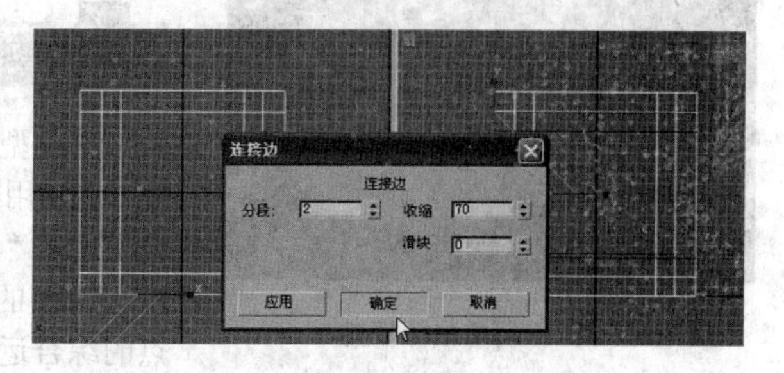


图 3.91 对高度分段的加线

⑧ 退出“可编辑多边形”层级，继续渲染并测试“网格平滑”后的水槽效果，如图 3.92 所示。

**提 示**

❖如图 3.92 所示的渲染效果基本上已经合格，但是仔细看来，在鼠标指针处的边角处仍然存在比较明显的褶皱现象（另三个边角也有类似情况），所以需要在如图 3.91 所示的“顶视图”中增加水槽的高度分段。

⑨ 在“可编辑多边形”堆栈的“边”层级下框选需要调整的边，运用“连接”命令加线，如图 3.93 所示。退出“可编辑多边形”层级，渲染测试，得到最终的水槽效果，如图 3.81 所示。

图 3.92 初步渲染结果

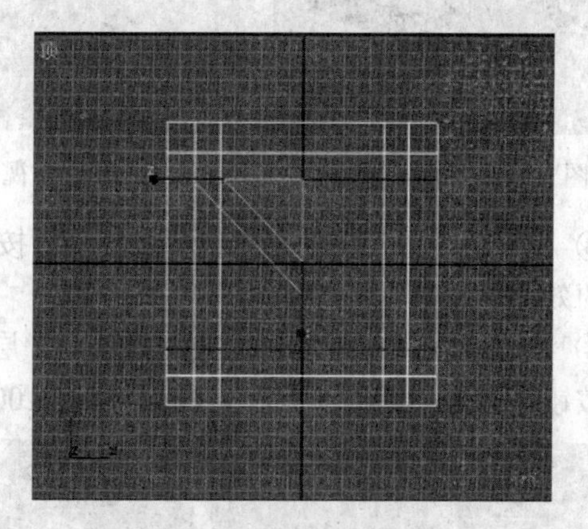

图 3.93 最终布线图

## 3.1.7 能力提升——写实鼠标建模

**任务目的**

通过制作如图 3.94 所示的“写实鼠标”模型，掌握创建较难的不规则工业模型的方法

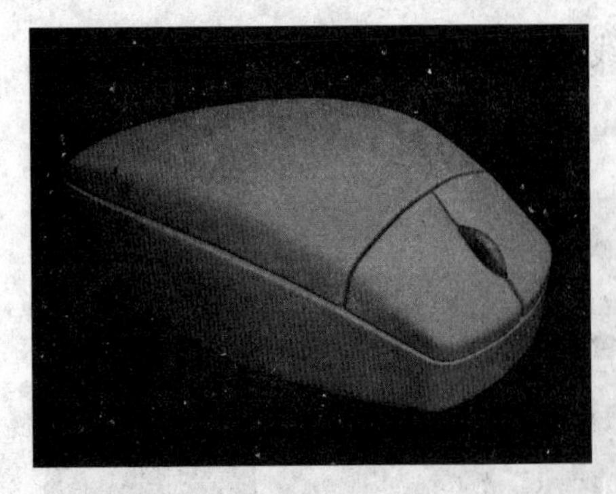

图3.94 写实鼠标模型

与技巧，并进一步了解和掌握多边形建模中关于“连接”加线和“网格平滑”命令的应用技巧。

## 任务分析

本模型同前面小节中的“切角长方体”、“球体”一样，也是用长方体转化为可编辑多边形作为母本，同样也是运用“连接”加线等修改命令进行修改和加工，但较之前面的实例最大的不同在于本实例更注重对知识点的综合运用，在细节的处理上也更加详尽和细致。

## 任务实施

1. 制作鼠标的基本形体部分

① 执行“文件”→“查看图像文件”命令，导入参考图。创建一个长方体，设置长、宽、高的分段数分别为3、4、2，然后转化为可编辑多边形，如图3.95所示。

② 在“可编辑多边形”堆栈的“顶点”层级下单击“选择并移动”按钮，通过移动顶点实现从如图3.96到图3.97所示的效果。

图3.95 创建长方体

图3.96 前视图初始状态

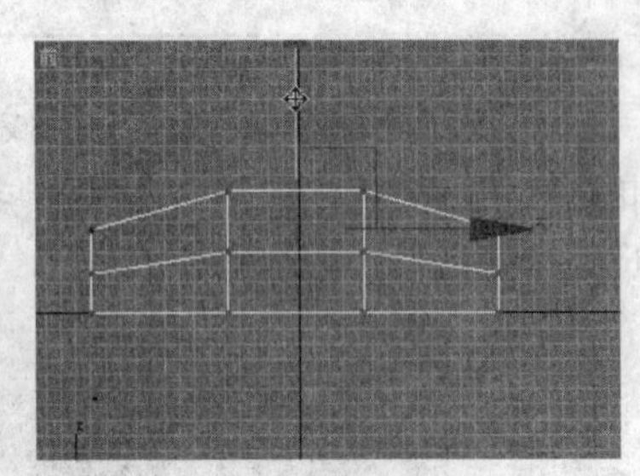

图3.97 修改结果

③ 在“左视图”中使用“选择并移动”按钮，通过移动顶点实现从如图3.98到图3.99所示的效果。

④ 在“可编辑多边形”堆栈的“顶点”层级下框选需要调整的点，通过“选择并均匀缩放”按钮缩放、调整顶点，实现从如图3.100到图3.101所示的效果。

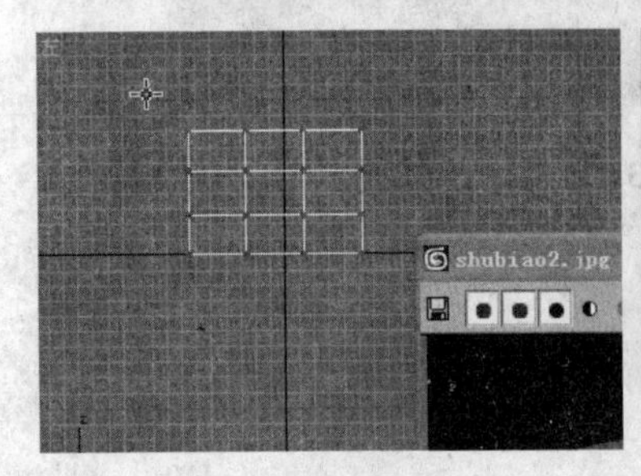


图3.98 移动顶点

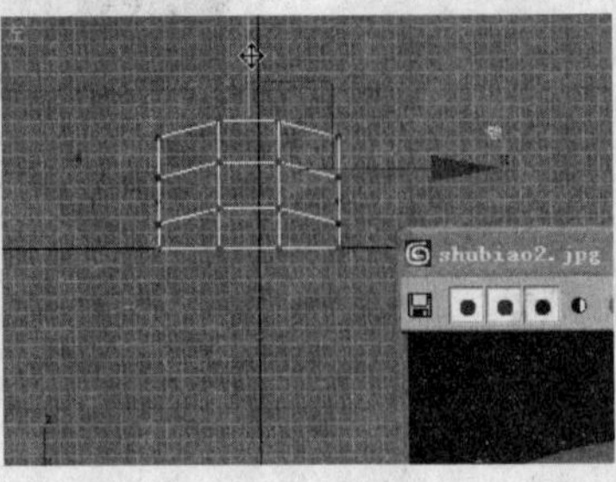


图3.99 调整结果

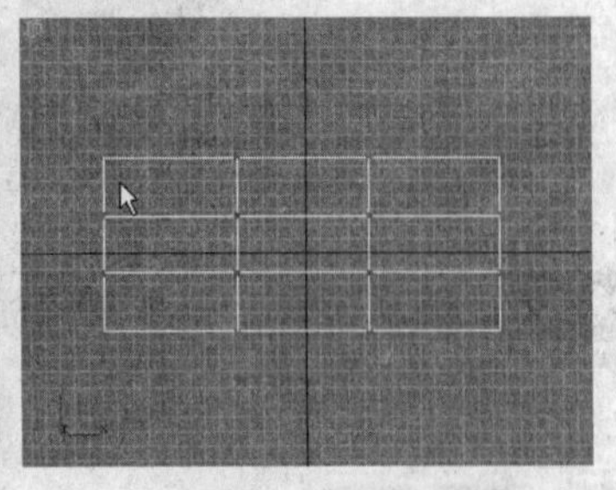

图3.100 选中需要调整的点

⑤ 初步调整后的效果如图3.102所示。

**提 示**

❖前边的操作主要是通过简单使用“选择并移动”、“选择并缩放”等命令按钮调整出鼠标的基本形状。这也是多边形建模中最关键的一个步骤。

⑥ 继续调整模型，实现如图 3.103 所示的效果。

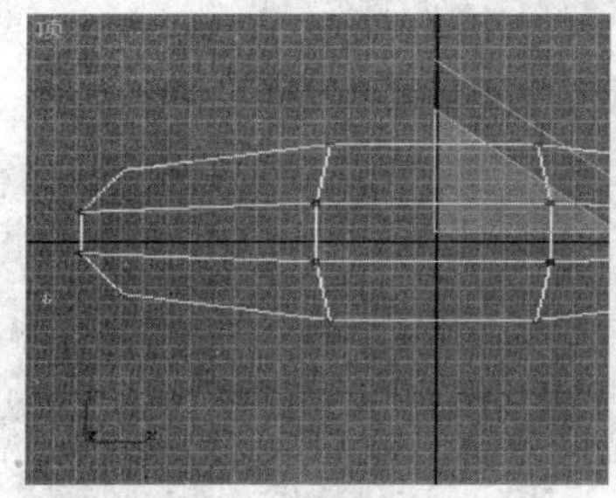

图 3.101 调整结果

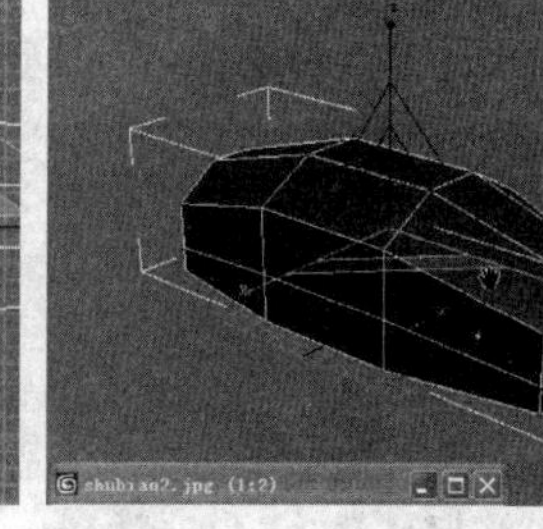

图 3.102 初步调整后的效果

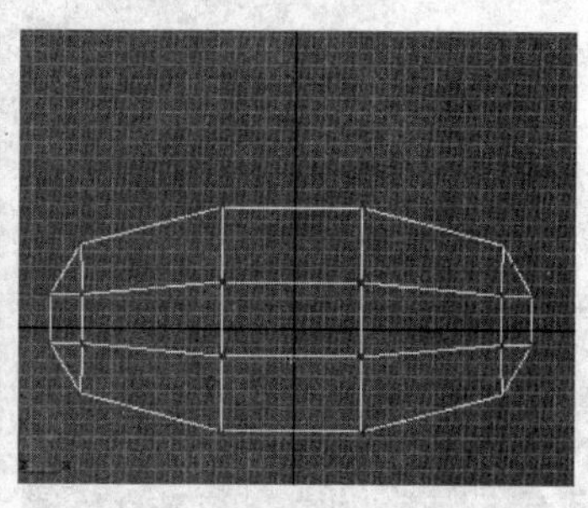

图 3.103 继续调整后的效果

⑦ 选择“鼠标”侧面中段靠近底部的点，如图 3.104 所示。通过“选择并均匀缩放”按钮调整实现如图 3.105 所示的效果。

⑧ 在前视图中，在“可编辑多边形”堆栈的“顶点”层级下调整模型，实现从如图 3.106 到图 3.107 所示的效果。

**提 示**

❖分别对顶视图、前视图和左视图进行基本形状上的调整，以实现写实鼠标的基本形体。顶视图中为近似椭圆形，左视图中为近似半圆形，前视图（即写实鼠标侧面）中如图 3.107 所示。

⑨ 在“可编辑多边形”堆栈的“边”层级下框选需要调整的边，如图 3.108 所示。运用“连接”命令加线，效果如图 3.109 所示。

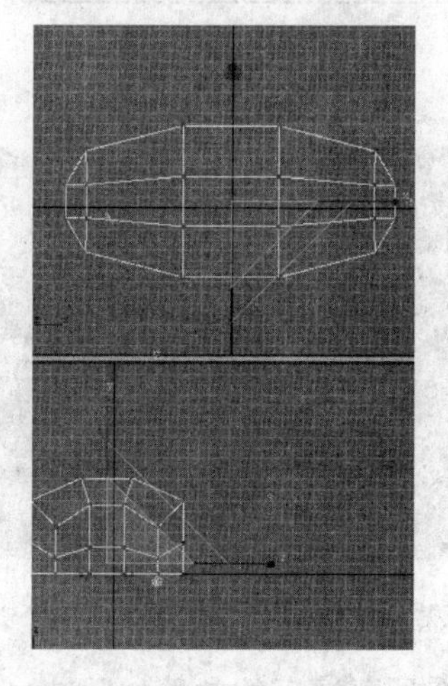

图 3.104 选择点

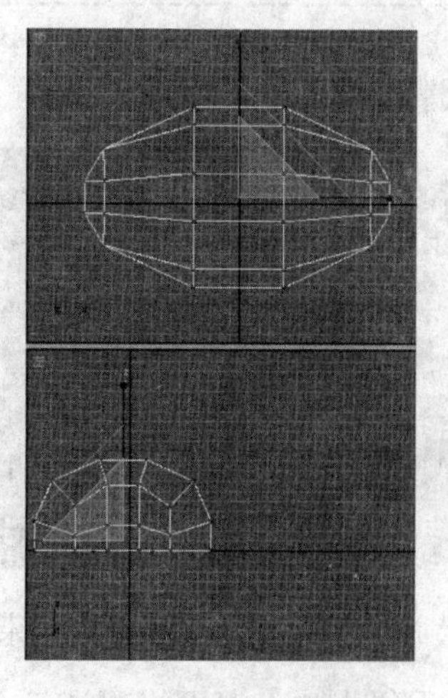

图 3.105 调整后的结果

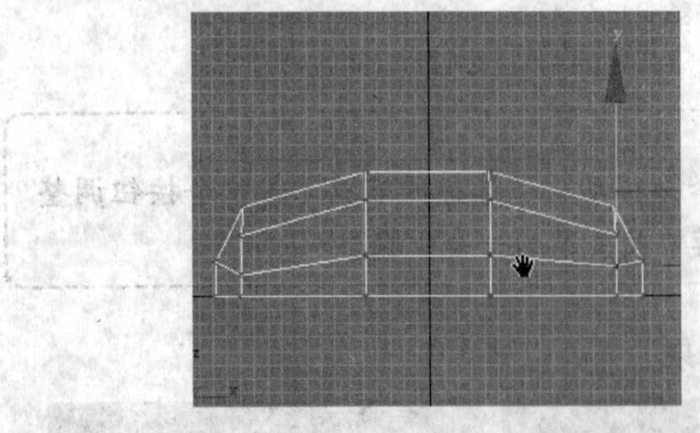

图 3.106　原始状态

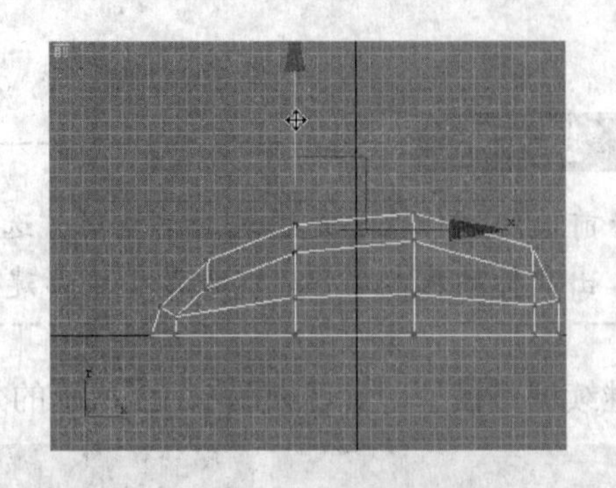

图 3.107　调整后的鼠标侧面效果

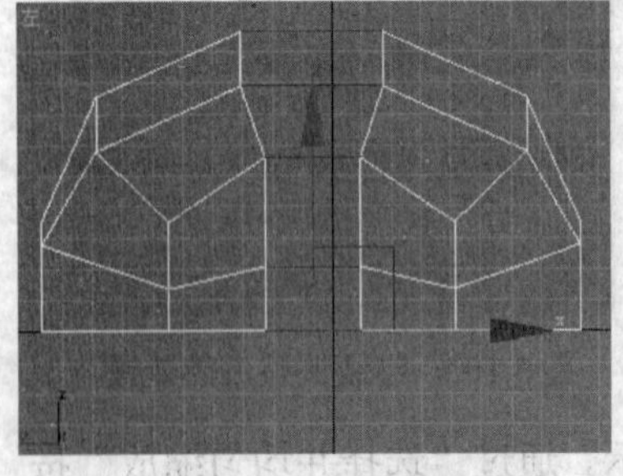

图 3.108　鼠标前面的状态

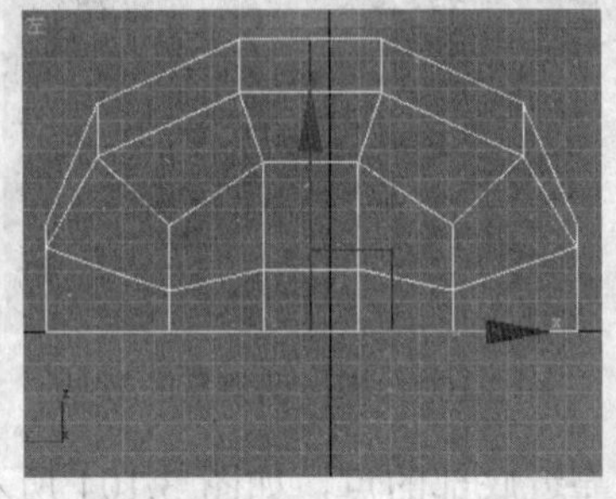

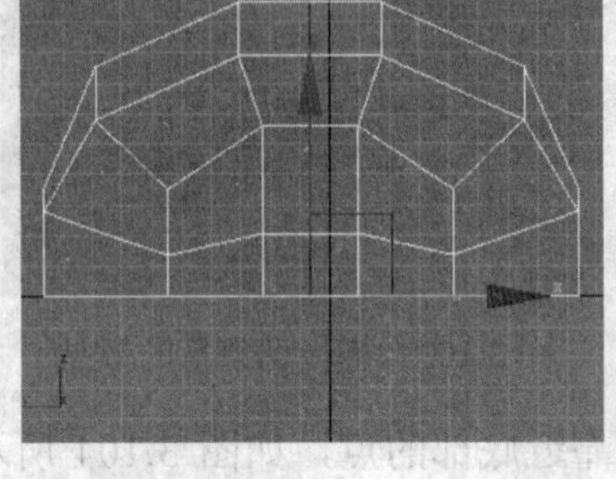

图 3.109　“连接”加线

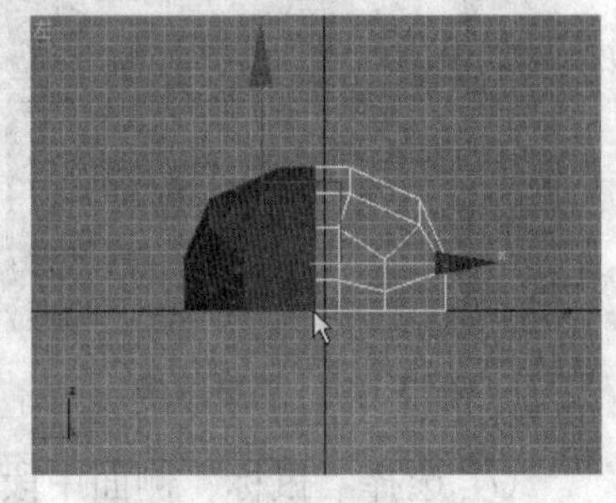

图 3.110　选中一侧的面

⑩ 在“可编辑多边形”堆栈的“多边形”层级下框选一半的面，如图 3.110 所示，按【Delete】键删除，然后在“可编辑多边形”层级上加入“对称”命令，如图 3.111 所示。最后效果如图 3.112 所示。

⑪ 在“对称”命令的“镜像”层级下，通过“选择并移动”按钮对模型进行调整，如图 3.113 所示。最后的调整结果如图 3.114 所示。

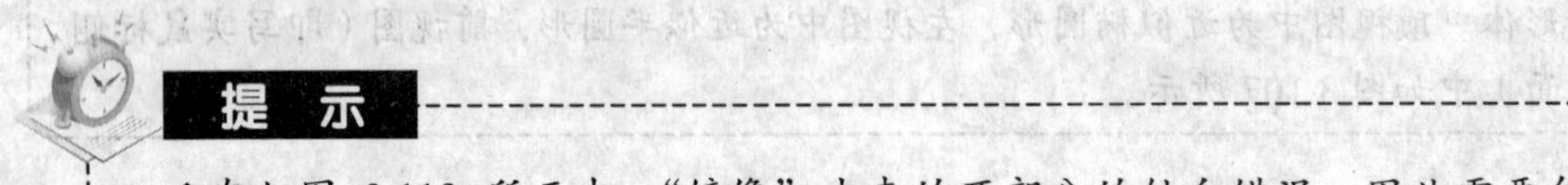

**提　示**

❖在如图 3.113 所示中，“镜像”出来的两部分的轴向错误，因此需要勾选“对称”→“镜像”层级下“参数”选项中的“翻转”命令，命令位置如图 3.111 所示。

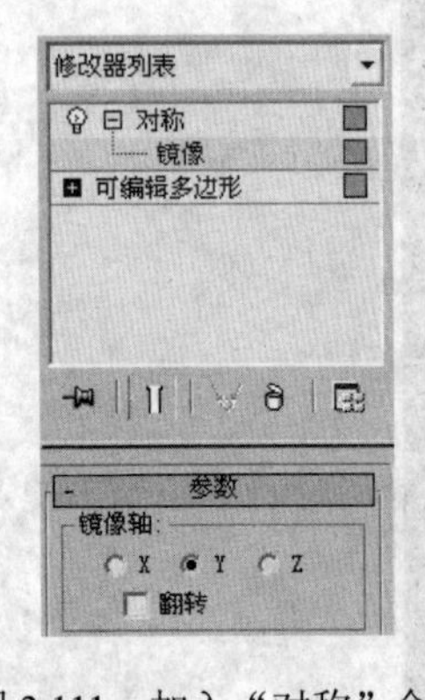


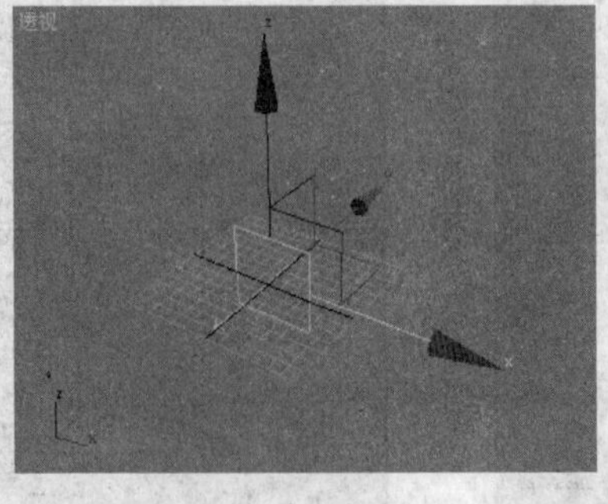

图 3.111　加入“对称”命令　　图 3.112　初步渲染结果　　图 3.113　在“镜像”栏下调整

⑫ 在“对称”层级上加入“网格平滑”命令，平滑后的效果如图 3.115 所示。

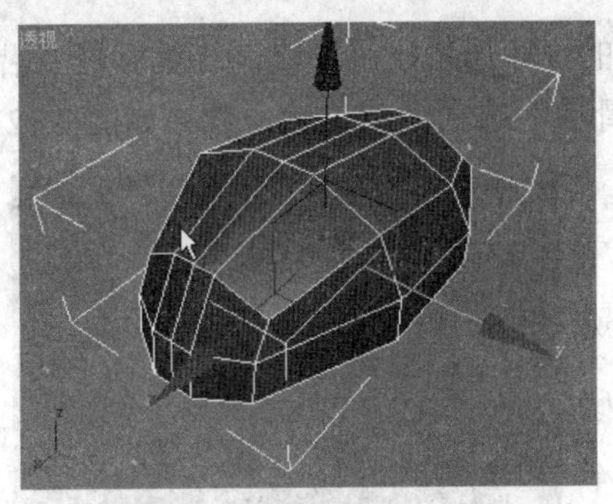

图 3.114 对称后的效果

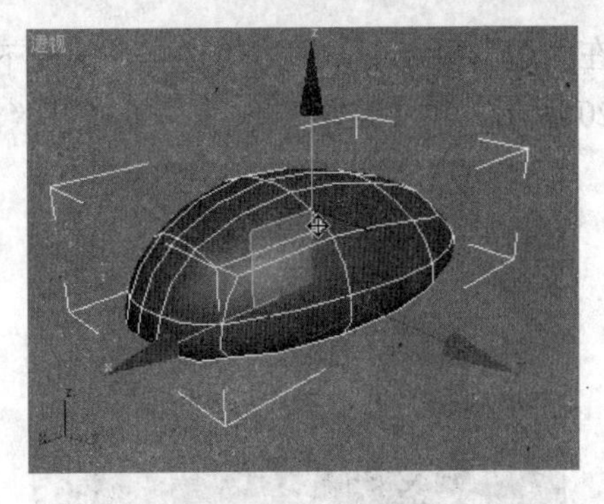

图 3.115 平滑后的效果

⑬ 此时，写实鼠标的基本形体已创建完成。接下来就是对模型细节的调整和细致处理。

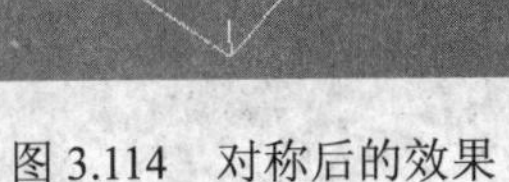

**提 示**

❖此时，观察导入的效果图（如图 3.116 所示），可以看到鼠标上沿的一圈有较明显但有点圆滑的棱角，接下来就是要对鼠标上沿进行棱角化的处理。

⑭ 切换到“可编辑多边形”，如图 3.117 所示。

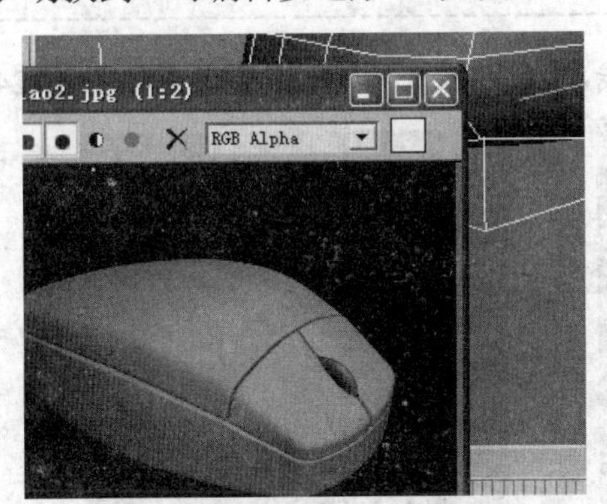


图 3.116 观察鼠标上沿效果

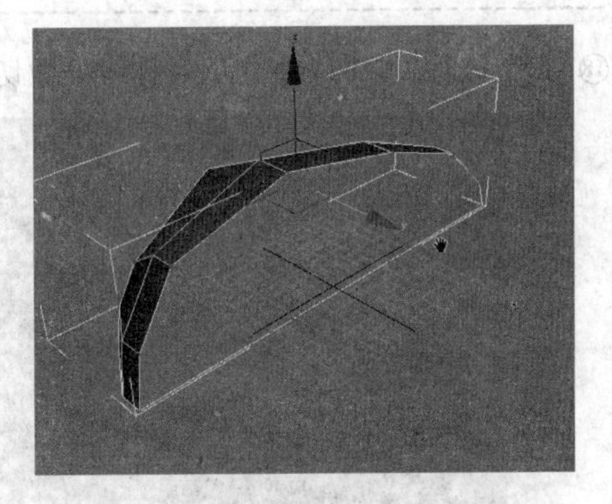

图 3.117 切换到“可编辑多边形”层级

⑮ 在“可编辑多边形”层级下，单击如图 3.118 所示（鼠标指针所示）的“显示最终结果开/关切换”按钮，使整个模型处于全部显示状态，如图 3.119 所示。

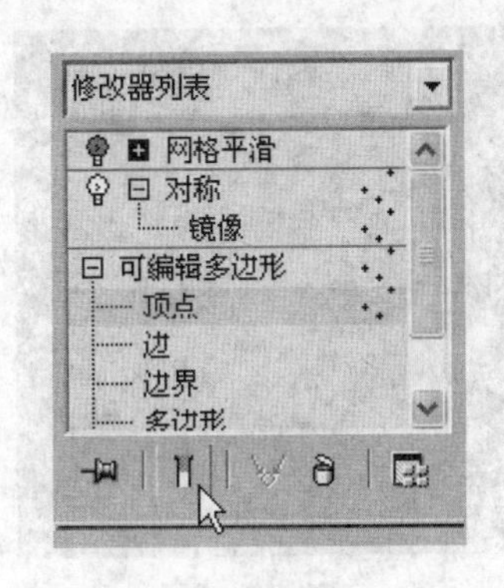


图 3.118 显示最终结果开/关切换

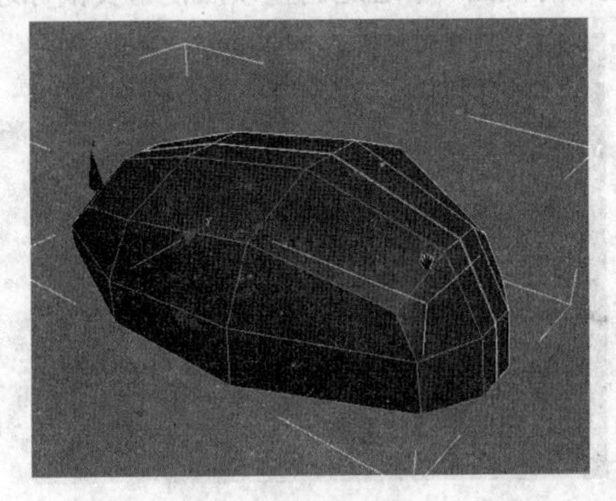

图 3.119 显示效果

⑯ 在“边”层级下，通过“选择”面板下的“环形”按钮选取围绕鼠标最上沿一圈的线，如图3.120所示。再“连接”加线，并通过“滑动”选项调整位置，效果如图3.121所示。

图3.120 “环形”选择一圈线段

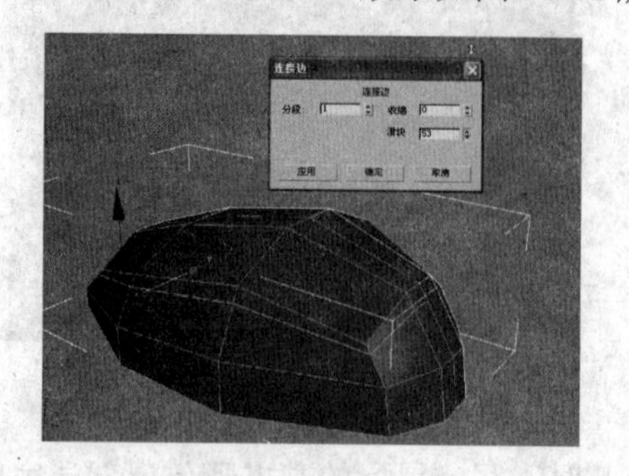

图3.121 “连接”加线

⑰ 切换到“网格平滑”层级下查看平滑后的效果，如图3.122所示。

**提 示**

❖此时，查看平滑后的效果（如图3.122所示），鼠标上沿的棱角还不够明显，接下来就需要通过加线对鼠标上沿进行棱角化的处理。

⑱ 右击执行“剪切”命令从对称线处做切线，如图3.123所示。最后效果如图3.124所示。

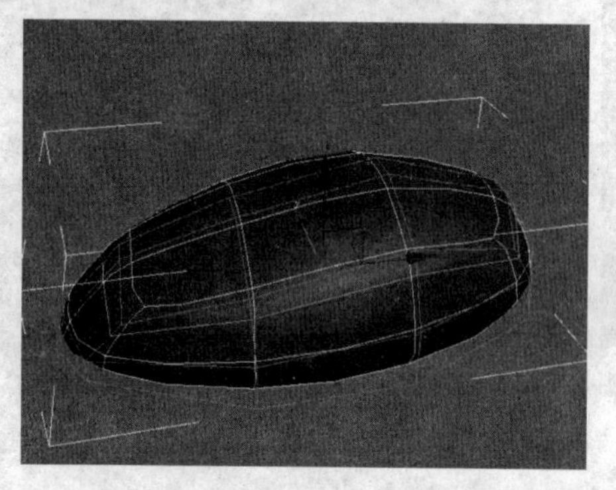

图3.122 查看平滑后的效果

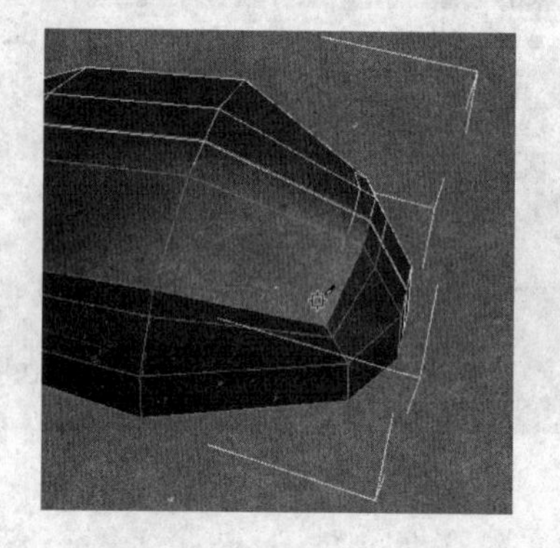

图3.123 “剪切”加线

⑲ 在“前视图”中通过调整顶点使写实鼠标边缘的线呈现出一定的弧度，如图3.125所示。

图3.124 “剪切”加线效果

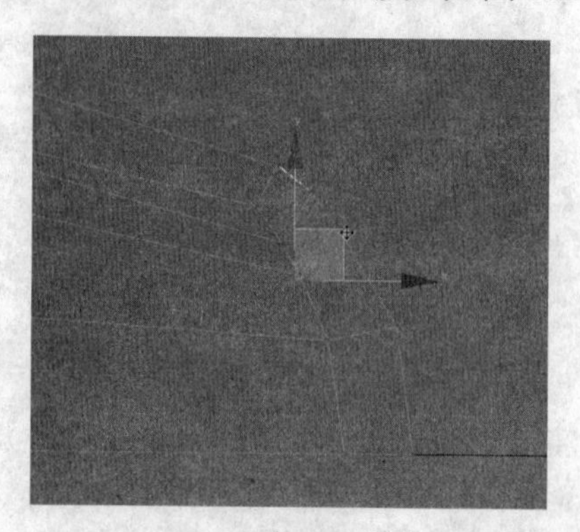

图3.125 调整顶点位置

**提 示**

❖如图 3.125 所示中对鼠标边缘的每一圈线进行调整时应遵循宁圆勿方的原则，尽量使其呈现出一定的弧度，近似圆滑。

❖鼠标上沿的圆形棱角至此已经处理完毕，接下来就是对鼠标底部的圆形作棱角化的处理。

⑳ “环形”选取需要的线，“连接”加线，并通过“滑动”选项调整线段的偏移位置，得到如图 3.126 所示的效果。

㉑ 通过“剪切”命令对鼠标底部进行加线操作，如图 3.127 所示。

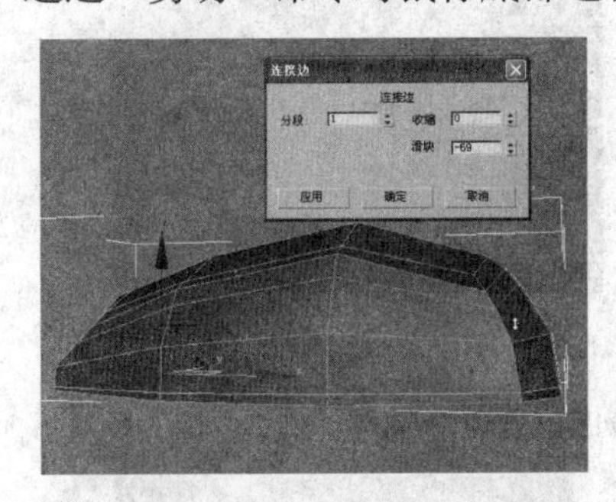

图 3.126 “连接”加线

图 3.127 “剪切”加线

㉒ 调整结果如图 3.128 所示。对鼠标尾部“连接”加线，调整，然后为模型赋予一个材质，线框颜色改为“黑色”，在“网格平滑”层级下渲染模型，得到最终效果如图 3.129 所示。

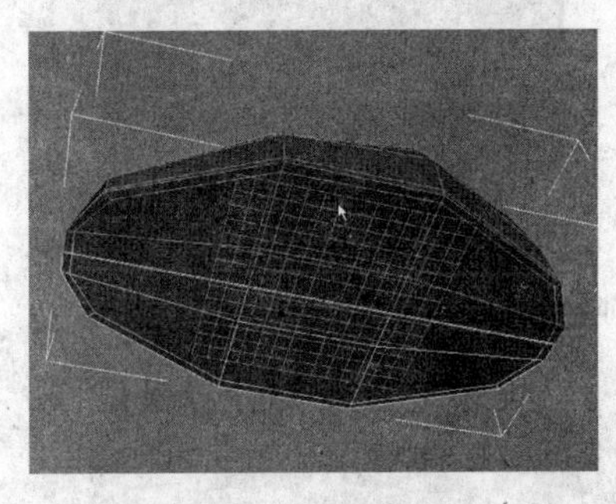

图 3.128 鼠标底部加线后的效果

图 3.129 最终渲染结果

2. 处理鼠标的凹槽线和滚轴四周部分

① 在“可编辑多边形”堆栈的“边”层级下通过“连接”命令加线，实现如图 3.130（a）所示效果。继续“连接”加线，鼠标侧面的凹槽效果如图 3.130（b）所示。

② 接下来需要做的是对鼠标中间部分凹槽的加线处理，原始状态如图 3.131（a）所示。“连接”加线调整后的效果如图 3.131（b）所示。

③ 再处理鼠标滚轴四周部分的布线关系，原始状态如图 3.132（a）所示，“连接”加线调整后的效果如图 3.132（b）所示。

④ 运用“剪切”命令为鼠标滚轴四周的凹陷部分做切线，如图 3.133 所示。运用“连接”命令继续添加切线，如图 3.134 所示。

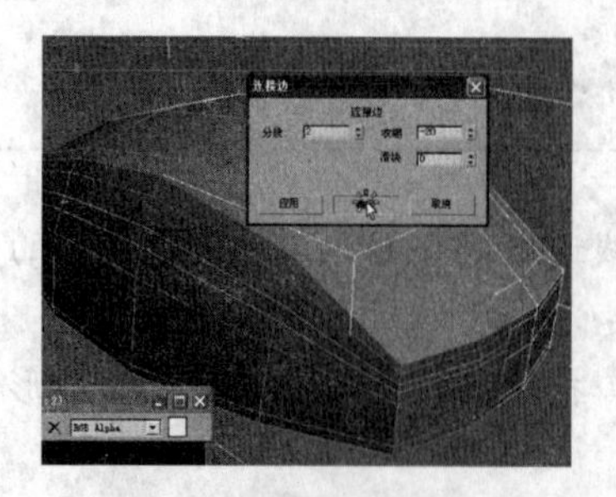


（a）“连接”加线

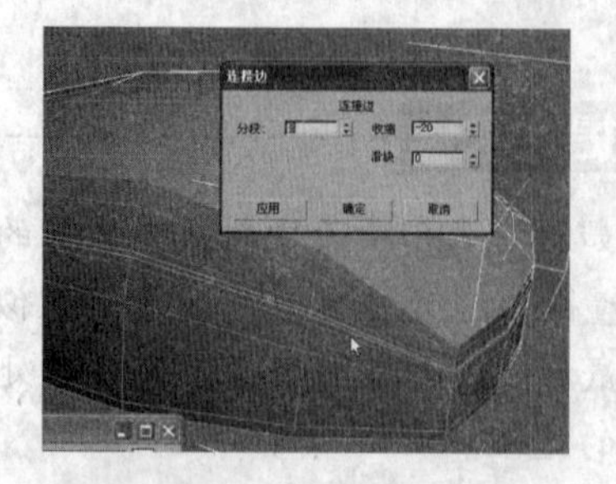


（b）继续“连接”加线

图 3.130　鼠标凹槽处理

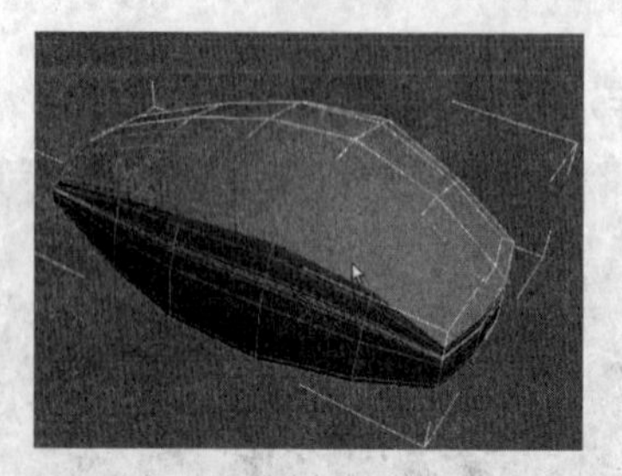

（a）原始状态

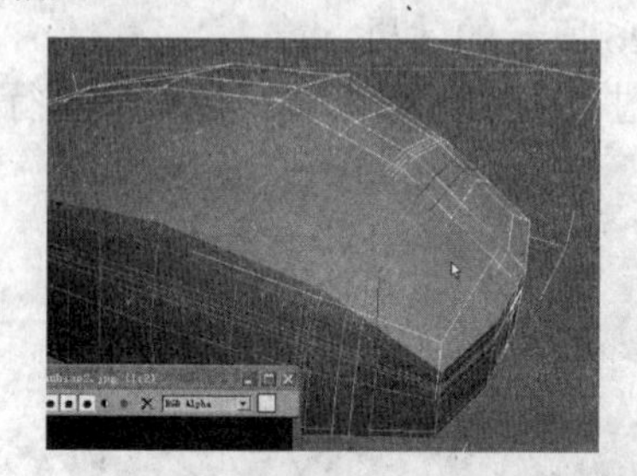

（b）调整后的效果

图 3.131　鼠标中间部分凹槽处理

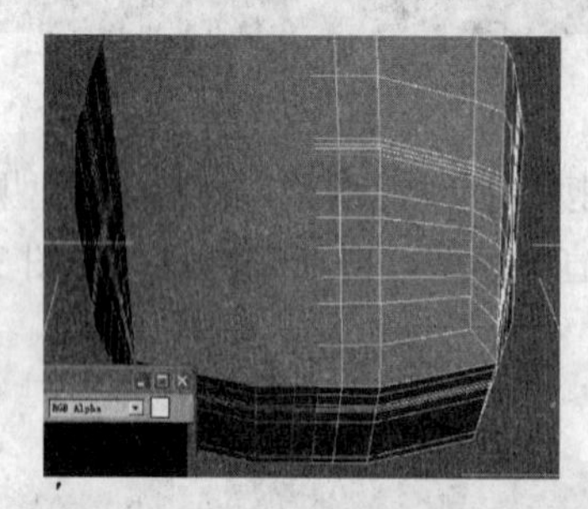

（a）原始状态

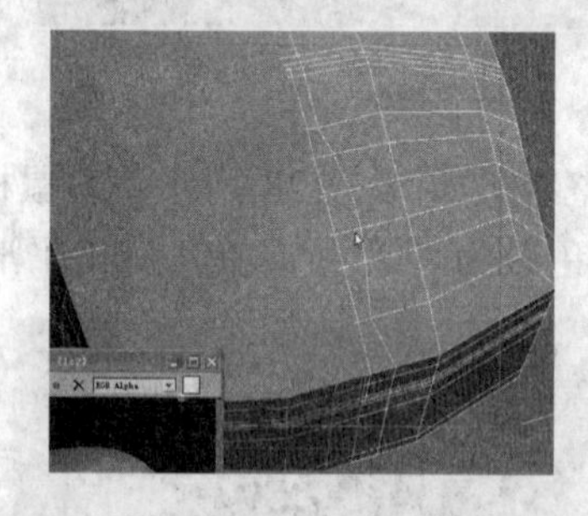

（b）对滚轴处线条的调整

图 3.132　滚轴四周部分处理

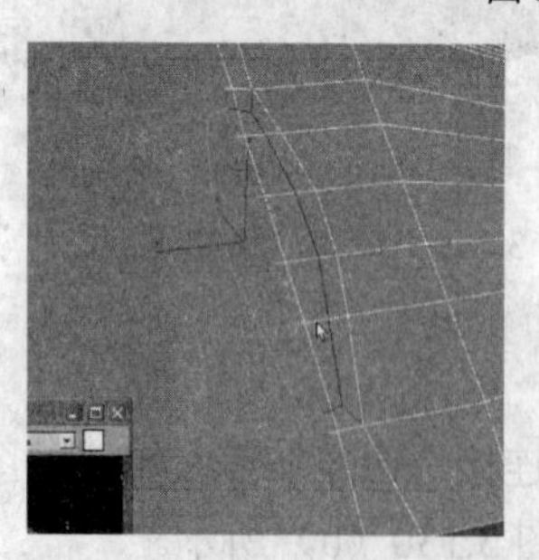

图 3.133　为滚轴边缘做切线

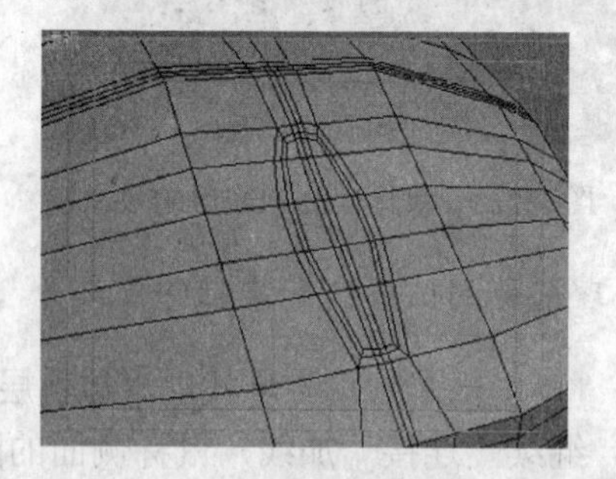

图 3.134　重复切线

**提　示**

❖至此，鼠标凹槽、滚轴处的布线情况已基本符合模型要求，接下来要做的是添加滚轴，挤出凹槽和对模型的细部进行微调。

⑤ 在后视图中，选择“创建”→“几何体”→“基本几何体”→“圆环”按钮命令，在鼠标前段接近处创建滚轴，如图 3.135 所示。在透视图中，调整滚轴的大小及精确位置，如图 3.136 所示。

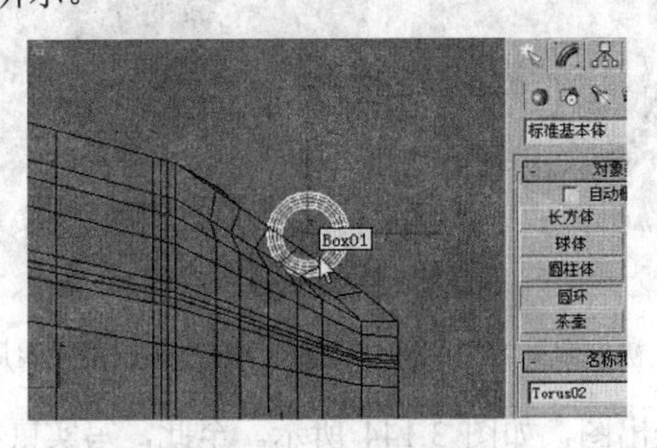


图 3.135 创建滚轴

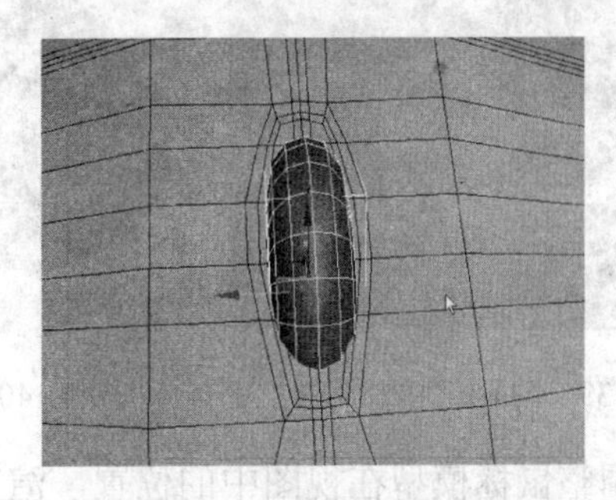

图 3.136 匹配滚轴

⑥ 在“可编辑多边形”堆栈的“多边形”层级下选择滚轴处的面，按【Delete】键删除，如图 3.137 所示。然后在“可编辑多边形”堆栈的“多边形”层级下选择要做凹槽处理的面，如图 3.138 所示。

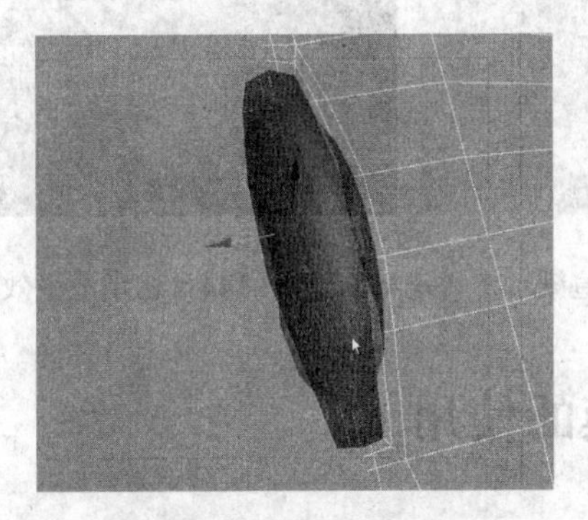

图 3.137 删除滚轴四周的面

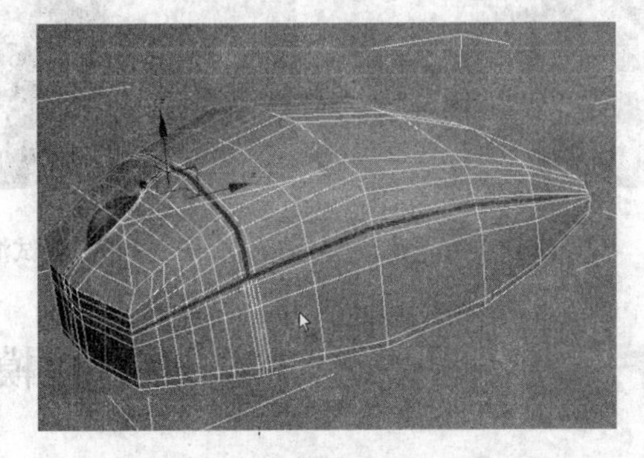

图 3.138 选中准备“挤出”的面

**提 示**

❖为了便于准确调整鼠标滚轴周围的各点，尤其是处在滚轴背面的点，可使用【ALT+X】组合键使滚轴半透明化，如图 3.137 所示。

⑦ 执行“挤出”命令，在“挤出类型”中选择“局部法线”，“挤出高度”数值为-10.0，如图 3.139 所示。“网格平滑”后渲染结果如图 3.140 所示。

**提 示**

❖从如图 3.140 所示的渲染结果中观察得知，除鼠标滚轴周围存在较大的缝隙和未作凹陷处理外，其他各部基本符合实物形态。

⑧ 在“可编辑多边形”堆栈的“顶点”层级下调整包裹滚轴部分的形状和位置，如图 3.141 所示。接着，在“顶点”层级下调整滚轴四周的凹陷部分，效果如图 3.142 所示。最后，将滚

轴周边局部放大，测试渲染，效果如图 3.143 所示。

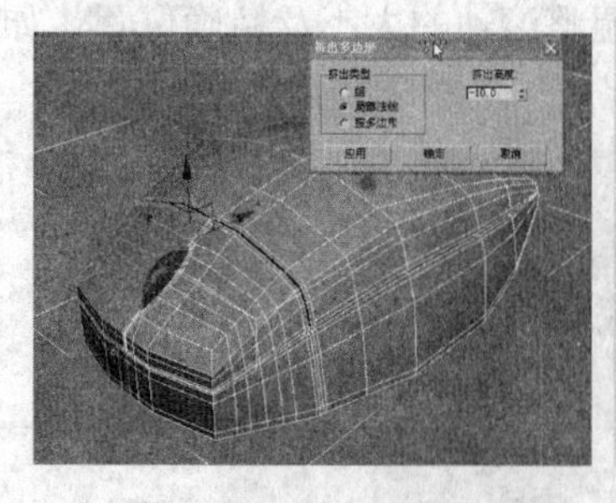

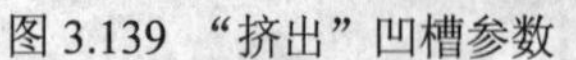

图 3.139 “挤出”凹槽参数　　图 3.140 初步渲染效果　　图 3.141 微调滚轴四周的点

⑨ 调整鼠标模型在视图中的位置，渲染出图，如图 3.144 所示。至此，写实鼠标模型已全部制作完毕。

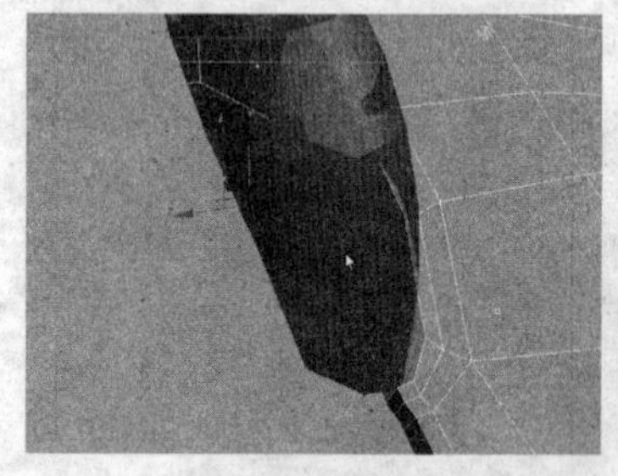

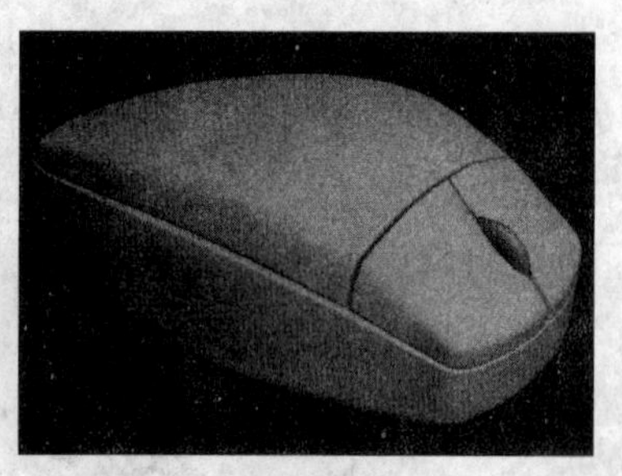

图 3.142 调整滚轴边的下陷效果　　图 3.143 测试渲染　　图 3.144 初步渲染效果

## 3.2 面片建模的使用

面片建模的方法相对来说没有多边形建模方法应用得那么普遍，可能是由于面片建模较多边形建模更不容易掌握的原因。本节将主要就运用面片创建真人耳朵这一实例对面片建模做一详解，希望大家能够从这一实例中领悟到面片建模的应用技巧与方法。

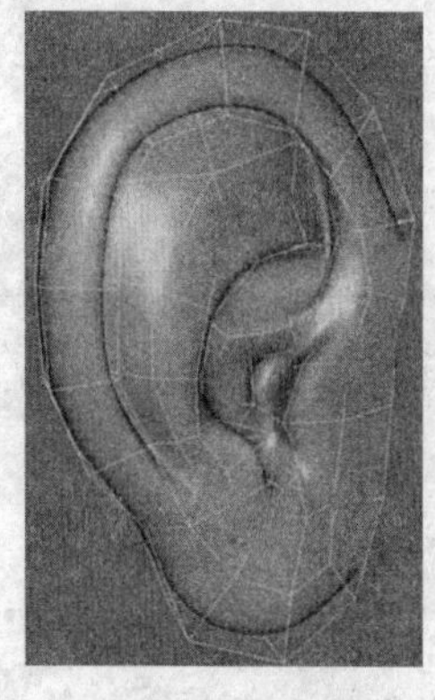

图 3.145 耳朵模型效果图

### 任务目的

通过制作如图 3.145 所示的“真人耳朵”模型，让读者学习并掌握面片建模的技巧与方法，从而在今后的创作中能够举一反三，最终真正掌握面片建模这一技法。

### 任务分析

本例中的“真人耳朵”可以称得上是在三维建模中较难的一体模型，因为制作耳朵的模型必须要考虑到结构的微妙变化，这些对于初学者尤其是对五官结构不够明确的读者来说还是存在一定难度的。在今后的学习中必须要进行大量的临练，最后做到默写的程度。只有这样，才能在将来的创作中事半功倍，做出好的作品。

## 任务实施

① 在前视图中，按【Alt+B】组合键，弹出“视口背景”对话框，在“背景源”中选择文件，在“纵横比”中选择“匹配位图”选项，另外，勾选“显示背景”，如图 3.146 所示。导入的原始图样如图 3.147 所示。

② 创建一个面片，在“修改器列表”中将面片的“长度分段”、“宽度分段”都设置为 1。右击转化为可编辑多边形，在“边”层级下按【Shift+方向键】，并按标注的红色箭头依次向上复制生成新的面，如图 3.148 所示。

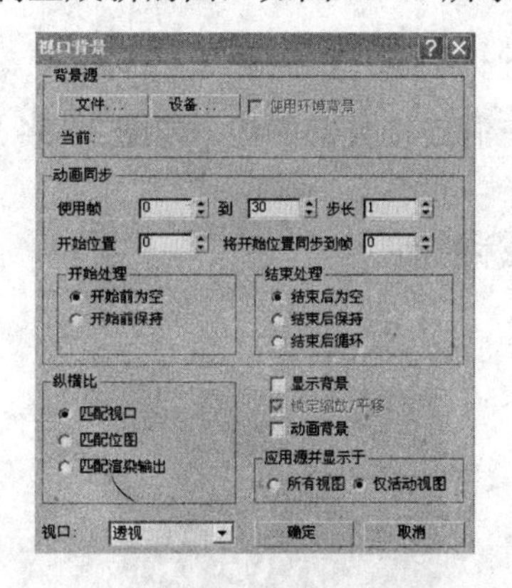


图 3.146 “视口背景”对话框

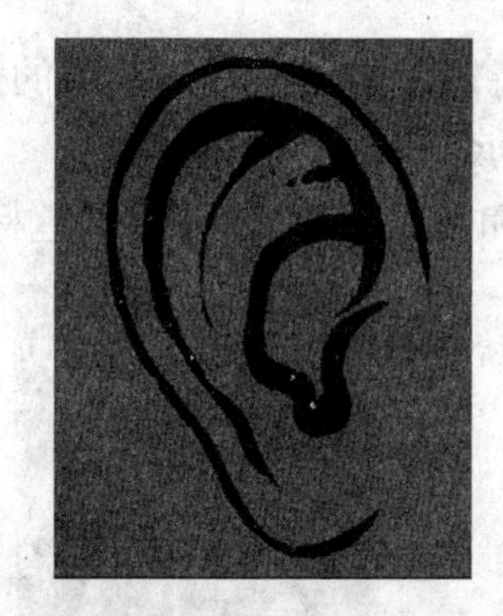

图 3.147 背景层上的参考图

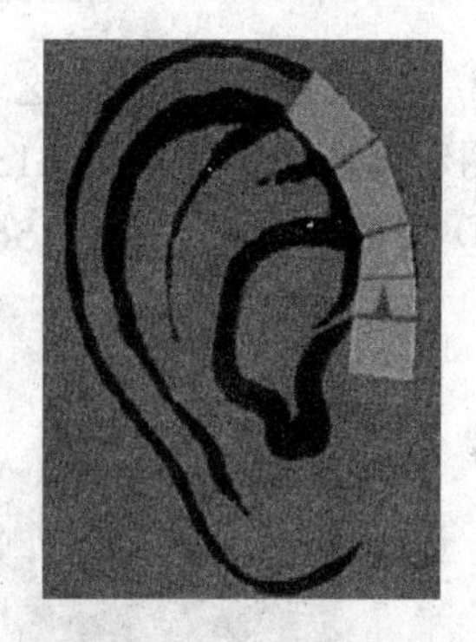

图 3.148 复制生成面

③ 按照此法继续生成新的面，一直转完一圈，最后运用“目标焊接”命令焊接顶点，效果如图 3.149 所示。

④ 按照红色箭头提示继续挤压生成新的面片，如图 3.150 和图 3.151 所示。

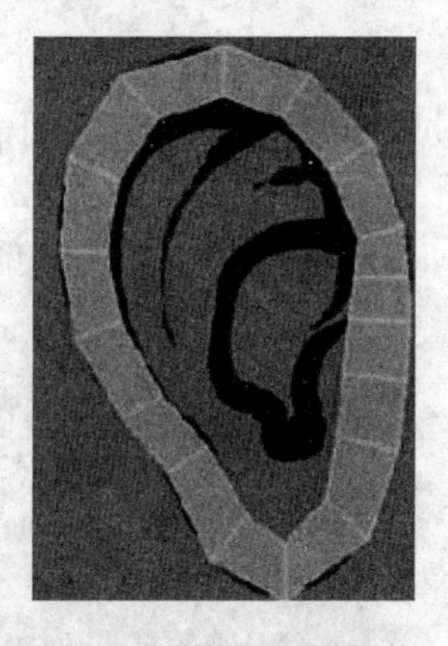

图 3.149 复制一圈并焊接

图 3.150 挤压

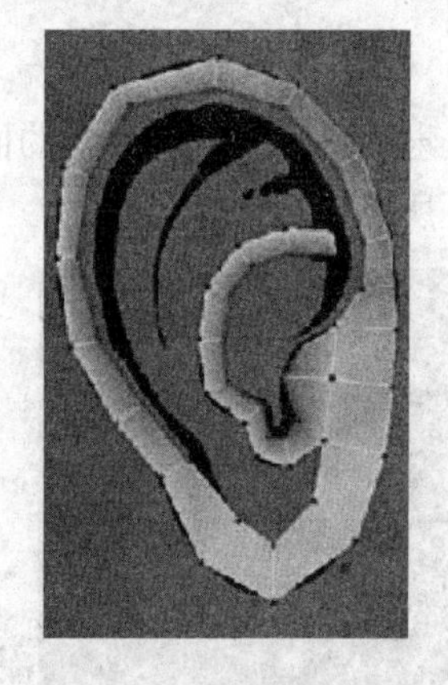

图 3.151 继续挤压

⑤ 按照红线提示向内部垂直挤压，生成半圈的面，做出耳朵外轮廓的边缘厚度，如图 3.152 和图 3.153 所示。

**提 示**

❖挤压的每一段长度要适中，并要求严格跟结构走。

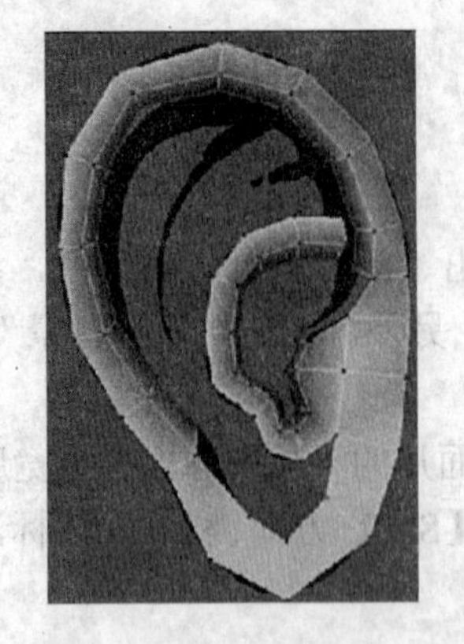

图 3.152　向内垂直挤压

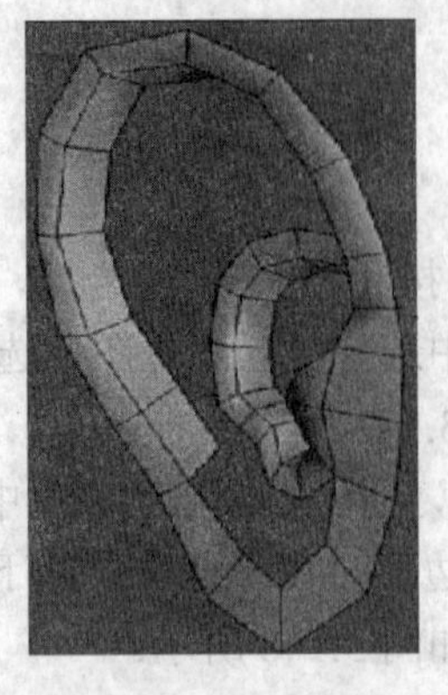

图 3.153　观看效果

⑥ 按照红线所示挤压这个斜面，此部分通过耳朵的空洞连接外部的边，如图 3.154 所示。按照图示调整形状，如图 3.155 所示。

⑦ 复制、焊接如图 3.156 和图 3.157 所示的用红色标注的面。

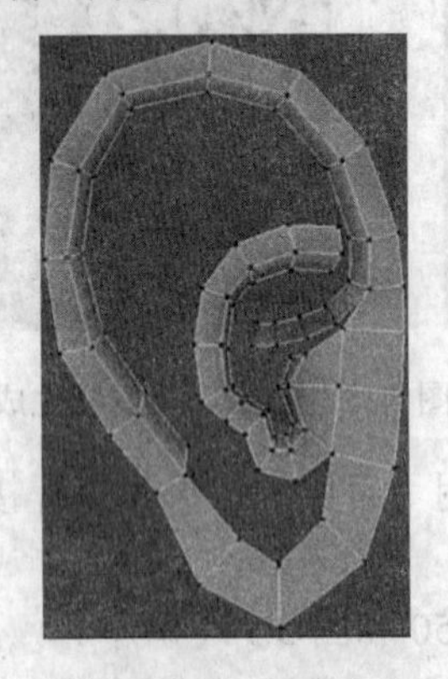

图 3.154　生成面

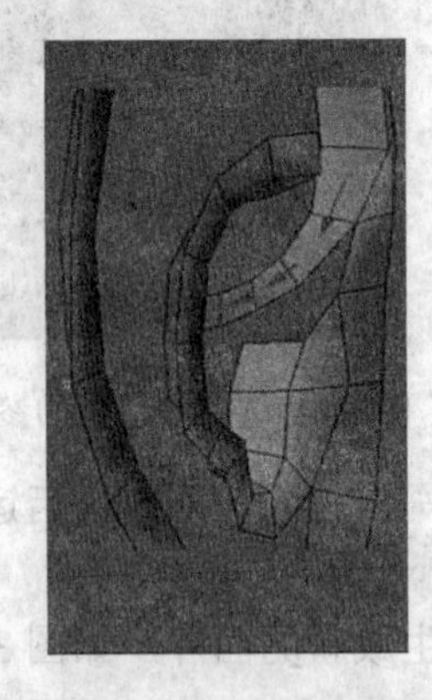

图 3.155　调整面

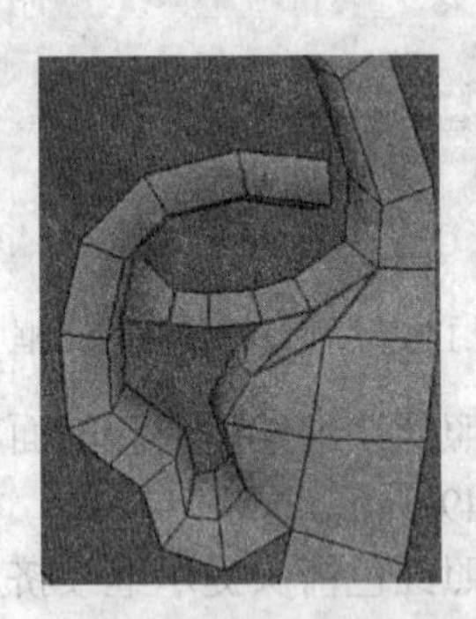

图 3.156　生成面

⑧ 继续按照图示挤出新的面片，如图 3.158 所示。通过“目标焊接”来焊接面，效果如图 3.159 所示。

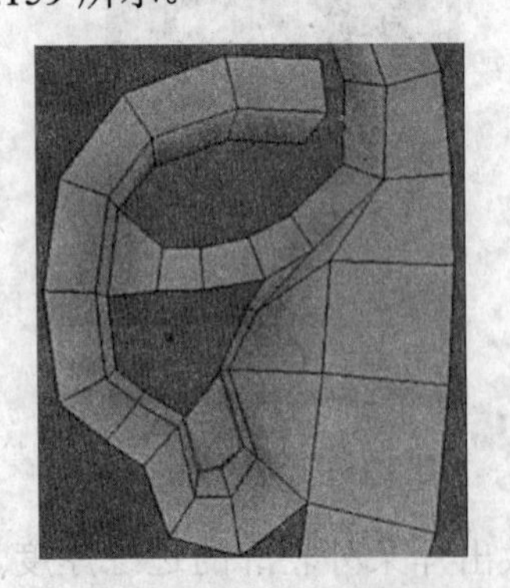

图 3.157　生成面

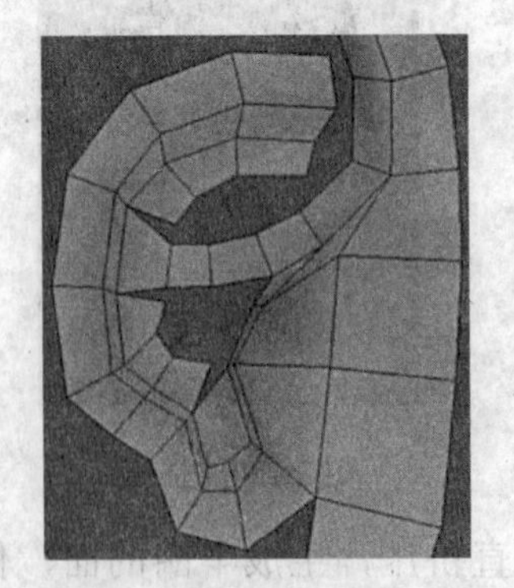

图 3.158　生成新面

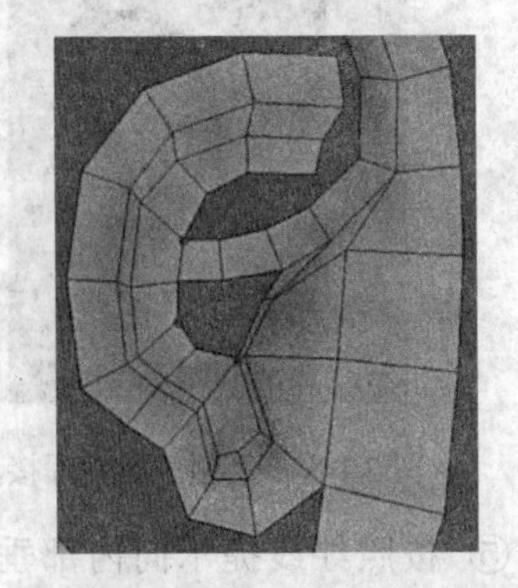

图 3.159　焊接面

⑨ 创建红线所示的面，逐渐出现耳蜗的样子，效果如图 3.160 所示。

⑩ 继续按照图示挤出新的面片，如图 3.161 所示。通过复制生成面、“目标焊接”创建所有缺失的面，效果如图 3.162 所示。

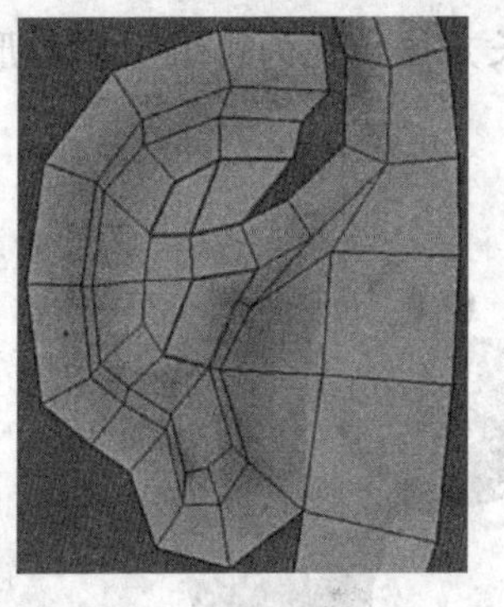

图 3.160 出现耳蜗的样子

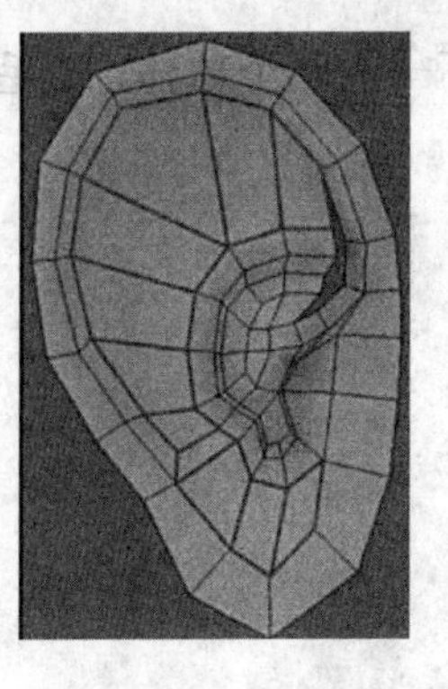

图 3.161 生成面

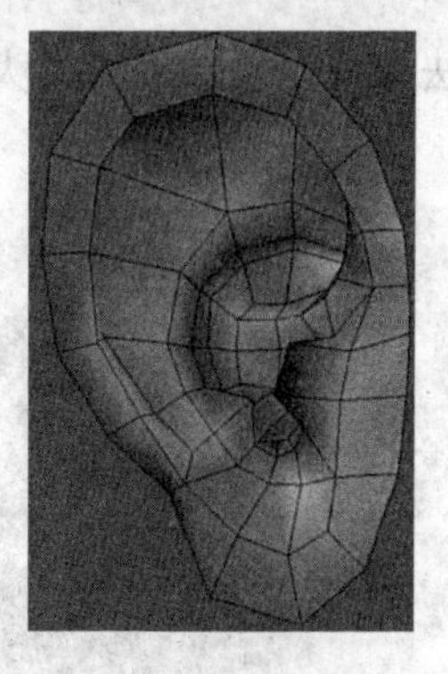

图 3.162 最后焊接生成面

至此，耳朵的基本形状已制作完毕。下面可通过对“可编辑多边形”的“顶点”层级的调整、“连接”加线和“剪切”加线等方法进一步调整出耳朵模型更加细节的变化。

## 本章要点

本章主要学习了多边形建模的基本原理、运用多边形创建规则模型和不规则工业模型的正确布线方法，以及面片建模的基本原理和运用面片创建复杂模型的方法。

# 习　题

## 一、选择题

1. 在 3ds Max 中，默认设置下【Alt+B】为（　　）命令的组合键。

A．视口背景　　B．背景锁定

C．专家模式　　D．渲染配置

2. 修改面板中的 FFD 命令共有方式为（　　）。

A．1 种　　B．2 种

C．3 种　　D．5 种

3. 在可编辑多边形状态下，要复制产生新的多边形可采用以下选项中的（　　）加方向键构成的组合键。

A．Shift　　B．Ctrl

C．Alt　　D．空格键

## 二、操作题

1. 制作液晶电脑显示器模型，效果如图 3.163 所示（提示：本例为一体模型，即该模型是由一个长方体不断地挤出、编辑生成的。可先创建长方体，转化为可编辑多边形后通过“连接”加线、调整制作显示屏主体部分，然后通过“挤出”命令制作显示屏的凹陷部分。最后通过“挤出”命令制作底座部分）。

2. 制作卡通狗模型，效果如图 3.164 所示（提示：首先制作头部的基本形状，通过“剪切”命令在脑袋的下方切出脖子的大致形状，再通过“挤出”命令挤出脖子及身体，身体部分需要结合“选择并缩放”按钮使身体部分加粗。脚掌同样用“剪切”命令在身体的下方切出腿的大致形状，然后通过“挤出”命令形成腿部及脚掌。耳朵、尾巴的创建方法跟脚掌的

创建方法如出一辙。眼睛为大小不一的两个球体，眉毛用长方体转化为可编辑多边形来单独创建）。

图 3.163　液晶电脑显示器效果图

图 3.164　卡通狗效果图

# 第 4 章

# 材质与贴图

材质就是用来模拟物体表面的颜色、纹理和其他一些外观的特性，它表现为一组定义的参数。当它们通过最后的渲染，物体表面就会显示出不同的质地、色彩和纹理。同时材质也会影响到物体的颜色、反光度和图案等。任何形式的实体都由材质构成，不同的材质可以体现出各个对象之间不同的属性。

学习目标

- 掌握材质编辑器的使用。
- 掌握位图贴图、光线跟踪材质、噪波材质的使用。
- 掌握多维/子对象材质、双面材质、建筑材质的使用。
- 掌握常用贴图的使用，包括用平面镜贴图的方法。
- 掌握高级贴图的方法，包括镂空贴图、凹凸贴图、亮度贴图、UVW展开贴图的使用。

## 4.1 认识材质编辑器

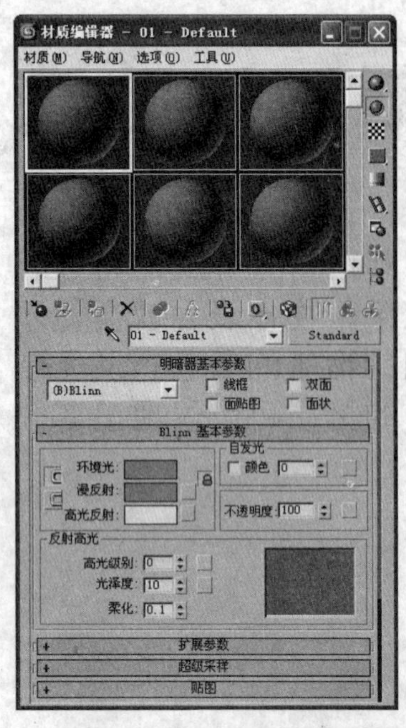


图 4.1　材质编辑器窗口

材质编辑器是 3ds Max 9 中功能强大的模块，是制作材质、赋予贴图及生成多种特技的地方。虽然材质的制作可在材质编辑器中完成，但必须指定到特定场景中的物体上才起作用。我们可以对构成材质的大部分元素指定贴图，也可以用贴图来影响物体的透明度，用贴图来影响物体的自体发光品质等。本章从介绍材质编辑器入手，由浅至深，逐步讲解基本材质、基本贴图材质、贴图类型与贴图坐标及复合材质等内容。

进入“材质编辑器”窗口有以下三种方法：

- 在主工具栏中，单击“材质编辑器”按钮。
- 在菜单栏中，执行“渲染”→“材质编辑器”命令。
- 按【M】键，以快捷方式打开“材质编辑器”窗口。

“材质编辑器”是一个非模块化浮动的、以窗口形式出现的程序，利用它可建立、编辑材质和贴图，如图 4.1 所示。

### 4.1.1 材质编辑器的视窗区介绍

材质编辑器分为两部分，上部分为固定不变区，包括示例显示、材质效果和垂直的工具列与水平的工具行等一系列功能按钮。名称栏中显示当前材质名称，如图 4.2 所示。下半部分为可变区，从卷展栏开始包括各种参数卷展栏，如图 4.3 所示。

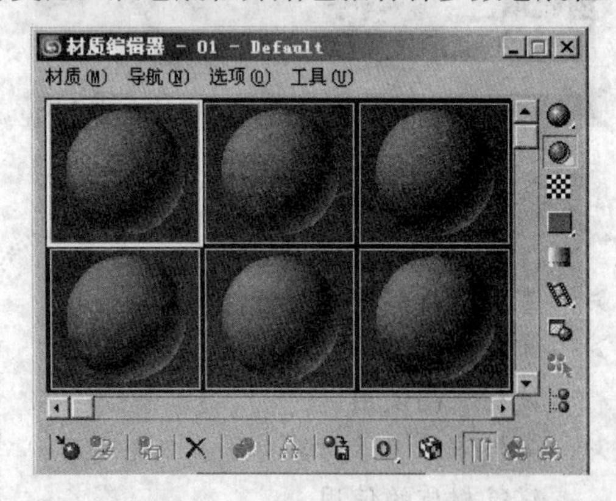


图 4.2　固定区域

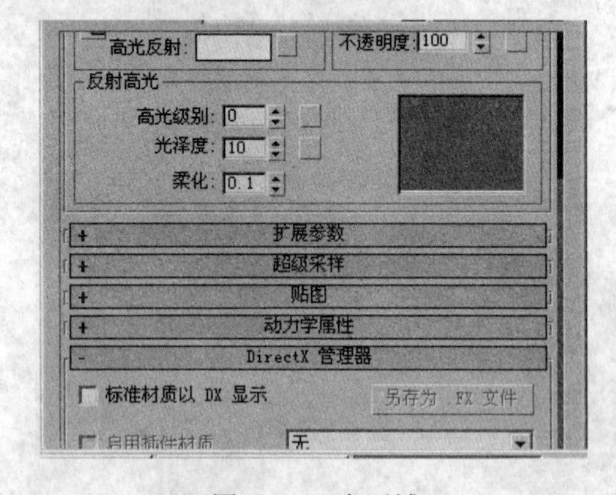


图 4.3　可变区域

### 4.1.2 材质编辑器的界面功能介绍

1. 示例窗

在材质编辑器上方区域为示例窗，如图 4.4 所示，在示例窗中可以预览材质和贴图。

在默认状态下示例显示为球体，每个窗口显示一个材质。可以使用材质编辑器的控制器改变材质，并将它赋予场景中的物体。最简单的赋予材质的方法就是用鼠标将材质直接拖拽到视窗中的物体上。

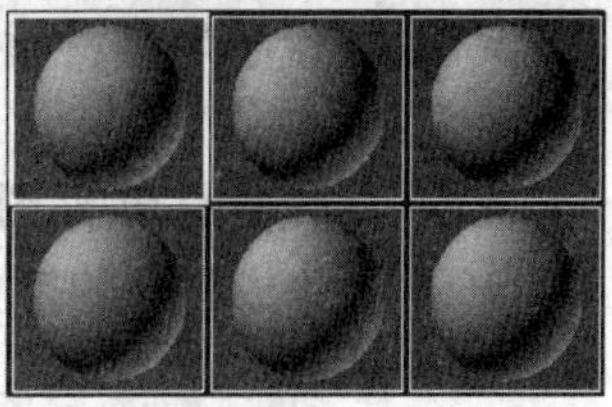

图 4.4　示例窗

2. 垂直工具栏功能按钮

在材质编辑器的操作面板上有很多图形化的按钮，下面就介绍一下这些按钮的功能。垂直工具栏中包括了用于设置样本窗口显示情况、设置材质编辑器各种选项和查看材质层级结构的工具，其中各按钮功能如下。

- **（样品类型）**：按下此按钮会出现三个按钮，可选择球体、圆柱或立方体作为样品类型。
- **（背部光源）**：按下此按钮可在样品的背后设置一个光源。
- **（背景）**：打开该按钮时，在样品的背后由原来的灰色阴影变成带 RGB 原色、黑色和白色的方格图案，常用于透明材质。
- **（UV 向平铺数量）**：按下此按钮就会出现四个按钮，可再选择 2×2、3×3、4×4。
- **（视频颜色检查）**：可检查样品上材质是否超出 NTSC 或 PAL 制式的颜色范围。
- **（创建材质预览）**：主要是观看材质的动画效果。单击后弹出如图 4.5 所示的对话框。
- **（材质/贴图导航器）**：单击后弹出如图 4.6 所示的窗口。窗口中显示的是当前材质的贴图层次，在窗口顶部选取不同的按钮可以用不同的方式显示。

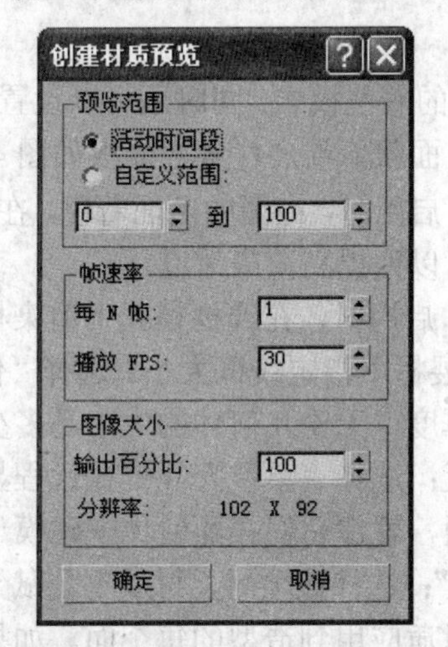


图 4.5 “创建材质预览”对话框

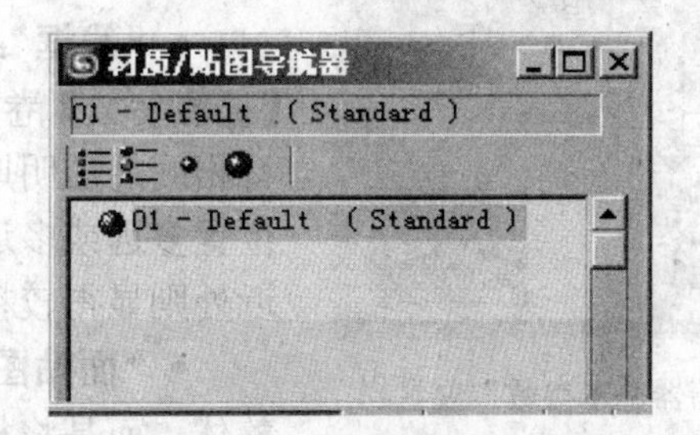


图 4.6 材质/贴图导航器

3. 水平工具栏功能按钮

水平工具栏中包括了材质存取的常用工具按钮，如图 4.7 所示，其中各按钮功能如下。

图 4.7　材质编辑器的水平工具栏

- **（获取材质）**：装入材质或生成新的材质，单击会弹出获取材质对话框。
- **（将材质放入场景）**：用材质编辑器中的当前材质更新场景中的材质。

● （**赋予场景材质**）：将当前材质赋予场景中选择的对象。此按钮只在选定对象后才有效。

● （**恢复材质/贴图为默认设置**）：恢复当前样本窗口为默认设置。

● （**生成材质的拷贝**）：拷贝放在当前窗口，在不想用另外的样本窗口处理同样一材质的情况下使用。

● （**将材质编辑器中的当前材质存入材质库**）：可以通过材质/贴图浏览器将此材质存盘。

● （**材质效果通道**）：将材质赋予效果通道之一。

● （**视图中显示贴图**）：在当前阴影视图中显示材质使用的当前位图，只能用在要显示贴图的位图参数时。

**提　示**

❖在视图中显示贴图会降低性能。若不需要查看贴图，请关闭其视图显示。

● （**显示最终结果**）：3ds Max 中的很多材质是由基本材质和贴图材质组合而成，利用此按钮可以在样本窗口中显示最终合成结果。

● （**转到上级**）：3ds Max 中的很多材质可以合并为其他材质，其中的上级材质由一个或者几个其他材质组成，利用此按钮可以在处理同级材质时进入上级材质。

● （**转到同级**）：转到同一级的材质或贴图通道。

4. 基本参数

在【明暗器基本参数】展卷栏中，可以设置材质的着色模式，同时还可以设置是否为双面、线框、面贴图、面状，卷展栏参数面板如图 4.8 所示。

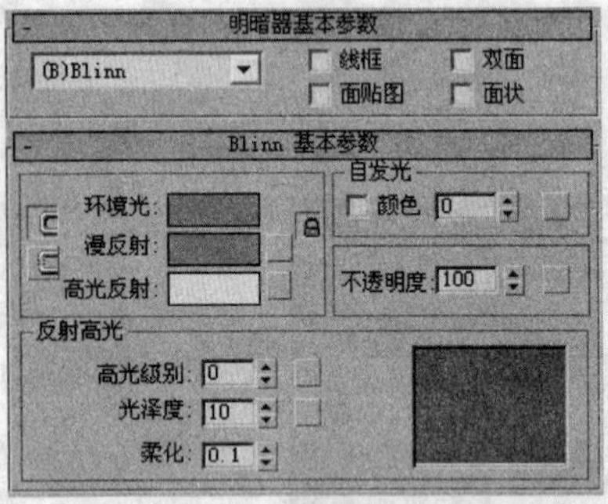

图 4.8 “明暗器基本参数”展卷栏

● **“双面”**：启用时，在面的两面着色，在默认情况下，对象只有一面，以便提高渲染速度。

● **“线框”**：启用时，在线框模式下渲染材质，可以在【扩展参数】卷展栏中指定线框大小。选择“像素”线框保持相同的透明厚度，无论几何体的大小是多少，或者对象位置多远或多近；选择“单位”线框在远程显得较细，在近处则显得较粗，就像它们在几何体中建模一样。

● **“面贴图”**：选择该项后，材质不是赋予造型对象的整体，而是将材质应用到造型的每个面。如果材质是贴图材质，则不需要贴图坐标。该贴图将自动应用到对象的各个面。

● **“面状”**：选择该项后，整个材质显示出小块拼合的效果。

● **“环境光”**：控制环境光颜色。环境光颜色是位于阴影中的颜色（间接灯光）。

● **“漫反射”**：控制漫反射颜色。漫反射颜色是位于直射光中的颜色。

● **“高光反射”**：控制高光反射的颜色。高光反射颜色是发光物体高亮显示的颜色。可以在“反射高光”选项组中控制高光的形状和大小。

● **“自发光”**：自发光可以使材质从自身发光。

● **“不透明度”**：控制材质是不透明、透明还是半透明。

● **“高光级别”**：影响反射高光的强度。随着该值的增大，高光将越来越亮。

- **“光泽度”**：影响反射高光的大小。随着该值增大，高光将越来越小，材质将变得越来越亮。
- **“柔化”**：柔化反射高光的效果，特别是由掠射光形成的反射高光。当“高光级别”很高，而“光泽度”很低时，表面上会出现剧烈的背光效果。

使用几种颜色及对高光区的控制，可以创建出大部分基本反射材质。这种材质相当简单，但能生成有效的渲染效果。同时基本材质同样可以模拟发光对象，及透明或半透明对象。这几种颜色在边界的地方相互融合。在环境光颜色与漫反射颜色之间，融合根据标准的着色模型进行计算，高光和环境光颜色之间，可使用材质编辑器来控制融合数量。被赋予同种基本材质的不同造型的对象边界融合的程度不同，如图 4.9 所示。

图 4.9 效果图

### 4.1.3 将材质赋予指定对象

要在场景中使用材质，我们必须将材质赋予场景中的对象。下面通过实例说明其操作步骤：

① 首先创建一个如图 4.10 所示的场景，并选择场景中的球体。

② 单击按钮，在弹出的材质编辑器中选择一个示例框。然后单击编辑器中工具栏上的按钮将材质赋予选择物体，此时被击活的材质已经赋予球体对象了。

③ 同时选择场景中的锥体和立方体。

④ 回到材质编辑器中另选一个示例框，并直接使用鼠标将材质拖到视窗中被选中的物体上，这时锥体和立方体被赋予了相同的材质，如图 4.11 所示。

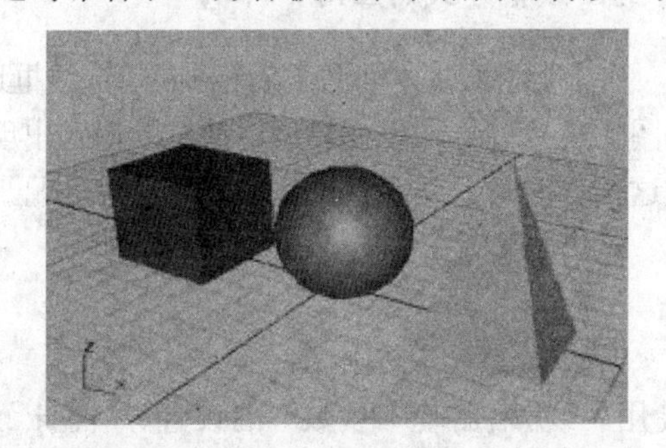

图 4.10 场景图

图 4.11 赋予材质后场景效果

在 3ds Max 9 中对基本材质赋予对象一种单一的颜色，基本材质和贴图与复合材质是不同的。在虚拟三维空间中，材质是用于模拟对象表面的反射特性，与真实生活中对象反射光线的特性是有区别的。

### 4.1.4 材质编辑器的简单应用——制作纸篓材质

通过对“纸篓”材质的设置，学习材质的使用、【明暗器基本参数】卷展栏的设置、线框方式的应用方法和技巧。效果如图 4.12 所示。

图 4.12　纸篓效果图

1. 材质的使用

材质是用来表现物体如何反射传播光线，材质中的贴图主要是用来模拟物体的纹理图案、反射、折射或其他效果。一个场景可以包含无穷数目的材质，而材质编辑器一次只能编辑 24 个材质。当编辑完成一个材质并将它应用于场景中的对象后，可以使用该示例窗（或创建一个新示例窗），从场景中再获取一个材质，然后进行编辑。

2. 线框方式的应用

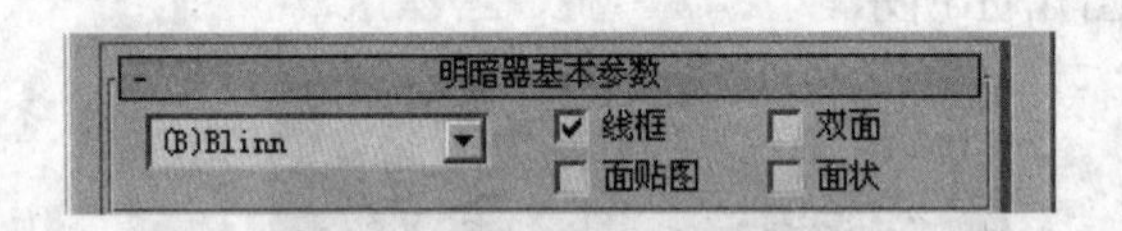


图 4.13　【明暗器基本参数】卷展栏

在【明暗器基本参数】卷展栏中勾选线框选项，如图 4.13 所示。即可使材质以线框的形式出现，使用这种功能时，要注意物体本身的结构分配。

制作“纸篓”主要包括“材质编辑器”的使用、“明暗器基本参数”的设置、“桶身”的设置、“桶盖”的设置等。在制作时，首先使用“文件”菜单打开文件，然后使用【Blinn 基本参数】卷展栏设置漫反射颜色、高光级别、光泽度等，最后把材质赋予“纸篓”然后渲染，就得到我们想要的效果。

任务实施

① 执行“文件”→“打开”命令，在弹出的对话框中选择配套素材中的素材“纸篓.max”文件，如图 4.14 所示。

② 单击主工具栏上的“材质编辑器”按钮，会弹出材质编辑器。在“材质编辑器”窗口上激活第一个示例窗，如图 4.15 所示。

③ 设置“明暗器基本参数”为 Blinn 方式，勾选“线框”复选框。

图 4.14 “纸篓”文件

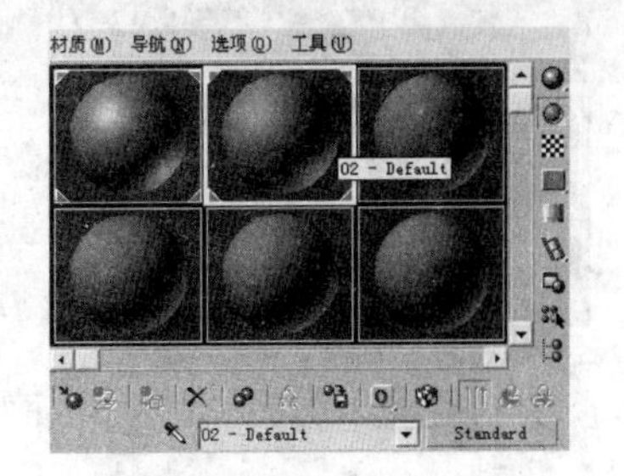

图 4.15 激活第一个示例窗

④ 展开【Blinn 基本参数】卷展栏，设置“漫反射”颜色“红”为 154，“绿”为 49，“蓝”为 49，设置“高光级别”为 40，“光泽度”为 20，如图 4.16 所示。

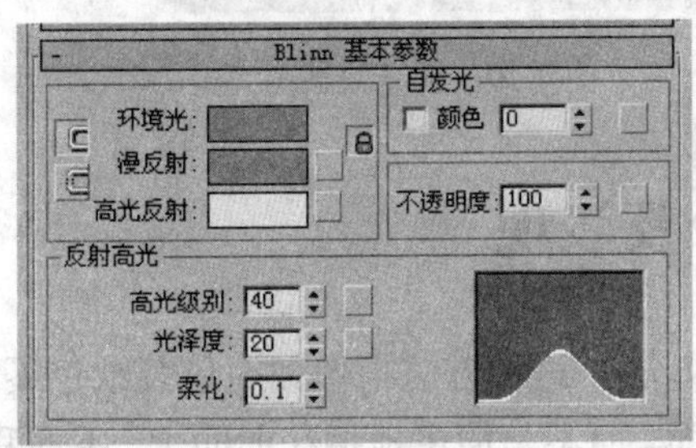

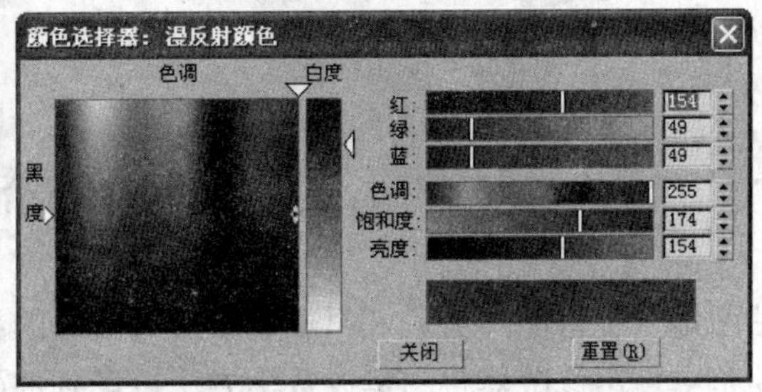

图 4.16 “Blinn 基本参数”卷展栏设置

⑤ 展开【扩展参数】卷展栏，设置“线框”选项组中的“大小”为 3.0，如图 4.17 所示，在主工具栏中单击“按名称选择”按钮，在弹出如图 4.18 所示的对话框中选择“桶身”，单击“材质编辑器”水平工具栏上的“将材质指定给选定对象”按钮。

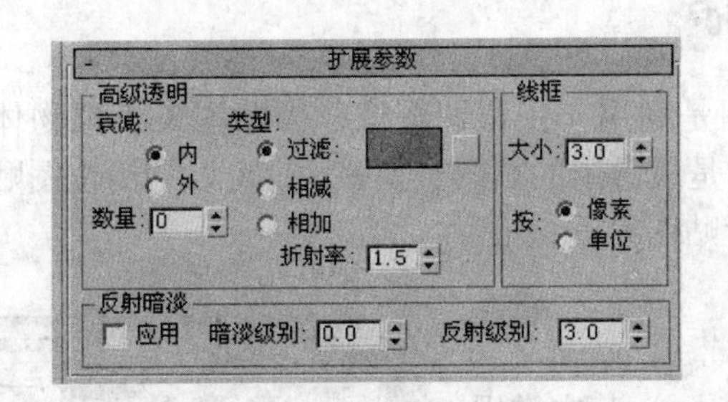

图 4.17 设置“线框”选项

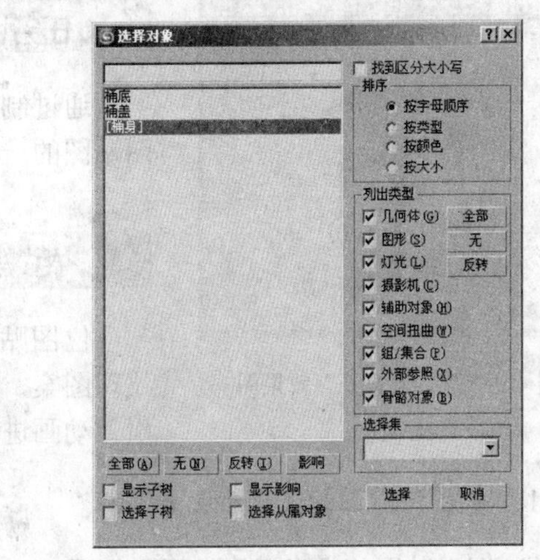

图 4.18 “选择对象”对话框

⑥ 拖动第 1 个示例窗中的材质到第 2 个示例窗中，更改材质名称为“桶盖”，取消勾选“线框”复选框，如图 4.19 所示。在主工具栏中单击“按名称选择”按钮，在弹出的对话框中选择“桶盖”与“桶底”，单击“材质编辑器”水平工具栏上的“将材质指定给选定对象”按钮，在“渲染场景”对话框中通过设置适当的参数进行渲染，得到的最佳效果如图 4.20 所示。

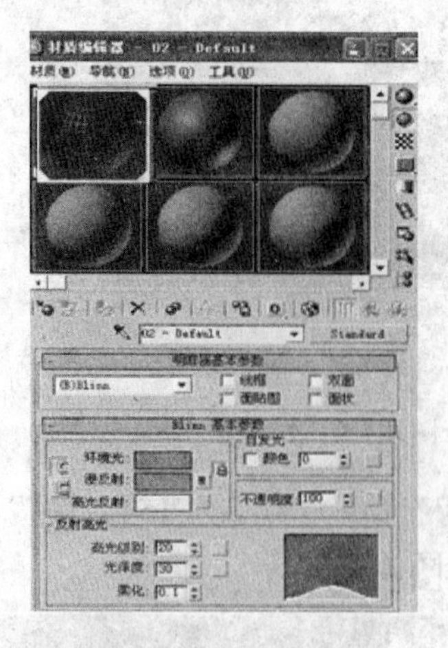

图 4.19　拖动材质

图 4.20　纸篓效果图

## 4.2　材质简介及表现

贴图是一种将图片信息（材质）投影到曲面的方法，这种方法很像使用包装纸包裹礼品，不同的是它使用修改器将图案以数学方法投影到曲面，而不是简单地捆在曲面上。下面我们就来学习 3ds Max 中一些常用的贴图类型。

### 4.2.1　位图贴图——制作木制凳子效果

图 4.21 “木制凳子”效果图

通过制作如图 4.21 所示的“木制凳子”的效果，学习位图贴图的一些常用的方法和基本技巧。

位图贴图是利用一张位图图像作为贴图来模拟物体的纹理图案，它是最常用的贴图类型，并且可以利用位图贴图引入动画进行贴图设置。

1. “位图”贴图的【坐标】卷展栏

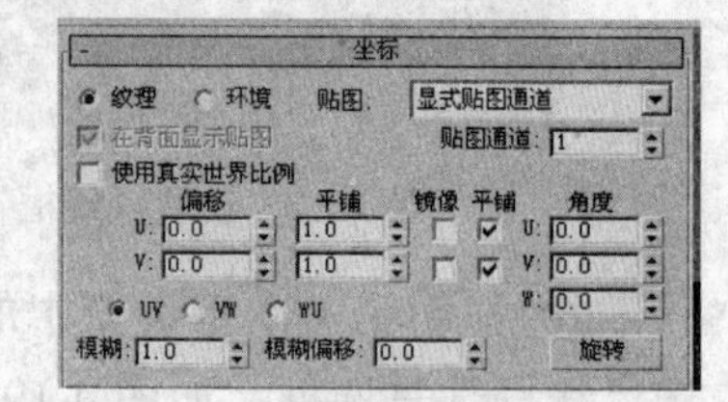


图 4.22 “坐标”卷展栏

“位图”贴图的【坐标】卷展栏如图 4.22 所示，其中常用参数如下。

- **“纹理”**：将位图作为纹理贴图指定到物体的表面。
- **“环境”**：将位图作为环境贴图，使用时就好像将它指定到场景中的不可见物体上一样。
- **“使用真实世界比例”**：真实世界贴图是一个默认情况下在 3ds Max 中使用的替代贴图实例。真实世界贴图的想法是简化应用于场景中几何体的纹理贴图材质的正确缩放。该功能可

以创建材质并在“材质编辑器”中指定2D纹理贴图的实际宽度和高度。将该材质指定给场景中的对象时，场景中出现具有正确缩放的纹理贴图。

- **“偏移”**：用来改变物体U、V上贴图重复的次数，调节贴图在物体表面上的位置。
- **“平铺”**：设置U、V上贴图重复的次数，当其右侧的“平铺”被勾选时才起到作用，它可以将纹理连续不断地贴在物体的表面上。如果右侧的平铺没有被打开，则纹理在物体的表面上进行数值比例的缩小，和“偏移”功能一起使用可以设置如包装上的标签等。
- **“镜像”**：将贴图在物体表面进行镜像复制，与Tiling功能一样。
- **“角度”**：控制在响应的坐标方向上产生贴图的旋转效果，可以使用“旋转”按钮进行旋转设置，也可以在相应的坐标方向上输入数值。
- **“模糊”**：影响图像的尖锐程度，主要用于位图的抗锯齿处理。
- **“模糊偏移”**：利用图像的偏移产生大幅度的模糊处理，一般用于反射贴图的效果处理。

2.【位图参数】卷展栏

【位图参数】卷展栏如图4.23所示，常用参数如下。

- **“位图”**：指定位图的贴图路径，也可以进行更换位图贴图。
- **“过滤”**：用来确定对位图进行抗锯齿处理的方式。一般只需要采用“四棱锥”方式；采用“总面积”的方式会占用更多的内存，但效果会更加优秀。
- **“应用”**：勾选此项，全部的剪切和定位设置才会发生效果。通过下面的“裁剪”和“放置”两项进行操作。
- **“查看图像”**：在一个设置框中对图像进行直观的剪切和放置操作，拖动周围的虚线框可以剪切和缩小位图，在方框内拖动可以移动位置。

3.【输出】卷展栏

【输出】卷展栏如图4.24所示，有关参数如下。

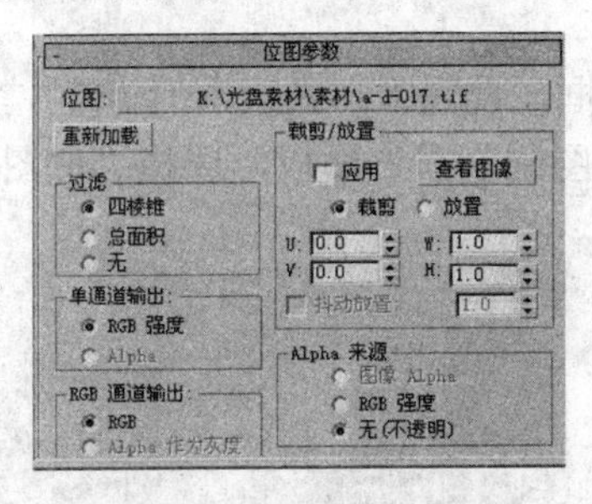


图4.23 “位图参数”卷展栏

图4.24 “输出”卷展栏

- **“反转”**：反转贴图的色调，使之类似彩色照片的底片。默认设置为禁用状态。
- **“钳制”**：勾选启用此选项后，参数会将颜色的值限制于不超过1.0。当增加RGB级别时启用此选项，但此贴图不会显示出自发光。默认设置为禁用状态。
- **“来自RGB强度的Alpha”**：勾选启用此选项后，会根据在贴图中RGB通道的强度生成一个Alpha通道。黑色变得透明而白色变得不透明。中间值根据它们的强度变得半透明。默认设置为禁用状态。
- **“启用颜色贴图”**：勾选启用此选项来使用颜色贴图。“颜色贴图”选项组默认设置为禁用状态。

● **“输出量”**：控制要混合为合成材质的贴图数量。对贴图中的饱和度和 Alpha 值产生影响，默认设置为 1.0。

● **“RGB 偏移”**：根据微调按钮所设置的量来增加贴图颜色的 RGB 值，此项对色调的值产生影响，最终贴图会变成白色并有自发光效果。降低这个值减少色调可使之向黑色转变。默认设置为 0.0。

● **“RGB 级别”**：根据微调按钮所设置的量使贴图颜色的 RGB 值加倍，此项对颜色的饱和度产生影响。最终贴图会完全饱和并产生自发光效果。降低这个值减小饱和度可使贴图的颜色变灰。默认设置为 1.0。

● **“凹凸量”**：调整凹凸的量。这个值仅在贴图用于凹凸贴图时才产生效果，默认设置为 1.0。假设贴图实例同时包含“漫反射”和“凹凸”组件。如果要在不影响“漫反射”颜色情况下对凹凸量进行调整，就要调整这个值，它会在不影响贴图中使用其他材质组件的情况下改变凹凸量。

● **“颜色贴图”**：使用“颜色贴图”的图允许对图像的色调范围进行调整。“1，1”点控制高光，“0.5，0.5”点控制中间硬调，而“0，0”点控制阴影。可以通过对线添加点并对它们进行移动或缩放来调整图的形状。可以添加“角点”、“Bezier 平滑”或“Bezier 角点”。当移动或缩放选项处于活动状态，可以选中这些点就像处理视图中的对象一样，单击一个点，拖动一个或多个点的区域并按【Ctrl】键来添加或删去选择区域。

## 任务分析

本节制作“木制凳子”主要包括打开制作好的凳子，然后打开“材质编辑器”，用位图贴图的方法对“凳子面”材质和“凳子腿”材质进行设置，最后进行渲染得出要求的效果图。

## 任务实施

① 打开制作好的凳子，效果如图 4.25 所示。

② 打开“材质编辑器”窗口，选择一个材质样本框，设置“高光级别”为 20，“光泽度”为 12，单击“漫反射”后面的小按钮，打开“材质/贴图浏览器”面板，选择“位图”方式，如图 4.26 所示。

图 4.25　方凳模型

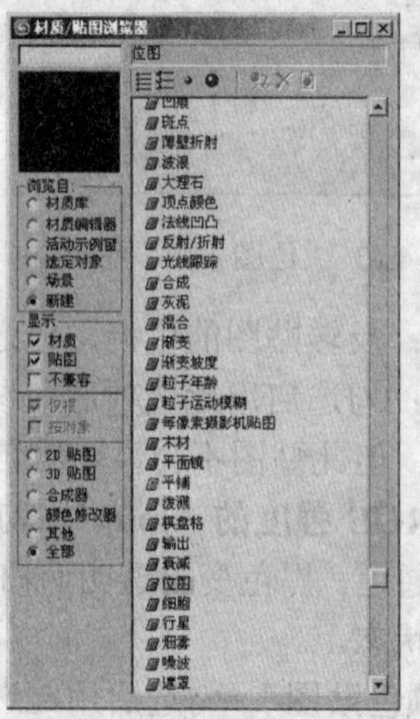


图 4.26　选择“位图”方式

③ 打开“选择位图图像文件”对话框，选择文件 A-D-017.TIF，如图 4. 27 所示，单击“打开”按钮。把材质赋予凳子，渲染后得到的效果如图 4.28 所示。

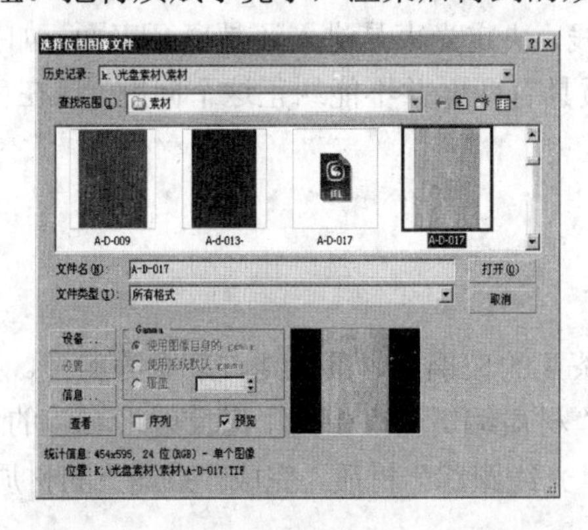

图 4.27 “选择位图图像文件”对话框

图 4.28 凳子赋予材质后的效果图

**提 示**

❖对图像进行剪切操作是贴图参数中很好的一种控制方式，它不会改变原位图文件，只在材质编辑器中进行控制，可以截取位图的一部分作为贴图。如何对位图进行剪切操作需要读者多加练习。

## 4.2.2 光线跟踪材质——制作玻璃与金属茶壶效果

任务目的

通过制作如图 4.29 所示的“玻璃”与“金属茶壶”的效果，学习使用光线跟踪材质方法和技巧。

图 4.29 “玻璃”与“金属茶壶”效果图

相关知识

“光线跟踪”材质是表面着色高级材质，能支持漫反射表面着色，还能创建完全光线跟踪

的反射和折射，还支持雾、颜色密度、半透明、荧光以及其他特殊效果。用“光线跟踪”材质生成的反射和折射，比用反射/折射贴图更为精确。但渲染光线跟踪对象会比使用“反射/折射”更慢。光线跟踪贴图和光线跟踪材质使用表面法线，决定光束是进入还是离开表面。如果翻转对象的法线，可能会得到意想不到的结果。让材质具有两面并不能纠正这个问题，这在“标准”材质的反射和折射中经常出现。

## 任务分析

制作“玻璃”与“金属茶壶”主要包括制作茶几的玻璃面、茶几腿、茶壶等构件。在制作时，首先使用“文件”菜单打开文件，然后使用“材质编辑器”中的“漫反射”右边的色样设置创建玻璃茶几面材质，再使用“金属”材质和“光线跟踪”材质，完成“茶壶”的材质设置，最后进行渲染。

## 任务实施

① 执行“文件”→“打开”命令，打开要设置材质的“玻璃桌.max”文件，效果如图4.30所示。

② 使用快捷键【M】打开“材质编辑器”，选择一个示例窗。单击“漫反射”右边的“色样”按钮，在弹出的“颜色选择器”对话框中，设置“红”为195，“绿”为210，“蓝”为215，单击“关闭”按钮。设置“不透明度”为50，“高光级别”为30，“光泽度”为18，在视图中选择“桌面”物体，再将材质赋予桌面，如图4.31所示。

图4.30　玻璃桌

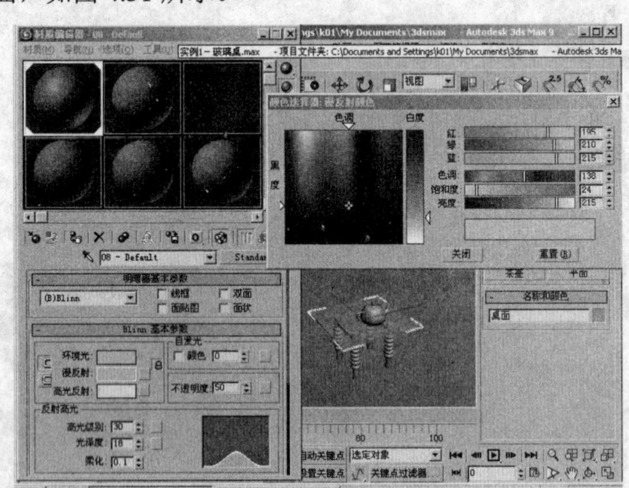

图4.31　赋予桌面材质

③ 设置“金属”材质。选择第二个示例窗，将“明暗器基本参数”设置为“金属”方式。单击“漫反射”右边的“色样”按钮，在弹出的“颜色选择器”对话框中，设置“红”为208，“绿”为208，“蓝”为208，单击“关闭”按钮。设置“高光级别”为86，“光泽度”为72，在视图中选择“桌面”以外物体，再将材质赋予选中对象，如图4.32所示。

④ 为“金属”材质贴图。展开【贴图】卷展栏，单击“反射”通道右边的“None”按钮，

在弹出的“材质/贴图浏览器”对话框中，选择“光线跟踪”材质，如图 4.33 所示。

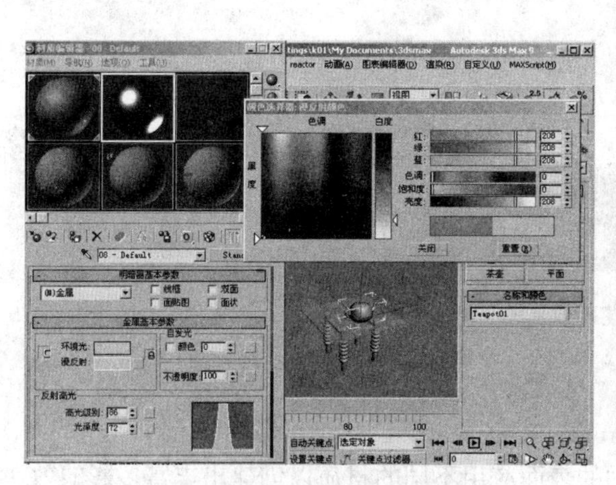

图 4.32 金属材质设置

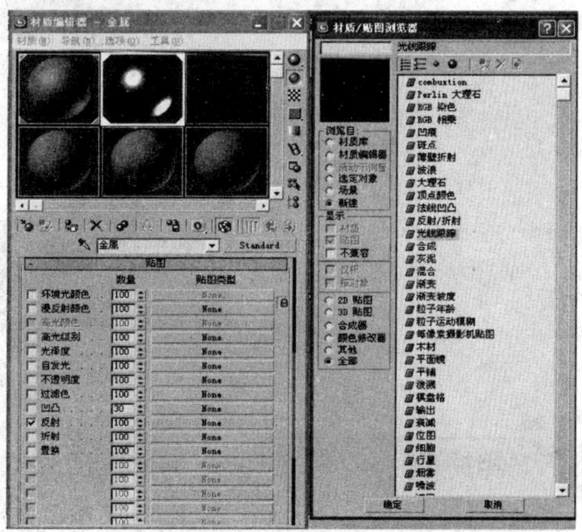

图 4.33 为“金属”材质贴图

⑤ 设置光线跟踪参数如图 4.34 所示，渲染后得到如图 4.35 所示的效果。

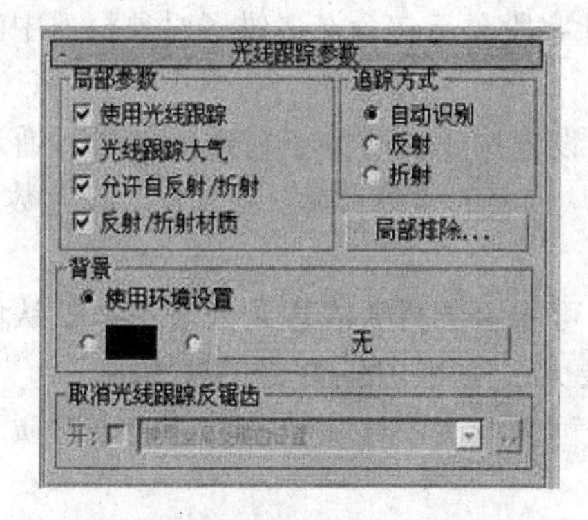


图 4.34 光线跟踪参数

图 4.35 效果图

**提 示**

❖在使用“光线跟踪”材质时，如果想得到物体透明的效果，那么要对“透明度”的值进行设置，可以利用颜色或数值来控制透明度的效果。在创建“内部线”时，勾选“在视图中启用”是为了更好地在视图中观察效果。

## 4.2.3 多维/子对象材质——制作美丽的陶瓷碗效果

### 任务目的

通过对“花碗”材质的设置，学习“多维 / 子对象材质”的使用方法，包括材质 ID 指定、UVW 贴图的指定以及多维/子对象材质参数等命令。制作如图 4.36 所示的“花碗”效果实例，学习多维 / 子对象材质的使用、“壳”修改器的应用方法和技巧。

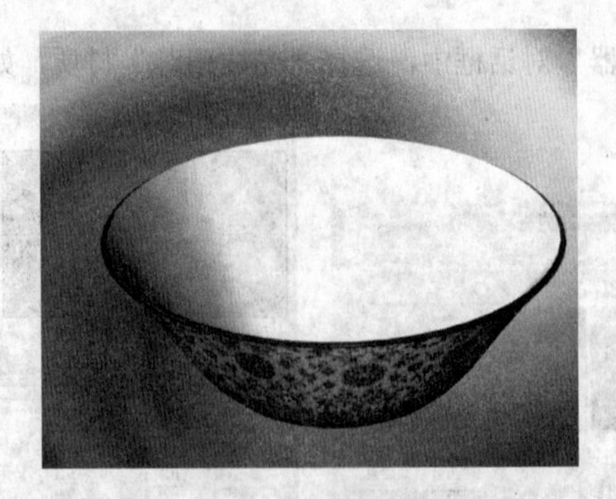

图 4.36 花碗效果图

对于有多个面组成的复杂物体，可以在不同的表面应用不同的材质以创建出丰富多彩的效果。这样就需要使用到多维/子对象材质，【多维/子对象基本参数】卷展栏如图 4.37 所示。

图 4.37 “多维/子对象基本参数”卷展栏

- **“数量”栏：**此字段显示包含在多维子对象材质中的子材质的数量。
- **“设置数量”：**设置构成材质的子材质的数量。通过减少子材质的数量将子材质从列表的末端移除。在使用“设置数量”删除材质时可以撤销。
- **“添加”：**单击可将新子材质添加到列表中。默认情况下，新的子材质的 ID 号要大于使用中的 ID 号的最大值。
- **“删除”：**单击可从列表中移除当前选中的子材质。删除子材质可以撤销。
- **“ID”：**代表材质的 ID 编号。要配合分配给物体的 ID 号来进行操作。
- **“小示例球”图样：**小示例球是子材质的“微型预览”。单击它来选中子材质。在删除子材质前必须将其选中。
- **“名称”：**用于为材质输入自定义名称。当在子材质级别操作时，在名称字段中会显示子材质的名称。该名称同时在浏览器和导航器中出现。
- **“子材质”：**单击子材质按钮创建或编辑一个子材质。每个子材质对其本身而言是一个完整的材质，可以包含所需的大量贴图和级别。
- **“颜色样例”色样：**单击“子材质”按钮右边的色样可以显示颜色选择器并为子材质选择漫反射颜色。
- **“启用/禁用”开关切换：**启用或禁用子材质。禁用子材质后，在场景中的对象上和示例窗中会显示黑色。默认设置为启用。

制作“花碗”主要包括“材质编辑器”的使用、材质数量设置、子材质设置、“壳”的使

用等。在制作时，首先使用“文件”菜单打开文件，然后在“材质/浏览器”中选择“多维/子对象材质”进行设置，再使用“修改器列表”中“壳”修改器修改，最后把这三种材质赋予“碗”模型，然后渲染，就得到我们想要的效果。

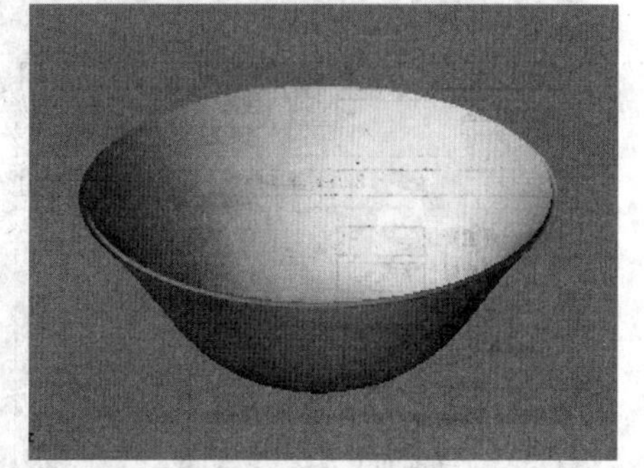

图 4.38　花碗

① 执行“文件”→“打开”命令，在弹出的对话框中选择配套素材中的“花碗.max”文件，如图 4.38 所示。

② 单击主工具栏上的“材质编辑器”按钮，调出材质编辑器。在“材质编辑器”中选择一个材质球，将材质设置为“多维 / 子对象”类型，在“多维/子对象”类型中设置“材质数量”为 3，如图 4.39 所示。

③ 单击 ID 为 1 的子对象上的长按钮，如图 4.40 所示。

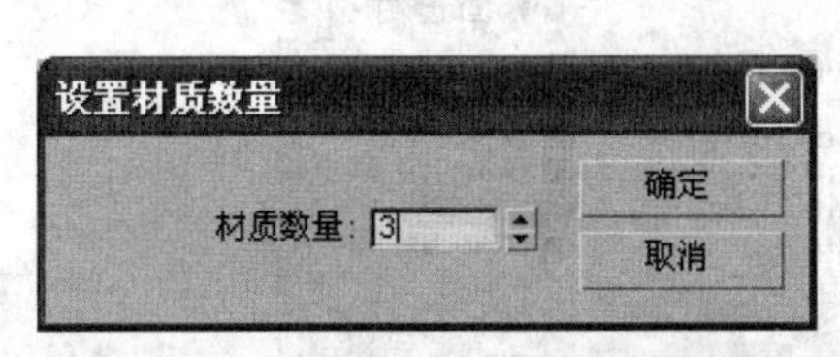


图 4.39　设置为“多维/子对象”类型

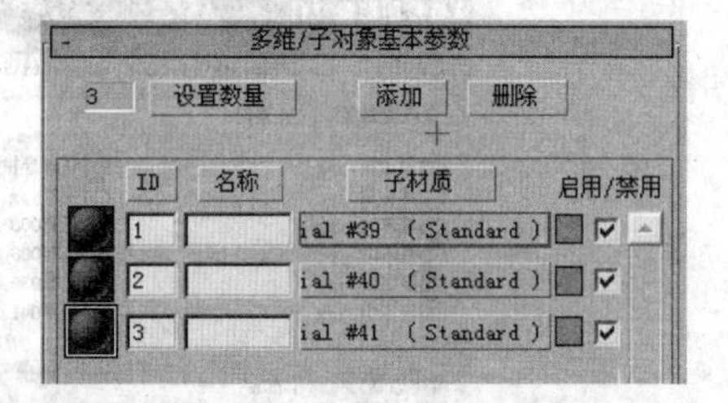


图 4.40　选择 ID 为 1 的材质按钮

④ 在材质对话框中对 ID 为 1 的材质进行设置，单击“漫反射”右边的颜色块，在弹出的“颜色选择器：漫反射颜色”对话框中，设置“红”、“绿”、“蓝”分别为 248、248、248，设置“高光级别”为 54，“光泽度”为 38，参数设置如图 4.41 所示。

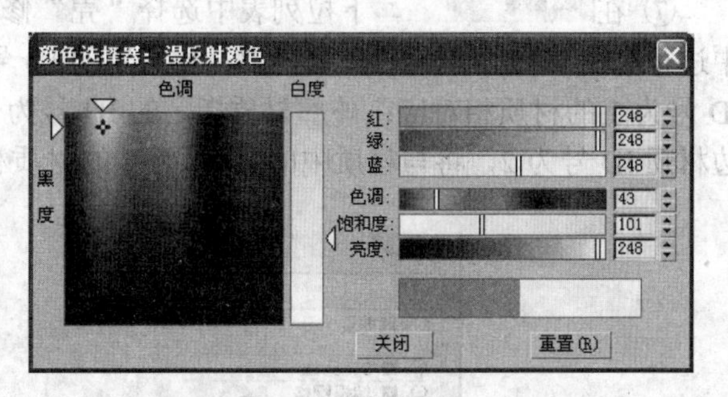


图 4.41　ID 为 1 的材质参数设置

⑤ 单击“材质编辑器”水平工具栏上的按钮，返回上一层，选择 ID 为 2 的子对象，单击“漫反射”右边的颜色块，在弹出的“颜色选择器：漫反射颜色”对话框中，设置“红”、“绿”、“蓝”分别为 166、7、33，设置“高光级别”为 54，“光泽度”为 38，参数设置如图 4.42 所示。

⑥ 单击“材质编辑器”水平工具栏上的按钮，返回上一层，选择 ID 为 3 的子对象，单击“漫反射”右边的小按钮，弹出“材质/贴图浏览器”对话框，选择“位图”方式，弹出

“选择位图图像文件”对话框，选择图片“画纹.tif”，单击“打开”按钮，如图 4.43 所示。

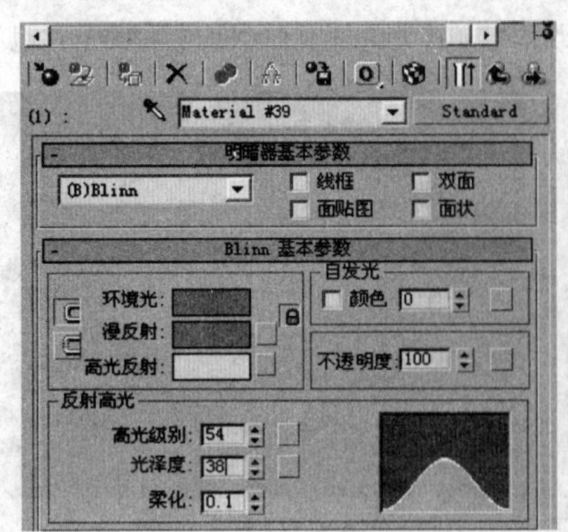


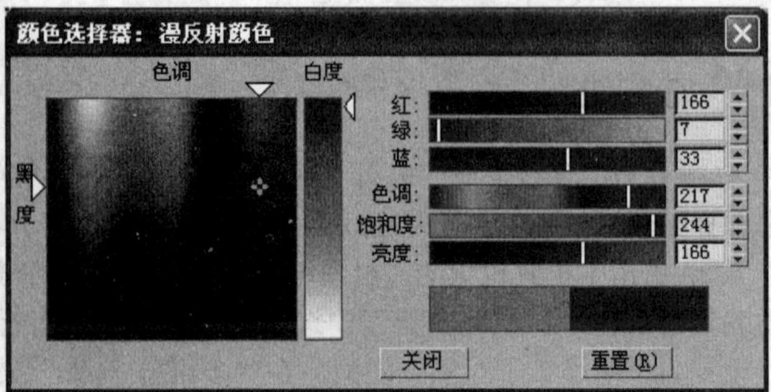


图 4.42　ID 为 2 的材质参数设置

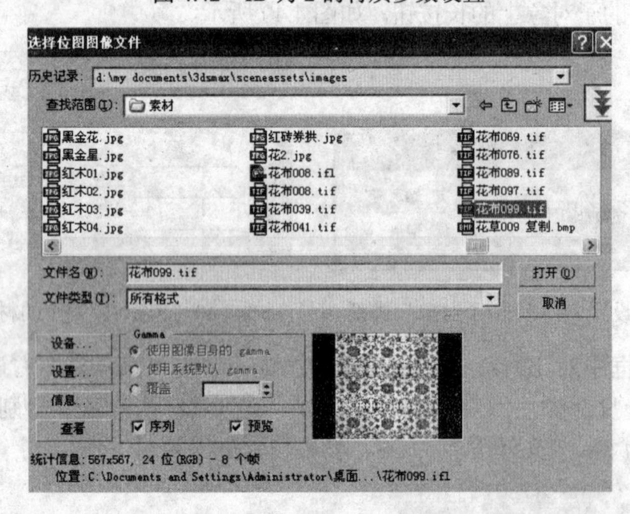


图 4.43　浏览器及位图文件

⑦ 在 修改器列表 下拉列表中选择“壳”修改器，如图 4.44 所示，在【参数】卷展栏中进行如图 4.45 所示的设置。内部材质指定的 ID 号为 1，将与“多维/子对象”材质类型中的 ID 号为 1 的材质相对应；外部材质指定的 ID 号为 3，将与材质的 ID 号为 3 的材质相对应；边材质 ID 号为 2，将与材质中的 ID 号为 2 的材质相对应。

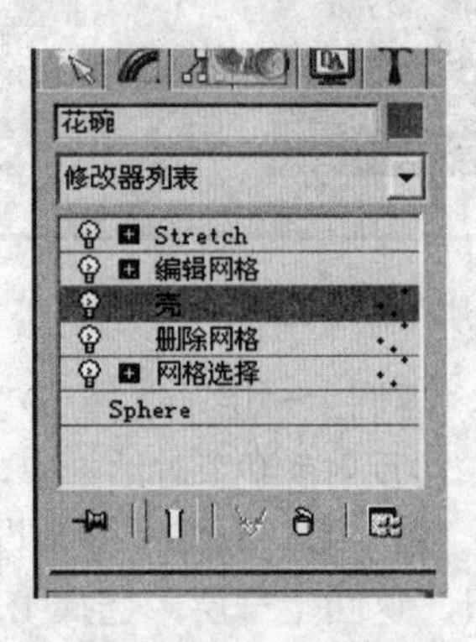


图 4.44　选择“壳”修改器

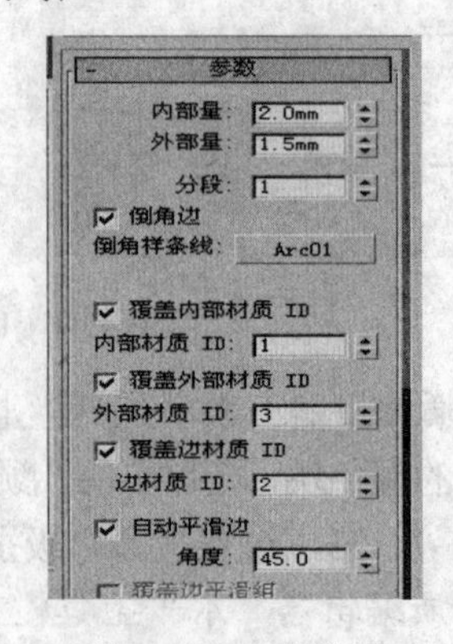


图 4.45　参数设置

⑧ 在“渲染场景”对话框中通过设置适当的参数进行渲染，渲染后得到如图 4.36 所示的最终效果。

## 4.2.4 建筑材质——制作简易房子效果

通过制作“简易房子”的模型效果来学习建筑材质的贴图的操作、UVW 贴图修改器的选择和设置、【坐标】卷展栏中角度选项组的设置以及真实世界贴图大小功能的使用。效果如图 4.46 所示。

图 4.46 “简易房子”效果图

1. 建筑材质

建筑材质的设置是物理属性，因此当与光度学灯光和光能传递一起使用时，能够提供最逼真的效果。借助这种功能组合，可以创建精确性很高的照明效果。当 3ds Max 中的建筑材质与光度学灯光和光能传递一起使用时，该建筑材质可以提供较高的真实性，因为它的设置是以物理属性为基础的。

建筑材质可以从材质的一系列预设参数模板中进行选择。这些模板近似于所创建的材质类型（例如砖石、玻璃或涂漆面）的通用特性，是用来表现物体如何反射传播光线，材质中的贴图主要是用来模拟物体的纹理图案、反射、折射或其他效果。在本节中，将探究建筑材质及其在场景中的应用，将使用该材质为房子的墙壁创建纹理。如果不需要建筑材质提供高逼真效果，则可以使用标准材质或其他材质类型。

2. “UVW 贴图”修改器

“UVW 贴图”修改器是最重要的并且常用的一个命令，它用来在物体表面设置一个贴图框架为图片定位，当使用外来的图片模拟物体的时候，用它把平面图形附加到立体模型上。该命令【参数】卷展栏如图 4.47 所示，其参数详解如下。

- **“平面”**：将一张图片投射到物体表面，通过调节长和宽来调节图的大小，它适合于平面，只有一个面处理。
- **“柱形**：能够将图形卷起来，使图片如同圆筒一样套在物体表面上。常用于圆柱形物体上的贴图设置。
- **“球形”**：将一张二维图形变形后附在球形表面上，通常用于圆球形物体贴图。
- **“收缩包裹”**：如同用图片将物体包裹起来一样。
- **“长方体”**：通过这种方式可以在物体表面的 6 个面进行投射贴图，这是使用率非常高的一种方式，可处理有棱角的物体。

图 4.47 “参数”卷展栏

● **“长度”、“宽度”、“高度”**：用来调整“UVW 贴图”坐标修改器中子对象 Gizmo 的比例。

● **“U 向平铺”、“V 向平铺”、“W 向平铺”**：调节 U、V、W 轴向上的缩放度。U 轴图片沿横方向，V 轴图片沿纵方向，W 轴图片沿垂直方向。

● **“对齐”**：包括下列选项的选项组。

● **“适配”**：能够自动依照物体自身尺寸来调节坐标框的大小。

● **“位图适配”**：根据所引进的外部图片的长宽比例来确定贴图坐标的长宽比例。

● **“视图对齐”**：能自动将贴图从坐标框的垂直方向和当前的观察方向对齐。

● **“重置”**：可以将当前的贴图坐标设置还原为初始状态。

● **“中心”**：将贴图坐标和物体的中心点对齐。

● **“法线对齐”**：在物体上确定一个点，贴图坐标会按这个点所在面的法线方向来指定坐标贴图的位置。

● **“区域适配”**：在物体上确定一个区域，贴图坐标会按这个区域来指定贴图坐标的位置。

● **“获取”**：使多个物体在使用相同材质时，它们的坐标一致，图案大小相同。在弹出的对话框中有两种选项，“获取相对值”是表示当前对象只获取目标对象贴图坐标的角度与比例；“获取绝对值”是表示当前对象获取目标对象贴图坐标的所有位置。

## 任务分析

制作“简易房子”主要包括屋顶的操作、墙壁的设置、门等材质的设置等，主要在“材质/贴图浏览器”中设置“建筑”材质，运用位图贴图设置屋顶、墙材质等，运用【坐标】卷展栏设置 U 轴和 V 轴上的“平铺”等，最后把材质赋予物体，然后渲染输出得到我们想要的效果图。

图 4.48　房子原图

## 任务实施

① 打开事先做好的房子原图，如图 4.48 所示。

② 打开“材质编辑器”窗口，选择一个材质样本框，设置“高光级别”为 20，“光泽度”为 12。单击“Standard”按钮以打开“材质/贴图浏览器”，并从中选择“建筑”，单击“确定”，如图 4.49 所示。

③ 在【模板】卷展栏中，打开模板列表并选择一些不同的材质预设，然后查看【物理性质】卷展栏，如图 4.50 所示。

④ 单击“漫反射”右边的小按钮，弹出“材质/贴图浏览器”对话框，选择“位图”方式，弹出“选择位图图像文件”对话框，选择图片“筒瓦-02.jpg”，单击“打开”按钮，如图 4.51 所示。

⑤ 在【坐标】卷展栏中设置 U 轴上的“平铺”值均为 4 和 V 轴上的“平铺”值均为 2。将材质赋予“顶棚”，如图 4.52 所示。

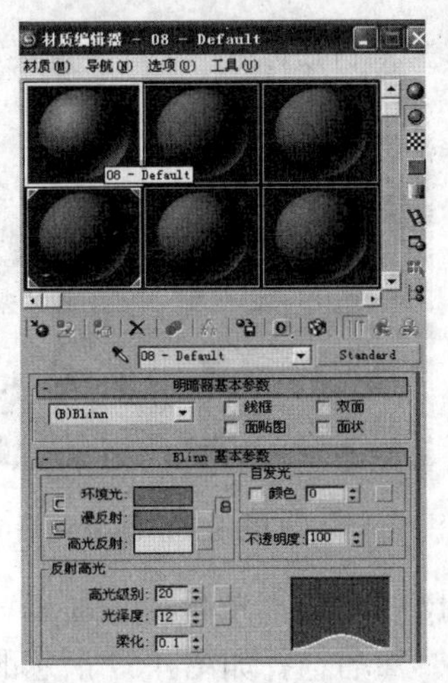

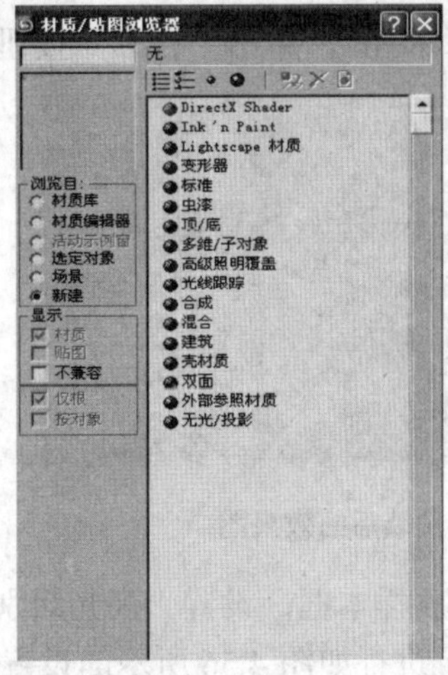

图 4.49　选择建筑材质

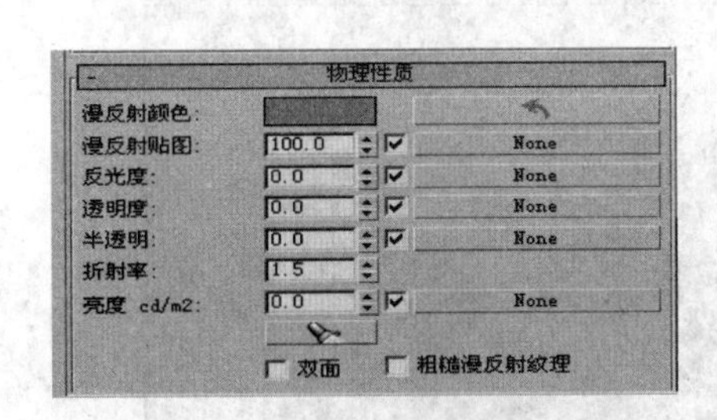

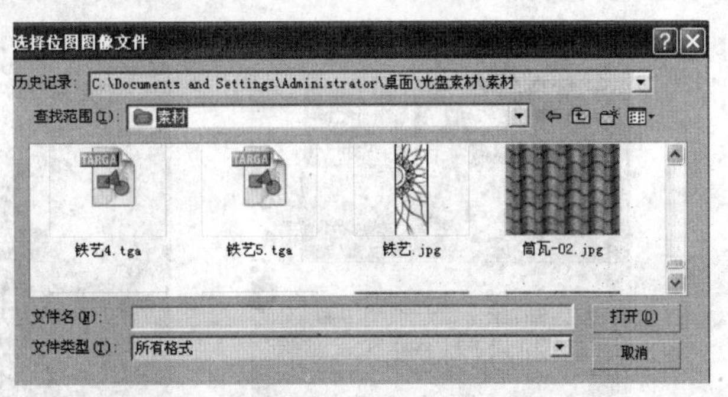

图 4.50　“物理性质”卷展栏　　　　图 4.51　选择文件

⑥ 打开“材质编辑器”窗口，选择一个材质样本框，设置“高光级别”为 20，“光泽度”为 12。单击“Standard”按钮以打开“材质/贴图浏览器”，并选择“建筑”，单击“确定”。单击“漫反射”右边的小按钮，弹出“材质/贴图浏览器”对话框，选择“位图”方式，弹出“选择位图图像文件”对话框，选择图片“砖-外墙 07.jpg”，单击“打开”按钮，如图 4.53 所示。

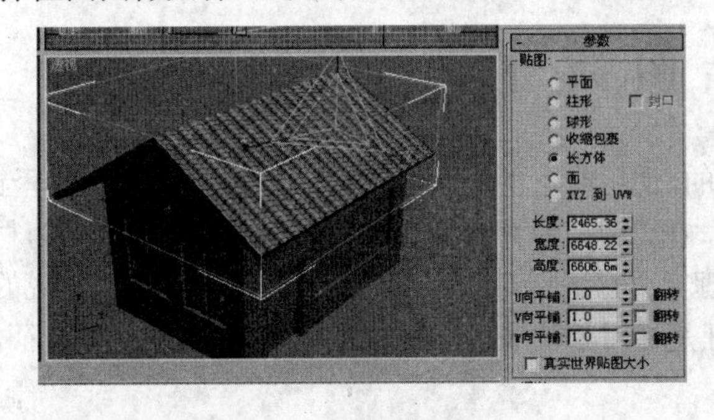

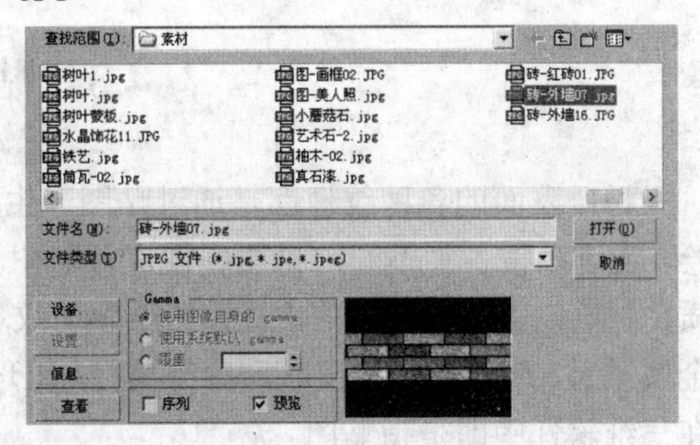

图 4.52　顶棚效果图　　　　图 4.53　选择文件

⑦ 在【坐标】卷展栏中设置 U 轴和 V 轴上的“平铺”值均为 8。将材质赋予“墙体”，如图 4.54 所示。

⑧ 选择一个材质样本框，设置“高光级别”为 30，“光泽度”为 20。单击“Standard”按钮以打开“材质/贴图浏览器”，并选择“建筑”，单击“确定”。单击“漫反射”右边的小按钮，弹出“材质/贴图浏览器”对话框，选择“位图”方式，弹出“选择位图图像文件”对话框

框，选择图片“2 榉木.tif”，单击“打开”按钮。将材质赋予“门”，效果如图 4.55 所示。

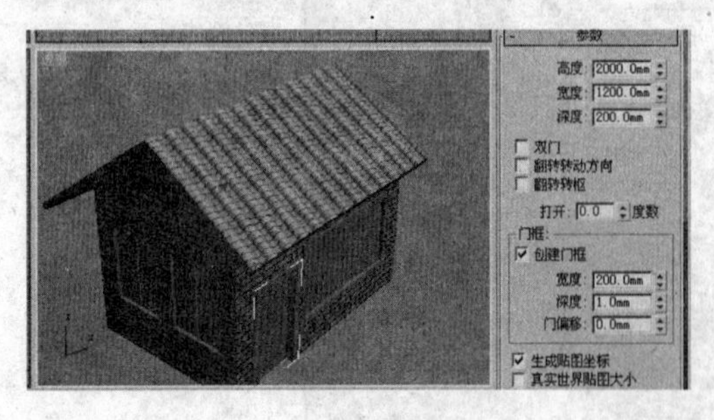


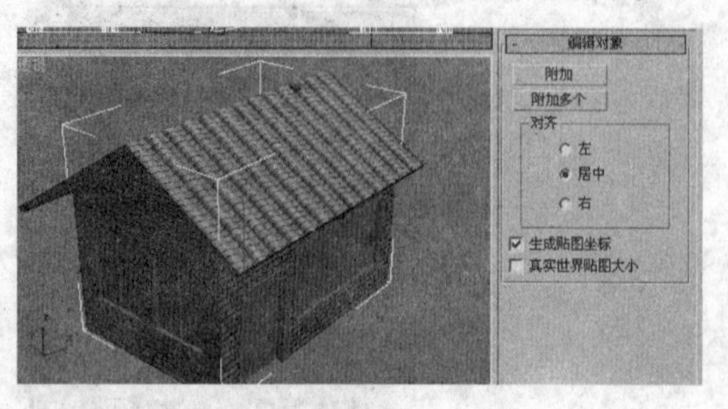


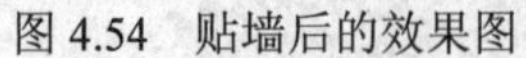
图 4.54　贴墙后的效果图　　　　图 4.55　设置门后的效果图

⑨ 选择一个材质样本框，设置“高光级别”为 20，“光泽度”为 12。单击材质编辑器水平工具栏中的按钮，进行如图 4.56 所示的设置。然后选择如图 4.57 所示的材质，将材质赋给窗。也可以在材质中更改相关的选项，然后进行渲染得出最终效果图。

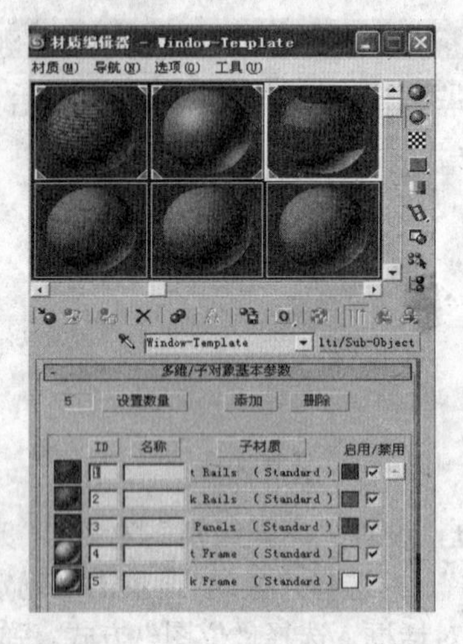

图 4.56　窗的设置　　　　图 4.57　效果图

## 4.3　贴 图 简 介

材质表面的各种纹理都是通过贴图产生的，使用时不仅可以像贴图一样进行简单的纹理涂绘，还可以按各种不同的材质属性进行贴图。在三维软件中，将对象的外观属性表现称之为材质，材质包含两个基本的内容，即质感与纹理，质感泛指对象的基本属性，也就是我们常说的金属质感、玻璃质感和皮肤质感等属性；纹理是指对象的表面颜色、图案、凹凸和反射等特征，在三维软件中即是指贴图。

### 4.3.1　使用平面镜贴图——制作水面效果

任务目的

通过制作“水面”效果来学习平面镜贴图、凹凸贴图、漫反射贴图、反射贴图的操作选择、

反射设置、法线设置和编辑器的使用。效果如图 4.58 所示。

图 4.58 “水面”效果图

1. 材质的贴图中的常用术语

- **位置偏移**：设定贴图在物体表面的位置。
- **贴图平铺**：设定贴图在物体表面的平铺次数，简单理解就是设定贴图在物体表面的大小，当这个值设得较大，我们的贴图就相应变小。
- **镜相**：常用于有时在物体表面贴多幅图时，处理掉贴图接缝所采用的选项。
- **平铺**：可以调整出在物体表面只贴一幅图的效果，如可应用在酒瓶上所贴的标签效果。

提 示

❖有关材质当中的偏移和平铺是以物体的长宽面为计算比例来设置的，也就是说当平铺设定为 4 时，想要偏移半张图的距离，应计算偏移 0.125，以此计算。

- **贴图坐标修改**：它的设置参数大部分和材质当中的设置参数相同，但添加此命令之后可以让贴图只在某个设定好的范围内进行，不会随物体的缩放而改变，另可在某一材质赋予给多个物体时，可以单独调整某一物体上贴图的位置及大小。
- **贴图模糊**：前一个调整是一个细微的模糊，后一个调整是一个剧烈的模糊。
- **贴图旋转**：我们常在 W 向对贴图的角度进行调整。
- **贴图裁切**：打开预览图片按钮，可以在弹出的面板中直接对贴图进行裁切，完成后勾选应用选项。
- **贴图缩放命令**：应用于同一贴图赋予给场景上多个物体时，如果各个物体的长宽大小不一致，可以通过这个命令使贴图的大小始终保持一致。
- **UVW 贴图坐标修改命令**：可以在物体建立时没有指定贴图坐标的情况下，重新给物体指定贴图坐标，其实 UVW 贴图的操作就是重定贴图坐标的操作，更改物体本身原有的贴图方式，如果没有贴图坐标，就指定一个。
- **贴图坐标**：告诉计算机怎样在物体表面进行贴图。
- **贴图通道**：材质的任何属性都可以加上一幅贴图，这些加贴图的地方就叫贴图通道，在哪一个贴图属性上加的贴图，它也就只控制哪一个属性。
- **环境色**：可以用一种颜色的亮度值确定当前材质的过渡色与环境设置中整体环境色的融合程度。
- **自发光**：是指可以在不接受光照的情况下也能看到物体的形状，常用于表现一些灯类物体或者荧光发亮的物体，也可用于场景中某部分材质不容易照亮的情况。
- **透明度**：控制物体达到一种透明效果，常配合贴图在场景中添加人物、树木、花草等物体。

2. 贴图通道的作用

① 用来辅助材质在某方面功能上的不足。用一张图覆盖材质表面相应的颜色，如“漫反射颜色”通道。

② 用一幅图的亮暗来控制材质的部分特征，如“不透明度”贴图通道。

③ 通过计算生成材质表面贴图，它一般要求使用一些专用的贴图类型。它产生的结果一般会和表面贴图进行混合，如“反射”通道。

④ “凹凸”贴图通道也是根据当前通道内贴图的亮暗来使物体表面看起来有一定的凹凸感。如果通道前方数值为正值的话，会把贴图的亮部计算为凸起部分，暗部计算为凹入部分。

⑤“反射”、“折射”等效果都是软件自己计算出来的，我们只要在“材质编辑器”中给物体添加了某些功能或特性，软件就会根据这些数据进行计算并产生相应的效果。

**提 示**

❖如果不需要建筑材质提供很高的逼真效果，可以使用标准材质或其他材质类型。

## 任务分析

制作“水面”效果图主要包括平面的制作、半球体的制作、材质的设置等，在制作时，首先使用“平面”创建“水平面”，然后使用“球”创建一个半球，再使用“选择并均匀缩放”按钮水平拖拽，选择修改器列表中的“法线”，最后使半球成为一个平面。再设置水面颜色，使用凹凸通道设置噪波材质，使用反射通道设置“衰减”、“平面镜”材质，最后得出“水面”材质并渲染，得到我们想要的效果图。

## 任务实施

① 选择“创建”→“几何体”→“基本几何体”命令按钮，单击“平面”按钮在透视图中创建平面，长、宽分别为 220、220，段数分别为 42、42，如图 4.59 所示。在顶视图再创建一半球体，如图 4.60 所示，参数如图 4.61 所示。

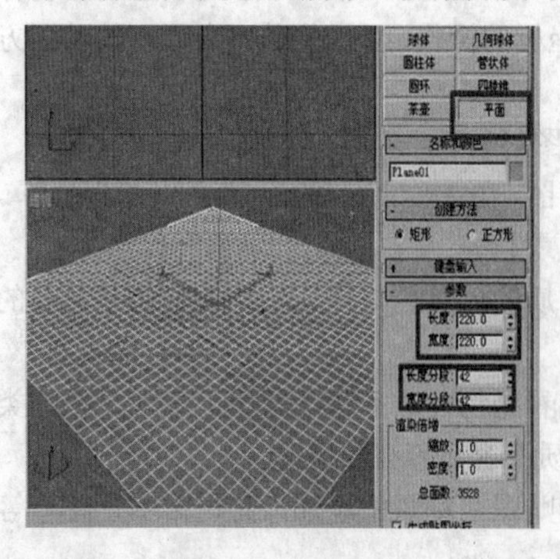

图 4.59 创建平面

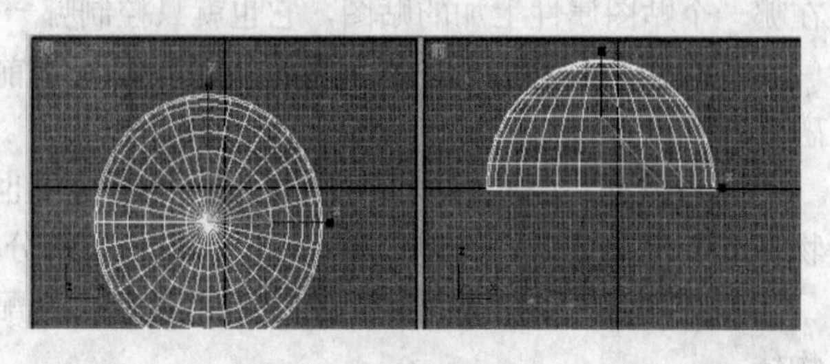

图 4.60 创建半球体

② 将半球转化为可编辑多边形，如图 4.62 所示。

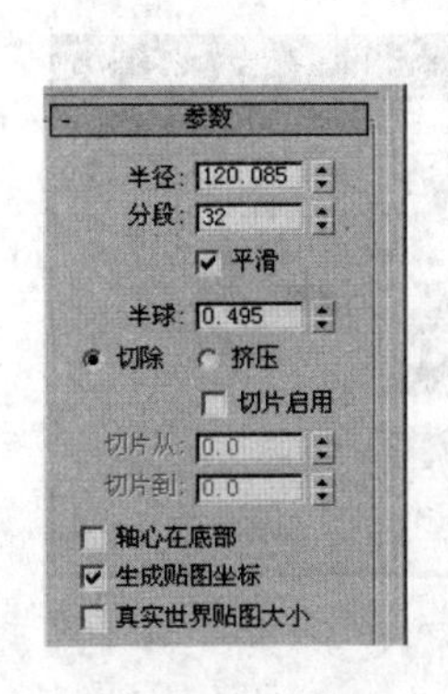


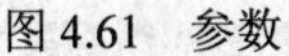

图 4.61 参数

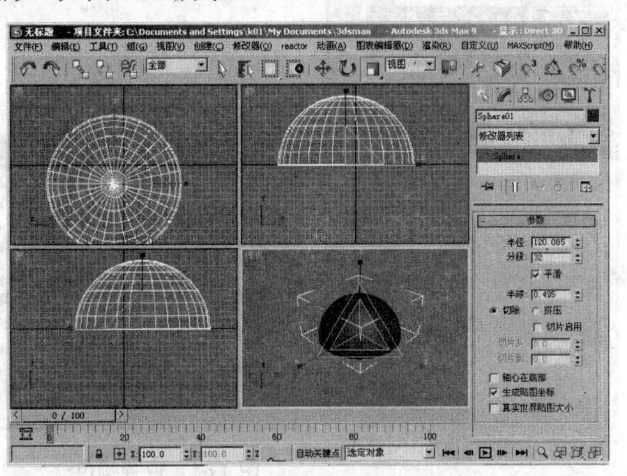

图 4.62 转化为可编辑多边形

③ 单击“选择并均匀缩放”按钮，单击“窗口/交叉”按钮，选择修改器列表中的“法线”选项，如图 4.63 所示。

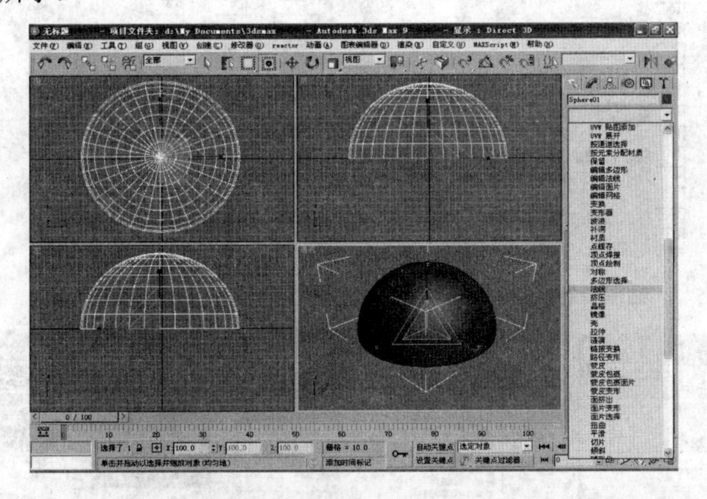

图 4.63 添加“法线”选项

④ 打开“材质编辑器”窗口，选择一个材质球，设置“反射高光”为 168，“光泽度”为 59。“环境光”和“漫反射”颜色设置如图 4.64 所示。

⑤ 展开【贴图】卷展栏，勾选“凹凸”通道，“数量”设置为 80，单击“贴图类型”中的“None”按钮，如图 4.65 所示。

⑥ 选择“噪波”贴图，噪波设置如图 4.66 所示。选择“分形”，大小设置为 8.8。

⑦ 单击“返回”按钮，展开【贴图】卷展栏，勾选“反射”通道，“数量”为 100，单击“贴图类型”中的“None”按钮，选择“衰减”贴图，如图 4.67 所示。在衰减面板调整颜色如图 4.68 所示，“衰减类型”选项为 Fresnel。

⑧ 在“通道 2”中单击“None”按钮，选择“平面镜”贴图，如图 4.69 所示。设置平面镜贴图参数如图 4.70 所示。然后将材质赋给物体，调整平面大小。最后进行渲染得出最终效果图。

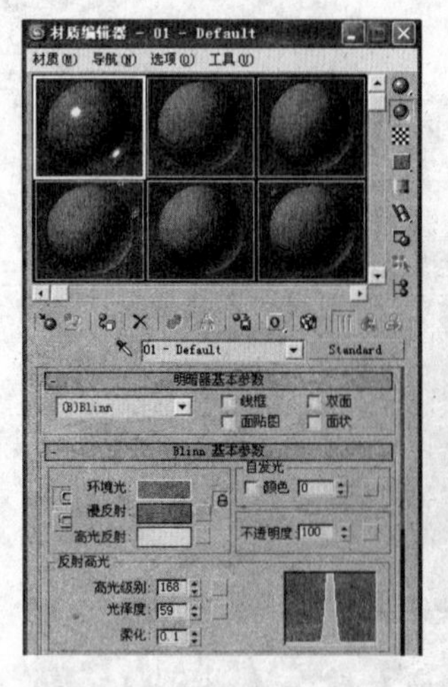

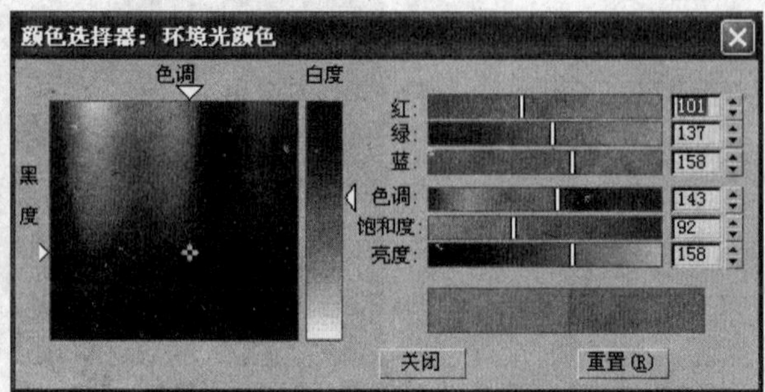


图 4.64　设置颜色

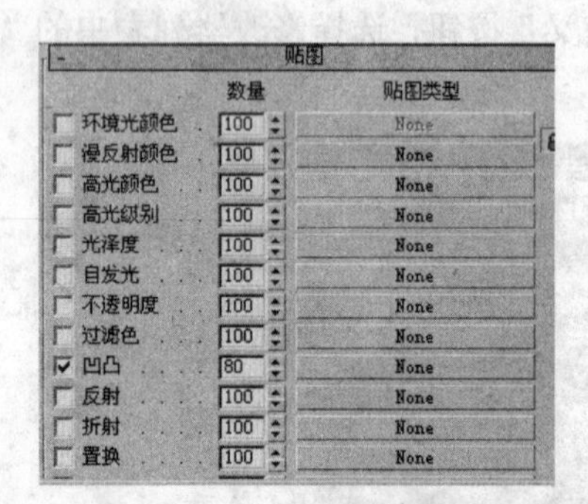


图 4.65　“贴图”卷展栏

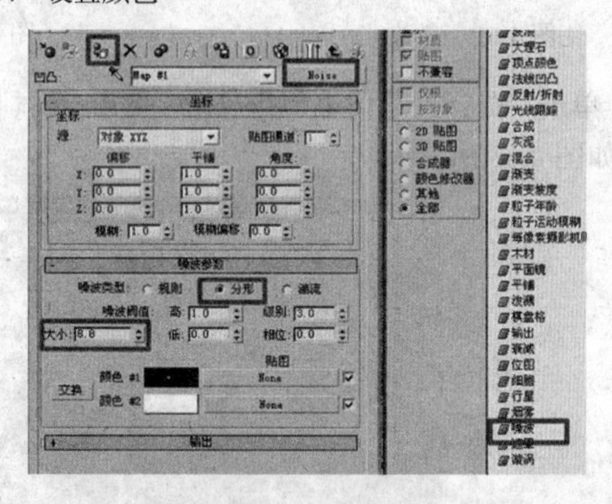

图 4.66　噪波设置

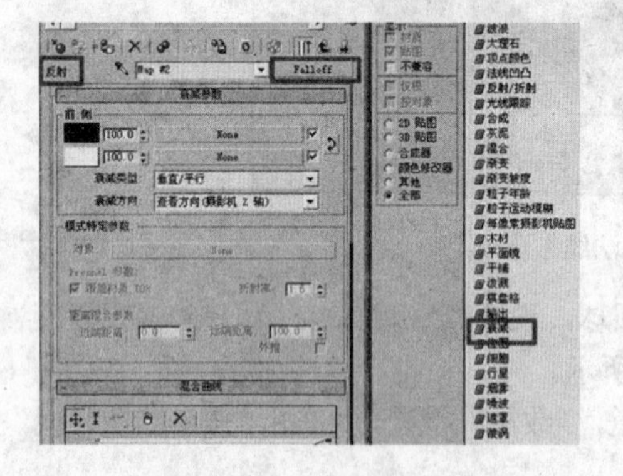

图 4.67　选取材质

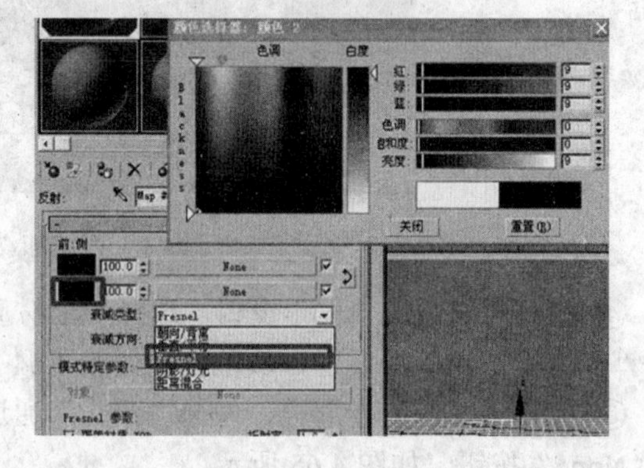

图 4.68　衰减设置

**提　示**

❖平面镜只可用在反射贴图通道中，平面镜产生的是一种反射效果，因此需要配合周围的环境才能使效果更加真实。如果渲染后没有看到反射效果，则可以通过选中物体，单击“修改”面板中的下拉列表添加“法线”项，勾选“翻转法线”复选框，假如需要在背面也有镜面效果，则勾选“统一法线”复选框。

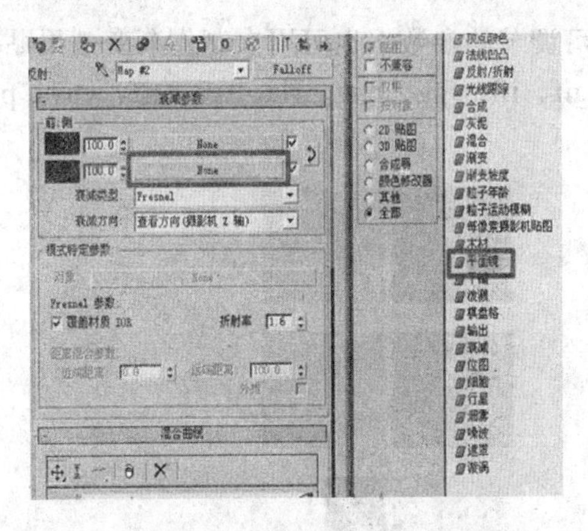

图 4.69 选择平面镜贴图

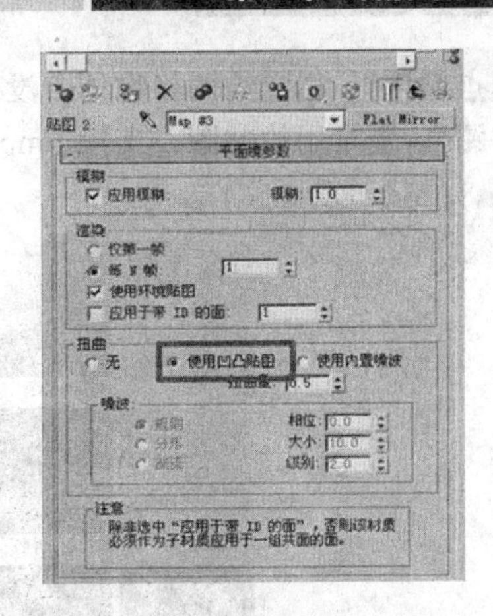

图 4.70 平面镜贴图参数

## 4.3.2 制作漂亮的双人床效果

通过制作"漂亮的双人床"来学习贴图的操作。自然界中的物体表现出来的不同质感需要不同的贴图类型来实现。可以对构成材质的大部分元素指定贴图，也可以用贴图来影响物体的透明度，用贴图来影响物体的自体发光品质等。制作如图 4.71 所示的"漂亮的双人床"的实例效果，学习几种常用贴图的使用方法和技巧。

图 4.71 漂亮的"双人床"效果图

3ds Max 的诸多贴图方式中，最简单的算是位图了。除此之外还有二维贴图、三维贴图等多种贴图形式。3ds Max 不仅可以实现一对一的贴图方式，还可在材质的同一层级赋予多个贴图和通过层级的方式使用复合贴图为物体赋予混合材质。

- **二维贴图**：二维平面图像，用于环境贴图以创建场景背景或映射在几何体表面。
- **三维贴图**：是程序生成的三维模板，如木头，在赋予对象的内部同样有纹理。被赋予这种材质的物体切面纹理与外部纹理是相匹配的。它们都是由同一程序生成，有自己特定的贴图坐标系统。
- **合成器**：提供混合方式，将不同的贴图和颜色进行混合处理。
- **颜色修改器**：更改材质表面像素的颜色。
- **其他**：用于建立反射和折射效果的贴图。

下面我们就来介绍几种常用的贴图，如图 4.72 和图 4.73 所示。

- **"凹陷"**：常用于 Bump 凹凸贴图通道，产生风化和腐蚀的效果，在建筑效果图中常用于制作寝室的旧金属和凹凸墙面。
- **"大理石"**：制作大理石，也可以用于表现木纹的纹理。

● **“顶点颜色”**：指定给网格物体，没有可调节的参数，也可用来制作渐变效果贴图。

● **“位图”**：最常用的贴图。支持 bmp、gif、ifl、jpg、png、rla、tga、tif、yuv、psd 等格式，包括 avi、flc 等动画文件。

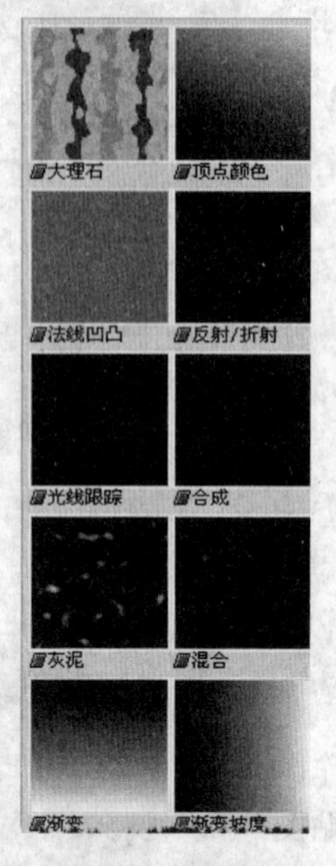


图 4.72　常用的贴图

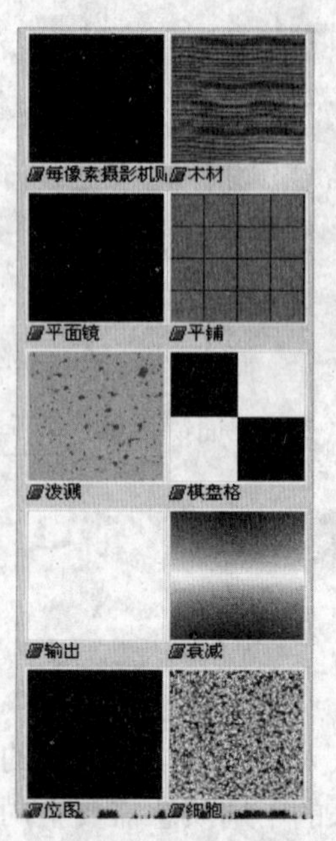


图 4.73　多种颜色渐变

● **“细胞”**：产生细胞团，可以制作出细胞壁、马赛克、海洋等表面效果。

● **“棋盘”**：常用在地板和砖墙等贴图中。

● **“合成”**：将多种贴图组合在一起。

● **“衰减”**：产生由强到弱的衰减效果。可用于不透明（Opacity）、自发光（Self-Illumination）、过滤色（Filter Color），还常用于遮罩（Mask）、混合（Mix）等贴图中，用来制作多个材质渐变交融或覆盖的效果。

● **“镜面反射”**：专用于一组平面的表面产生镜面反射的效果，常用于制作地板反射。

● **“渐变”**：产生三种贴图的渐变过滤效果。可调节每种颜色所占区域的大小，颜色渐变的方式有线性和放射两种，自身有噪波参数可调节，产生色彩融合时的杂乱效果。

● **“渐变坡度”**：没有颜色的限制，有多种颜色渐变方式可供选择，如图 4.64 所示。

● **“混合”**：混合材质，像是将两种贴图混合在一起。也可以通过一种混合贴图将两种贴图混合。

● **“遮罩”**：设用贴图作为遮罩，透过它来观看上面的材质效果。遮罩贴图的敏感度决定透明的程度，以表现其遮罩的材质效果。

● **“噪波”**：将**两种**不同的颜色混合在一起产生一种噪波效果。

● **“输出”**：用于贴图控制、调节。在 3ds Max 提供的贴图类型中，有些贴图无法输出调节参数，所以无法对其进行输出控制，使用输出贴图，就可以对贴图的亮度、饱和度等进行输出调节。

● **“光线跟踪”**：可产生良好的反射和折射效果。但渲染时间长。

● **“发射/折射”**：不如光线跟踪效果好，但渲染时间短。

● **“木材”**：常用于漫反射（Diffuse）贴图，产生木质纹理。

## 任务分析

本例“双人床”制作主要包括“床体”设置、“靠背”材质设置等。首先打开预先做好的“双人床”文件，然后使用“木纹”材质设置“靠背”材质，再使用“位图”贴图设置“床体”材质，最后渲染，得到我们想要的效果。

## 任务实施

① 打开事先做好的双人床，如图4.74所示。打开“材质编辑器”，选择一个材质样本框，并设置“高光级别”为20，“光泽度”为30，如图4.75所示。单击“漫反射”右边的小按钮，弹出“材质/贴图浏览器”对话框，选择“位图”方式，弹出“选择位图图像文件”对话框，选择图片“A-D009.tif”，单击“打开”按钮。在视图中选择“床头”，单击材质编辑器水平工具栏上的按钮，将材质指定给选定对象上。

图4.74 打开源文件

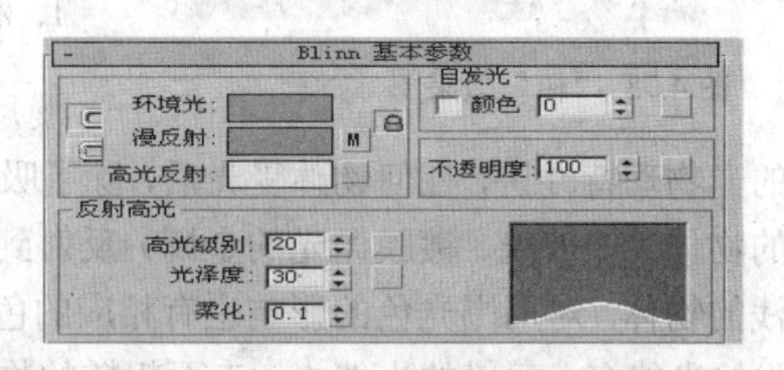


图4.75 材质参数设置

② 再选择一个材质样本框，设置“高光级别”为10，“光泽度”为5，如图4.76所示。单击“漫反射”右边的小按钮，弹出“材质/贴图浏览器”对话框，选择“位图”方式，弹出“选择位图图像文件”对话框，选择图片“花纹墙纸40.tif”，单击“打开”按钮。在贴图【坐标】卷展栏中进行如图4.77所示的设置。

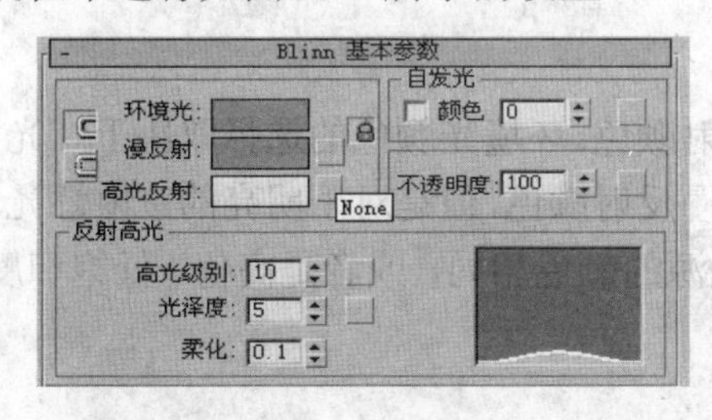


图4.76 基本参数

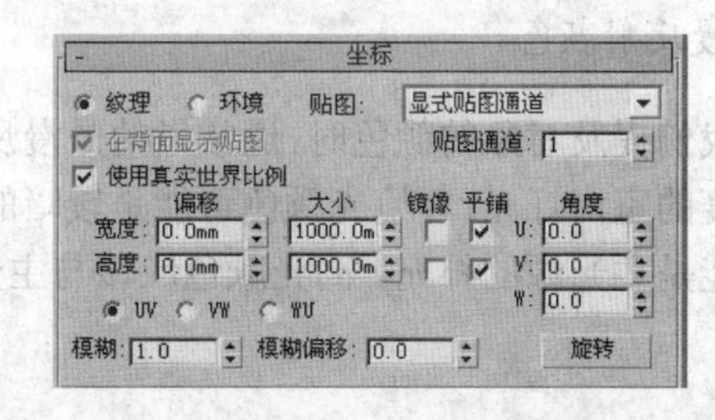


图4.77 设置坐标

③ 单击材质编辑器水平工具栏上的（将材质指定给选定对象）按钮。在“渲染场景”对话框中通过设置适当的参数进行渲染，得到最终效果图。

**提 示**

❖在对床面进行贴图时使用了“使用真实世界比例”功能，这样做的目的是为了使床面看起来更加真实，如果不采用这种方法，会使床面的贴图变形。

# 4.4 高级贴图

## 4.4.1 镂空贴图——用面片制作一棵树

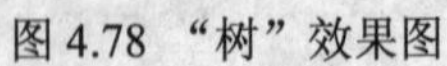

图 4.78 “树”效果图

通过制作“树”来学习面片的创建、面片的旋转、面片的复制、双面透明贴图、镂空贴图等的操作技巧。效果如图 4.78 所示。

1. 漫反射

漫反射是 3ds Max 软件中渲染操作的名词。从现实世界的光物理特性讲，任何物体受光后，除了吸收一部分光能外还要反射到周围一部分。表面光滑的物体（如玻璃、镀膜抛光的金属）反射到周围的光能多，反之则少。不同的颜色，不同深或浅的物体，对周围光色的影响也有相应的色彩和深浅的变化。一般来说，接近黑色的物体，吸收的光能多，反射的光能少。表面粗糙的物体，反射光的方向是多方位的。光滑的平面物体，反射方向则要一致得多。最后，这种光反射是经过多次、逐渐衰减的。“漫反射”就是指渲染器在渲染时，考虑了这种反射到周围的光能对其他物体和环境的渲染叠加。在渲染时考虑漫反射，渲染结果要真实得多。漫反射颜色是指当用“优质灯光”（即通过使对象易于观察的直射日光或人造灯光）照明时对象所反映的颜色。

2. 漫反射颜色

当我们提及对象的颜色时，通常指的是漫反射颜色。环境光颜色的选择取决于灯光的种类：对于适度的室内灯光，环境光颜色可能是较暗的漫反射颜色，但是对于明亮的室内灯光和日光，则其可能是主光源的补充。高光颜色应该与主光源的颜色相同，或者是高值、低饱和度的漫反射颜色。

3. 漫反射颜色贴图

通过设置漫反射颜色的贴图应用纹理。可以选择位图文件或程序贴图，以将图案或纹理指定给材质的漫反射颜色。贴图的颜色将替换材质的漫反射颜色组件，这是最常用的贴图种类。设置漫反射颜色的贴图与在对象的曲面上绘制图像类似。例如，如果要用砖头砌成墙，则可以选择带有砖头图像的贴图，并不一定必须锁定环境光贴图和漫反射贴图。通过禁用锁定并针对每个组件使用不同的贴图，可以获得有趣的混合效果。但是，通常漫反射贴图的目的是模拟比基本材质更复杂的单个曲面，为此，应该启用锁定。

**提 示**

❖默认情况下，漫反射贴图也将相同的贴图应用于环境光颜色。通常很少需要对漫反射组件和环境光组件使用不同的贴图。

4. 不透明度贴图

在 3ds Max 里覆材质时，如果用到不透明度贴图（应用黑透白不透原理），它会把漫反射贴图的一部分遮住，显示为透明材质，而不是没有覆贴图时的材质。如果设置平铺次数，假设为 5，取消平铺勾选，则贴图只显示在物体的五分之一部分，其余部分显示为没有贴图时的材质。但是加入不透明度，贴图设置跟漫反射贴图一样（贴图是黑白色，平铺次数为 5，取消平铺勾选），这时物体五分之一部分显示正常，其余五分之四部分则显示为不透明。这不符合我们的一般逻辑，也是大家应用 3ds Max 时应该注意的问题。取消平铺勾选的时候，其余部分是计算得到所用材质下的那个不透明度参数的不透明度。若想要其余部分透明，把不透明度参数的值改成 0 就行。

可以选择位图文件或程序贴图来生成部分透明的对象。贴图的浅色（较高的值）区域渲染为不透明，深色区域渲染为透明，之间的区域渲染为半透明。

将不透明度贴图的“数量”设置为 100，可应用于所有贴图，透明区域将完全透明。将“数量”设置为 0，相当于禁用贴图。居间的“数量”值与【基本参数】卷展栏上的“不透明度”值混合，则贴图的透明区域将变得更加不透明。

**提 示**

❖反射高光应用于不透明度贴图的透明区域和不透明区域，可用于创建玻璃效果。如果使透明区域看起来像孔洞，也可设置高光度的贴图。

## 任务分析

用面片制作“一棵树”的实例主要包括创建面片、生成树、设置镂空贴图等步骤。主要运用“创建”菜单中的面片栅格中的四边形面片创建面片，再运用位图贴图给面片赋予贴图，最后在“不透明度”通道贴入“不透明度”贴图，渲染得到我们想要的效果。

## 任务实施

（1）生成树模型

① 选择“创建”→“几何体”→“标准几何体”命令按钮，选择“平面”选项，在透视图中【创建】一个平面，如图 4.79 所示。按下【Shift】键，结合“选择并旋转”命令按钮在顶视图中旋转 90º，复制生成另一个面片，如图 4.80 所示。

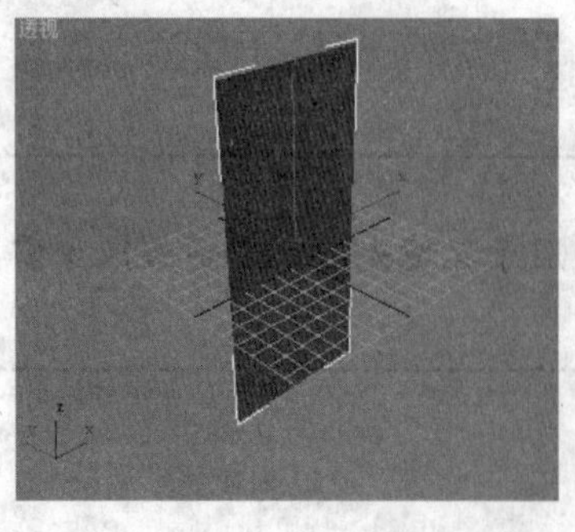

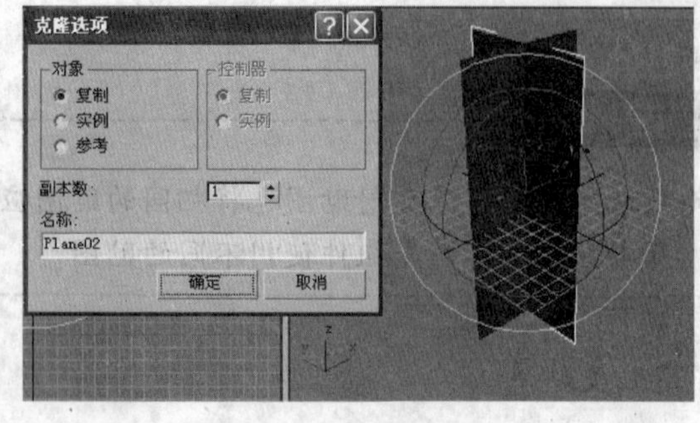

图 4.79 创建平面　　　　　　　　　图 4.80 复制生成面

② 同时选择两个面片，然后打开“材质编辑器”窗口，选择一个材质样本框，设置“高光级别”为 10，“光泽度”为 20，勾选【明暗器基本参数】卷展栏中的“双面”，单击“不透明度”右侧按钮打开“材质/贴图浏览器”，并选择“位图”，如图 4.81 所示。

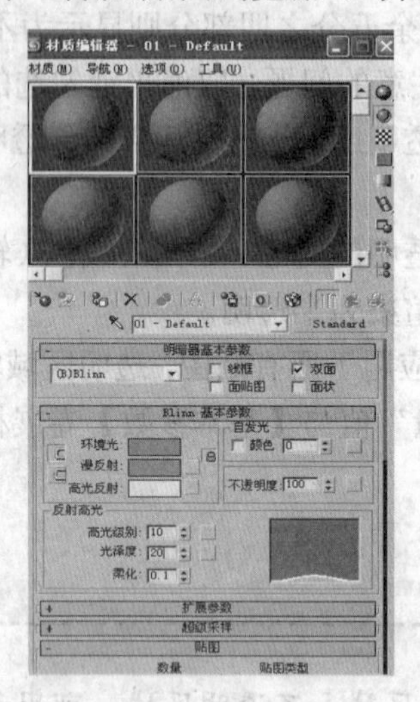

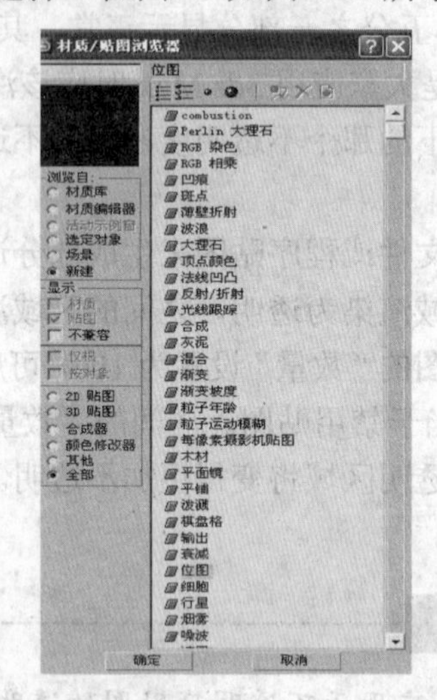

图 4.81 贴图参数

③ 弹出“选择位图图像文件”对话框，选择图片“B-B-004.PSD”，单击“打开”按钮，如图 4.82 所示。在弹出的“PSD 输入选项”中选择“塌陷层”，单击“确定”按钮退出，如图 4.83 所示。

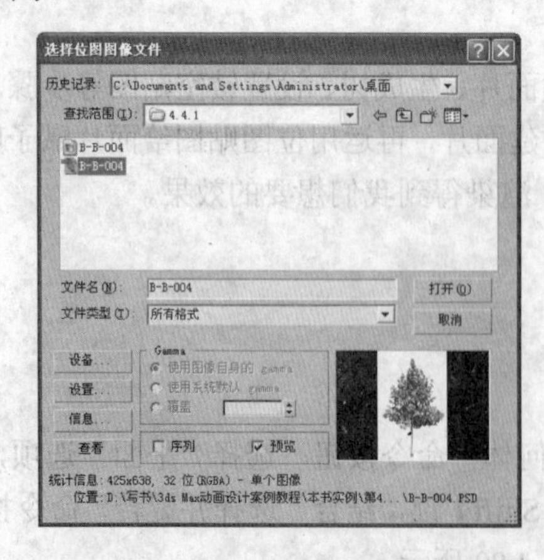

图 4.82 “选择位图图像文件”对话框　　　　图 4.83 塌陷 PSD 格式文件

④ 把材质赋予面片，进行渲染得出基本效果如图 4.84 所示。

（2）镂空贴图

① 在【贴图】卷展栏中选择“不透明度”，单击“None”按钮，打开“材质/贴图浏览器”，选择“位图”。

② 弹出“选择位图图像文件”对话框，选择要镂空的图片“B-B-004.JPG”，如图 4.85 所示。单击“打开”按钮，结果如图 4.86 所示。渲染得出最终效果如图 4.87 所示。

图 4.84 初步渲染

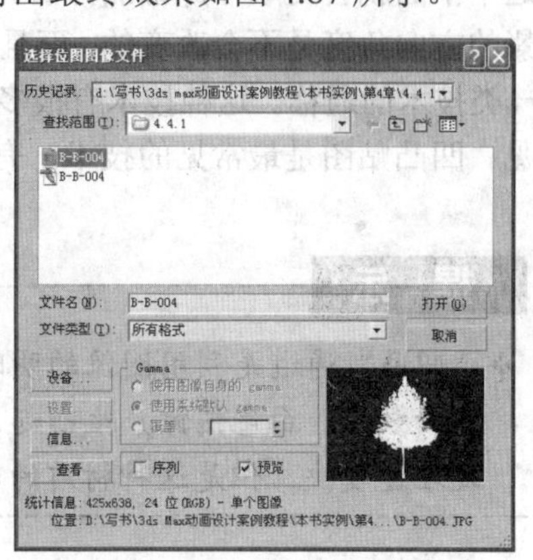


图 4.85 添加“不透明度”贴图

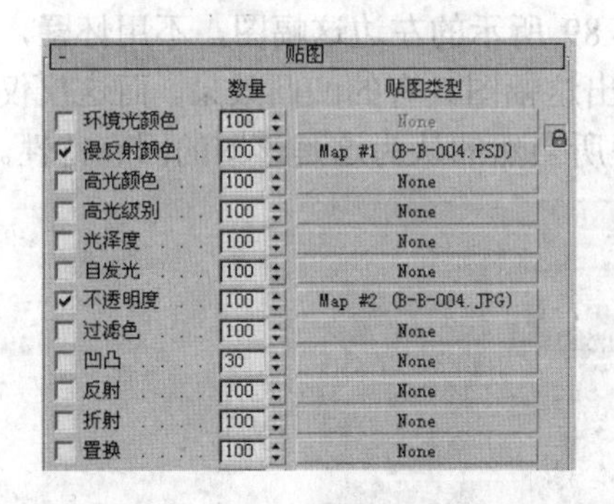


图 4.86 “不透明度”贴图选项

图 4.87 最终效果图

## 4.4.2 凹凸贴图——带龙纹的立柱（不加灯光）效果

通过制作如图 4.88 所示的“带龙纹的立柱”（不加灯光）的效果，学习凹凸贴图的使用、坐标修改器的设置以及贴图坐标和贴图属性的调整方法与技巧。

图 4.88 “带龙纹的立柱”效果图

1. 认识凹凸贴图技术

真正开创虚拟 3D 技术先河的其实是凹凸贴图技

术。这种技术一直到现在仍然在广泛地应用，它能够获得非常好的效果，而且对资源的消耗也不是很大。

凹凸贴图技术简单说来是一种在3D场景中模拟粗糙表面的技术，将带有深度变化的凹凸材质贴图赋予3D物体，经过光线渲染处理后，这个物体的表面就会呈现出凹凸不平的感觉，而无需改变物体的几何结构或增加额外的点面。例如，把一张碎石的贴图赋予一个平面，经过处理后这个平面就会变成一片铺满碎石、高低不平的荒原。当然，使用凹凸贴图产生的凹凸效果其光影的方向角度是不会改变的，而且不可能产生物理上的起伏效果。凹凸贴图技术严格来讲，是一类技术的通称。这种技术有很多的算法和衍生产物，应用这一技术的3D游戏和程序非常常见。凹凸贴图是最常见的技术，有着广泛的应用。

**提　示**

❖"凹凸"通道是利用图像的明暗强度来影响材质表面的光泽度，从而产生凹凸的表面效果，白色图像产生凸起，黑色图像产生凹陷，中间色为过渡。它的优点是处理速度快，但是这种材质的凹凸部分不会产生阴影投影的效果。

2. 凹凸贴图的原理

让我们先解释一下有关错觉的问题。观看如图4.89所示的左边这幅图，不用怀疑，绝大多数人（为什么这样说，后面会提到）都会马上分辨出这幅图具有的凹凸效果。而这仅仅是用了几根白色和黑色的线条勾勒出来的。但千万不要理所当然的认为这是该图的固有特性。

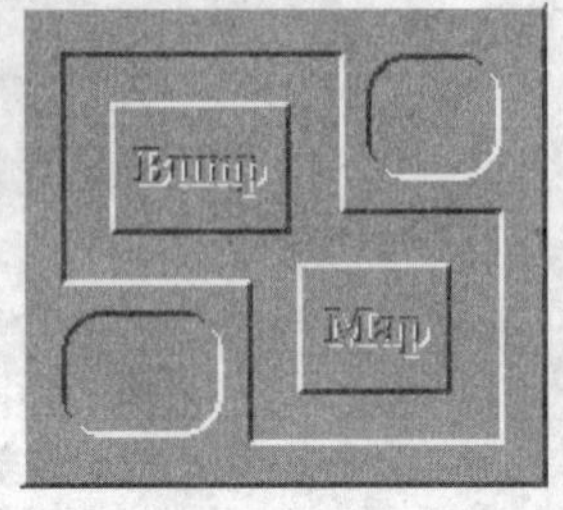

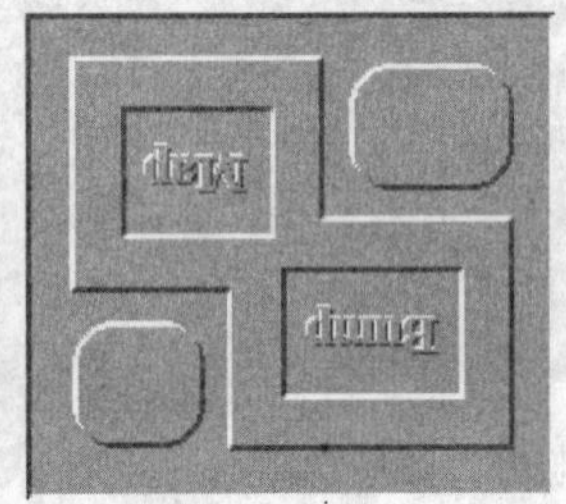

图4.89　同一幅图的不同放置方法

让我们把左边的图旋转180°，变成右边的样子，结果怎么样？你会发现这幅图的凹凸性正好和左图相反。本来是凸出来的地方变凹进去，本来是凹进去的地方却凸出来了。

我们所生活的环境，光源通常都来自上方（当然，对整天都坐在电脑前的人来说，光源来自正前方）。所以，我们在看左图的时候，眼睛将亮边缘和暗边缘的信息传达到大脑，在没有任何光源提示的情况下，大脑就会假定光源来自我们的上方，然后经过快速的经验判断，告诉你它具有的凹凸性。与光线方向垂直的面，颜色将最亮，而与光线方向平行的面，颜色将最暗。

**提　示**

❖如果渲染凹凸贴图材质并在高光中注意到锯齿效果，请启用超级采样并再次进行渲染。

3. 凹凸贴图的优缺点

凹凸贴图的好处就是算法简单，运算量小，确定凹凸贴图只要根据每个点周围的点的颜色就可以确定。

4. 凹凸贴图的对象

可以选择一个位图文件或者程序贴图用于凹凸贴图。 凹凸贴图使对象的表面看起来凹凸不平或呈现不规则形状。用凹凸贴图材质渲染对象时，贴图较明亮（较白）的区域看上去被凸起提升，而较暗（较黑）的区域看上去被降低。

提 示

❖在视口中不能预览凹凸贴图的效果。必须渲染场景才能看到凹凸效果。

凹凸贴图使用贴图的强度影响材质表面。在这种情况下，强度影响表面凹凸的明显程度为：白色区域突出，黑色区域凹陷。

当希望去除表面的平滑度，或要创建浮雕效果时，可以使用凹凸贴图。灰度图像可用来创建有效的凹凸贴图。黑白之间渐变着色的贴图通常比黑白之间分界明显的贴图效果更好。

凹凸贴图“数量”可调节凹凸程度。用较高的值渲染能产生较大的浮雕效果，较低的值渲染产生较小的浮雕效果。在对象渲染之前，凹凸是由扰动面法线创建的模拟效果。因此，凹凸贴图对象的轮廓上不出现凹凸效果。

提 示

❖【输出】卷展栏中的大部分控件均不影响凹凸贴图。只考虑“反向”切换时，它用来反转凹凸的方向。

本例“带龙纹的立柱”主要包括“圆柱”、“凹凸贴图”、“UVW 贴图”等方面的制作。首先使用“圆柱”创建“立柱”，然后使用“UVW 贴图”加入坐标，再使用“凹凸贴图”设置材质，最后进行渲染。

（1）制作圆柱

① 在命令面板中单击“创建”按钮，再单击“几何体”按钮，选择 圆柱体 按钮，在视图中创建圆柱体，参数和效果如图 4.90 和图 4.91 所示。

② 在“修改器列表”中选择“UVW 贴图”命令，为“圆柱”添加一个修改器，然后点选参数中的“柱形”，如图 4.92 所示。

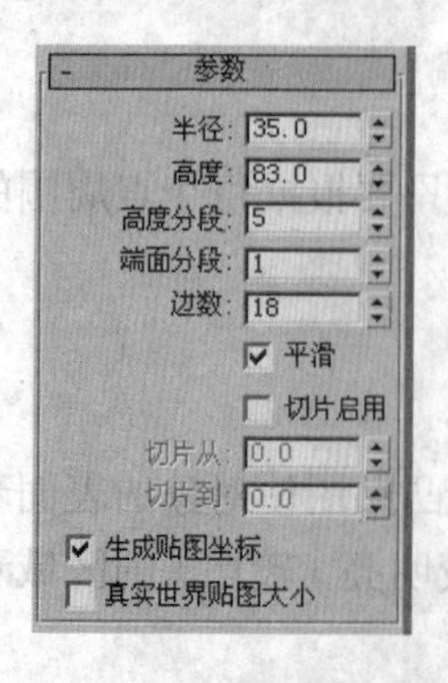


图 4.90　参数

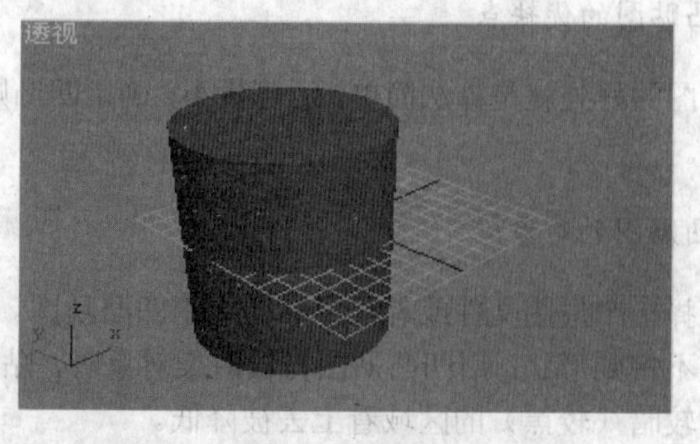


图 4.91　圆柱体

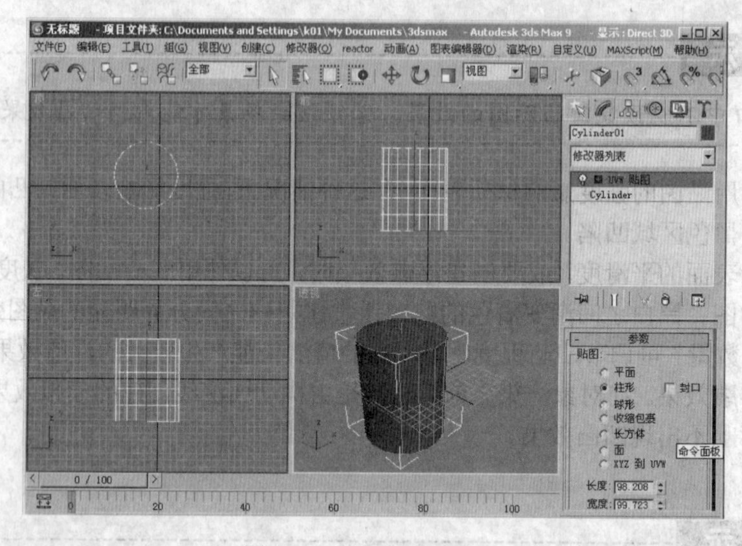

图 4.92　添加 UVW 贴图

（2）贴图

① 使用快捷键【M】打开“材质编辑器”，选择一个示例窗，设置“高光级别”为 54，“光泽度”为 35，进入【贴图】卷展栏，将“凹凸”的“数量”值设为 70，然后单击“None”按钮，弹出“材质/贴图浏览器”对话框，如图 4.93 所示。选择“位图”方式，弹出“选择位图图像文件”对话框，选择图片“A-021s.png”，单击“打开”按钮，如图 4.94 所示。

图 4.93　凹凸贴图选项

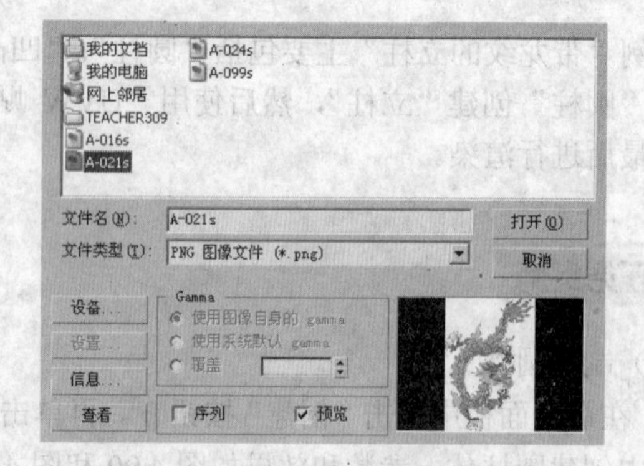

图 4.94　选择位图文件

② 单击“将材质指定给选定对象”按钮，再单击“在视口中显示贴图”按钮，执行

效果如图 4.95 所示，渲染后得到最终效果图。

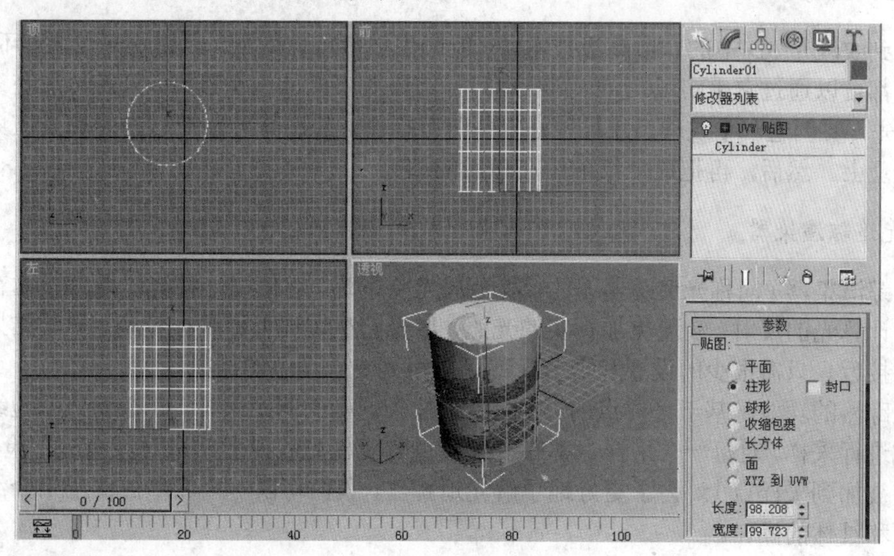


图 4.95 贴图后立柱

**提 示**

❖ “数量”可以设置“凹凸”通道对贴图所产生的效果。设为正值时，图片中的白色部分以及不同灰度对应的区域就会产生突出的效果，而纯黑色的对应区域没有变化；如果值为负数，则亮度越高的地方凹陷得越多。

## 4.4.3 亮度贴图——通过贴图模拟灯光下的龙纹立柱

通过制作如图 4.96 所示的“龙纹立柱”的效果，学习亮度贴图的一些常用的使用方法和基本技巧。

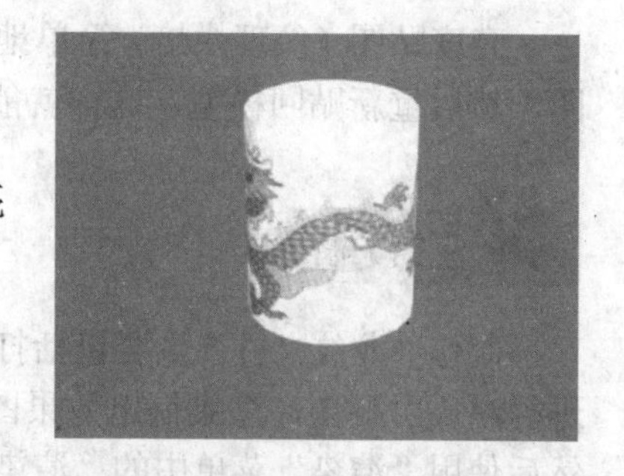

图 4.96 “龙纹立柱”效果图

1. 渲染

对采集的数字影片进行剪接、加效果、加字幕、加音乐等操作，当生成影片时，需要将后加入的素材融合到影片中并压缩成为影片最终格式，这个过程就是渲染。

2. 纹理

“纹理”（texture）指的是位图，把一张图贴到一个表面上去，实际是模拟了自然事物的漫射材质。因为材质一般只对顶点指定，不可能对这个平面上的每个像素都指定一种材质。纹理其实就是起这个作用，相当于对这个平面上的每个像素都指定了不同的漫射材质。

3. 渲染到纹理

渲染到纹理是3D中的一项高级技术，它能产生很多特殊效果，比如发光效果、环境映射、阴影映射都可以通过它来实现。渲染到纹理只是渲染到表面的一个延伸，只需再加些东西就可以了。首先，要创造一个纹理，并且做好一些防范措施。其次就可以把适当的场景渲染到我们创建的纹理上。然后，再把这个纹理用在最后的渲染上。

4. 光追踪渲染器

光追踪渲染器（简称光追踪器）是一种全局光照系统，它使用一种光线跟踪技术在场景中取样点并计算光的反射，实现更加真实的光照。尽管它在物理上不是很精确，但其结果与真实情况非常接近。只需很少的设置和调节，就可以得到令人满意的结果。

光追踪器的功能是基于采样点的。在图像中按有规则的间距采样，并在物体的边缘和高对比度区域进行采样。对每一个采样点都有一定数量的随机光线投射出来对环境进行检测，得到的平均值被加到采样点上。为了更好地了解光追踪器，我们将以一个简单的例子来介绍光追踪器的界面和具体的操作。

5. 光能传递渲染器

光能传递渲染器是一种全局光照系统，它能在一个场景中重现从物体表面反弹的自然光线，实现更加真实的和物理上精确的照明结果。

光能传递渲染器基于几何学计算光从物体表面的反弹。而几何面即三角形是光能传递计算中的最小的单位。大的表面可能需要被细分成小的三角形面而获得更精确的结果。同时，光能传递的计算质量可以随意调节，而且一旦计算完光能传递，就可以从任何角度观察场景，而不需要反复地渲染。

6. 亮度贴图

亮度贴图（纹理烘焙）简单地说，就是把带光照的模型（包括阴影和纹理）渲染成一张贴图，然后重新贴回模型，这样就能通过贴图模拟灯光的效果。

## 任务分析

制作“龙纹立柱”主要包括打开制作好的立柱，使用UVW贴图展开和渲染到纹理，最后进行漫反射贴图，渲染得出效果图。在制作时首先使用“文件”菜单打开制作好的立柱文件，然后使用“渲染”菜单中的“渲染到纹理”进行设置，主要包括在“常规设置”中设置输出路径。在【输出】卷展栏中选择“添加元素”，在“烘焙材质”板块中选择“输出到源”，单击“渲染”按钮开始渲染贴图，再添加UVW贴图修改器。最后在漫反射通道中，选择“位图”并读取刚才烘焙的纹理贴图。将材质应用到模型，进行渲染得到最终效果图。

## 任务实施

① 首先，准备一个基本模型，这里用的是一个立柱，如图4.97所示。

② 在菜单栏中执行“渲染”→“渲染到纹理”命令（快捷键【O】），打开“渲染到纹理”

窗口，如图 4.98 所示。在【常规设置】卷展栏中，设置输出路径。在【输出】卷展栏中单击“添加”按钮，在“添加纹理元素”对话框中选择“Complete Map”并单击“添加元素”，如图 4.99 所示。这时在下面的空白栏位中会出现新的信息。其中，名称栏表示输出纹理的名称、文件名和类型表示纹理名称和类型，可以把默认的“.tga”改成“.jpg”格式。输出大小则取决于需要的渲染尺寸和对纹理质量的要求。尺寸越大，纹理载入的计算时间越长。再确认勾选“阴影”选项，如图 4.100 所示。

图 4.97　“立柱”模型

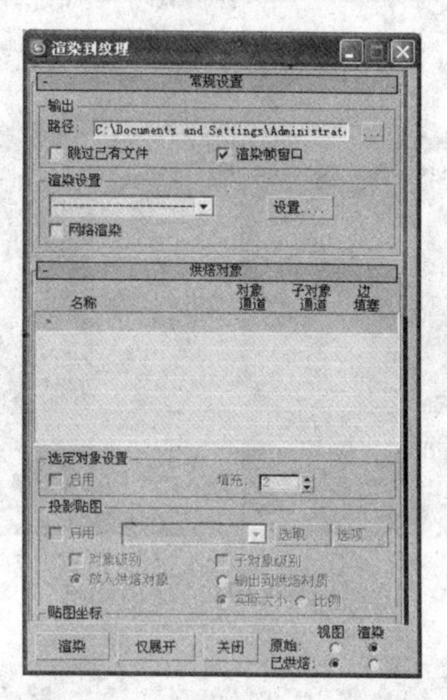


图 4.98　“渲染到纹理”窗口

③ 在【烘焙材质】卷展栏中点选“输出到源”，然后单击“渲染”按钮开始渲染贴图，如图 4.101 所示。

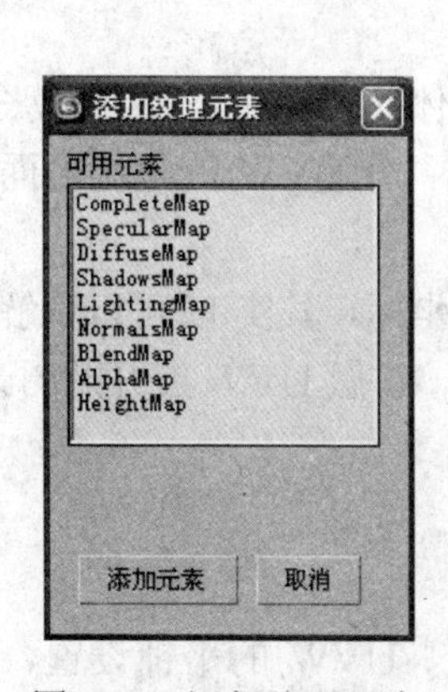


图 4.99　添加纹理元素

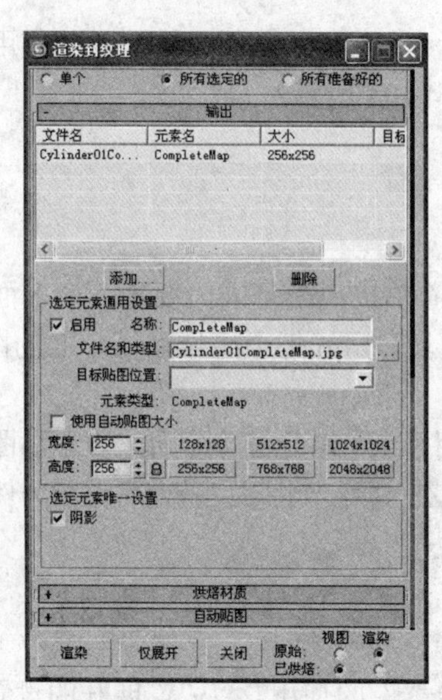


图 4.100　输出设置

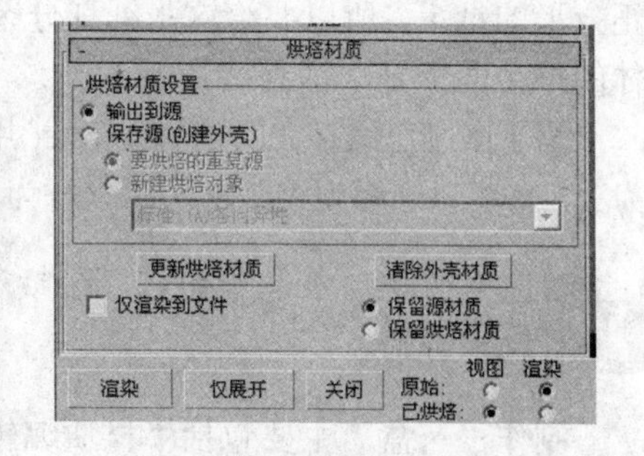


图 4.101　烘焙材质设置

④ 渲染并保存文件后，在物体的修改器堆栈中会出现一个新的修改器“UVW 贴图展开”。双击该修改器会打开 UVW 贴图编辑面板，不要移动任何物体，只需单击执行菜单“文件”→“导出”（保存纹理图像）命令，将 UV 坐标保存到和模型与纹理相同的目录即可。导出模型，

保存 Max 文件并重起场景，打开你的模型。这时修改器堆栈中只能选择“编辑网格”。添加 UVW 贴图修改器，双击修改器打开 UVW 贴图，在“文件”菜单中选择“导入”。选择刚才保存的 UV 坐标文件如图 4.102 所示，打开材质编辑器，选择一个空材质球，在漫反射通道中，选择“位图”并读取刚才烘培的纹理贴图。将材质应用到模型，不用设置灯光直接渲染即可得最终效果，如图 4.103 所示。

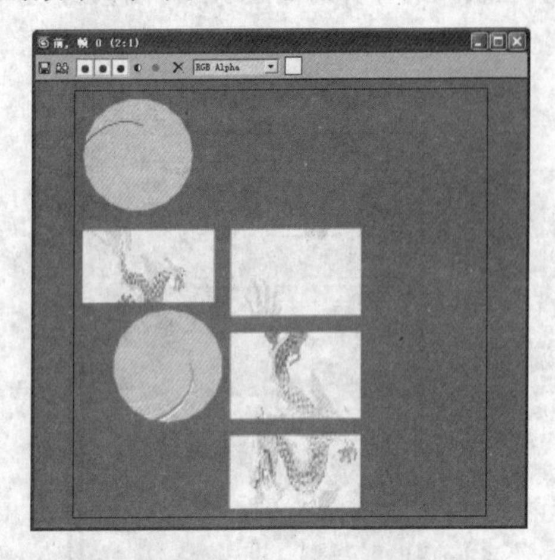

图 4.102　导出图片

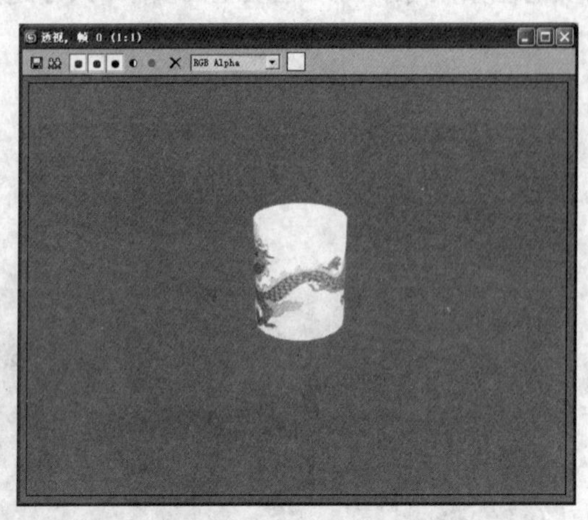

图 4.103　最终效果图

### 4.4.4 UVW 展开贴图——药盒效果

任务目的

通过对“药盒”材质设置，主要学习“UVW 贴图”修改器的使用方法与贴图坐标调整的方法和技巧，“药盒”的贴图效果如图 4.104 所示。

相关知识

UVW 通常是指物体的贴图坐标，简单来说就是因为要把一个多面体的贴图都绘制在一张正方形的纸上，所以要给这张纸划分区域，定好每个区域贴哪个面的图，分 UVW 就是把多面体的每个面拆开平铺到这张纸上。

为了区别已经存在的 XYZ，Max 用了 UVW 这三个字母来表示贴图坐标。其实 U 可以理解为 X，V 可以理解为 Y，W 可以理解为 Z。本小节将以“药盒”贴图为例，讲解 UVW 展开贴图。

任务分析

制作“药盒”主要包括“材质编辑器”的使用、UVW 展开的设置、UVW 的平铺设置、ID 材质和位置的设置以及调整等。在制作时，首先打开已创建好的模型文件，在修改器列表中选择“UVW 展开”命令，在“UVW 展开”命令下进行编辑操作。最后在“漫反射”贴图通道贴入药盒图片，回到“编辑 UVW”对话框，利用各种工具调整贴图坐标，并调整图片位置进行渲染，得到我们想要的最终效果。

## 任务实施

① 执行“文件”→“打开”命令，导入“药盒.max”文件，如图 4.105 所示。

图 4.104 “药盒”效果图

图 4.105 导入源文件

② 在“修改器列表”中的“可编辑多边形”堆栈上添加“UVW 展开”命令，如图 4.106 所示。在【UVW 展开】卷展栏中的“面”层级下框选所有的面，如图 4.107 所示。

③【参数】卷展栏单击“编辑”按钮，打开“编辑 UVW”窗口，如图 4.108 所示。

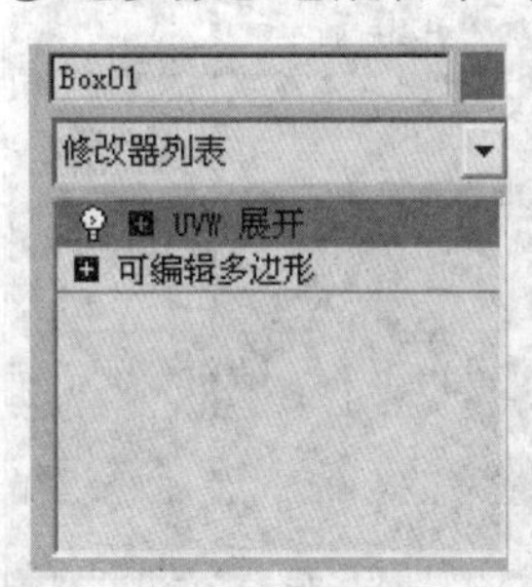


图 4.106 加入“UVW 展开”

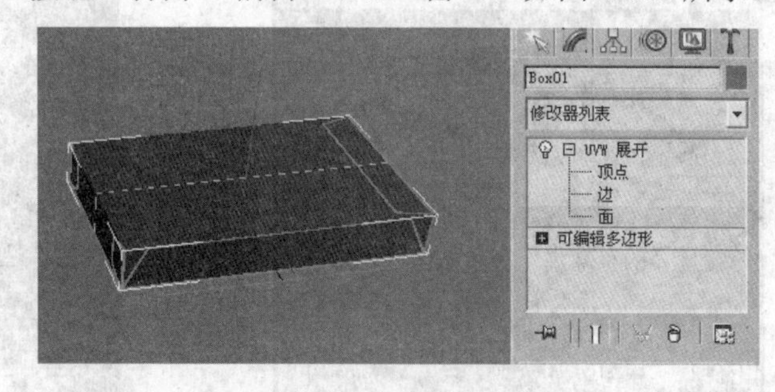


图 4.107 选择所有的面

④ 执行“贴图”→“展平贴图”命令，如图 4.109 所示。展平结果如图 4.110 所示。

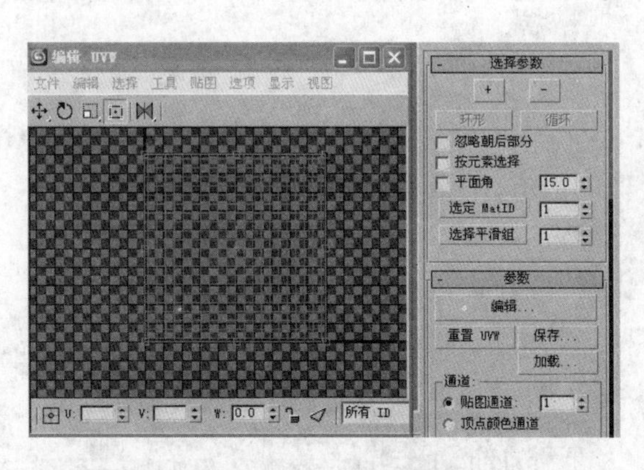


图 4.108 打开“编辑 UVW”窗口

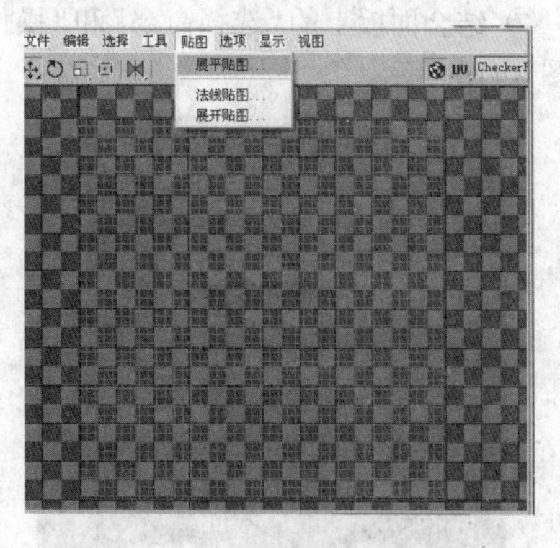


图 4.109 “展平贴图”命令

⑤ 选择其中较大的一块，执行“工具”→“缝合选定项”命令，如图 4.111 所示。依次

按照此法操作，操作结果如图 4.112 所示。

⑥ 单击“UV”右侧的下拉列表，选择“拾取纹理”选项，如图 4.113 所示。在弹出的对话框中选择光盘文件中的“药盒.jpg”文件，结果如图 4.114 所示。

图 4.110 “展平贴图”后的结果

图 4.111 缝合选定项

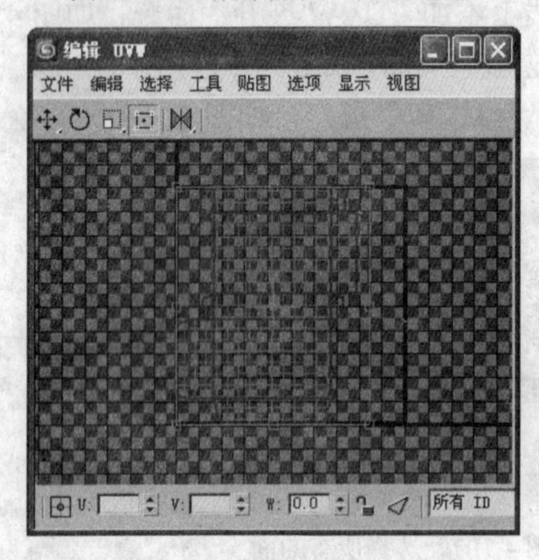


图 4.112 缝合完毕

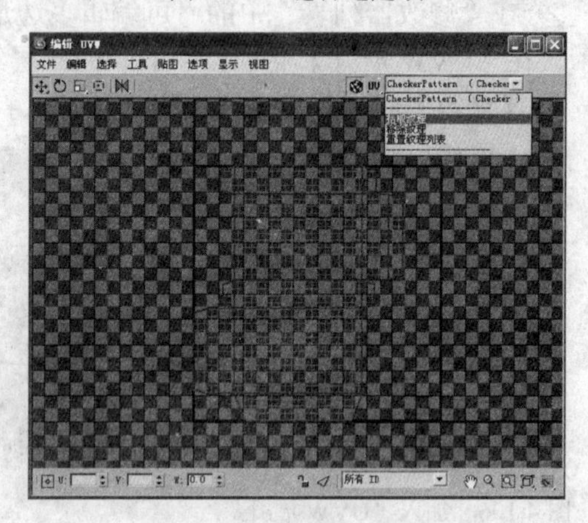

图 4.113 导入贴图文件

⑦ 结合面板上的“选择命令”和“操作选项”使展开的布线图与贴图文件吻合，如图 4.115 和图 4.116 所示。

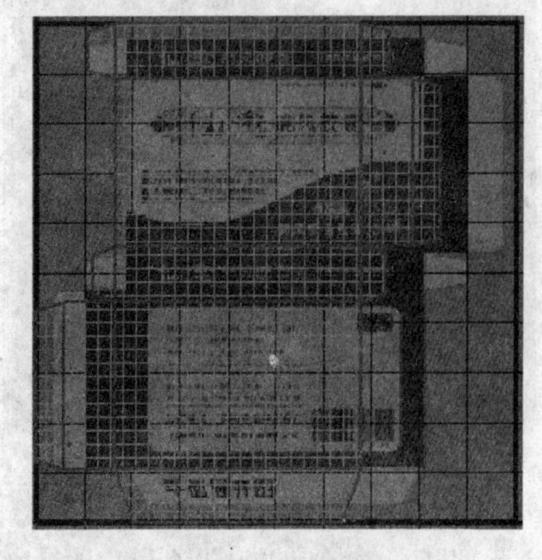

图 4.114 导入贴图后

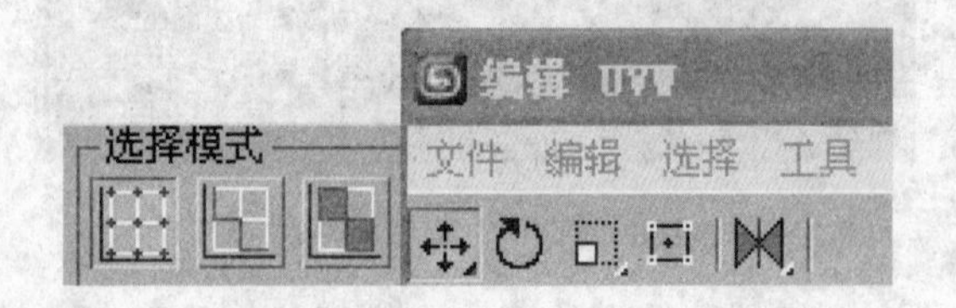


图 4.115 “选择命令”和“操作选项”

⑧ 为药盒模型添加一个材质球，在“漫反射”通道中为其赋予“药盒.jpg”贴图文件，如图4.117所示。最后渲染出图。

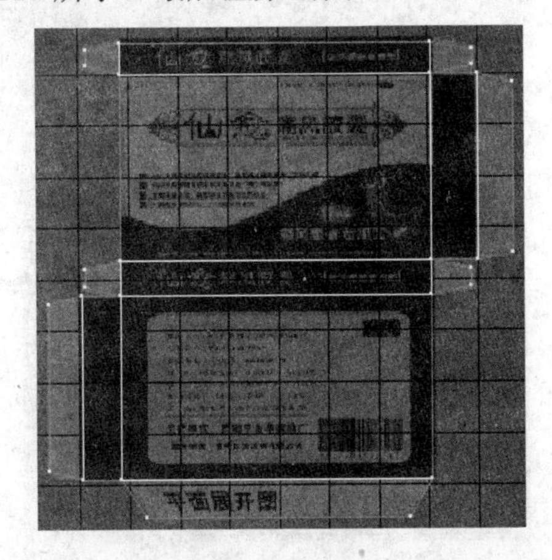

图4.116 对位

图4.117 赋予贴图

## 4.4.5 能力提升——客厅效果图设计

通过制作如图4.118所示的“客厅效果图”，综合应用多种材质的设计方法和技巧。

图4.118 客厅效果图

“客厅效果图”主要在项目实施中赋予“地面”、“墙”、“灯”、“玻璃”等材质。主要运用位图贴图，其中地面、墙体、沙发面、桌面等均为漫反射中的位图贴图。灯金属和灯芯材质运用多维/子对象材质实现。

（1）赋予“地面”材质

① 按下快捷键【M】，选择“材质编辑器”，选择第一个默认材质球，单击“标准材质”，选择“多维/子对象材质”，设置如图4.119所示。单击ID为3的地面的“子材质”按钮，在【Blinn基本参数】卷展栏中完成如图4.120所示设置。

② 单击“漫反射”右边的按钮，弹出“材质/贴图浏览器”对话框，然后在“位图”上双击，在弹出的对话框中选取配套光盘中的素材作为位图贴图，参数设置如图4.121所示，环境光和漫反射颜色相同，设置如图4.122所示，再把材质赋予“地面”。

（2）赋予“墙”材质

① 选择一个默认的材质球，将其赋予场景中的“左墙”、“右墙”和“前墙”等物体。设置橙色墙和白色墙的方法相同，下面叙述白色墙的操作步骤和参数设置。单击ID为4的墙面

的“子材质”按钮，在【Blinn 基本参数】卷展栏中完成如图 4.123 所示设置。环境光和漫反射颜色相同，设置如图 4.124 所示。

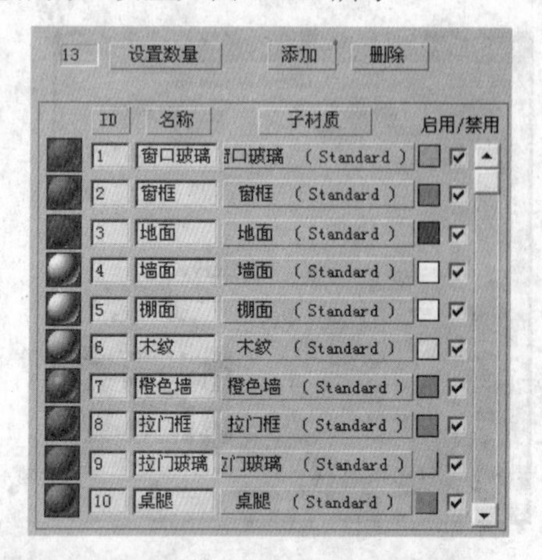


图 4.119　多维/子对象材质

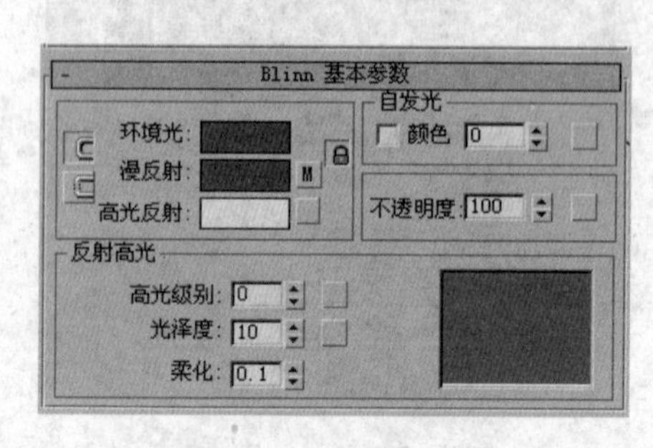


图 4.120　地面基本参数

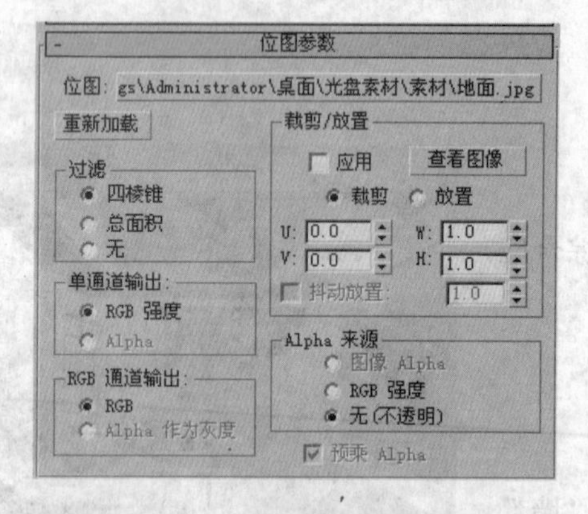


图 4.121　位图贴图参数

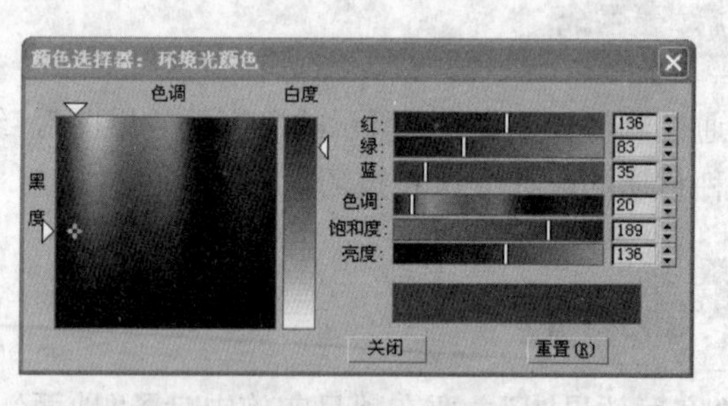


图 4.122　颜色设置

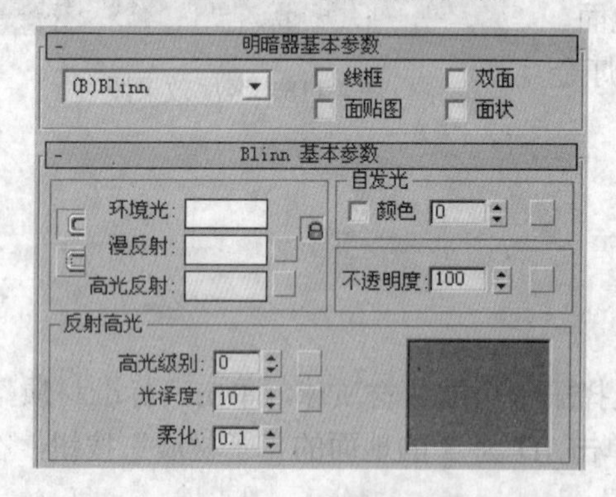


图 4.123　墙基本参数

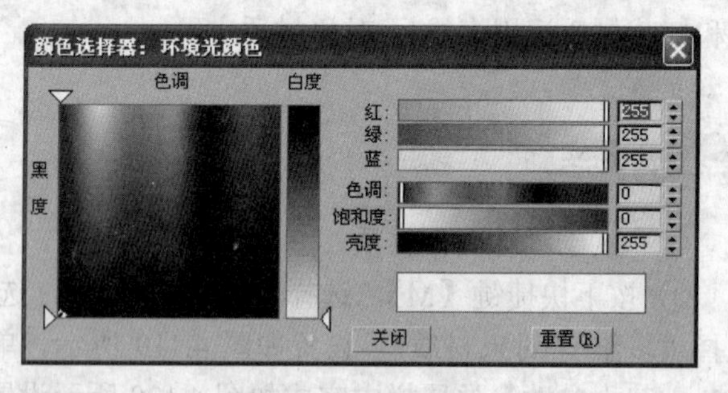


图 4.124　白色设置

② 单击 ID 为 7 的墙面的“子材质”按钮，在【Blinn 基本参数】卷展栏中完成如图 4.125 所示设置。环境光和漫反射颜色相同，设置如图 4.126 所示。

（3）赋予“窗玻璃”材质

选择一个默认材质球，并把材质球赋予场景中所有的“窗玻璃”物体，如图 4.127 所示，设置它的漫反射颜色，具体参数设置如图 4.128 所示。

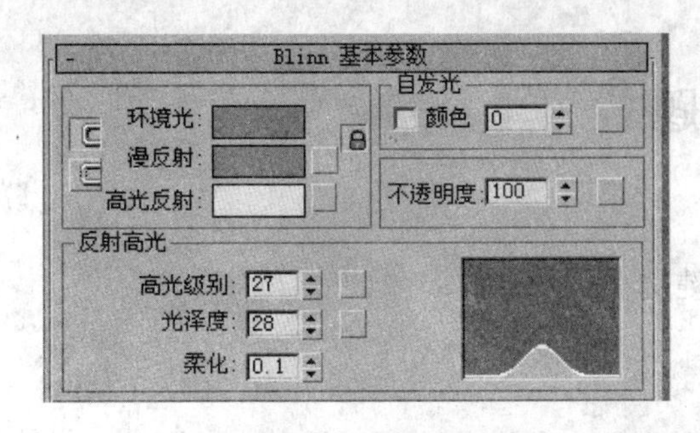


图 4.125 橙色墙基本参数

颜色选择器：环境光颜色
色调
白度
黑
度
红: 252
绿: 125
蓝: 12
色调: 20
饱和度: 243
亮度: 252
关闭
重置(R)

图 4.126 橙色设置

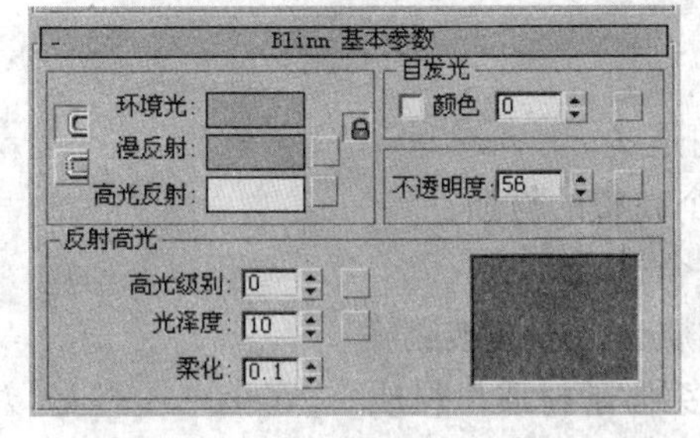


图 4.127 玻璃参数

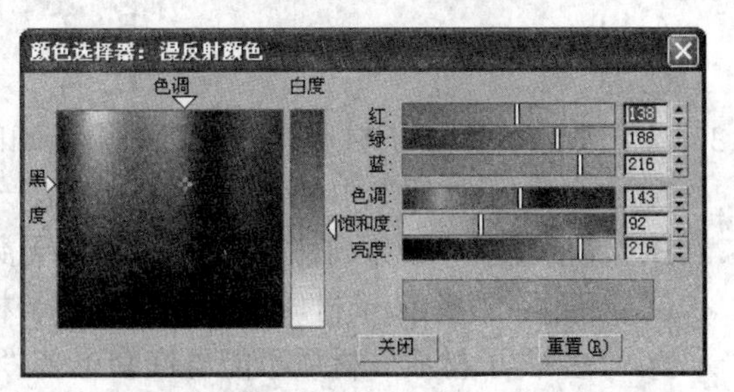


图 4.128 玻璃颜色

（4）赋予“灯”材质

选择一个默认的材质球，单击“标准材质”，选择“多维/子对象材质”，设置如图 4.129 所示。单击 ID 为 1 的地面的“子材质”按钮，在【Blinn 基本参数】卷展栏中完成如图 4.130 所示设置，设置灯金属材质和灯芯材质方法近似，这里就不叙述了。

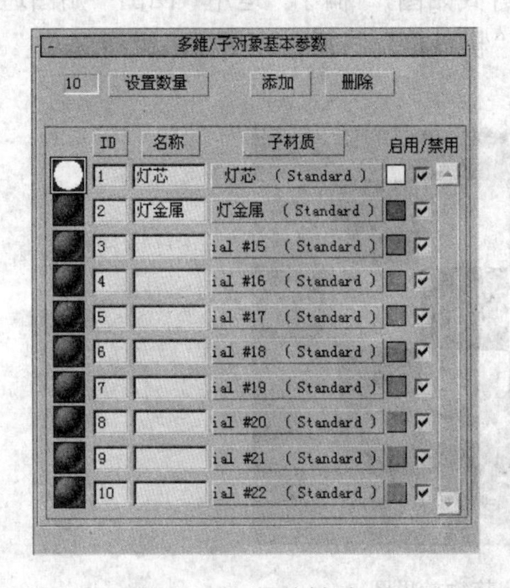


图 4.129 灯的材质

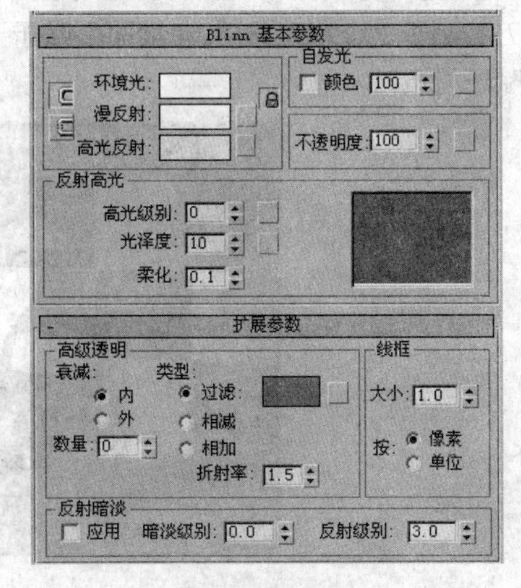


图 4.130 灯芯材质

## 本章要点

本章主要学习了“材质编辑器”和“标准材质”，以及“复合材质”的使用方法，介绍了几种常用的贴图类型、贴图通道以及 UVW 贴图修改功能、贴图方式。

# 习　题

## 一、选择题

1. 在默认状态下打开“材质编辑器”的快捷键是（　　）。

A. M　　　　B. N

C. I　　　　D. W

2. 材质编辑器样本示例窗中的样本默认类型，最多可以有（　　）种。

A. 1　　　　B. 2

C. 3　　　　D. 4

3. 以下关于“多维/子材质”的叙述中不正确的是（　　）。

A.“多维/子材质”中的每个子材质都是一个完整的材质

B. 灵活使用“多维/子材质”可以设定无数个材质

C. 当删除“多维/子材质”时，其所有子材质也会一同被删除

D.“多维/子材质”材质不能再嵌套更多“多维/子材质”材质

4. 场景中镜子的反射效果，应在“材质/贴图浏览器”中选择贴图方式为（　　）。

A. 位图　　　　B. 平面镜像

C. 水　　　　D. 木纹

## 二、操作题

打开“MATStart.max”文件，为厨房静物赋予材质，效果如图 4.131 所示（提示：其中“苹果”设置“渐变坡度”贴图，“树叶”运用镂空方式贴图，“橘子”运用“凹凸”贴图通道增加质感，“刀”赋予“金属”材质，“墙面”赋予“棋盘格”材质，运用“多维/子对象”方式为“酒瓶”赋予材质）。

图 4.131　厨房静物效果图

# 第 5 章

# 灯光与摄影机

本章主要讲述灯光的基础知识，通过实例讲解两种最为普遍和常用的灯光类型，即泛光灯和聚光灯，并对这两种灯光的参数做了较详尽的讲解。另外，通过实例介绍了为动画大场景创建灯光组合的技巧与方法，除此以外，还讲解了架设摄影机的方法以及摄影机的一些常用参数。

在本章中，对两种常用灯光类型的设置和摄影机的使用是重点，而对动画大场景的灯光设置方法则是本章的难点所在。

**学习目标**

- 掌握灯光的基本设置方法。
- 掌握为动画大场景设置灯光的方法与技巧。
- 掌握架设摄影机的基本参数。
- 掌握对实例中添加摄影机的方法与技巧。
- 通过实例学习对灯光、摄影机的综合运用。

# 5.1 3ds Max 中的灯光

## 5.1.1 灯光的基础知识

在 3ds Max 中，灯光在场景中起着关键的作用，它和材质在一起共同决定了三维场景的真实性。大多数的三维场景中，灯光可以分为自然光和人工光两种类型。自然光一般指太阳、月光以及天光等，而人工光通常指灯泡等人造发光物体提供的光。其中，天光是指由大气反射和折射太阳光而产生的一种微弱的自然光，虽然微弱，但是它在表达场景的真实感上有着至关重要的作用。

在对场景进行灯光设置时，一般都不会设置一盏灯光。三维场景中为了达到较好的照明效果，一般会设置两到四盏灯光，有的场景需要达到某些特殊的效果，还会采用灯光组照明的方法。

一般来说，在场景的灯光设置中主要包括以下几部分光源。

- **主体光**：最好选择聚光灯，它应该位于主体对象的前面，一般位于对象的前上方，与视平线成 45°夹角。它在场景中的作用主要是用于照亮全局和投射阴影。
- **辅助光**：它在场景中用于填补光线的缺口，弱化阴暗面。它可以放置在主体地面的任何一个方向，强度比主体光要低，不投射阴影。
- **背景光**：它一般放置在主体的背后，与主体光成 180°夹角，处于一条直线上。用于增强主体的立体感，强度一般最低，不投射阴影。

在没有创建灯光的场景中，系统默认开启两盏灯光，分别位于整个空间的右上和左下两个对角上，并且它们在场景中是不可见的。

在 3ds Max 中包括多个不同的灯光类型，这些灯光类型各有不同的特征，了解灯光的这些特性有助于掌握如何控制灯光。本节将结合几个具有代表性的实例讲解一些常用的灯光类型。

## 5.1.2 标准灯光——给石膏静物打灯

本例通过给一组石膏静物设置灯光，并调节灯光的系列参数，来讲解灯光使用中应该注意的方法和技巧，制作完成后的静态效果如图 5.1 所示。

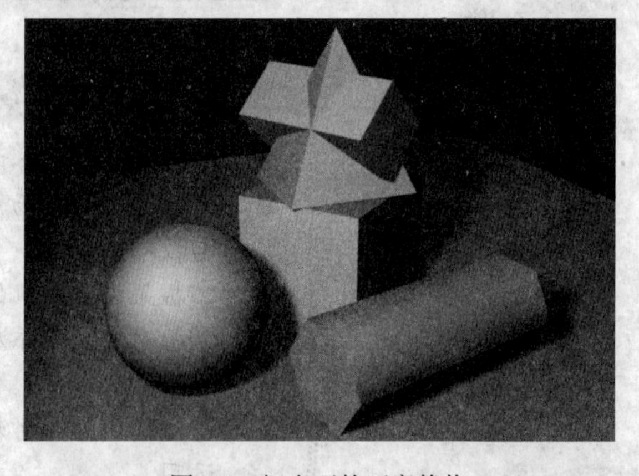

图 5.1 灯光下的石膏静物

## 相关知识

### 1. 聚光灯

顾名思义，聚光灯就是能一定程度地将光线聚集的灯光，即可以指定其照射方向和照射范围，利用它可以模拟诸如探照灯、手电筒等光照设备。在3ds Max中，聚光灯分为两种：目标聚光灯和自由聚光灯，它们的参数都大致相同，不同的是目标聚光灯比自由聚光灯多了一个目标点，这样就能比较方便地确定聚光灯的照射方向。

在实际的灯光应用中，我们一般对目标聚光灯的应用更普遍一些。

### 2. 泛光灯

这种灯光是一种向四面八方发射光线的光源，由于没有方向上的限制，所以一般用来模拟自然光。如果关闭泛光灯的阴影设置，则光线可穿透物体进行照射，还可以通过设置衰减参数来控制灯光的衰减程度。

## 任务分析

首先为已有的场景加入一盏聚光灯作为主体光，然后对其参数进行设定，最后使用两盏泛光灯分别作为该场景的辅助光和背景光，并对其参数进行设定。

## 任务实施

① 执行“文件”→“打开”命令，打开已经创建好的场景，渲染结果如图5.2所示。

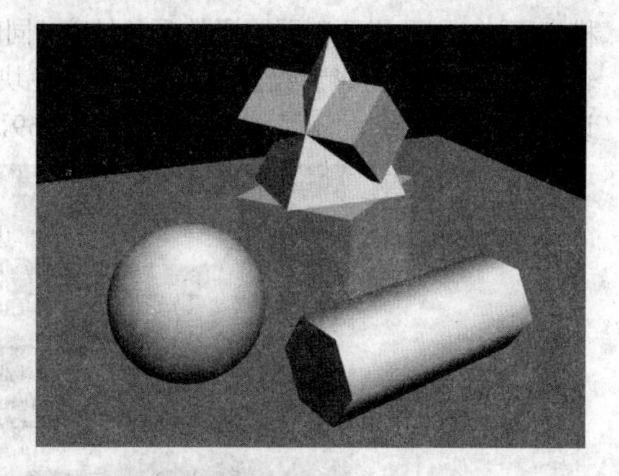

图5.2　导入源文件渲染的结果

② 单击按钮，进入“标准灯光”面板，选择“目标聚光灯”作为主体光，如图5.3所示。在顶视图中创建灯光，然后再在前视图中调整灯光高度，如图5.4所示。

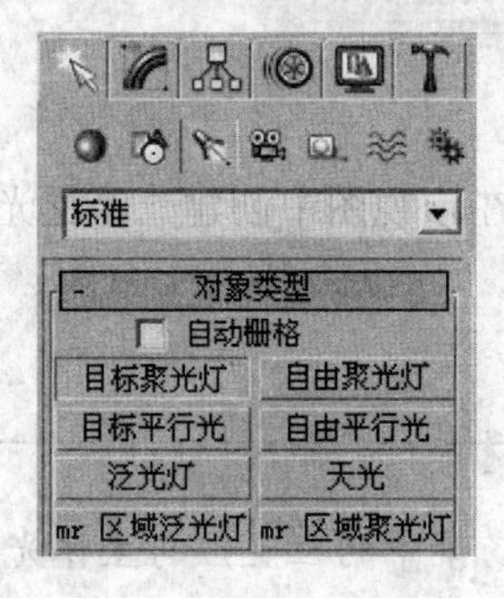


图5.3　选择灯光类型

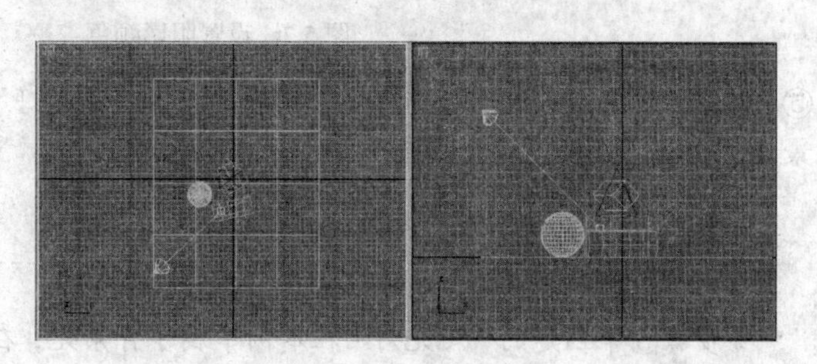

图5.4　在场景中设置灯光

**提　示**

❖步骤②中创建的“目标聚光灯”在本例中属于主体光，应处在场景前上方的位置，与地平面大致呈 45° 夹角。

③ 在“修改”面板的【常规参数】卷展栏的“阴影”选项下勾选“启用”命令，阴影投射方式选择“区域阴影”，如图 5.5 所示。测试渲染效果如图 5.6 所示。

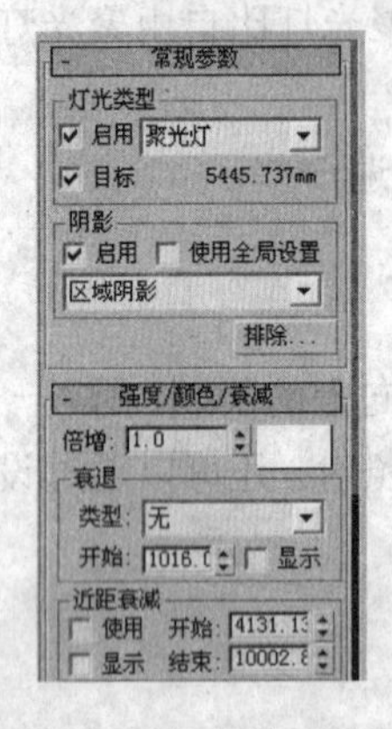


图 5.5 “常规参数”卷展栏

图 5.6 测试渲染效果

④ 从渲染效果图可以看出，此时的阴影效果比较黑，物体暗部的轮廓线与阴影部分交融，模糊不清，因此需要削弱阴影的颜色纯度，同时需要加入一盏泛光灯作为背景光以照亮物体的轮廓线。单击【阴影参数】卷展栏中的颜色块，在弹出的“颜色选择器：阴影颜色”对话框中设置“红”、“绿”、“蓝”分别为 69、69、69，如图 5.7 所示。

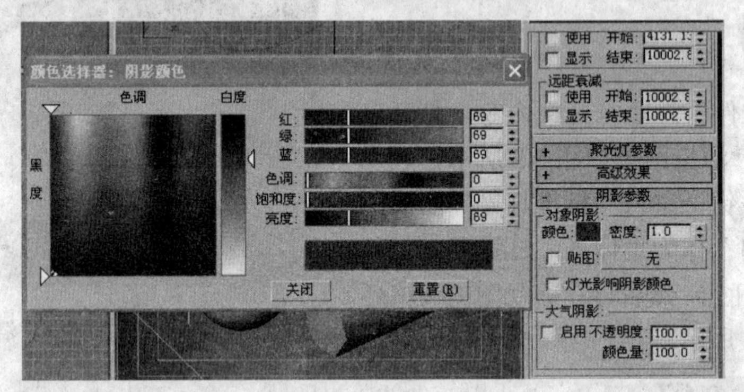


图 5.7 设置阴影颜色

⑤ 单击按钮，进入“标准灯光”面板，选择“泛光灯”在顶视图中创建一盏泛光灯作为背景光，并调节灯光位置，如图 5.8 所示。

**提　示**

❖步骤⑤中创建的“泛光灯”在本例中属于背景光，在场景中的位置应与主体光处在一条直线上，背景光的灯光高度低于主体光的高度。

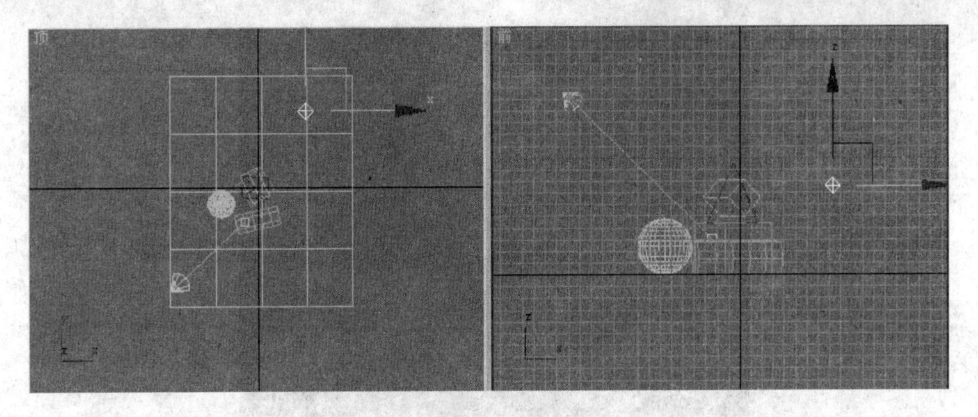

图 5.8 创建并调整背景光的位置

⑥ 将“修改”面板的【强度/颜色/衰减】卷展栏中的“倍增”数值调整为 0.21，如图 5.9 所示。测试渲染效果如图 5.10 所示。

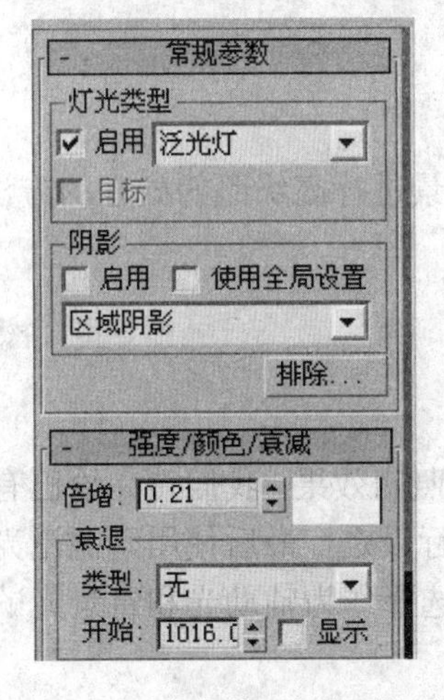


图 5.9 “强度/颜色/衰减”卷展栏

图 5.10 测试渲染效果

⑦ 从渲染效果图可以看出，此时的灯光效果已基本合理。但整个场景的亮度、补光不足。解决办法为添加一盏泛光灯作为辅助光，如图 5.11 所示。具体设置灯光参数同背景光参数，最终渲染结果如图 5.12 所示。

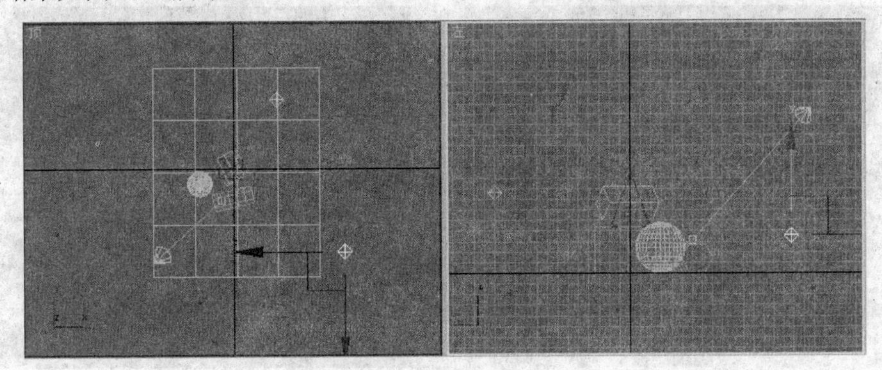

图 5.11 添加辅助光

⑧ 至此，石膏静物的灯光已设置完成，将制作完成后的场景文件进行保存。

图 5.12　最终效果

### 5.1.3　综合实例强化——球形天空内的建筑物

本例通过制作建筑外景，来学习 3ds Max 中对动画大场景进行高级照明处理的方法。制作完成后的静态效果如图 5.13 所示。

#### 任务分析

在 3ds Max 中，灯光设置中难点之一就是处理灯光组的照明效果。我们首先给已有的场景加入一盏“IES 太阳光”灯光作为主体光，然后对其参数进行设定，最后使用两盏泛光灯分别作为该场景的辅助光和背景光，并对其参数进行设定。同时选择作为辅助光和背景光的两盏泛光灯，旋转复制三组，最后渲染出图。

#### 任务实施

① 执行“文件”→“打开”命令，导入原始文件 5.1.3，渲染初始效果如图 5.14 所示。

图 5.13　动画大场景的照明效果

图 5.14　导入文件后渲染初始效果

② 首先分析导入的源文件。天空为一个切掉一部分面的球形，创建方法如下。

a. 选择“创建”→“几何体”→“标准几何体”命令按钮，在顶视图中创建一个“球体”，设置“分段”为 32，“半径”为 0.625。在顶视图中再创建一个“平面”作为地面并调整其位置。具体参数及位置如图 5.15 所示。

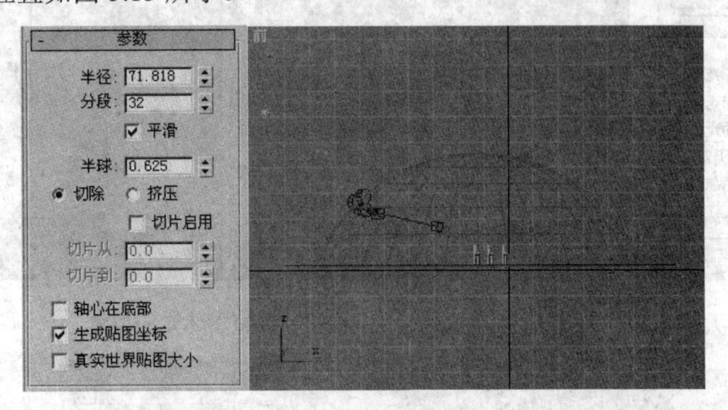


图 5.15　设置球形天空模型参数及位置

**提　示**

❖设置“球体”的半径为 0.625，主要是考虑到卡通场景的球形天空后期贴入“无缝贴图”时天空的渲染效果能够实现很好的准确性，并且“球体”的下沿要没入平面少许，这样才能达到水天相接的效果。

b. 在“修改器列表”中为“球形”依次添加“法线”命令和“UVW 贴图”命令，如图 5.16 所示。在“UVW 贴图”命令中，在【参数】卷展栏中调整贴图方式为“柱形”。为地面赋予一个材质球，在“不透明度”通道中添加“渐变”命令，如图 5.17 所示。在“渐变”通道中修改地面的渐变颜色，依次为“黑色”、“淡蓝色”、“白色”，如图 5.18 所示。

③ 选择“创建”→“灯光”命令按钮，在“灯光”的下拉列表中选择“光度学”，如图 5.19 所示。单击“IES 太阳光”在顶视图中创建主体光，并调整主体光在画面中的位置，如图 5.20 所示。

④ 将【阳光参数】卷展栏中的“强度”设置为 2000，在“强度”右侧的“灯光颜色”对话框中设置“红”、“绿”、“蓝”分别为 255、242、230，如图 5.21 所示。

图 5.16　修改器列表

贴图

| | 数量 | 贴图类型 |
|---|---|---|
| 环境光颜色 | 100 | None |
| 漫反射颜色 | 100 | None |
| 高光颜色 | 100 | None |
| 高光级别 | 100 | None |
| 光泽度 | 100 | None |
| 自发光 | 100 | None |
| ☑ 不透明度 | 100 | 地 (Gradient) |
| 过滤色 | 100 | None |
| 凹凸 | 30 | None |
| 反射 | 100 | None |
| 折射 | 100 | None |
| 置换 | 100 | None |
| | 0 | None |

图 5.17　设置“不透明度”通道贴图

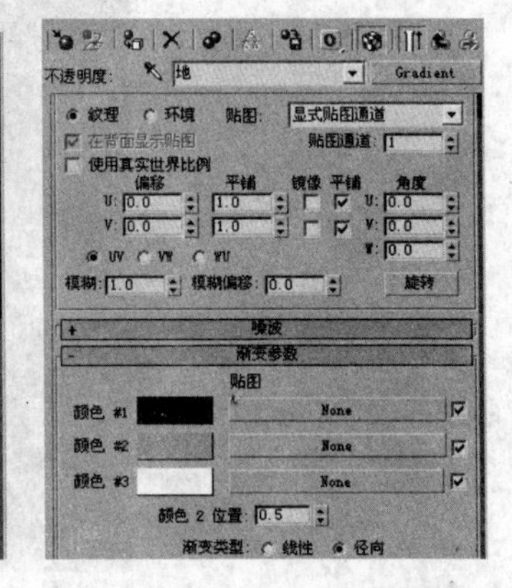


图 5.18　设置“渐变”贴图参数

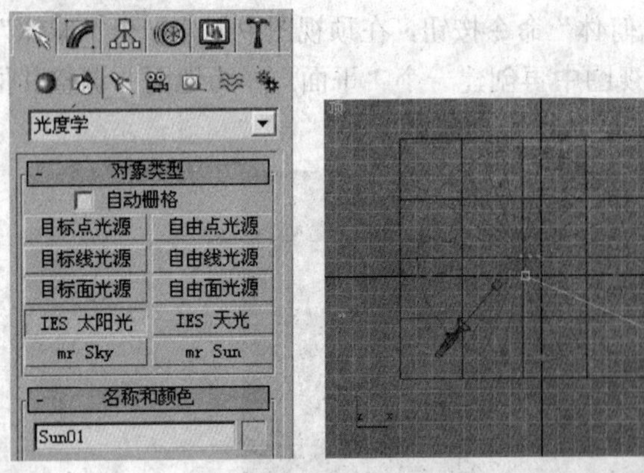


图 5.19　创建“IES 太阳光”

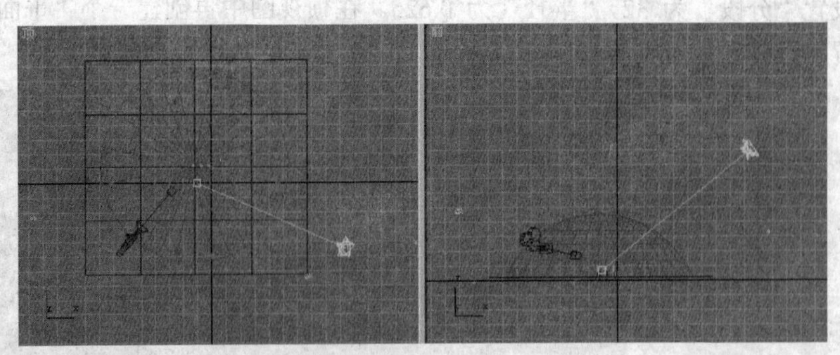

图 5.20　调整主体光的位置

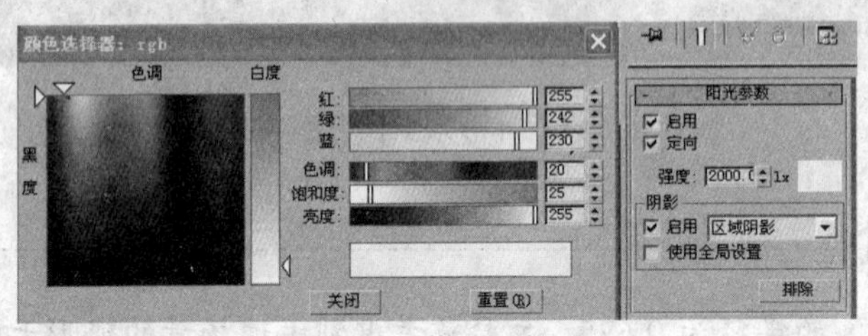


图 5.21　调整主体光参数

**提　示**

❖主体光颜色设置为“红”、“绿”、“蓝”分别为 255、242、230 的淡黄色，主要是考虑到让“IES 太阳光”模拟天光自然的淡黄色。

⑤ 渲染场景，如图 5.22 所示。

**提　示**

❖从图 5.22 所示的渲染效果来看，该场景的整体色调偏暗，尤其是背光面采光不足，所以需要添加必要的灯光来提亮整个场景。

图 5.22　渲染场景效果

⑥ 选择“创建”→“灯光”命令按钮，单击“目标聚光灯”在顶视图中创建辅助灯光，并调整主体光在画面中的位置，如图 5.23 所示。选择“修改”→“灯光参数”命令按钮，启用【常规参数】卷展栏中的“阴影”选项，并将“强度/颜色/衰减”的“倍增”值设置为 0.2，如图 5.24 所示。

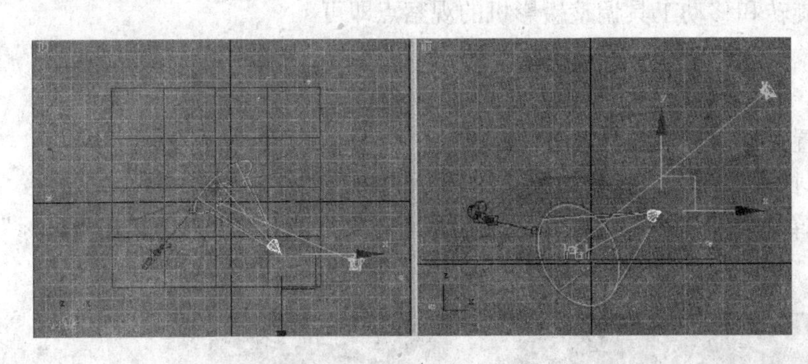

图 5.23 调整灯光位置

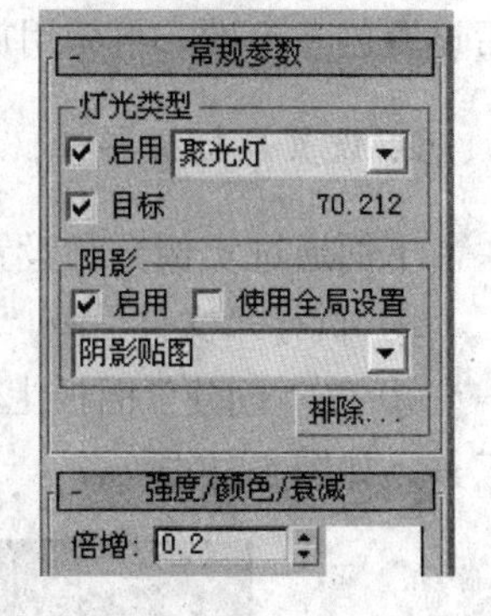


图 5.24 设置灯光参数

⑦ 复制“目标聚光灯”，灯光在场景中所处的位置与第一盏聚光灯成 180° 夹角，如图 5.25 所示。

⑧ 同时选择已创建的两盏“目标聚光灯”，按住【Shift】键，结合“选择并旋转”工具复制生成灯光，如图 5.26 所示。用同样的方法复制生成另外的灯光，如图 5.27 所示。

⑨ 渲染出图。该实例的灯光已设置完成，将制作完成后的场景文件进行保存。

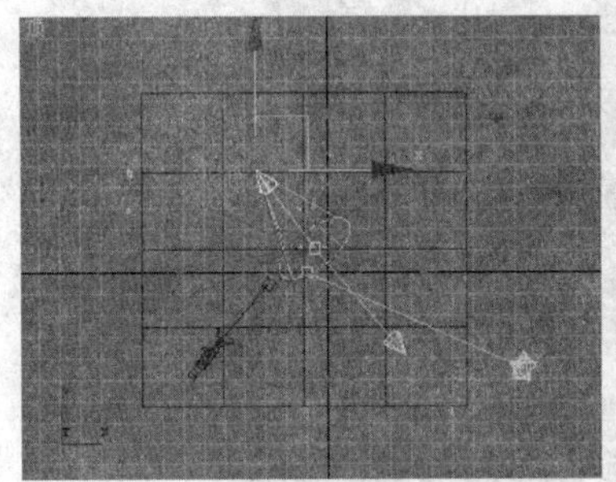

图 5.25 复制灯光

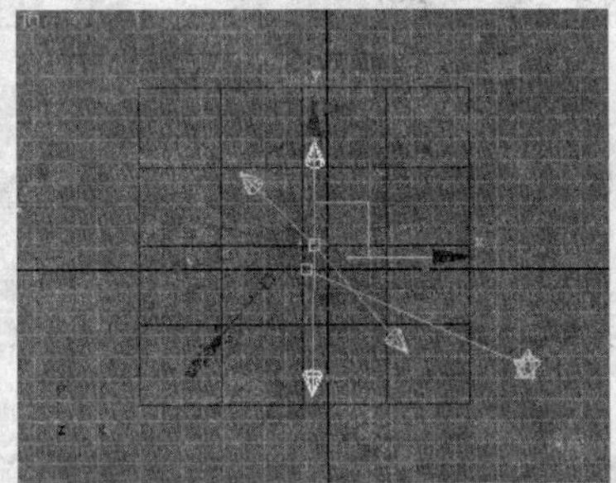

图 5.26 复制灯光

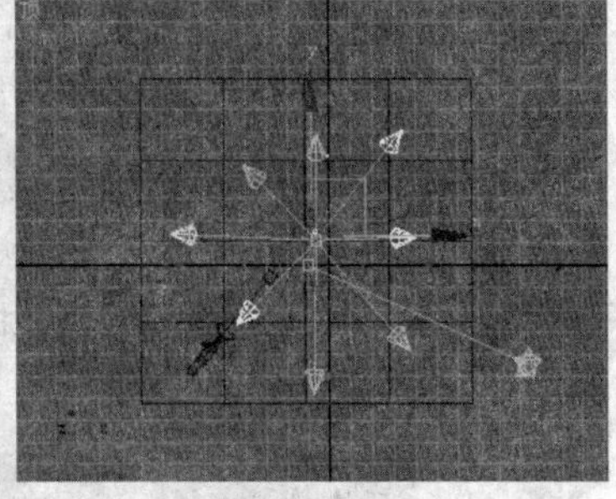

图 5.27 继续复制灯光

# 5.2 架设摄影机

## 5.2.1 架设摄影机

摄影机又称为动态图像摄影机，是通过一系列静态图像捕捉连接为动作的，这些静态图像称为帧。摄影机是 3ds Max 9 中又一个重要的工具，使用摄影机可以增强动画的表现力，也便于从不同的角度来观察对象。

3ds Max 9 的摄影机主要有“目标摄影机”和“自由摄影机”两种类型。目标摄影机主要用于跟踪拍摄、空中拍摄和制作静物照等，自由摄影机则主要用于游走流动拍摄、摇摄和制作基于路径的动画。

1. 架设摄影机

架设摄影机的方法比较简单，只需从“创建”面板上选择“摄影机”，然后单击【对象类型】卷展栏中的“目标摄影机”或“自由摄影机”工具，再在放置摄影机的视口位置单击，然后设置创建参数，再使用旋转和移动工具调整摄影机的观察点即可。

2. 设置目标摄影机

下面通过实例介绍设置目标摄影机的具体方法：

① 执行“文件”→“打开”命令，打开如图 5.28 所示的场景文件。

② 在“创建”面板上单击“摄影机”图标，然后从【对象类型】卷展栏中单击“目标”工具，如图 5.29 所示。

图 5.28 打开场景文件

图 5.29 选择目标摄影机

③ 在顶视图中单击确定摄影机的位置，然后拖动鼠标设置摄影机的目标位置，如图 5.30 所示。

④ 单击透视图将其激活，按【C】键，即可将透视图视口变为 Camera 视口（摄影机视口），如图 5.31 所示。

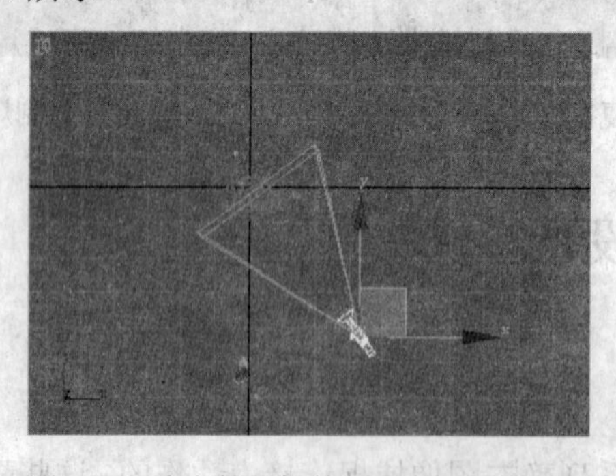
图 5.30 确定摄影机的位置和目标位置

图 5.31 Camera 视口

⑤ 从主工具栏中选择移动工具，分别调整摄影机的位置和目标的位置（目标显示为一个小方形），调整后，在 Camera 视口中能立即观察到所做的调整效果，如图 5.32 所示。

⑥ 激活 Camera 视口，按【F9】键进行快速渲染，效果如图 5.33 所示。

⑦ 再次使用移动工具在视口中移动摄影机，可在 Camera 视图中观察到另一个角度的“摄影”效果，如图 5.34 所示。

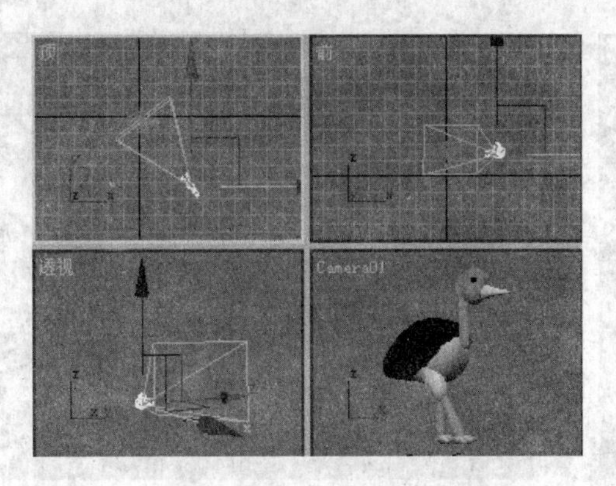

图 5.32 调整摄影机的位置和目标的位置图

图 5.33 渲染效果

**提 示**

❖在 3ds Max 中，摄影机被视为一个对象，大多数对象处理工具和命令都适用于摄影机。

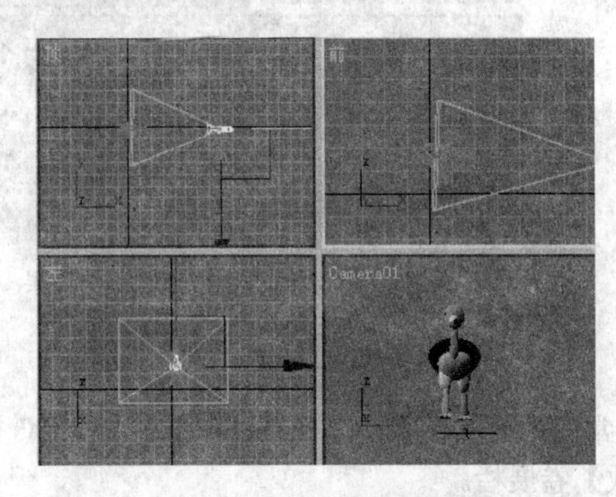

图 5.34 另一个角度的“摄影”效果

3. 设置自由摄影机

下面再通过实例介绍设置自由摄影机的具体方法：

① 执行“文件”→“打开”命令，打开一个场景文件。

② 在“创建”面板上单击“摄影机”图标，然后从“对象类型”卷展栏中单击“自由”工具，如图 5.35 所示。

③ 为便于架设摄影机，将除透视口外的其他视口缩小，如图 5.36 所示。

④ 在视口中单击，即可创建一台自由摄影机，如图 5.37 所示。

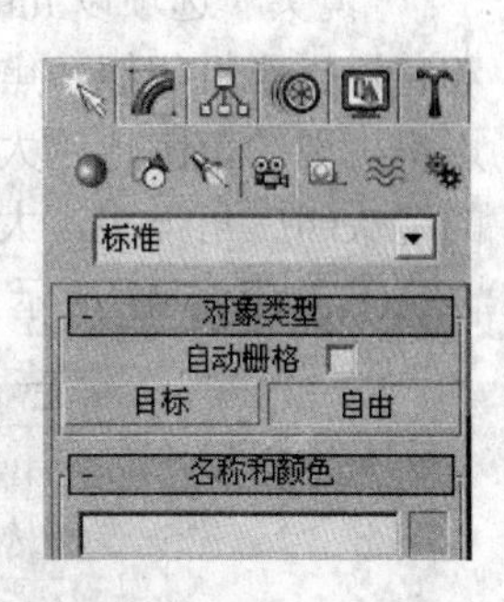


图 5.35 选择自由摄影机

⑤ 单击“透视”视口将其激活，然后按【C】键，即可将透视图视口变为 Camera 视口（摄影机视口），如图 5.38 所示。此时，可以从摄影机视口中看到，刚才任意架设的摄影机并未对准目标对象，如图 5.39 所示。

⑥ 使用主工具栏中的和工具，调整摄影机对象和视角位置，即可变换自由摄影机达到理想的视角，如图 5.39 所示。

图 5.36 缩小透视口外的其他视口

图 5.37 创建自由摄影机图

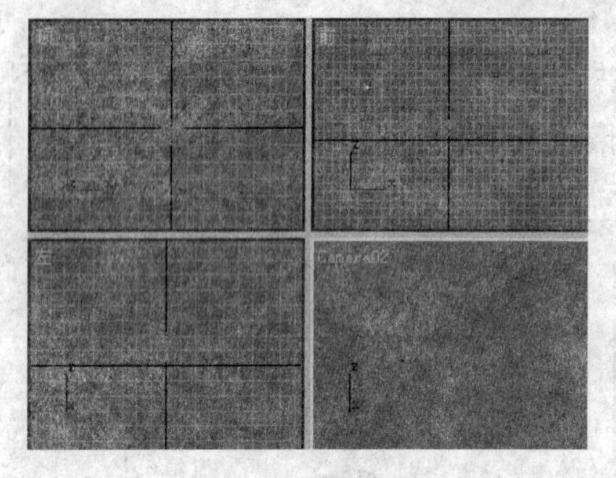

图 5.38 切换到摄影机视口

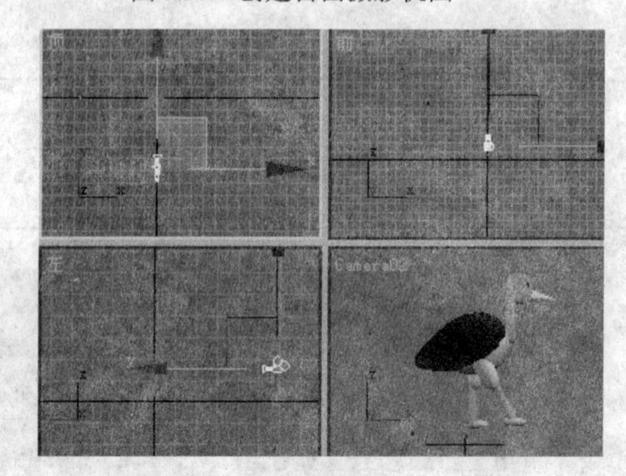

图 5.39 调整自由摄影机后的效果

4. 摄影机的公共参数

摄影机的参数很多，下面主要介绍其最常用的公共参数。选择“目标”和“自由”摄影机创建工具，都将出现如图 5.40 所示的【参数】卷展栏。

（1）镜头

“镜头”选项以 mm 为单位设置摄影机的焦距，可以使用“镜头”微调器来指定焦距值。和普通摄影机相似，焦距描述了镜头的尺寸，镜头参数“焦距”越小，视野（FOV）越大，摄影机表现的范围也越大；镜头参数越大，视野越小，摄影机表现的范围也越小。焦距小于 50mm 的镜头叫广角镜头，大于 50mm 的叫长焦镜头。

① 如图 5.41 所示为默认焦距（43.456mm）时的摄影效果。

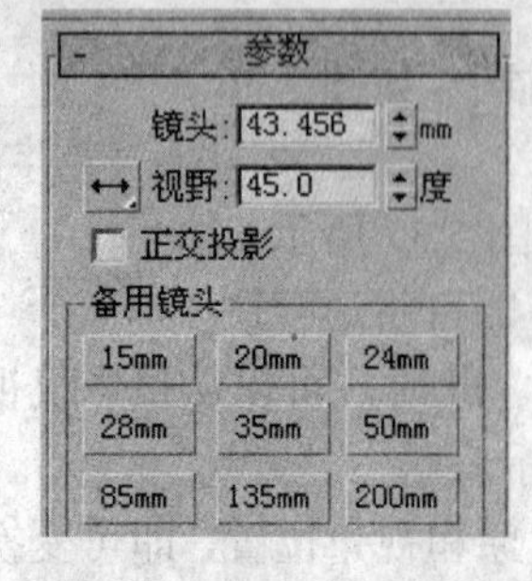


图 5.40 “参数”卷展栏

图 5.41 默认焦距时的摄影效果

② 如图 5.42 所示，将焦距设置调整为 50mm。显然，增加焦距后，观察到的对象变大了。

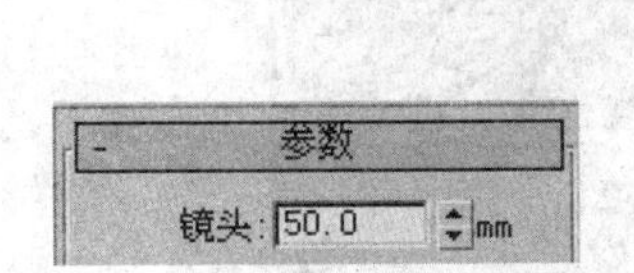

图 5.42 调整焦距到 50mm 的摄影效果

（2）视野

视野（FOV）定义了摄影机在场景中所能拍摄到的区域，FOV 参数的值是摄影机视锥的水平角。3ds Max 中 FOV 的定义与现实世界摄影机的 FOV 不同，它定义摄影机视锥的左右边线所夹的角为 FOV 的值，而现实世界摄影机则定义视锥的左下角和右上角边线所夹的角为 FOV 的值。

当“视野方向”为水平时，视野参数直接设置摄影机的地平线的弧形，以度为单位进行测量，也可以设置“视野方向”来垂直或沿对角线测量 FOV。

将如图 5.43 所示的“FOV 方向弹出按钮”用于选择应用视野（FOV）的值，它们的用法如下。

图 5.43 FOV 方向弹出按钮

- ↔（**水平方式**）：水平应用视野，这是设置和测量 FOV 的标准方法。
- ↕（**垂直方式**）：垂直应用视野。
- ⤢（**对角线方式**）：在对角线上应用视野，即从视口的一角到另一角。
- 如图 5.44 至图 5.46 所示分别是视野值设置为 30°、45°和 60°的效果。其中 45°为默认的视野。

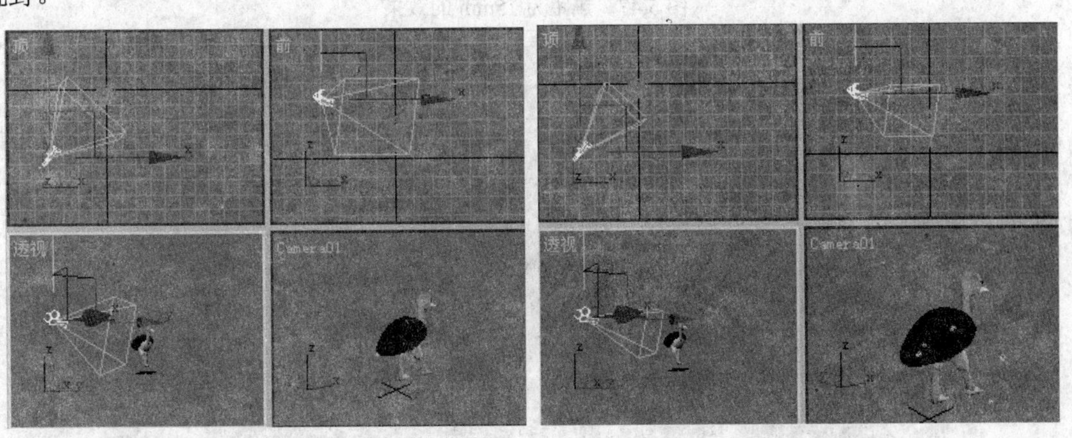


图 5.44 视野值设置为 30°的效果

图 5.45 视野值设置为 45°的效果

5.“备用镜头”组

在“备用镜头”组中提供了 15mm、20mm、24mm、28mm、35mm、50mm、85mm、135mm、200mm 等预设焦距值。利用这些选项，可以快速设置摄影机的焦距。如图 5.47 所示是焦距为 15mm 的效果，如图 5.48 所示是焦距为 135mm 的效果。在“备用镜头”组中主要选项含义如下。

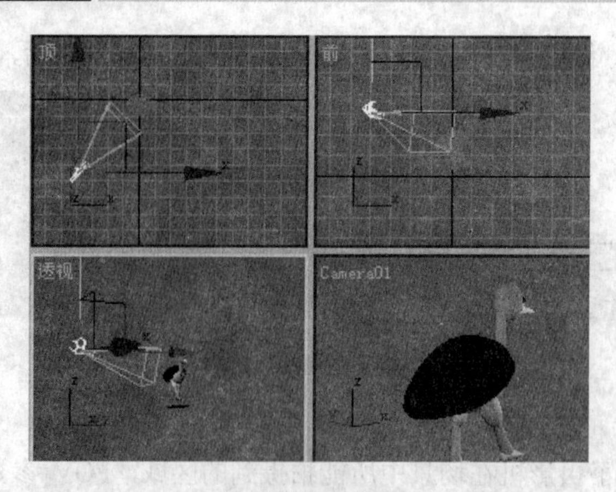


图 5.46　视野值设置为 60°的效果

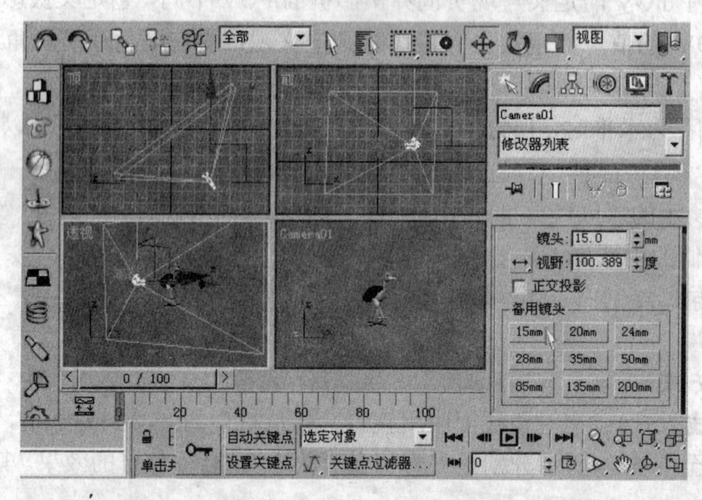


图 5.47　焦距为 15mm 的效果

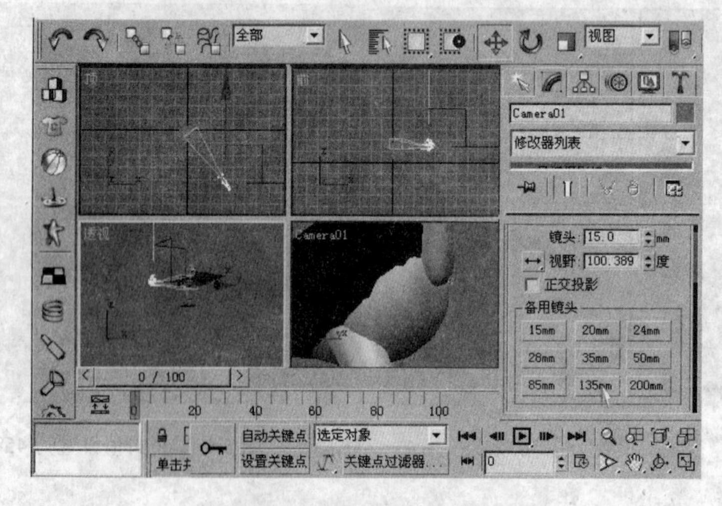


图 5.48　焦距为 135mm 的效果

- **“显示圆锥体”**：用于显示摄影机视野定义的锥形光线。
- **“显示地平线”**：用于在摄影机视口中的地平线层级上显示一条深灰色的地平线，如图 5.49 所示。

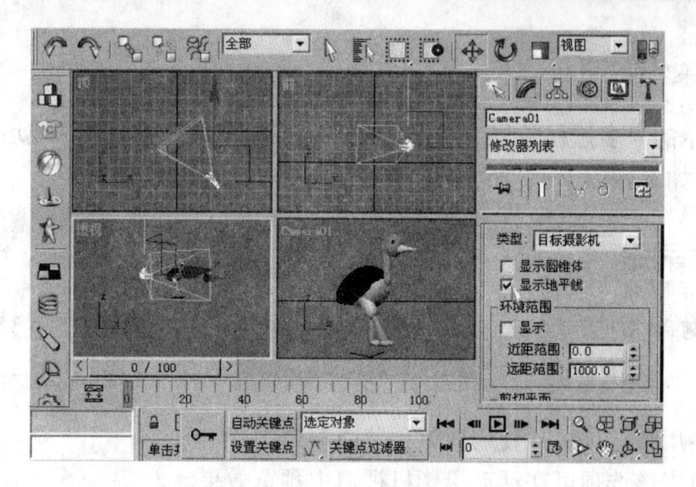


图 5.49 显示地平线

6. “环境范围”组

如果在“环境范围”组中勾选“显示”复选项，可以显示出在摄影机锥形光线内的矩形，出现矩形后可以显示出“近”距范围和“远”距范围的设置，如图 5.50 所示。

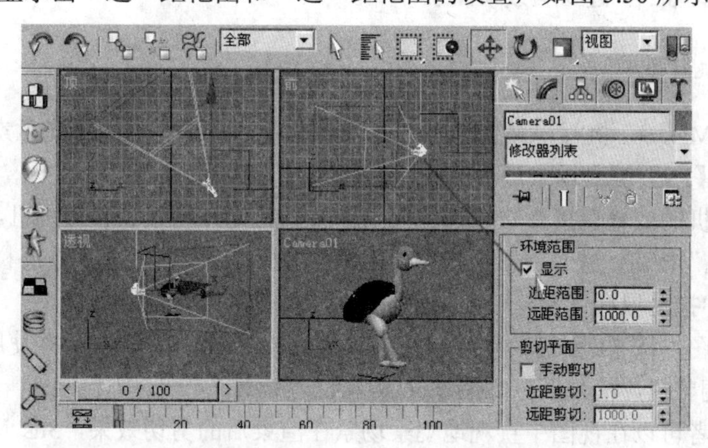


图 5.50 勾选“显示”选项的效果

如图 5.51 所示的“类型”选项用于使摄影机类型在目标摄影机和自由摄影机之间变换。从目标摄影机切换为自由摄影机时，将丢失应用于摄影机目标的任何动画，因为目标对象已消失。

“近距范围”和“远距范围”选项用于确定在“环境”面板上设置大气效果的近距范围和远距范围限制。

7. “剪切平面”组

如图 5.52 所示的“剪切平面”组中的参数用于定义剪切平面。在视口中，剪切平面在摄影机锥形光线内显示为带有对角线的红色矩形。其中主要的选项含义如下。

- **“手动剪切”：**启用该选项可定义剪切平面，近距剪切平面可以接近摄影机 0.1 个单位；禁用“手动剪切”后，将不显示与摄影机间的距离小于 3 个单位的几何体。
- **“近距剪切”和“远距剪切”：**用于设置近距和远距平面。

8. “多过程效果”组

如图 5.53 所示的“多过程效果”组中的控件用于指定摄影机的景深或运动模糊效果。其中的主要选项含义如下。

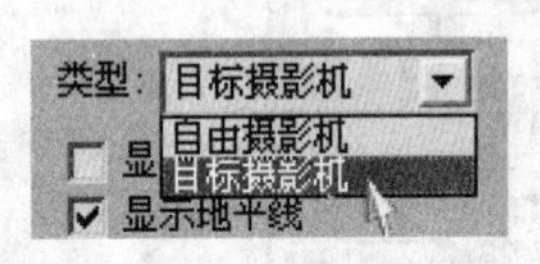


图 5.51 “类型”选项

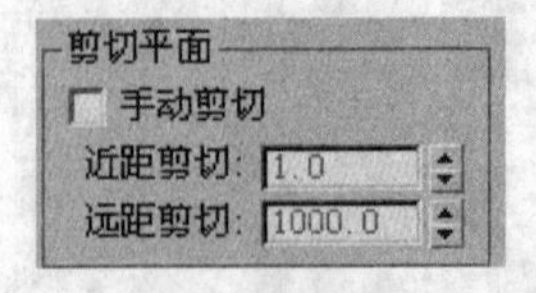


图 5.52 “剪切平面”组

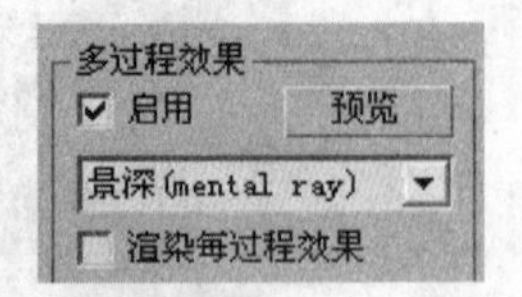


图 5.53 “多过程效果”组

- **“启用”**：启用该选项后，使用效果预览或渲染。
- **“预览”**：单击该选项可在活动摄影机视口中预览效果。
- **“效果”下拉列表**：用于选择要生成的过滤效果的类型。
- **“渲染每过程效果”**：启用该选项后，从“效果”下拉列表中指定任何一个选项，则会将渲染效果应用于多重过滤效果的每个过程（景深或运动模糊）。

## 5.2.2 综合实例练习——健身房效果图设计

1. 创建摄影机对象

① 启动 3ds Max 9，执行“文件”→“打开”命令，打开本书附带光盘素材健身房 5.2.2 的 Max 文件。按【F9】键对场景进行渲染，效果如图 5.54 所示。

② 因为摄影机的放置直接影响场景的输出，所以首先在场景放置摄影机。在“创建”面板中单击“摄影机”按钮，进入摄影机的创建面板。然后在【对象类型】卷展栏中单击“目标”按钮，在顶视图中拖动鼠标创建一个 Camera 01 对象，如图 5.55 所示。

③ 激活透视图，按【C】键，将当前视图转换为 Camera 01 视图，并使用视图右下角视图控制区的工具调整摄影机视图，如图 5.56 所示。

④ 为了使读者可以在视图中直观地观察场景在渲染后的剪切效果，3ds Max 提供了安全框设置。确定 Camera 01 视图处于激活状态，按【Shift+F】组合键，在 Camera 01 视图中将会出现由三种颜色组成的安全框，如图 5.57 所示。

图 5.54 添加摄影机和灯光之前的场景

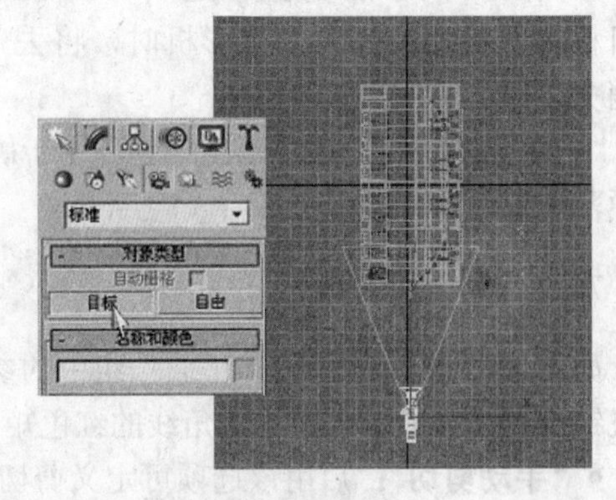


图 5.55 在顶视图中创建“目标”摄影机

**提 示**

❖安全框最外面的矩形表明被渲染的标准区域，而不考虑视口的纵横比或尺寸；中间的区域表明渲染区域为安全区域；最里边区域中包括标题或其他信息是安全的。

图 5.56 调整 Camera 01 视图

图 5.57 安全框效果

⑤ 读者从如图 5.57 所示中可以看出来，场景中底边与安全框还有一段距离，渲染后将会露出背景颜色，这时就需要调整图像的输出比例。按【F10】键，弹出“渲染场景”对话框，进入“公用”选项卡。在【功用参数】卷展栏“输出大小”选项组中将“宽度”和“高度”分别设置为 800、432，以确定图像输出的大小，如图 5.58 所示。

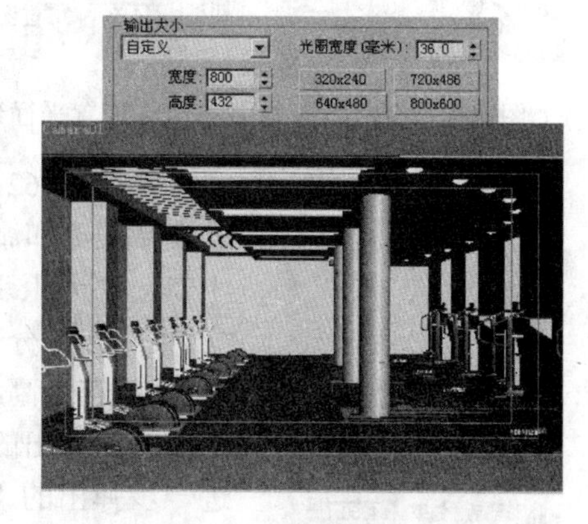


图 5.58 设置图像输出的大小

2. 创建主光源

① 摄影机放置结束，接下来需要为场景布光。首先创建模拟太阳的主光源，在“创建”面板上单击“灯光”按钮，在灯光面板的下拉列表中选择“标准”选项，进入标准灯光的创建面板。单击【对象类型】卷展栏中的“目标平行光”按钮，在前视图中创建一个 Direct 01 对象，如图 5.59 所示。

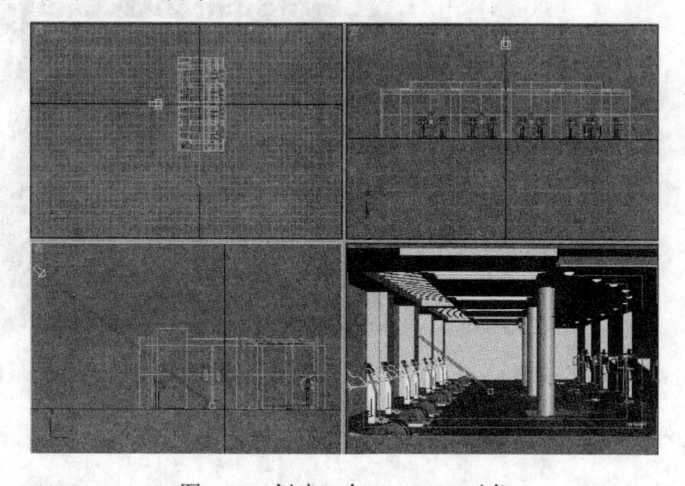

图 5.59 创建一个 Direct 01 对象

② 创建了Direct 01对象后，接下来进入“修改”面板为其创建参数。在【常规参数】卷展栏“阴影”选项组中勾选“启用”复选框，然后在该选项组的下拉列表中选择“光线跟踪阴影”选项，使主光源启用该类型的阴影，如图5.60所示。

③ 把【强度/颜色/衰减】卷展栏中的“倍增”参数设为1.5，以确定主光源的亮度。点选【平行光参数】卷展栏中的“矩形”单选按钮，确定主光源的光束形状。然后把“聚光区/光束”和“衰减区/区域”参数分别设为8620.0、8625.0，将“纵横比”参数设置为4.0，如图5.61所示。

④ 按【Shift+Q】组合键对摄影机视图进行渲染，渲染后的效果如图5.62所示。

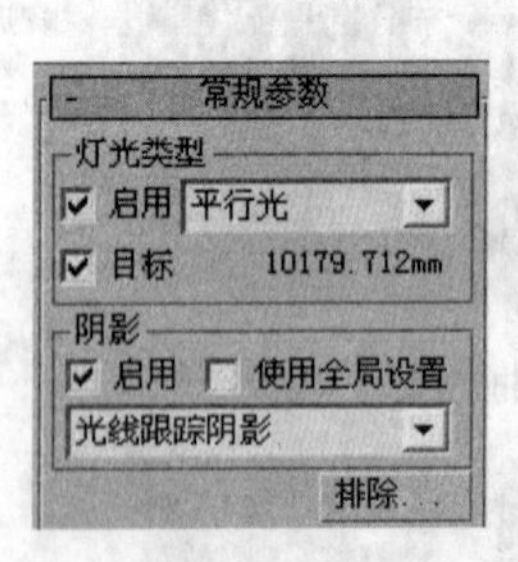


图5.60 启用阴影

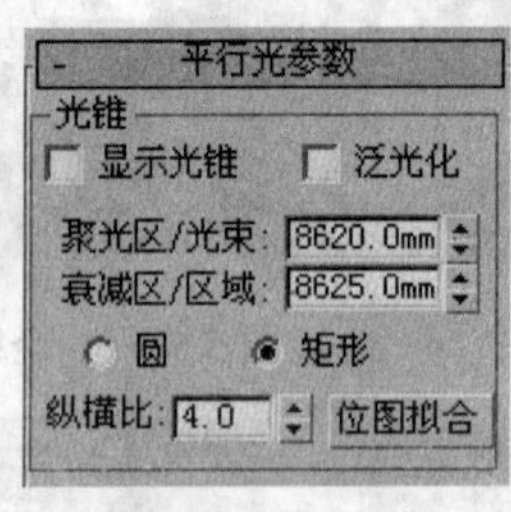


图5.61 设置平行光参数

图5.62 设置阴影、亮度以及聚光区衰减参数的结果

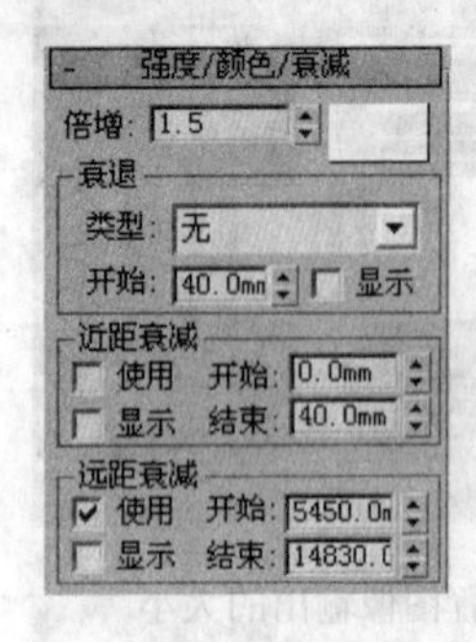


图5.63 设置远距衰减

⑤ 图5.62所示阳光下的光线和阴影都很生硬，这时需要调整灯光的衰减距离和添加贴图使灯光变得柔和。在【强度/颜色/衰减】卷展栏中勾选“远距衰减”选项组中的“使用”复选框，然后把“开始”和“结束”参数分别设为5450.0、14830.0，如图5.63所示。

⑥ 在【高级贴图】卷展栏中单击“投影贴图”选项组中的“无”按钮，在弹出的“材质/贴图浏览器”对话框中双击“位图”选项。在进一步弹出的“选择位图图像文件”对话框中导入本书附带光盘中的灯光贴图.JPG文件，如图5.64所示。

⑦ 再次渲染视图窗口，效果如图5.65所示。

图5.64 “灯光贴图.JPG”文件

图5.65 添加主光源的最后效果

3. 创建其他光源

① 主光源创建结束，接下来需要创建方形灯槽中的灯光效果。在“灯光”面板的下拉列表

中选择“光度学”选项，进入“光度学”灯光的创建面板。在【对象类型】卷展栏中单击“目标面光源”按钮，然后在左视图中创建一个 Area 01 对象，并调整灯光的位置，如图 5.66 所示。

② 选择 Area 01 对象，进入“修改”面板，在【强度/颜色/分布】卷展栏中“cd”单选按钮下的参数栏内键入 1200。在【区域光源参数】卷展栏中把“长度”和“宽度”参数分别设为 600.0、1930.0，如图 5.67 所示。

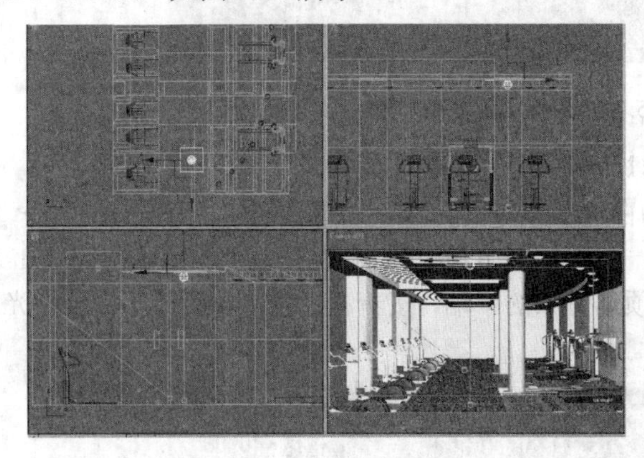

图 5.66　创建目标面光源

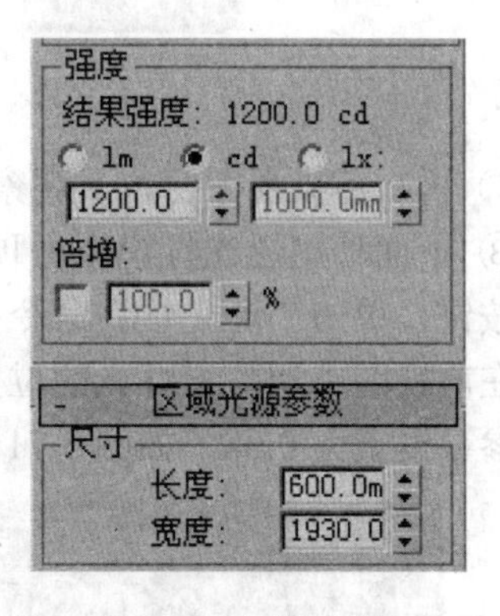


图 5.67　设置参数

③ 选择 Area 01 和 Area 01.Target 对象，在顶视图中按住【Shift】键同时沿 Y 轴向上拖动鼠标，至合适位置后松开鼠标，会弹出“克隆选项”对话框，如图 5.68 所示。设置对话框参数，将该灯光实例复制 4 个。

④ 再次渲染视图观察灯槽的灯光效果。

⑤ 接着创建右侧弧形灯槽中的灯光效果，在顶视图中创建 Area 06 对象，并在【强度/颜色/分布】卷展栏中“cd”单选按钮下的参数栏内键入 1200。在【区域光源参数】卷展栏中把“长度”和“宽度”参数分别设为 155.0、1855.0，如图 5.69 所示。

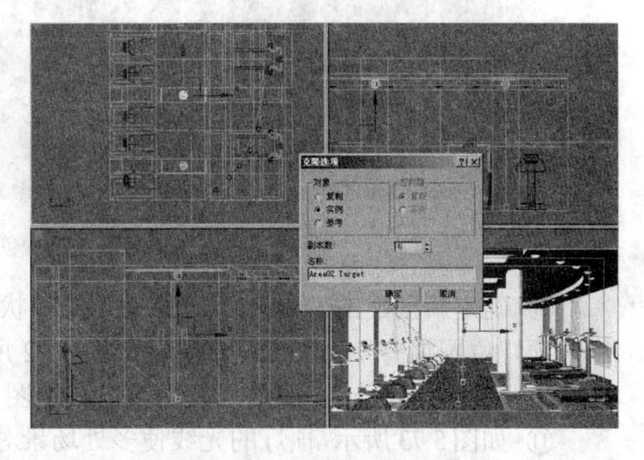

图 5.68　复制选择对象

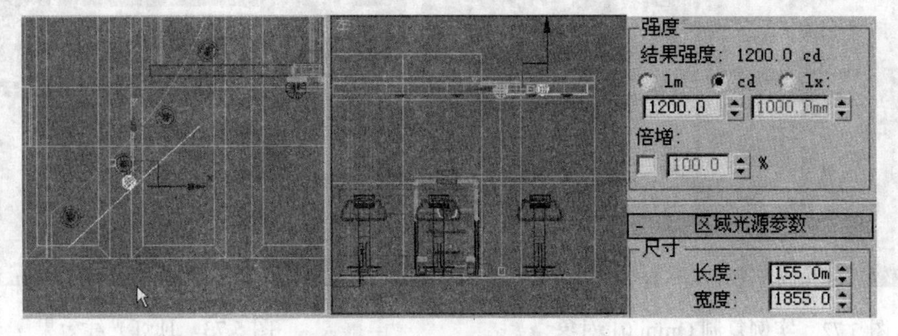


图 5.69　创建目标面光源

⑥ 在顶视图中选择新创建的 Area 06.Target 对象，沿 Y 轴正值方向实例复制 8 个对象，并分别调整复制对象的位置和角度，如图 5.70 所示。

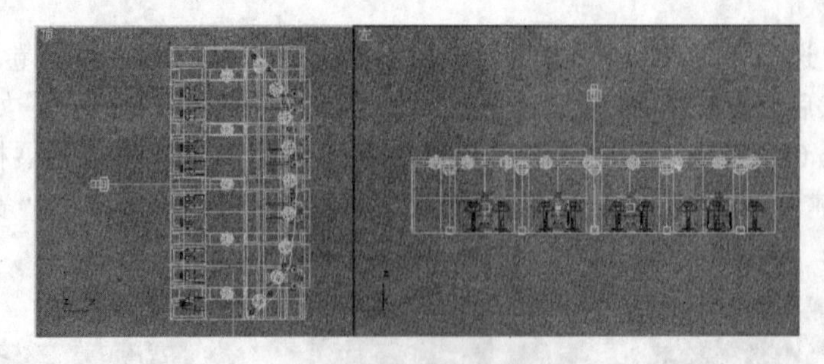

图 5.70　调整实例复制对象

⑦ 再次渲染视图窗口，观察弧形灯槽灯光的效果。

⑧ 下面使用泛光灯模拟房顶上的白色吸顶灯的光线，选择“创建”→“灯光”→“标准”命令按钮，单击“泛光灯”命令按钮，在顶视图中通过单击的方式创建一个 Omni 01 对象，然后在前视图中调整该灯光的位置至顶灯对象的下端，接着在“修改”面板中将该灯光的“倍增”参数设置为 0.08，如图 5.71 所示。

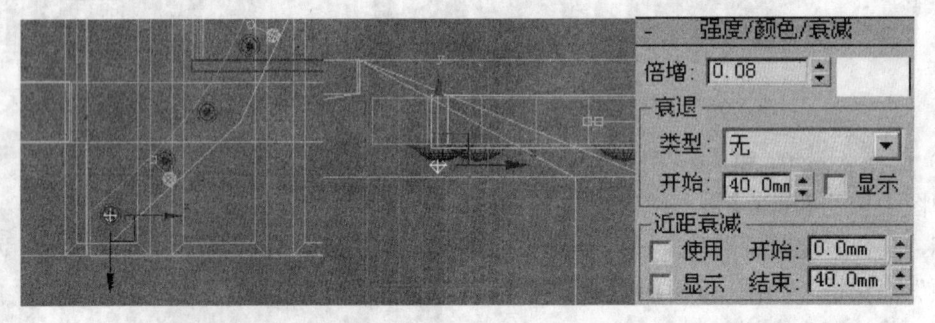


图 5.71　创建泛光灯

⑨ 确定新创建的 Omni 01 对象处于选中状态，然后在顶视图中实例复制所选择对象，使每个顶灯位置拥有一个 Omni 对象，如图 5.72 所示。

⑩ 激活 Camera 01 视图，然后渲染该视图，效果如图 5.73 所示。

⑪ 如图 5.73 所示，顶灯的光线使多处场景对象表面的光线曝光过度，这时可以应用 3ds Max 中灯光的排除功能，使这部分光源排除曝光过度的对象。确定 Omni 01 对象处于选中状态，单击【常规参数】卷展栏中的“排除”按钮，弹出“排除/包含”对话框，如图 5.74 所示。

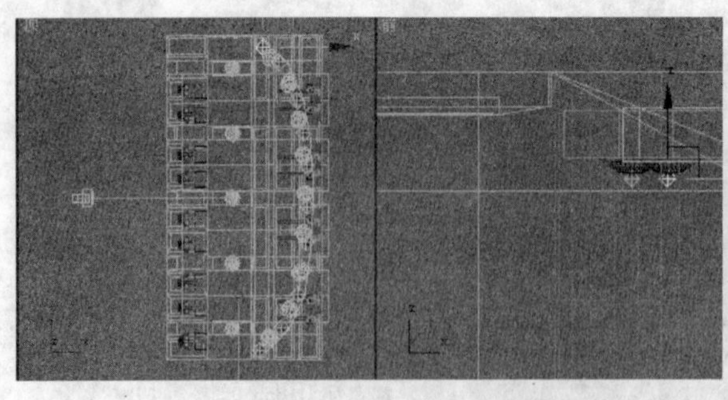

图 5.72　实例复制 Omni 01 对象

图 5.73　顶灯光线效果

⑫ 在左侧的显示窗中选择“地面”选项，接着按住【Ctrl】键，加选“前墙”、“左墙”选项，并单击»按钮，使被选择的选项移至右侧的显示窗中，如图 5.75 所示，然后单击“确定”按钮退出该对话框。

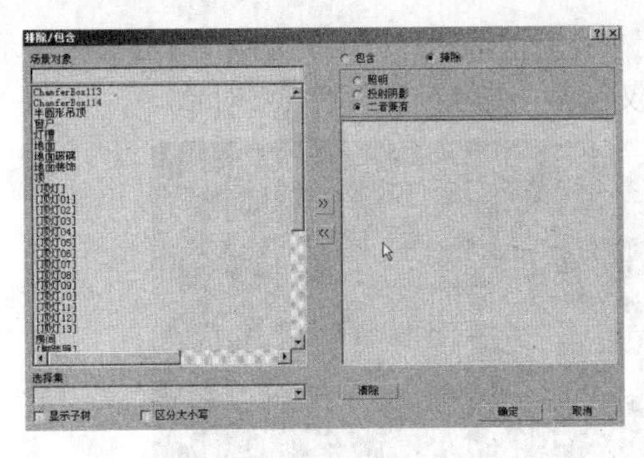

图 5.74 “排除/包含”对话框

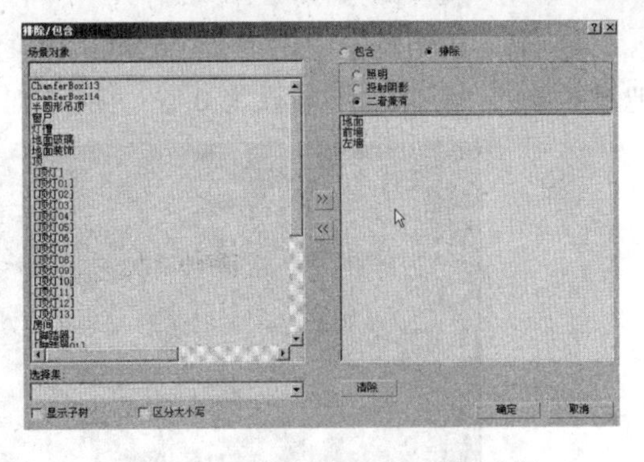

图 5.75 将选项移至右侧显示框

⑬ 在使用排除功能之后，再次渲染视图。

⑭ 再次在场景中创建一个 Omni 对象来补充场景顶部的光线，并调整该对象的位置如图 5.76 所示。

⑮ 把新创建的 Omni 对象的“倍增”参数设为 0.45，然后单击“排除”按钮，在弹出的“排除/包含”对话框中选择“半圆形吊顶”、“顶”和“栏杆”选项，并点选对话框顶部的“包含”单选按钮，单击“确定”按钮退出该对话框。这时选择光源将只影响“半圆形吊顶”、“顶”和“栏杆”对象。

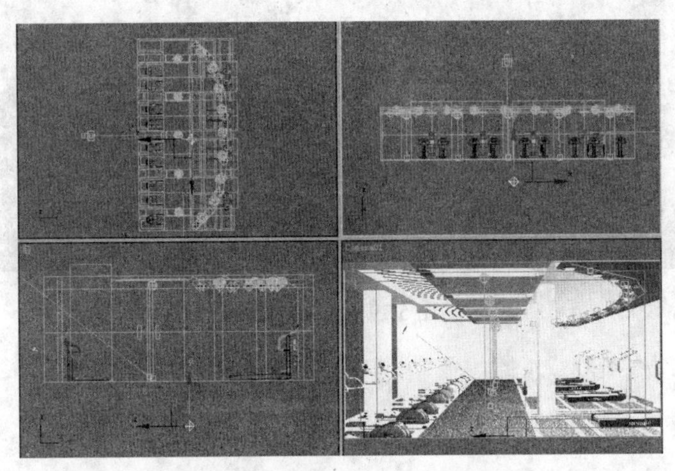

图 5.76 创建用于补充场景顶部的光线

⑯ 再次在场景中创建 Omni 对象，补充左墙表面的光线，如图 5.77 所示，把该对象的“倍增”参数设为 0.4，并使该对象仅包含“左墙”对象。

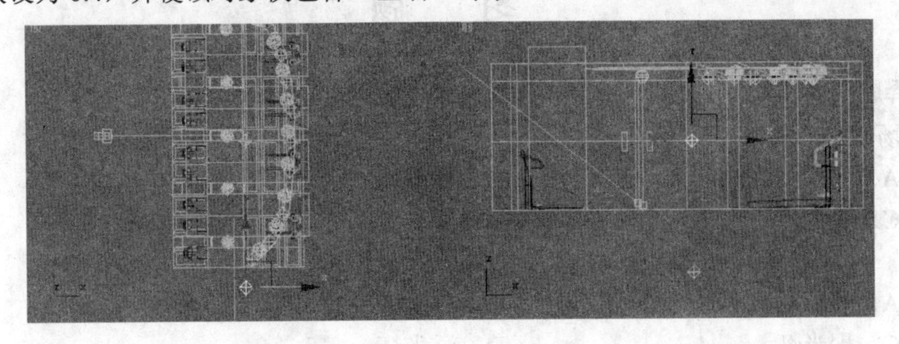

图 5.77 创建用于照亮左侧的 Omni 对象

⑰ 最后再为场景中添加一个 Omni 对象，用来补充前墙和栏杆上的光线，如图 5.78 所示。把该对象的“倍增”参数设为 0.4，并使该对象仅包含“前墙”和“栏杆”对象。

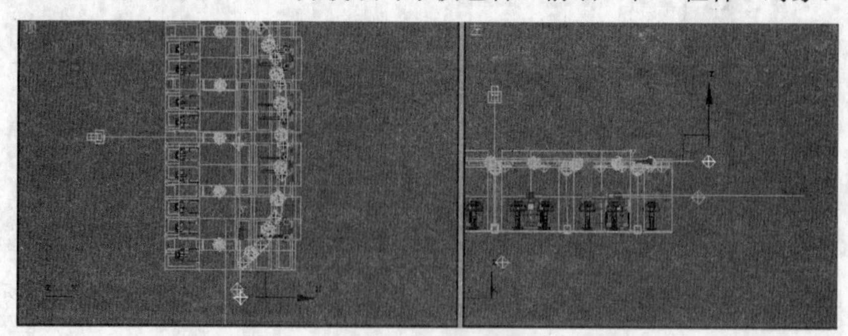

图 5.78 创建 Omni 对象

⑱ 再次渲染视图，最终效果如图 5.79 所示。

图 5.79 最终效果图

## 本章要点

本章主要学习了灯光、摄影机的基本原理以及运用标准灯光和光度学灯光对场景进行布光的方法，最后结合一个实例引导学生学习对灯光、摄影机进行综合处理的方法。

# 习 题

## 一、选择题

1. 场景中的主体灯一般用（ ）。

A. 平行灯光　　B. 环境灯

C. 聚光灯　　D. 泛光灯

2. （ ）不能控制其照射方向。

A. 平行灯光　　B. 环境灯

C. 聚光灯　　D. 泛光灯

3. 按快捷键（　　）可以激活摄影机视图。

A. C　　　　B. V

C. N　　　　D. M

## 二、操作题

给外景建筑布置灯光，效果如图5.80所示（提示：场景中的主体光采用“IES太阳光”，背景天空用球形天空，以“无缝贴图”方式实现，楼层右上角高亮处添加一盏泛光灯）。

图5.80　外景建筑效果图

# 第 6 章

# 基础动画

电脑动画被广泛应用在动画片制作、广告设计、电影特技、训练模拟、产品试验和电子游戏等领域中。使用 3ds Max 9，可以对场景中的任何对象进行动画设置，从而生成栩栩如生的动画画面。本章将简要介绍 3ds Max 9 的动画制作功能和具体应用。

学习目标

- 了解3D动画的基础概念。
- 了解3ds Max的基础动画工具。
- 掌握关键帧动画的制作方法。
- 掌握轨迹视图编辑动画的方法。
- 掌握运动学动画的制作方法。
- 掌握使用动画控制器和动画约束来制作动画的方法，包括路径变形、路径约束、注视约束的使用。

## 6.1 动画制作的基本概念

动画是基于人的视觉原理而创建的一系列运动图像。如果在一定时间内连续快速观看多幅相关联的静止画面，就能将这些画面感觉成连续的动作，每个单幅画面被称为一“帧”。

在传统的手工动画制作方式下，动画制作人员需要绘制大量的帧。由于每分钟的动画大概需要720～1800个单独的图像，因此手绘图像的工作量相当大。为了提高效率，出现了一种名为“关键帧”的技术，其基本思路是，让主要的艺术家只绘制重要的帧（即关键帧），再由他人计算出关键帧之间所需要的帧（即中间帧），画完关键帧和中间帧之后，只需要通过链接或渲染就能生成最终动画图像。

计算机三维软件问世后，动画制作变得十分简单，只需首先创建每个动画序列的起点和终点的关键帧（关键帧的值称为关键点），然后用软件来计算每个关键点的值之间的插补值，就可生成完整的动画。

为了便于理解“帧”和“关键帧”的含义，下面先介绍一个简单的实例。

① 打开如图6.1所示的场景。

② 在动画控制区域单击“时间配置”按钮，在弹出的“时间配置”对话框中设置“结束时间”为5，如图6.2所示。设置完成后单击“确定”按钮。

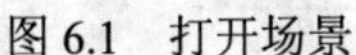

图6.1 打开场景

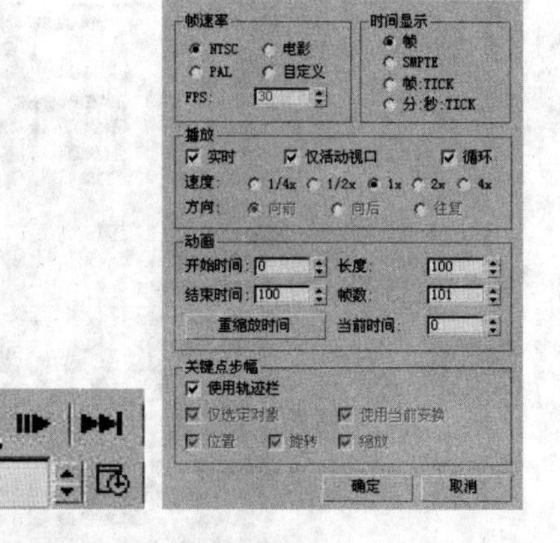


图6.2 配置动画时间

③ 单击“自动关键点”按钮打开自动关键点设置，然后拖动时间滑块到第5帧，如图6.3所示。

图6.3 打开自动关键点并拖动时间滑块

④ 单击工具栏上的“选择并移动”工具，将对象移动到如图6.4所示的位置。

⑤ 再选择工具栏上的“选择并旋转”工具，对对象进行旋转，如图6.5所示。

⑥ 再次单击“自动关键点”按钮关闭自动关键点，如图6.6所示。

⑦ 此时即可制作完成一段5帧的动画，单击“播放动画”按钮，如图6.7所示，即可在透视图中预览动画效果。

图 6.4　移动对象

图 6.5　旋转对象

⑧ 执行“渲染”→“渲染”命令，在弹出的“渲染场景”对话框中，展开【公用参数】卷展栏，点选“时间输出”组中的“活动时间段”单选按钮，如图 6.8 所示。

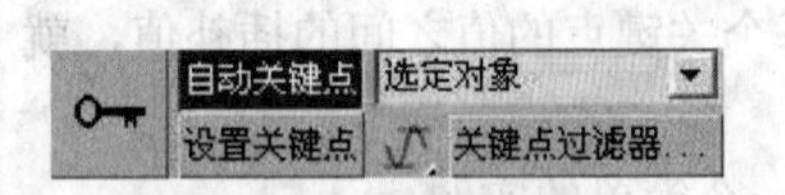


图 6.6　关闭“自动关键点”

图 6.7　单击“播放动画”按钮

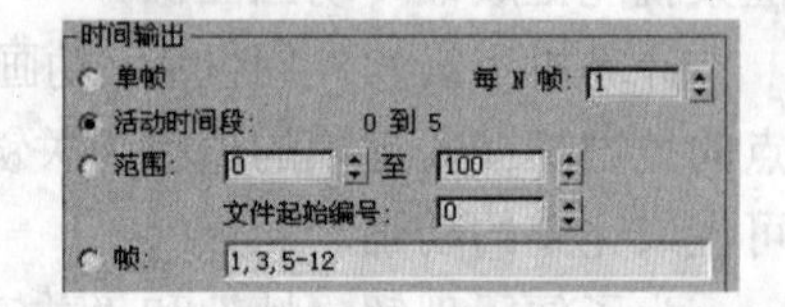


图 6.8　点选“活动时间段”单选按钮

⑨ 再单击【公用参数】卷展栏中的“文件”按钮，在弹出的“渲染输出文件”对话框中设置好保存位置和文件名，并将“保存类型”设置为“JPEG”文件，如图 6.9 所示。

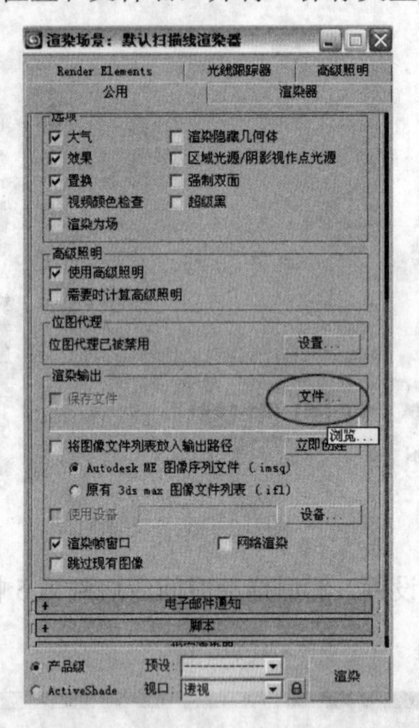


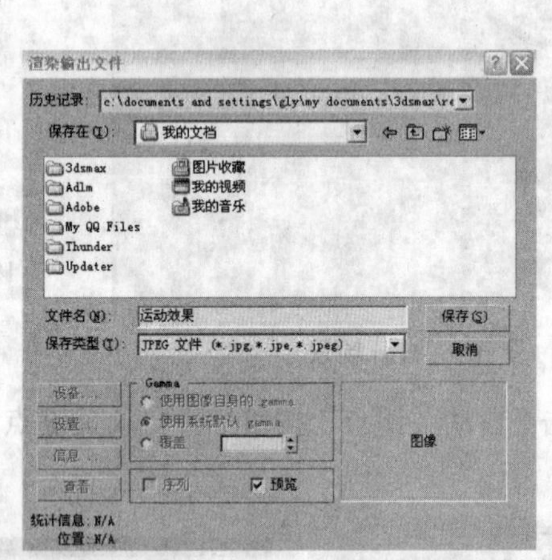


图 6.9　设置渲染参数

⑩ 单击“保存”按钮，弹出如图 6.10 所示的“JPEG 图像控制”对话框，直接单击“确定”按钮返回“渲染场景”对话框。

⑪ 在“渲染场景”对话框中单击“渲染”按钮，即可将动画渲染成由 6 幅画面组成的图像序列，如图 6.11 所示。

渲染生成的图像序列由如图 6.12 所示的 6 幅变化的图像组成，这 6 幅图像实际上就构成了一个简单的动画。每一幅图像便是对象的一帧，6 幅图片连贯起来就会形成 6 帧的动画。

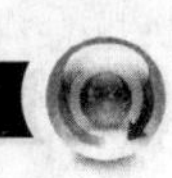

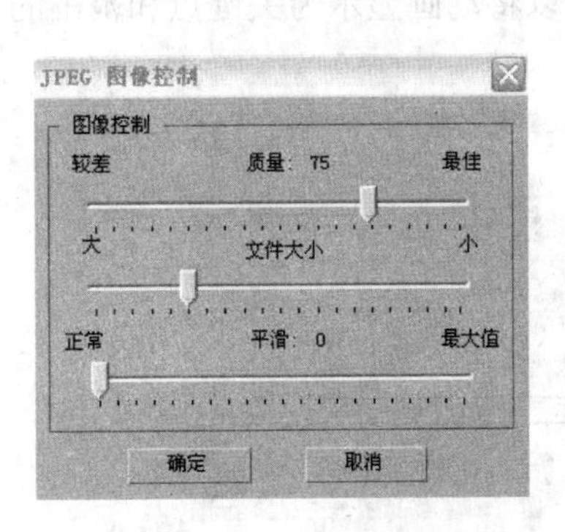


图 6.10 “JPEG 图像控制”对话框

图 6.11 渲染生成的图像序列

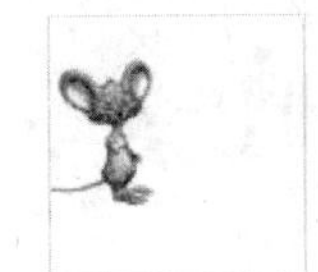

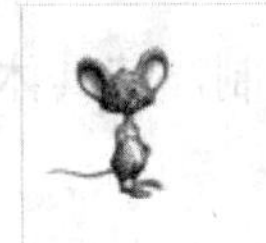

图 6.12 构成动画的 6 帧画面

在上面的示例中，只有第 1 帧和第 6 帧是关键帧，其余帧均为中间帧。在制作动画时，只需创建出起点和终点的关键帧（其值即为关键点），然后由系统自动计算出每个关键点值之间的补差值即可生成完整的动画。

## 6.2 动画制作工具简介

3ds Max 9 的用户界面中提供了一系列动画制作工具。使用这些工具可以十分方便灵活地制作各种动画。

### 6.2.1 轨迹视图

单击主工具栏上的“曲线编辑器”图标，将打开如图 6.13 所示的“轨迹视图-曲线编辑器”窗口，其中提供了细节动画的编辑功能，能对所有关键点进行查看和编辑。

“轨迹视图”提供了“曲线编辑器”和“摄影表”两种模式。如图 6.13 所示的“曲线编辑器”模式可以将动画显示为功能曲线。

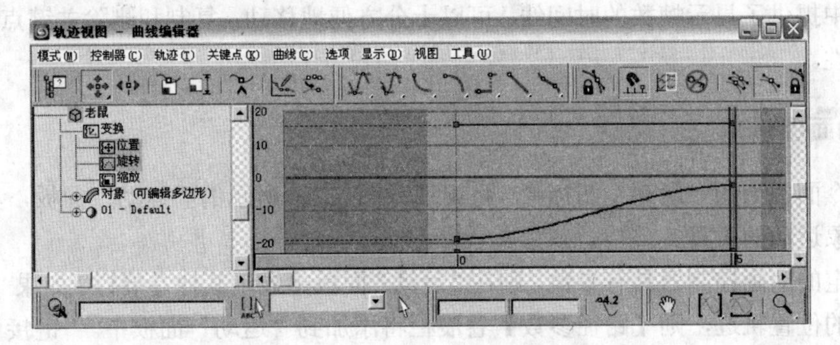


图 6.13 “轨迹视图-曲线编辑器”窗口

从“轨迹视图-曲线编辑器”窗口的“模式”菜单中执行“摄影表”命令，可以进入如图 6.14 所示的“轨迹视图-摄影表”窗口。“摄影表”模式可以将动画显示为关键点和范围的电子表格。

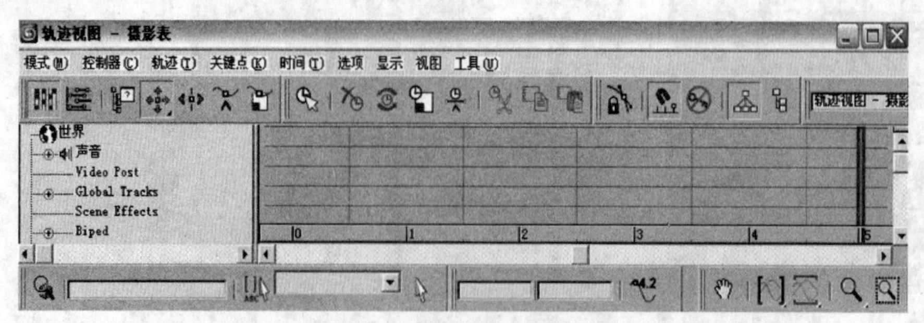


图 6.14 “轨迹视图-摄影表”窗口

“轨迹视图”主要用于进行场景管理和动画控制，其具体功能有：

① 显示场景中对象及参数的列表。

② 更改关键点的值。

③ 更改关键点的时间。

④ 更改控制器范围。

⑤ 更改关键点之间的插值。

⑥ 编辑多个关键点的范围。

⑦ 编辑时间块。

⑧ 为场景中加入声音。

⑨ 创建并管理场景的注释。

⑩ 更改关键点范围外的动画行为。

⑪ 更改动画参数的控制器。

⑫ 选择对象、顶点和层次。

⑬ 在“轨迹视图”层次中单击修改器项，可以在“修改”面板中导航修改器堆栈。

### 6.2.2 轨迹栏

轨迹栏位于视口下面时间滑块和状态栏之间，如图 6.15 所示。使用轨迹栏可以快速访问关键帧和插值控件。

轨迹栏中提供了显示帧数的时间线，可以十分方便地移动、复制和删除关键点，还可以设置关键点属性。

### 6.2.3 运动面板

单击命令面板上的“运动”图标◎，将出现如图 6.16 所示的“运动”面板，其中提供了各种调整对象运动的工具。

如果指定的动画控制器具有参数，则在“运动”面板中显示其他卷展栏。如果“路径约束”指定给对象的位置轨迹，则【路径参数】卷展栏将添加到“运动”面板中。“链接”约束显示【链接参数】卷展栏，“位置 XYZ”控制器显示【位置 XYZ 参数】卷展栏等。

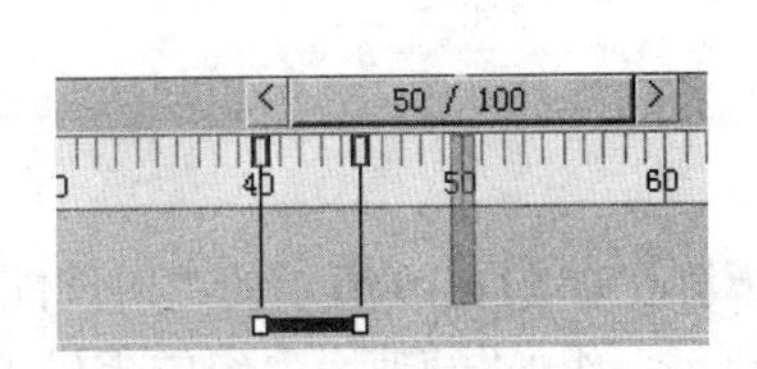

图 6.15 轨迹栏

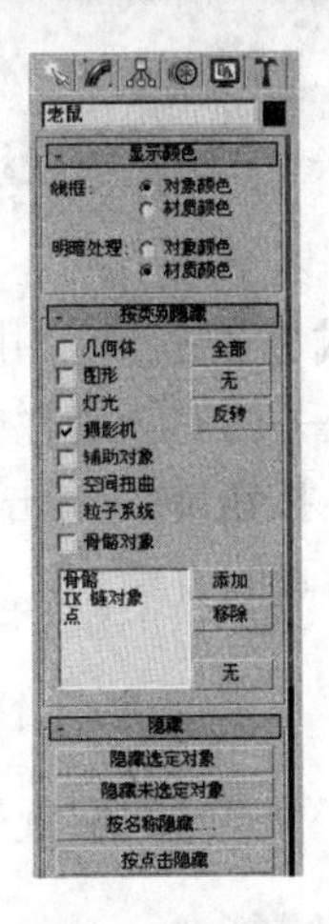

图 6.16 “运动”面板

## 6.2.4 动画控件和时间控件

动画和时间控件中的时间控件包括时间滑块、“自动关键点”按钮、“设置关键点”按钮、“动画播放”按钮、“当前帧”字段、“关键点模式”切换按钮、“时间配置”按钮等。

1. 时间滑块

如图 6.17 所示的时间滑块用于显示当前帧和移动活动时间段中的任何帧。

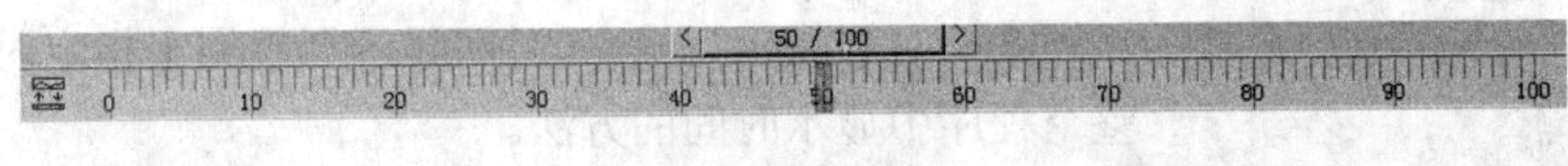

图 6.17 时间滑块

2. 动画控件

主要的动画控件有以下 8 个。

- **“自动关键点”和“设置关键点”按钮**：“自动关键点”按钮处于启用状态时，所有运动、旋转和缩放的更改都将设置成关键帧。而禁用“自动关键点”状态时，这些更改只能应用到第 0 帧。“设置关键点”处于启用状态时，可以混合使用“设置关键点”按钮和“关键点过滤器”来为所选对象的独立轨迹创建关键点。
- **关键点的默认“内”/“外”切线按钮**：该弹出按钮提供了使用“设置关键点”模式或“自动关键点”模式创建新动画关键点默认切线类型的快速方法，单击该按钮将出现如图 6.18 所示的弹出按钮。

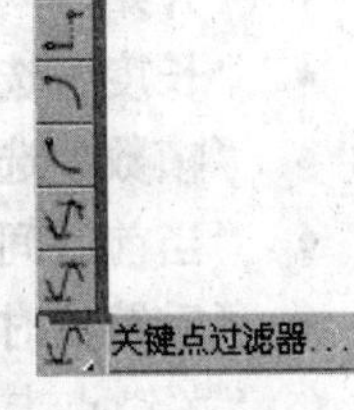

图 6.18 弹出按钮

- **“转至开头”按钮**：用于将时间滑块移动到活动时间段的第一帧。
- **“上一帧”按钮**：用于将时间滑块向左移动一帧。
- **“播放”/“停止”按钮**：“播放”按钮用于在活动视中播放动画。在播放动画时，“播放”按钮将变为“停止”按钮。
- **“下一帧”按钮**：用于将时间滑块向右移动一帧。
- **“转至结尾”按钮**：用于将时间滑块移动到活动时间段的最后一帧。
- **“当前帧”选项**：用于显示当前帧编号，表示时间滑块的位置，也可以在其中输入帧编号来转到该帧。

3. 时间控件

时间控件主要有以下两个：

- **“关键点模式”按钮**：用于在动画中的关键帧之间直接跳转。默认情况下，关键点模式使用在时间滑块下面的轨迹栏中可见的关键点。
- **“时间配置”按钮**：单击该按钮，将弹出“时间配置”对话框，其中提供了帧速率、时间显示、播放和动画的设置。

4. 时间配置

单击时间控件中的“时间配置”按钮，弹出如图 6.19 所示的“时间配置”对话框。

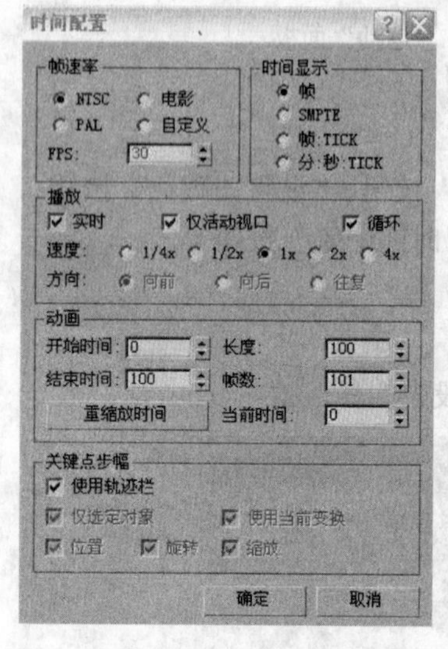

图 6.19 “时间配置”对话框

①“帧速率”组：“帧速率”组中提供了 4 个单选项和一个帧速率数值框，含义如下。

- **帧速率选项**：即 NTSC、电影、PAL 和自定义，可用于在每秒帧数（FPS）字段中设置帧速率。前 3 个选项可以强制按所选的选项使用标准 FPS，使用“自定义”选项则可通过调整微调器自定义 FPS。
- **“FPS”（每秒帧数）数值框**：采用每秒帧数来设置动画的帧速率。视频使用 30fps 的帧速率，电影使用 24fps 的帧速率，而 Web 和媒体动画则使用更低的帧速率。

②“时间显示”组：“时间显示”组用于指定时间滑块及整个程序中显示时间的方法。

③“播放”组：该组提供了以下选项。

- **“实时”选项**：用于使视口播放跳过帧，以便与当前“帧速率”设置保持一致。有 5 种播放速度可供选择，其中 1x 为正常速度，1/2x 为半速，以此类推。速度设置只影响在视口中的播放。禁用“实时”时，将尽可能地开始视口重放并显示所有帧。
- **“仅活动视口”选项**：使播放只在活动视口中进行。禁用该选项之后，所有视口都将显示动画。
- **“循环”选项**：控制动画只播放一次还是重复播放。
- **“方向”选项**：将动画设置为向前播放、反转播放或往复播放（向前然后反转、重复）。

④“动画”组：“动画”组中提供了以下选项。

- **“开始时间/结束时间”数值框**：用于设置在时间滑块中显示的活动时间段。
- **“长度”选项**：显示了活动时间段的帧数。
- **“帧数”选项**：显示了将渲染的帧数，即“长度+1”。
- **“当前时间”选项**：用于指定时间滑块的当前帧。
- **“重缩放时间”按钮**：用于拉伸或收缩活动时间段的动画，以适应指定的新时间段。

⑤“关键点步幅”组：“关键点步幅”组中的控件用来配置启用关键点模式的方法，主要选项有如下。

- **“使用轨迹栏”选项**：用于使关键点模式能够循环轨迹栏中的所有关键点。
- **“仅选定对象”选项**：在使用“关键点步幅”模式时只考虑选定对象的变换。

- **“使用当前变换”选项**：用于禁用“位置”、“旋转”和“缩放”，并在“关键点模式”中使用当前变换。
- **“位置”、“旋转”和“缩放”选项**：用于指定“关键点模式”所使用的变换。

# 6.3 关键帧动画

在 3ds Max 中，记录动画关键点的方法有“自动”和“手动”两种。

## 6.3.1 自动记录动画关键点

下面学习自动记录动画关键点的方法：

① 如图 6.20 所示，打开提供的场景文件“飞机.max”，然后再如图 6.21 所示单击“自动关键点”按钮。

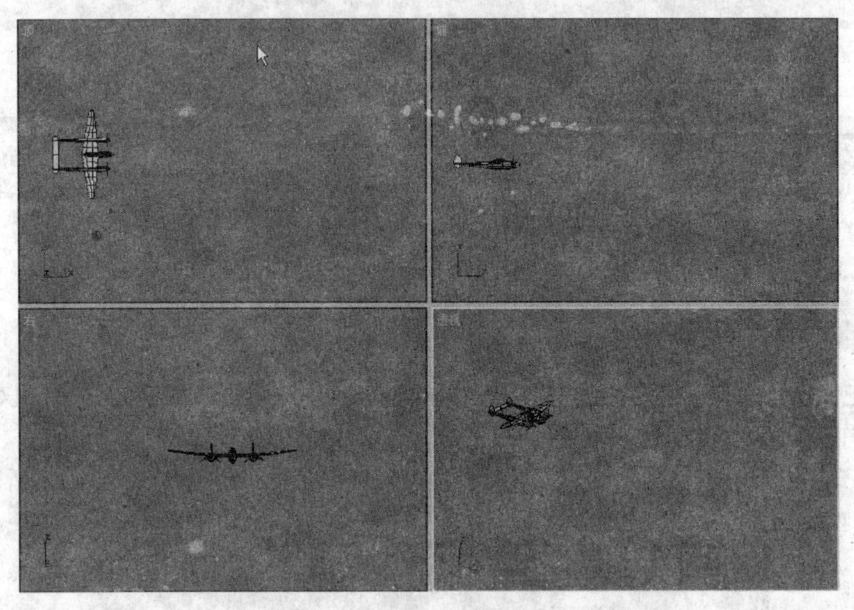

图 6.20 打开场景文件“飞机.max”

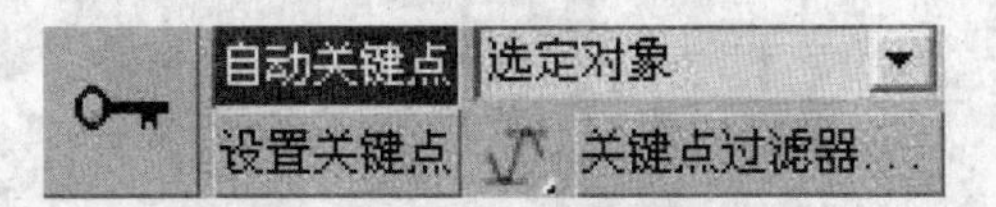


图 6.21 单击“自动关键点”按钮

② 拨动时间滑块到第 100 帧，在顶视图中把飞机模型移动到最右端。让当前场景中飞机做一个从左向右的运动，我们可以看到移动完飞机之后，计算机自动根据飞机在空间中的变化而完成了起始帧和结束帧的关键点设置，如图 6.22 所示，我们可以看到在第 0 帧和 100 帧都有一个关键点的设置。

③ 使用自动记录动画设置关键点，还可以使当前的关键点位移，比如把第 100 帧关键点移到第 30 帧，如图 6.23 所示，我们发现到第 30 帧结束的时候，飞机此时已经做完了整个运动。

总之，用自动记录动画设置关键点的方式，可以非常方便地只调整飞机在空间的终端位置，计算机可以为用户自动记录所有关键点，不需要手动设置。

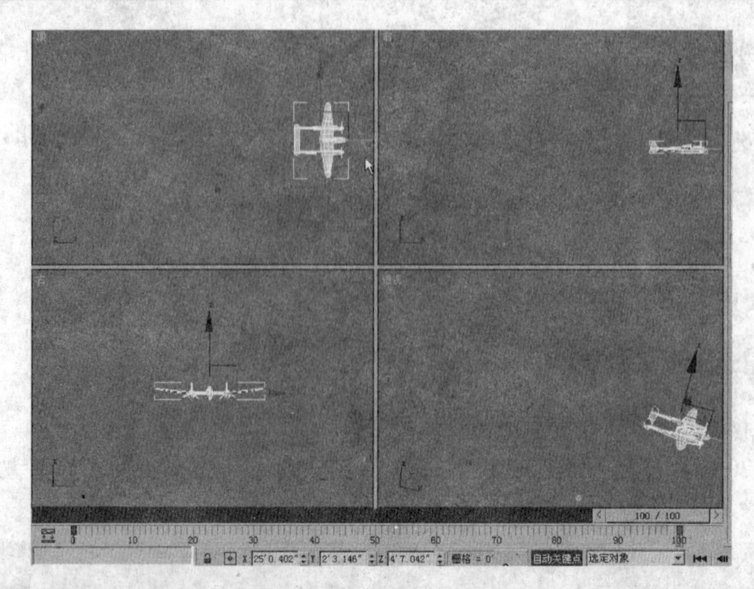

图 6.22　在第 100 帧将“飞机”模型移动到最右端

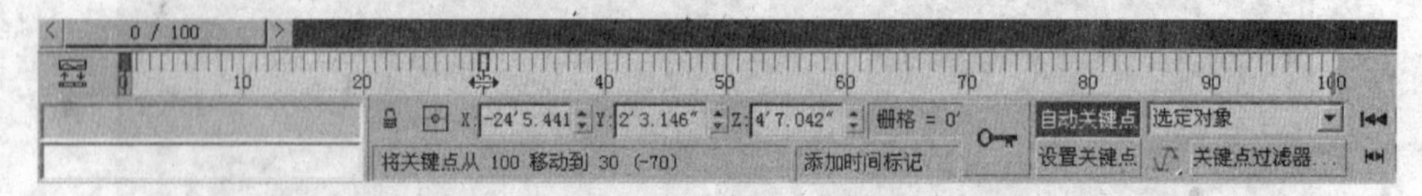


图 6.23　将第 100 帧关键点移到第 30 帧

## 6.3.2　手动记录动画关键点

手动记录动画关键点的方法：手动记录动画关键点顾名思义，即是在场景中的对象的关键点需要我们手动设置完成。

① 打开提供的场景文件“飞机.max”，单击“设置关键点”按钮，如图 6.24 所示，在第 0 帧位置我们给它设置一个“关键点”。

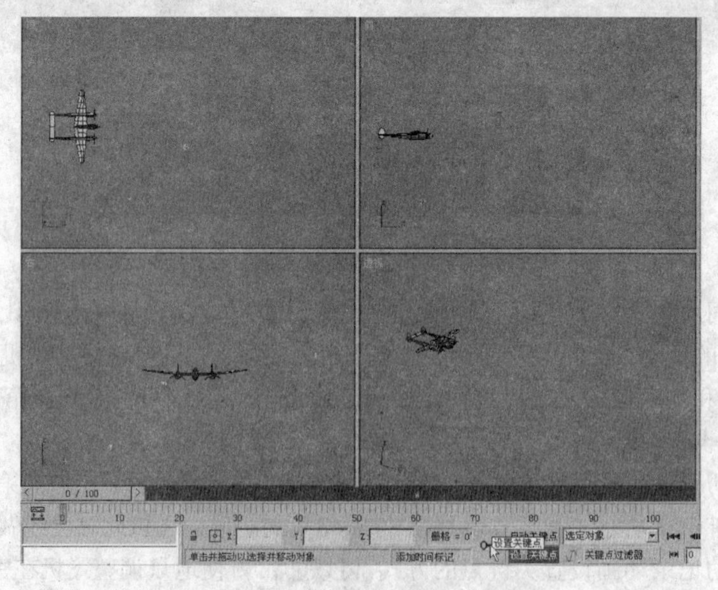

图 6.24　单击“设置关键点”按钮

**提 示**

❖创建关键帧的快捷键是按【K】键。

② 拖动时间滑块转到第15帧，再次单击“设置关键点”按钮，如图6.25所示，在第17帧位置做一个旋转运动后再次单击“设置关键点”按钮，转到第30帧，如图6.26所示，做移动加旋转运动后按【K】键。拖动时间滑块观看一下效果，如图6.27所示，此时飞机做了一个先直飞后旋转向上斜飞的运动。

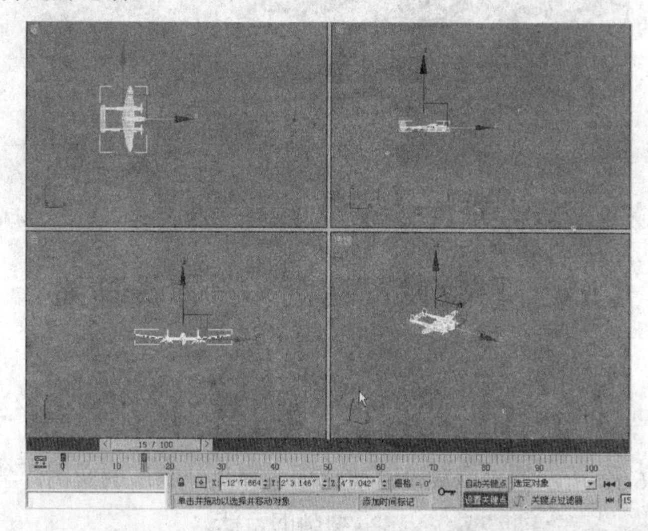


图6.25 在第15帧单击“设置关键点”按钮

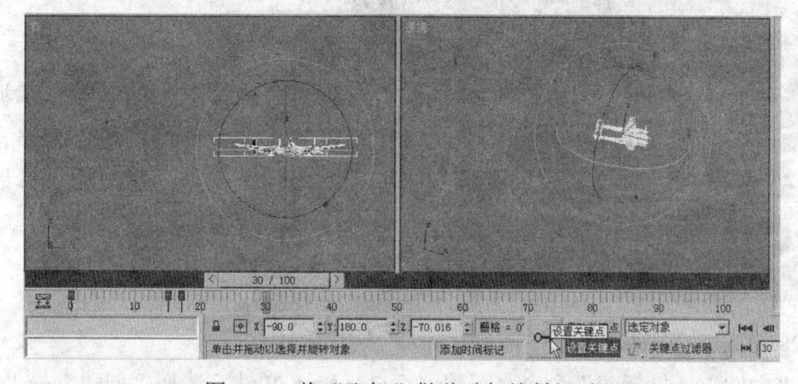


图6.26 将“飞机”做移动加旋转运动

**提 示**

❖在使用手动设置动画关键点的时候，要小心拖动时间滑块，比如在第50帧的时候，我们想把飞机继续向前移动，这时我们没有设置任何关键点，如果再拖动时间滑块会发生什么情况呢？结果是又恢复到了上一个设置关键点的位置。

❖如果我们想保持当前飞机的位置不变，还想要拖动时间滑块，该如何操作？
用鼠标右键拖动时间滑块，当前的飞机就可以保持位置不变。比如直接用拖动方法将时间转到第70帧，按【K】键，整个飞机运动就完成了。

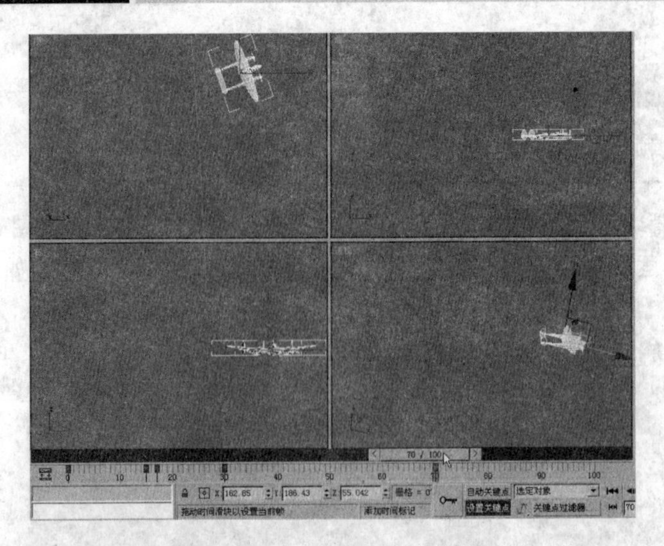

图 6.27 “飞机”做了一个完整的运动

## 6.4 参数设置动画——弹簧伸缩

通过制作如图 6.28 所示的“参数设置动画——弹簧伸缩”的实例，学习使用修改器制作动画的方法。

图 6.28 弹簧动画截图效果图

本例通过弹簧动画的制作，掌握使用修改器制作动画的方法。由螺旋线作为路径，圆作为截面放样制作弹簧模型，然后通过修改路径型的参数来制作一个弹簧伸缩的动画。

① 执行“文件”→“新建”命令，新建一个 3ds Max 文件。选择“创建”→“图形”→“螺旋线”命令按钮，在顶视图中创建一个螺旋线，在【参数】卷展栏中修改它的参数，如图 6.29（a）所示。修改参数后的螺旋线如图 6.29（b）所示。

**提　示**

❖螺旋线的形状就像日常生活中常见的弹簧等螺旋状物体，“螺旋线”对象虽然属于“图形”子菜单，却在 X、Y、Z 三个维度上都有分布，是“图形”对象里面唯一的三维空间图形。它的形状由“半径 1”、“半径 2”、“高度”、“圈数”、“偏移”选项和“顺时针”、“逆时针”两个单选按钮决定。

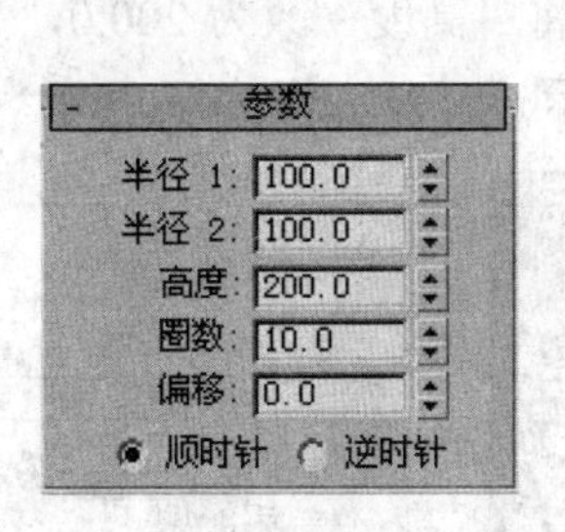


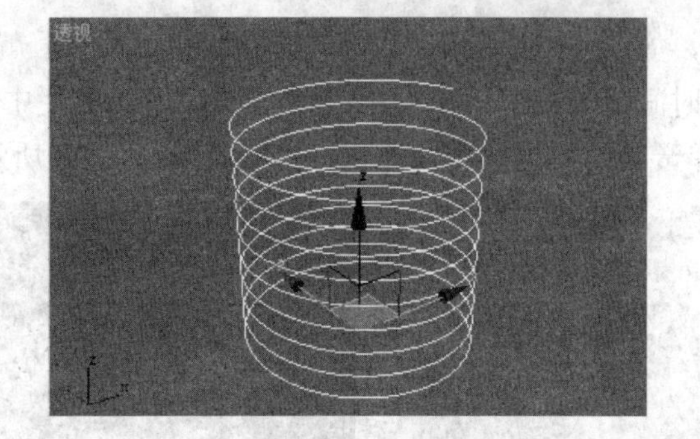


（a）螺旋线参数　　（b）螺旋线修改效果

图 6.29　创建螺旋线

② 在【对象类型】卷展栏中单击“圆”按钮，然后在前视图中拖动鼠标创建一个圆，在【参数】卷展栏中修改它的参数，将“半径”改为 5.0，如图 6.30 所示。

③ 此时视图中有两个物体，螺旋线和圆，如图 6.31 所示。下面以螺旋线为路径，以圆为截面进行放样。

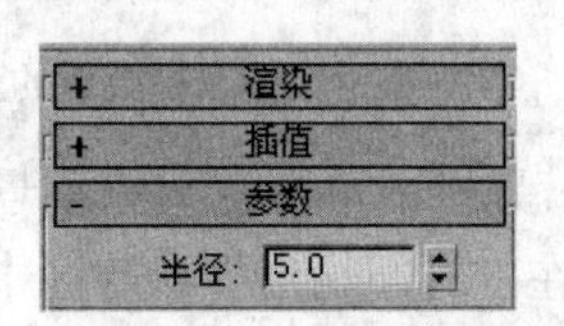


图 6.30　圆截面参数

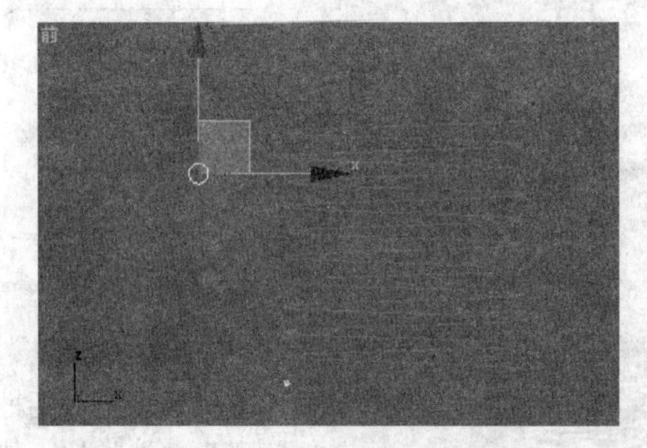


图 6.31　螺旋线和圆

④ 在视图中选中螺旋线，单击“几何体”按钮，进入“几何体”面板，在下拉列表框中选择“复合对象”选项。

⑤ 在【对象类型】卷展栏中单击“放样”按钮，然后在【创建方法】卷展栏中单击“获取图形”按钮。

⑥ 在视图中单击圆，即可放样形成弹簧，如图 6.32 所示。

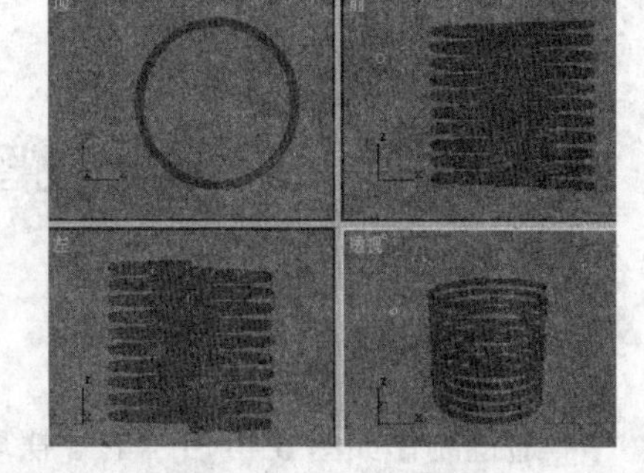

图 6.32　放样形成的弹簧

⑦ 为了使弹簧更真实，我们可以给弹簧赋予拉丝材质。在工具栏中单击按钮，打开材质编辑器，单击“获取材质”按钮，弹出“材质/贴图浏览器”对话框，设置拉丝材质，如图 6.33 所示。

⑧ 单击“将材质指定给选定对象”按钮，将材质指定给弹簧，然后在工具栏中单击“快速渲染”按钮，渲染场景，可以看到一个拉丝材质的弹簧，如图 6.34 所示。

⑨ 在视图的动画控制区中，单击“自动关键点”按钮，开始记录动画。将时间滑块拖到第 50 帧。在视图中选择“螺旋线”对象，进入“修改”面板，在【参数】卷展栏中将“高度”

改为 300.0，如图 6.35 所示。此时弹簧的高度变大了，就像被拉伸了一样，如图 6.36 所示。

⑩ 将时间滑块拖到第 100 帧，在【参数】卷展栏中将“高度”改为 200.0，如图 6.37 所示。此时弹簧的高度再次变回原来的大小，如图 6.38 所示。

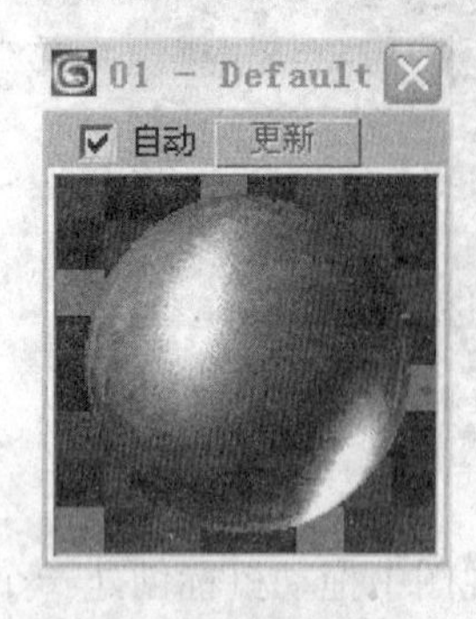


图 6.33　材质编辑器

图 6.34　赋予拉丝材质的弹簧

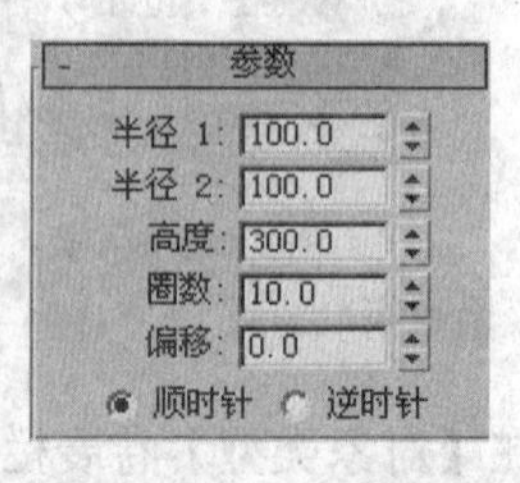


图 6.35　修改螺旋线参数

图 6.36　修改参数后的弹簧

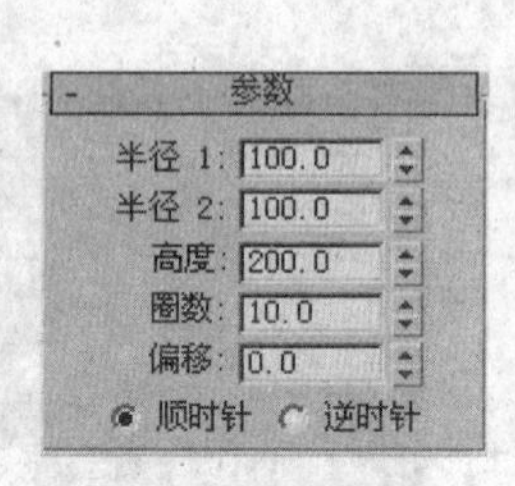


图 6.37　修改螺旋线参数

图 6.38　修改参数后的弹簧

图 6.39　第 50 帧的动画截图

⑪ 下面渲染动画。在工具栏中单击“渲染场景”按钮，弹出“渲染场景”对话框。在“时间输出”参数区中点选“活动时间段”单选按钮，然后在“渲染输出”参数区中单击“文件”按钮，设置好文件名和保存路径。返回“渲染场景”对话框，单击“渲染”按钮，渲染动画。其第 50 帧的动画截图如图 6.39 所示。

## 6.5　轨迹视图编辑动画——制作摆球摆动

### 任务目的

通过制作如图 6.40 所示的“摆球”动画的实例，学习如何在轨迹视图中对已有运动进行编辑的方法。

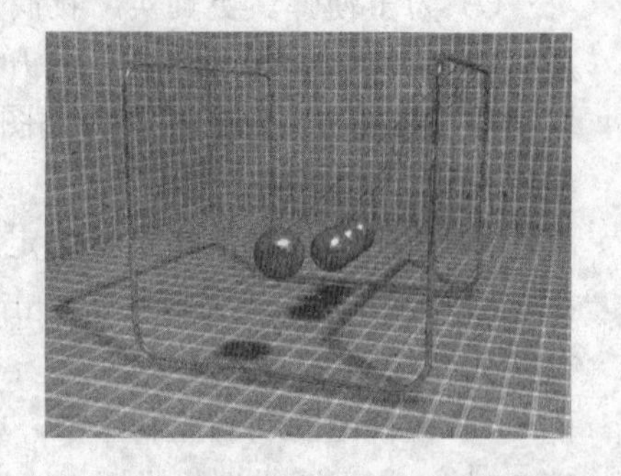

图 6.40　摆球的动画截图

### 任务分析

本例将制作一个简单的摆球来回摆动的动画，在“自动关键点”模式下制作摆球运动的关键帧，然后使用轨迹

视图来调节运动轨迹。最后完成场景的灯光和材质的设定，进行渲染而输出动画。

① 执行“文件”→“打开”命令，打开摆球的模型文件。

② 给场景中的摆球模型和不锈钢架添加适合的材质，再添加两面墙，打上灯光，效果如图 6.41 所示。

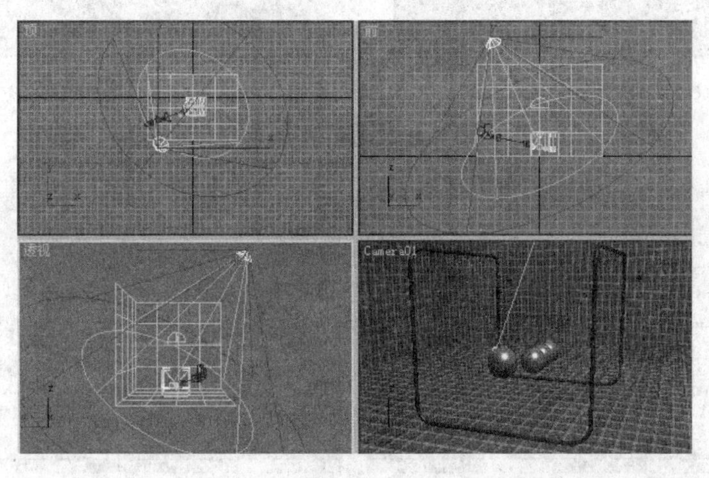


图 6.41　完成场景的灯光和材质的效果图

③ 下面制作动画。单击动画控制区中的“自动关键点”按钮，将时间轴的开始帧设置为 1，结束帧设置为 200。将时间滑块移动到第 1 帧，将最左边的摆球顺时针旋转 30º。前视图效果如图 6.42 所示。

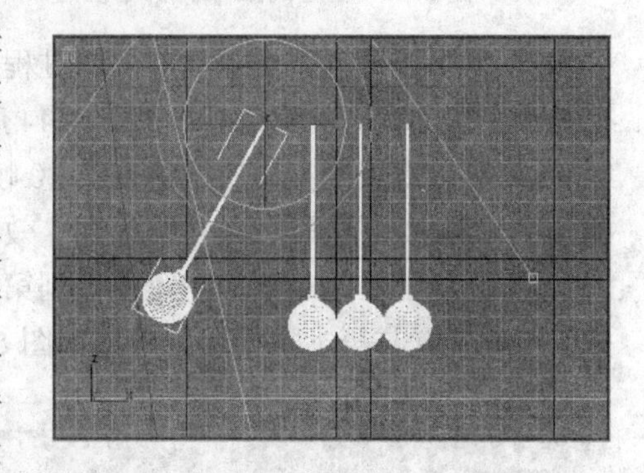


图 6.42　设置第 1 帧时的状态

④ 将时间滑块转到第 10 帧，把最左边的摆球逆时针旋转 30º，恢复原始的竖直位置。再将时间滑块转到第 20 帧，把最右边的摆球逆时针旋转 30º。然后将时间滑块转到第 30 帧，把最右边的摆球顺时针旋转 30º，恢复到原始的竖直位置。最后将时间滑块转到第 40 帧，并把最左边的摆球顺时针旋转 30º。各关键帧的状态如图 6.43 所示。

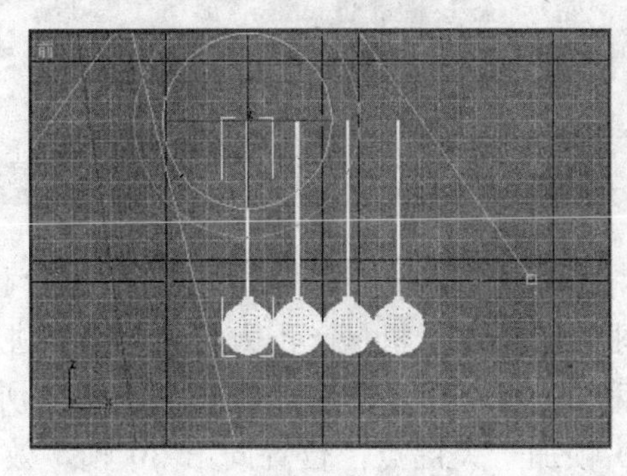


（a）第 10 帧时的状态

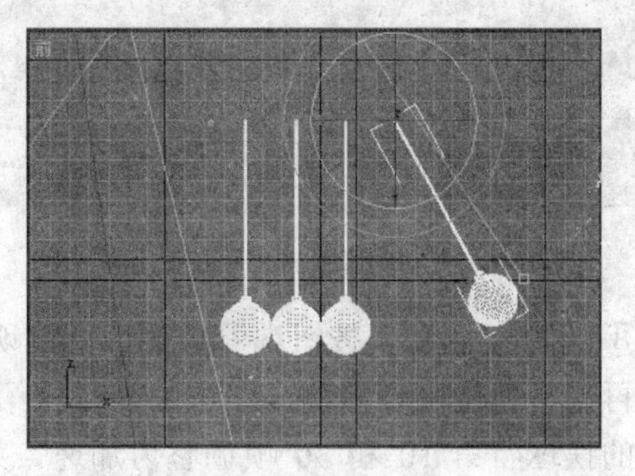


（b）第 20 帧时的状态

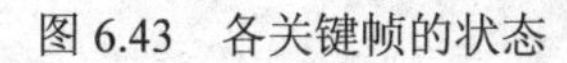

图 6.43　各关键帧的状态

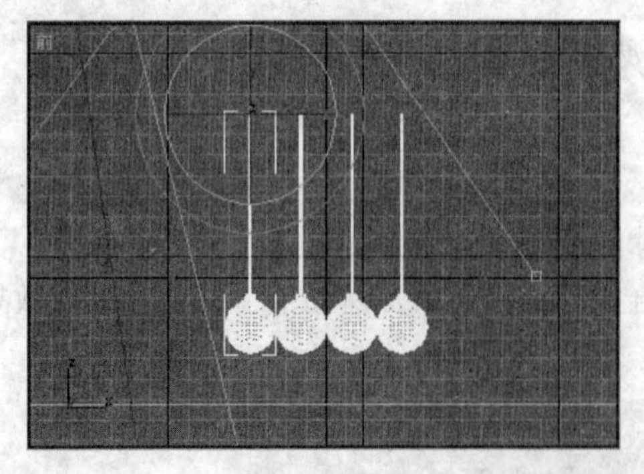

（c）第 30 帧时的状态

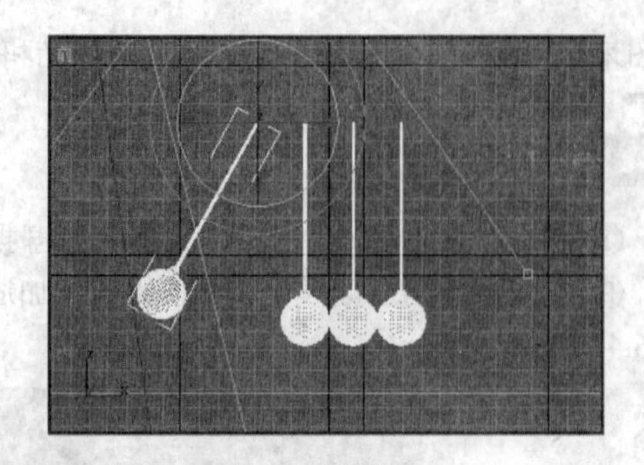

（d）第 40 帧时的状态

图 6.43　各关键帧的状态（续）

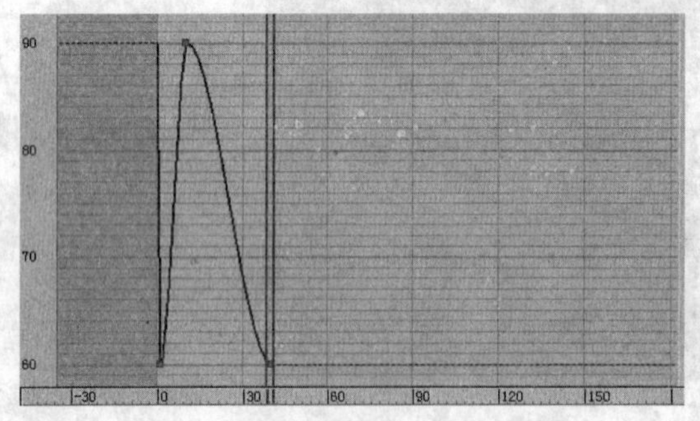


图 6.44　左边的摆球的轨迹视图

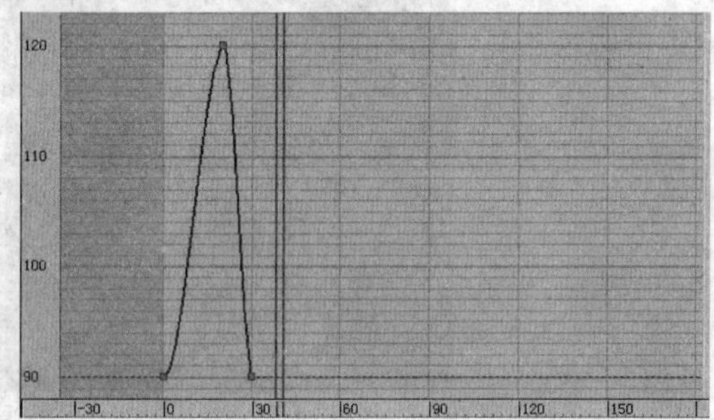


图 6.45　右边的摆球的轨迹视图

⑤ 以下要设置完全重复前面的过程，使小球不断地来回摆动。单击按钮，打开“轨迹”视图。左边的摆球的轨迹视图如图 6.44 所示，右边的摆球的轨迹视图如图 6.45 所示。

⑥ 可以观察到左边的摆球在第 10 帧到第 30 帧的时间中是没有移动的，因此在第 30 帧添加一个关键点，位置与第 10 帧相同。效果如图 6.46 所示。

⑦ 同样，右边的摆球在第 1 帧到第 10 帧之间也是没有移动的，因此在第 10 帧添加一个关键点，位置与第 1 帧相同。效果如图 6.47 所示。

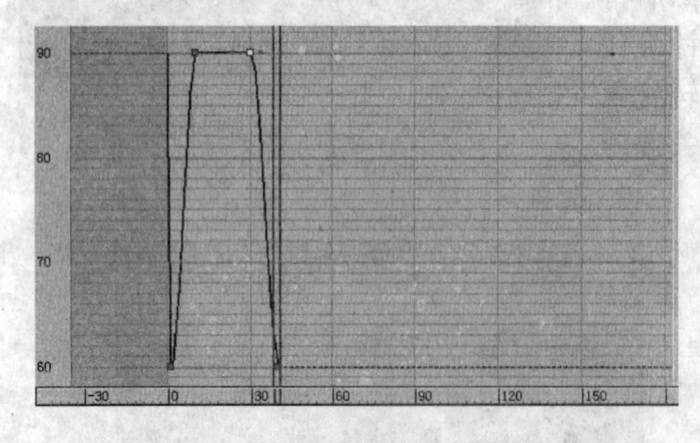


图 6.46　第 30 帧添加一个关键点

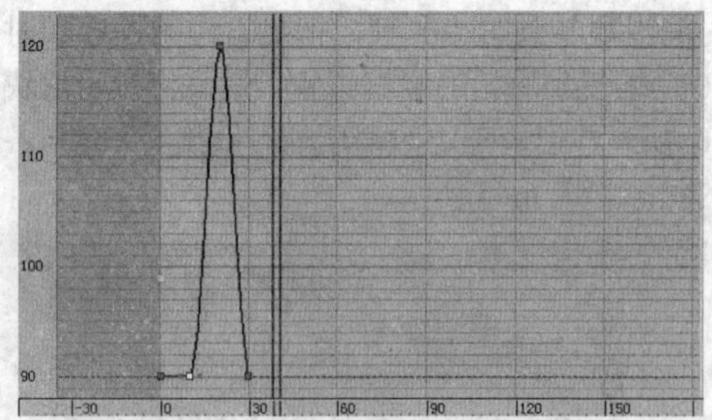


图 6.47　第 10 帧添加一关键点

⑧ 单击“播放”按钮观看动画，可发现小球的摆动过于机械，不太自然，需要进行调整。再次将曲线进行调整，左边的摆球将第 10 和 30 帧调整为加速，效果如图 6.48 所示；右边的摆球将第 10 和 30 帧调整为加速，第 40 帧加一关键点，位置同第 30 帧，效果如图 6.49 所示。

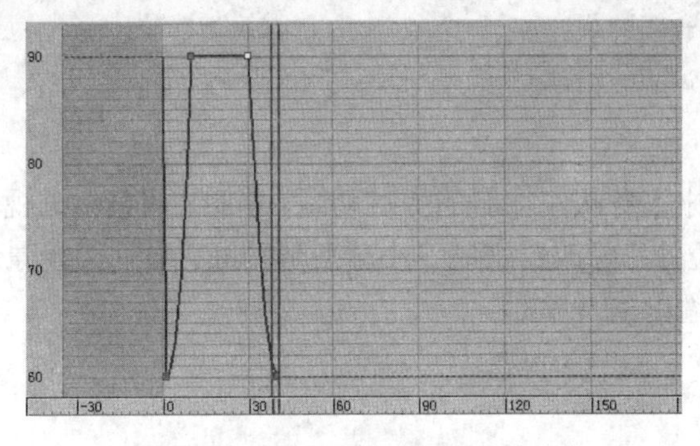


图 6.48 左边的摆球调整好的轨迹

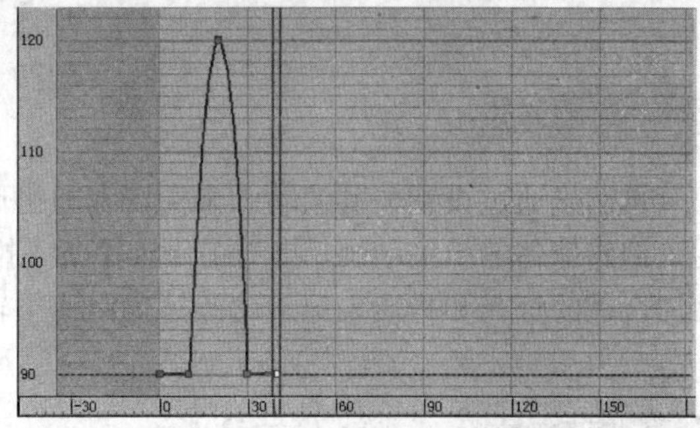


图 6.49 右边的摆球调整好的轨迹

⑨ 选择“轨迹视图”窗口下，把“控制器”→“超出范围类型”选项都设置为“周期”类型。

⑩ 下面输出动画。单击“渲染”菜单下的“渲染”命令，在弹出的“渲染场景”对话框中单击“文件”按钮，在弹出的文件浏览器中输入文件名，存为AVI格式，单击“保存”按钮。返回“渲染场景”对话框，选择“活动时间段”，并设置好输出的尺寸。单击“渲染”按钮，就可以输出动画了。其中的动画截图，如图6.50所示。

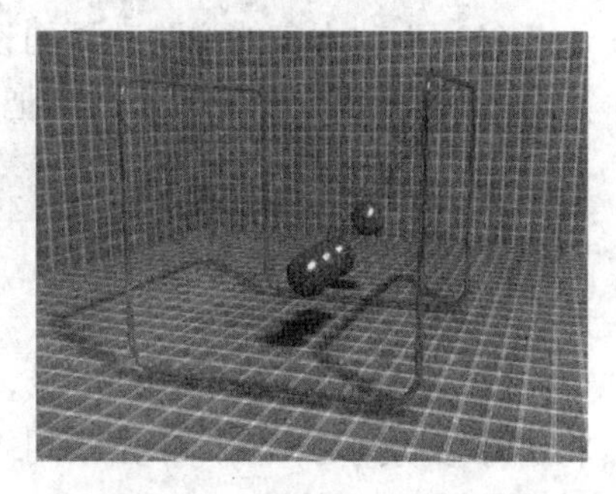

图 6.50 摆球动画截图

## 6.6 制作弹跳的卡通球

### 任务目的

通过制作如图6.51所示的“弹跳的卡通球”的实例，使我们能综合练习制作动画的方法，其中涉及到轨迹视图的调整、通过添加修改器来制作小球的变形动画，以及通过灯光和材质的变化来制作动画效果。

图 6.51 “弹跳的卡通球”动画截图

## 任务分析

本例先通过设置关键帧动画来实现卡通小球本身从左往右的弹跳动画，再通过调整轨迹视图来调整球体的弹跳动画，接着为小球添加“拉伸”修改器来制作小球变形动画，最后为场景添加合适的灯光和材质来记录动画，最终渲染输出 AVI 文件。

## 任务实施

（1）小球本身的弹跳动画的设置

① 打开提供的场景文件，把时间长度设置为 90 帧，如图 6.52 所示。

图 6.52　将时间设置为 90 帧

② 将时间帧拖动到第 90 帧，单击启用“自动关键点”按钮，选择顶视图作为当前视图，将小球移动到另一端，单击禁用“自动关键点”按钮，此时就为小球做了一个简单位移动画，效果如图 6.53 所示。

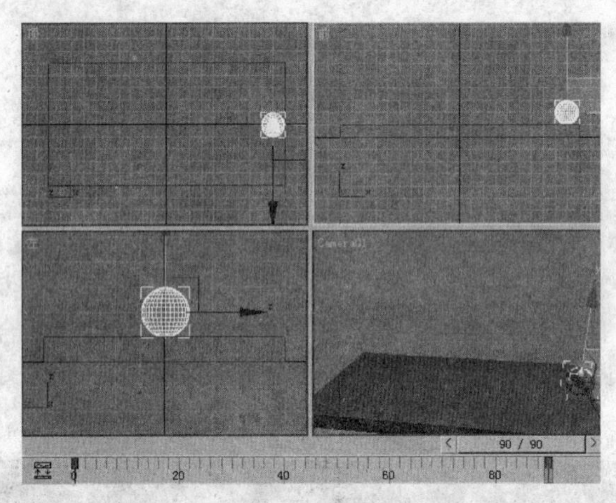


图 6.53　为小球做一个从左到右的位移动画

③ 拖动时间滑块到第 30 帧处，打开“运动”面板，在“PPS 参数”面板下单击“位置”按钮，如图 6.54 所示，此时就在第 30 帧处添加了一个位移关键帧。同上，将时间转置第 60 帧处创建位移关键帧，如图 6.55 所示。

④ 选择第 0 帧，按住【Shift】键将第 0 帧移动复制到第 5 帧。选择第 30 帧，同样复制该帧到第 25 帧和 35 帧处，选择第 60 帧，复制该帧到第 55 帧和第 65 帧处。选择第 90 帧，复制该帧到第 85 帧处。现在我们已经在相应的时间处添加了关键帧，效果如图 6.56 所示。

⑤ 下面调整动画运动的范围。将时间转置为第 15 帧，单击启用“自动关键点”按钮，在前视图中调整小球的位置，向上移动大约 80 个单位，效果如图 6.57 所示，将时间转置为第 45 帧，将小球向上移动 80 个单位，最后拖动时间滑块到第 75 帧，将小球再向上移动对应的位置，然后单击禁用“自动关键点”按钮。

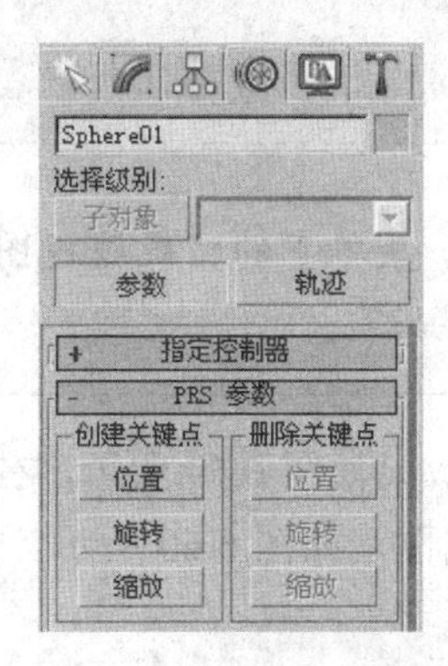


图 6.54 “PPS 参数”面板

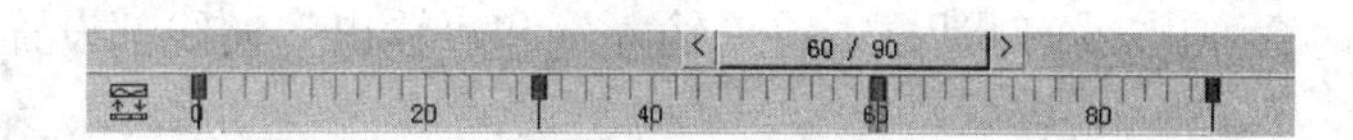


图 6.55 在第 30 帧和 60 帧处创建关键帧

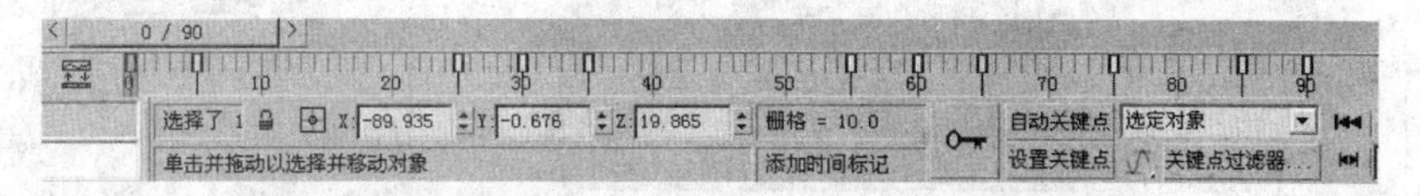


图 6.56 添加了相应的关键帧

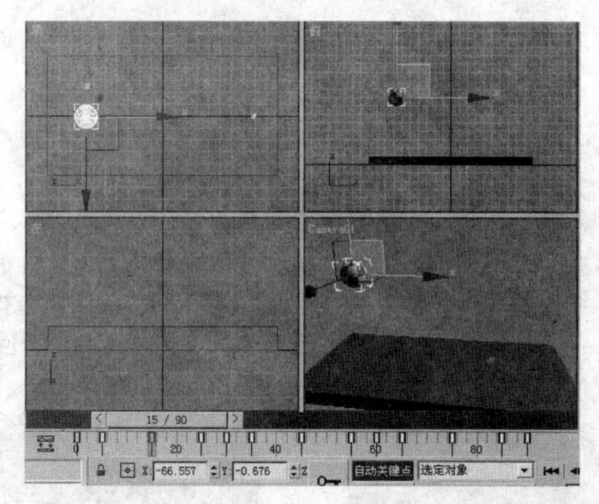

图 6.57 第 15 帧时小球向上移动大约 80 个单位

⑥ 轨迹视图是动画制作的重要窗口，下面通过调整轨迹视图来调整球体的弹跳动画。从工具栏单击“轨迹视图”按钮，选择小球的 Z 轴变换项目，选择曲线上部的 3 个关键点，调整到第 80 个单位的位置。接着选择曲线底部的所有关键帧，在窗口工具栏中选择“将切线设置为线性”按钮，将 Z 轴位置的函数曲线转变为线性，效果如图 6.58 所示。

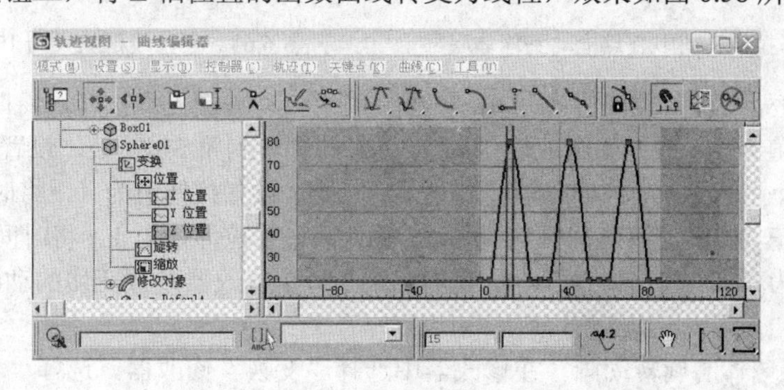


图 6.58 调整球体的弹跳动画

**提 示**

❖ “轨迹视图”的打开方式，还可以通过在“图表编辑器”菜单下的“轨迹视图”选项来打开，也可以单击动画区“迷你曲线编辑器”按钮。

⑦ 选择X轴位置的所有关键帧，右击将其转变为线性，设置效果如图6.59所示，右击关键帧时会弹出一个对话框，将“输入”和“输出”切线都设置为线性，如图6.60所示。

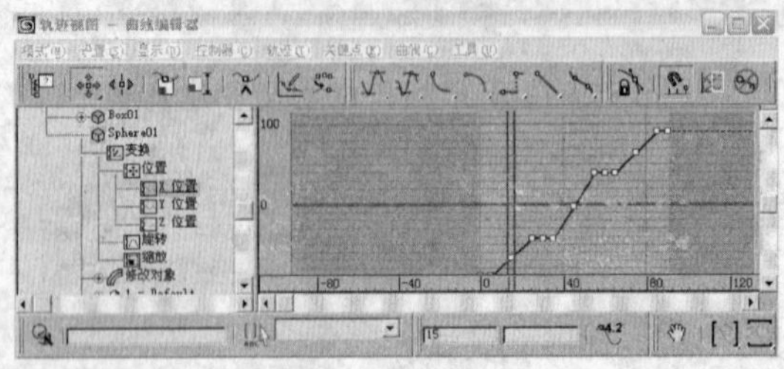

图6.59 右击将X轴位置关键帧转变为线性

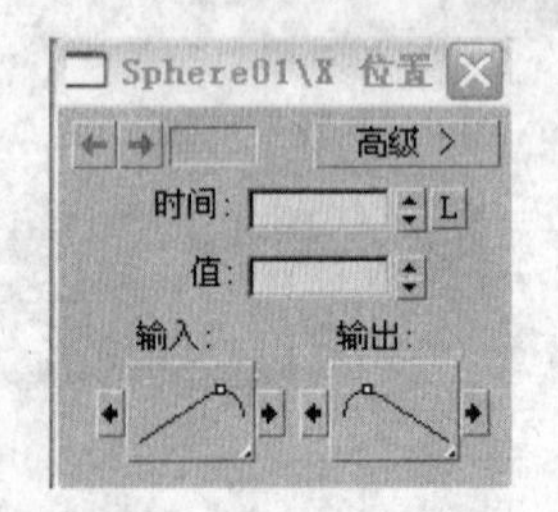


图6.60 切线设置为线性

（2）为小球添加变形动画

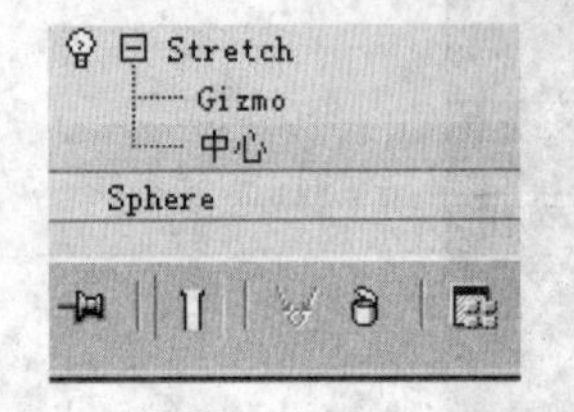


图6.61 选择“拉伸”的“中心”层级

① 选中小球，为小球添加“拉伸”修改器，选择“拉伸”修改器的“中心”层级，如图6.61所示。将左视图设置为当前视图，将“拉伸”修改器的中心点拖动到球体底部，效果如图6.62所示。再次选择“拉伸”中的“线框”（Gizmo）层级，选择缩放工具，将黄色线框放大到原来的170%大小，返回到拉伸级别，效果如图6.63所示。

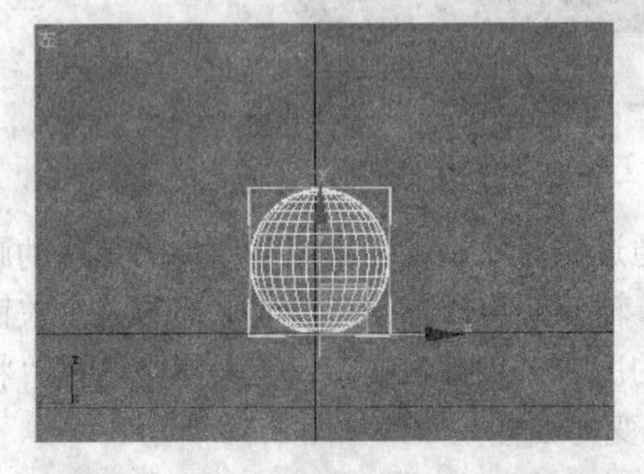

图6.62 将“拉伸”的中心点拖动到球体底部

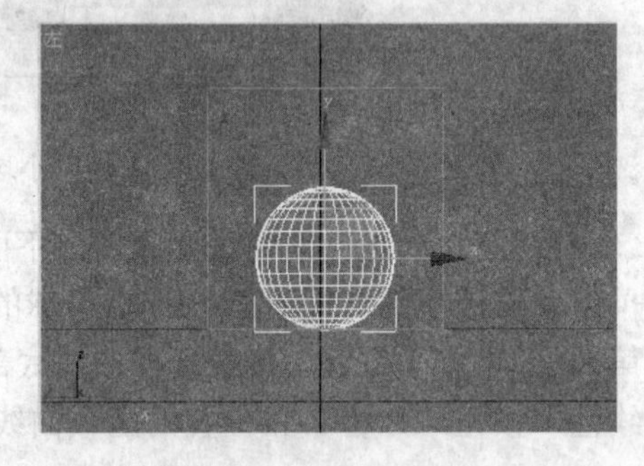

图6.63 黄色线框放大到170%

② 在第0帧处，设置拉伸值为-0.6，单击启用“自动关键点”按钮，将时间轴转到第15帧处，设置拉伸值为1，效果如图6.64所示。将时间轴转到第30帧处，设置拉伸值为-0.6，效果如图6.65所示。同上，将时间轴转到第45帧处，设置拉伸值为1。将时间轴转到第60帧处，设置拉伸值为-0.6。将时间轴转到第75帧处，设置拉伸值为1。将时间轴转到第90帧处，设置拉伸值为-0.6。在这个过程中，我们记录了一个修改器参数变化的动画，使得球体的动画弹跳显得更自然了。

③ 下面记录球体的旋转动画。在修改器中选择“变换”修改器。选择“变换”修改器的“线框”层级，使外框为黄色。使用“移动”工具，单击“角度捕捉”按钮和前视图。将时间

轴转到第 5 帧，沿 Z 轴将球体旋转-20º，效果如图 6.66 所示。将时间轴转到第 25 帧，沿 Z 轴将球体旋转 40º，效果如图 6.67 所示。将时间轴转到第 35 帧，沿 Z 轴将球体旋转-40º。将时间轴转到第 55 帧，沿 Z 轴将球体旋转 40º。将时间轴转到第 65 帧，沿 Z 轴将球体旋转-40º。最后将时间轴转到第 85 帧，将球体沿 Z 轴旋转 20º，单击禁用“自动关键点”按钮。此时可得到非常自然的球体弹跳动画。

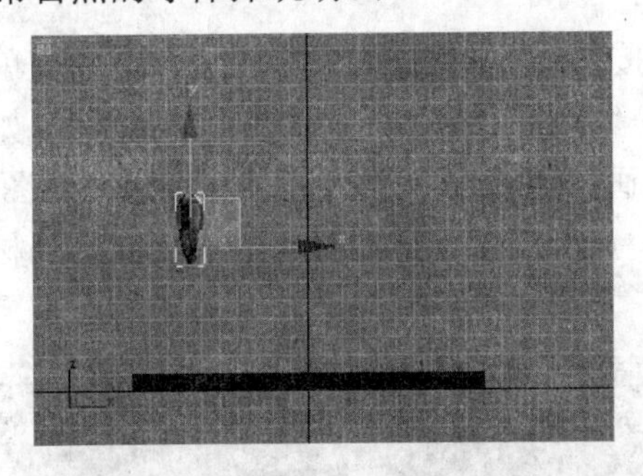

图 6.64　第 15 帧处小球的拉伸状态

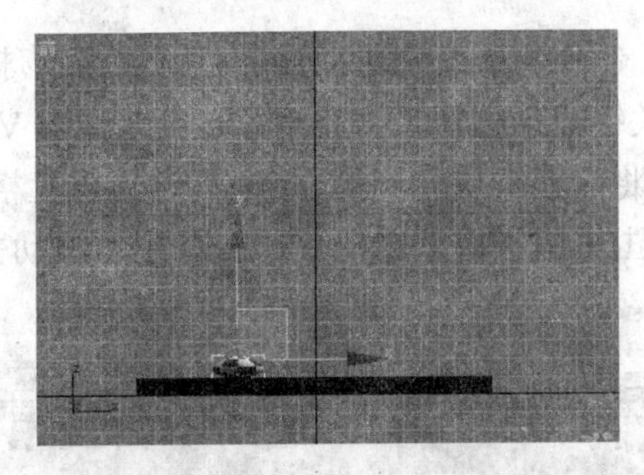

图 6.65　第 30 帧处小球的拉伸状态

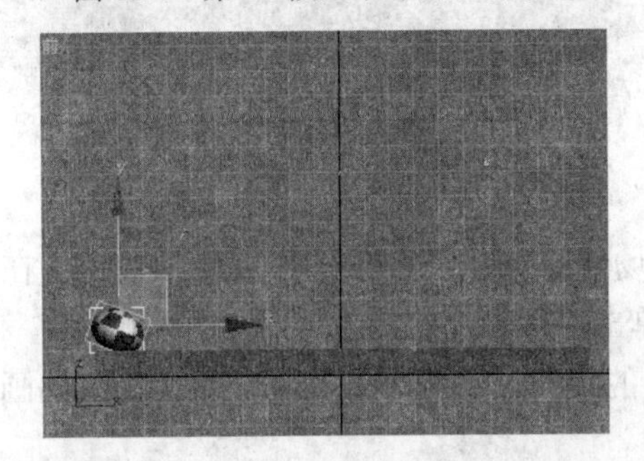

图 6.66　第 5 帧处小球的旋转状态

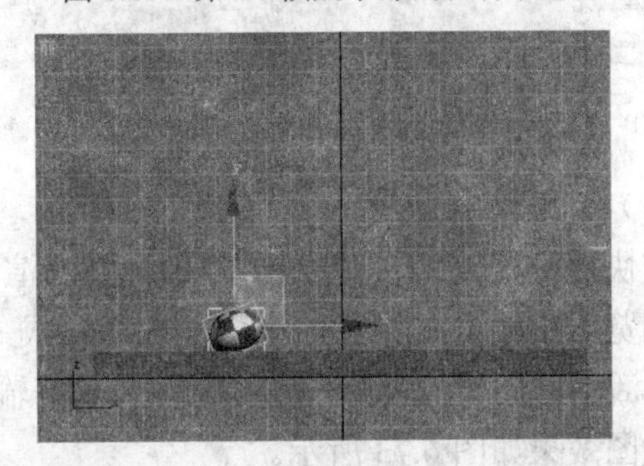

图 6.67　第 25 帧处小球的旋转状态

（3）将灯光和材质的变化记录为动画

① 先制作灯光变化的动画。在前视图中创建一盏目标聚光灯，设置“目标聚光区/衰减区”值为 20/45。在“创建”面板的“辅助对象”工具下，如图 6.68 所示，于聚光灯处创建一个虚拟物体，选择聚光灯和目标点后在工具栏中单击“链接”按钮，再将聚光灯链接到虚拟物体上，如图 6.69 所示。

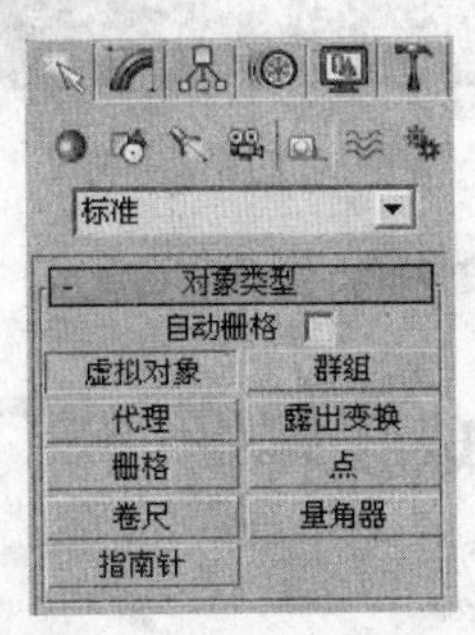


图 6.68　“辅助对象”工具

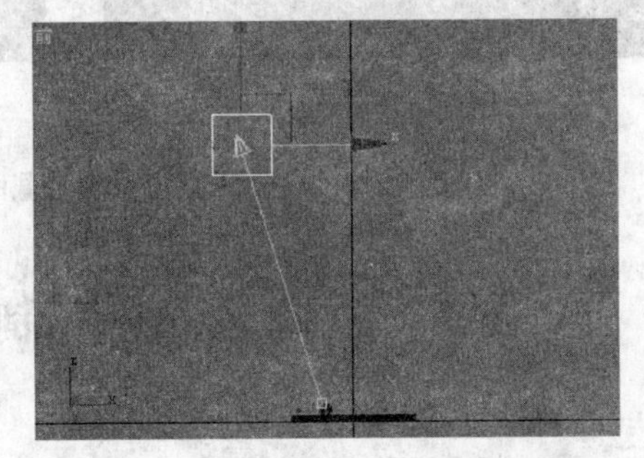

图 6.69　将聚光灯链接到虚拟物体上

② 将时间滑块移到第 90 帧处，单击启用“自动关键点”按钮，在前视图中选择虚拟物体并沿 X 轴方向移动它的位置，这样灯光也跟着移了过来，然后单击禁用“自动关键点”按钮，这样便记录了灯光移动的变化。

③ 选择聚光灯的“修改”面板，将时间滑块移到第 15 帧处，单击启用“自动关键点”按钮，将灯光的颜色改为红色，如图 6.70 所示。将时间滑块转到第 30 帧，将灯光的颜色改为绿色。将时间滑块转到第 50 帧，将灯光颜色改为蓝色。将时间滑块转到第 70 帧，将灯光颜色改为玫瑰红色，注意观察颜色的变化，这样就记录了灯光变化的动画。单击禁用“自动关键点”按钮。

④ 制作材质变化的动画。打开“材质球”按钮，将时间滑块转到第 50 帧，单击启用“自动关键点”按钮，将棋盘格的坐标 U、V 的“平铺”参数分别设为 6.0 和 3.0，如图 6.71 所示。将时间滑块转到第 90 帧再设置棋盘格动画，将其颜色改为红色和绿色，如图 6.72 所示，单击禁用材质编辑器。单击禁用“自动关键点”按钮，拖动时间滑块就能看到材质变化的动画。

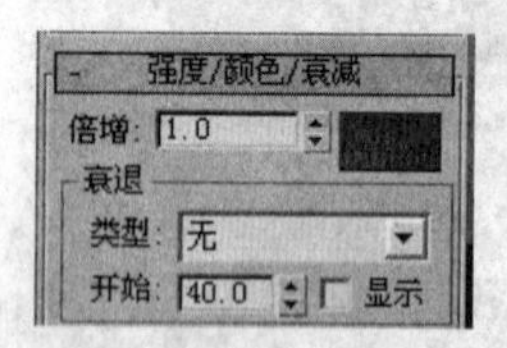


图 6.70　改变灯光的颜色

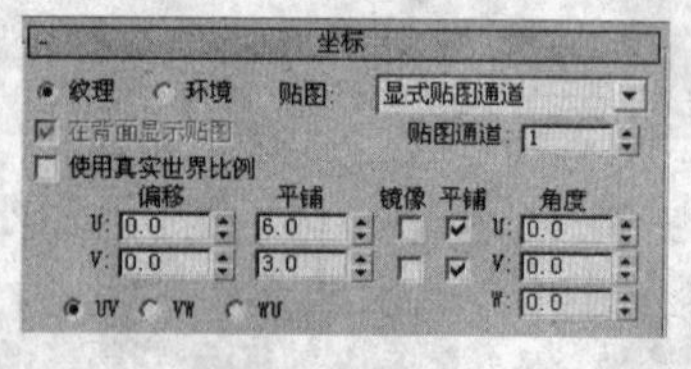


图 6.71　改变 UV 参数

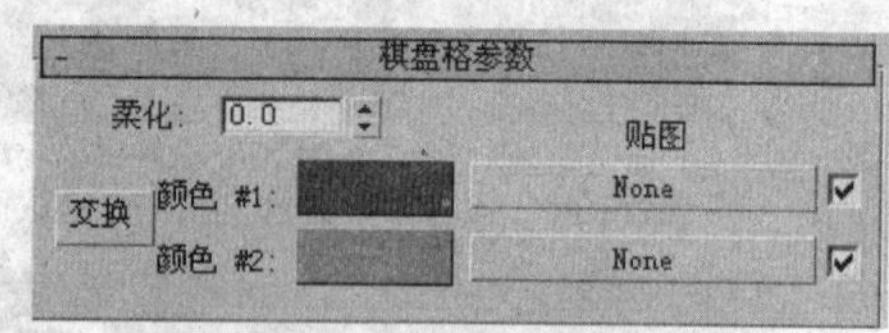


图 6.72　改变棋盘格的颜色

（4）渲染输出

按快捷键【F10】打开渲染窗口，在“渲染场景”对话框中单击“文件”按钮，在弹出的文件浏览器中输入文件名，保存为 AVI 格式，单击“保存”按钮。返回“渲染场景”对话框，选择“活动时间段”为 0～90 帧，并设置好输出的尺寸。单击“渲染”按钮，输出动画，其中动画截图效果如图 6.73 所示。

（a）第 33 帧动画截图

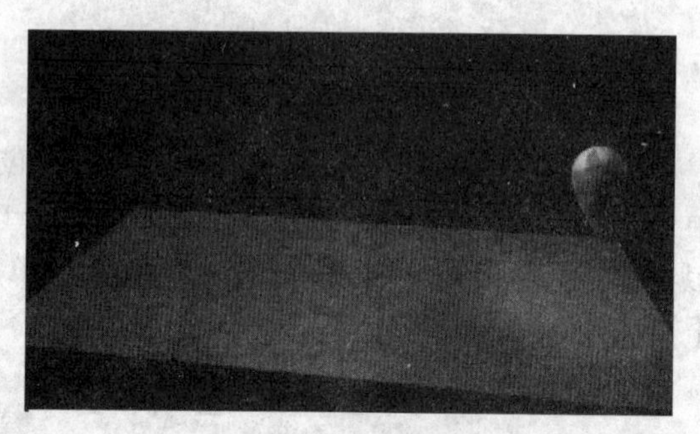

（b）第 80 帧动画截图

图 6.73　动画截图效果

## 6.7　正向运动——制作地球仪转动

制作实例如图 6.74 所示的“正向运动——地球仪”，通过制作地球仪不断旋转的动画，学习正向运动的控制方法。

图 6.74　动画截图

## 任务分析

“正向运动——地球仪”这个动画制作要点主要包括创建地球仪模型，其中地球仪模型主要包括“地球”、“支架”、“支座”三个部分组成，并要设置好相互之间的父子层级关系，以及各部分的轴心，使用关键帧制作完成动画。

## 任务实施

① 新建一个 MAX 文件。进入“创建”→“几何体”面板，在顶视图中创建一个球体。设置球体的“半径”为 25，命名为“地球”。

② 进入“创建”→“图形”面板，单击“圆环”按钮，在前视图中在创建一个圆环造型。进入“修改”面板，在【插值】卷展栏下设置步数参数为 10，使得圆环比较光滑。然后在【参数】卷展栏下设置“半径 1”为 27，“半径 2”为 30。

③ 选择圆环造型，打开修改器，执行“挤出”命令。在【参数】卷展栏下设置“数量”为 3，其余参数保持不变。此时，圆环造型如图 6.75 所示。

④ 选择圆环造型，打开修改器，执行“编辑面片”命令，单击【选择】卷展栏下的“面片”按钮，进入次物体层级。在前视图中用鼠标框选圆环的左半部分，这时该部分变为红色，如图 6.76 所示。

⑤ 按【Delete】键将选中的网格删除，此时圆环只剩下右半部分。再次单击“修改”面板下的◆按钮，退出此物体编辑状态。激活前视图为当前编辑视图。

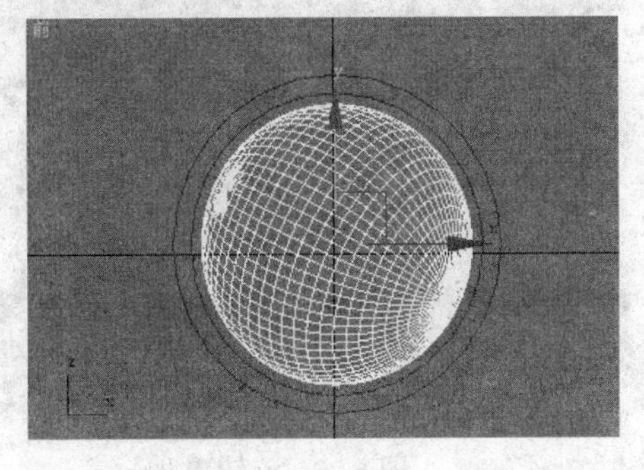

图 6.75　挤出后的圆环造型

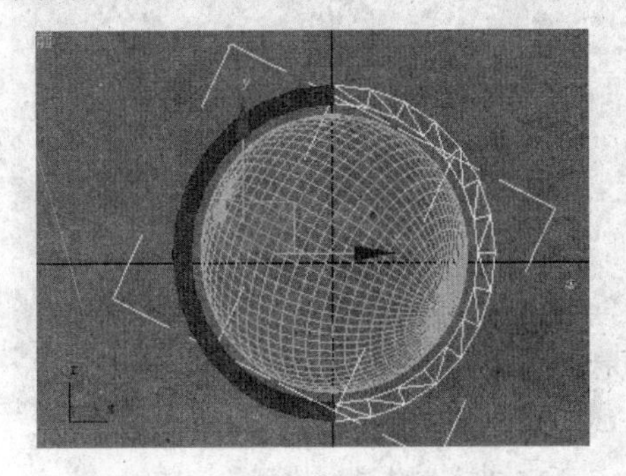

图 6.76　选中圆环左半部分网格

⑥ 单击工具栏的“对齐”按钮，在视图中选择地球造型，这时会弹出“对齐”对话框。在对齐对话框中选择“Y 位置”和“X 位置”复选框，然后将“当前对象”和“目标对象”栏下的“中心”复选框同时选中，单击“应用”按钮。这样就能将圆环和球体的 Y、X 坐标中心设置为对齐，如图 6.77 所示。

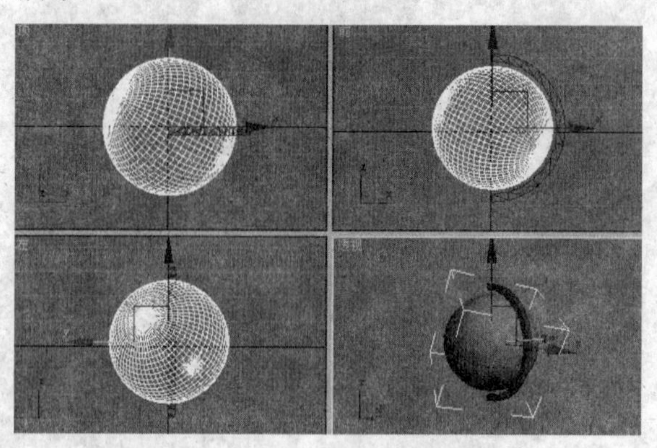

图 6.77　对齐圆环和球体造型

⑦ 选择球体造型，单击工具栏的按钮，将球体拖到圆环造型上，是球体链接到圆环造型上，成为圆环的子物体。

**提　示**

❖使用“选择并连接”命令可以轻易地将一个物体设置为另一个物体的子物体，只要将子物体连接到父物体即可。

⑧ 接下来制作地球造型的旋转轴和地球仪的底座。打开“几何体”面板，单击“圆柱体”按钮，在前视图中下创建两个圆柱体，圆柱体的“半径”均为 1.5、“高”均为 8。使用“对齐”命令并结合“选择并移动”工具将两个圆柱体分别移动到半圆环的两端，如图 6.78 所示。

⑨ 在前视图中按住【Ctrl】键，将两个小圆柱体和半圆环造型全部选中，选择“组”菜单下的“成组”命令，在弹出的对话框中输入组名为支架，将这 3 个对象组成名为支架。

⑩ 激活前视图为当前视图并选中支架造型，然后单击工具栏的“选择并旋转”工具，然后再锁定选中 Z 轴，将半环形支架连同地球造型旋转一个角度，如图 6.79 所示。

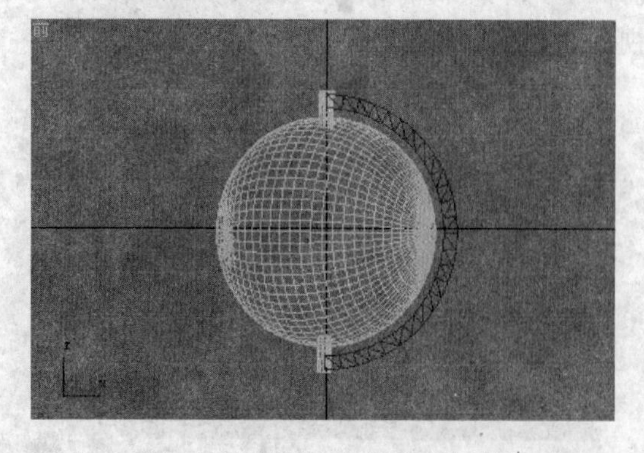

图 6.78　制作地球模型的旋转轴

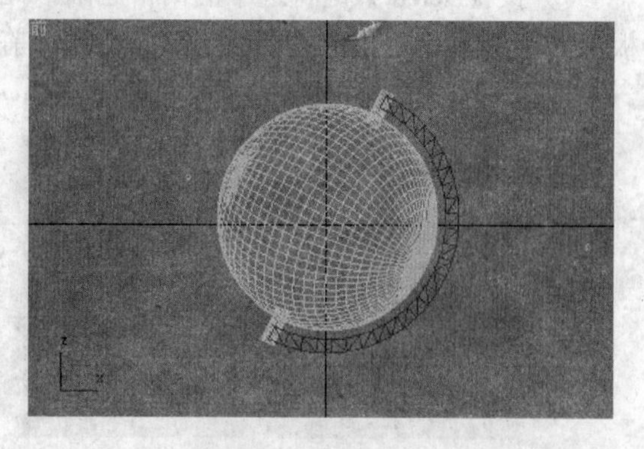

图 6.79　旋转造型

⑪ 下面制作地球仪的支座。单击“创建”→“图形”→“线”按钮，绘制支座的轮廓线条，如图 6.80 所示。

⑫ 进入“修改”面板，在下拉列表框中选择“车削”修改器，旋转生成支座造型，如图 6.81 所示。

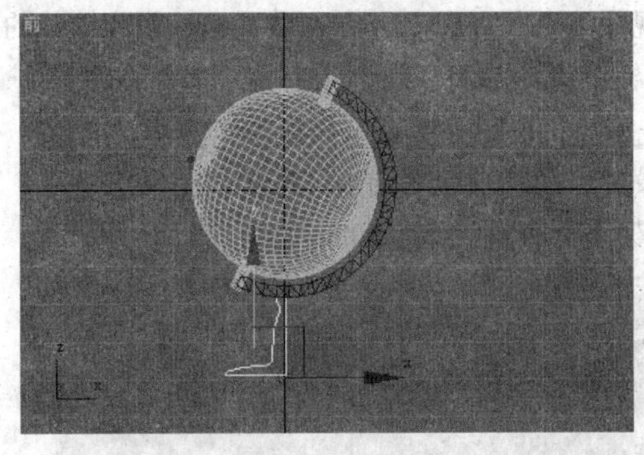

图 6.80 支座造型

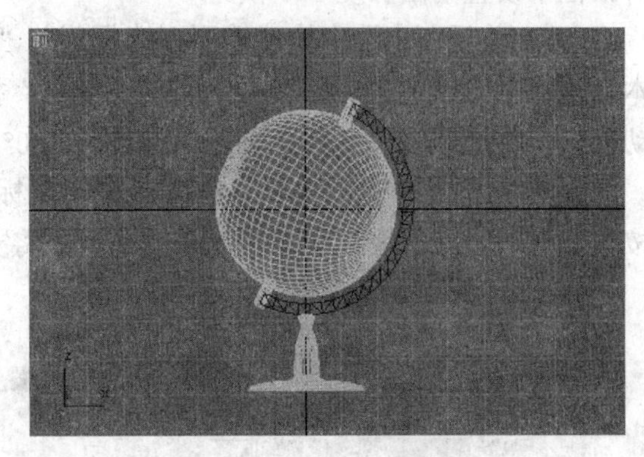

图 6.81 地球仪造型

⑬ 选择支架造型，单击工具栏上的“选择并链接”工具，拖动支架造型到支座造型上，从而将支架造型连接到支座造型上，成为它的子物体。

**提 示**

❖当移动父物体时，子物体就跟随父物体移动，例如，移动支座时，地球造型就随着支座移动。但是地球在框架上的旋转并不影响支座的运动。这种运动关系就是正向运动。父物体和子物体只是一个相对的概念，除了最顶级的父物体和最底层的子物体外，其他物体既是它们上层物体的子物体，又是他们下层物体的父物体。

⑭ 选择地球造型，然后按下【M】键打开“材质编辑器”对话框。在“材质编辑器”对话框中单击第一个材质样本球，参照如图 6.82 所示设置参数。展开【贴图】卷展栏，单击“漫发射”通道右侧的“None”按钮，选择地球贴图后，再给地球模型加一个“UVW”贴图修改器，得到的材质效果如图 6.83 所示。

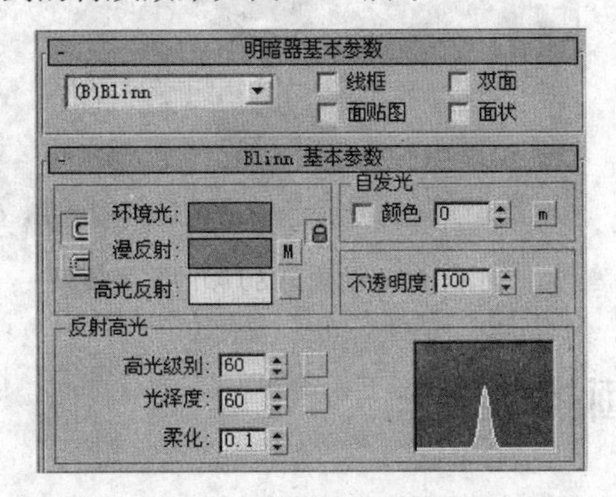


图 6.82 设置材质参数

图 6.83 地球渲染效果

⑮ 选择支架对象，按下【M】键打开“材质编辑器”对话框，单击第二个材质样本球，参

照如图 6.84 所示设置其参数。设置完成后，单击“将材质指定给选定对象”按钮将材质赋予给支架。

⑯ 首先制作地球的旋转动画。单击动画控制区的“时间配置”命令按钮，在“时间配置”对话框中设置动画长度 150 帧。

⑰ 在前视图中选中地球造型，选择菜单“视图”→“局部”命令，设置坐标系为地球的本地坐标系。锁定 Z 轴，单击“自动关键点”按钮，拖动时间滑块到 150 帧，在前视图中拖动鼠标，将地球绕自身的 Z 轴顺时针旋转 180°，关闭“自动关键点”按钮。

⑱ 在前视图中选中支架，在工具栏上坐标设置选择“视图”选项。单击“自动关键点”按钮，拖动时间滑块到 150 帧，在前视图中将支架绕着 Y 轴旋转 180°，如图 6.85 所示。

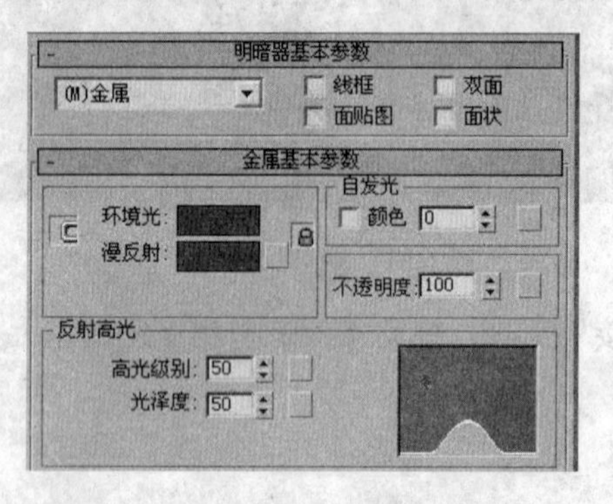


图 6.84　设置支架材质参数

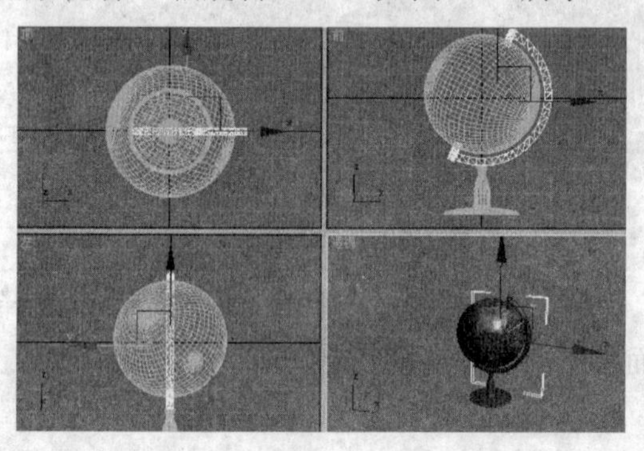

图 6.85　设置支架的转动

⑲ 关闭动画记录按钮，此时按下动画播放按钮，可以看到地球造型一边绕着自身的轴心旋转，一边随着支架的转动而转动。

⑳ 加上灯光测试渲染动画第 10 帧的渲染效果如图 6.86 所示。动画第 80 帧的渲染效果如图 6.87 所示。

图 6.86　动画第 10 帧的渲染效果

图 6.87　动画第 80 帧的渲染效果

## 6.8　动画控制器

在 3ds Max 中很多的动画设置都可以通过控制器完成。利用动画控制器可以设置出很多应用关键帧或 IK 值方法很难实现的动画效果。控制器可以约束对象的运动状态，比如可以使对象沿特定的路径运动和使对象始终注视另一个对象等特殊效果。

用户可以通过两种方法来为对象添加控制器，第一种方法是单击主工具栏中的“轨迹视图”按钮，在“轨迹视图”对话框中为对象添加控制器。第二种方法是进入“运动”主命令面板，从该命令面板中为对象添加控制器。

3ds Max 中提供的动画控制器很多，在此不再一一介绍，而是介绍几种很常用的很有代表性的控制器。

## 6.8.1 路径变形——制作画笔效果

### 任务目的

通过制作如图 6.88 所示的“路径变形—制作画笔效果”的实例，学习“路径变形”空间扭曲，以及轨迹视图窗口的使用。

图 6.88 画笔效果的动画截图

### 任务分析

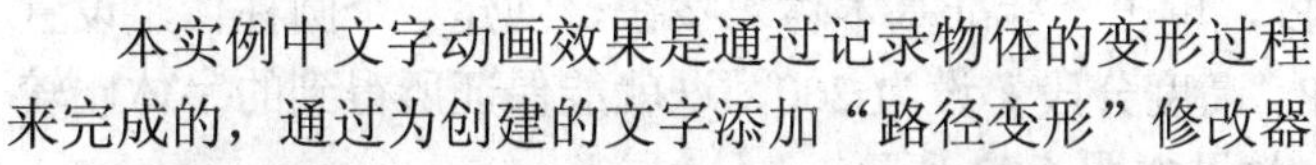

本实例中文字动画效果是通过记录物体的变形过程来完成的，通过为创建的文字添加“路径变形”修改器之后调整其各类参数，另外，还可以在轨迹视图中添加半径轨迹来控制对象的大小。

### 任务实施

① 选择“文件”→“新建”命令，新建一个 MAX 文件。进入“创建”→“图形”面板，单击“文本”按钮，在顶视图中创建一个“3DS”的文本，设置其参数如图 6.89 所示。

② 进入“创建”→“几何体”面板，单击“扩展基本体”按钮，创建一个切角长方体，并设置“长度”为 200，“宽度”为 300，“高度”为 2，“圆角”为 6，效果如图 6.90 所示。

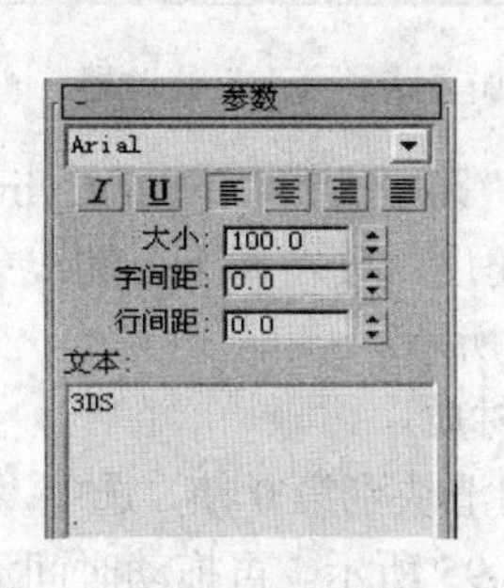


图 6.89 设置文本对象参数

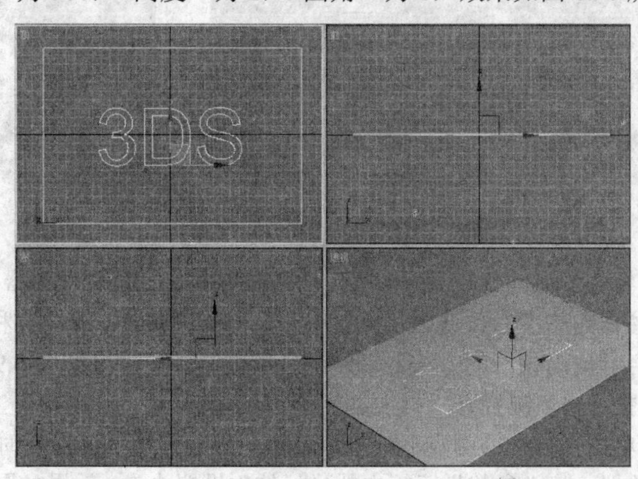


图 6.90 创建一个切角长方体

③ 选中文字，单击右键，将文字“转换为可编辑样条线”。打开修改面板，选择“可编辑样条线”→“线段”级别，将多余的线段删除，选择“可编辑样条线”→“顶点”级别，调整

部分顶点到适合的位置，效果如图 6.91 所示。

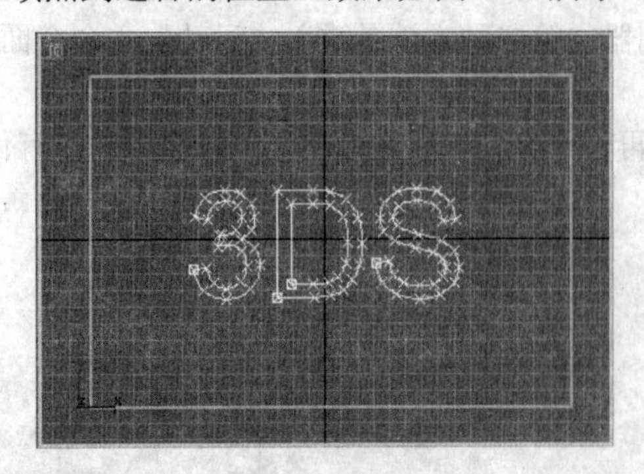

(a) 文字删除调整前

(b) 文字删除调整后

图 6.91 文字删除

④ 选择“可编辑样条线”→“样条线”级别，选中其中的“D”部分，在【几何体】卷展栏中单击“分离”按钮，在弹出的对话框将其命名为“D”，再单击“确定”按钮。使用相同的方法将“S”也分离出来，这样将 3 个文字的轮廓线分离。

⑤ 进入“创建”→“几何体”面板，单击“标准基本体”按钮，创建一个圆柱体，设置其“半径”为 3、“高度”为 200，并将“高度分段”设为 200，这就能保证所得到的字体比较光滑，再移动复制两个相同的圆柱体，效果如图 6.92 所示。

⑥ 选中一圆柱体，打开修改器，选择“路径变形”修改器，在【参数】卷展栏中单击“拾取路径”按钮。然后在视图中单击“3”的文字，并在【参数】卷展栏中单击“转到路径”按钮，将圆柱体放置到路径上，效果如图 6.93 所示。

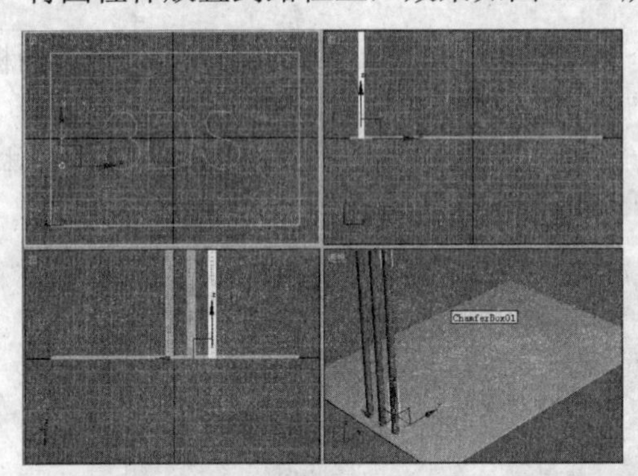

图 6.92 复制两个相同的圆柱体

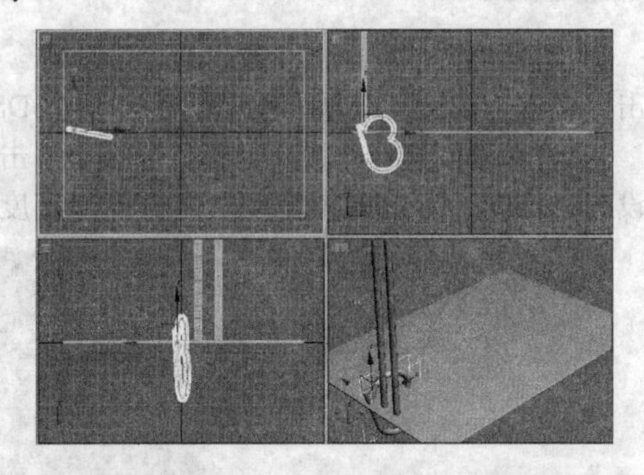

图 6.93 添加“路径变形”修改器

⑦ 将变形后的 3 旋转，平放于切角长方体上。选中修改器中“路径变形”下的“Cylinder”，调整圆柱体的高度。再选中“路径变形”，调整整个 3 的位置和角度，使得和下方的线条“3”完全重合。使用相同的方法，调整“D”和“S”，效果如图 6.94 所示。

⑧ 按【M】键打开“材质编辑器”，给变形后的“3DS”上材质。

⑨ 单击“自动关键点”按钮，启动动画制作模式。拖动时间滑块到第 0 帧，选中“3”后打开修改器，将“参数”标签中的“拉伸”设置为 0，效果如图 6.95 所示。再拖动时间滑块到第 33 帧，设置“拉伸”为 1。

⑩ 打开“曲线编辑器”，选中“Cylinder01”→“修改对象”→“路径变形”→“拉伸”，然后在右侧的关键点上单击右键，在弹出的对话框中设定关键点的输入和输出类型，最后轨迹

曲线如图 6.96 所示。

图 6.94 调整好的“3DS”

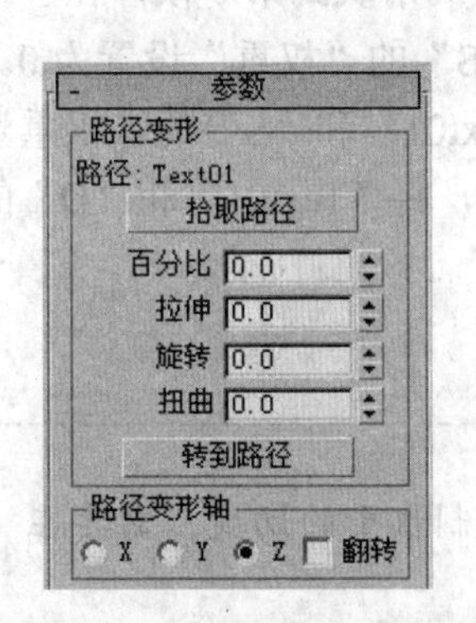


图 6.95 设定修改器的参数

图 6.96 编辑轨迹曲线

⑪ 拖动时间滑块到第 34 帧，选中“D”，将“参数”标签中的“拉伸”值设置为 0，再拖动时间滑块到第 66 帧，设置“拉伸”为 1，选中第 0 帧，设置“拉伸”为 0。拖动时间滑块到第 67 帧，选中“S”，将“参数”标签中的“拉伸”设置为 0，再拖动时间滑块到第 100 帧，设置“拉伸”为 1，拖动时间滑块到第 0 帧，设置“拉伸”为 0。同样也设置“D”和“S”的曲线为线性，其轨迹曲线，如图 6.97 所示。

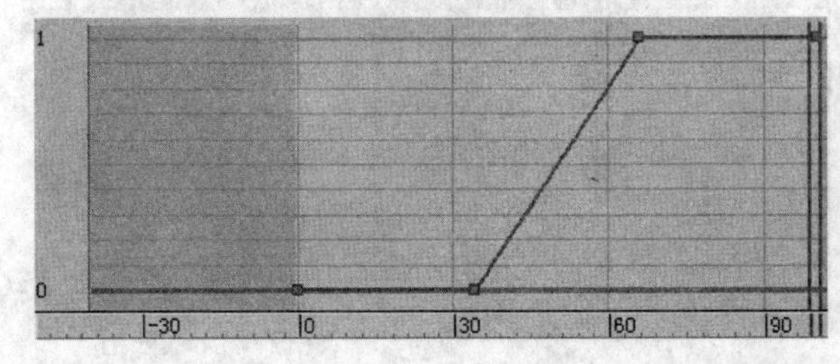


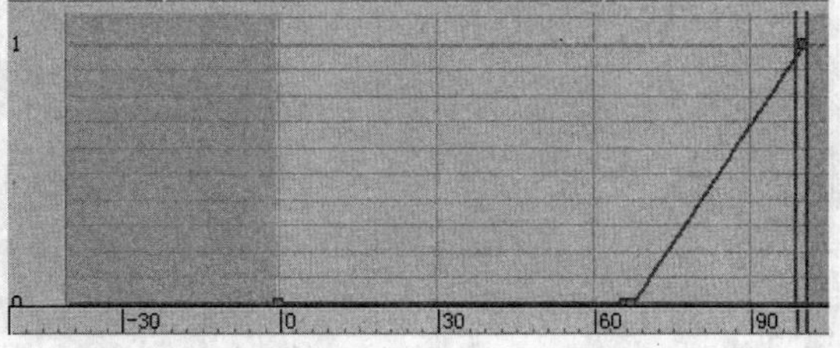


图 6.97 “D”和“S”圆柱体的轨迹曲线

⑫ 选择“文件”→“合并”命令，合并一只笔刷模型，然后将笔刷组合成一个整体，进入“运动”面板，在【指定控制器】卷展栏中选择“位置”选项，单击“指定控制器”按钮，为其分配路径约束控制器，如图 6.98 所示。

⑬ 在【路径参数】卷展栏中单击“添加路径”按钮，在场景中依次选择 3 条路径作为笔刷的运行路径，如图 6.99 所示。

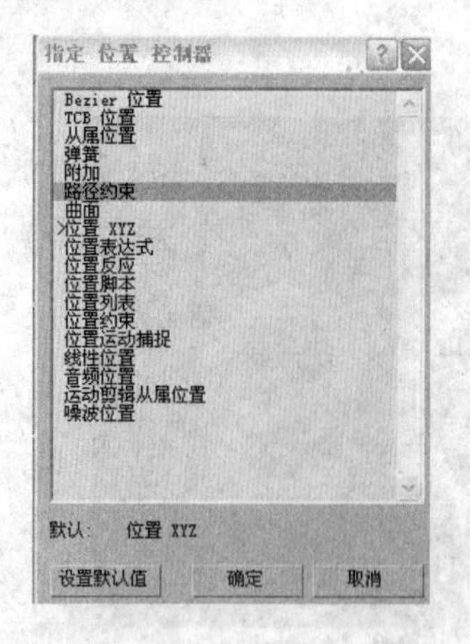

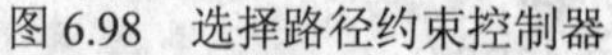

图 6.98　选择路径约束控制器

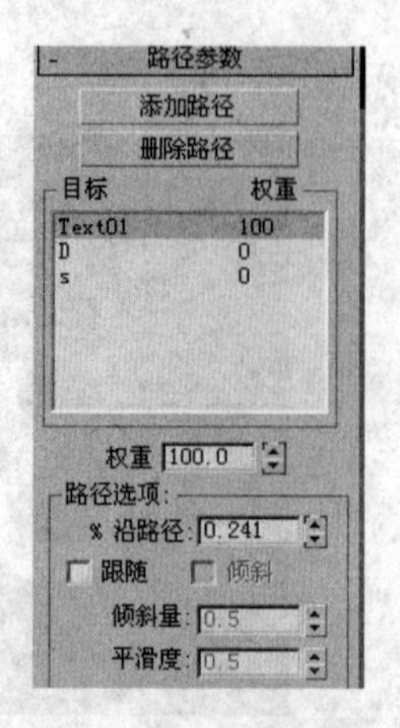


图 6.99　增加路径

⑭ 单击“自动关键点”按钮，启动动画设置模式。拖动时间滑块到第 0 帧，在“路径参数”标签中将“Text01”的“权重”设置为 100，将“D”和“S”的“权重”设置为 0。拖动时间滑块到第 34 帧，将“D”的“权重”设置为 100，将“Text01”和“S”的“权重”设置为 0。拖动时间滑块到第 66 帧，将“S”的“权重”设置为 100，将“Text01”和“D”的“权重”设置为 0。

**提　示**

❖上面是粗略地制作了权重的切换动画，但要精确的控制权重的切换，需要在“轨迹”视图中进行设置。

⑮ 选中笔刷，打开曲线编辑器，选择“变换”→“位置”→“权重 0”，拖动时间滑块到第 34 帧的关键点，单击上方的“将切线设置为阶跃”。曲线效果如图 6.100 所示。

⑯ 选择“变换”→“位置”→“权重 1”，拖动时间滑块到第 34 帧的关键点，单击上方的“将切线设置为阶跃”。曲线效果如图 6.101 所示。

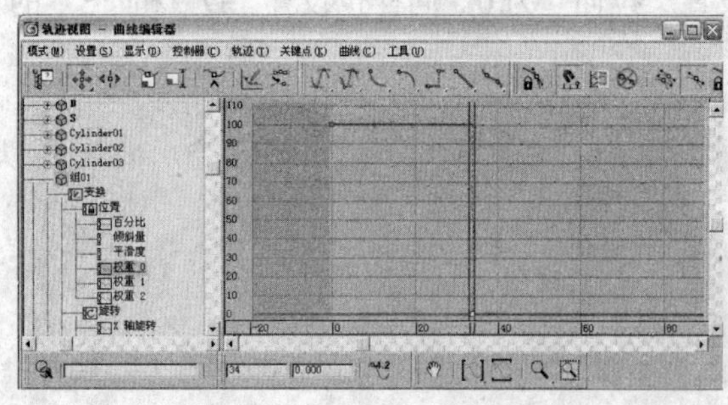

图 6.100　设置“3”的路径权重轨迹

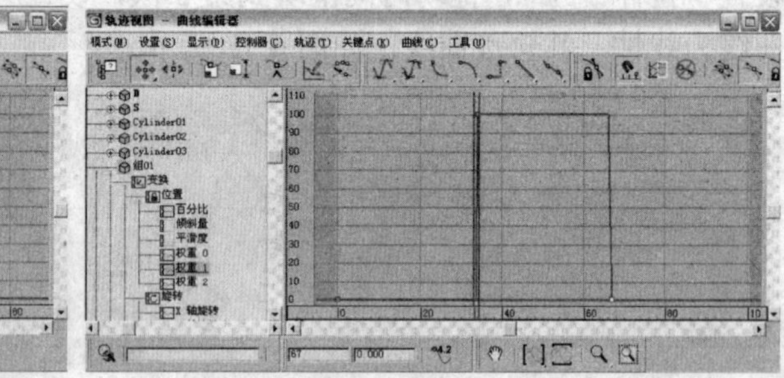

图 6.101　设置“D”的路径权重轨迹

⑰ 选择“变换”→“位置”→“权重 2”，拖动时间滑块到第 67 帧的关键点，单击上方的“将切线设置为阶跃”。曲线效果如图 6.102 所示。

⑱ 拖动时间滑块到第 33 帧，将“路径选项”中的“%沿路径”设置为 100。拖动时间滑块到第 34 帧，将“路径选项”中的“%沿路径”设置为 0。拖动时间滑块到第 66 帧，将“路径选项”中的“%沿路径”设置为 100。拖动时间滑块到第 100 帧，将“路径选项”中的“%

沿路径”设置为 0。最终将其渲染成 AVI 文件，如图 6.103 所示。

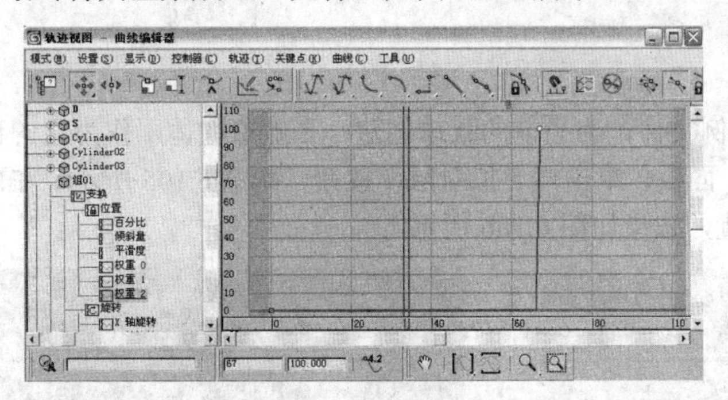


图 6.102　设置“S”的路径权重轨迹

图 6.103　动画渲染截图

## 6.8.2 注视约束——人物的眼球运动

“注视约束”的含义是将一个对象约束到另一个目标对象上，并始终注视着该目标对象。在实际的工作当中，我们经常用它来模拟眼球随着某一虚拟体来回转动的转动动画。

### 任务目的

通过本实例“注视约束—人物的眼球运动”的学习，动画截图如图 6.104 所示，了解并掌握“注视约束”控制器的使用方法。

图 6.104　动画截图

### 任务分析

利用“注视约束”控制器可以使一个对象一直朝向另一个对象。同时，它还可以锁定对象的旋转角度是对象的一个轴点朝向目标对象。本例我们通过给眼球添加虚拟物体来控制其注视方向，在“运动”面板下“指定旋转控制器”再选择“注视约束”来完成。

① 打开场景范例文件，为当前的眼球创建一个虚拟物体，作为它的目标对象。进入“创建”→“辅助对象”面板，单击“虚拟对象”按钮，如图 6.105 所示，在顶视图创建一个虚拟对象，并调整其位置，效果如图 6.106 所示。

图 6.105　创建虚拟对象

图 6.106　顶视图效果图

② 通过复制得到另外一个虚拟对象。创建完虚拟对象后，单击一个眼球对象，单击“动画”菜单栏下“约束”，为它添加“注视约束”，如图 6.107 所示，将它指定到虚拟体上。观察注视约束的参数，如图 6.108 所示，其中“添加注视目标”按钮，可以为眼球添加更多的注视目标。

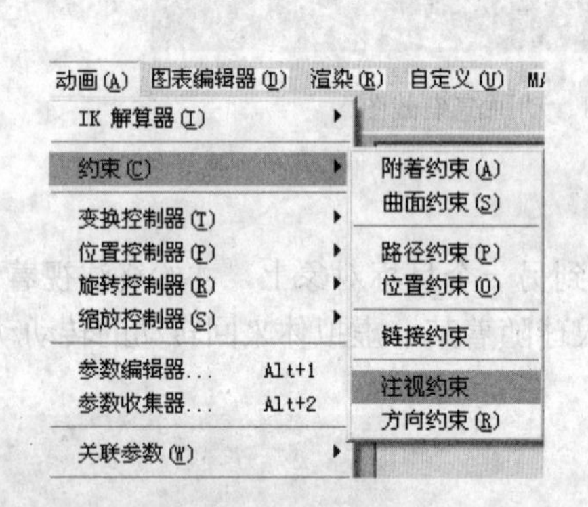


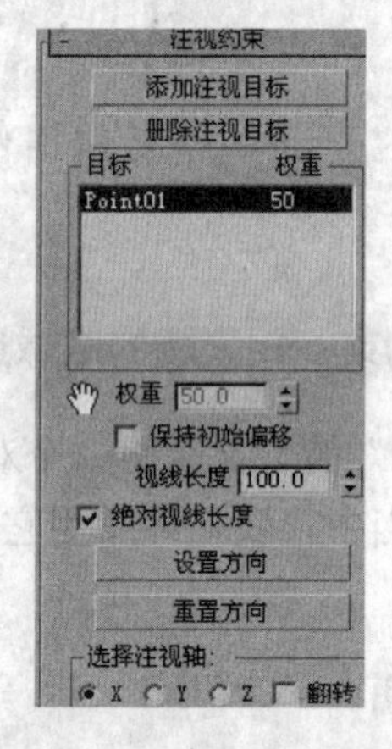


图 6.107　添加“注视约束”命令　　　图 6.108　“注视约束”的参数面板

**提　示**

❖给眼球添加“注视约束”后，发现当前眼球坐标发生了改变。我们也可以保持眼球的原始方向不变，只要勾选“保持初始偏移”，眼球的坐标就不会发生任何改变。对比效果如图 6.109～图 6.111 所示。

❖当使用了“注视约束”之后，不可以再对眼球做任何的旋转设置，如想旋转眼球改变它的坐标方向，需要单击“设置方向”按钮，如图 6.112 所示，这样就可以旋转眼球的方向。调解完成之后关闭“设置方向”按钮，就不可对当前的球体做任何的操作。亦可以用“重置方向”恢复系统的默认值。

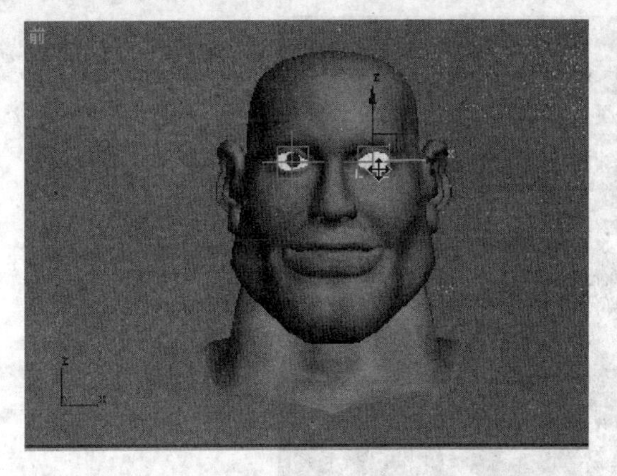

图 6.109　勾选“保持初始偏移”前效果

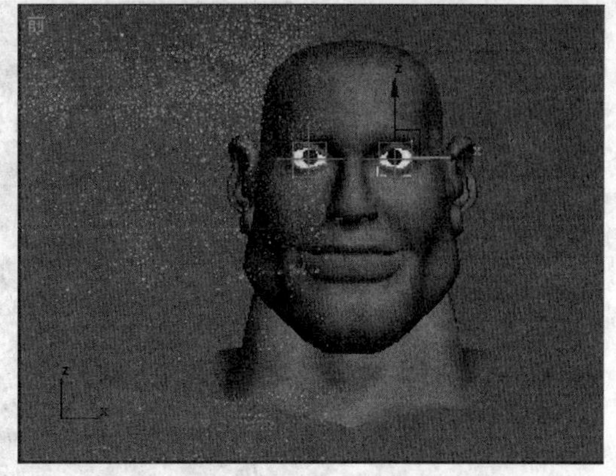

图 6.110　勾选“保持初始偏移”后效果

③ 当使用“注视约束”后，一般选择注视轴来调整注视轴向，如上图位置所示，调整到正视的轴向，这样一个简单的注视约束就完成了。

④ 下面，对另外一个眼球进行同样的操作，操作完毕之后，移动虚拟体，发现当前的眼球始终注视着该虚拟体。这样通过“注视约束”的命令，眼球转动的动画被轻易地创建出来。

⑤ 还可以创建一个更大的虚拟体来控制两个小的虚拟体。创建并调整好大的虚拟体后，框选之前两个小的虚拟体，单击工具栏“选择并链接”按钮，这样移动大的虚拟物体时，两个眼球都会跟着一起移动了，观察最终效果，动画截图如图 6.112 所示。

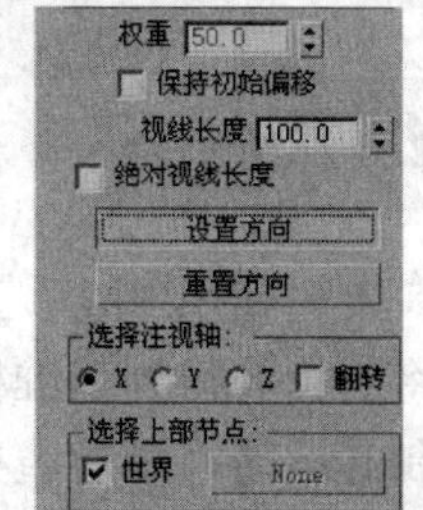


图 6.111　“设置方向”按钮

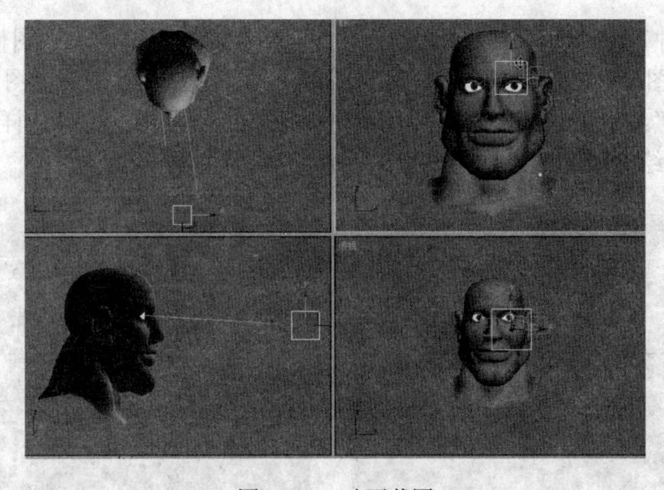

图 6.112　动画截图

## 6.8.3　路径约束——摄影机圆周运动

通过本例“路径约束—摄影机圆周运动”的制作，如图 6.113 所示。即制作一个简单的在迷宫里穿行的动画，来了解并学习“路径约束”控制器的使用。

图 6.113　动画渲染截图

## 任务分析

首先使用“线”工具绘制迷宫墙体的轮廓线，并将其转化为闭合的双线，使用“挤压”工具将其拉伸得到三维模型。再创建一台自由摄影机，然后绘制其前进的路径，使用路径控制器控制其运动，最后渲染得到动画。

## 任务实施

① 选择“文件”→“新建”命令，新建一个 MAX 文件。单击顶视图使其成为当前视图。进入“创建”→“图形”面板，再单击“线”按钮，在视图中创建几条如图 6.114 所示的线条。

② 继续使用“线”工具绘制线条，绘制时注意按住【Shift】键，这样绘制出的线条都是水平或者竖直的，绘制好的线条如图 6.115 所示。

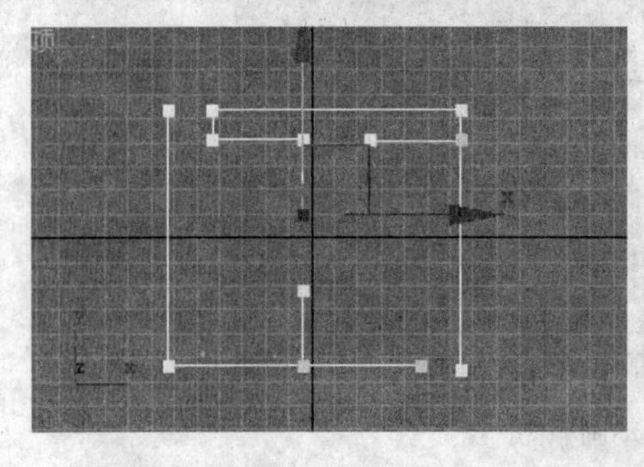

图 6.114　绘制基本线条

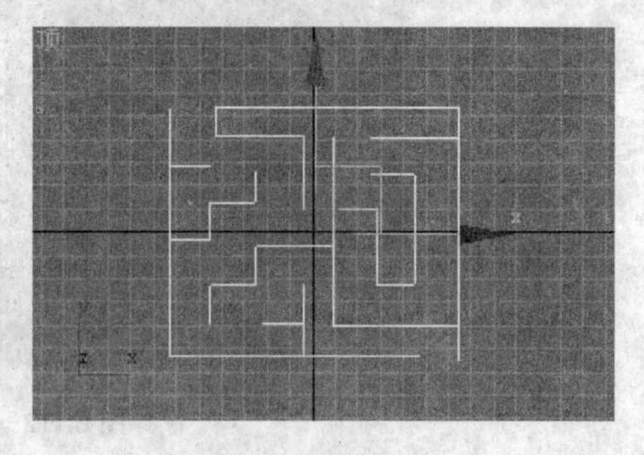

图 6.115　继续绘制线条

③ 在视图中选择一条线条，进入“修改”面板，单击“附加”按钮，在视图中依次单击其余各条线条，使其成为一个整体。

④ 在【选择】卷展栏中单击按钮，进入“样条线”次物体层级，在视图中单击选中线条。展开【几何体】卷展栏，将“轮廓”设为 20，单击“轮廓”按钮，这时轮廓线的各部分会转化为闭合的双线，间距为 20 个单位。

⑤ 在【选择】卷展栏中单击∴按钮，进入“顶点”次物体层级，在工具栏中单击✥按钮，在顶视图中使用“移动”工具对重合部分的顶点进行移动编辑，如图 6.116 所示。

⑥ 再次在【选择】卷展栏中单击∴按钮，退出“顶点”次物体层级，在“修改器列表”下拉列表框中选择“挤出”修改器，参照如图 6.117 所示设置其参数，得到的效果如图 6.118 所示。

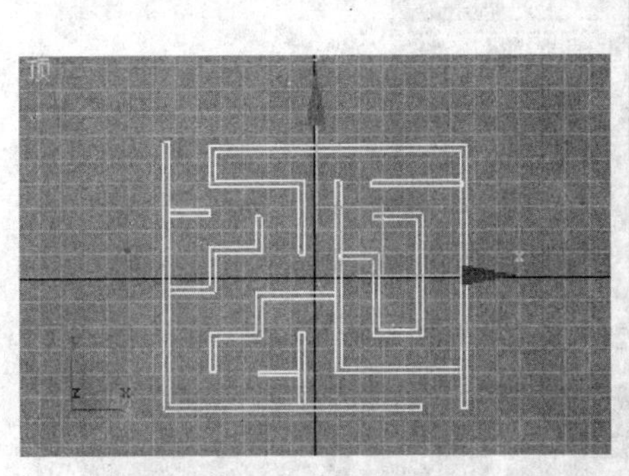


图 6.116 编辑线条

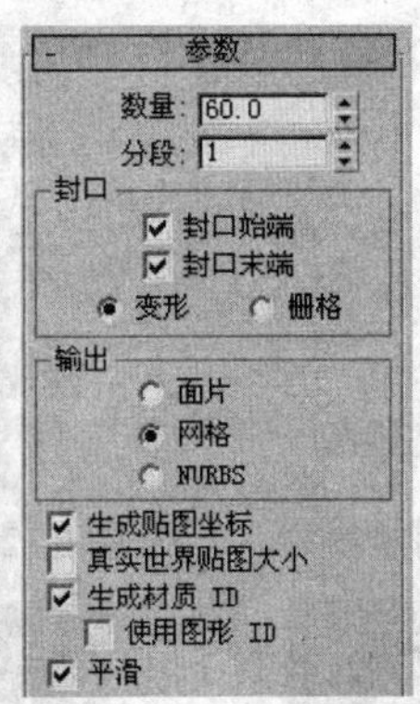


图 6.117 设置“挤出”参数

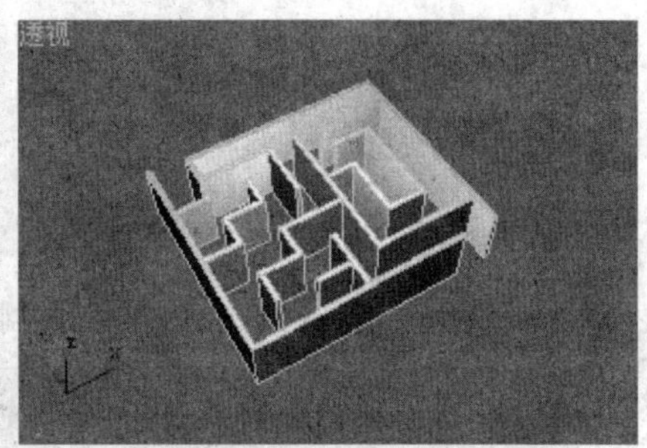


图 6.118 拉伸得到的墙体

⑦ 进入“创建”→“图形”面板，再单击“线”按钮，在视图中创建如图 6.119 所示的线条，作为摄影机的行进路线。

⑧ 进入“创建”面板，单击按钮，在面板中单击“自由”按钮，在视图中创建一架自由摄影机，如图 6.120 所示。

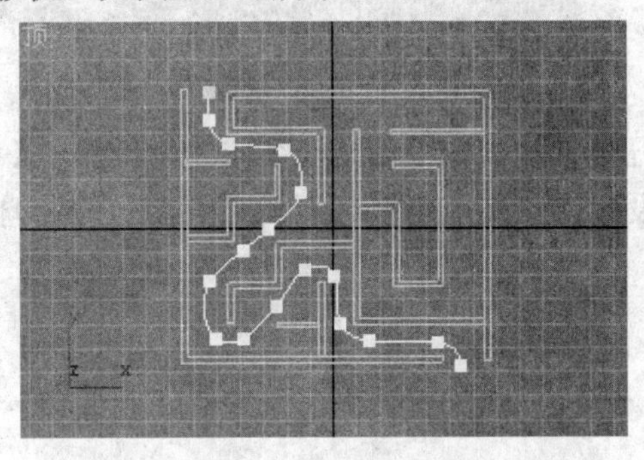


图 6.119 绘制路径线条

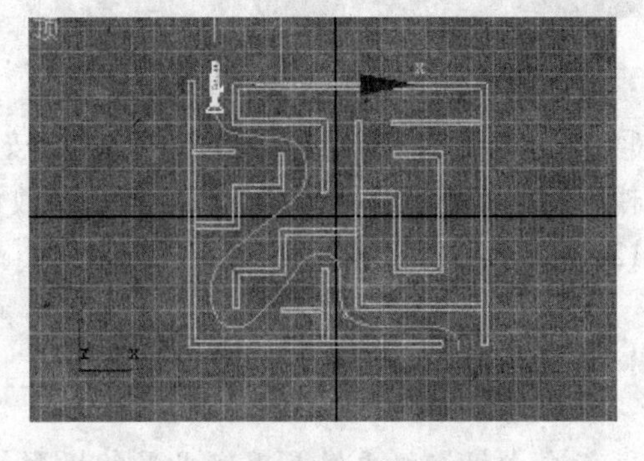


图 6.120 创建摄影机

⑨ 在视图中选择摄影机，选择“动画”→“约束”→“路径约束”命令，这时候鼠标会变成十字形，并带有一段虚线。单击先前绘制的曲线路径，作为物体运动的路径，这时虚拟体已经自动移动到了曲线的开始端，在“轴”中选择 X 轴，并且勾选“跟随”复选框，如图 6.121 所示，使其沿着指定的路径前进。

⑩ 进入“修改”面板，参照如图 6.122 所示设置摄影机的参数。

⑪ 单击透视图使其成为当前视图，按【C】键切换成摄影机视图，单击播放按钮在摄影机视图中查看动画效果，如图 6.123 所示。

⑫ 在这样的路径线条情况下，摄影机在墙角拐弯时显得比较突兀，不符合人们平常的习惯，所以需要进行调整。单击选择路径线条，单击按钮进入“修改”面板。在【选择】卷展栏中单击定点按钮，进入“顶点”次物体层级。在视图中选中曲线上所有节点，单击鼠标右键，在弹出的快捷键菜单中将节点类型选择为“Bezier”方式，使用“移动”工具对节点进行调节，如图 6.124 所示。

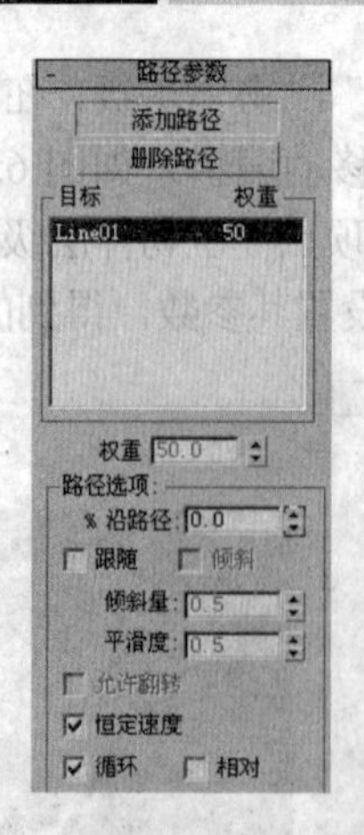


图 6.121　设置路径控制器参数

图 6.122　设置摄影机参数

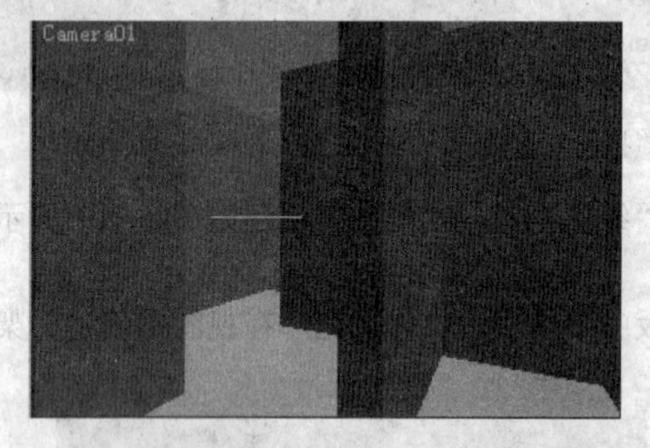


图 6.123　在摄影机视图中查看动画效果

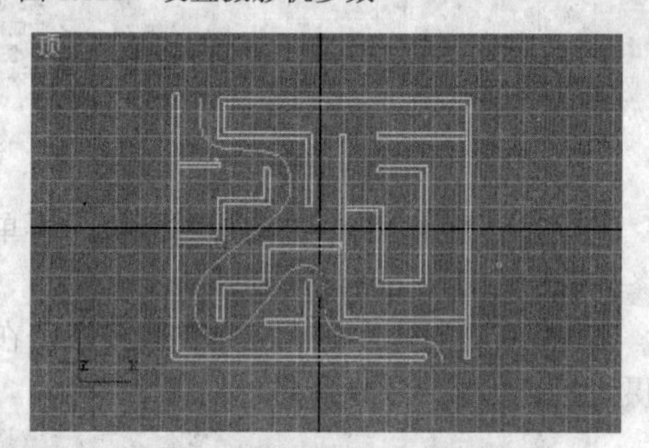


图 6.124　编辑路径线条

⑬ 单击“创建”按钮，再单击“球体”按钮，在顶视图中创建一个球体，注意在【参数】展卷栏中将“半球”参数设为 0.5，其余参数设置如图 6.125 所示，这样得到一个半球，如图 6.126 所示。

**提　示**

❖自由摄影机更像是现实世界的摄影机对准物体，而不是把摄影机目标移到对象上。自由摄影机只有摄影机对象，没有摄影机目标，它将沿自己的局部坐标系 Z 轴负方向的任意一段距离定义为它们的视点。它主要用于在动画中的对象的运动轨迹上观察对象。

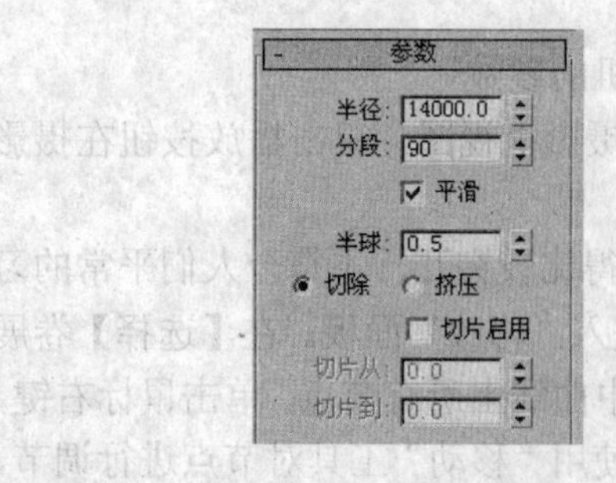


图 6.125　设置球体参数

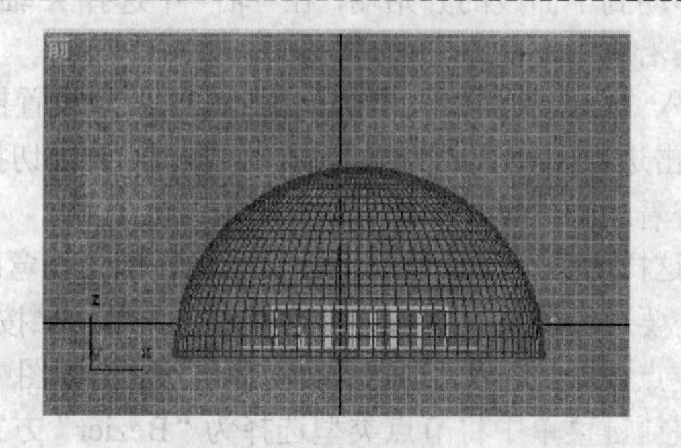


图 6.126　得到的球体模型

⑭ 下面制作材质。打开“材质编辑器”，分别给墙体、地面、天空赋予适合的材质，效果如图 6.127 所示。

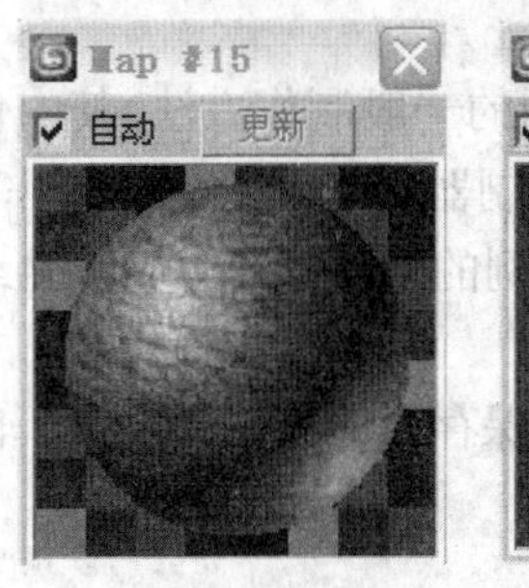


（a）墙体材质

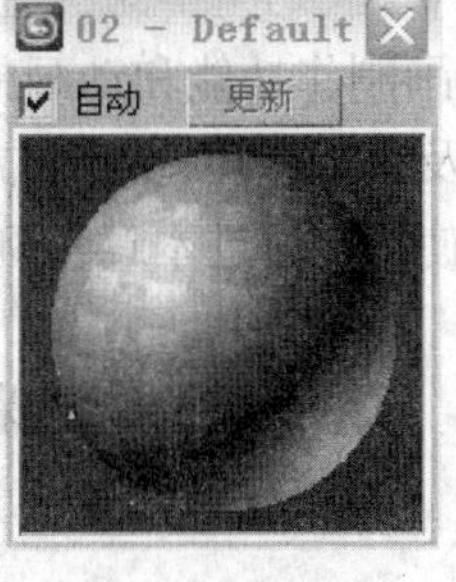


（b）地面材质

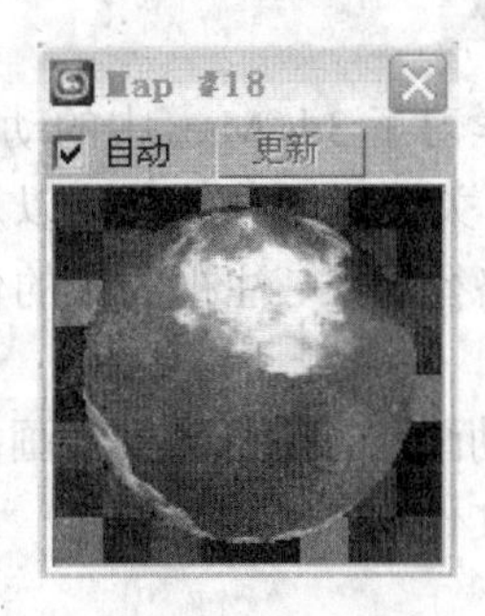


（c）天空材质

图 6.127 材质编辑器

⑮ 在视图中可以看到半球并不能很好地显示贴图，需要为其添加一个贴图坐标。进入“修改”面板，在“修改器列表”下拉表框中选择“UVW 贴图”修改器，并参照如图 6.128 所示设置其参数，得到贴图坐标。

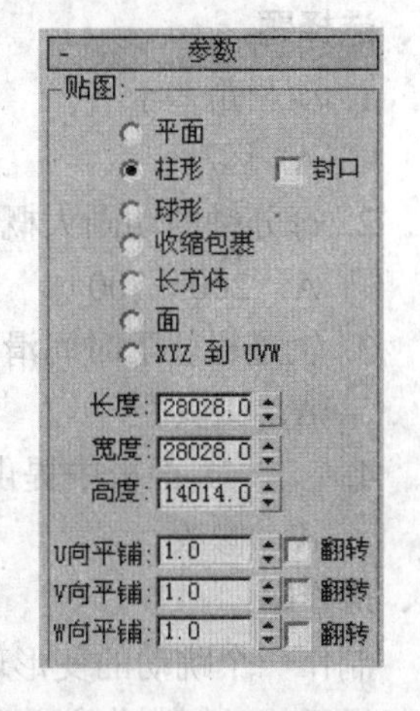


图 6.128 设置贴图坐标参数

⑯ 按【F9】键进行快速渲染，查看效果，如图 6.129 所示。可以看出整个场景没有阴影和明亮差异，不够真实，需要另外设置灯光。

⑰ 为场景创建适合的灯，并为其设置参数及阴影效果。完成了场景的灯光和材质设定，下面输出动画。

⑱ 快捷键【F10】打开渲染窗口，在“渲染场景”对话框中单击“文件”按钮，在弹出的文件浏览器中输入文件名，存为 AVI 格式，单击“保存”按钮。在弹出的“保存格式”对话框中选择一种压缩格式，单击“确定”按钮，返回“渲染场景”对话框，选择“活动时间”，并设置好输出的尺寸，单击“渲染”按钮，就可以输出动画了。其中的动画截图，如图 6.130 所示。

图 6.129 默认灯光效果

图 6.130 动画截图

## 本章要点

本章主要学习了 3ds Max 中的动画制作功能和动画的一般制作方法，其中包括基础的动画制作工具简介，关键帧动画的学习以及掌握使用动画控制器和动画约束来制作动画的方法，包括路径变形、路径约束、注视约束的使用。通过本章实例的学习，读者应该熟练掌握基础动画的制作方法。

在制作完动画后，需要渲染动画。可以将渲染结果保存为序列位图文件，也可以将渲染结果保存为动画文件。

# 习　题

## 一、选择题

1. 动画是基于（　　）原理而创建的一系列运动图像。

A. 运动　　B. 动态　　C. 视觉　　D. 视频

2. 每分钟的动画大概需要（　　）个单独的图像。

A. 200～700　　B. 700～1200　　C. 720～1800　　D. 1000～300

3. 轨迹栏位于时间滑块和（　　）之间。

A. 工具栏　　B. 视口　　C. 菜单栏　　D. 状态栏

4.（　　）面板中提供了各种调整对象运动的工具。

A. 修改　　B. 动画　　C. 运动　　D. 层级

## 二、操作题

制作一个跳动的变形球动画，使小球做一个沿着轨迹视图运动的变形动画，如图 6.131 所示（提示：本例制作之前我们先要了解小球的跳动的运动规律，提供 GIF 图片可供参考效果，动画制作过程主要通过关键帧动画设定小球运动的轨迹视图，小球的变形主要通过加上 FFD 修改器对小球在关键帧中做出细致的调整，使其形状完成变形）。

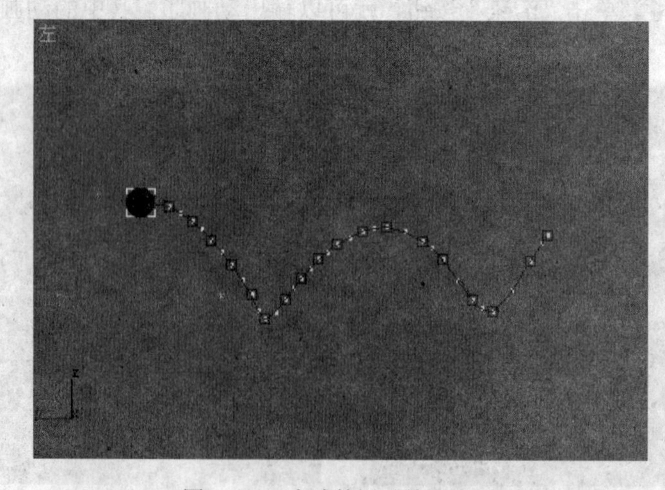


图 6.131　小球的运动轨迹视图

# 第 7 章

# 粒子系统和空间扭曲

3ds Max 9 拥有强大的粒子系统，是特技制作时必不可少的工具。它能完成诸如云、雨、烟雾、暴风雪以及爆炸等其他动画设置方法难以实现的动画效果。为了增加三维场景的真实感，它通常与空间扭曲配合使用，结合空间扭曲对粒子造成引力、阻挡和风力等仿真影响。本章将着重介绍粒子系统中最为常用的几个粒子使用方法。

学习目标

- 了解3ds Max 9提供的7类内置的粒子系统。
- 掌握粒子系统创建方法。
- 掌握基本与高级粒子系统参数设置。
- 掌握空间扭曲的创建方法。
- 了解常用的粒子系统与空间扭曲的应用技巧。

# 7.1 粒子系统

3ds Max 9 提供了 7 类内置的粒子系统，包括 PF Source（粒子源）、喷射、雪、暴风雪、粒子阵列、粒子云和超级喷射粒子系统。在使用粒子的过程中，粒子的速度、寿命、旋转以及繁殖等参数可以随时进行编辑。

## 7.1.1 粒子系统介绍

### 1. 粒子系统类型

启动 3ds Max 9，在系统默认的状态下，界面右侧的命令面板显示的是“创建”面板的“几何体”子命令面板。在“几何体”子命令面板的下拉列表中选择“粒子系统”选项即可进入粒子系统的命令面板，如图 7.1 所示。

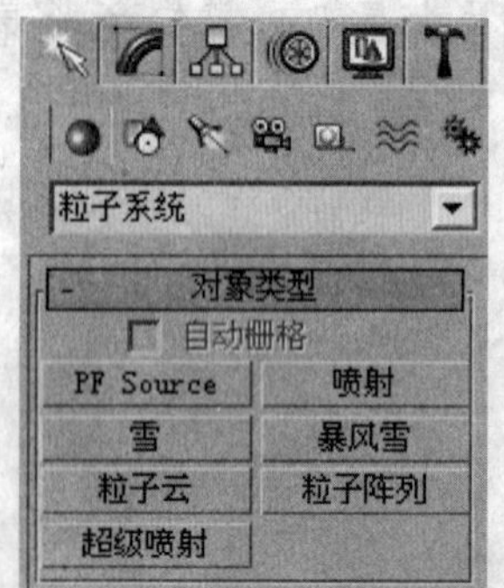


图 7.1 “粒子系统”的命令面板

在 3ds Max 9 中提供有 7 种粒子类型，分别是 PF Source、喷射、雪、暴风雪、粒子云、粒子阵列和超级喷射等，这些粒子对象主要用来模拟大量的细小物质的集成效果。

（1）PF Source

PF Source 可以自定义粒子的行为，能够创建非常复杂的粒子仿真。

（2）喷射

喷射粒子是最简单的一种粒子系统，能够发射垂直的粒子流。粒子的形态可以是四面体尖锥，也可以是四方体面片，可用于模拟水滴下落的效果，例如下雨、喷泉等，也可以表现彗星拖尾的效果。“喷射”面板较为简单，所有的数值均可以制作成动画。

（3）雪

雪粒子类似于喷射粒子，只是粒子的形态可以是六角形面片，而且增加了翻滚参数，可以用来模拟雪花，并控制雪片在下落的同时进行的翻转运动。此外，如果将多维材质指定给雪粒子，将会产生五彩缤纷的碎片下落效果，常用来在场景中增添喜庆的气氛。在创建的过程中如果将雪粒子向上发射，还可以表现出火星效果。

（4）暴风雪

暴风雪粒子是在最早期的雪粒子系统上增加的一些功能所产生的效果。它是从一个平面向外发射粒子流，使用的方法与雪粒子系统相似。这里之所以称其为暴风雪粒子，并非强调它的猛烈，而是指它的功能更为强大，可以在粒子下降时不断旋转和翻滚。通过暴风雪粒子系统不仅可以制作出雪景，而且可以模拟火花迸射、气泡上升、开水沸腾等特殊的效果。

（5）粒子云

粒子云的作用就是能够限制一个空间，在空间内产生粒子效果。选择此粒子系统可以在视图中建立一个立方体，就像是一个容器，然后在这个容器内放置各种各样的粒子。粒子可以是标准几何体，也可以制作不规则的群组如人群、蚂蚁和棋子等。

（6）粒子阵列

粒子阵列的创建方式与其他的粒子系统不同。单击 粒子阵列 按钮即可在视图中创建一个粒子阵列图标，这个图标并不是直接用来发射粒子的，而是只作为一个可选择的物件。该类粒

子系统将以一个三维物体作为目标物体，从它的表面发射出粒子阵列。并且，该目标物体对整个粒子的宏观形态起决定性的作用，可以根据不同的粒子类型表现出喷发、爆裂等特殊的效果。

（7）超级喷射

超级喷射粒子和暴风雪粒子非常类似，只是发射的点不一样。暴风雪粒子是从一个平面发射，而超级喷射则是从一个点发射粒子群，产生线性或者锥形的粒子群。

2. 粒子系统的分类

（1）基本粒子系统

喷射和雪是最基本的粒子系统，它们的参数面板基本相同。因为与其他粒子系统相比较，这两种粒子系统可编辑参数较少，其操作较为简便，只能使用有限的粒子形态，无法实现粒子爆炸、繁殖等特殊运动效果。虽然喷射和雪粒子系统非常简单，但是效果很好，在制作流水、喷泉、灰尘时依然沿用，它们在某些方面甚至要超过高级粒子系统。

（2）高级粒子系统

将“暴风雪”、“粒子云”、“粒子阵列”和“超级喷射”4种粒子系统定义为高级粒子系统。高级粒子系统有着比基本粒子系统更为复杂的设置参数，用户可以设置粒子融合的泡沫运动动画，还可以设置粒子的运动继承和繁殖等参数，由于其功能强大，所以操作也较为复杂。

3. 创建粒子系统

粒子系统是3ds Max 9中提供的一种动画制作手段，它不但适于制作风雪、烟雾、水流等需要大量粒子的场合，而且还可以用来制作一些非常复杂的动画场景。创建一个粒子系统的具体步骤如下。

① 创建一个粒子发射器。单击要创建的粒子类型，在视图窗口中拖出一个粒子发射器，所有的粒子系统都要有一个发射器。有的可以用粒子系统图标，有的则可直接使用场景中的物体作为发射器。

② 设置粒子的数量。主要是在命令面板中设置粒子在每一个动画帧中产生的数量，另外还要设置粒子的寿命等，以控制在指定的时间可以存在的粒子数。

③ 设置粒子的形态。粒子的形态是指粒子的大小和形状，这一步操作对粒子系统的渲染效果至关重要。可以从许多标准的粒子类型中选择，也可以选择要作为粒子发射的对象。

④ 设置粒子的初始运动状态，也就是粒子从发射器发射出来以后在不受外力影响的情况下所具有的运动状态，包括速度、方向、转动等。为了避免产生的效果过于呆板，可以为这些运动添加随机的运动效果。

⑤ 制作复杂的运动效果。在这一步操作中将通过建立空间扭曲对象来影响发射出来的粒子。通过此项操作可以使创建的动画场景更具有真实感。可以通过将粒子系统绑定到“力”组中的某个空间扭曲，进一步修改粒子在离开发射器后的运动。也可以使粒子从“导向板”空间扭曲组中的某个导向板反弹。

**提 示**

在三维场景中准备创建一个粒子系统时，不仅要确定粒子系统的具体位置，还要确定它发射的方向。在这里这个起始位置被称为发射源，在视图中它将以非渲染模式显示，只用来说明粒子的发射方向。

## 7.1.2 基本粒子系统实例——雪花飘飘

### 任务目的

本例通过使用“雪”粒子系统制作一个简单的飘雪动画，以学习“雪”粒子系统的应用，掌握构造基本粒子系统的方法。制作完成后的静态效果如图 7.2 所示。

图 7.2 雪花飘飘的效果

### 相关知识

在 3ds Max 9 中喷射和雪粒子系统基本相同。在视图中选择创建的粒子系统，然后进入“修改”面板就可以看到粒子系统的修改参数。下面以“雪”粒子系统为例介绍一下基本粒子系统的有关参数的意义。

1. “粒子”组合框

- **“视口计数”**：在视图中显示的雪花个数。
- **“渲染计数”**：该选项与粒子系统的计时参数配合使用。如果粒子数达到“渲染计数”的值，粒子的创建将暂停，直到有些粒子消亡。消亡了足够的粒子后，粒子创建将恢复，直到再次达到“渲染计数”的值为止。

**提 示**

❖粒子系统中的粒子属于几何体，它们与其他的对象一样具有面和节点，因此粒子的数目将影响计算机的运行。视图中或者渲染中的粒子越多，计算机的运行速度就越慢，所以要尽量地控制粒子的数目，要努力用少量的粒子取得较好的效果。

- **“雪花大小”**：用于设置单个雪花粒子的尺寸。

- **“速度”**：确定单个雪花粒子的下落速度，其值越大，则雪下落得越快。
- **“变化”**：确定雪花形状的多样性，其值越大，则雪花形状样式越多。
- **“翻滚”**：雪花粒子的随机旋转量。此参数可以在 0 到 1 之间。设置为 0 时，雪花不旋转；设置为 1 时，雪花旋转最多。每个粒子的旋转轴随机生成。
- **“翻滚速率”**：雪花的旋转速度，其值越大，旋转越快。
- **“雪花”、“圆点”或“十字叉”**：选择粒子在视口中的显示方式。“雪花”是一些星形的雪花，“圆点”是一些点，“十字叉”是一些小的加号。显示设置不影响粒子的渲染方式。

2. “渲染”组合框

在该组合框中包括 3 个单选按钮，用于设置渲染时雪花的形状，分别是六角形、三角形和面。

3. “计时”组合框

粒子系统是以帧为单位对粒子对象进行定时控制的，该组合框中的参数用于控制粒子系统的时间。

- **“开始”**：用来设置雪花动画的开始帧数，此处的数值是可以包括负数帧在内的任何帧值。
- **“寿命”**：用来设置雪花粒子在视图中存在的时间。如果需要粒子始终出现在场景中，那么应该将此处的数值设置为动画的总帧数。
- **“出生速率”**：撤选“恒定”复选框即可启用此微调框。用来设置雪花的诞生速度。
- **“恒定”复选框**：系统默认为勾选该复选框，此时系统将提供一个均匀的粒子流。
- **“最大可持续速率”选项**：不能设置此处的数值，它表示在保持规定范围内的粒子数的同时每帧所能创建的粒子数目。这里的数值将随“寿命”微调框中数值的改变而发生变化。

4. “发射器”组合框

- **“宽度”和“长度”**：用于发射源尺寸的设置。在创建粒子系统的过程中，当需要缩放发射源的尺寸时，应该避免使用比例缩放变换工具，最好在这里调节两个微调框中的数值大小。

**提 示**

❖当创建从狭缝发射粒子的效果时，应该将发射源设置为细长形状；当创建粒子扩散效果时，应该设置一个面积宽大的发射源。

❖发射源的尺寸也可设置成动画，可以模拟从一个越来越大的区域飞出粒子的场景。

- **“隐藏”复选框**：该复选框将控制是否在视图中将发射源对象隐藏起来。

首先创建“雪”和“暴风雪”粒子系统，然后对其参数进行设定，为衬托出飘雪动画的效果，使用一幅雪景图像作为渲染背景，使用摄影机来观看所创建的雪花场景。

## 任务实施

(1) 创建“雪”粒子

① 执行“文件”→“重置”命令，重新设定系统。在“创建”面板的下拉列表中选择“粒子系统”选项，单击“雪”按钮。然后在顶视图中从左上角的位置单击，并向右下角拖动，松开鼠标确定，即建立了粒子系统。如果拖动下方的时间滑块，就可以看到白色的粒子，如图 7.3 所示。

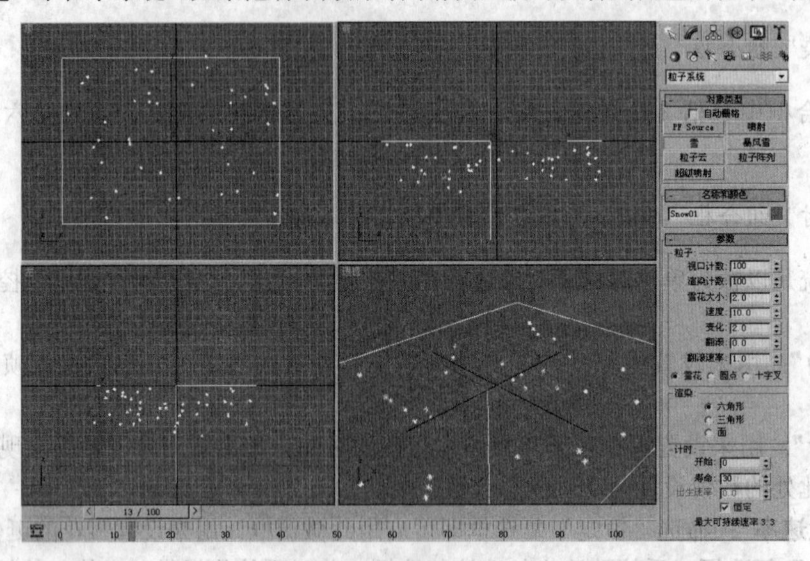

图 7.3　建立粒子系统

② 单击 按钮，进入“修改”面板，进入【参数】卷展栏，参照如图 7.4 所示修改雪花的具体参数。

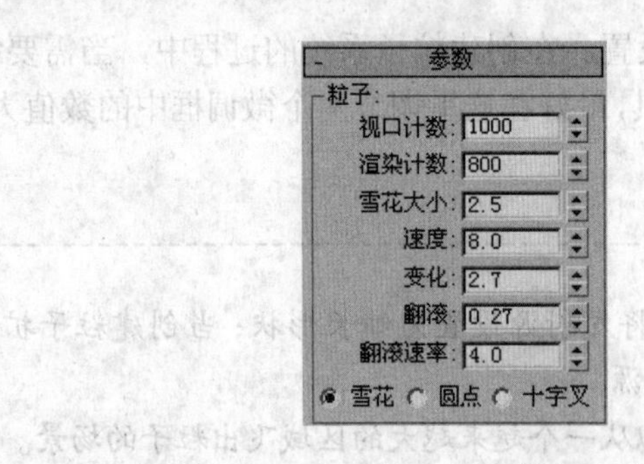


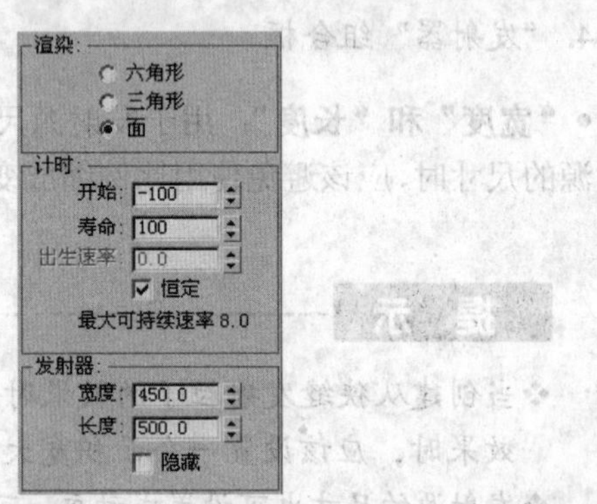


图 7.4　设置雪花参数

### 提　示

❖为了方便看到实际效果，可在“计时”栏中，将“开始”设定为负值。如在本例中将其设定为-100，“寿命”设定为 100，这表示雪在动画开始前就下了，每片雪花生命值为 100 帧。将“视口计数”设定为 1000 左右，可以看到较多的雪花。

（2）构造“雪花”材质

① 选中雪花粒子，单击按钮，打开“材质编辑器”，在“材质编辑器”窗口中选择一个空“材质球”，展开【贴图】卷展栏，单击“不透明度”后面的 None 按钮，然后在弹出的“材质 / 贴图浏览器”对话框中选择“渐变坡度”选项。

② 在【渐变坡度参数】卷展栏中的“渐变类型”下拉列表中选择“径向”选项，将形成从中心向两侧放射的渐变类型，并且可以通过灰度值来控制渐变。现在得到的是中心透明的效果，与需要的效果相反。为此可以在“材质编辑器”窗口中展开【输出】卷展栏，然后勾选“反转”复选框，如图 7.5 所示。

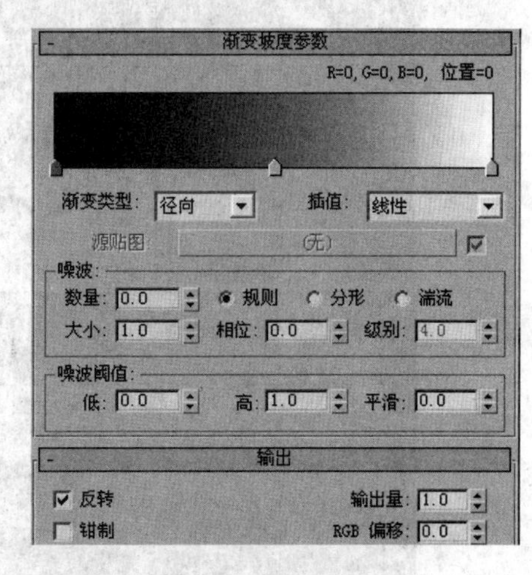


图 7.5 “渐变坡度参数”卷展栏与“输出”卷展栏设置

③ 此时的材质效果比较黑，因此需要加入一定的发光度。单击“转到父级”按钮返回上一级材质层级，在【Blinn 基本参数】卷展栏的“自发光”组合框中勾选“颜色”复选框，然后单击颜色块，在弹出的“颜色选择器：自发光颜色”对话框中，设置“红”、“绿”、“蓝”分别为 156、156、156，如图 7.6 所示。

④ 为了制作出更真实的白雪效果，在【渐变坡度参数】卷展栏中将“噪波”组合框中的“数量”和“大小”微调框中的数值分别设置为 0.25 和 1.9，这样就在每一片雪花上加入了一定的噪波。在【渐变坡度参数】卷展栏中双击渐变条上的第一个色标，在弹出的“颜色选择器：Color”对话框中，设置“红”、“绿”、“蓝”分别为 30、30、30，如图 7.7 所示。

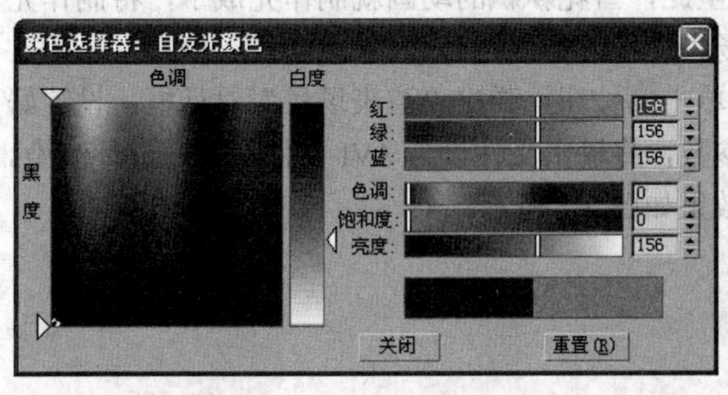


图 7.6 设置自发光颜色

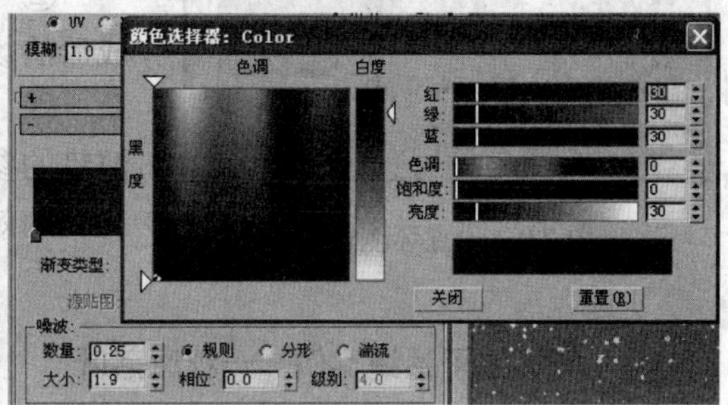


图 7.7 修改噪波参数与渐变坡度的颜色

⑤ 单击按钮，将设置的材质赋予制作的雪花造型。

（3）创建摄影机

① 单击按钮进入“创建”面板，单击按钮进入“摄影机”面板，单击【对象类型】卷展栏中的“目标”按钮。

② 单击顶视图将其设为当前视图，再单击设置摄影机的位置。选取摄影机后，单击按钮，进入【参数】卷展栏将摄影机的“镜头”大小设置为 80mm，激活“透视”视图，按【C】键将该视图转换为 Camera 01 视图，如图 7.8 所示。

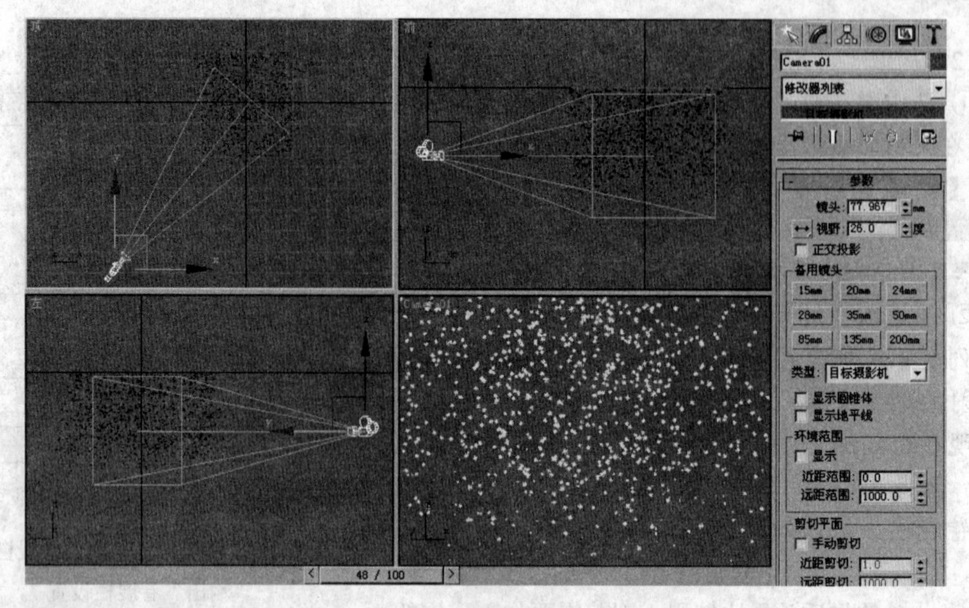


图 7.8　调整摄影机位置与参数

图 7.9　设置环境背景

（4）渲染输出

① 执行“渲染”→“环境”命令，在打开的“环境和效果”窗口中单击“背景”组合框中的 无 按钮，在弹出的“材质 / 贴图浏览器”对话框中双击“位图”选项，然后在弹出的“选择位图图像文件”对话框中选择合适的贴图，如图 7.9 所示。

② 至此，雪花飘飘的动画就制作完成了，将制作完成后的场景文件进行保存。

③ 单击按钮，弹出“渲染场景”对话框，设置好渲染的参数，将输出文件设为 AVI 文件，然后进行渲染。得到的效果如图 7.2 所示。

## 7.1.3　高级粒子系统实例——秋风落叶

本例通过制作一个秋日落叶的效果，来学习 3ds Max 高级粒子系统的使用方法。制作完成后的静态效果如图 7.10 所示。

在 3ds Max 9 中虽然高级粒子系统中各类参数卷展栏的排列都非常有逻辑，但是因为其中的某个部分的设置控制着另外一部分的设置，所以很容易造成混淆。下面以“暴风雪”为例介绍一下高级粒子系统参数的主要功能和作用。

图 7.10 秋日落叶的效果

1.【基本参数】卷展栏

该卷展栏中的大部分选项和前面介绍的基本粒子系统相同，用来设置暴风雪发射器的长度与宽度以及是否隐藏发射器，还可以设置暴风雪在视图中的显示形状，共有4种，分别为圆点、十字叉、网格、边界框，如图 7.11 所示。

2.【粒子生成】卷展栏

该卷展栏用来设置粒子的数量，粒子运动的速度、变化、翻滚、翻滚速率，粒子的开始发射时间、结束发射时间、显示时限、寿命和变化，还可以设置粒子的大小，如图 7.12 所示。

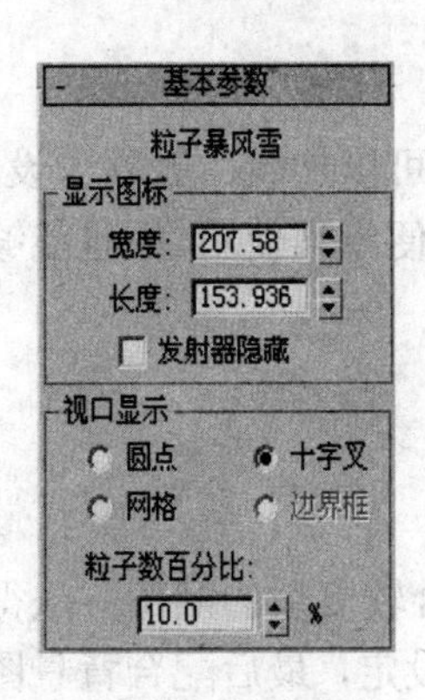


图 7.11 基本参数

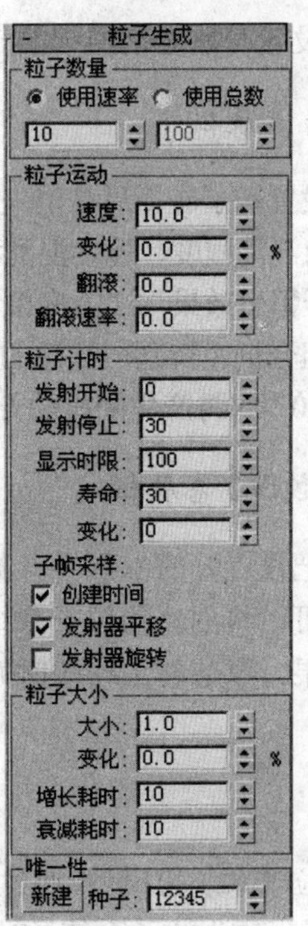


图 7.12 粒子生成参数

3.【粒子类型】卷展栏

暴风雪粒子共分3大类，分别为标准粒子、变形球粒子、实例几何体。如果是标准粒子，粒子形状有8种，如图7.13左图所示。如果是变形球粒子，则可以设置变形球的张力与变化，如图7.13中图所示。如果是实例几何体，系统将允许用户使用任意一个几何体作为一个粒子，并且可以设置动画偏移关键点的类型，如图7.13右图所示。

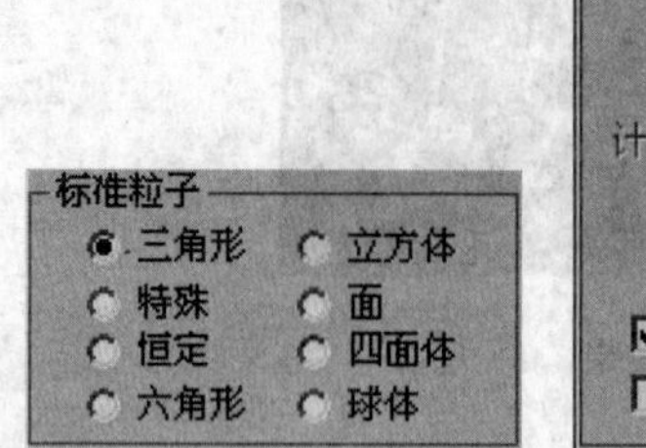

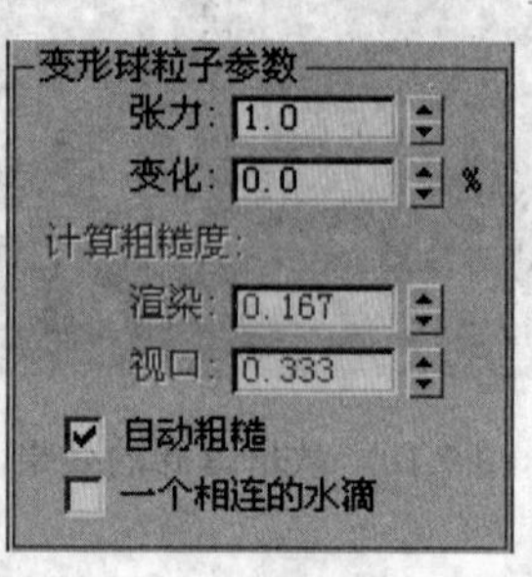

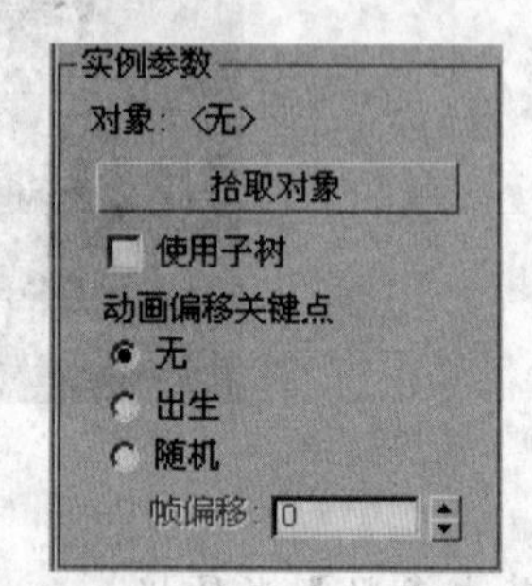


图7.13 暴风雪粒子共分为3大粒子类型

4.【旋转和碰撞】卷展栏

在该卷展栏中包括“自旋速度控制”、“自旋轴控制”和“粒子碰撞”等3个组合框设置，用来设置暴风雪粒子自旋的时间、相位、变化，也可以对自旋轴向进行设置，还可以设置粒子发生碰撞时的反弹值与变化值，用于细化粒子的运动，如图7.14所示。

5.【对象运动继承】卷展栏

该卷展栏用来设置对象运动继承的倍增、影响程度及变化值。

6.【粒子繁殖】卷展栏

该卷展栏用来设置粒子碰撞后是消失还是繁殖，还可以设置是否为繁殖拖尾，还可以进一步设置粒子繁殖的方向混乱程度、速度混乱程度、缩放混乱程度等，如图7.15所示。此处的选项非常复杂，包括“粒子繁殖效果”、“方向混乱”、“速度混乱”、“缩放混乱”、“寿命值队列”、“对象变形队列”等6个组合框。特别应注意的是，“方向混乱”组合框中输入数值为“0”时没有任何变化，输入数值“100”时将产生随机的方向，输入数值“50”时新产生的粒子将偏移原粒子90º。

7.【加载/保存预设】卷展栏

该卷展栏用来把设置好的暴风雪参数保存起来，可以加载、删除预设，如图7.16所示。通过此项设置不但可以将创建的粒子系统储存起来以便将来使用，而且能够在创建场景时调用系统自带的粒子效果，以节省工作的时间。

## 任务分析

本例首先创建粒子系统的模型，通过简单模型配合较复杂的贴图方法得到逼真的树叶运动模型，然后创建“暴风雪”粒子系统，对其参数进行设定，最后配合背景图来观看所创建的落叶场景。

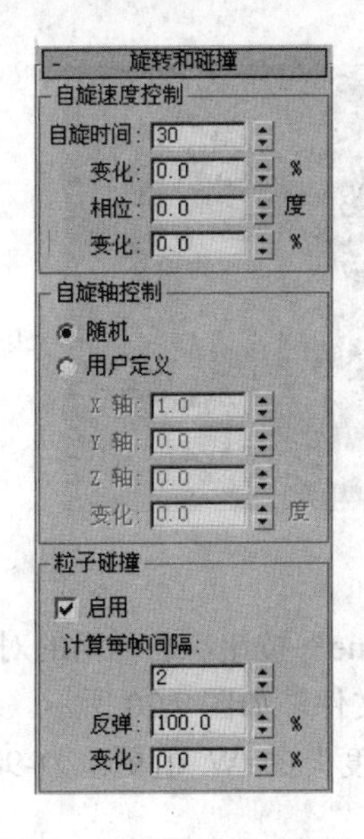


图 7.14 旋转和碰撞参数

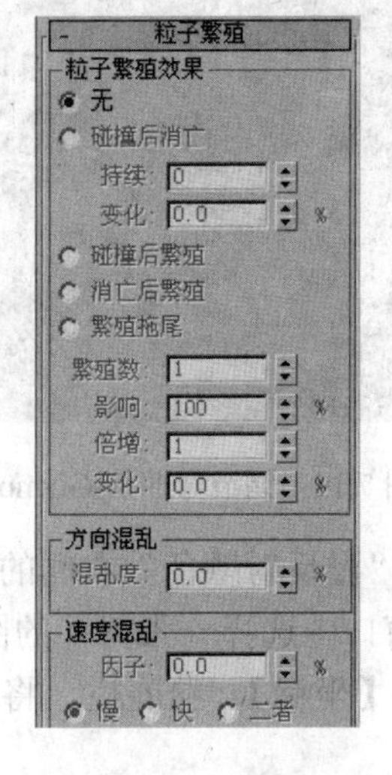


图 7.15 粒子繁殖参数

图 7.16 加载/保存预设参数

（1）创建实例模型

① 执行“文件”→“重置”命令，重新设定系统。单击“创建”面板中的“平面”按钮，在视图中创建一个平面，设置其参数“宽度”为 115、“长度”为 85，如图 7.17 所示。

② 单击“修改”按钮进入“修改”面板，在其下拉列表中选择“弯曲”修改器，在其按面板的下方设置其“角度”值为-40.0，如图 7.18 所示。

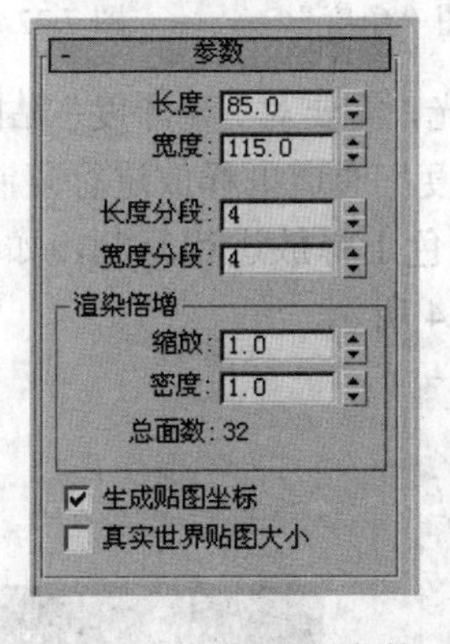


图 7.17 设置平面参数

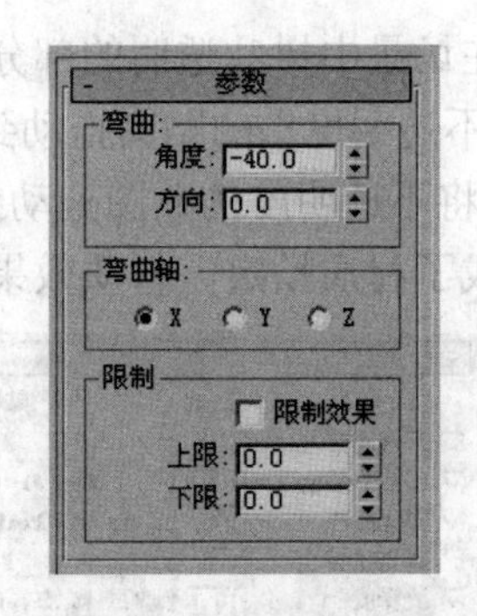


图 7.18 设置弯曲参数

③ 在“修改”面板中，单击“弯曲”（Bend）左侧的“+”号展开次物体层级，在下级中选择“Gizmo”选项，然后在视图中使用鼠标移动“Gizmo”线框，对平面进行弯曲调整。调整后的效果，如图 7.19 所示。

④ 按【M】键打开“材质编辑器”，选择一个示例球，勾选“双面”选项，设置“高光级别”为 30、“光泽度”为 10。在场景中选择树叶平面，然后在“材质编辑器”上单击“指定材质到选择物体”按钮，将材质指定给场景中的树叶平面。

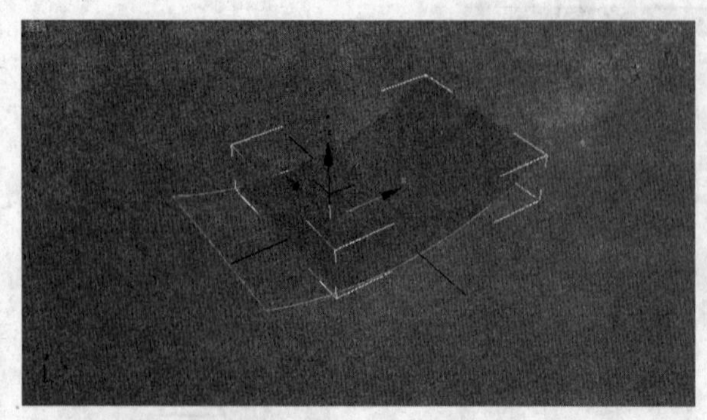

图 7.19　调节弯曲的 Gizmo

⑤ 展开【贴图】卷展栏，单击“漫反射颜色”右侧的“None”按钮，在弹出的对话框中选择“位图”贴图，然后在弹出的窗口中选择一张树叶的图片文件，如图 7.20 所示。

⑥ 在“材质编辑器”中，展开【坐标】 卷展栏，将“角度”的 W 值更改为-90.0，如图 7.21 所示。

⑦ 在【贴图】卷展栏中单击“不透明度”右侧的“None”按钮，为其添加一个“位图”贴图，并为其指定透明贴图文件，如图 7.22 所示。

图 7.20　漫反射使用的贴图

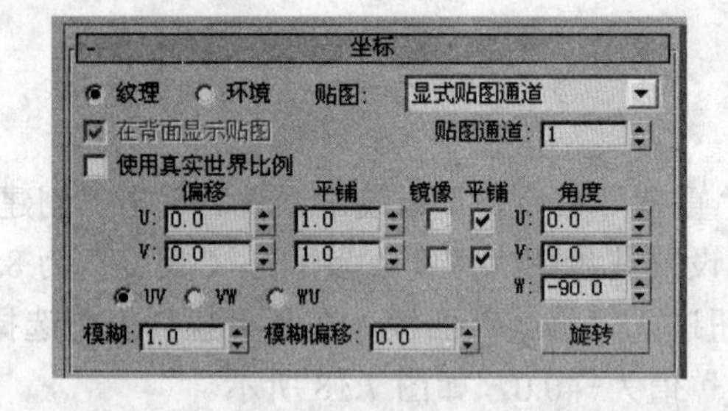


图 7.21　设置贴图“角度”

图 7.22　不透明度使用的贴图

⑧ 为了防止在场景中树叶透明的部分产生高光，需要对“光泽度”贴图进行设置。在【贴图】卷展栏中将“不透明度”的贴图拖动到“光泽度”通道上释放进行复制，以此来消除不透明高光，同样地，将不透明度的贴图拖动到高光颜色上释放进行复制，如图 7.23 所示。

⑨ 由此就完成了材质设定，材质效果如图 7.24 所示。

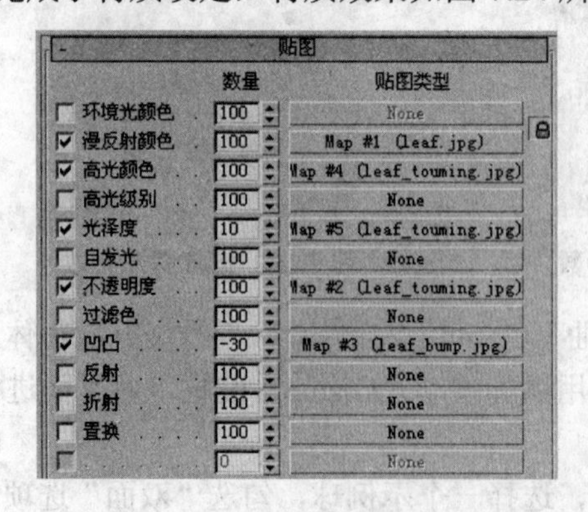


图 7.23　设置贴图通道

图 7.24　树叶的材质效果

⑩ 单击工具栏上的“快速渲染”工具对透视图进行测试渲染，渲染的树叶效果如图 7.25 所示。

（2）创建暴风雪粒子系统

① 在“创建”面板的下拉列表中选择“粒子系统”选项，然后在面板中单击“暴风雪”按钮，在顶视图中创建一个暴风雪粒子系统，如图 7.26 所示。

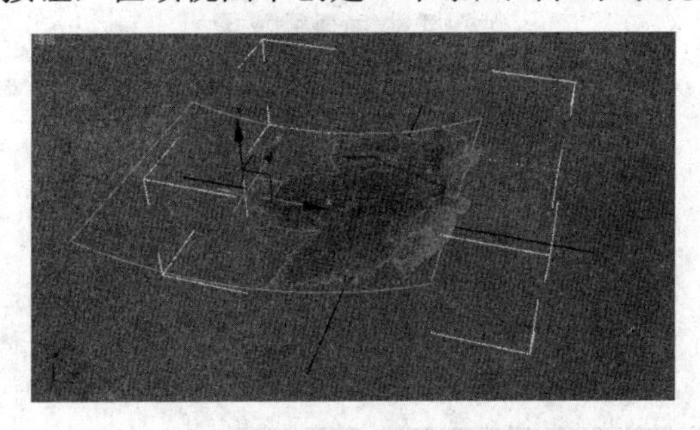

图 7.25　树叶的渲染效果

图 7.26　创建暴风雪粒子系统

② 修改粒子参数。单击“修改”按钮进入“修改”面板，在【基本参数】卷展栏中设置“宽度”值为 1000.0、“长度”为 500.0、“粒子比率”为 100.0%，以便于观察，点选“网格”单选按钮，它表示粒子的显示状态，如图 7.27 所示。

③ 在【粒子生成】卷展栏中设置“使用总数”为 75、“速度”为 10.0、“变化”为 20.0，在“粒子计时”参数栏中设置“发射开始”为-100，这表示从-100 帧开始，粒子就已经发射了。将“发射结束”设为 100、“寿命”为 104。在“粒子大小”参数栏中设置“大小”为 1.0、“变化”为 30.0%、“增长耗时”为 10、“衰减耗时”为 10，它表示粒子从正常尺寸衰减到消失的时间，如图 7.28 所示。

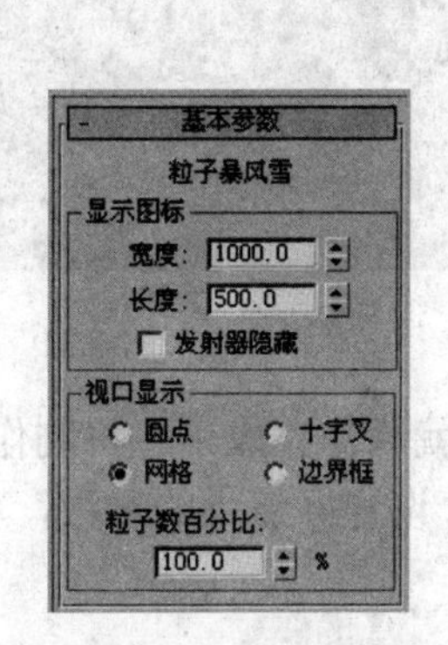


图 7.27　设置基本参数

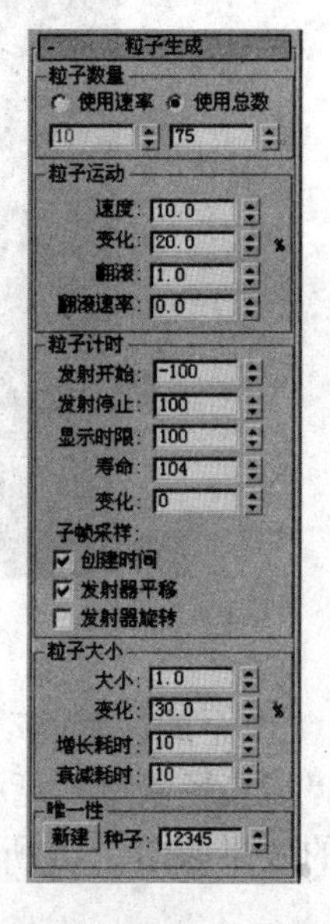


图 7.28　设置粒子生成参数

④ 打开【粒子类型】卷展栏，设置粒子类型为“实例几何体”。它表示粒子使用的是场景中的物体方式来显示。单击“拾取对象”按钮，然后在场景中单击选择制作的树叶，如图 7.29 所示。

⑤ 树叶在空中是有旋转变化的，这些在【旋转和碰撞】卷展栏中来设置。设置“自旋时间”为 30、“变化”为 20.0，如图 7.30 所示。这样就完成了树叶纷飞效果的设置。

（3）设置环境并渲染输出

① 在顶视图中创建天光。激活前视图使用移动工具把天光移到粒子发射器之上，如图 7.31 所示，设置天光参数的倍增值为 0.5。

② 在菜单栏上单击“环境和特效”按钮，打开“环境和特效”设置和对话框，单击“环境贴图”选项的下方的“None”按钮，在弹出的窗口中选择“位图”方式，选择合适的图片作为背景。

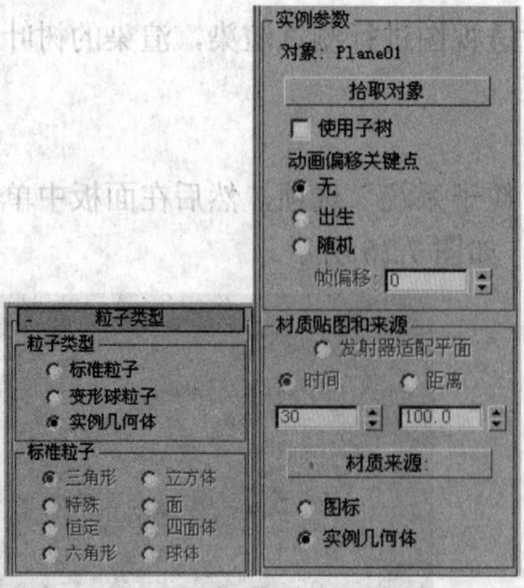

图 7.29　设置粒子类型

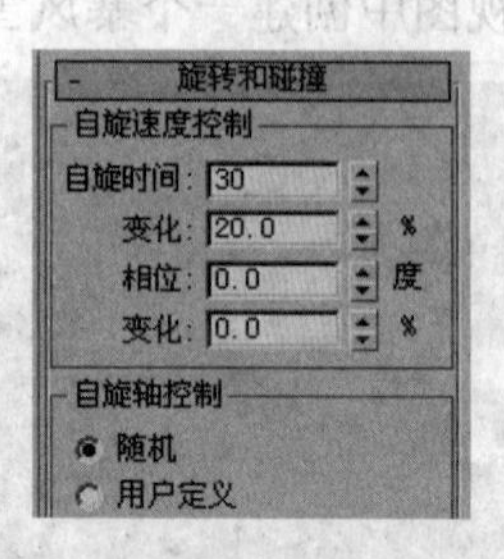


图 7.30　设置旋转和碰撞参数

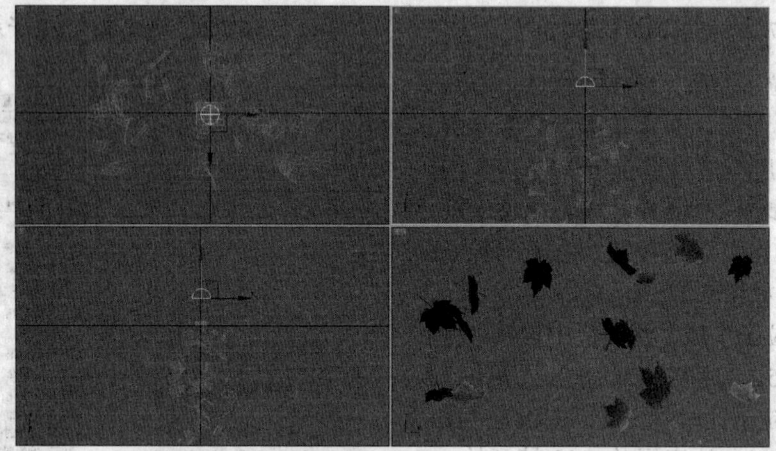

图 7.31　创建天光

③ 至此，落叶动画就制作完成了。将制作完成后的场景文件进行保存。单击按钮，弹出“渲染场景”对话框，设置好渲染的参数，将输出文件设为 AVI 文件，然后进行渲染，得到的效果如图 7.10 所示。

## 7.2 空 间 扭 曲

### 7.2.1 空间扭曲介绍

空间扭曲是一类不可渲染的对象，在三维场景中它可以被看做是一种无形的力，通过它可以影响其他对象的形状和运动。通常情况下空间扭曲要与粒子系统结合起来使用，但是在创建一些涉及到动力学的动画时空间扭曲也用于其他的对象。

1. 空间扭曲类别

在“创建”面板中单击“空间扭曲”按钮进入“空间扭曲”子命令面板，如图 7.32 所示。

在 3ds Max 9 中有 6 种不同类别的空间扭曲对象可供选择，展开“空间扭曲”子命令面板的下拉列表即可看到其他的扭曲对象，如图 7.33 所示。选择不同的选项会得到不同的空间扭曲类型，系统默认显示的是在“力”选项下的空间扭曲类型。

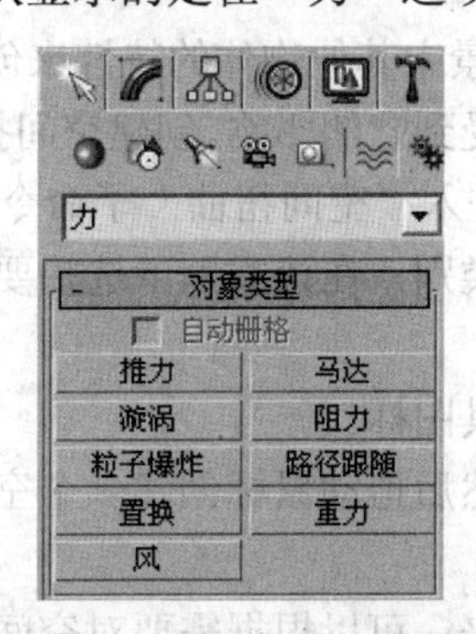


图 7.32 “空间扭曲”子命令面板

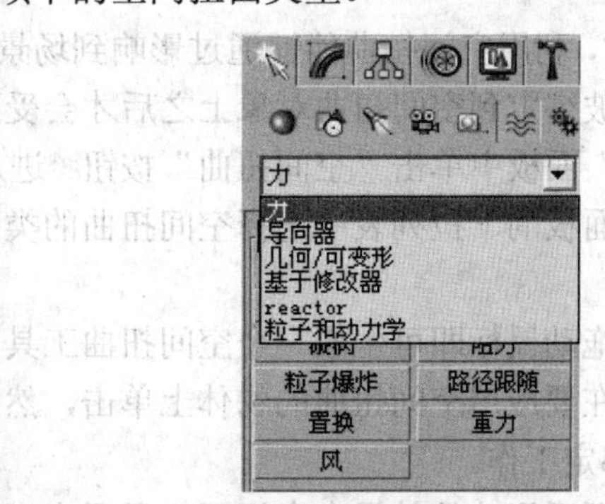


图 7.33 “空间扭曲”的类型

（1）力

在下拉列表中选择该选项，在命令面板中会显示 9 种空间扭曲对象，分别是推力、马达、漩涡、阻力、粒子爆炸、路径跟随、置换、重力和风。一般与粒子系统配合使用，用来表现外力作用的效果，如风、重力和推力等。

（2）导向器

在下拉列表中选择该选项，在命令面板中会显示 9 种空间扭曲对象，它们主要用于粒子系统和动力学对象。在三维场景中，导向器的作用就像是一块挡板，当粒子碰到它时就会改变运动的方向。如果没有导向器，粒子就会穿透所碰到的物体。

（3）几何/可变形

在下拉列表中选择该选项，在命令面板中会显示 7 种空间扭曲对象，分别是 FFD（长方体）、FFD（圆柱体）、波浪、涟漪、置换、适配变形和爆炸。除了爆炸类型之外，其他的空间扭曲对象和相应的修改器具有十分类似的功能。

这里的“几何/可变形”空间扭曲对象与移动器的不同之处在于：在场景中添加修改器后，修改器与对象是绑定在一起的，移动对象的同时，修改器线框也会随之移动；而空间扭曲对象则不随对象的变化而移动，这样可以创作出很多使用修改器无法实现的效果。

（4）基于修改器

在下拉列表中选择该选项，在命令面板中会显示 6 种空间扭曲对象，分别是倾斜、噪波、弯曲、扭曲、锥化和拉伸。这些空间扭曲对象与标准修改器生成的效果相似，但是它们可以同时应用到多个对象上。与前面介绍的几何 / 可变形空间扭曲对象一样，常用来在动画制作中生成特殊的动画效果。

（5）粒子和动力学

在下拉列表中选择该选项，在命令面板中就会显示一种空间扭曲对象，并且只能用于粒子和动态的对象。

（6）Reactor

在下拉列表中选择该选项，在命令面板中只有一种空间扭曲对象，可用于流体动画的制作。

利用空间扭曲对象能够影响到场景中其他物体的特性，可以在三维场景中制作各种特效。在 3ds Max 9 中，空间扭曲对象与修改器有些相似，但是普通的修改器只能影响单个的物体，而空间扭曲对象则可影响到整个的场景空间。

2. 创建空间扭曲

在创建动画时，利用空间扭曲能够通过影响到场景中其他物体的特性来创建涟漪、波浪等效果。只有当物体被绑定到空间扭曲对象上之后才会受到它的影响。创建空间扭曲的方法如下：

① 在“创建”面板中单击“空间扭曲”按钮≋进入“空间扭曲”子命令面板。

② 在子命令面板的下拉列表中选择空间扭曲的类别，在该类别下选择要创建的空间扭曲工具按钮。

③ 在视图中拖动鼠标即可生成一个空间扭曲工具图标。

④ 在视图中在要应用空间扭曲的物体上单击，然后拖动鼠标创建一个空间扭曲对象，释放鼠标即可完成绑定工作。

⑤ 此时物体所受影响的效果会在视图中显示出来，可以根据需要对空间扭曲的参数进行调整。创建了空间扭曲对象之后，它将在视图中以框架形式显示。可以像操作其他物体一样对其进行移动、旋转或者缩放等操作，并且这些操作都将影响到场景中被绑定的物体。

空间扭曲是影响其他对象外观的不可渲染对象。空间扭曲能创建使其他对象变形的力场，从而创建出使对象受到外部的力影响的动画。空间扭曲的行为方式类似于修改器，只不过空间扭曲影响的是世界空间，而几何体修改器影响的是对象空间。在 3ds Max 9 中，主要有两种类型的粒子系统是配合于空间扭曲的，这两种空间扭曲类型分别为“力”和“导向器”。

### 7.2.2 风扭曲——燃烧的香烟

任务目的

本例通过制作一个燃烧的香烟动画，来学习“超级喷射”和“风”扭曲的使用方法，静态效果如图 7.34 所示。

图 7.34 动画截图

“风”扭曲用于模拟风吹对粒子系统的影响，粒子在顺风的方向加速运动，在迎风的方

向减速运动。风与重力系统非常相像。“风”扭曲增加了一些自然界中风的特点，比如气流的紊乱等。风力系统也可以作用于物体，其【参数】卷展栏如图7.35所示。其中大部分选项与重力系统相同，这里只介绍一下“风”选项组，这是风力系统特有的。

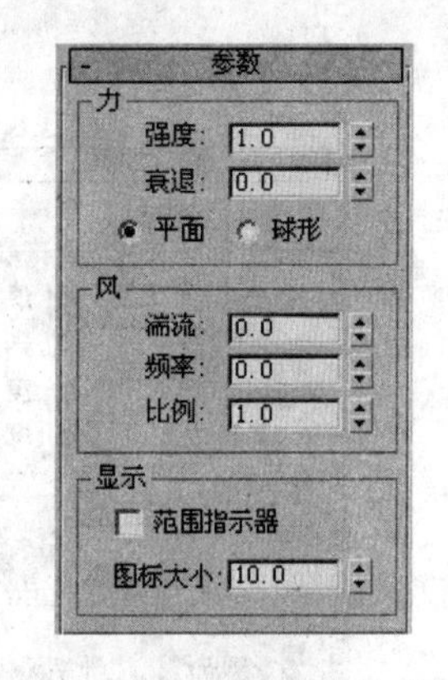


图7.35 “风”的“参数”卷展栏

- **“湍流”**：风吹粒子可以引起粒子的随机变化，产生紊乱的效果，以模拟真实的风，数值越大紊乱越明显。
- **“频率”**：该值不为0时，粒子系统的紊乱随时间而周期变化，不过它的效果不是很明显，除非该粒子系统产生大量的粒子。
- **“比例”**：缩放紊乱的效果，该值越小紊乱效果越平滑、越规则；该值越大，风会变得越不规则，可以表现为狂风效果，比如暴风雪现象。

首先利用“超级喷射”创建烟雾模型，然后为“烟雾”构造材质，在“不透明度”贴图通道使用“渐变”贴图。为得到逼真的烟雾效果，最后创建“风”扭曲，并施加给“烟雾”，从而模拟烟雾缥缈的效果。

（1）创建粒子系统

① 进入“创建”→“粒子系统”面板，单击“超级喷射”按钮，在前视图中创建一个“超级喷射”粒子系统，如图7.36所示。

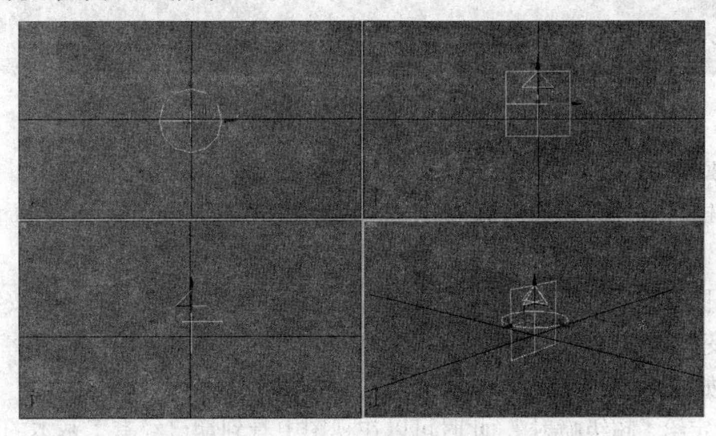

图7.36 创建超级喷射粒子系统

② 再对“超级喷射”的参数进行设置。“超级喷射”的参数比较复杂，为了产生烟雾的效果，可参照如图7.37所示进行参数设置。

③ 完成以上的参数设置后，可以看到“超级喷射”已经变成了如图7.38所示的状态。但这离最终的烟雾效果还相差甚远，下面对其进行进一步的改进。

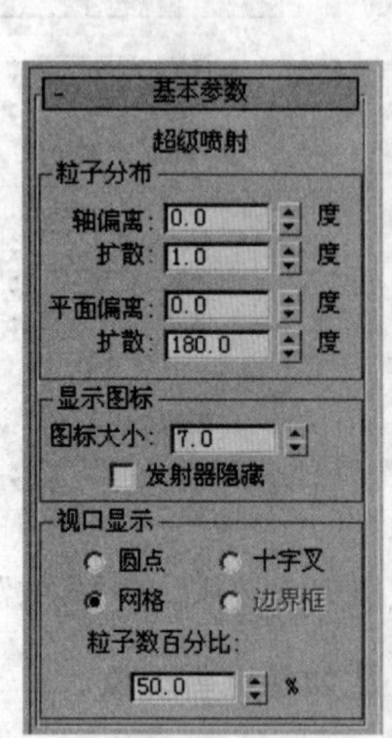


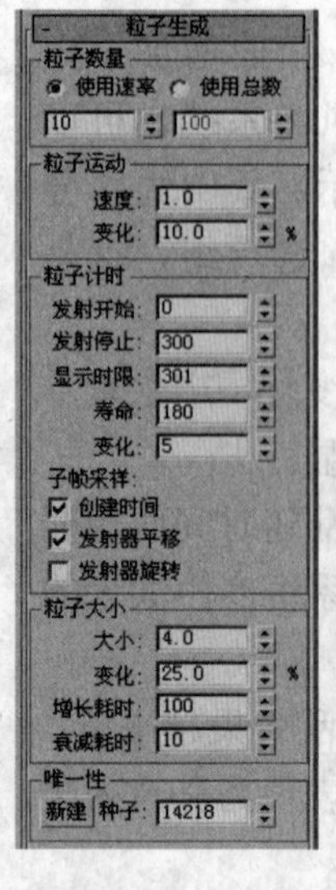


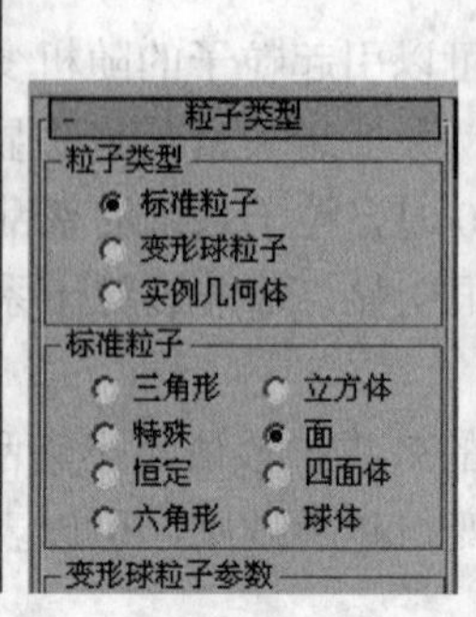


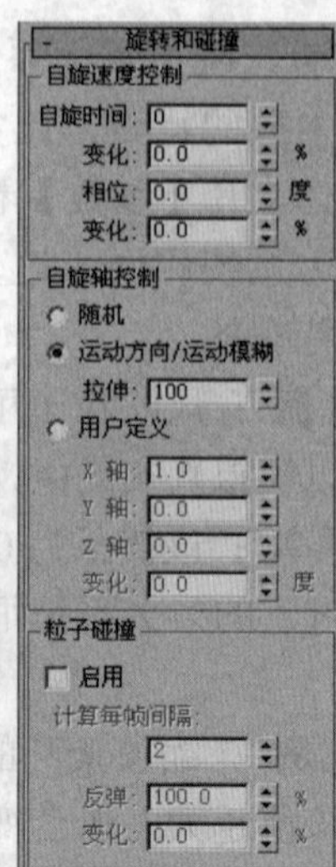


图 7.37　设置超级喷射的参数

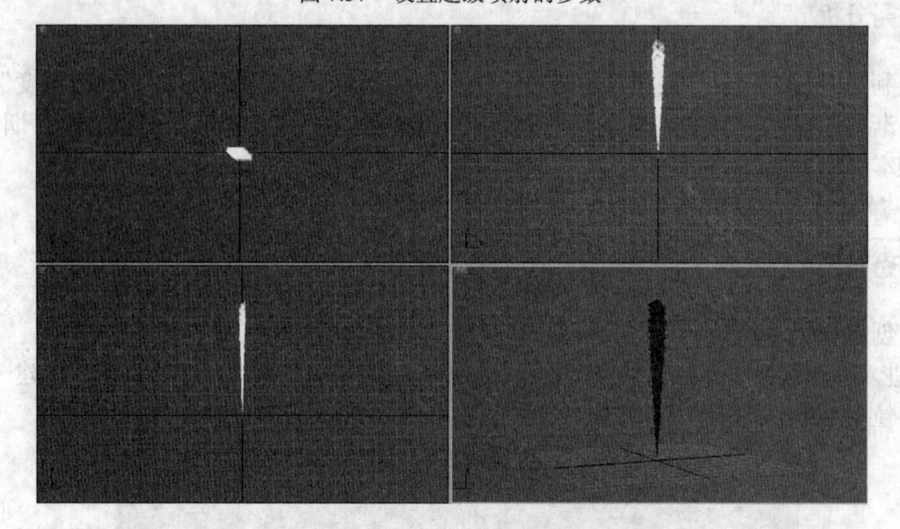

图 7.38　粒子系统的效果

（2）构造烟雾材质

① 按【M】键打开“材质编辑器”，在其中选择一个新的材质球，参照如图 7.39 所示设置其基本参数。

② 展开【贴图】卷展栏，单击“不透明度”贴图通道右侧的“None”按钮，在弹出的对话框中选择“渐变”贴图，采用系统默认设置即可。返回【贴图】卷展栏，将“不透明度”的“数量”设为 5，如图 7.40 所示。

③ 将贴图指定给“超级喷射”，此时可以在视图中看到烟已经有了基本的形状，如图 7.41 所示，按【F9】键渲染视图，效果如图 7.42 所示，但还显得不够真实。这是因为在没有光照的情况下，贴图的效果不能很好地体现。

④ 进入“创建”→“灯光”面板，单击“目标聚光灯”按钮，在视图中创建一个聚光灯，如图 7.43 所示。聚光灯使用系统默认参数即可，再次按【F9】键进行渲染，可以看到现在的超级喷射已经有了烟的质感。

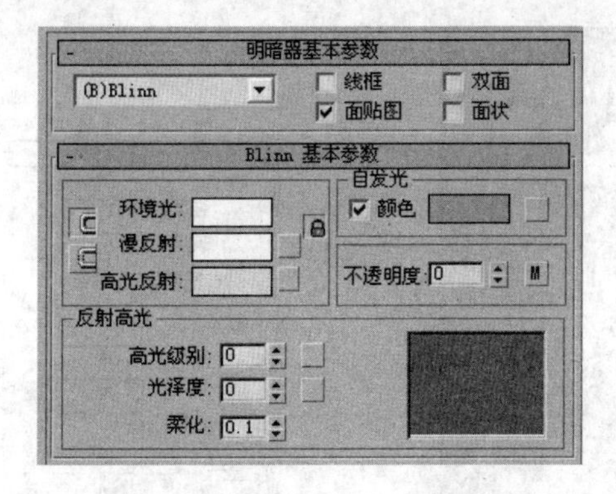


图 7.39　设置材质基本参数

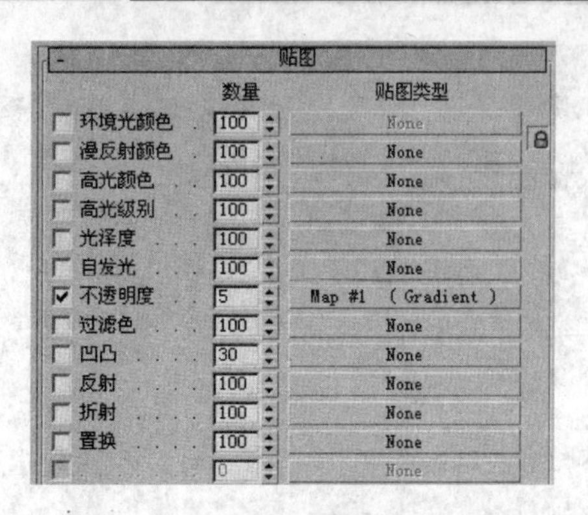


图 7.40　设置“不透明度”贴图

（3）为烟雾加入风力

① 为了使烟雾看上去更加真实，还要给“超级喷射”加入风的效果。进入“创建”→“空间扭曲”面板，在下拉列表中选择“力”，单击“风”按钮，在如图 7.44 所示的位置加入一个“风”对象。

图 7.41　将材质指定给对象

图 7.42　渲染视图

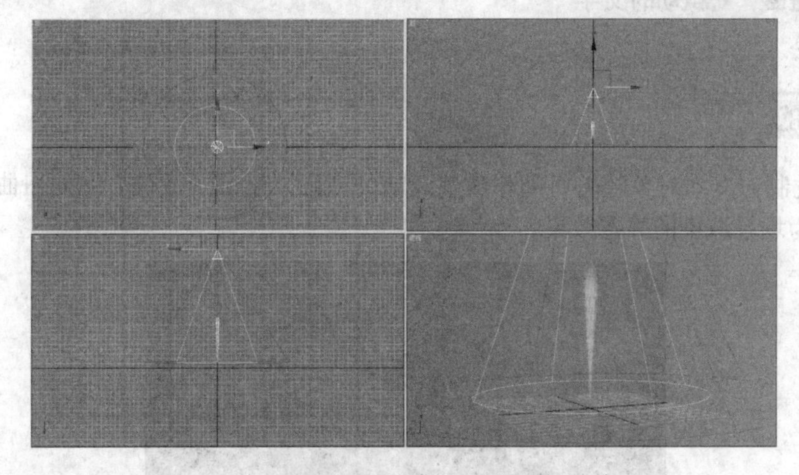

图 7.43　创建聚光灯

② 在视图中选择粒子系统，单击工具栏中的按钮，将粒子系统绑定到“风”。

③ 参照如图 7.45 所示设置“风”的参数，这样就完成了烟的设置。按【F9】键进行渲染，如图 7.46 所示就是动画的其中一帧的效果图。

④ 导入光盘中“烟灰缸与烟.Max”中的模型，适当调整，得到最终效果如图 7.46 所示。

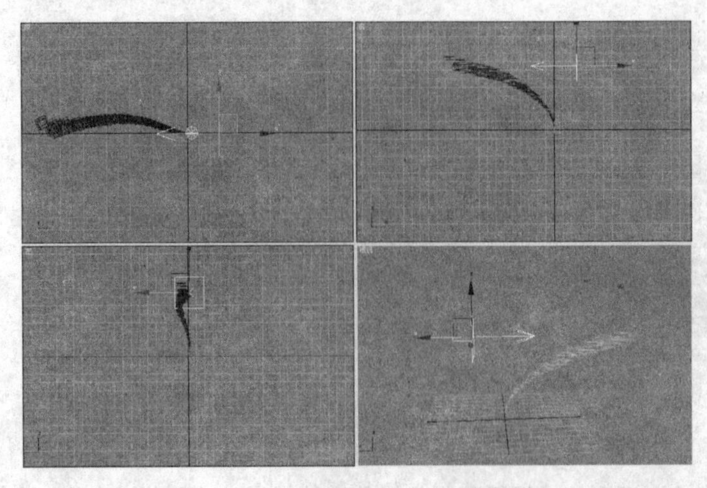

图 7.44　创建“风”对象

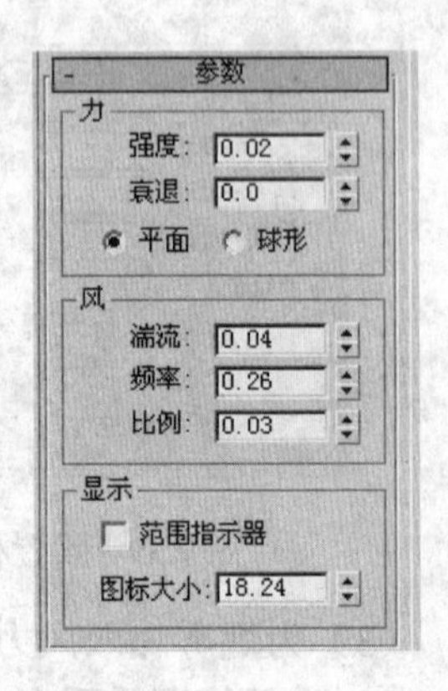


图 7.45　设置“风”的参数

图 7.46　导入“烟灰缸与烟.Max”中的模型后效果

## 7.2.3 波浪扭曲——飘动的文字

### 任务目的

本例通过制作文本对象随着时间作波浪运动的动画，学习“波浪”空间扭曲的使用。如图 7.47 所示为场景渲染的静态效果。

图 7.47　场景渲染的静态效果图

## 相关知识

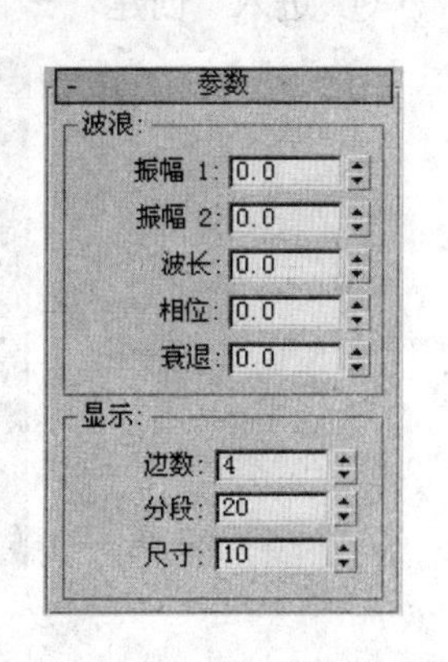


图 7.48 “波浪”参数卷展栏

使用“波浪”工具可以创建一种线性的波形的效果。在“创建”→“空间扭曲”面板中，选择下拉列表中的“几何 / 可变形”选项即可选择“波浪”变形工具，其【参数】卷展栏如图 7.48 所示。

- **“振幅 1”和“振幅 2”**：用来设置波浪的大小，振幅越大，则波浪越大。对两个振幅设置不同的值可以得到交叉波。
- **“波长”**：控制波浪的波长，波长越长就越平滑。
- **“相位”**：控制波浪的起始位置，从而改变波浪在长方体中显示的波的形状。
- **“衰退”**：衰减值不为 0 时振幅会随距离减小，从而控制波浪的影响范围。
- **“边数”**：通过设置对象 X 轴的段数，来设置波浪的宽度。
- **“分段”**：通过设置对象 Y 轴的段数，来设置波浪的长度。
- **“尺寸”**：用来在不改变波浪效果的情况下调整波浪图标的大小。

## 任务分析

首先创建球体和文本对象实例模型，然后为实例模型构造材质，最后创建“波浪”空间扭曲，并施加给文本对象，使其形成不断做波浪式运动的效果。然后为场景对象赋予半透明材质，最后设置环境贴图，渲染动画。

## 任务实施

（1）创建球体和文本对象

① 启动 3ds Max 9，进入“创建”→“几何体”面板，单击“球体”按钮，在顶视图中创建一个“半径”为 22 的球体。

② 单击并按住“缩放”工具，在弹出的工具按钮中单击“选择并非均匀缩放”按钮，在前视图中沿着 Y 轴方向放大球体而形成椭球，如图 7.49 所示。

③ 选择“移动”工具，按住【Shift】键复制球体，在弹出的对话框中选择“实例”方式，一共生成 7 个球体，然后移动它们的位置，如图 7.50 所示。

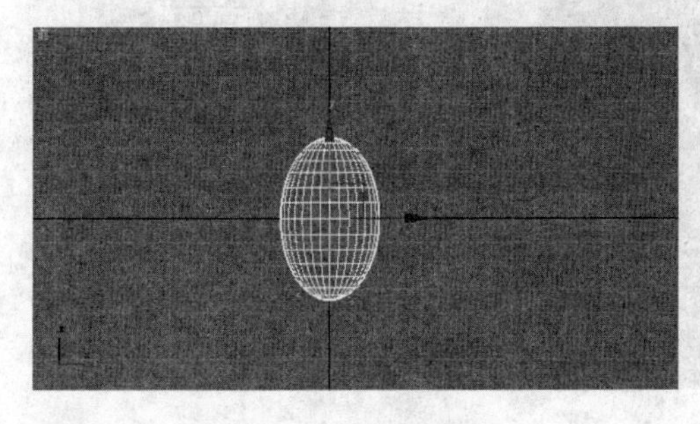

图 7.49 创建椭球体

图 7.50 关联复制椭球体

④ 进入“创建”→“图形”面板，单击“文本”按钮，创建一个文本对象，如图 7.51 所示。

图 7.51　创建的文本对象

⑤ 进入“修改”面板，在下拉列表中选择“倒角”修改器，参照如图 7.52 所示设置其参数，倒角生成文本三维模型，如图 7.53 所示。

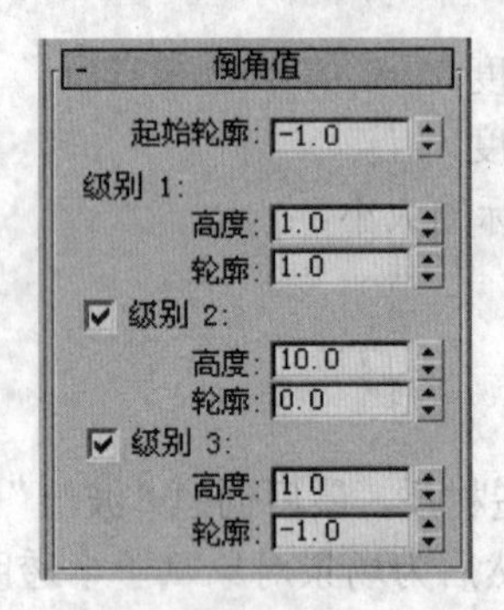


图 7.52　设置“倒角”修改器参数

图 7.53　倒角生成三维模型

(2) 添加“波浪”空间扭曲

① 制作完文本对象之后，进入“创建”→“空间扭曲”面板，在下拉列表中选择“几何/可变形”选项，单击“波浪”按钮，在前视图中创建一个波浪空间扭曲对象，大小应比文本对象大。在前视图中旋转波浪对象，使得它和文本对象的方向保持一致，如图 7.54 所示。

② 进入“修改”面板，修改波浪对象参数，在【参数】卷展栏中设置参数，如图 7.55 所示。然后选择文本对象，在主工具栏中单击“绑定到空间扭曲”按钮，在视图中单击并按住文本对象，然后拖动到波浪对象上，松开鼠标，此时波浪对象闪动一下就表示绑定成功，否则需要重新绑定。

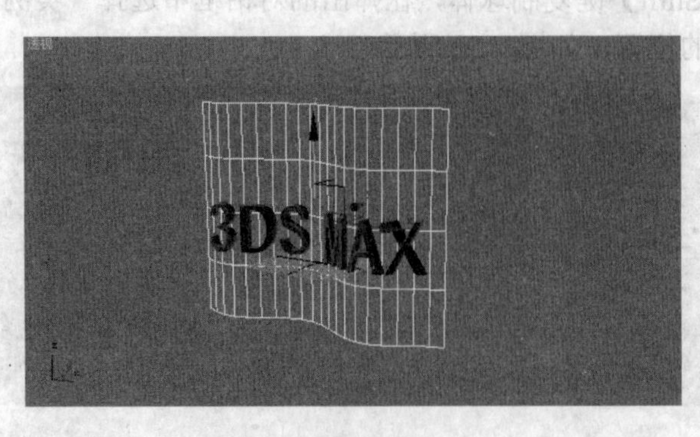


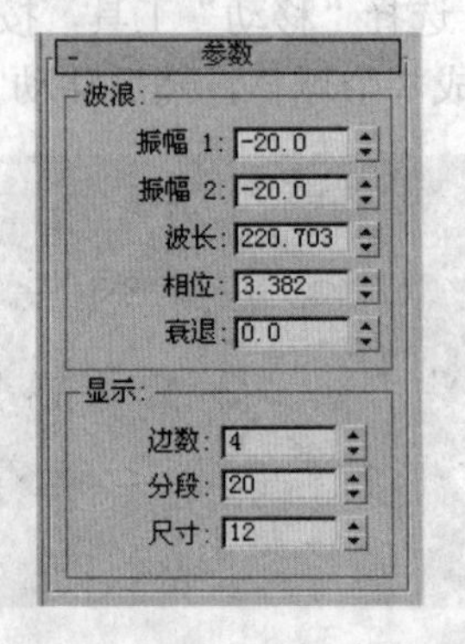


图 7.54　旋转波浪对象

图 7.55　设置波浪对象参数

**提 示**

❖对象绑定到空间扭曲对象上之后，在修改器堆栈中有相应的空间扭曲修改器层级，因此，要取消对象的绑定只需要在修改器中删除相应的空间扭曲修改器层级即可。

③ 单击“自动关键点”按钮，启动动画制作模式，拖动时间滑块到第100帧，然后选择波浪对象并进入“修改”面板，在【参数】卷展栏中设置“相位”值为3.5。单击“播放”按钮播放动画，可以看到文本对象随着波浪对象的扭动而扭动。再次单击“自动关键点”按钮退出动画制作模式。

（3）为场景对象指定材质

① 按【M】键打开“材质编辑器”，选择一个材质样本球。

② 在【明暗器基本参数】卷展栏中选择“各项异性”，展开【各向异性基本参数】卷展栏，设置“环境光”和“漫反射”为紫色，“高光”为青色。设置高光参数，如图7.56所示。

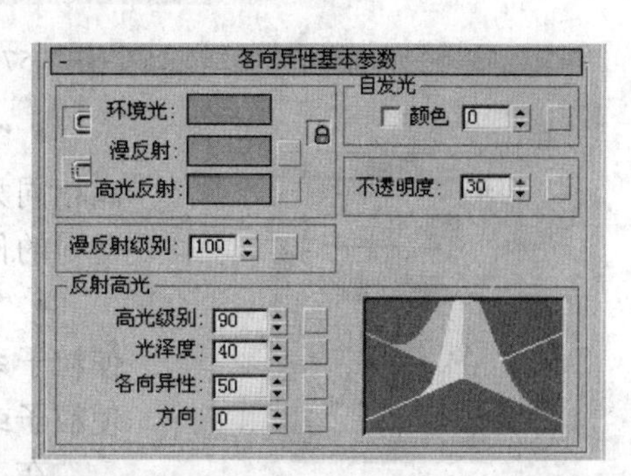


图7.56 设置玻璃材质的基本参数

③ 展开【贴图】卷展栏，单击“折射”右侧的“None”按钮，在弹出的“材质/贴图浏览器”对话框中选择“光线跟踪”贴图。

④ 单击按钮回到上层材质面板，再单击按钮，将材质赋给球体与文字对象。

（4）设置环境贴图并渲染动画

① 按【8】键弹出“环境设置”对话框，展开【公用参数】卷展栏，单击“环境贴图”下方的“None”按钮，在弹出的对话框中选择“位图”贴图，然后选择合适的位图文件作为背景贴图。

② 保存场景文件，然后开始渲染动画，其中的动画截图如图7.47所示。

## 7.2.4 重力系统——喷泉

本例通过制作喷泉场景，学习粒子系统和和重力空间扭曲的使用。静态效果如图7.57所示。

“重力”就是经常说的重力系统，“重力”工具用于模仿自然界的重力，可以作用于粒子系统或动力学系统。其【参数】卷展栏如图7.58所示。其中参数很简单，具体如下。

- **“强度”**：表示重力场的大小，数值越大对物体的影响越明显，负值将产生反方向的力场，为0时则没有效果。

图 7.57 渲染的喷泉场景效果图

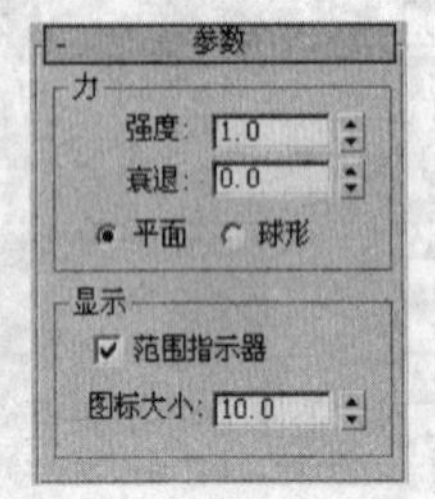


图 7.58 【“重力”参数】卷展栏

- **“衰退”**：表示力场的衰退程度，该值为 0 时整个空间充满相同大小的力作用。该值可以调节由物体与重力系统距离而受力的作用大小，使其随距离而减小。
- **“平面”和“球形”**：用来选择力场的种类，平面力场将使粒子系统喷发的粒子或物体沿箭头方向运动，而球形力场将使粒子或物体向球形符号运动。

在“显示”选项组中，当衰减值大于 0 时，“范围指示器”用于指示力场在什么位置衰减到原来的一半，对于平面力场则显示为两个平面。“图标大小”不影响重力的作用效果。

## 任务分析

首先建立水池以及雕塑的模型，可主要运用对绘制的二维图形添加“车削”修改器的方法。再创建“喷射”粒子系统作为侧面的水柱，使用粒子系统中的“超级喷射”粒子创建最高处的喷泉水花。水柱与水花模型最初没有向下喷射，这与真实情况不符合。为了实现粒子下落过程中的偏转，最后使用了空间扭曲“重力”效果，利用重力空间扭曲调节水花的喷射角度和力度。

## 任务实施

（1）建立水池以及喷泉雕塑的模型

① 执行“文件”→“重置”命令，重新设定系统。单击前视图将其设为当前视图。进入“创建”→“图形”面板，单击“线”按钮，在视图中创建如图 7.59 所示的线条。

② 单击按钮，进入“修改”面板。在“修改器列表”中选择“车削”修改器，在【参数】卷展栏中将“分段”参数设为 32，这时截面旋转成了水池外圈水泥围栏的形状，如图 7.60 所示。

③ 进入“创建”→“图形”面板，单击“线”按钮，在视图中创建如图 7.61 所示的线条。这是喷水池中央雕塑的轮廓曲线。

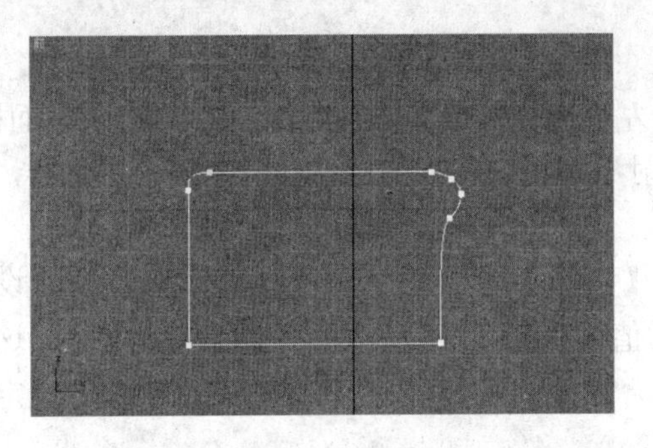

图 7.59 绘制曲线

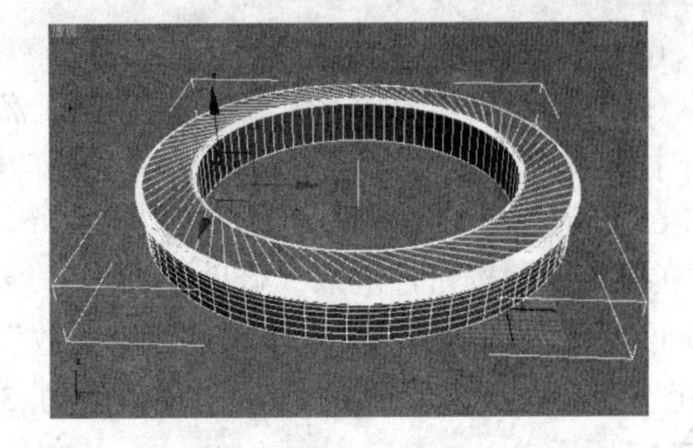

图 7.60 得到水池模型

④ 单击按钮，进入“修改”面板。在【选择】卷展栏中单击按钮，进入“顶点”次物体层级，这时截面曲线上的节点都显示出来了，在视图中选中曲线上所有的节点，右击，在弹出的快捷菜单中将节点类型转化为“Bezier”方式。

⑤ 在“修改”面板的“修改器列表”中选择“车削”修改器，并单击 “对齐”参数中的“最小”按钮，这时截面旋转成了雕塑的形状，如图 7.62 所示。

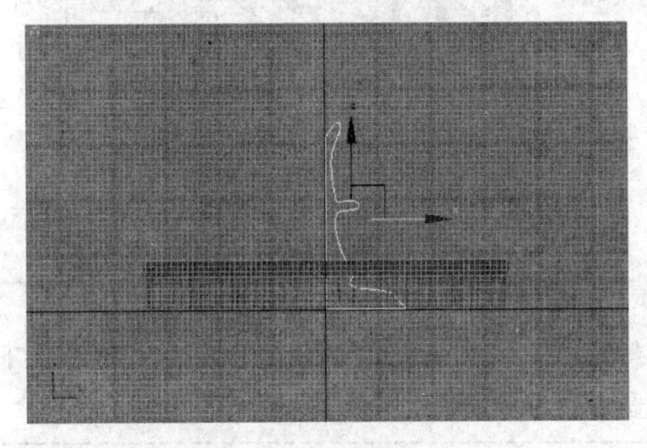

图 7.61 中央雕塑的廓曲线

图 7.62 旋转生成雕塑模型

⑥ 单击顶视图使其成为当前视图，进入“创建”→“几何体”面板，在下拉列表中选择“标准基本体”选项，然后单击“圆柱体”按钮，创建一个圆柱体作为水池中的水。

⑦ 进入“修改”面板，在“修改器列表”中选择“噪波”修改器，参照如图 7.63 所示设置其参数，得到的波纹效果如图 7.64 所示。

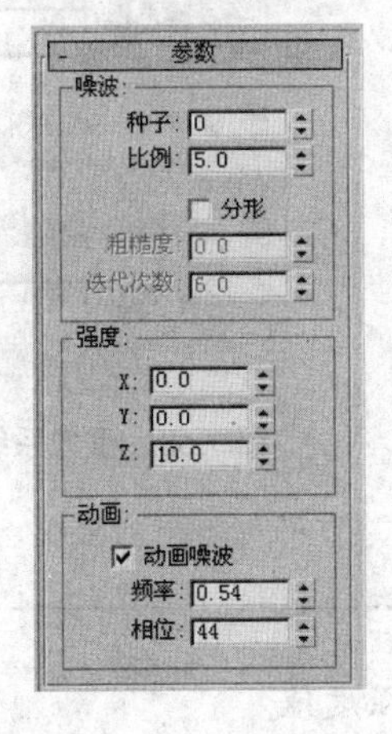


图 7.63 设置“噪波”参数

图 7.64 创建喷水池中的水体波纹

（2）创建喷泉

① 下面给喷水池加上水流喷出的效果，激活左视图使其成为当前视图。进入“创建”面板，在下拉列表中选择“粒子系统”选项，单击“喷射”按钮，在视图中创建一个粒子发生器，如图 7.65 所示。

② 单击按钮，进入“修改”面板。展开【参数】卷展栏，将“视口计数”的值设为 100 可以看到更多的水流。设置“渲染计数”的值为 600，“水滴大小”的值设为 7.5，这样看起来水滴大小正合适。“速度”的值设为 3.0，“变化”的值设为 0.8，其余参数的设定如图 7.66 所示。

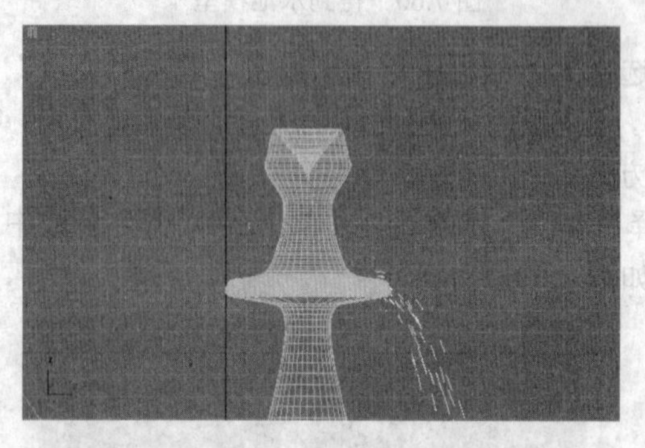

图 7.65 创建粒子发生器

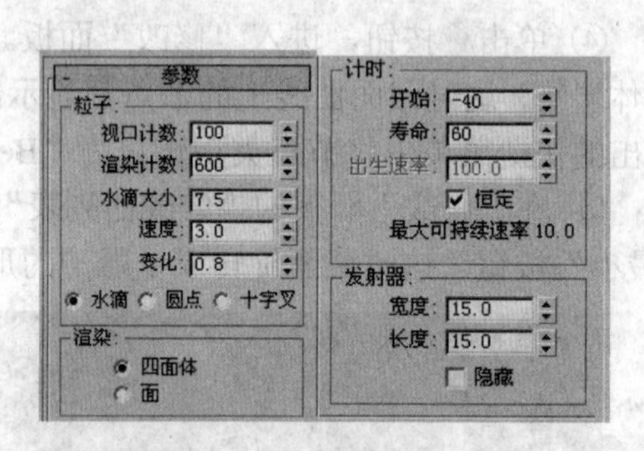


图 7.66 粒子发生器的参数

**提 示**

❖对象绑定到空间时可以看到发射出来的粒子一直保持水平方向和现实中的水流下落的情况不符，因而需要加上一个重力系统。

③ 单击按钮，进入“创建”面板，单击按钮，然后单击“重力”按钮，用鼠标在顶视图中创建一个重力空间扭曲 GrAVIty 01，如图 7.67 所示。在【参数】卷展栏中设置参数如图 7.68 所示。

图 7.67 创建重力空间扭曲

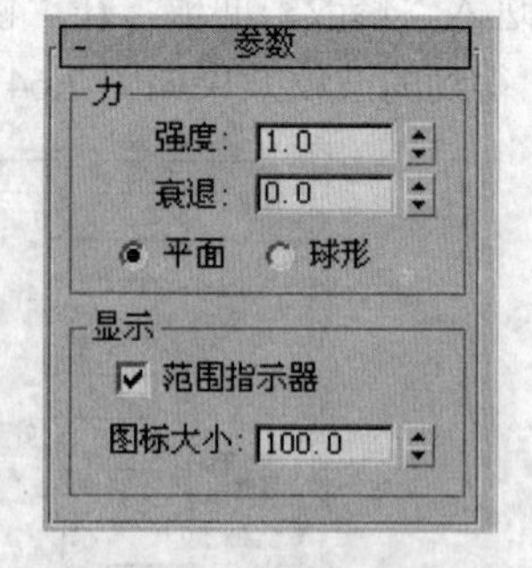


图 7.68 重力系统参数

**提 示**

❖为了控制水流的长度，可根据情况调整重力的强度值。

④ 单击工具栏中的按钮，单击粒子发生器后按住鼠标拖动到重力系统上释放，使其与“重力”空间扭曲绑定在一起，这时可以看到水流的形状已经发生了变化，如图 7.69 所示。

⑤ 在顶视图中选择粒子发生器，单击按钮，进入“层次”面板，单击“轴”按钮，然后单击“仅影响轴”按钮。单击工具栏中的按钮，将物体的轴心移动到雕塑的中心位置，如图 7.70 所示。

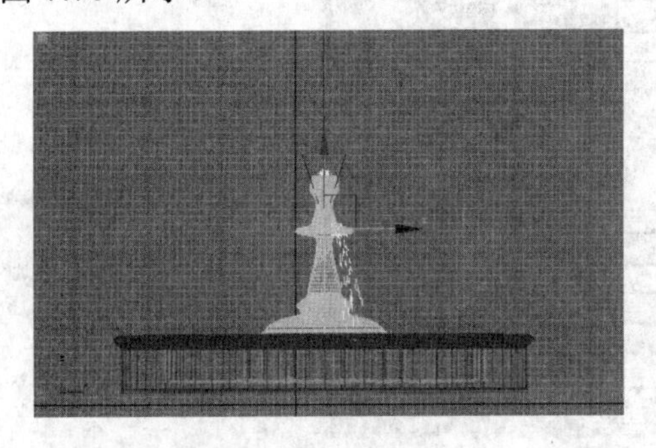

图 7.69 创建的水流

图 7.70 移动粒子发生器的轴心

⑥ 接下来使用阵列工具创建多股水流。执行“工具”→“阵列”命令，将“对象类型”参数选择为“复制”，将 ID 的“数量”参数设置为 6，Z 轴的旋转角度改为 60，阵列复制出 6 个同样的粒子发生器，如图 7.71 所示。

⑦ 然后在喷泉雕塑的顶部添加一个独立的粒子发生器。切换至顶视图，进入“创建”面板，单击“超级喷射”按钮，在视图中创建一个超级粒子发生器，单击工具栏中的按钮，在前视图中将粒子发生器逆时针旋转 180º，使其自下向上喷射，如图 7.72 所示。为了使在第 0 帧时就可以看到喷射的粒子，进入“修改”面板，将“发射开始”的时间参数设为-30。

图 7.71 阵列复制出 6 股水流

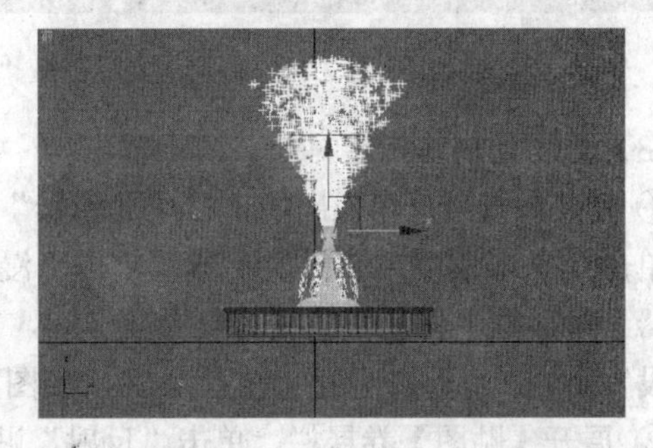

图 7.72 创建超级粒子发生器

⑧ 单击按钮，进入“修改”面板。展开【基本参数】卷展栏，将“轴偏离”的“扩散”参数设为 30，将“平面偏离”的参数设为 180，这样可以让粒子以 30°的发散角进行全方位发射。在【粒子生成】卷展栏中将“速度”参数设置为 15.0，“发射停止”参数设为 100，“大小”设为 1.5，其余参数参照如图 7.73 所示进行设置。

⑨ 用同样方法，在顶视图中创建一个重力空间扭曲 GrAVIty 02，单击工具栏中的按钮，单击“超级喷射”粒子发生器后，按住鼠标拖动到重力系统上释放，使其与“重力 GrAVIty 02”空间扭曲绑定在一起，适当调整重力的强度值。这时可以看到水流的形状已经发生了变化，如图 7.74 所示。这样就完成了所有喷泉的创建工作。

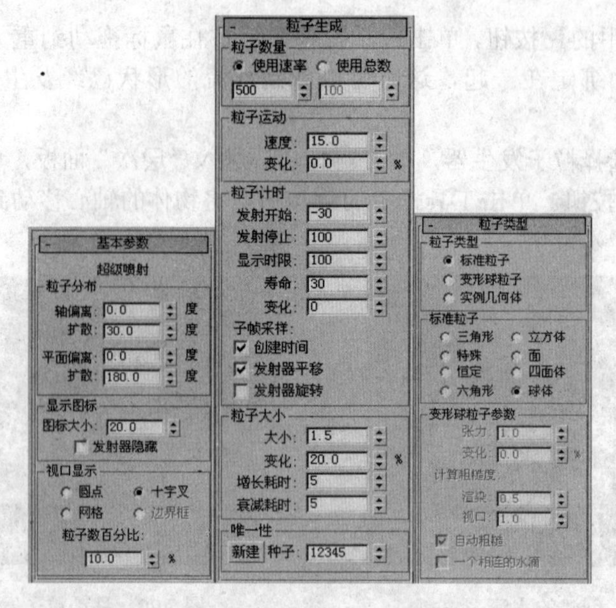


图 7.73　超级粒子系统参数

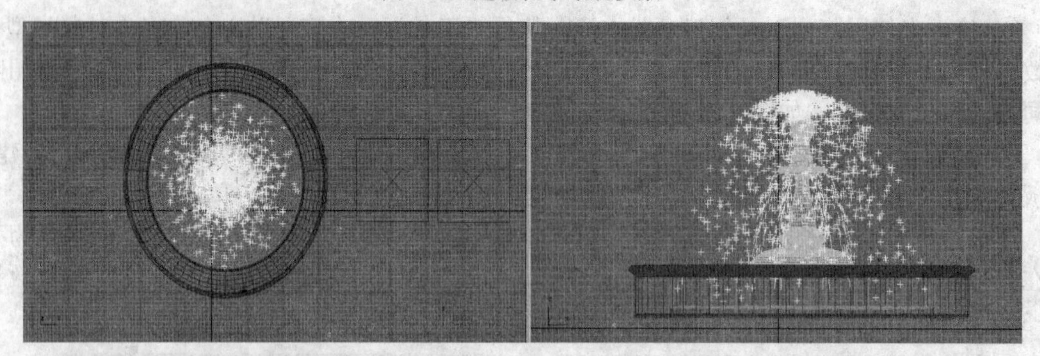

图 7.74　绑定重力后改变“超级喷射”粒子方向的效果

（3）为场景物体指定材质并渲染输出

① 单击按钮，在弹出的“材质编辑器”对话框中单击第 1 个材质球。下面制作水体材质，单击一个未使用过的材质小球，单击“漫反射”右侧的“None”按钮，在弹出的“颜色选择器”对话框中将色彩值设为红绿蓝（80，150，150），将“高光级别”设置为 130，“光泽度”设置为 60，“不透明度”设置为 70，如图 7.75 所示。

② 展开【贴图】卷展栏，单击“反射”贴图通道右侧的“None”按钮，在弹出的对画框中选择“薄壁折射”选项，参数设置如图 7.76 所示。单击按钮回到上一层材质面板，将“光线跟踪”贴图通道的强度值设为 50。在视图中选中水池中的水体，单击按钮将材质指定给对象。

③ 下面制作喷射的水体部分的材质，这部分的模型是粒子系统生成的，看起来不是很明显，需要加大亮度。在材质编辑器中单击一个未使用过的材质小球，将“漫反射”色彩值设为纯白，勾选“自发光”参数区中的“颜色”复选框，并且将色彩值设为灰色，将“高光级别”设置为 40，“光泽度”设置为 40，如图 7.77 所示。

④ 按【F9】键进行快速渲染，查看喷泉的效果，如图 7.78 所示。

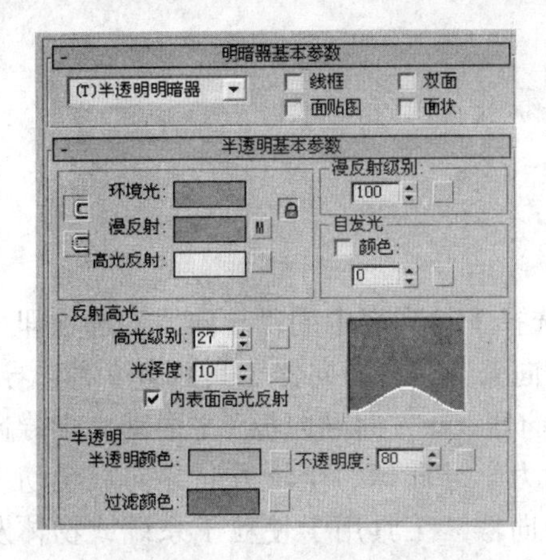


图 7.75　水体材质参数

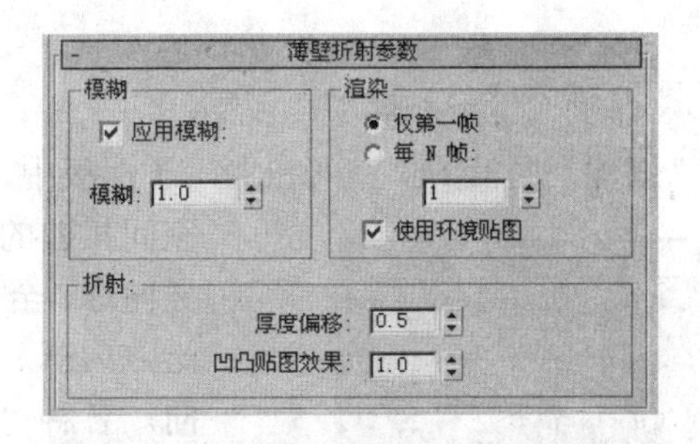


图 7.76 “薄壁折射”材质参数

图 7.77　设置喷泉水体材质

图 7.78　渲染得到的效果图

## 7.2.5　导向器与马达的使用——缓释胶囊

本例通过胶囊药丸释放动画的制作，来学习“导向器”与“马达”空间扭曲的使用方法。效果如图 7.79 所示。

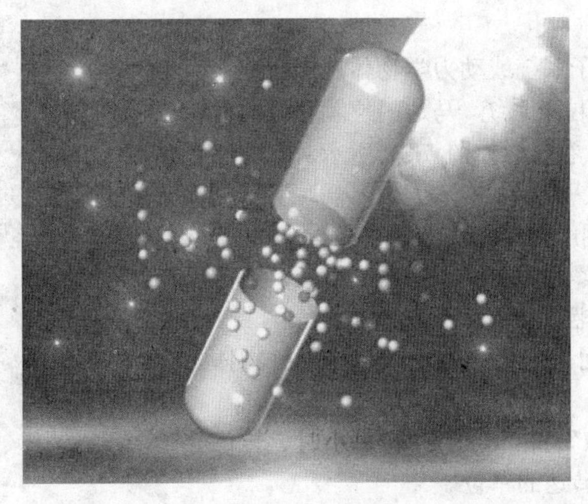

图 7.79　药丸释放的动画效果图

相关知识

1. 导向器工具

在“创建”面板的“空间扭曲”子面板中，选择下拉列表中的“导向器”选项即可打开空间扭曲的导向器工具。导向器工具共有 9 种：导向板、导向球、全导向器、泛方向导向板（平面动力学导向器）、泛方向球、动力学导向球、全泛方向导向、全动力学导向。各种“导向器”工具用于使粒子系统或物体发生偏转，它们均可用于粒子系统或物体。常用的导向器工具有导向板与导向球，“导向板”工具用于模拟粒子系统撞在物体表面又被反弹的效果，可以模拟雨打在路面或瀑布冲击石头的情景；“导向球”是一种球形的导向效果，如果粒子发射器完全位于球形导向器内，那么粒子也会被局限在其内部，其【参数】卷展栏同导向板大致相同，这里仅介绍“导向板”的参数属性，“导向板”工具的【参数】卷展栏如图 7.80 所示。各有关参数含义如下。

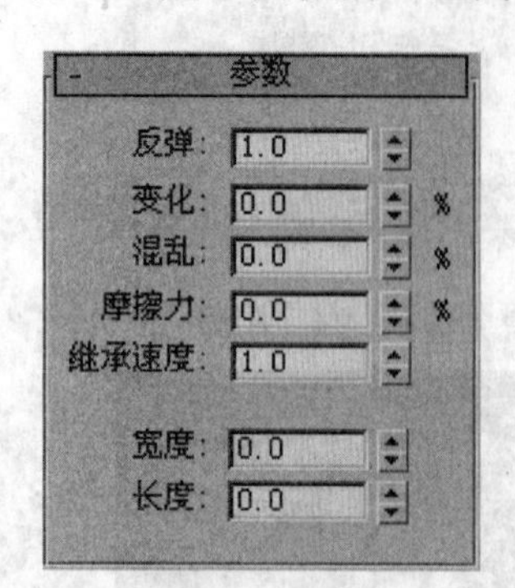


图 7.80 “导向板”的“参数”卷展栏

- **“反弹”**：用于控制粒子反弹后动能与反弹比值，值为 1 时保持反弹的速度不变。
- **“变化”**：用于指定一个变化的范围，弹性数值不会超出这个范围。
- **“混乱”**：用于控制反弹后方向的变化。
- **“摩擦力”**：用于设置粒子在导向器表面受到的摩擦，0%表示不受摩擦，50%表示撞在导向器表面后速度减为 50%，100%表示速度减为 0。
- **“继承速度”**：用于控制导向器的运动速度对粒子运动的影响。如果想模拟汽车在雨中前进，即可设置此项。
- **“宽度”和“长度”**：用于控制导向器的大小。

2. “马达”工具

“马达”工具对粒子系统或动力学物体施加扭矩，而不是直接力的作用。对于粒子系统，马达的位置和方向对粒子都有影响，其【参数】卷展栏如图 7.81 所示。有关参数含义如下。

- **“基本扭矩”**：用于控制扭矩的大小。
- **“N-m”、“Lb-ft”和“Lb-in”（牛[顿]米、磅英尺和磅英寸）**：用于设置扭矩的单位。
- **“目标转速”**：用来定义当力反馈起作用时物体的旋转速度。
- **“RPH”、“RPM”和“RPS”（转每小时、转每分钟和转每秒）**：用于设置转速的单位。
- **“增益”**：用于控制转速调节的快慢。

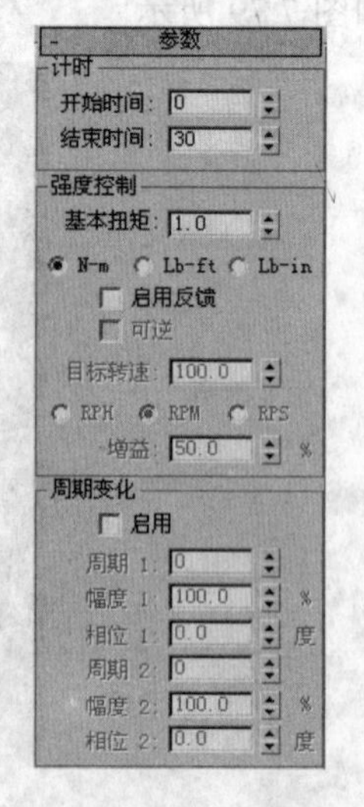


图 7.81 “马达”的“参数”卷展栏

## 任务分析

首先建立胶囊模型，再使用粒子系统的“超级喷射”来模拟大量的运动药丸。为了防止粒子药丸穿透胶囊，创建“导向板”封住胶囊的入口，再创建一个“导向球”，将药丸包围在球体内部。然后创建一个较大的球体挡板对象将药丸包围在球体内部，药丸粒子就会在球体内部反复运动，最后使用“马达”空间扭曲控制药丸的运行方式，通过改变马达基本扭矩的参数值，使得粒子在运动过程中旋转。

## 任务实施

（1）建立胶囊与药丸粒子模型

① 执行“文件”→“重置”命令，重新设定系统。单击前视图将其设为当前视图。进入“创建”→“图形”面板，单击“矩形”按钮，在前视图中创建一个矩形，设置“长度”为85、“宽度”为17。

② 选择矩形，然后进入“修改”面板，在“修改器列表”中选择“编辑样条线”修改器，在【选择】卷展栏中单击“顶点”按钮，进入顶点编辑模式，修改曲线的形状成为药丸胶囊的轮廓，如图7.82所示。

③ 单击“顶点”按钮，退出顶点编辑模式，然后在“修改器列表”中选择“车削”修改器，单击“最小值”按钮选择对齐方式，得到胶囊模型，如图7.83所示。

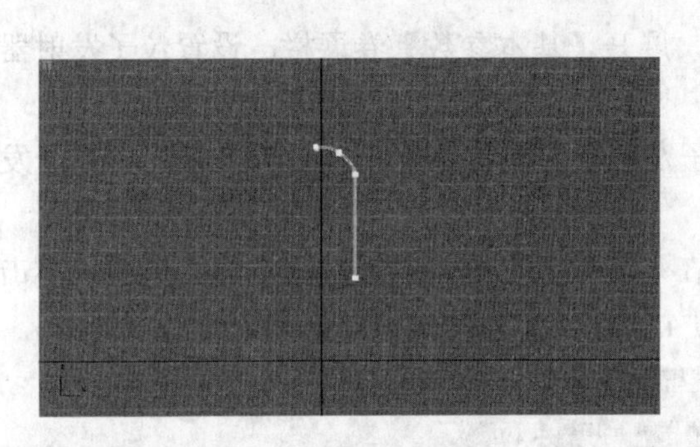

图7.82 制作胶囊轮廓

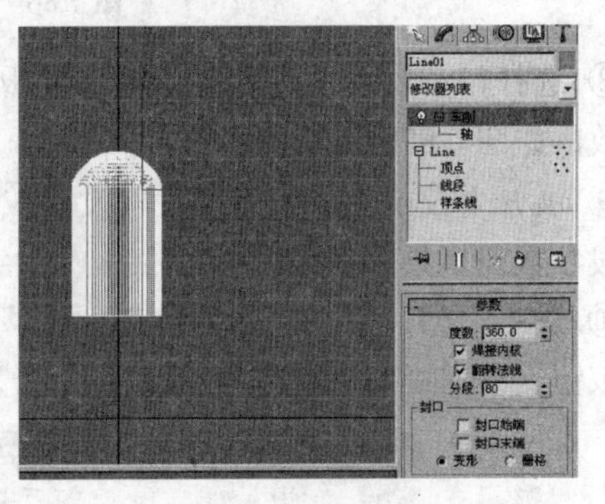


图7.83 胶囊模型

④ 选择胶囊模型，然后执行“工具”→“镜像”命令，在弹出的对话框中选择镜像轴为Y轴，再选择复制方式为“复制”，单击“确定”按钮，如图7.84所示。

⑤ 在前视图中移动复制的胶囊模型，使两个胶囊模型组合成一个完整的胶囊，这样就制作出了需要的胶囊模型。

⑥ 进入“创建”→“几何体”面板在下拉列表中选择“粒子系统”选项，然后单击“超级喷射”按钮，在顶视图中创建一个适当大小的粒子发射器，如图7.85所示。

⑦ 在前视图中移动粒子发射器到两个胶囊交界的地方，然后选择所有对象，使用“旋转”工具使得它们沿顺时针方向旋转25°，最后场景效果如图7.86所示。

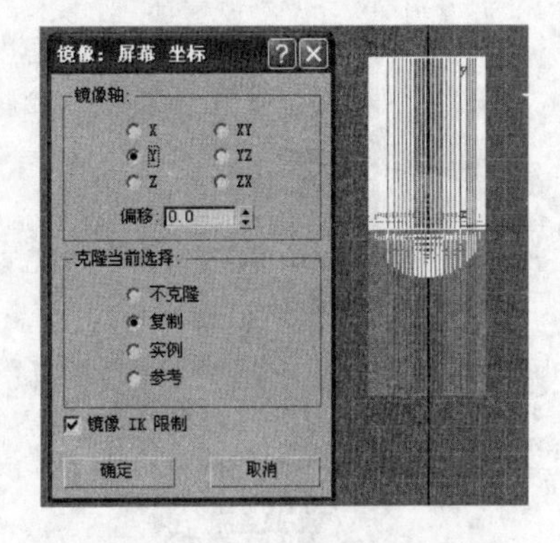


图7.84 “镜像复制”对话框

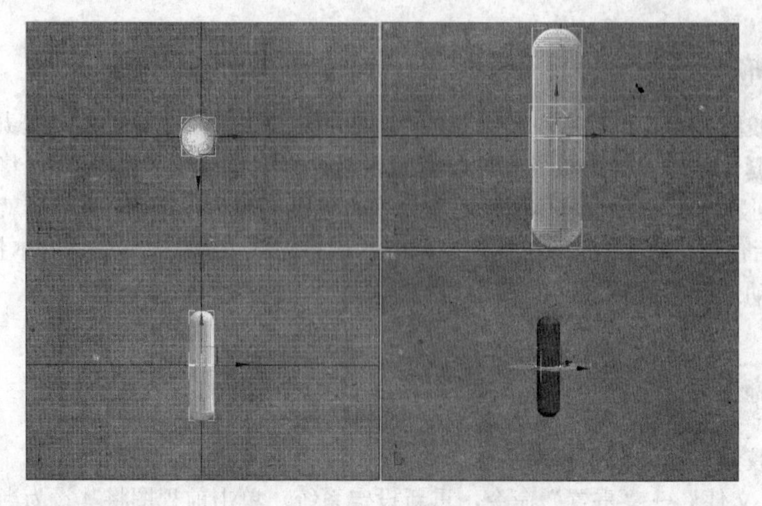

图 7.85　创建一个粒子发射器

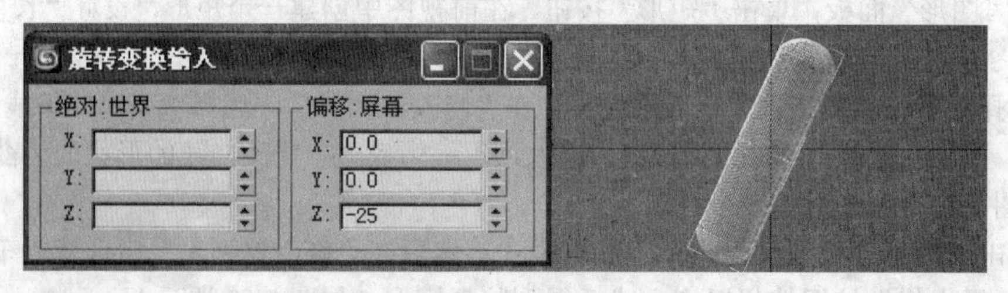


图 7.86　旋转场景中的对象

⑧ 选择粒子发射器进入“修改”面板，展开【基本参数】卷展栏，设置粒子发射器的基本参数，如图 7.87 所示。

⑨ 展开【粒子生成】卷展栏，设置粒子发射器的基本参数，如图 7.88 所示，粒子发射器的一般参数对场景的影响最大。

⑩ 进入“创建”→“几何体”面板，在下拉列表中选择“标准基本体”选项，单击“球体”按钮，在前视图中创建一个“半径”为 4 的球体作为药丸模型，如图 7.89 所示。

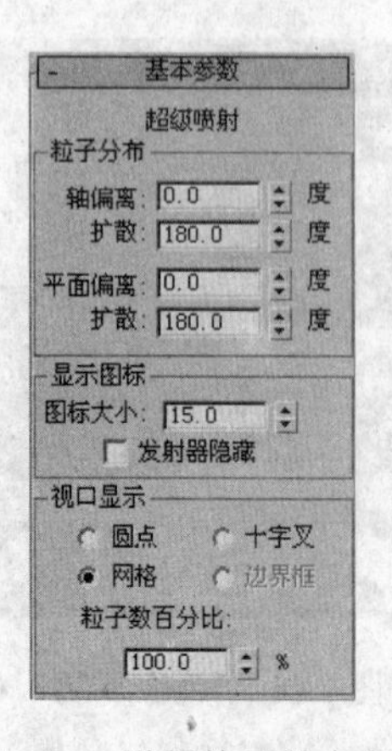


图 7.87　设置粒子基本参数

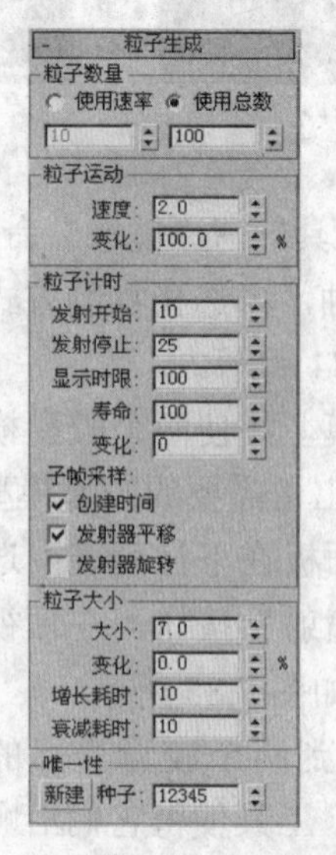


图 7.88　“粒子生成”卷展栏

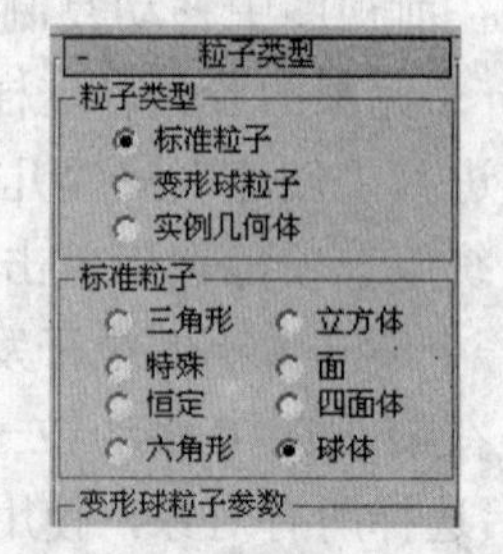


图 7.89　“粒子类型”卷展栏

⑪ 单击“播放”按钮播放动画，可以看到粒子发射器发射了大量的小球体。至此，场景模型已经制作完成了。

（2）设置场景动画

① 为了制作动画操作方便，现在改变坐标系统的类型，在“参考坐标系”中选择“拾取”选项，使用“拾取”坐标系统，接着在场景中拾取任意一个胶囊对象，这时场景中所有对象将与胶囊对象的坐标轴方向相同。

**提 示**

❖拾取坐标系统具有很强的操作性，它可以将选择的对象同场景中拾取对象的坐标系统相适配，是最为灵活的系统。

② 单击“自动关键点”按钮，启动动画制作模式。然后拖动时间滑块到第 30 帧，在前视图中使用“移动”工具将胶囊对象从闭合状态变换为开放状态，如图 7.90 所示。然后再次单击“自动关键点”按钮，退出动画制作模式。

③ 单击“播放”按钮，可以观察粒子的运动状态，如图 7.91 所示。下面要解决粒子穿透胶囊的问题。

图 7.90 移动胶囊对象

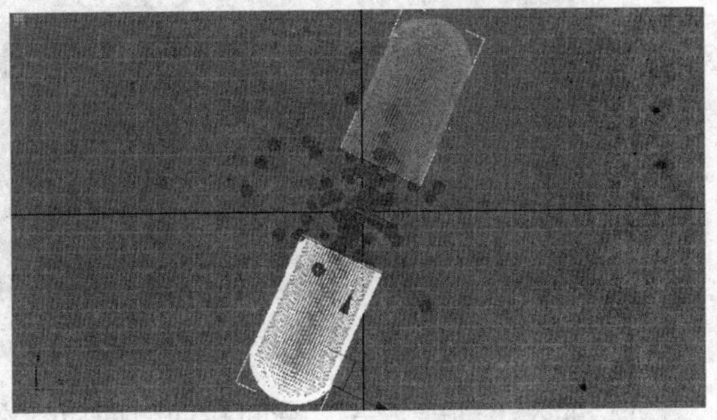

图 7.91 粒子运动状态

④ 进入“创建”→“空间扭曲”面板，在下拉列表中选择“导向器”选项，然后单击“导向板”按钮，在前视图中创建一个挡板对象。然后使用“移动”工具和“旋转”工具将它封住上方胶囊的入口，并使用“缩放”工具缩放到适当大小。

⑤ 选择粒子系统，然后单击主工具栏上的按钮，按住粒子系统拖动到挡板对象上再释放鼠标。当挡板对象闪动一下时，表示绑定成功。

⑥ 单击“播放”按钮，可以看到粒子被挡板对象挡住，不能穿透上方的胶囊对象，如图 7.92 所示。

⑦ 选择挡板对象，然后在“修改”面板中设置挡板参数，如图 7.93 所示。

⑧ 使用同样的方法，可以在下方胶囊的出口也制作一个挡板，用以防止粒子穿透下方的胶囊对象。单击“播放”按钮观看动画，此时虽然粒子不会穿透胶囊对象，但是粒子呈发射状。下面继续使用“导向球”工具来控制粒子的运动范围。

⑨ 进入“创建”→“空间扭曲”面板，单击“导向球”按钮，在顶视图中创建一个较大的球体挡板对象将胶囊包围在球体内部。

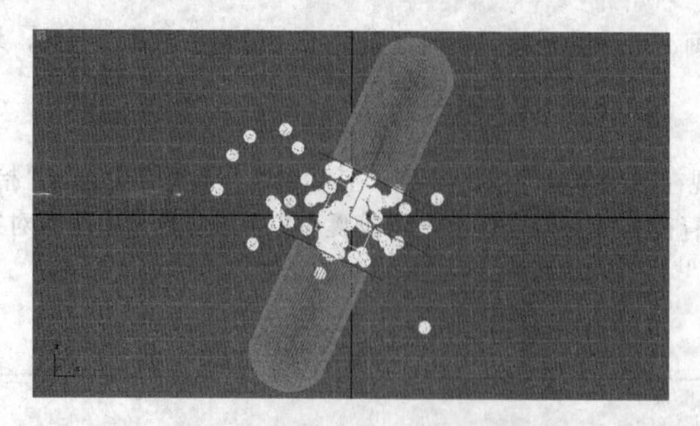

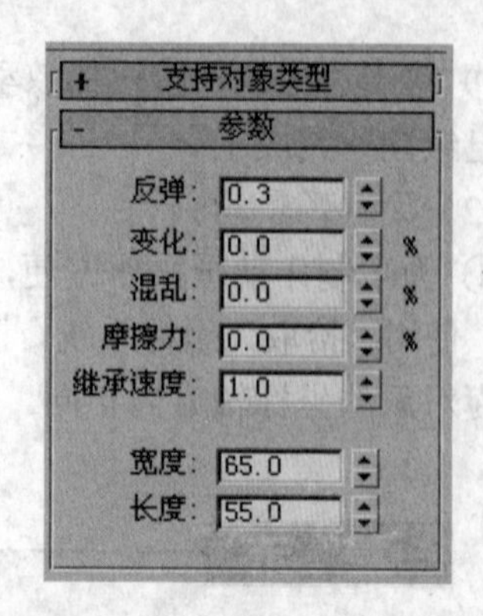


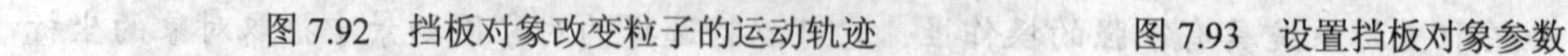

图 7.92　挡板对象改变粒子的运动轨迹　　图 7.93　设置挡板对象参数

⑩ 选择粒子对象，然后选择主工具栏上的按钮，将粒子系统绑定到球形挡板上，这样粒子就会在球体内部反复运动，如图 7.94 所示。

⑪ 选择球体挡板对象，在“修改”面板中设定参数，如图 7.95 所示。这样得到的动画就已经比较完美了，但是粒子在运动中没有旋转，下面继续使用空间扭曲使得粒子在运动过程中旋转。

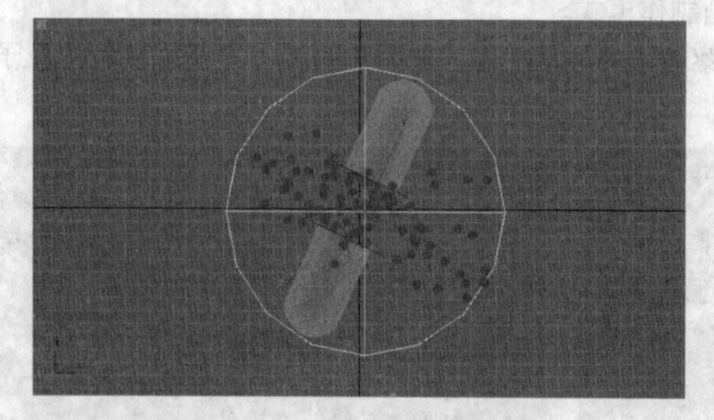

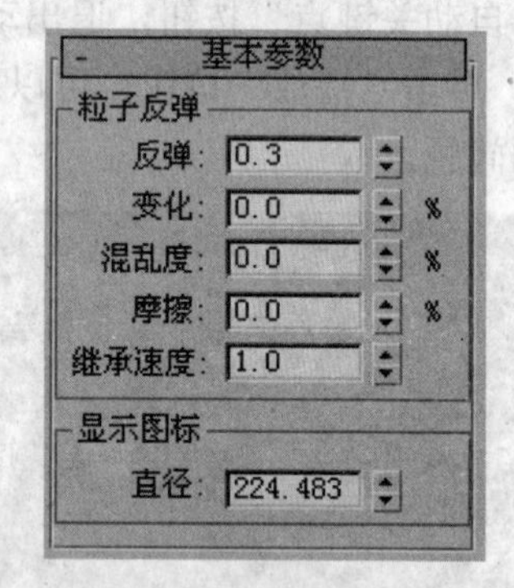


图 7.94　粒子在球体内部反复运动　　图 7.95　设定球体挡板参数

⑫ 进入“创建”→“空间扭曲”面板，在下拉列表中选择“力”选项，单击“马达”按钮，在顶视图中创建一个马达对象，然后使用“移动”工具和“旋转”工具将它放置在适当的位置，如图 7.96 所示。

⑬ 使用“约束空间扭曲”工具将粒子系统绑定到马达对象上，然后选择马达对象，在“修改”面板中设定参数，如图 7.97 所示。

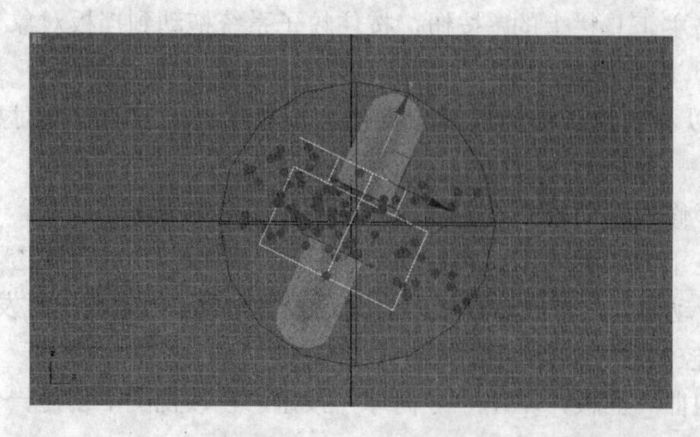

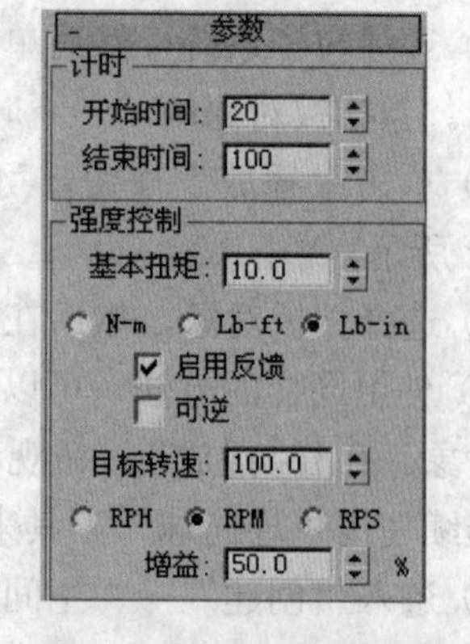


图 7.96　创建推力系统　　图 7.97　设置“推力”对象参数

⑭ 单击“自动关键点”按钮，拖动时间滑块到第 100 帧，然后把“基本扭矩”设置为 20，这样随着时间的推移粒子将主要集中在球体表面。至此，动画已经制作完成。

（3）为场景对象指定材质并渲染输出

① 按【M】键打开“材质编辑器”，选择第一个材质样本球，设置“环境光”和“漫反射”颜色，调整高光参数，如图 7.98 所示。单击“将材质指定给选定对象”按钮，将材质赋给处于上方的胶囊模型。

② 同样地，选择另外一个材质样本球，设置“环境光”和“漫反射”颜色，高光参数和上方材质一样，如图 7.99 所示。将材质赋给处于下方的胶囊模型。

③ 下面设计药丸的材质。由于要制作出不同的粒子有不同的颜色效果，因此不能使用标准材质，而要使用“多维 / 子对象”，这种材质可以给同一个对象的不同部分赋上不同的材质。

④ 选择另外一个材质样本球将材质赋给粒子发射器对象，单击工具栏下方的 Standard 按钮，在弹出的对话框中选择材质类型为“多维 / 子对象”，单击“确定”按钮。

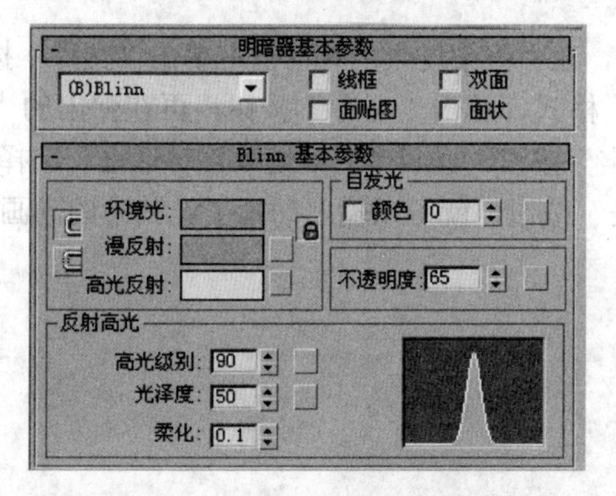


图 7.98　设置上方的胶囊的材质

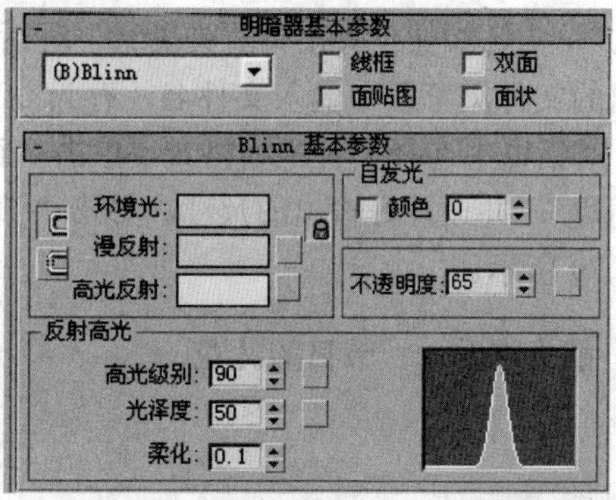

图 7.99　设置下方的胶囊的材质

⑤ 单击【多维/子对象基本参数】卷展栏中的“设置数量”按钮，设置次级材质的数目为 3，如图 7.100 所示。

⑥ 单击 ID 为 1 的右侧的按钮，在材质编辑器中设计第一种粒子材质。展开【Blinn 基本参数】卷展栏设置材质基本参数，将材质设置为黄色，其他参数设置如图 7.101 所示。

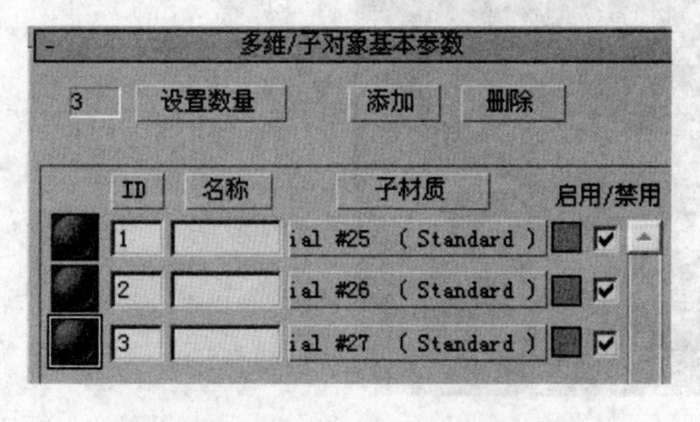


图 7.100　设置多重次级材质数目

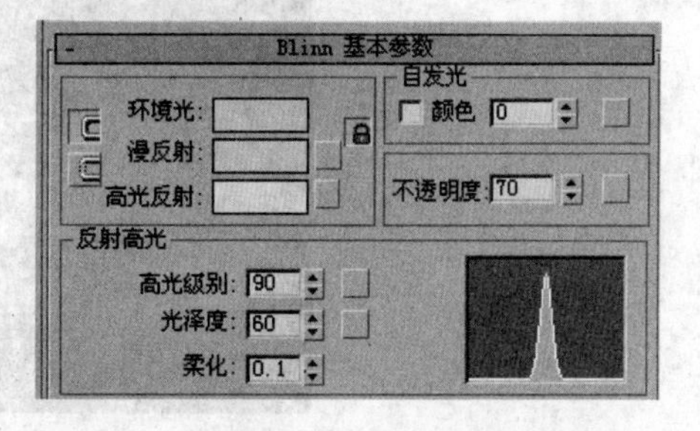


图 7.101　设置 ID 为 1 的材质基本参数

⑦ 单击“转到父级”按钮回到多重次级材质层级，然后单击 ID 为 2 的右侧的按钮，设计第二种材质，将其设置为红色。同样，将第三种材质设置为白色，然后关闭材质编辑器。

⑧ 单击“将材质指定给选定对象”按钮，将材质赋给“药丸”粒子，如图 7.102 所示。

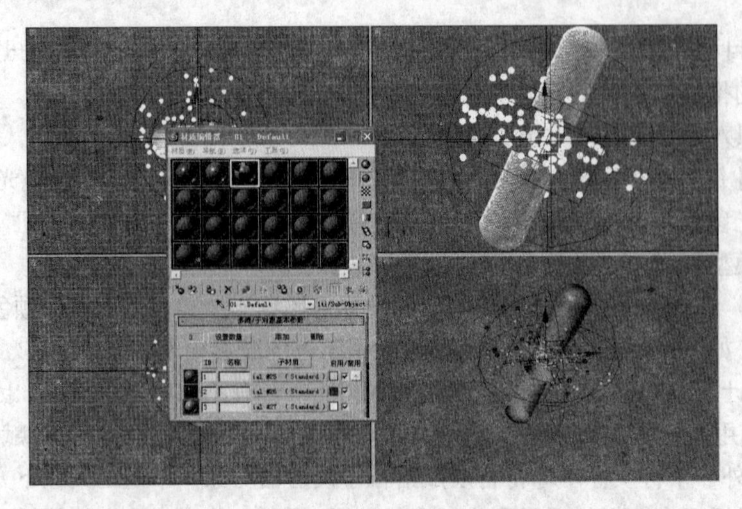

图 7.102　将“多维/子对象”材质赋给“药丸”粒子

⑨ 单击按钮，弹出“渲染场景”对话框，在“渲染场景”对话框中单击“文件”按钮，在弹出的文件浏览器中输入文件名，存为 AVI 格式，单击“保存”按钮。再在弹出的“AVI 文件”对话框中选择一种压缩格式，单击“确定”按钮，返回“渲染场景”对话框，选择“活动时间段”，并设置好输出的尺寸。单击“渲染”按钮，就可以输出动画了。其中的动画截图如图 7.79 所示。

### 7.2.6 能力提升——节日的礼花

本例将介绍一个礼花绽放动画的制作，通过本实例学习粒子系统和“粒子年龄”贴图材质的使用，完成后的效果如图 7.103 所示。

图 7.103　节日的礼花

“粒子年龄”贴图专用于粒子系统，根据粒子的生命时间，分别为开始、中间和结束处的

粒子指定 3 种不同的颜色或贴图，与“渐变”贴图相似，粒子在刚出生时具有第一种颜色，然后慢慢地一边生长一边变形成第二种颜色，最后在消亡前变形成第三种颜色，这样就形成了动态彩色粒子流效果，通过对 3 种颜色指定不同的贴图类型，产生色彩和贴图变幻的粒子。

本例使用几个不同参数的“超级喷射”粒子系统来制作“烟花”，然后为它们指定不同颜色的“粒子年龄”贴图材质，使其在空中爆炸时产生喷射出五颜六色“烟花”的效果。

（1）创建第一个烟花

① 启动或者重新设置 3ds Max。进入“创建”面板，在“几何体”下拉列表中选择“粒子系统”选项，单击“超级喷射”按钮，在顶视图中创建一个超级粒子发生器 SuperSpray 01。并将其命名为“烟花 1”。

② 选择“烟花 1”，进入“修改”面板，确认，参照如图 7.104 所示设置“烟花 1”的【基本参数】卷展栏、【粒子类型】卷展栏、【粒子生成】卷展栏和【粒子繁衍】卷展栏的参数。其他卷展栏的参数采用默认值。

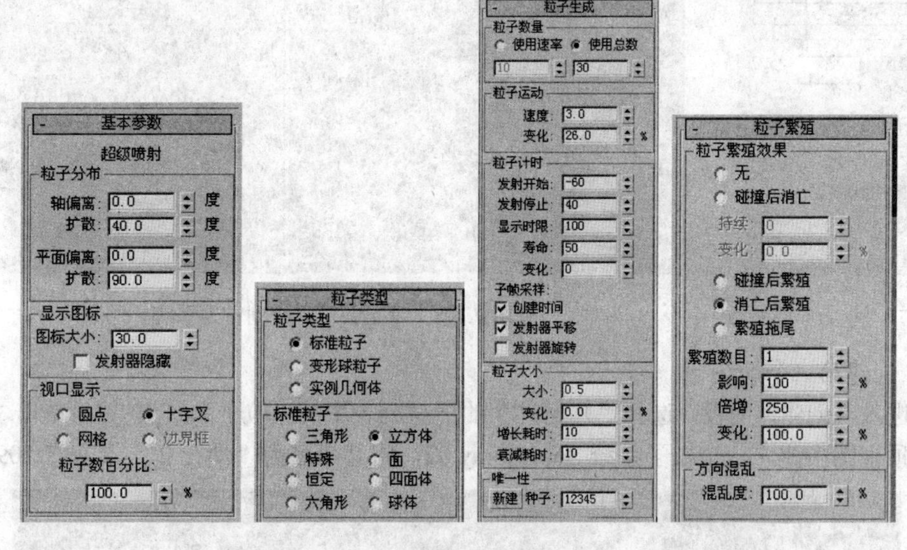


图 7.104　设置“烟花 1”的参数

③ 单击主工具栏的按钮，进入材质编辑器，选择第一个材质样本窗。单击主工具栏的按钮，进入材质编辑器，选择第二个材质样本窗。单击“漫反射颜色”通道后的“None”按钮，在弹出的“材质 / 贴图浏览器”对话框中双击“粒子年龄”贴图，如图 7.105 所示。

④ 进入过渡色通道的“粒子年龄”贴图层，设置粒子的 3 个年龄颜色，颜色值可以根据自己的喜好来设定。如在本例中“颜色#1”的“红”、“绿”、“蓝”值分别为 205、45、239；“颜色#2”的“红”、“绿”、“蓝”值分别为 249、205、27；“颜色#3”的“红”、“绿”、“蓝”值分别为 244、29、0，如图 7.106 所示。

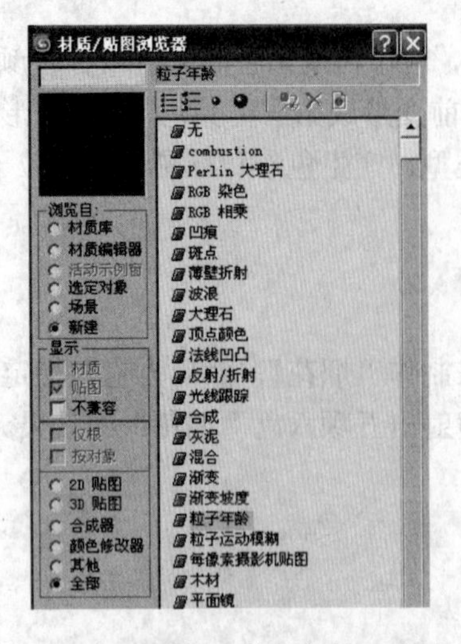


图 7.105　选择“粒子年龄”选项

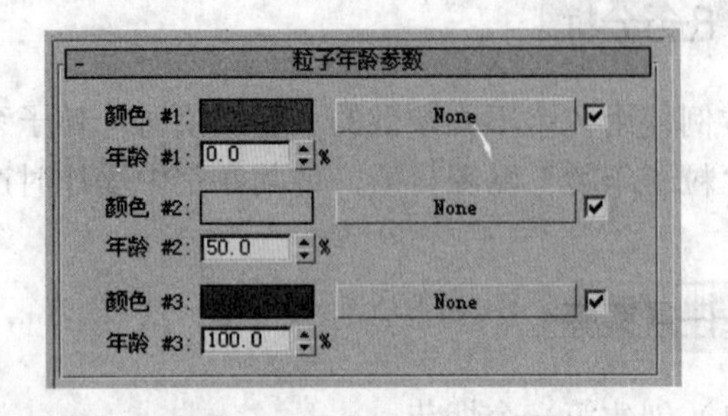


图 7.106　设置“粒子年龄”参数

⑤ 单击按钮返加到材质的顶层，然后单击按钮，将编辑好的材质赋给“烟花 1”。

⑥ 进入“创建”面板，单击按钮，然后从下拉列表中选取“力”。单击重力按钮，在顶视图中创建一个重力系统 Gravity 01，参数设置如图 7.107 所示。

⑦ 单击主工具栏的按钮，在场景中选择“烟花 1”对象，按住左键将其拖向 Gravity 01，将它绑定到重力空间扭曲上。这时的场景如图 7.108 所示。

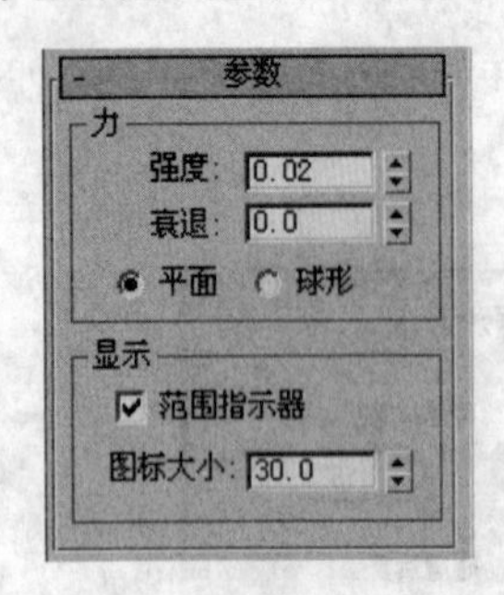


图 7. 107　“重力”的参数

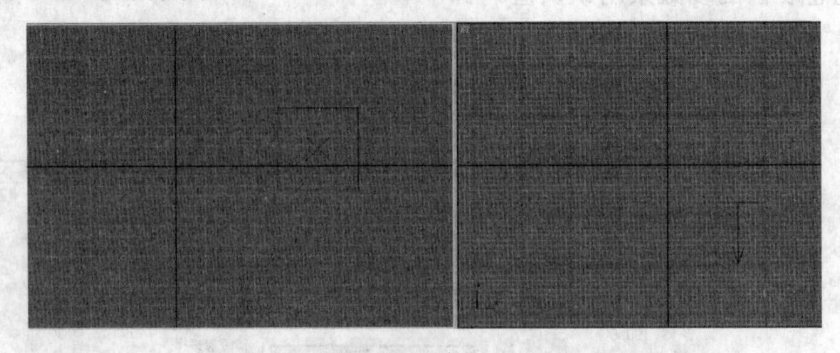

图 7.108　绑定粒子系统到重力系统

（2）创建第二个烟花

① 进入“创建”面板，选择“几何体”的下拉列表中的“粒子系统”。然后单击“超级喷射”，在顶视图中建立一个粒子系统 Superspray 02，将其命名为“烟花 2”，如图 7.109 所示。

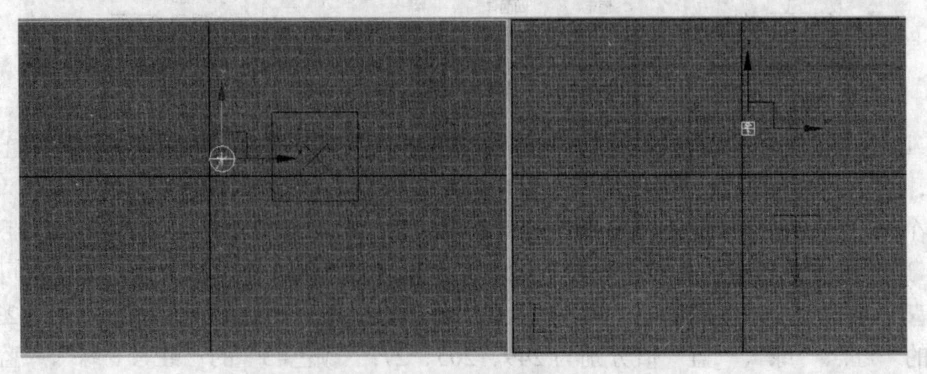

图 7.109　创建“烟花 02”

② 选择“烟花 2”，进入“修改”面板，参照如图 7.110 所示设置【基本参数】卷展栏、【粒子类型】卷展栏、【粒子生成】卷展栏和【粒子繁殖】卷展栏的参数。其他卷展栏的参数采用默认值。

③ 单击主工具栏的按钮，进入材质编辑器，选择第二个材质样本窗。单击“漫反射颜色”通道后的“None”按钮，在弹出的“材质 / 贴图浏览器”对话框中双击“粒子年龄”贴图，此时进入过渡色通道的“粒子年龄”贴图层。

④ 设置 3 个年龄颜色为：“颜色#1”的”红”、“绿”、“蓝”值分别为 255、255、21，“颜色#2”的“红”、“绿”、“蓝”值分别为 232、57、57，“颜色#3”的“红”、“绿”、“蓝”值分别为 225、95、0。

⑤ 单击按钮返回到材质的顶层，单击按钮，将编辑好的材质赋给“烟花 2”。

（3）创建第三个烟花

① 复制“烟花 1”得到“烟花 3”，粒子参数基本相同，只要对“粒子生成”中的粒子计时“发射开始”和“发射停止”参数进行一些修改即可。在此将“烟花 3”的“发射开始”和“发射停止”分别设为-10 和 60，拖动时间滑块，就可以看到各个烟花依次炸开的效果，如图 7.111 所示。

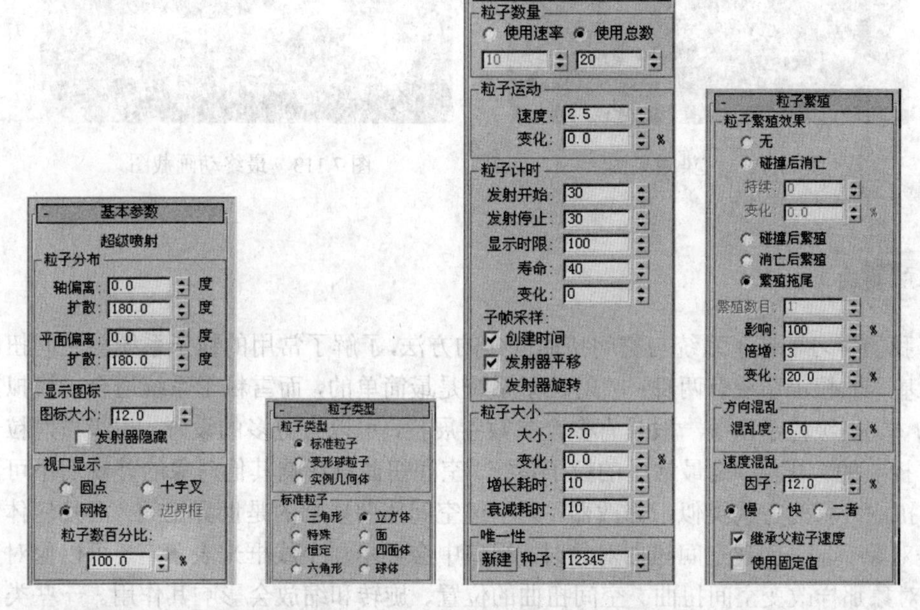


图 7.110 设置“烟花 2”的参数

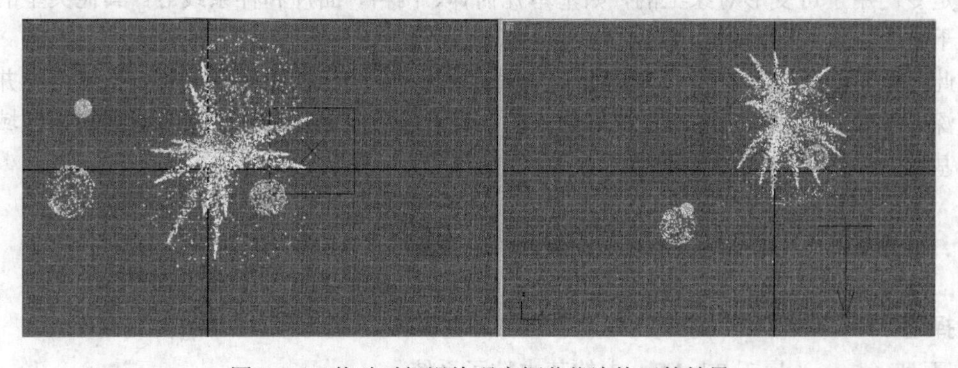

图 7.111 拖动时间滑块观察烟花依次炸开的效果

② 单击主工具栏的按钮，进入材质编辑器，用相同的方法，给“烟花3”赋予“粒子年龄”贴图材质，其中“颜色#1”的“红”、“绿”、“蓝”值分别为35、228、245，“颜色#2”的“红”、“绿”、“蓝”值分别为211、33、201，“颜色#3”的“红”、“绿”、“蓝”值分别为241、34、0。

（4）渲染输出

① 按【F9】键进行快速渲染，查看添加材质后的效果，如图7.112所示。为了增加视觉效果，在透视图中加一夜景图片作为渲染背景，至此，礼花效果就制作完成了，将完成后的场景文件进行保存。

② 为了观看动画效果，按【F10】键调出“渲染场景”对话框，将“时间输出”参数选为“活动时间段”，将“渲染输出”设置为一个AVI文件，然后单击“渲染”按钮进行渲染，输出动画，其中的动画截图如图7.113所示。

图7.112　渲染效果图

图7.113　最终动画截图

## 本章要点

本章我们学习了粒子系统与空间扭曲创建的方法，了解了常用的粒子系统与空间扭曲的应用技巧。基本的粒子系统有两种：喷射粒子系统是最简单的，而雪粒子系统适合于模拟雪花状飘落的物体。高级粒子系统一般具有多个参数卷展栏，可以有更多的设置。超级喷射粒子系统是一种可控制的粒子流，是最常用的粒子系统。空间扭曲只影响其他对象的外观而不可渲染对象。空间扭曲的行为方式类似于修改器，只不过空间扭曲影响的是世界空间，而几何体修改器影响的是对象空间。创建空间扭曲对象时，视口中会显示一个线框来表示它。可以像对其他的3ds Max对象那样改变空间扭曲。空间扭曲的位置、旋转和缩放会影响其作用。一些类型的空间扭曲是专门用于可变形对象上的，如基本几何体、网格、面片和样条线等。其他类型的空间扭曲用于粒子系统，如喷射和雪。

至此，我们已经初步了解了3ds Max的粒子系统、空间扭曲系统的知识，虽然内容并不是十分高深，但对于初学者来说却是很好的入门，对于以后向更复杂、高深的动画知识领域进发打下了基础。

# 习　题

## 一、选择题

1. 下列（　　）属于3ds Max中的基本粒子系统。

A．雪粒子系统　　B．超级喷射粒子系统
C．粒子云系统　　D．粒子阵列系统

2. 下列（　　）能使用标准几何体对象作为自己的发射源。

A．喷射粒子系统　　B．粒子云系统
C．雪粒子系统　　D．暴风雪粒子系统

3. 下列（　　）空间扭曲能使喷泉在水面上溅起。

A．力　　B．导向器
C．几何 / 可变形　　D．基于修改器

4. 下列不属于基于修改器类型空间扭曲的（　　）。

A．弯曲　　B．噪波
C．重力　　D．拉伸

## 二、操作题

使用“超级喷射”制作烟囱冒烟的动画效果，如图 7.114 所示（提示：首先在场景中创建一个烟囱，然后创建一个超级喷射高级粒子系统，特别注意【基本参数】卷展栏中“粒子分布”选项组中轴偏离即决定喷射的方向，轴扩散决定喷射扇面的大小。同时，也要注意发射开始时间、结束时间以及粒子寿命之间的关系。选择粒子类型为“标准粒子”，粒子形状为“球体”即可，最后给喷射的“烟”赋予“烟雾”类型材质）。

图 7.114　烟囱冒烟的动画效果图

# 第 8 章

# 角色动画

无论在动漫作品还是在游戏设计中，甚至在一张平面渲染图中，人物角色都散发着巨大的魅力。他们可以是肌肉发达、高大威猛的钢铁战士，也可以是瘦小干瘪、骨瘦如柴的老者，可以是谦谦君子，也可以是阴险小人……他们的存在使作品富有生命力，更加逼真，也更加贴近生活。人物角色创作的最大难点在于除了给角色赋予一种内在的性格特征外，还必须准确地把握人体内部的结构和外部的装饰，不论是以写实的风格还是以卡通的风格抑或是 Q 版的形态呈现在人们面前，都要在制作时明确自己的制作目的和制作方法。

**学习目标**

- 掌握卡通人物的基本结构和布线规律。
- 利用“长方体”制作卡通人物的头部、身体、四肢和鞋子。
- 掌握常用三维修改器命令的使用，包括网格平滑、对称、可编辑多边形、挤出、连接、剪切、目标焊接和移除命令的使用。
- 掌握制作卡通人物的整个流程。

# 8.1 卡通人物建模

本节介绍卡通人物模型的制作方法，相比于前面的内容而言，操作步骤更为复杂。本节主要是介绍在“可编辑多边形”命令下，如何制作卡通人物模型。

## 8.1.1 制作卡通人物的头部

通过制作如图 8.1 所示的“卡通人物模型”，学习“扩展基本体”的创建、修改以及使用扩展基本体进行三维效果表现的方法和技巧。

图 8.1 卡通人物模型

**扩展基本体：**用户可以使用单个标准基本体对现实生活中的一些对象建模，也可以将这些标准基本体对象转换为“可编辑的网络”对象、“可编辑多边形”对象进行编辑，或通过为这些标准基本体添加修改器进行进一步的细化，以制作更为复杂的三维卡通人物模型。

启动 3ds Max 后，单击按钮进入“创建”面板，单击“几何体”按钮，在下拉列表中选择“标准基本体”选项。

1. 创建标准基本体和头部雏形

① 执行“视图”→“视口背景”命令，如图 8.2 所示，弹出“视口背景”对话框。单击“视口背景”上的“文件”按钮，找到所需要的卡通模型背景图片，单击“确定”，再在该

命令面板中，分别选择“匹配位图”、“显示背景”和“锁定缩放/平移”选项，如图 8.3 所示，单击“确定”。分别在前视图和左视图中导入背景图片，如图 8.4 所示。

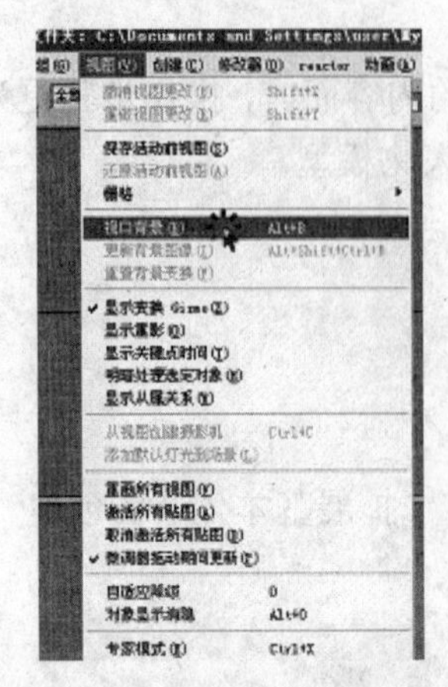


图 8.2 “视口背景”查找

图 8.3 “视口背景”对话框

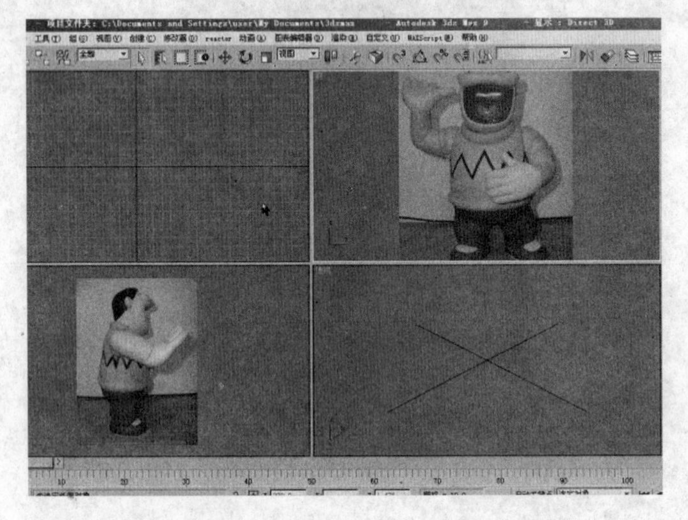

图 8.4 导入背景图片后效果

② 创建一个长为 130、宽和高均为 110 的长方体。选中长方体右击，在弹出的下拉菜单中选择“转化为”→“转化为可编辑多边形”选项。

③ 在修改器列表的“可编辑多边形”下拉菜单中选择“边”选项，框选如图 8.5 所示的 4 条边，右键选择“连接”，创建 3 条直线，如图 8.6 所示。选择所有横向的边，再创建 3 条直线，如图 8.7 所示。

④ 在修改器列表的“可编辑多边形”下拉菜单中选择“顶点”选项，调整长方体的各点以符合卡通人物的基本形状，如图 8.8 所示。

**提 示**

❖在调整卡通人物的基本外形时，要四种视图对照修改，比如说在前视图中调节形状，要看看在左视图中是否为错误的修改，还可结合透视图中的模型作修改处理。“视口背景”的组合键为【Alt+B】。

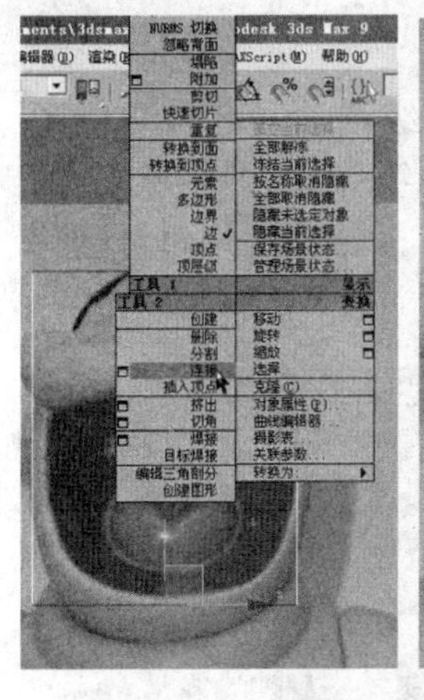

图 8.5　右键选项

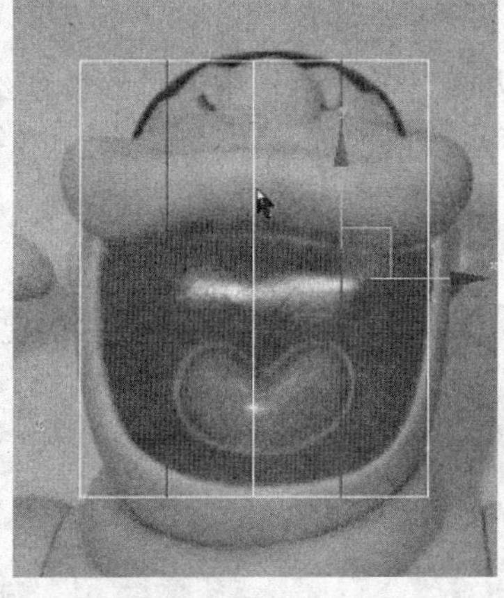

图 8.6　创建的 3 条直线

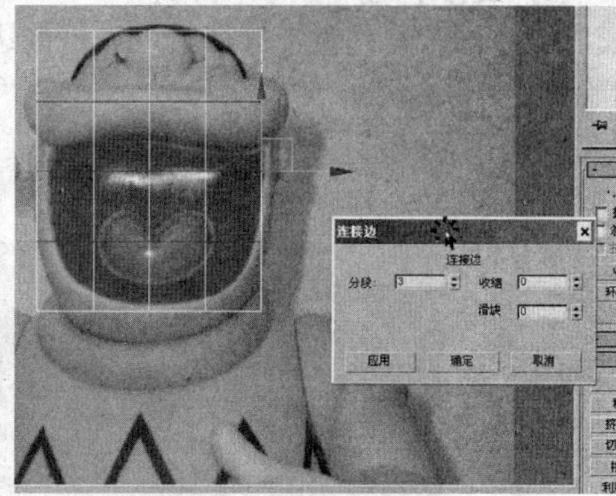


图 8.7　“连接”创建 3 条直线

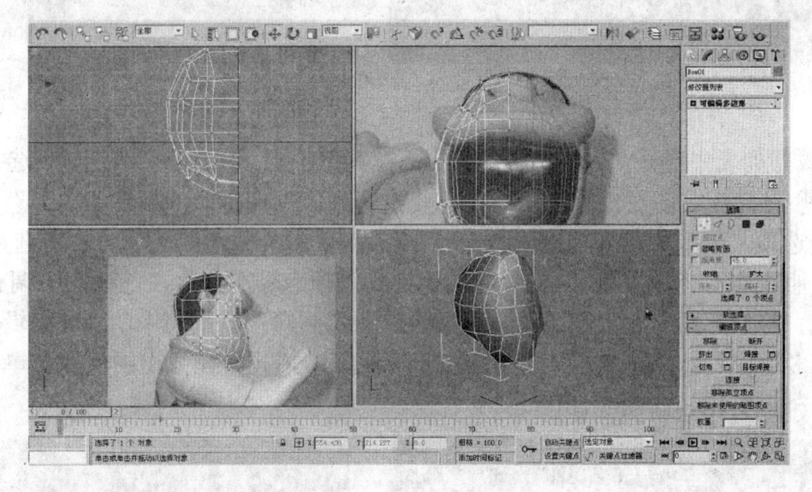

图 8.8　调整长方体各点

2. 制作卡通人物的面部五官

在修改器列表中选择“可编辑多边形”下拉菜单中的“顶点”层级选项，选中如图 8.9 所示的所有的点，按【Delete】键删除这些点。选择工具栏中的“镜像”命令按钮，在镜像屏幕坐标中选择镜像轴为 X 轴，点选“克隆当前选择”框中的“实例”选项，单击“确定”按钮。

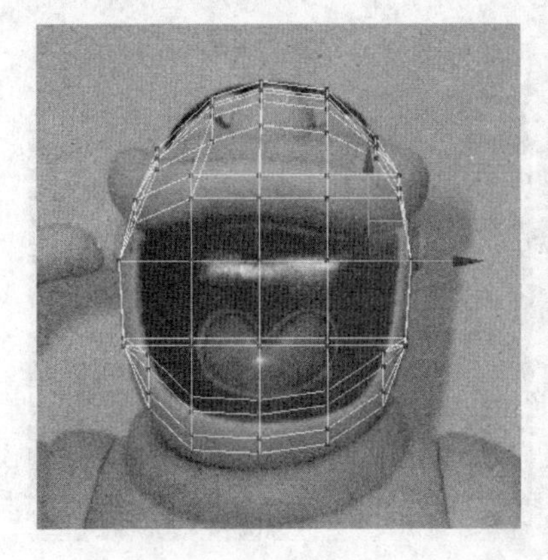

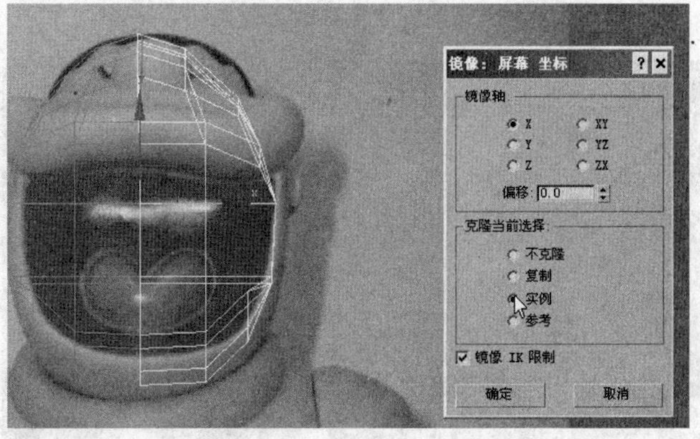


图 8.9　选择有关点和“镜像”对话框

（1）制作卡通人物的鼻子

① 在修改器列表中选择“可编辑多边形”下拉菜单中的“线”层级选项，选择右侧半边脸中的一条线段，如图 8.10 所示。在“修改器”面板中“选择”一栏下单击“环形”，如图 8.11 所示，全选这一列线段。右击“连接边”对话框设置分段数为 1，“滑块”（向右侧移动数值）为-56，如图 8.12 所示。

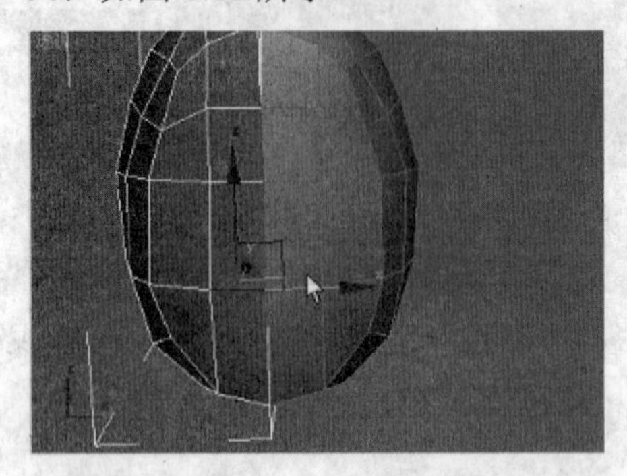

图 8.10　选择右侧的一条线段

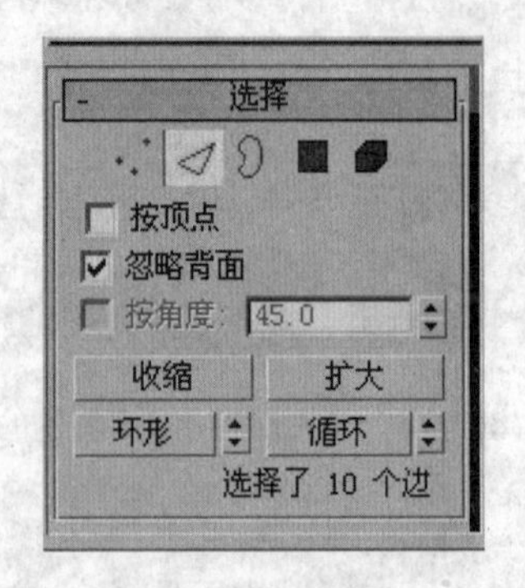


图 8.11 “选择”下的“环形”选项

② 在修改器列表中选择“可编辑多边形”下拉菜单中的“顶点”层级选项，选择如图 8.13 所示的点，并用移动工具向左侧移动该点。在修改器列表中选择“可编辑多边形”下拉菜单中的“线”层级选项，选择如图 8.14 所示的红色线条，单击“循环”选项，右击选择“连接”，数量为 1，其他选项不变，如图 8.15 所示。切换到“顶点”层级，在前视图中调整如图 8.16 所示的两个点，使上下两个点大致在一条直线上，切换到修改器列表中的“可编辑多边形”下拉菜单中的“多边形”层级中，选择如图 8.17 所示的面，右击，在弹出的快捷菜单中选择“挤出”选项，向外侧挤出，如图 8.18 所示。

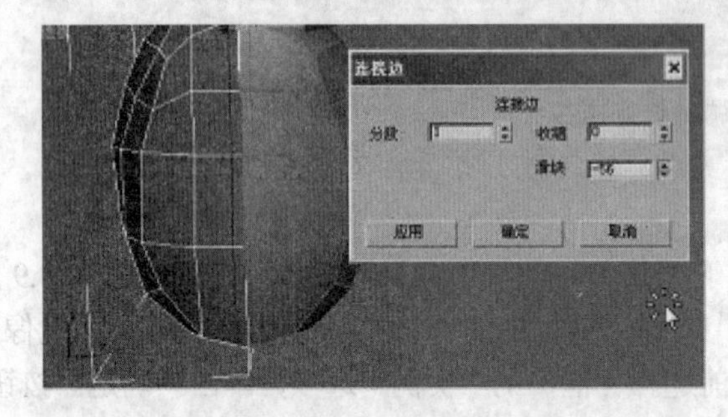

图 8.12　滑块向右侧移动后效果

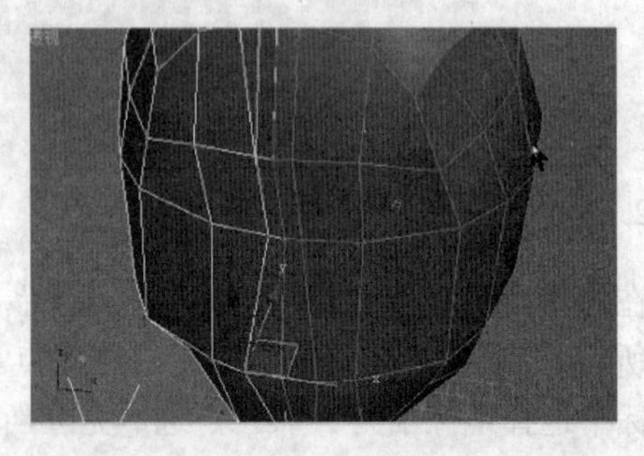

图 8.13　调整后的点

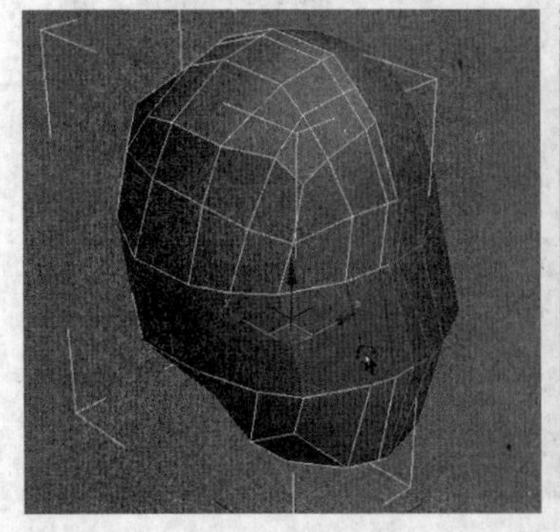

图 8.14　选中线

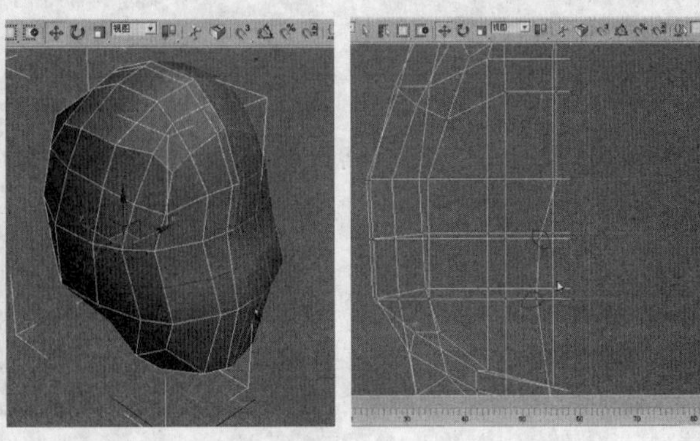

图 8.15　添加新线段

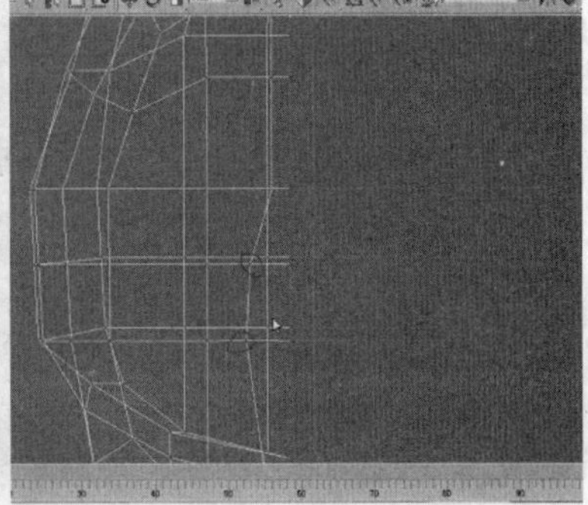

图 8.16　调整鼻子形状

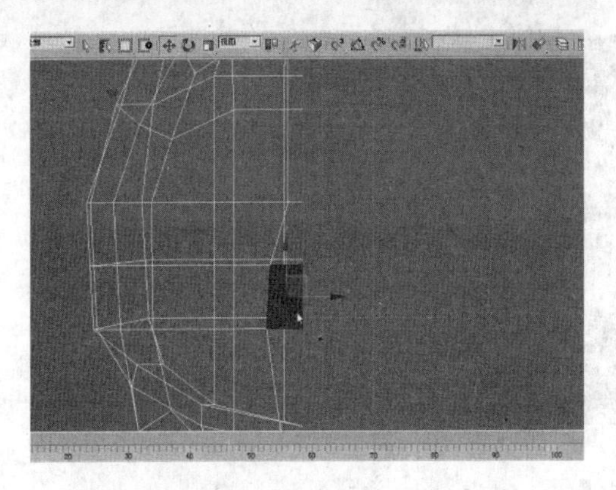

图 8.17 选择面

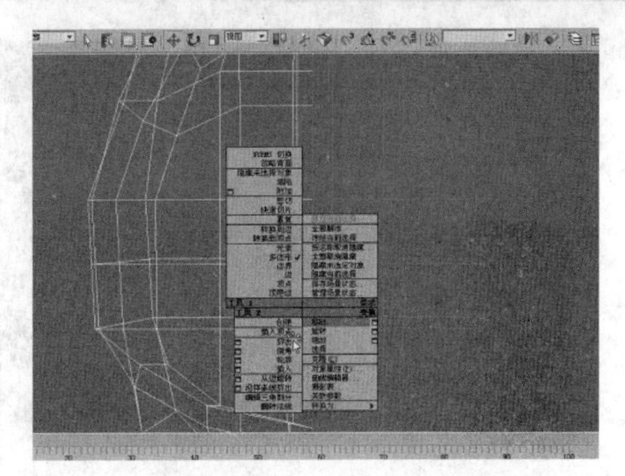

图 8.18 右击选择“挤出”命令

**提 示**

❖“循环”的组合键是【Alt+L】，“环形”的组合键是【Alt+R】。

③ 调整鼻子形状，如图 8.19 所示。然后删除内侧多出的面片，如图 8.20 所示。随后继续调整鼻子形状，如图 8.21 所示。在鼻子的侧面添加一条直线，调整鼻子外形，如图 8.22（a）所示，并进一步调整卡通人物的头部形状，如图 8.22（b）所示。

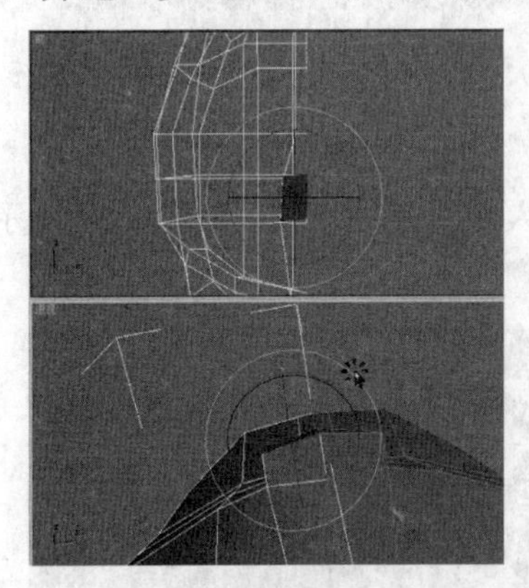

图 8.19 调整鼻子形状

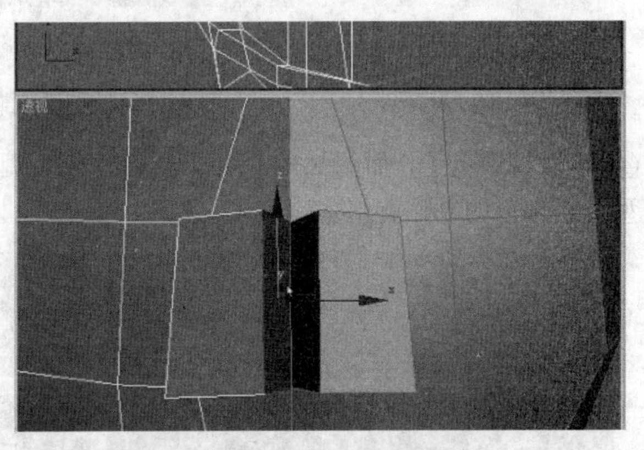

图 8.20 删除鼻子内侧的“多边形”

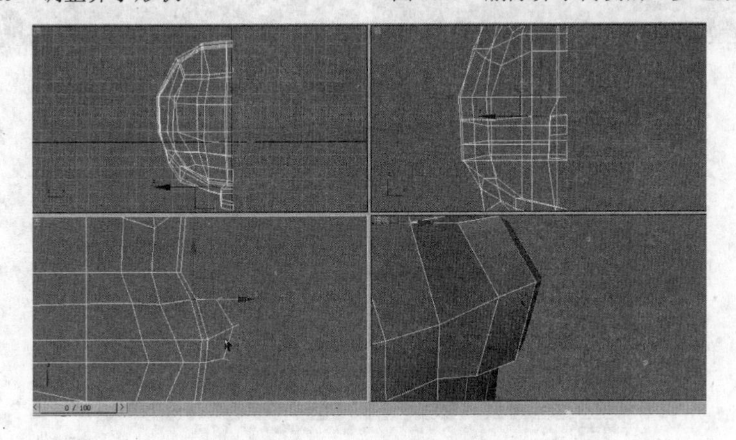

图 8.21 进一步调整鼻子形状

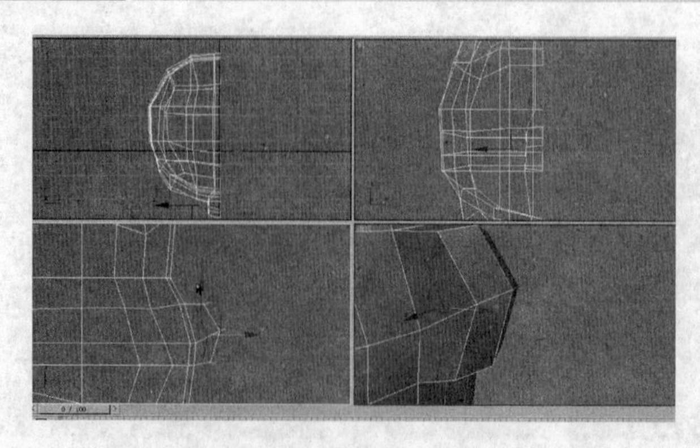

（a）调整鼻子

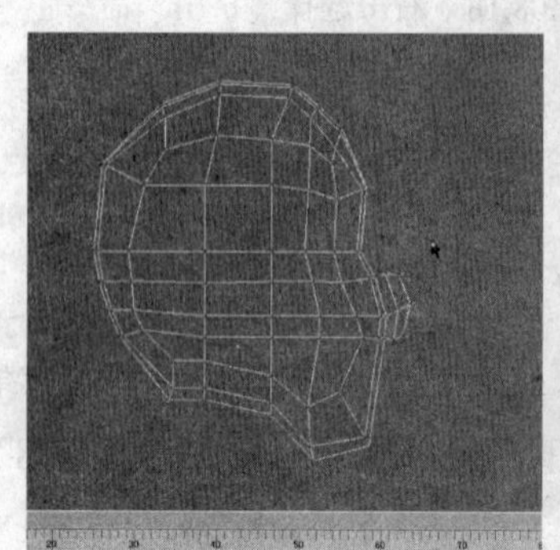
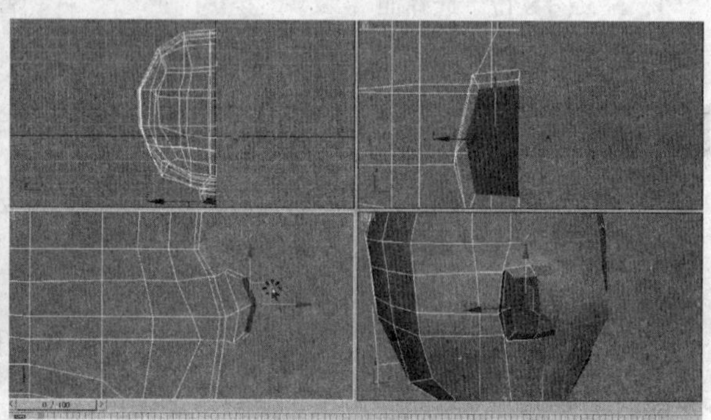

（b）调整鼻子和头部

图 8.22　调整鼻子部分

④ 再次调整鼻子，如图 8.23 所示，然后进一步调整人物鼻子的布线，如图 8.24 所示，卡通模型鼻子部分的制作就基本完成了。

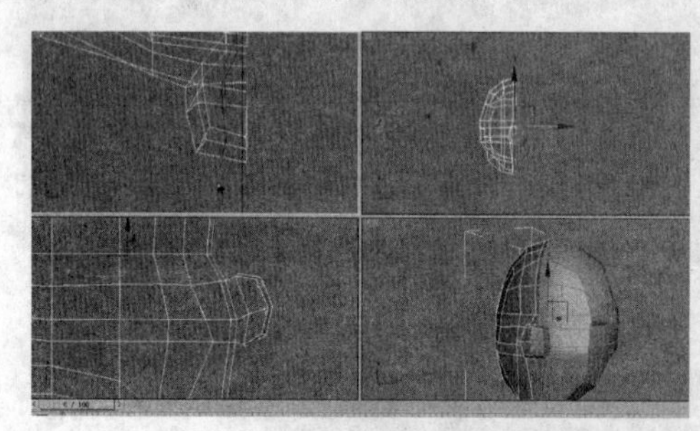
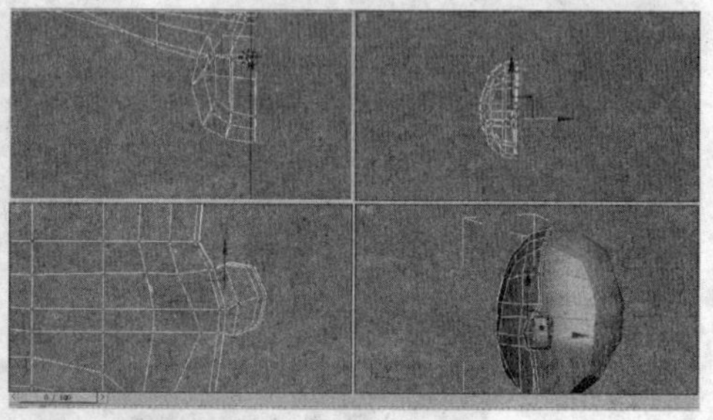

图 8.23　再次调整鼻子形状

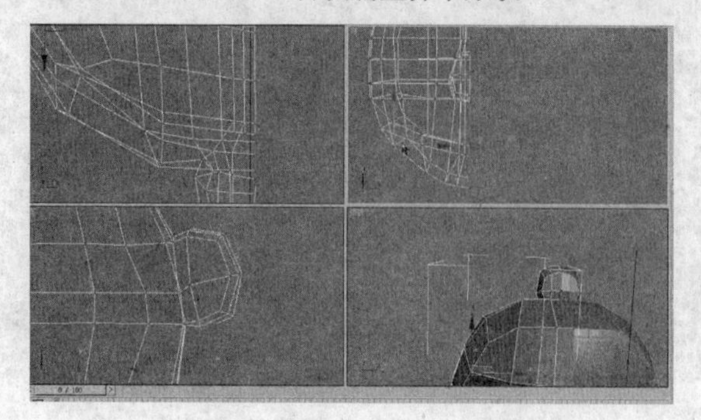

图 8.24　调整人物鼻子的布线

（2）制作卡通人物的嘴

① 如图 8.25 所示右击，在弹出菜单中执行“剪切”命令，添加直线并调整直线所在的点，画出嘴部形状，如图 8.26～图 8.28 所示。

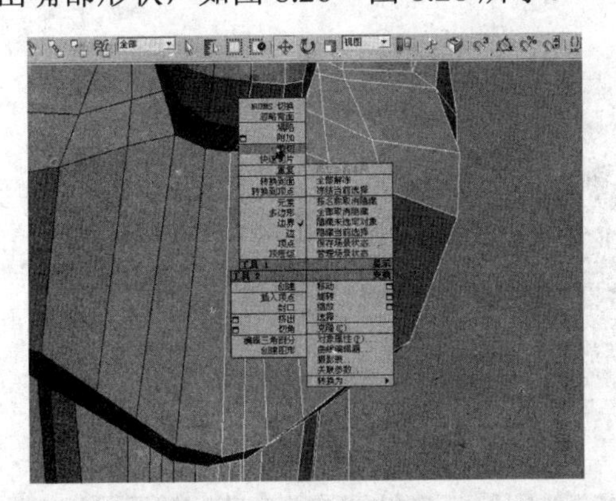

图 8.25 执行“剪切”命令

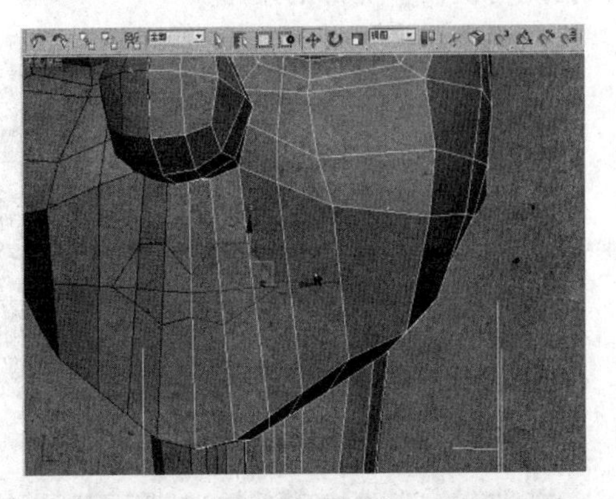

图 8.26 画出嘴的形状

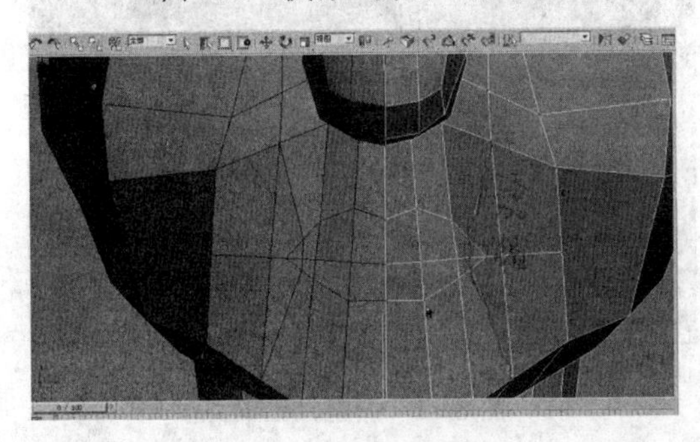

图 8.27 添加线段

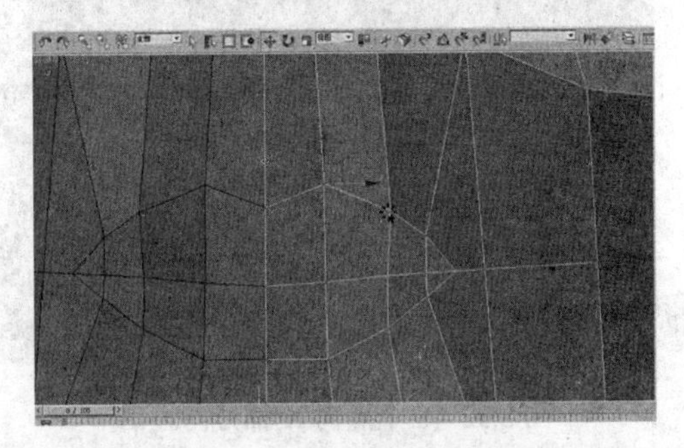

图 8.28 调整嘴的形状

② 用“剪切”工具添加两条同样的线段，如图 8.29 所示。在“线”层级下选中红色的直线，如图 8.30 所示，右击，在弹出的菜单中执“切角”命令，将被选中的红线向上下进行拖拽，使其由一条变为两条，如图 8.31 所示。

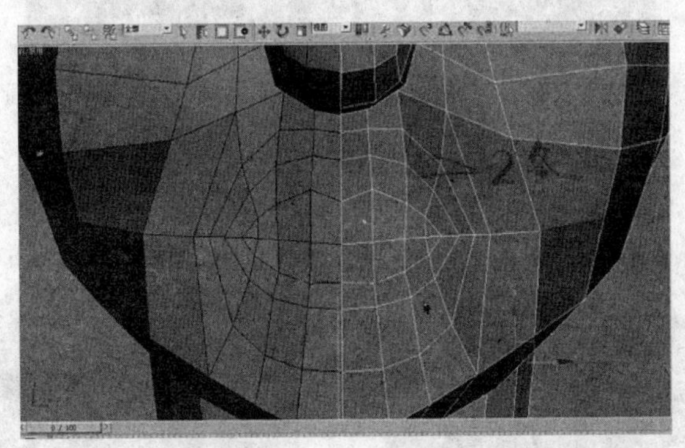

图 8.29 添加 2 条线段

③ 将“可编辑多边形”中的“线”层级改为“顶点”层级的形式，并选择如图 8.32 所示的 8 个点向 X 轴方向拉出，并调整拉出的点，如图 8.33 所示。

④ 切换为“多边形”层级，选择如图 8.34 所示的面，按【Delete】键删除选中的面。返回“线”层级，右击执行“剪切”命令，画出如图 8.35 所示的线条，并向 X 轴方向拉出，调

整嘴的形状，如图 8.36 和图 8.37 所示。选择嘴唇外侧的边，如图 8.38 所示，右击，在弹出的菜单中执行“切角”命令，如图 8.39 所示，并向 Y 轴方向移动，会出现如图 8.40 所示的两条边，据此再次调节嘴部的外形。

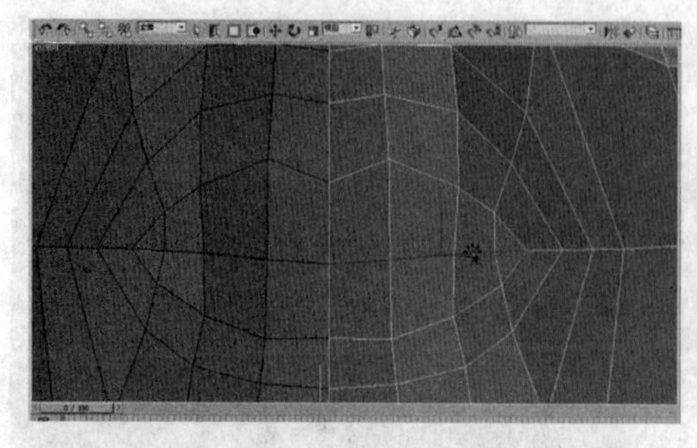

图 8.30　选中红色的直线

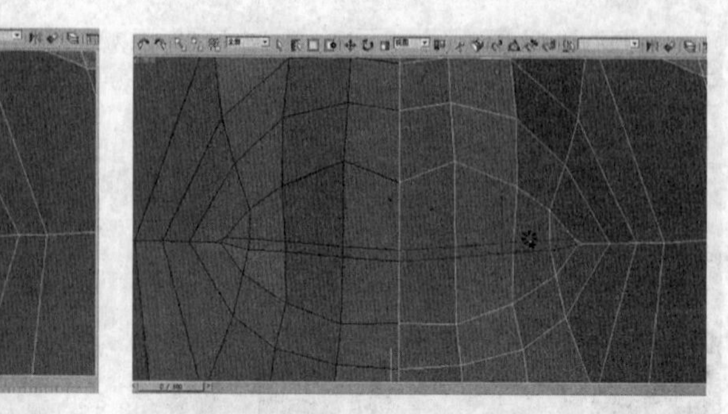

图 8.31　红线变为两条

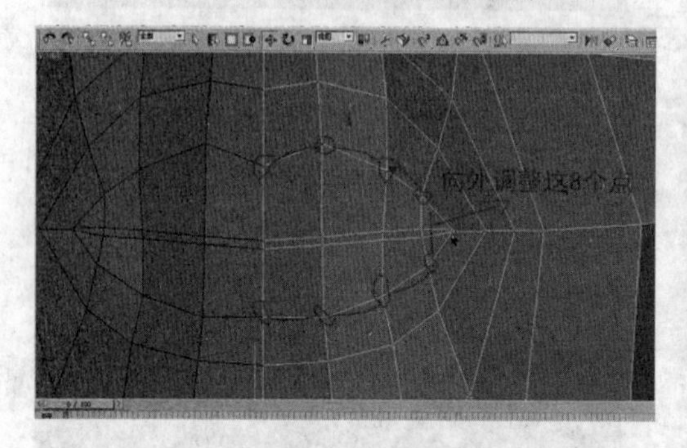


图 8.32　8 个点向 X 轴方向拉出

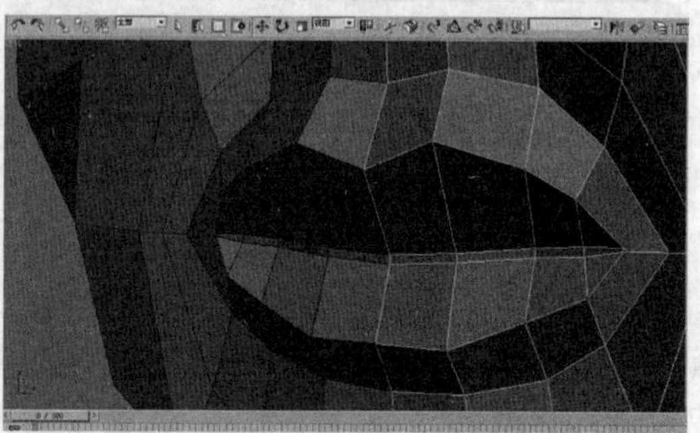

图 8.33　调整拉出的点

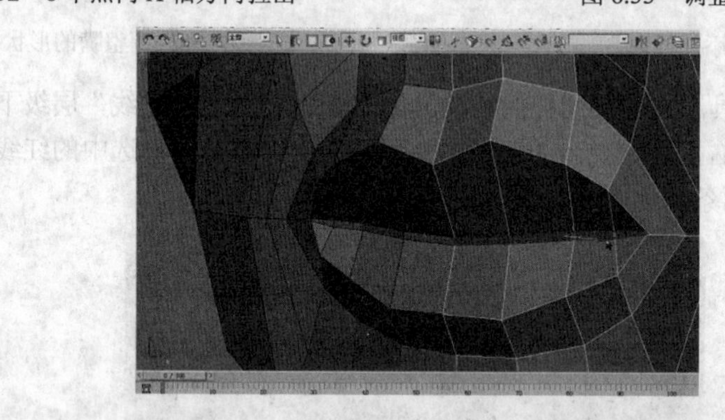

图 8.34　选择面

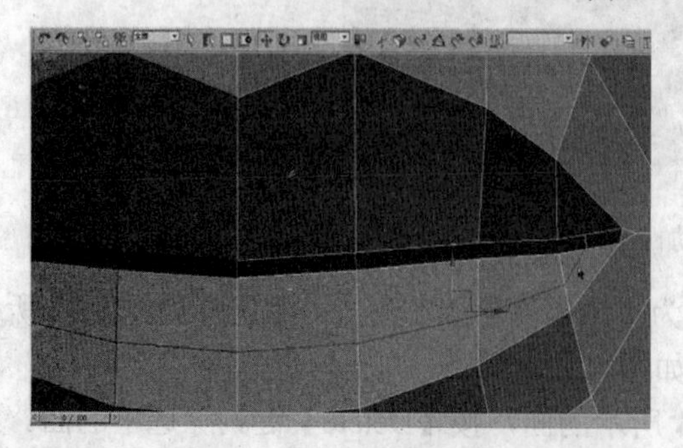

图 8.35　画出的边

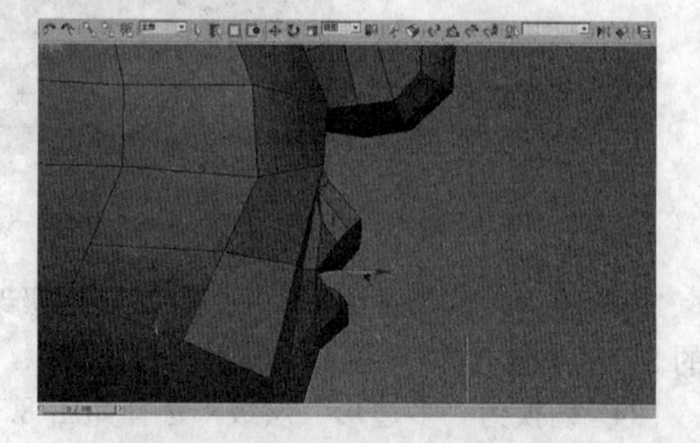

图 8.36　向外拉出调整嘴的形状

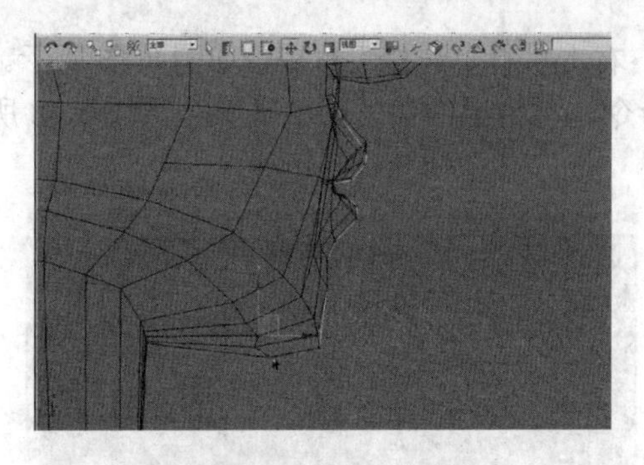

图 8.37 调整图形的各点

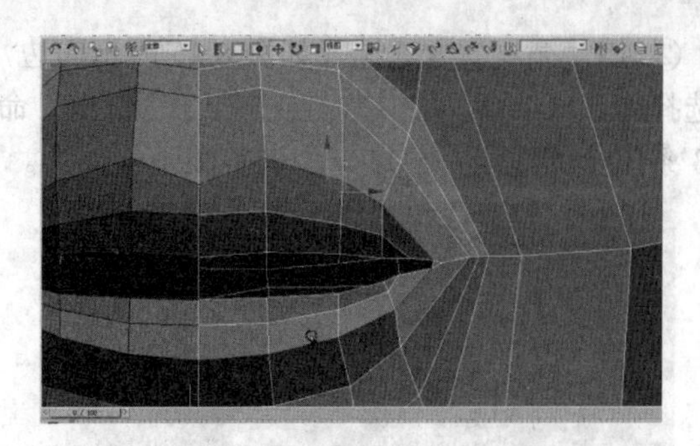

图 8.38 选择嘴唇外侧的边

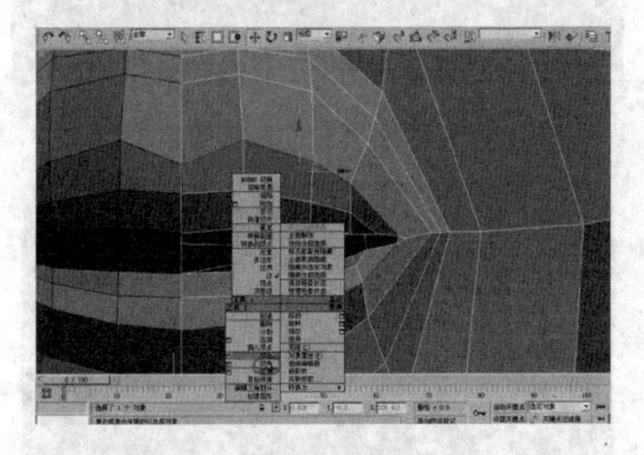

图 8.39 “切角”命令

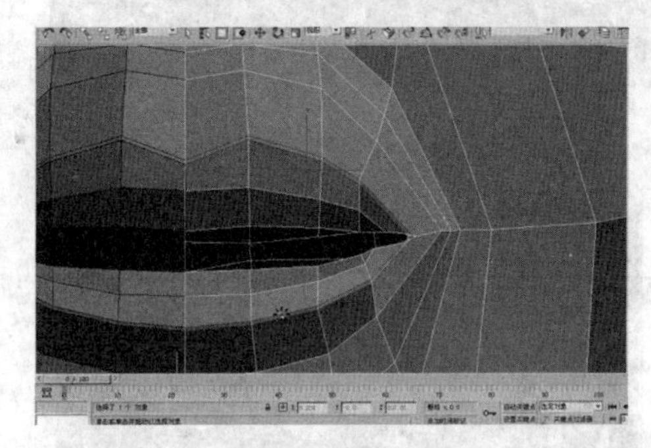

图 8.40 挤出两条边

（3）制作卡通人物的眼睛

① 进入前视图，调整眉毛位置的线段所在的点，如图 8.41 所示。右击执行“剪切”命令，添加如图 8.42 所示的线段，并调整形状，如图 8.43 所示。然后选择如图 8.44 所示的边向 X 轴方向拖拽，并调整其形状呈圆弧状。

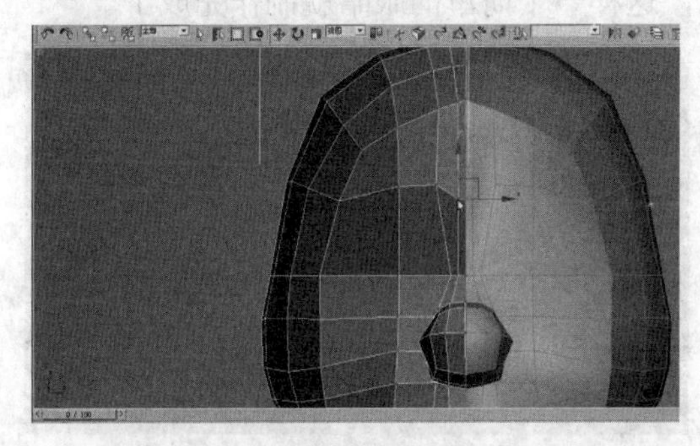

图 8.41 调整点

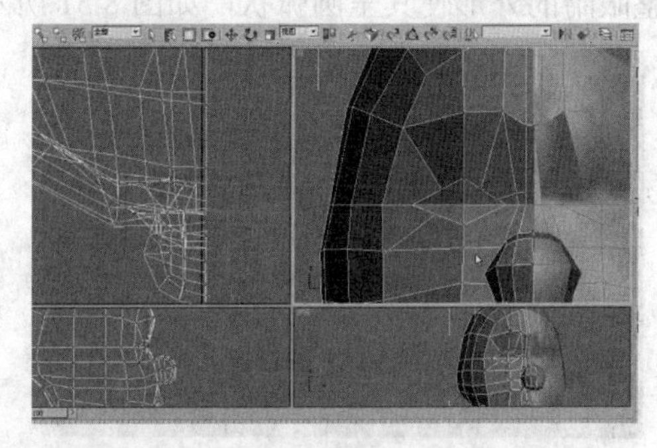

图 8.42 添加眼部线段

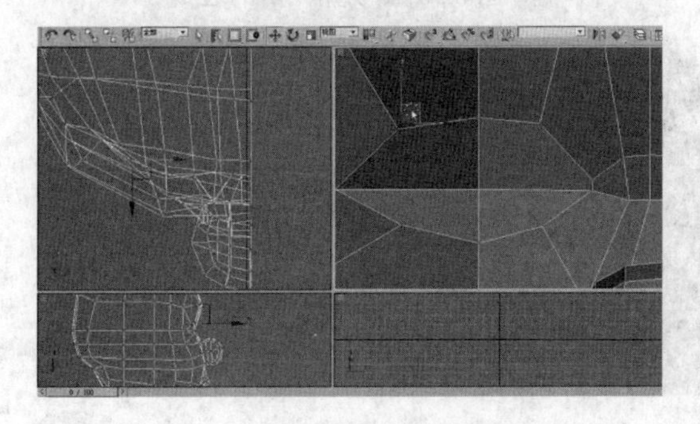

图 8.43 调整形状

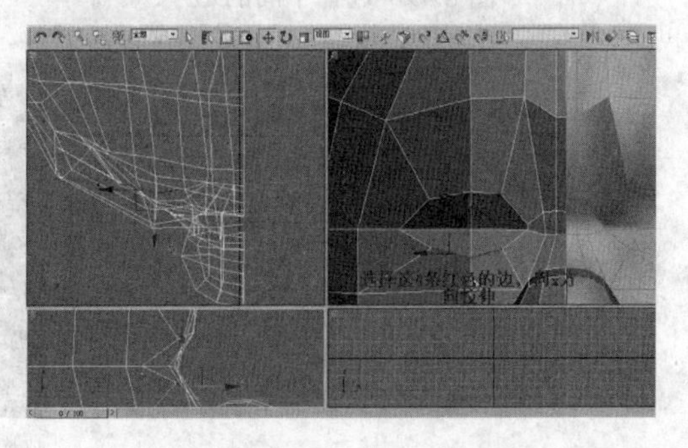

图 8.44 向 X 轴方向拖拽边

② 用“循环”方式选择如图 8.45 所示的边，右击执行“连接”命令，如图 8.46 所示。然后选择如图 8.47 所示的边，右击执行“挤出”命令，将挤出的边的形状调整为如图 8.48 所示的 3 条闭合的线段，再进一步调整眼睛的外形。

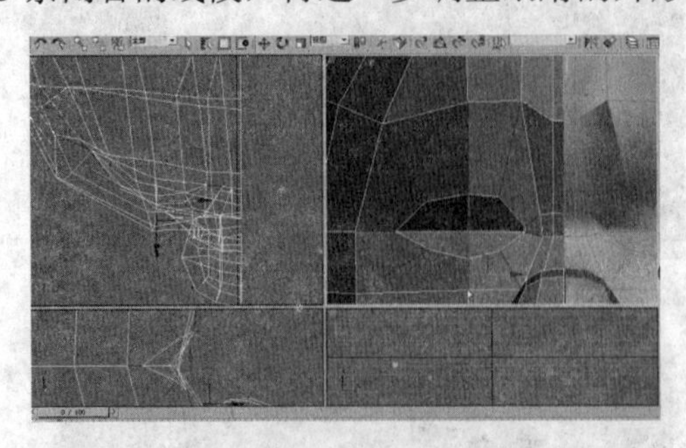

图 8.45　选择边

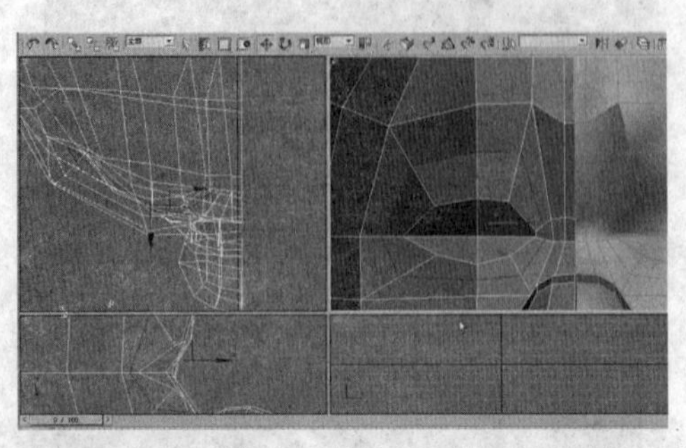

图 8.46　连接后效果

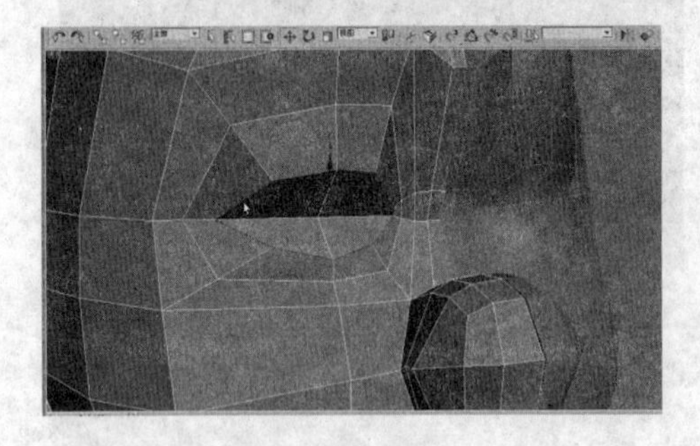

图 8.47　选择边

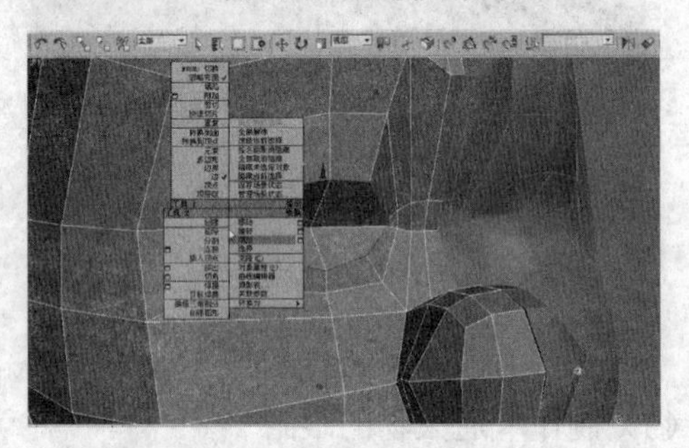

图 8.48　挤出 3 条闭合的边

③ 选择如图 8.49 所示的边，右击执行“切角”命令，挤出如图 8.50 所示的两条边，再次调整眼睛的外形使其呈圆弧状，如图 8.51 所示，这样一个简单的眼睛就制作完成了。

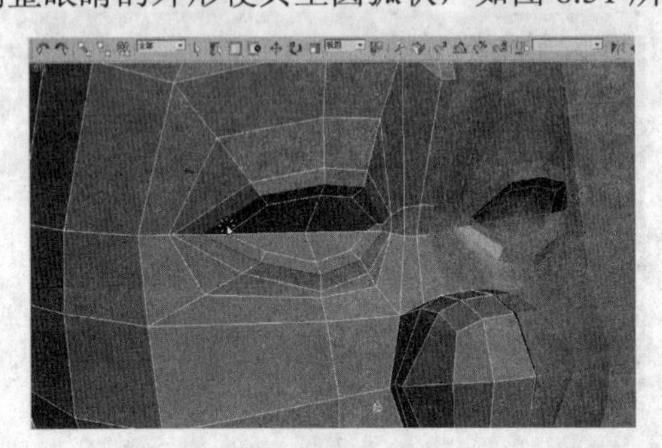

图 8.49　选择中间的边

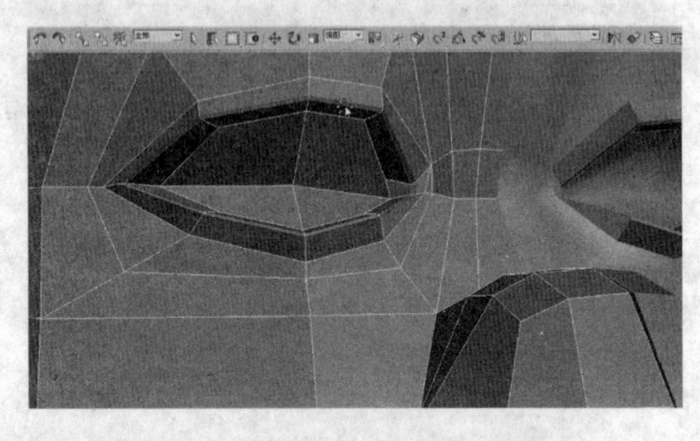

图 8.50　“切角”后的边

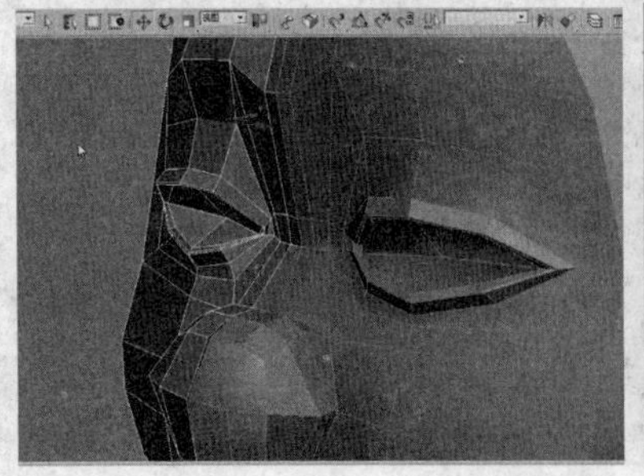

图 8.51　调整形状

（4）制作卡通人物的耳朵

① 按组合键【Alt+W】，切换到左视图，调整人物整体的布线如图 8.52 所示，并在头部的下方挤出一个如图 8.53 所示的脖子加以调整。然后将卡通人物侧面的点调整为如图 8.53 所示红色边的形状。

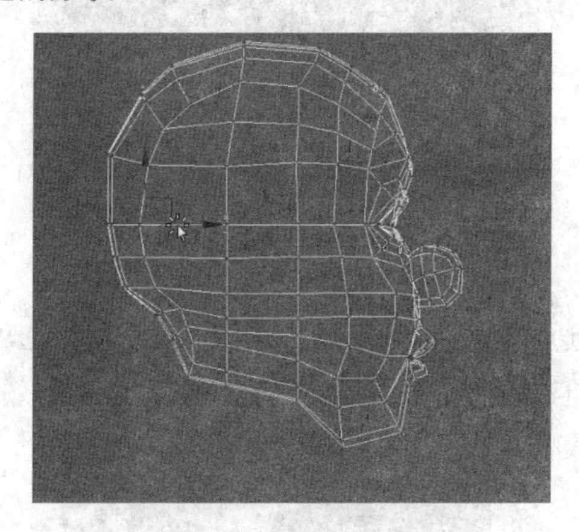

图 8.52 调整布线

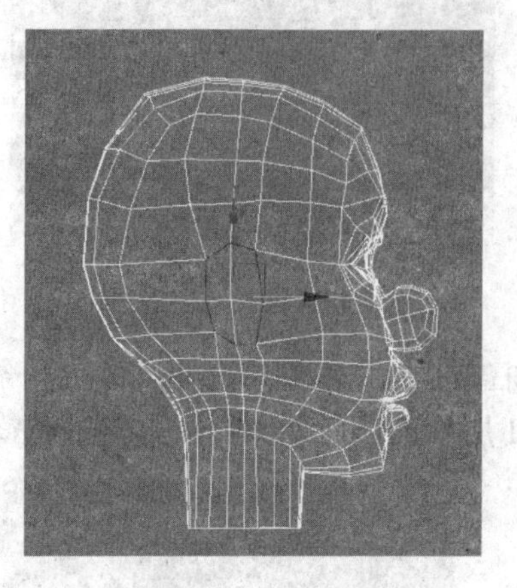

图 8.53 调整点

② 选择如图 8.54 所示的面，右击执行“挤出”命令，具体如图 8.55 和图 8.56 所示。再选择“缩放”工具，使所选择的面变大，如图 8.57 所示。

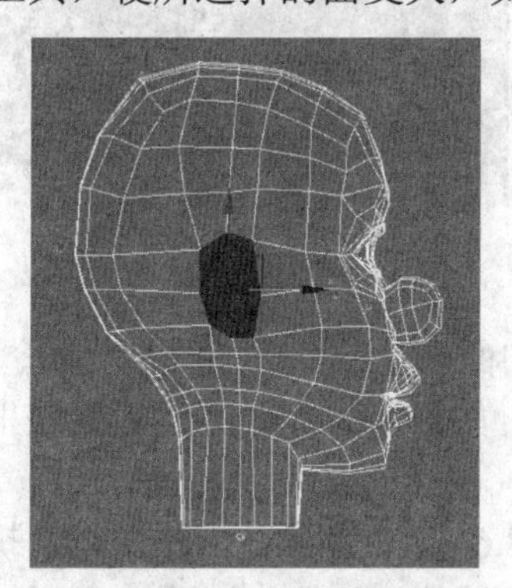

图 8.54 选择调整后的面

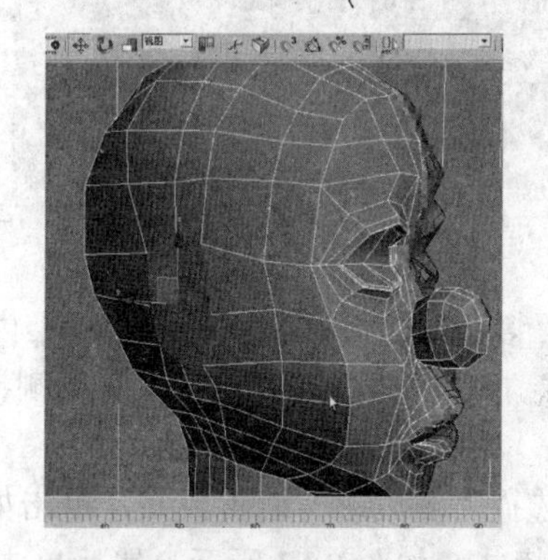

图 8.55 调整到透视图效果

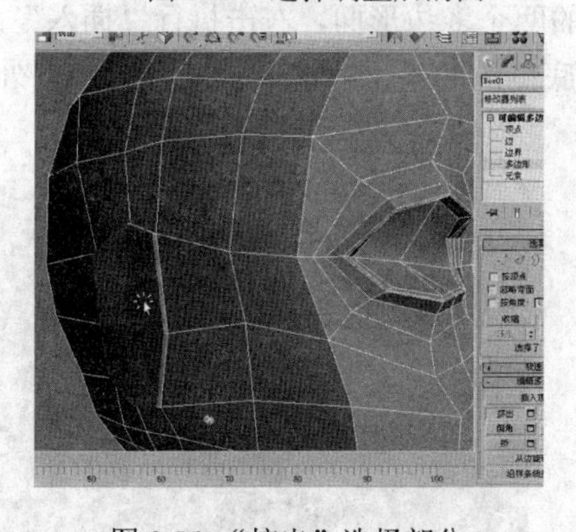

图 8.56 “挤出”选择部分

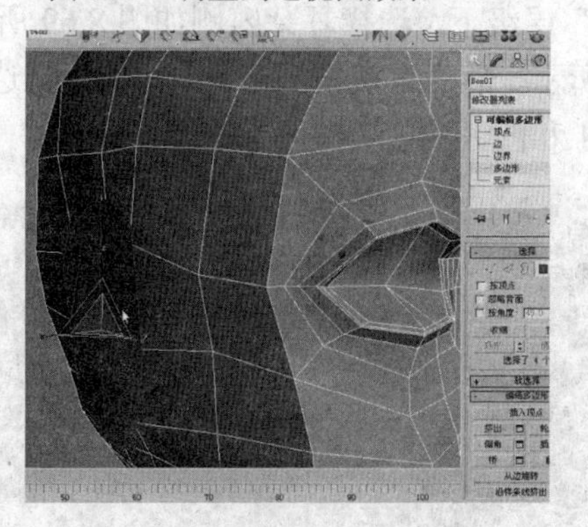

图 8.57 用“缩放”工具放大

③ 右击执行“挤出”命令，大小如图 8.58 所示。然后选择“顶点”编辑模式，右击执行“目标焊接”命令，从点 1 焊接到点 2，如图 8.59 所示。

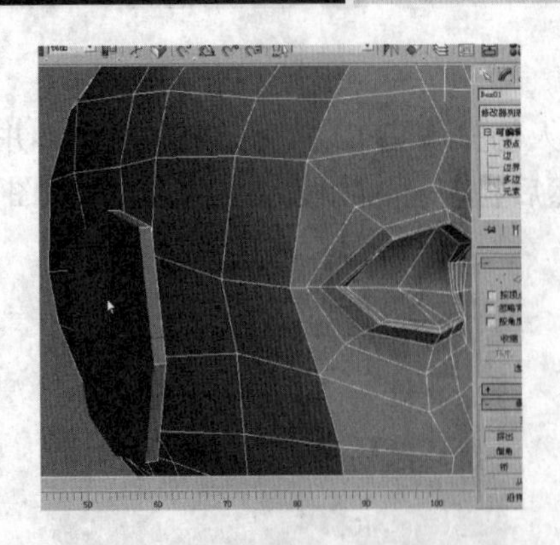

图 8.58 再次挤出效果

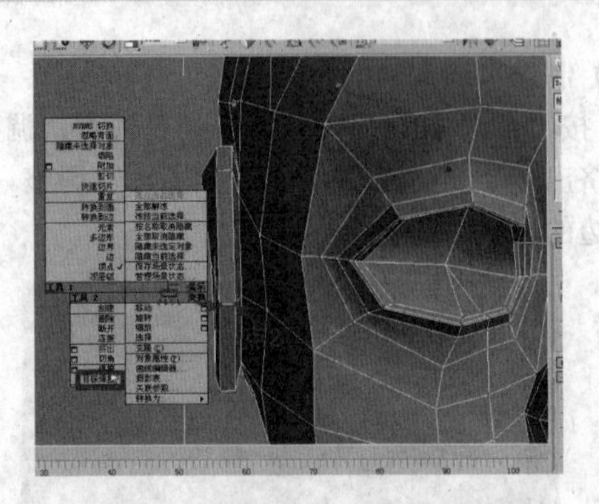

图 8.59 “目标焊接”点 1 和点 2

④ 右击执行“剪切”命令，添加一条新边，如图 8.60 所示。选择“边”层级选项，单击如图 8.61 所示的边向外侧拉伸。然后调整耳朵的形状，如图 8.62 所示。

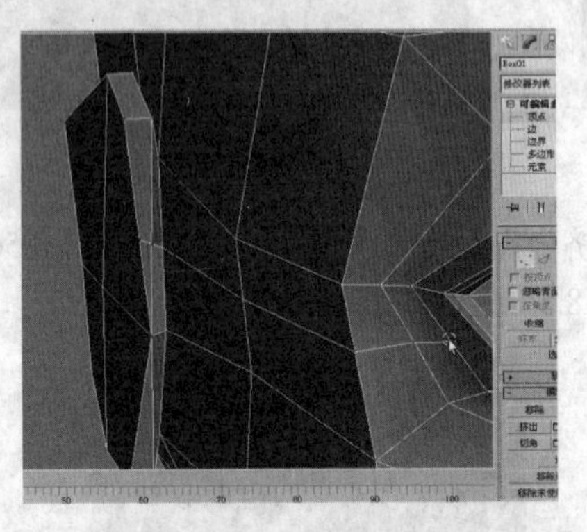

图 8.60 添加一条新边

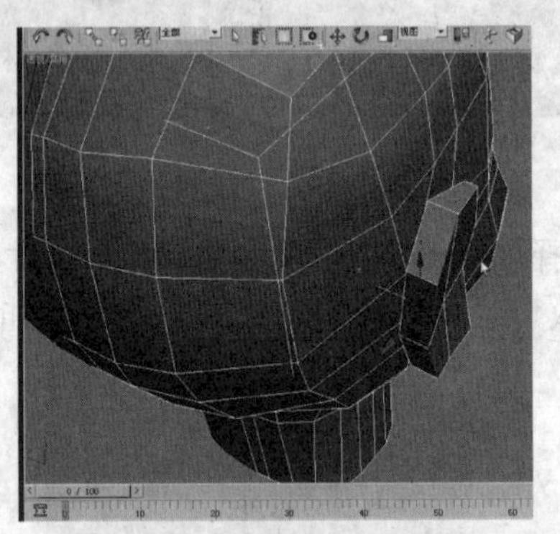

图 8.61 向外拉出选择的边

⑤ 选择“多边形”编辑模式，单击耳朵内侧的面，右击执行“插入”命令，向里侧缩小，如图 8.63 所示。再右击执行“挤出”，向里侧挤压，如图 8.64 所示。然后调整里侧的形状，添加或删减线条，如图 8.65 所示。

⑥ 同样选择“多边形”编辑模式，单击如图 8.66 所示的面，右击执行“挤出”命令。切换到“边”的模式，如图 8.67 所示，然后单击向 Y 轴外侧拉伸，如图 8.68 所示。再次切换到“多边形”层级下，选择耳朵内侧如图 8.69 所示的两个多边形面，右击执行“插入”命令，如图 8.70 所示。然后再切换到“边”层级下，选择底侧的两条平行边，沿 X 轴方向向外侧拉伸，如图 8.71 和图 8.72 所示。

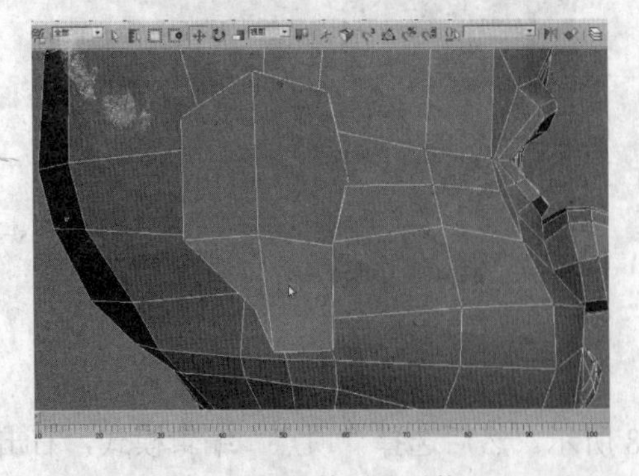

图 8.62 调整耳朵形状

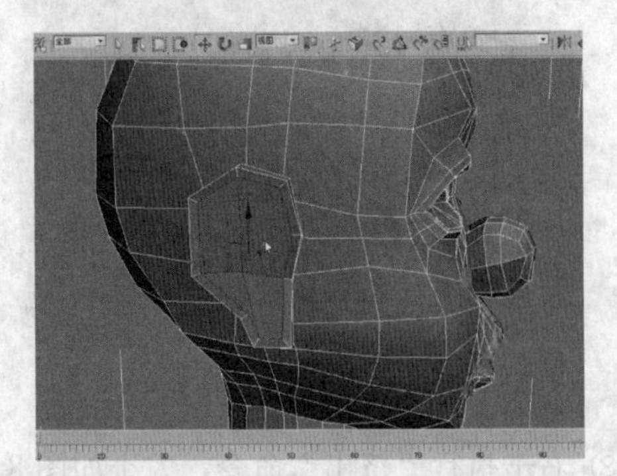

图 8.63 使用“插入”后效果

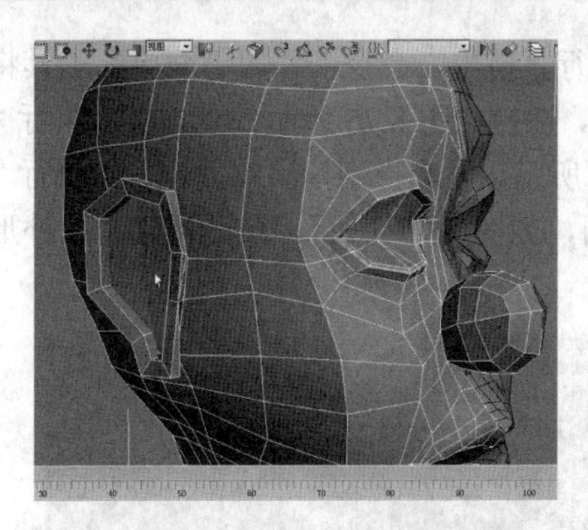

图 8.64 向耳朵内侧挤入

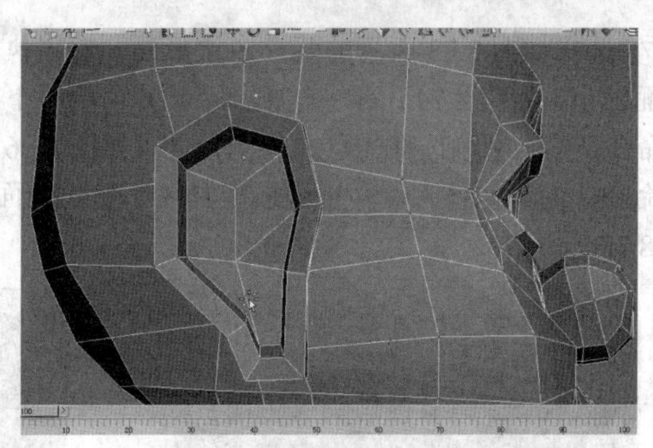

图 8.65 修改调整后的耳朵内侧边

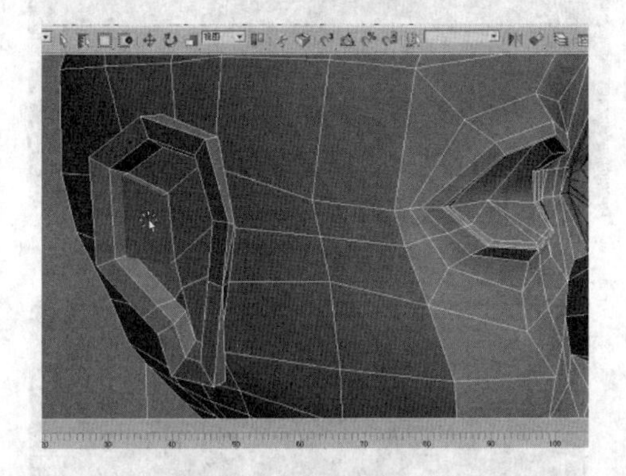

图 8.66 选择图中的面并挤出

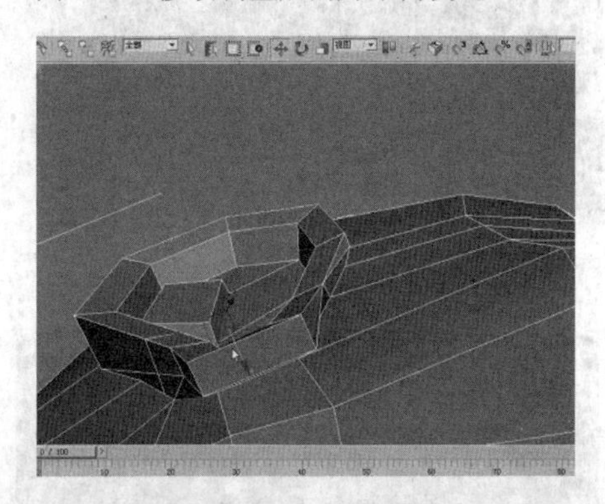

图 8.67 选择内侧的线段

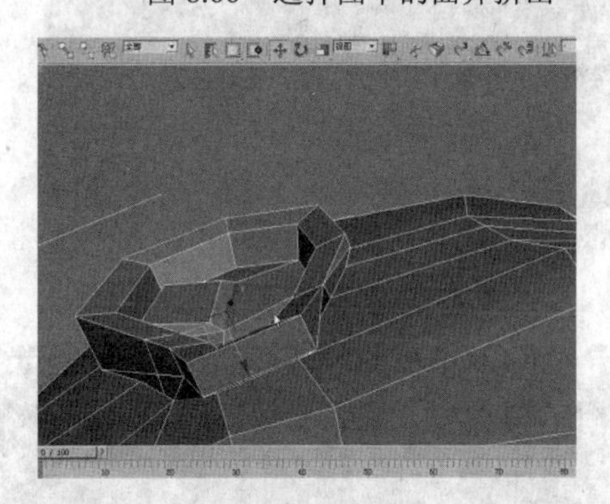

图 8.68 向外拉出

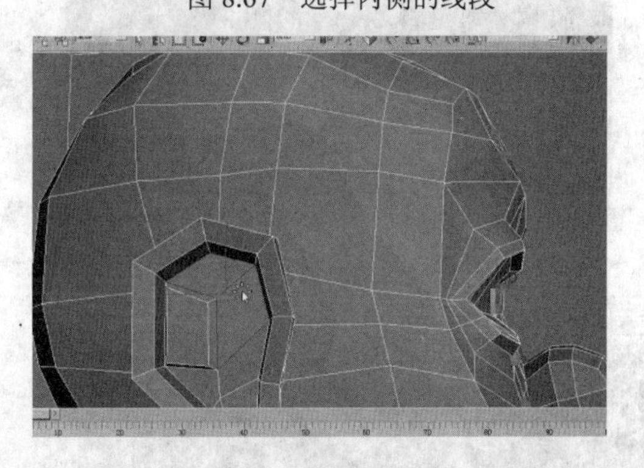

图 8.69 选择这两个面

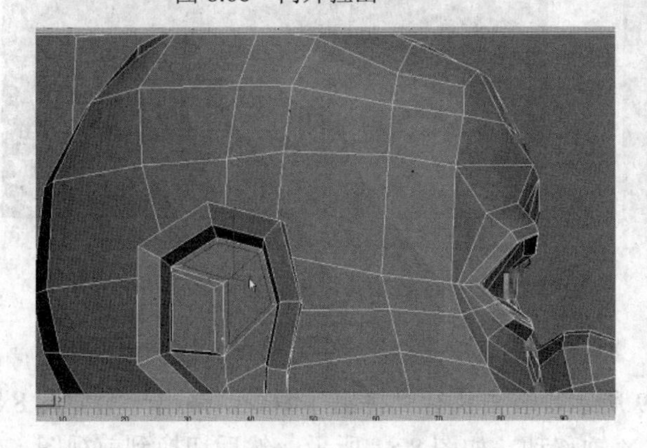

图 8.70 “插入”后效果

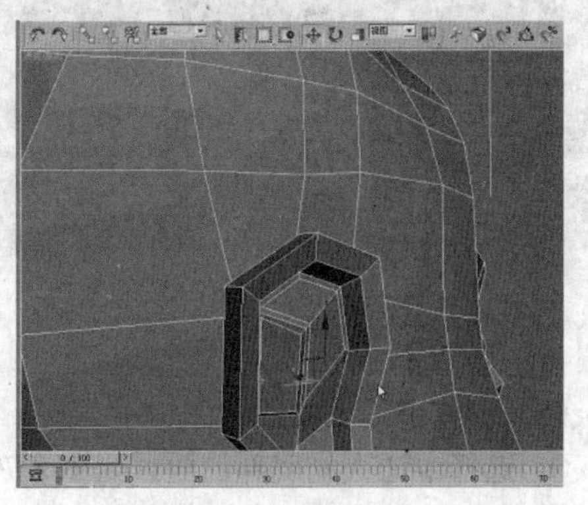

图 8.71 选择图中的两条边

⑦ 选择如图 8.73 所示的两个多边形面，右击执行“挤出”命令，并用“缩放”工具将内侧的面缩小，如图 8.74 所示。切换到“顶点”层级下，选择如图 8.75 所示的点，右击执行“切角”命令，单击刚刚选择的点向外侧拉伸，如图 8.76 所示。再选择刚拉出的面，右击执行“挤出”命令，向里侧挤入，并用缩放工具缩小挤出的面，如图 8.77 所示。最后调整耳朵外形，如图 8.78 所示。

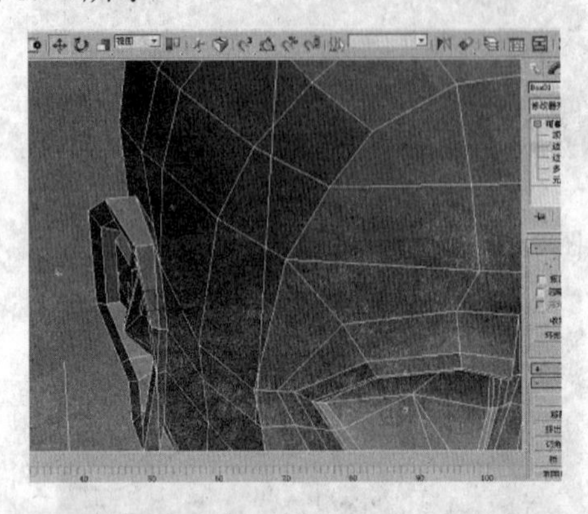

图 8.72　向外挤出边

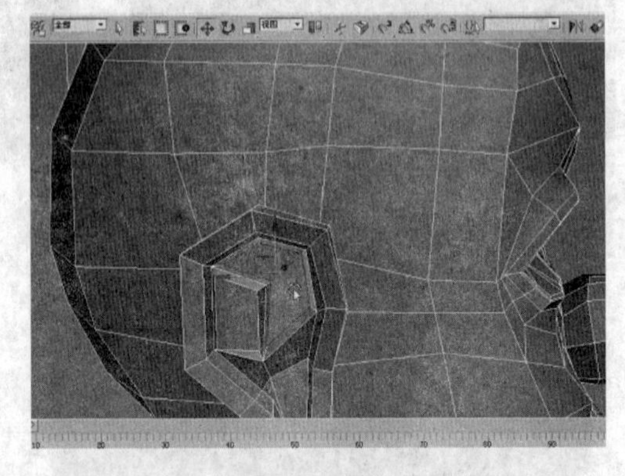

图 8.73　选择面

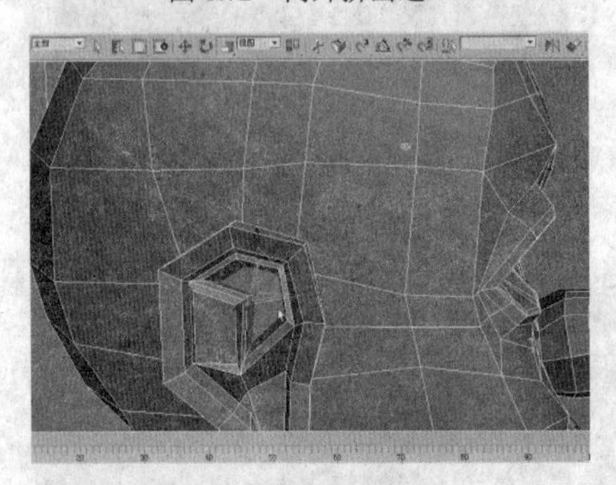

图 8.74　挤出放小后效果

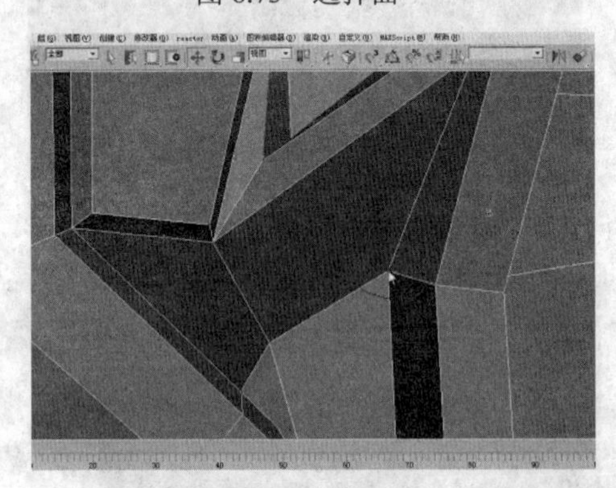

图 8.75　选择框选的点

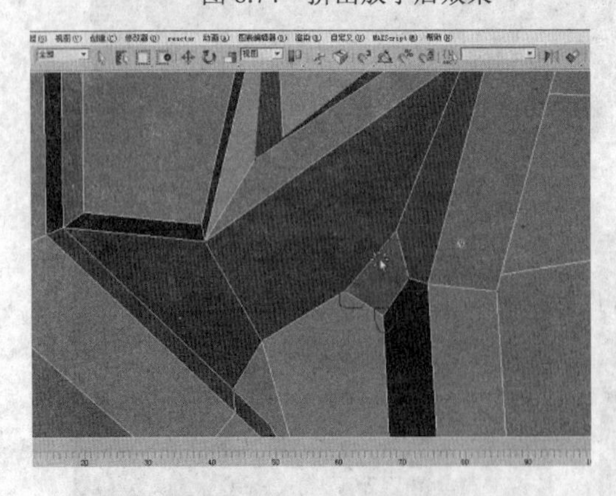

图 8.76　“切角”后效果

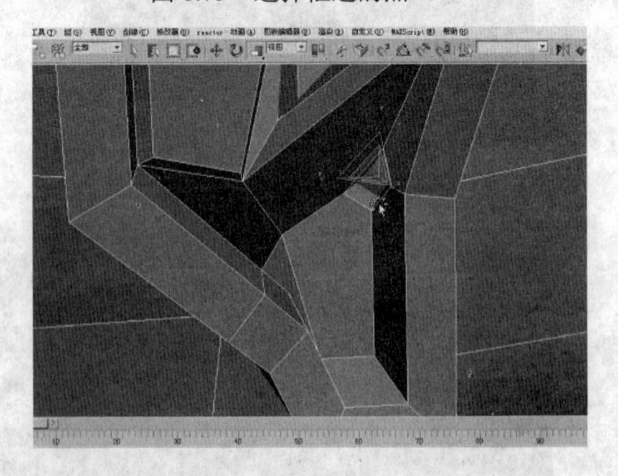

图 8.77　挤入缩小后效果

（5）制作卡通人物的颈部

① 选择卡通人物底部的面，如图 8.79 所示，右击执行“挤出”命令，挤出一个如图 8.80 所示的形状，将里侧多余的面删除，并向 X 轴移动，如图 8.81 所示。然后切换到前视图，使

用“缩放”工具，沿Y轴方向向下拉伸，使最底部的各个点在同一水平面上。添加一条直线，并调整颈部形状，如图8.82所示。

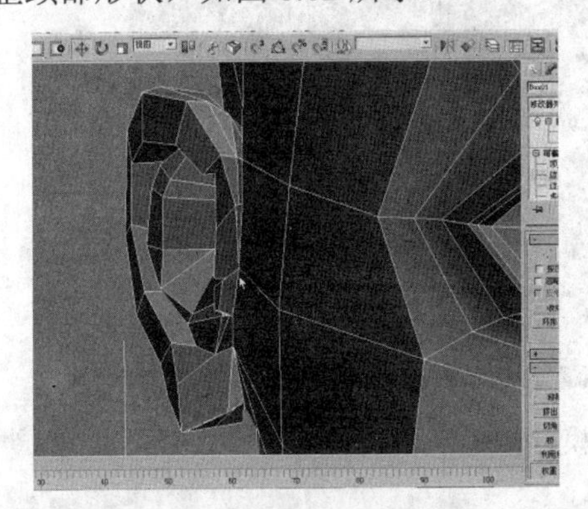

图8.78 调整耳朵的外形

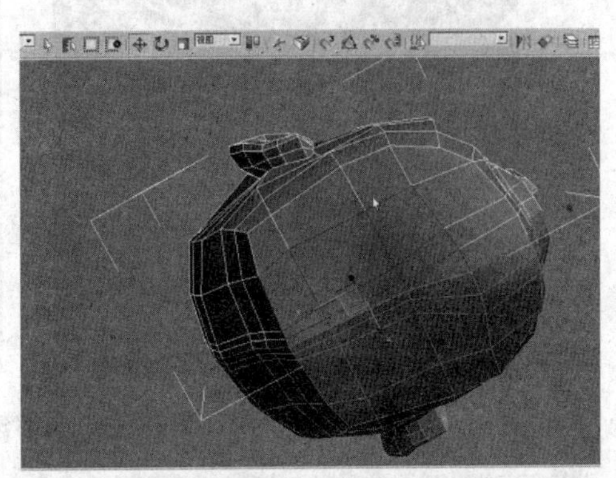

图8.79 选择卡通人物底部的面

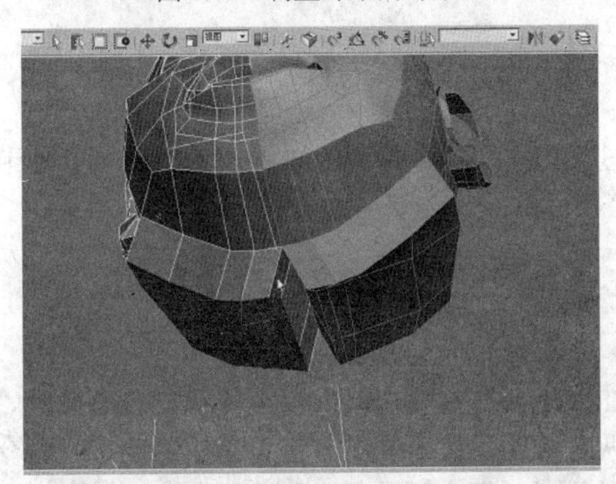

图8.80 “挤出”后的效果

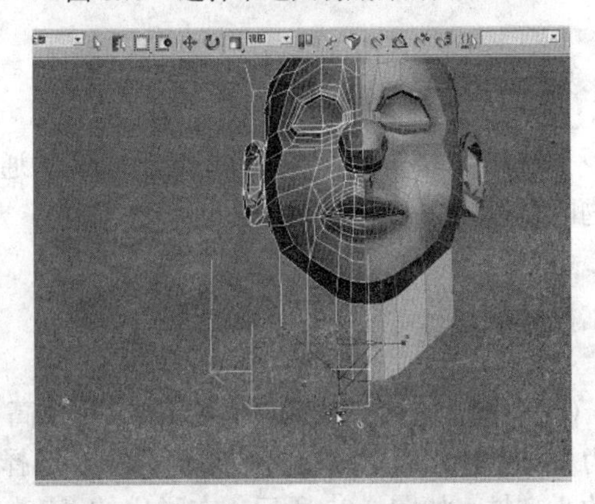

图8.81 用缩放工具沿Z轴方向缩放

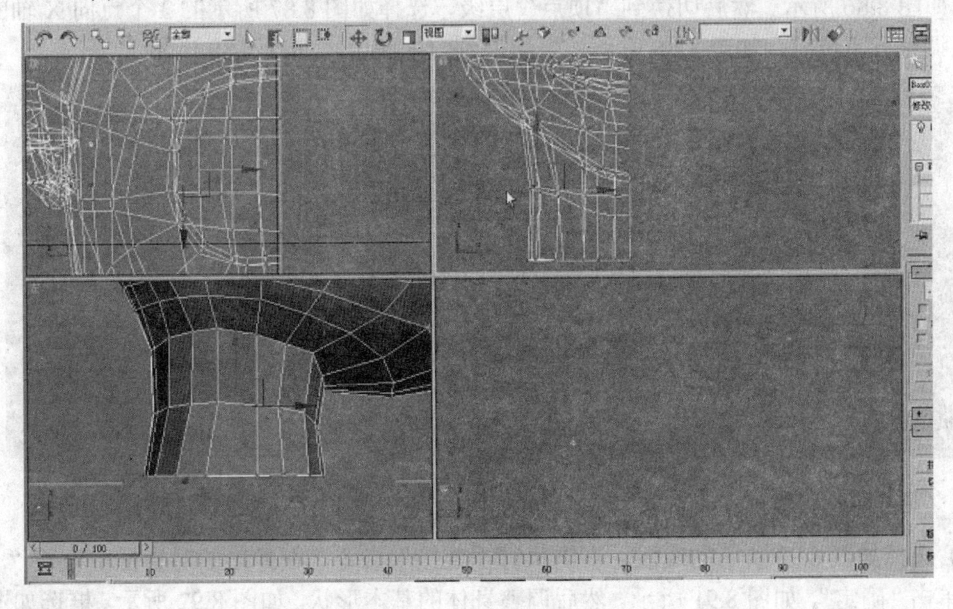

图8.82 调整颈部形状

② 颈部制作完成后，头部的建模就基本结束了，最终效果如图8.83所示。

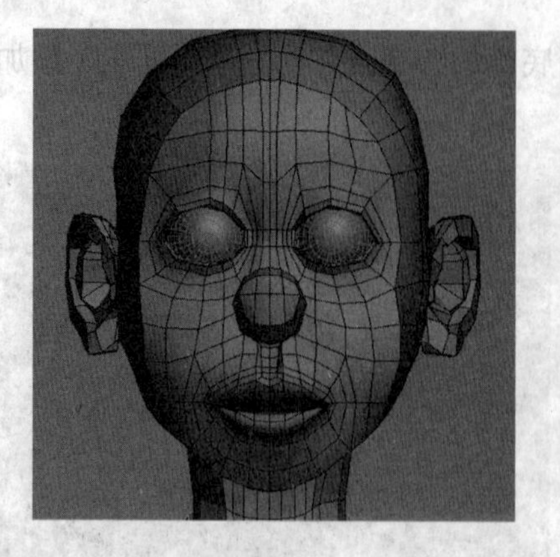

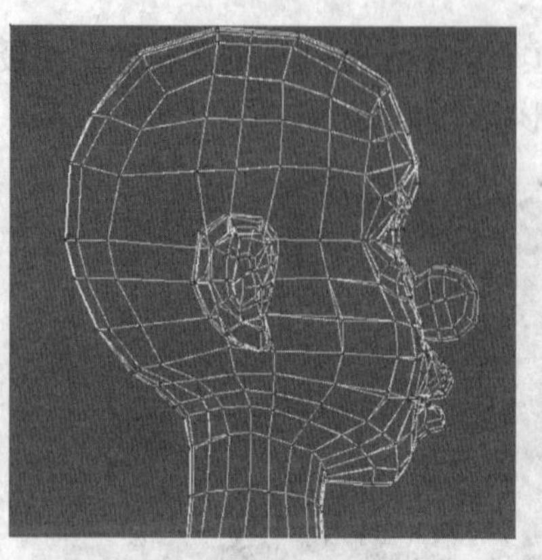

图 8.83　头部建模完成图

## 8.1.2 制作卡通人物的上衣

了解和掌握卡通人物身体的制作方法，通过学习，可以将所学的知识技术应用到其他卡通人物的建模中去。

### 任务实施

① 创建一个长 212.391、宽 128.471、高 78.74 的长方体，如图 8.84 所示。右击执行“转化为”→“转化为可编辑多边形”命令，选择纵向的 4 条边，单击右键菜单中“连接”命令左侧的小方框，如图 8.85 所示。在弹出的“连接数”对话框中，设置“分段”为 3，单击“确定”按钮，如图 8.86 所示。然后切换到“顶点”层级，选择如图 8.87 所示的 3 个点向 X 轴的外侧拉伸。调整各点位置，如图 8.88 所示。再切换到前视图中，如图 8.89 所示。

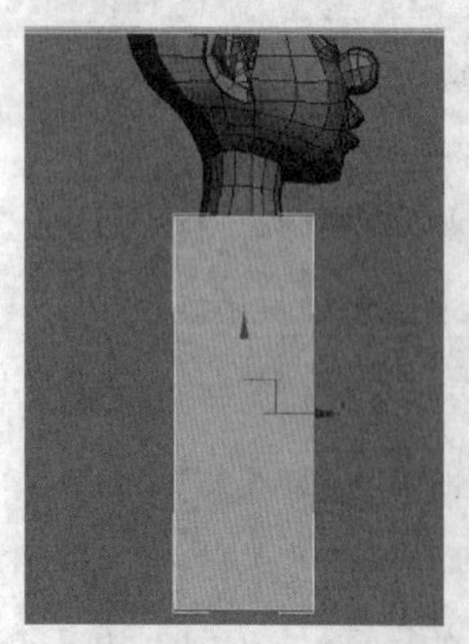

图 8.84　创建长方体

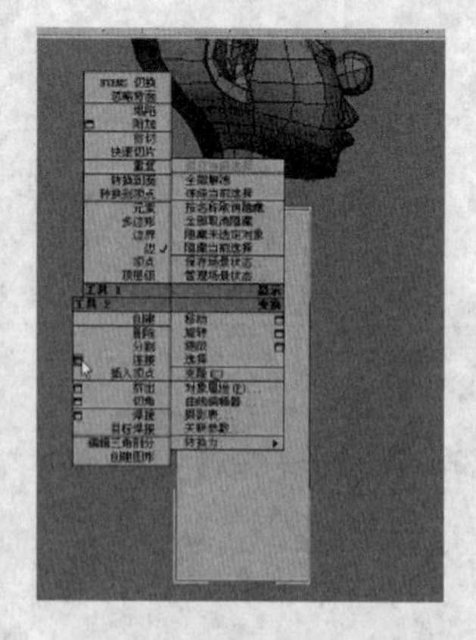

图 8.85　“连接”命令左侧小方框

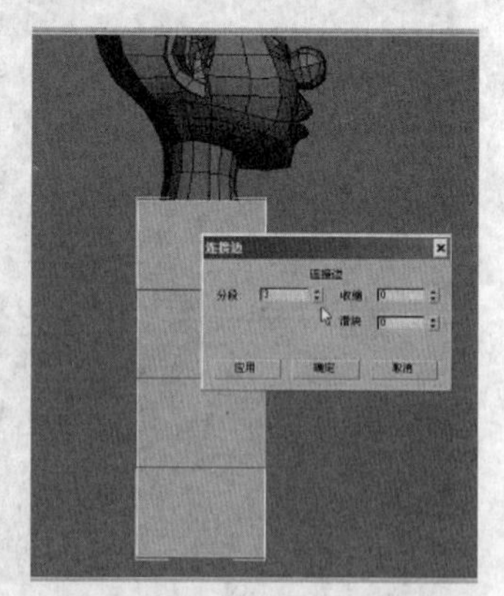

图 8.86　平均分为 3 段

② 选择如图 8.90 所示的线段，右击执行“连接”命令，在弹出的对话框中设置“分段”为 3，单击“确定”，如图 8.91 所示。然后调整身体的基本形状，如图 8.92 所示。框选如图 8.93 所示的右侧一半图形，按【Delete】键删除。再单击如图 8.94 所示的“镜像”命令按钮，在弹出的对话框中选择“实例”，如图 8.95 所示。

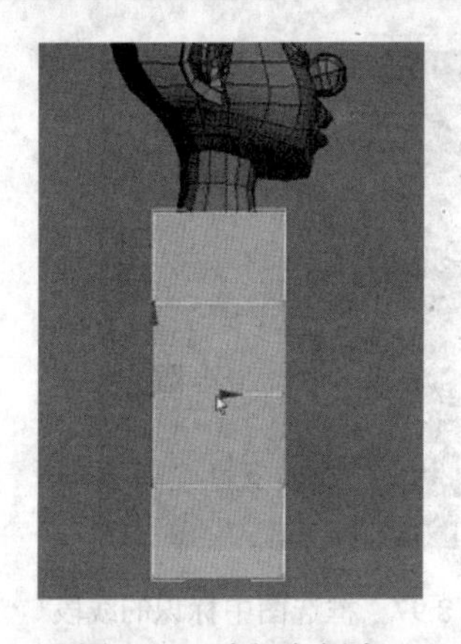

图 8.87 选择左侧点

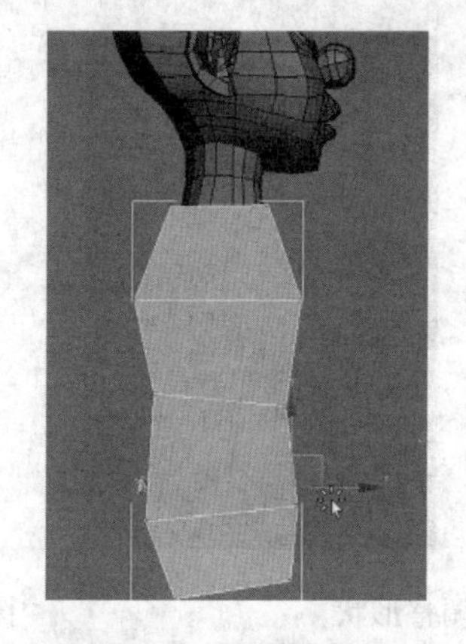

图 8.88 调整形状

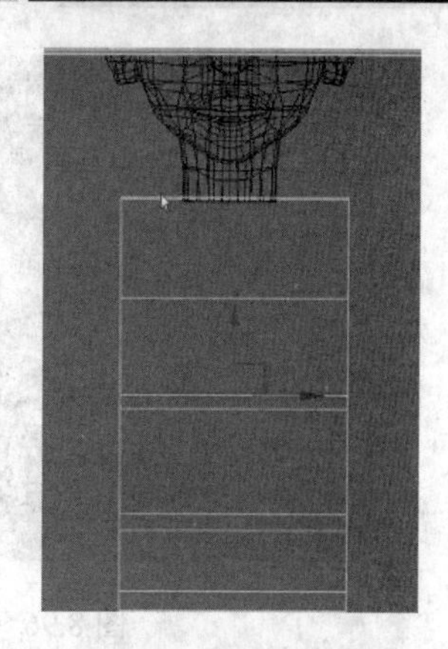

图 8.89 切换到前视图

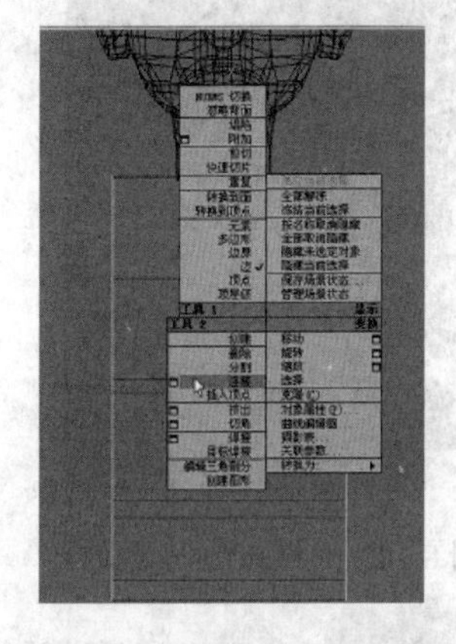

图 8.90 “连接”命令小方框

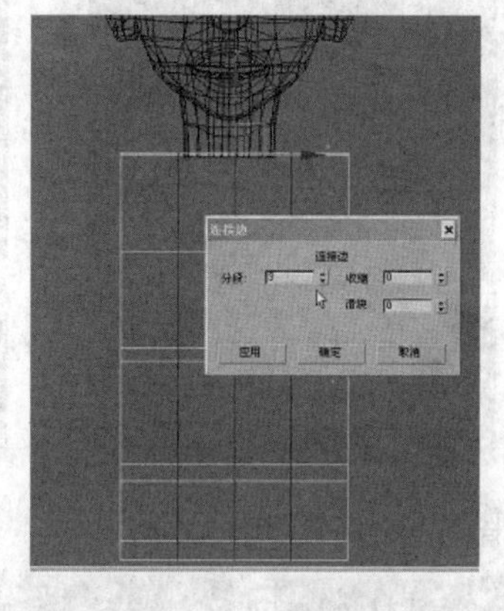

图 8.91 “分段”为 3

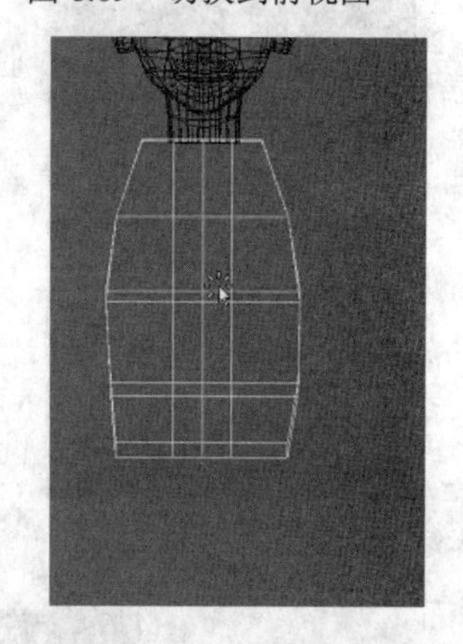

图 8.92 调整身体形状

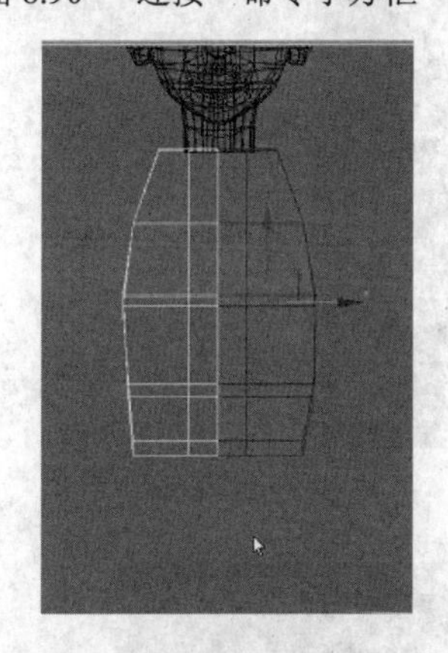

图 8.93 选择右侧图形

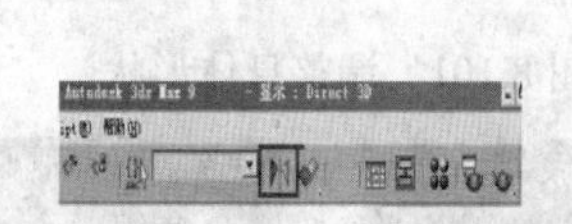

图 8.94 “镜像”命令按钮

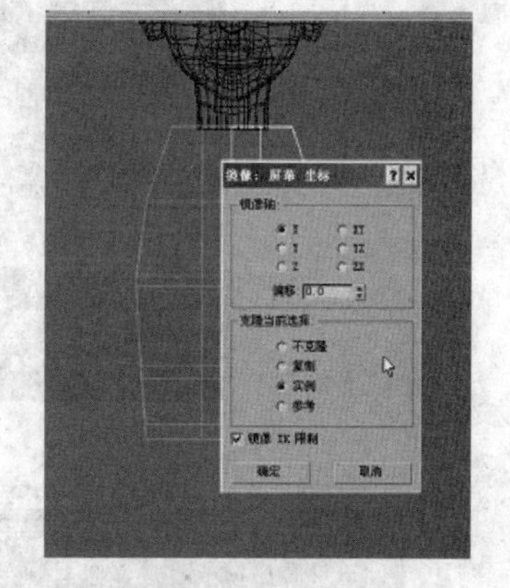

图 8.95 “镜像”对话框

③ 单击左侧的半个身体，选择“顶点”层级，切换到左视图调整各个点的位置，如图 8.96 所示。框选如图 8.97 所示的线段，右击执行“连接”命令，如图 8.98 所示。调整这条线段，框选上侧的线段，如图 8.99 所示。再次右击执行“连接”命令，设置“分段”为 1、“滑块”为-49，如图 8.100 所示。

④ 再次调整身体的形状，如图 8.101 所示。切换到如图 8.102 所示的顶视图，在顶视图中调整身体的基本形状，如图 8.103 所示。单击如图 8.104 所示的边，以颈部的中心点为轴心，向轴心方向靠近。

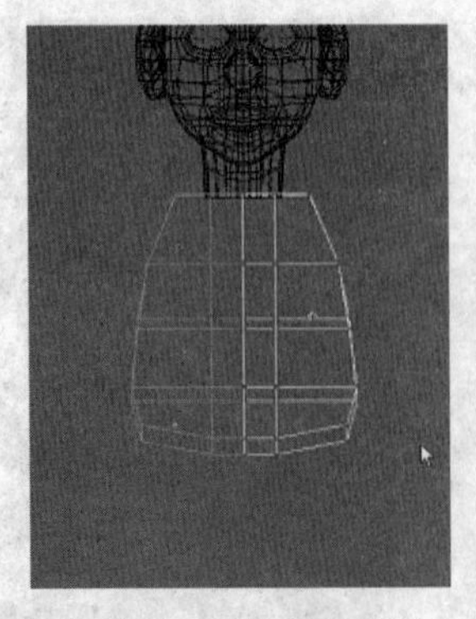

图 8.96　调整形状

图 8.97　框选图中标识的线段

图 8.98　再次调整形状

图 8.99　选择图中所示的边

图 8.100　“连接边”对话框

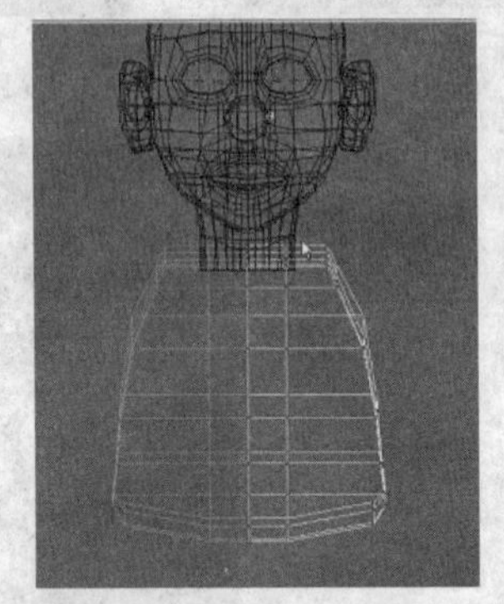
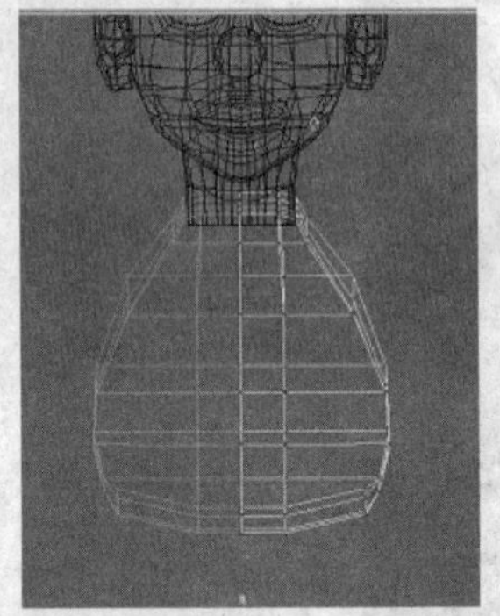

图 8.101　调整身体形状

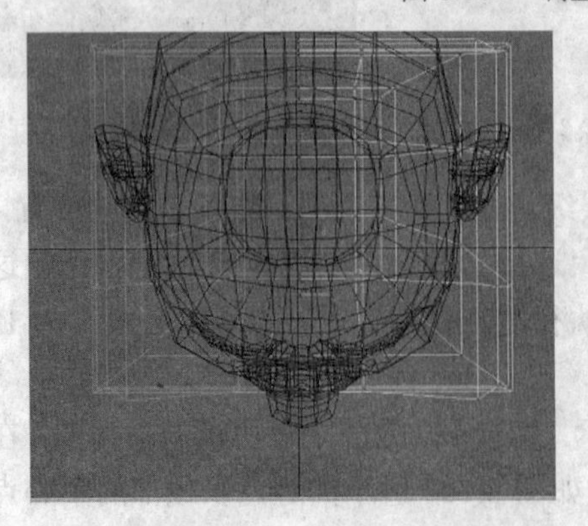

图 8.102　顶视图

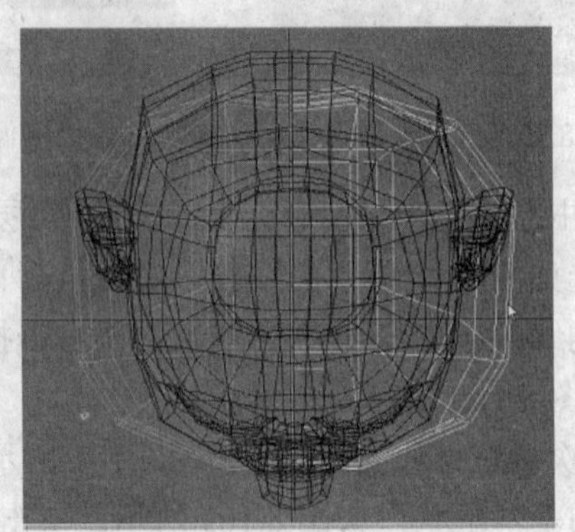

图 8.103　调整后身体形状

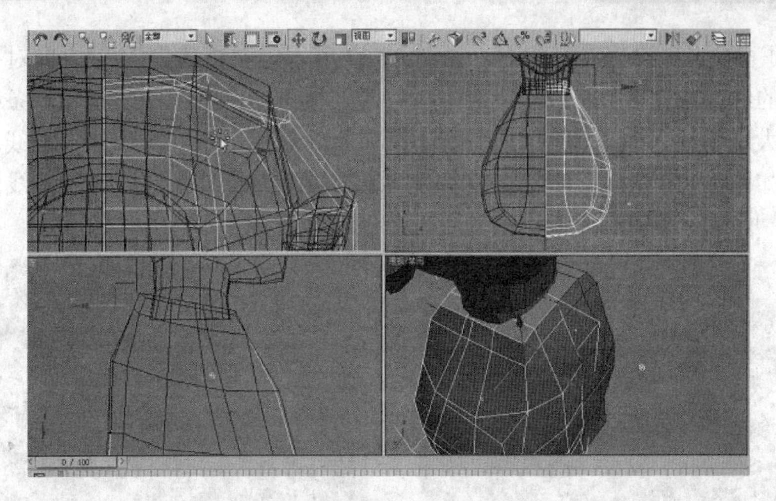

图 8.104 选择图中所示的红线

⑤ 切换到“多边形”层级下，选择如图 8.105 所示的面，右击执行“挤出”命令，并沿 X 轴向下移动，如图 8.106 所示。

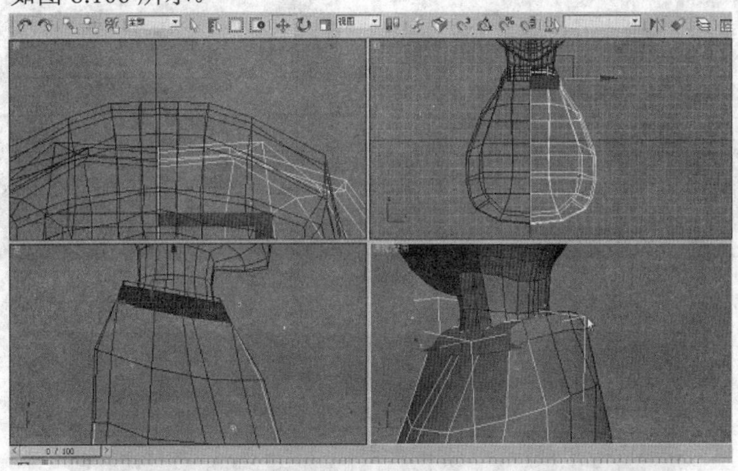

图 8.105 选择面

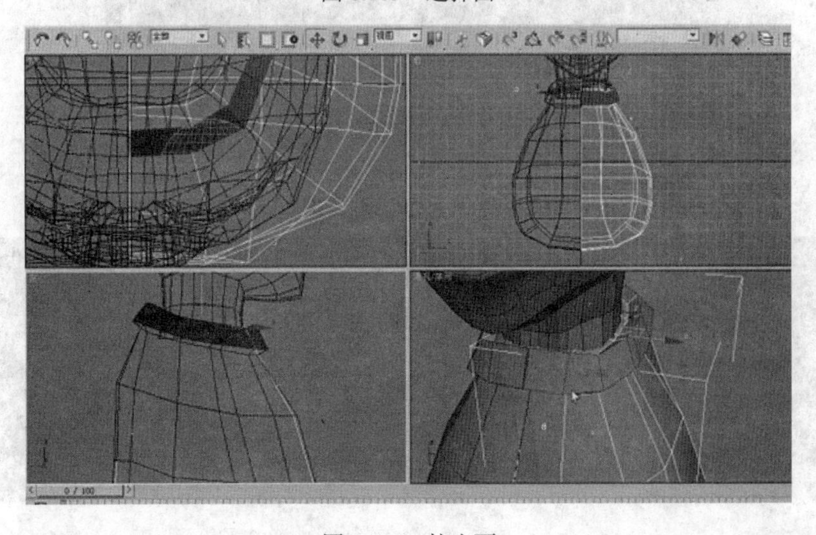

图 8.106 挤出面

⑥ 删除领子前侧和后侧多余的面，如图 8.107 所示。并把线向 X 轴方向对齐到中心点，选择领子下侧的线，如图 8.108 所示。右击执行“连接”命令，在中间添加一条线段，并用缩放工具略微放大这条边，加以调整，如图 8.109 所示。然后在中间再添加一条线段，同样用缩放工具放大，如图 8.110 所示。最后，在如图 8.111 所示的位置上方添加一条线段，并向上调整，如图 8.112 所示，这样卡通人物的领子部分就制作完成了。

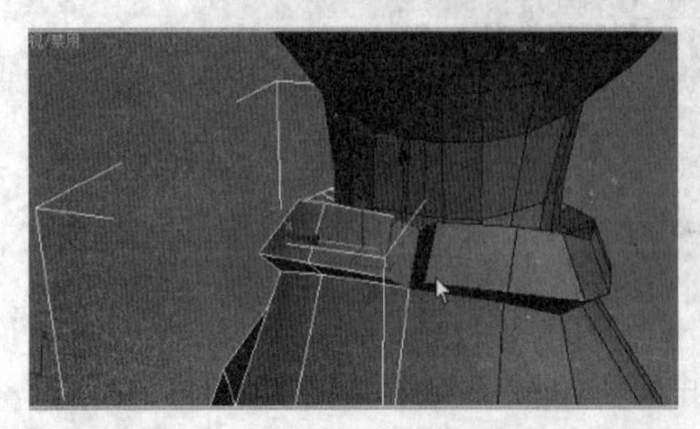

图 8.107　删除多余的面

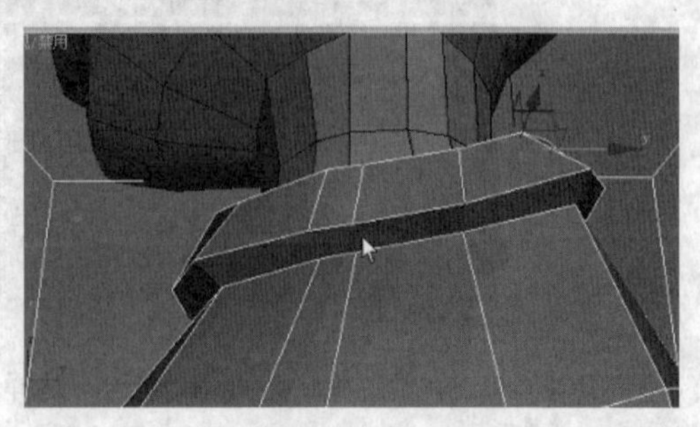

图 8.108　选择下侧的边

图 8.109　添加线段并调整

图 8.110　再次添加线段并调整

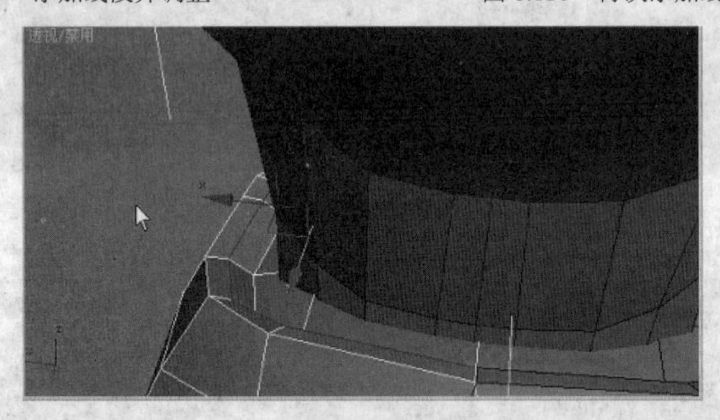

图 8.111　在领子上方添加线段

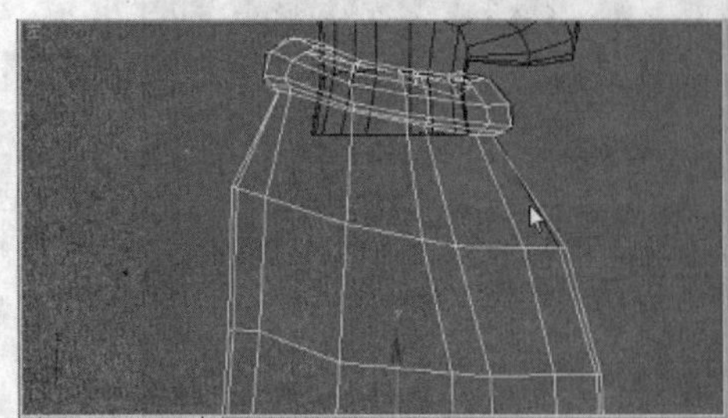

图 8.112　完成“领子”的制作

⑦ 选择左侧的一半身体，右击执行“孤立当前选择”命令，如图 8.113 所示。调整如图 8.114 所示的点。切换到“多变形”层级下，选择如图 8. 115 所示的红色面，右击执行“挤出”命令，并用缩放工具沿 X 轴向外拉伸，使这个面上所有的点均处于同一平面上。

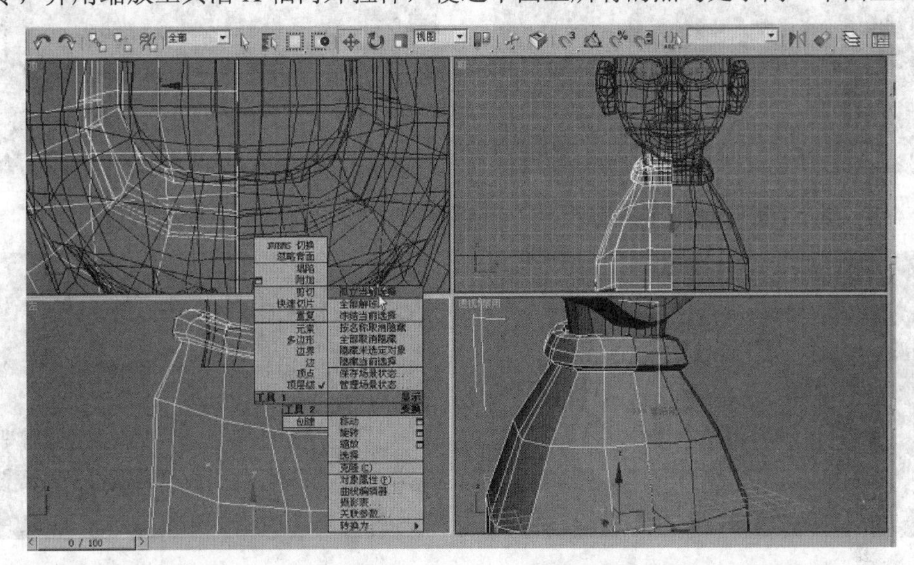

图 8.113 孤立当前选择

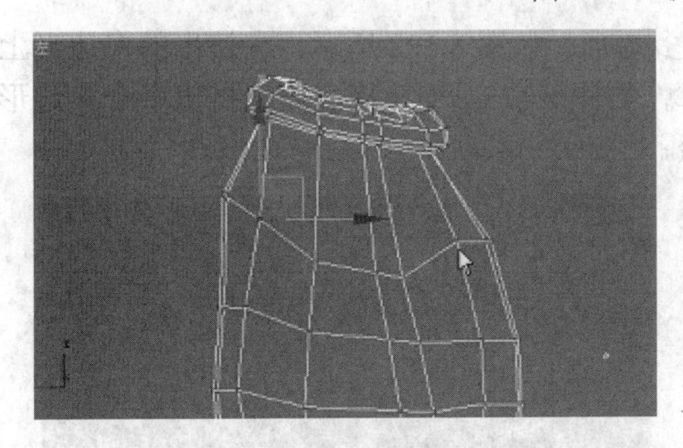

图 8.114 调整各点

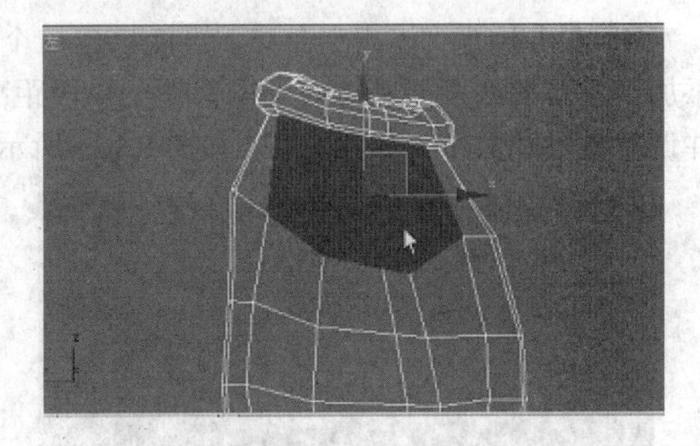

图 8.115 选择红色的面

⑧ 在挤出的多边形上添加一条边，并把上面的几条线段向上稍提，如图 8.116 和图 8.117 所示。切换到左视图，调整卡通人物的手臂形状，如图 8.118 所示。选择如图 8.119 所示面上的线段，右击执行“删除”命令。再次选择这个面，如图 8.120 所示，右击执行“插入”命令，向里侧缩放，如图 8.121 所示。

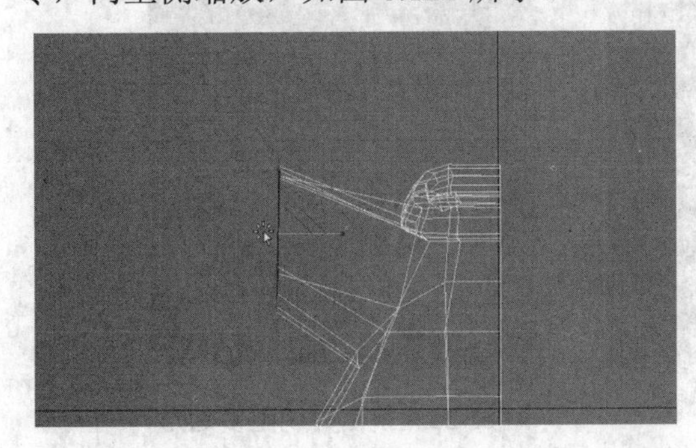

图 8.116 “挤出”多边形

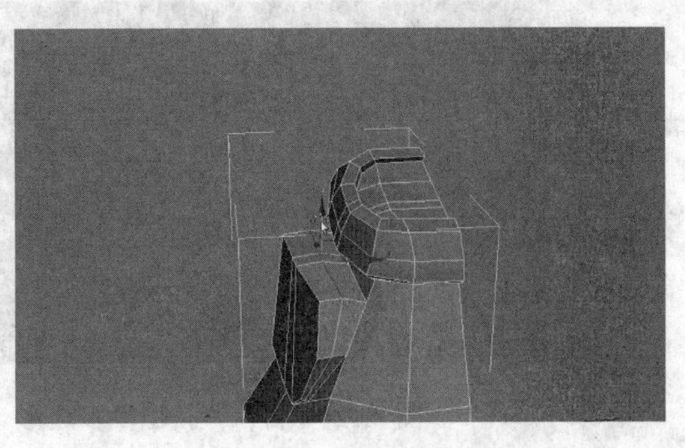

图 8.117 添加边

图 8.118 调整手臂形状

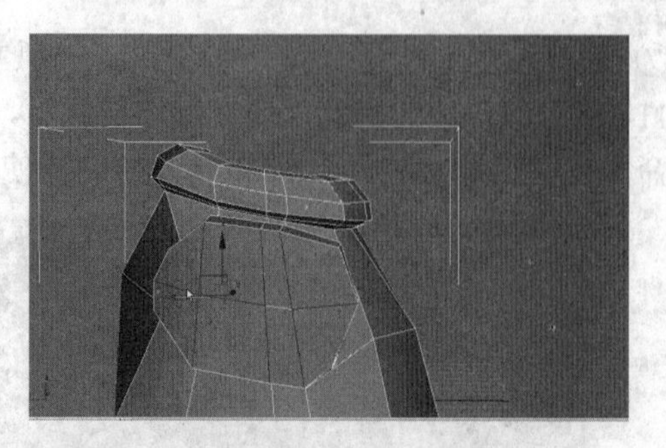

图 8.119 选择线段

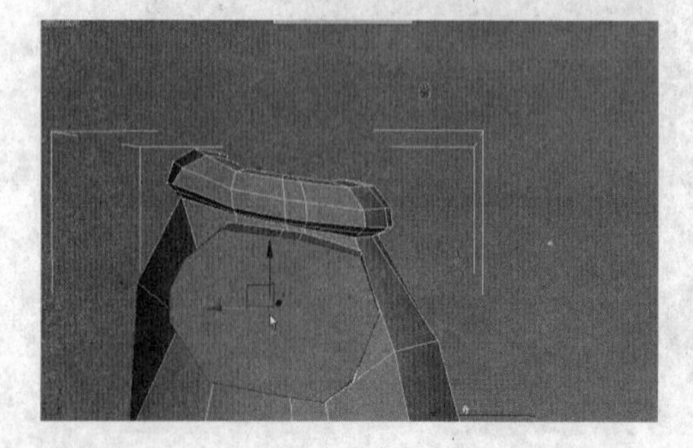

图 8.120 选择面

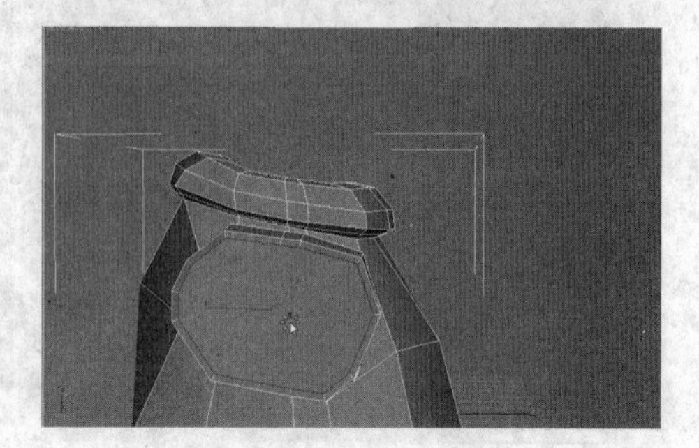

图 8.121 “插入”面

⑨ 右击执行“挤出”命令，再次挤出一个多边形，如图 8.122 所示。在挤出的多边形上，添加一条新的线段并整体向上方移动一小段距离，如图 8.123 所示。接着连续挤出多个多边形，并调整位置和大小，如图 8.124 和图 8.125 所示。

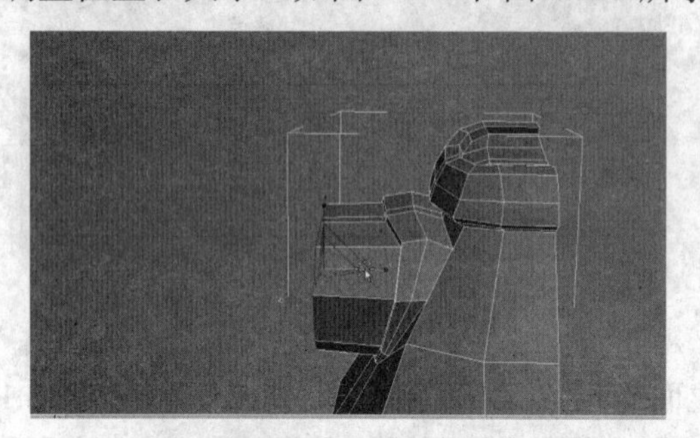

图 8.122 “挤出”多边形

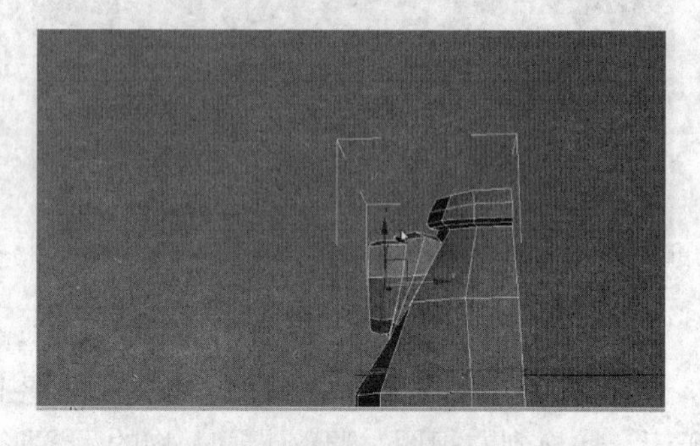

图 8.123 添加新的线段并整体上移

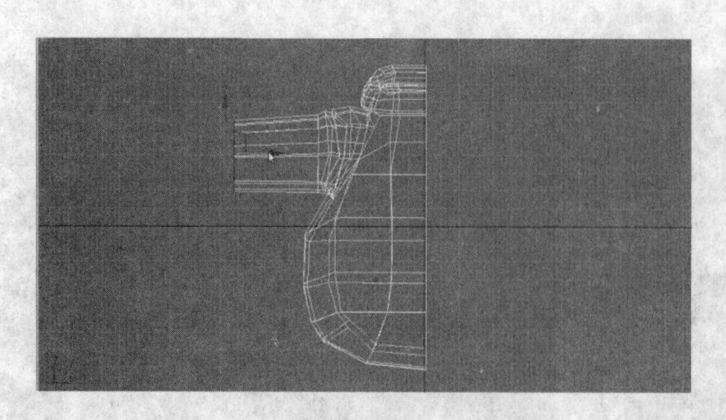

图 8.124 再次“挤出”多边形

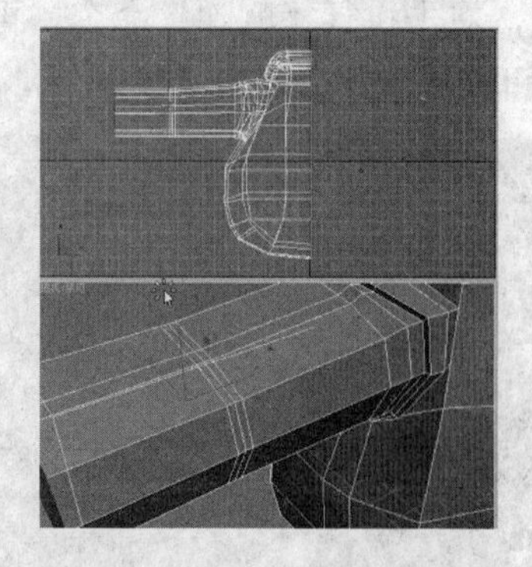

图 8.125 挤出并调整多边形

⑩ 删除领子上多余的面，如图 8.126 所示，然后关闭“孤立当前选项”命令面板，隐藏

头部，进行光滑后渲染，最终效果如图 8.127 所示。

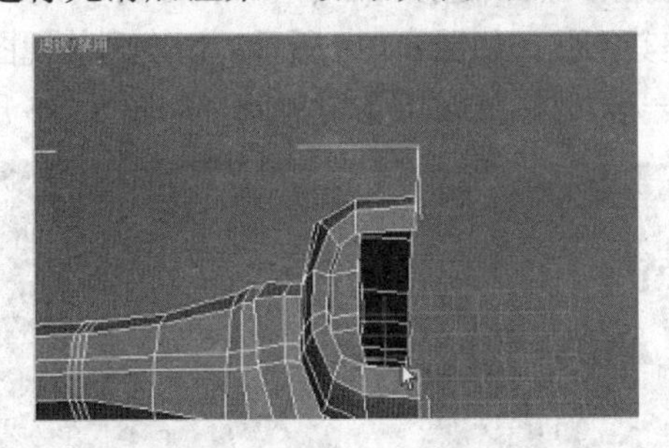

图 8.126　删除多余的面

图 8.127　最终效果图

## 8.1.3 制作卡通人物的裤子

通过对“长方体”（box）的修改，编辑多边形，从而完成对裤子模型的制作。

① 单击“标准几何体”中的“长方体”选项，创建一个长方体，右击执行“转化为可编辑多边形”命令，添加两条线段，如图 8.128 所示。切换到“顶点”层级，调整各点位置，如图 8.129 所示。再次切换到“边”层级下，选择如图 8.130 所示的 4 条边，右击执行“连接”命令，添加两条新的边，如图 8.131 所示。

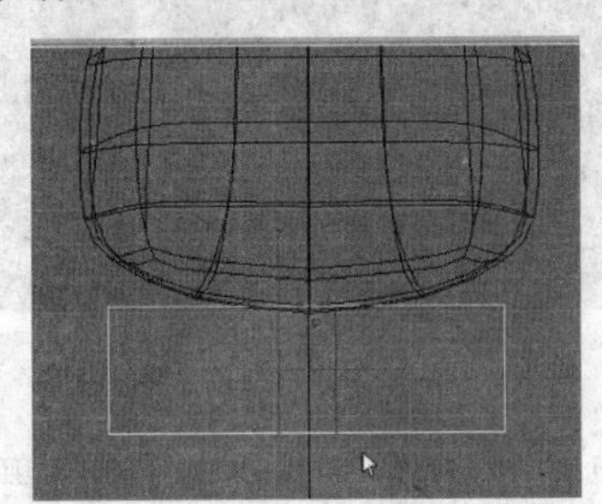

图 8.128　插入 2 条线段

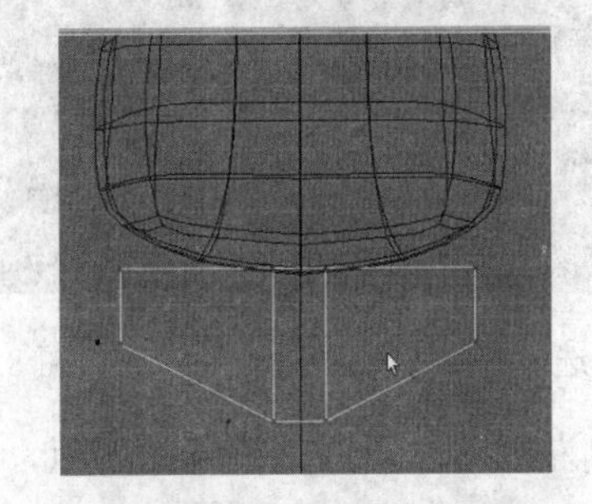

图 8.129　调整形状

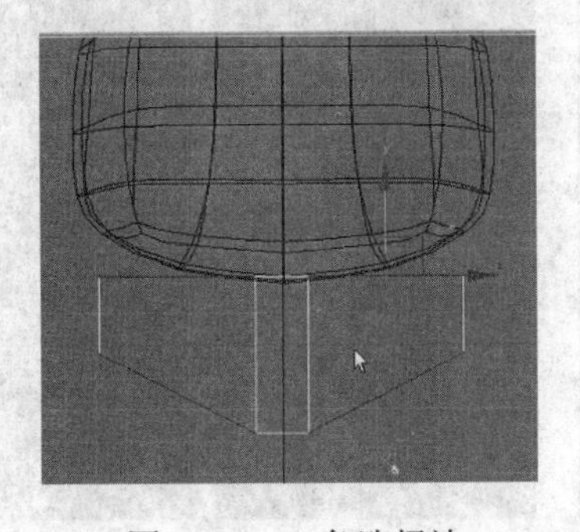

图 8.130　4 条选择边

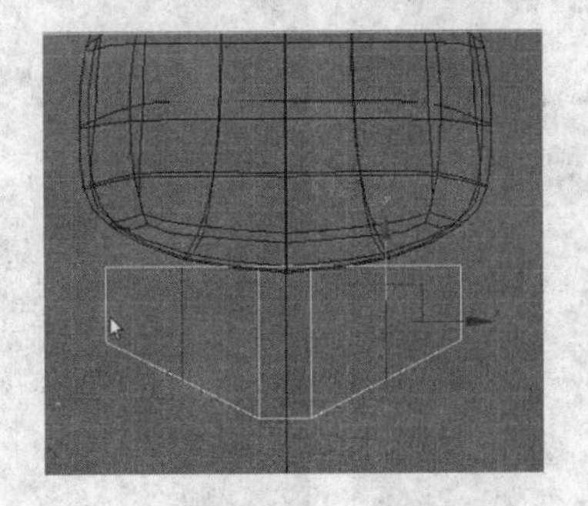

图 8.131　添加新边

② 框选纵向的各条线段，右击执行“连接”命令，添加 1 条新的线段，如图 8.132 所示。然

后切换到左视图中，选择所有横向的线段，单击右键菜单中“连接”命令左侧的小方块，如图 8.133 所示，设置边数为 1，单击“确定”按钮，并调整其形状，如图 8.134 所示。切换到前视图中，在中心位置处添加 1 条纵向的线段，并框选右侧的一半，按【Delete】键删除，如图 8.135 所示。

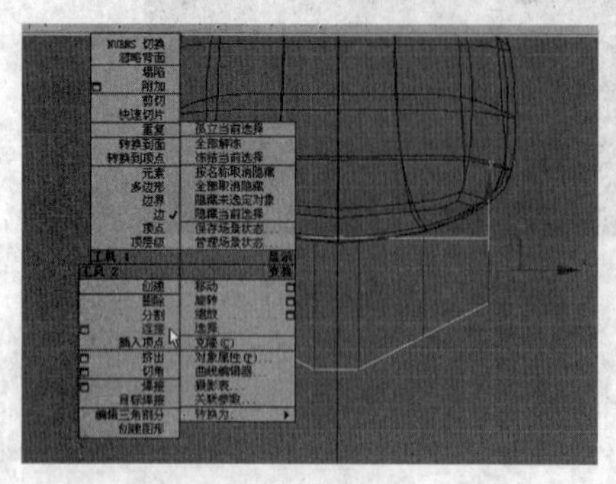

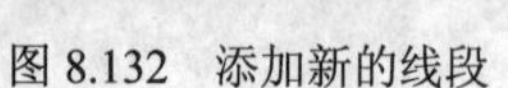
图 8.132　添加新的线段

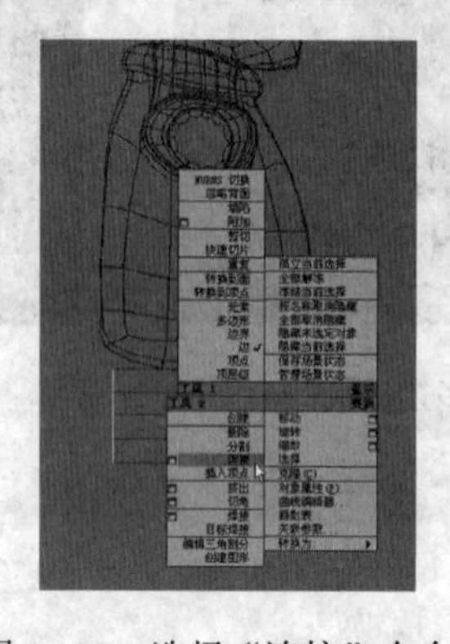
图 8.133　选择“连接”命令

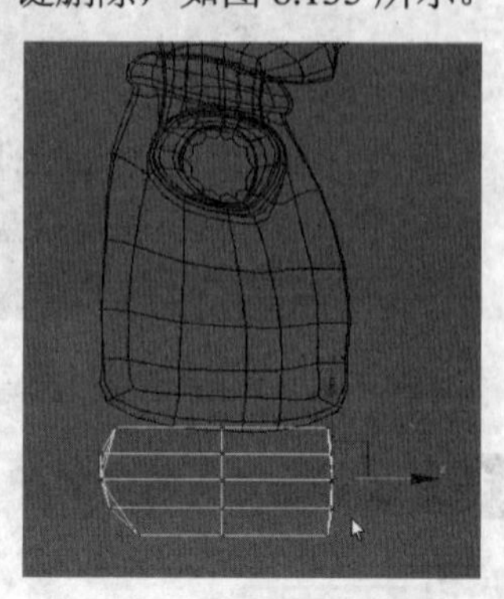
图 8.134　调整形状

③ 切换到透视图中，选择如图 8.136 所示的 4 个多边形。右击执行“挤出”命令，挤出 4 个多边形，并调整其各点位置，如图 8.137 所示。取消可编辑模式，单击工具栏中的“镜像”工具，勾选“实例”选项，屏幕中出现裤子的另一半，如图 8.138 所示，然后调整裤子大小和膝盖处各点的位置，如图 8.139 所示。

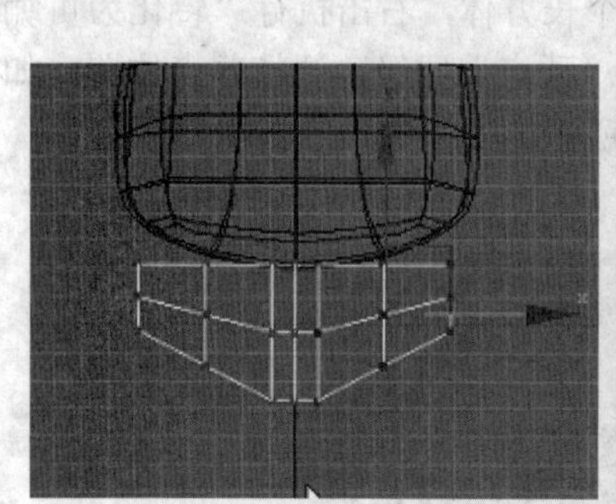
图 8.135　选择右侧线段删除

图 8.136　选择 4 个多边形

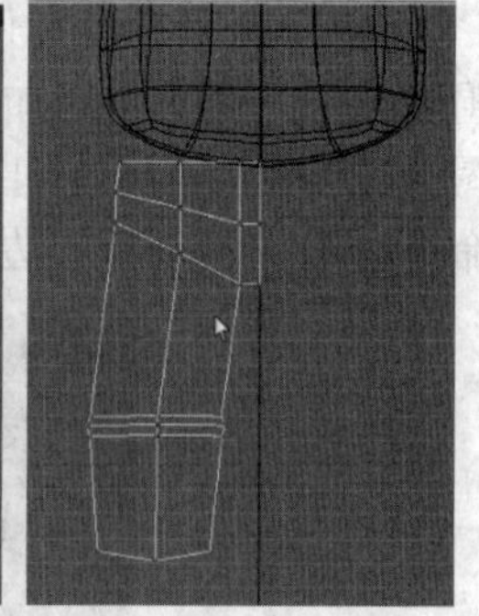
图 8.137　“挤出”多边形

④ 切换到左视图中，调整裤子的各点，如图 8.140 所示。调整完毕后，再次回到透视图

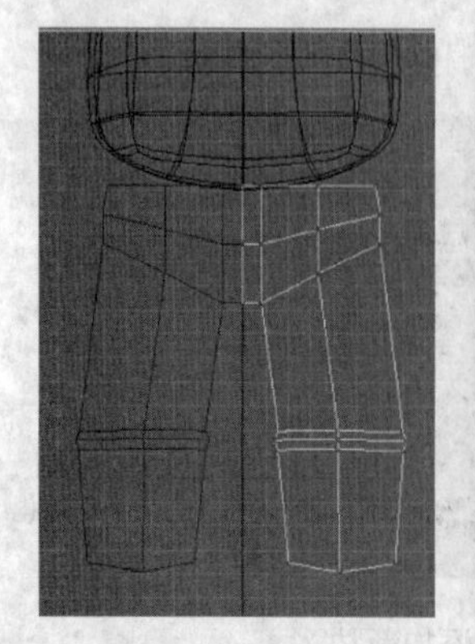

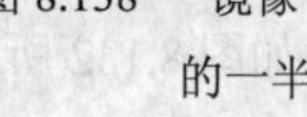
图 8.138　“镜像”右侧的一半

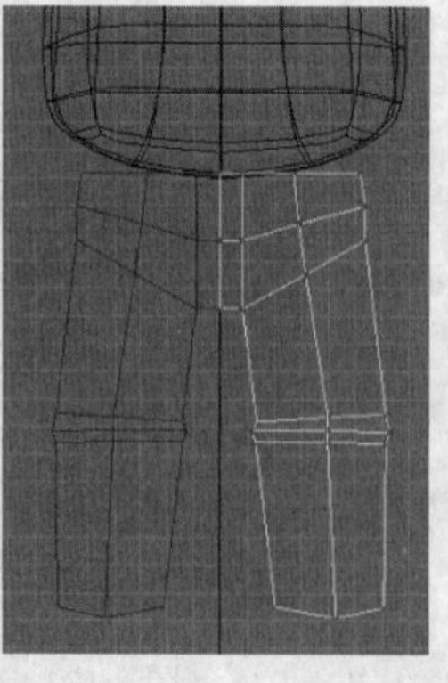
图 8.139　裤子大小和膝盖处点的调整

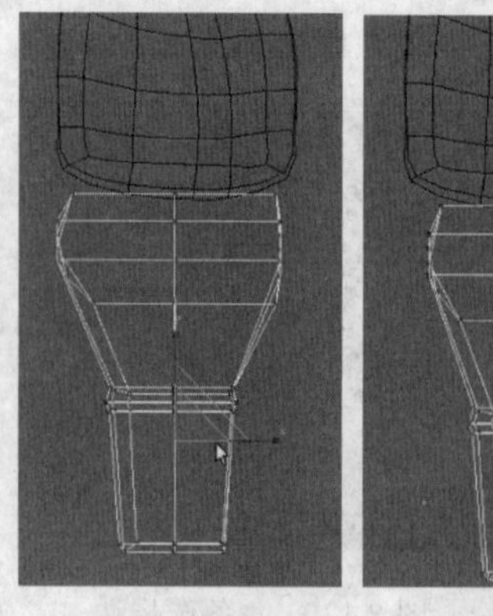

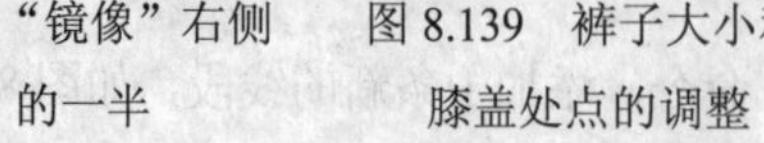
图 8.140　调整各点

中，继续调整各点，并在骨盆位置添加两条边，然后在裤脚位置挤出如图 8.141 所示的多边形。

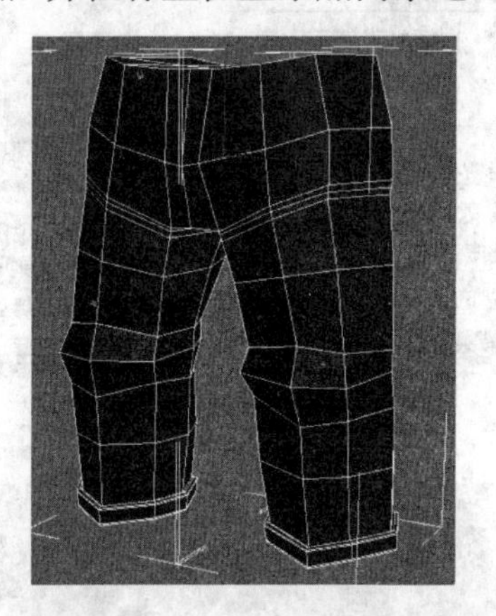

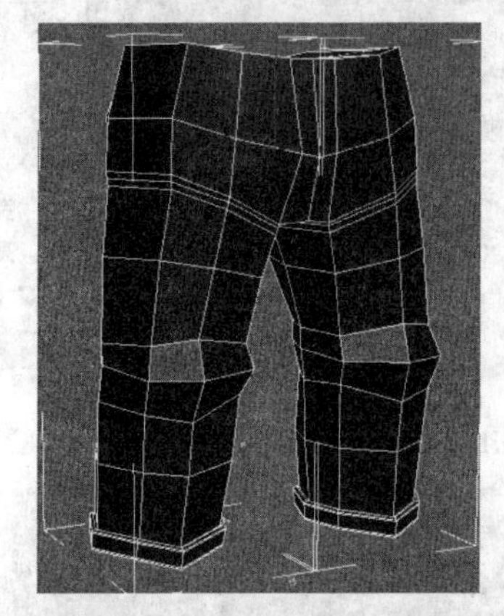

图 8.141 挤出多边形

⑤ 最后，在左视图、前视图和后视图中分别进行调整，调整完毕后卡通人物的裤子就制作完成了，裤子的最终效果如图 8.142 所示。

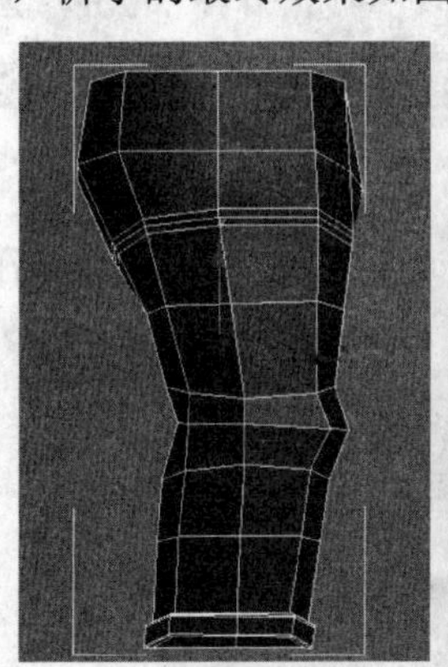

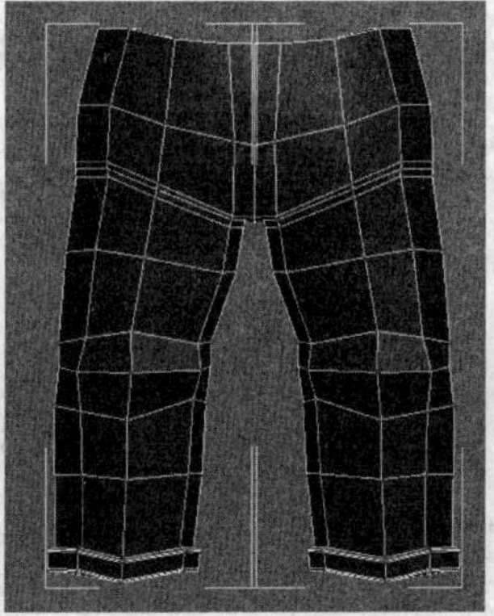

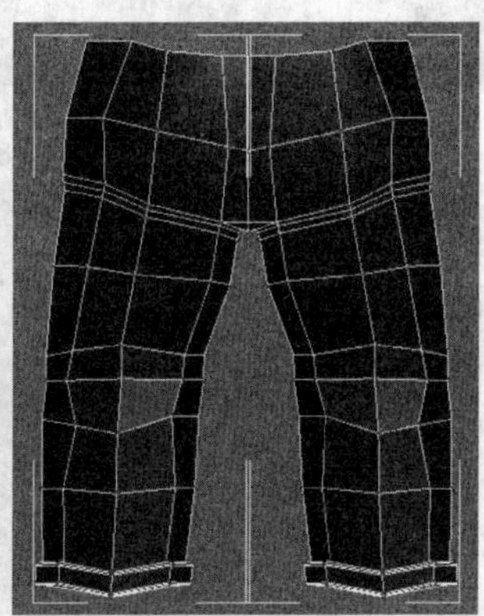

图 8.142 完成图

### 8.1.4 制作卡通人物的手和鞋子

通过本例制作，学会如何制作出类似于真实人物的手和鞋子等，在具体的操作过程中可以依据实际需要在细节上进行调整，并学习几个新命令，如“从边旋转”命令。

（1）制作卡通人物的手

① 新建长 29.734、宽 36.799、高 10.009 的长方体（box），如图 8.143 所示。右击执行“转化为可编辑多边形”命令，选择如图 8.145 所示弹出的面，单击如图 8.144 所示“多边形”层级属性下方的【编辑多边形】卷展栏中的“从边旋转”命令右侧的小方块，单击“拾取转枢”，拾取如图 8.145 所示鼠标指针位置的边。

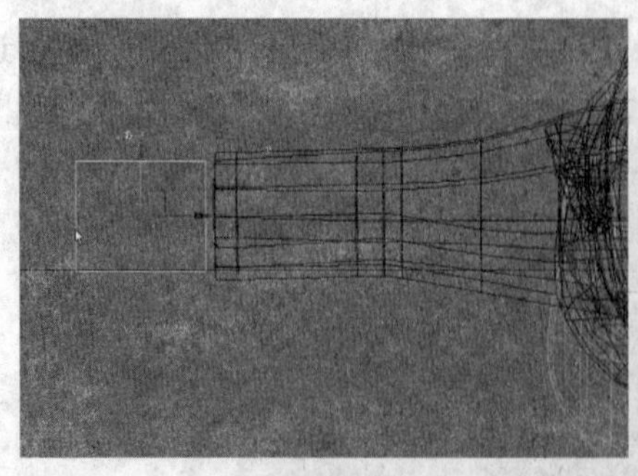

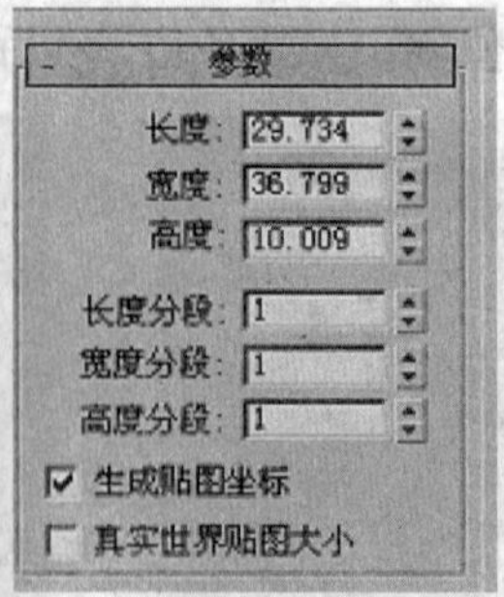


图 8.143　创建长方体

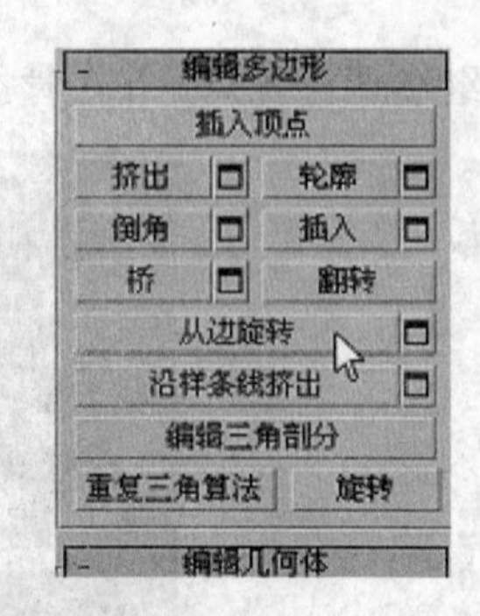


图 8.144　选择“从边旋转”命令

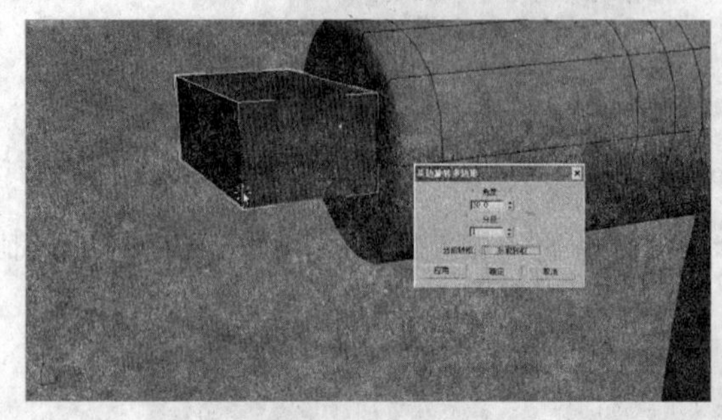

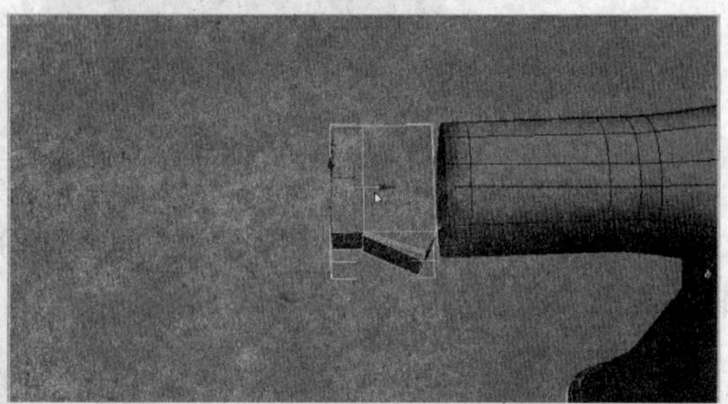

图 8.145　执行“从边旋转”效果

② 在顶视图中使用“挤出”工具，挤出多个多边形，并调整形状，然后添加新的线段，如图 8.146 和图 8.147 所示。

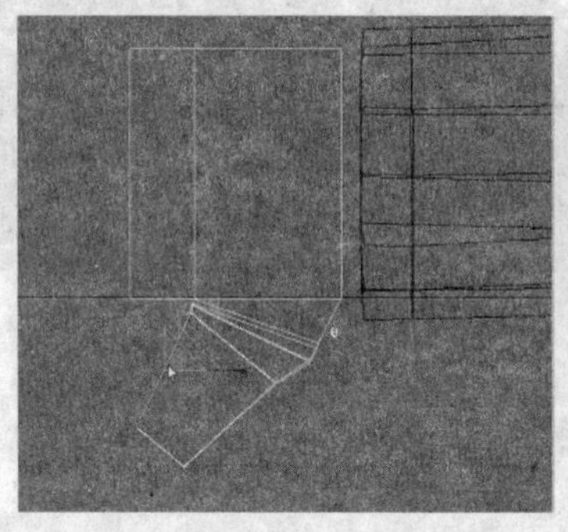

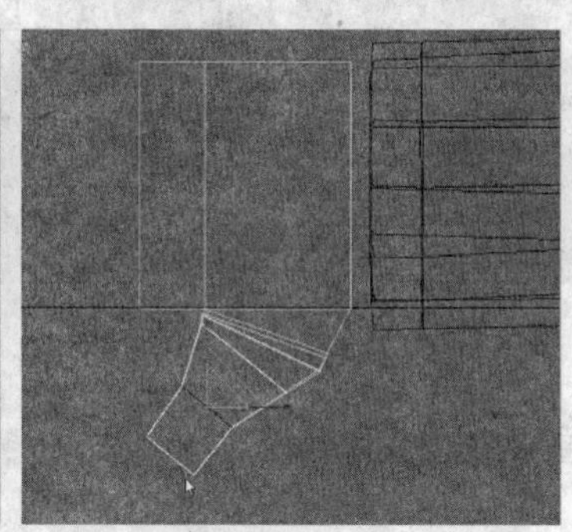

图 8.146　挤出多边形并调整为拇指形状

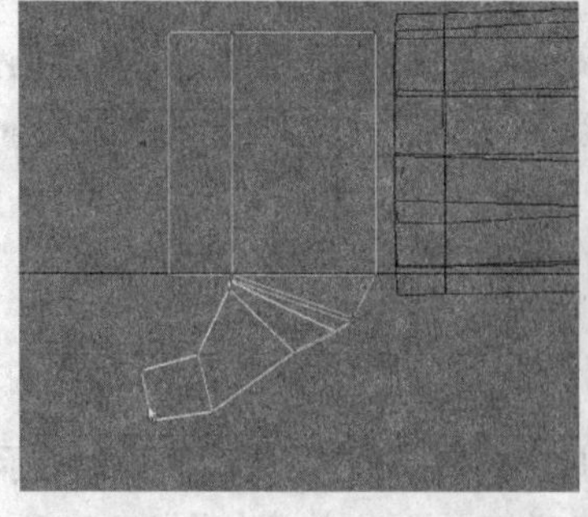

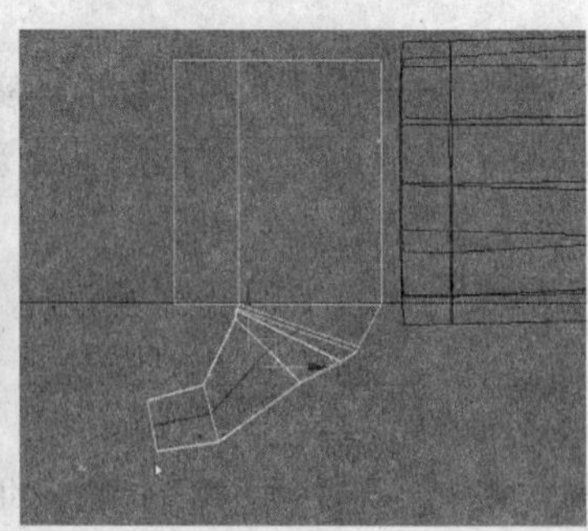

图 8.147　添加线段

③ 单击右键菜单中“连接”命令左侧的小方块，添加 3 条线段，单击“确定”按钮，然

后右击执行“切角”命令，将这3条线段变为6条线段，如图8.148所示。进一步调整手的大体形状，并添加一条新的线段，如图8.149所示。

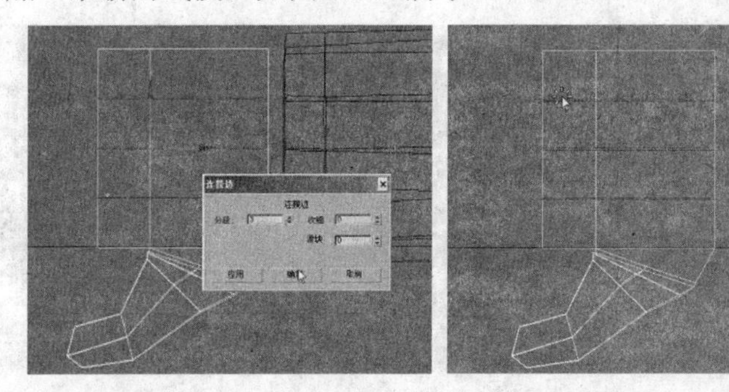

图8.148 添加线段

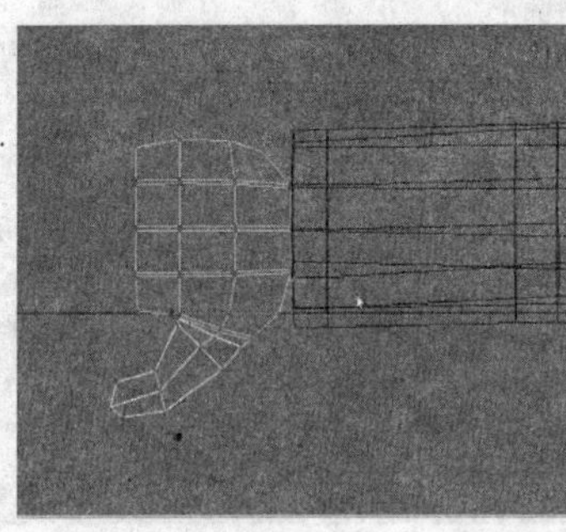

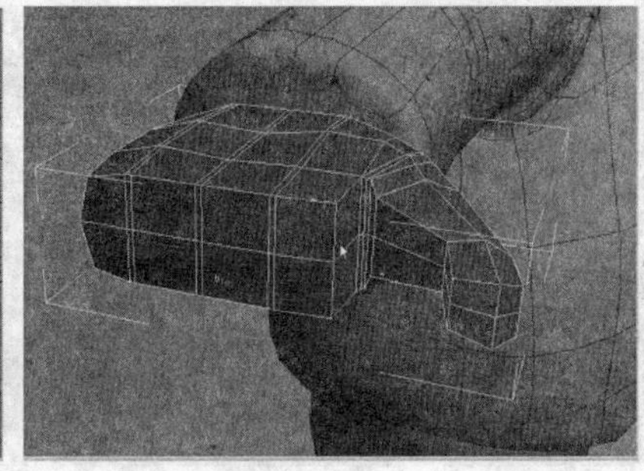

图8.149 调整手的雏形

④ 选择如图8.150所示的8个面，右击执行“插入”命令，向内缩放。完成后，右击执行“挤出”命令，挤出4个多边形的手指，然后框选挤出的手指，向外拖拽进行调整，如图8.151所示。

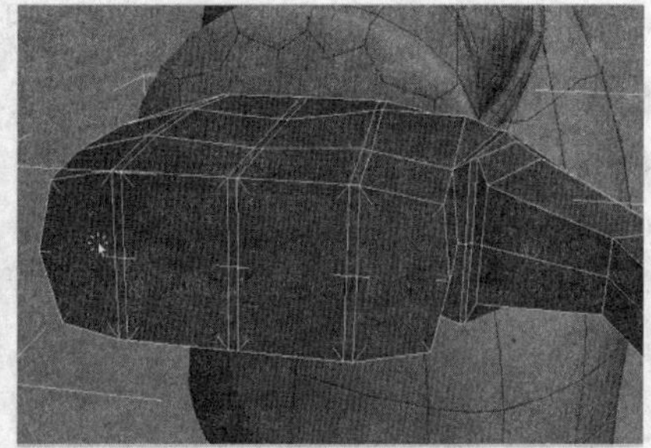

图8.150 “插入”新面

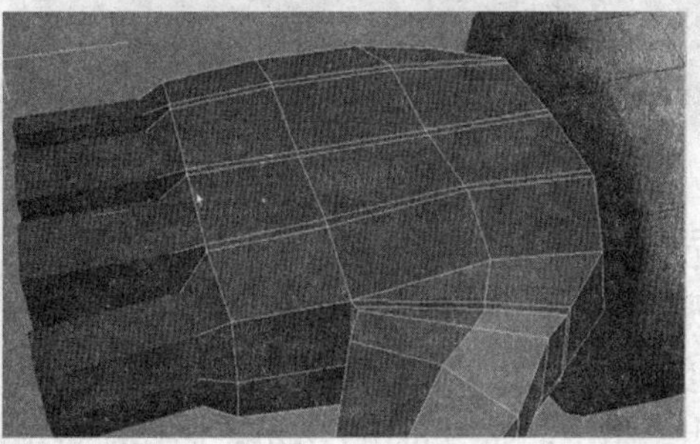

图8.151 调整挤出的手指

⑤ 调整挤出的手指形状，如图 8.152 所示。选择手指上面的 4 条线段，使用“环形”命令或组合键【Alt+R】选择线段，右击执行“连接”命令，如图 8.153 所示。

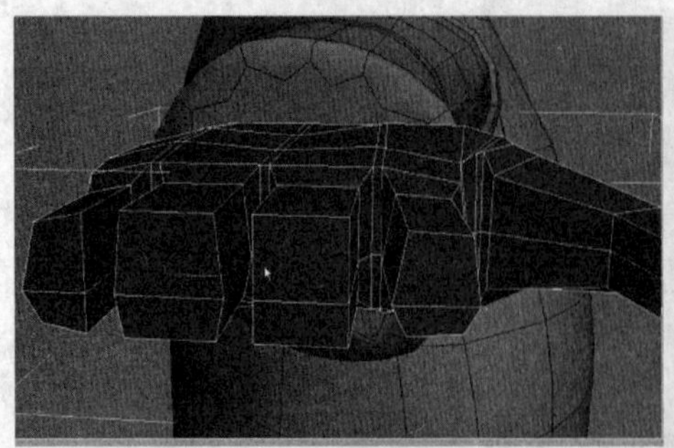
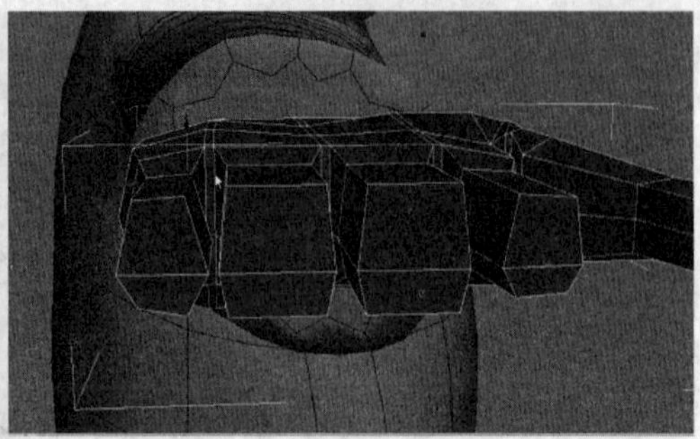

图 8.152　调整手指形状

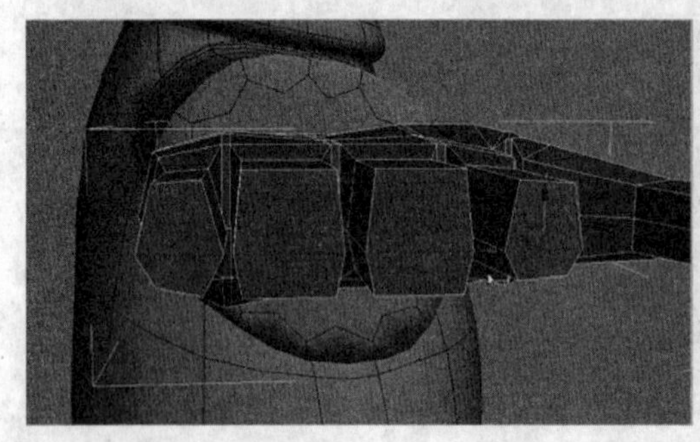
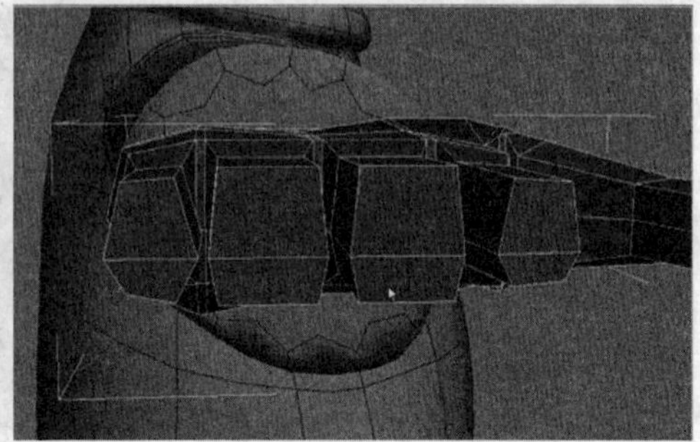

图 8.153　添加线

⑥ 右击执行“隐藏未选中对象”命令，隐藏除手以外的其他部分。在 4 个手指的中部分别添加 3 条线段，如图 8.154 所示。然后选择手后的 8 个面，如图 8.155 所示，右击执行“挤出”命令，挤出一个多边形再调整形状，如图 8.156 所示。

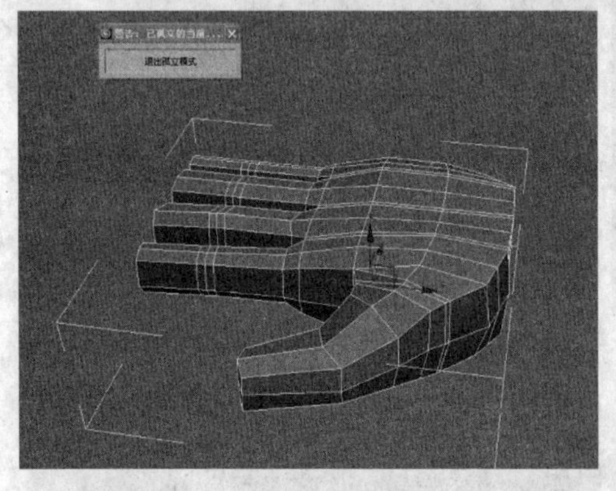

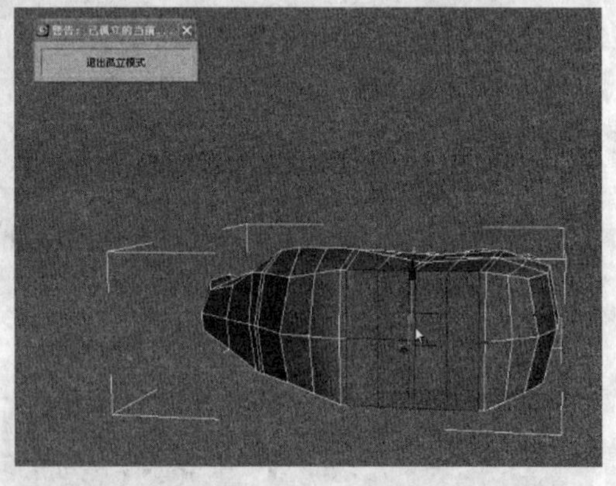


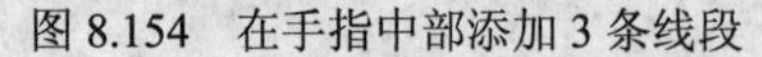

图 8.154　在手指中部添加 3 条线段

图 8.155　选择 8 个面

⑦ 选择手指的四个面，右击执行“倒角”命令，进行两次操作，如图 8.157 所示。然后在顶视图中进一步调整手的形状，如图 8.158 所示。

⑧ 选择如图 8.159 所示的面，右击执行“插入”命令，缩放这 4 个面，并用“挤出”命令挤出手指甲，如图 8.160 所示。选择新挤出的手指甲前侧的两个面，再次挤出一个新的多边形并调整形状，如图 8.161 所示。进一步调整外形，如图 8.162 所示。

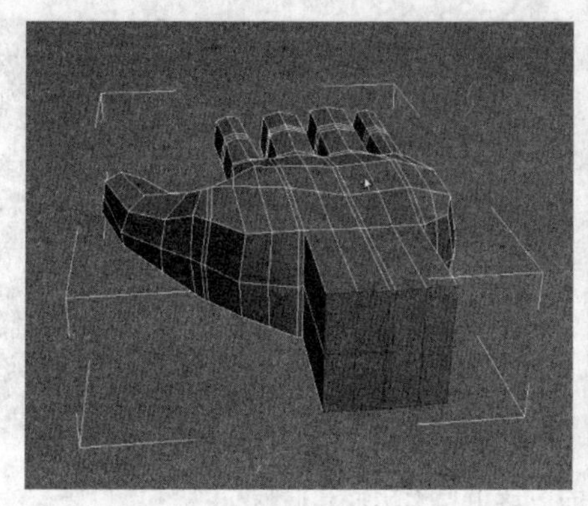
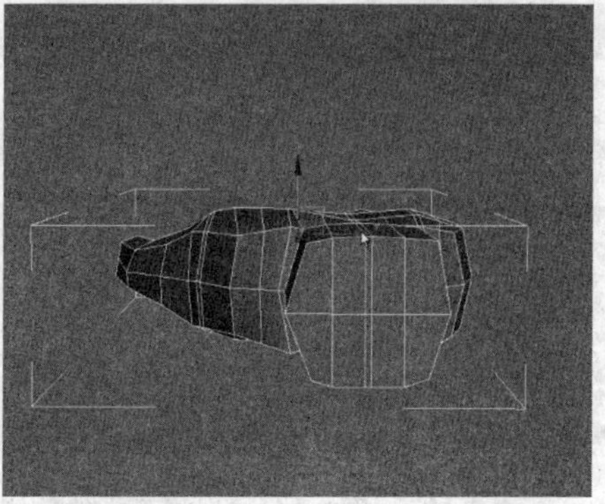

图 8.156 “挤出”多边形并调整

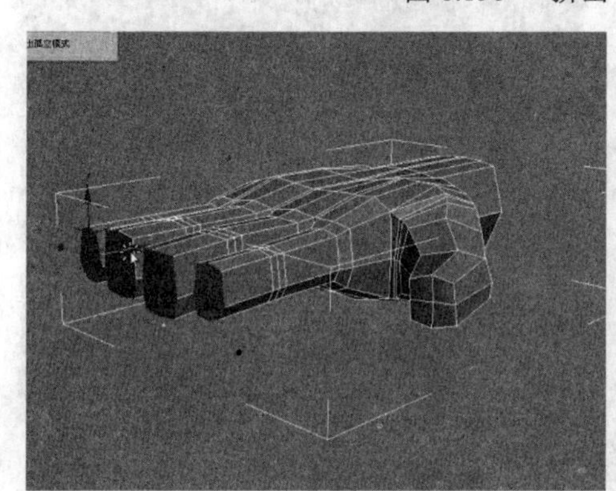
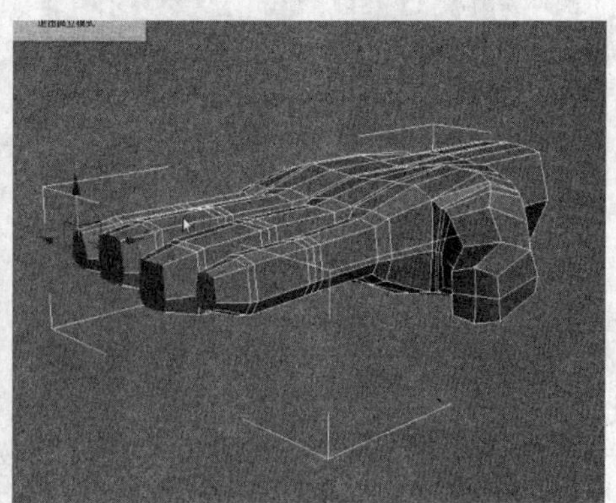

图 8.157 “倒角”

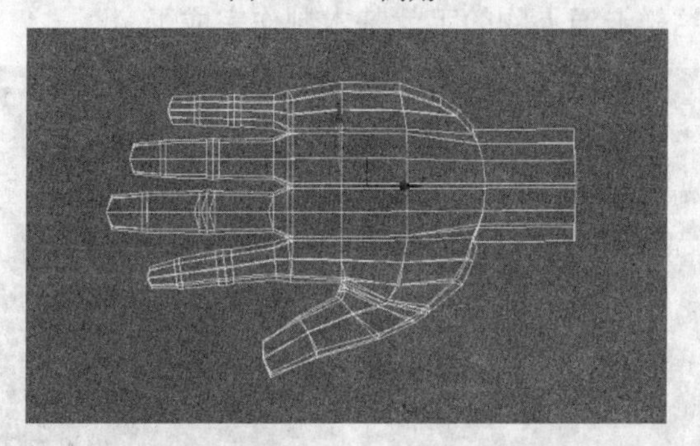

图 8.158 调整形状

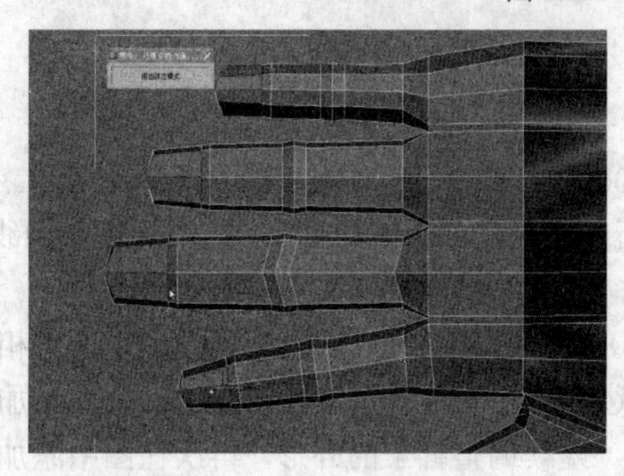

图 8.159 选择手指上侧的面

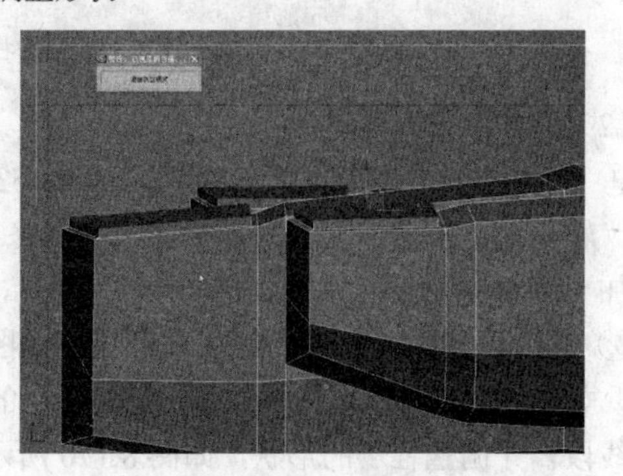

图 8.160 挤出手指甲

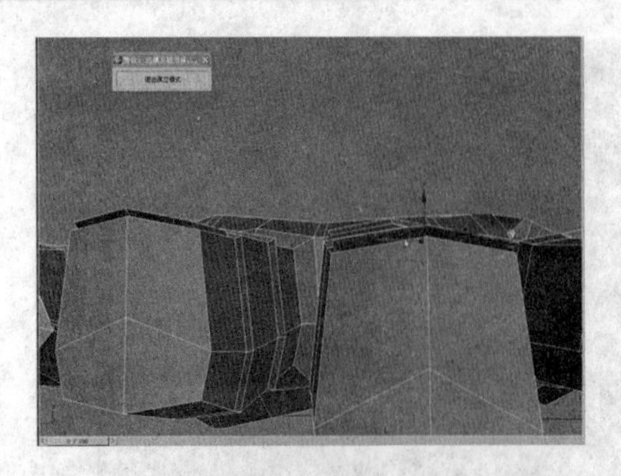

图 8.161　选择手指的前侧面“挤出”多边形并调整

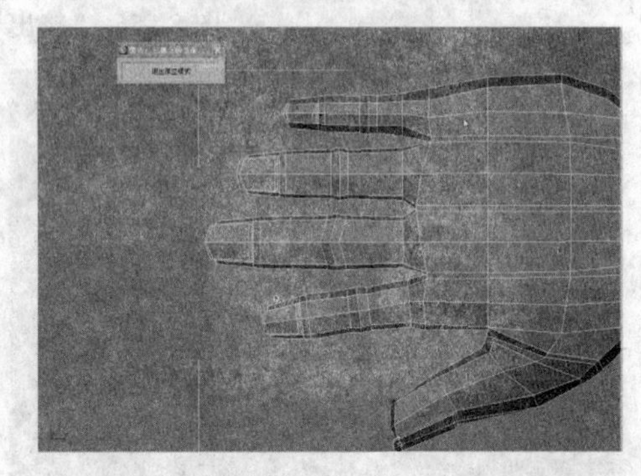

图 8.162　调整完成后的效果

⑨ 在手掌的上方添加一条新的线段，切换到“顶点”层级，选择如图 8.163 中所示的 4 个点沿 Y 轴向上移动。这样卡通人物的手就基本制作完成了。

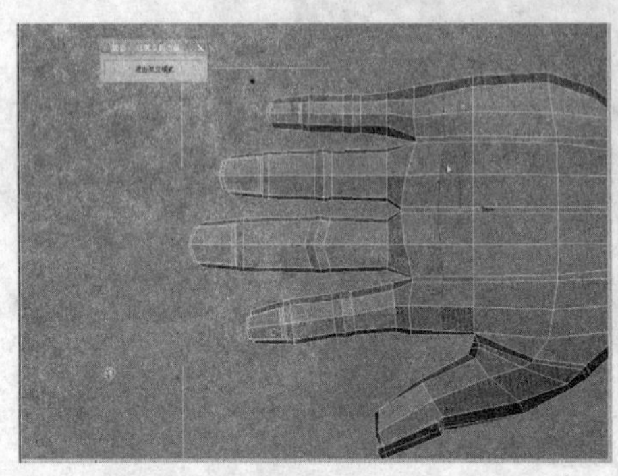

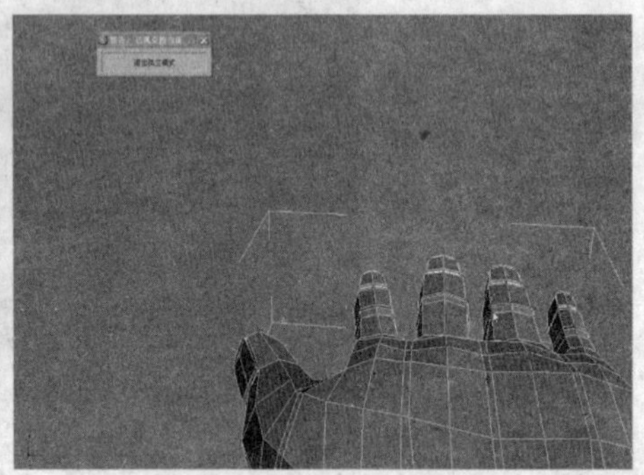

图 8.163　选择 4 个点并调整

（2）制作卡通人物的鞋子

① 新建一个长、宽、高分别为 22.743、53.068、14.621 的长方体，如图 8.164 所示。右击执行“转化为可编辑多边形”命令，添加 2 条新的线段，如图 8.165 所示。框选纵向的线段，再添加一条新的线段，如图 8.166 所示。

② 在前视图中调整鞋子的基本形状，如图 8.167 所示。然后切换到顶视图中调整相应的形状，如图 8.168 所示。选择如图 8.169 所示的边，在中间位置和鞋子的前半部分各添加一条新的线段，并调整鞋子的形状，如图 8.170 所示。继续调整鞋子的外形，再次在图中添加两条新的线段，如图 8.171 所示。

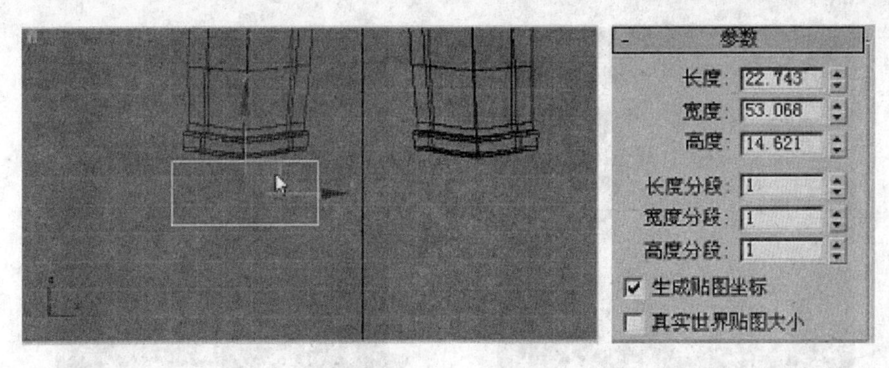


图 8.164 “长方体”参数

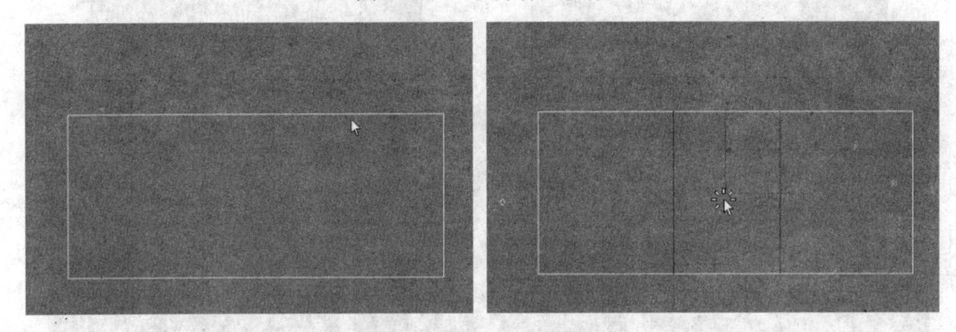

图 8.165 添加两条线段

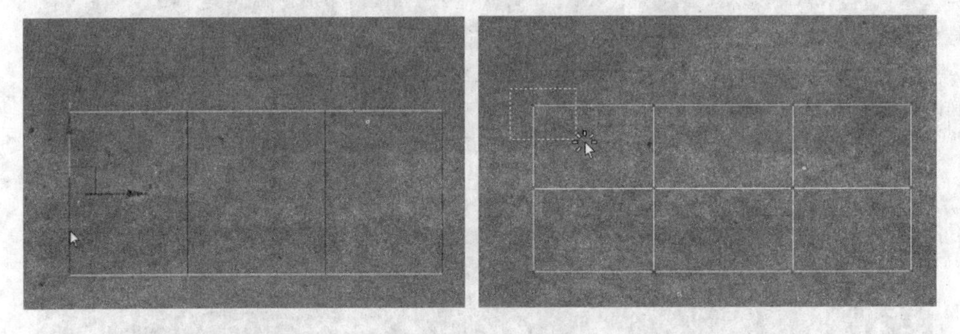

图 8.166 再次添加线段

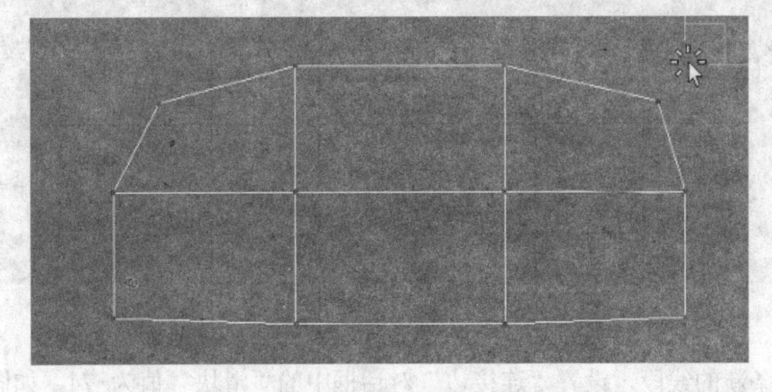

图 8.167 在前视图中调整鞋子的形状

③ 添加一条新的线段，并调整鞋子的形状，如图 8.172 所示。

④ 切换到左视图中调节各点的位置，如图 8.173 和图 8.174 所示。然后切换到前视图中继续进行调整，如图 8.175 所示。

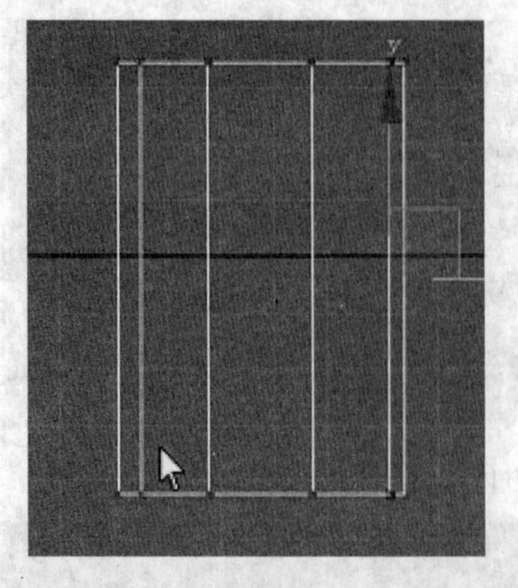

图 8.168　顶视图中调整

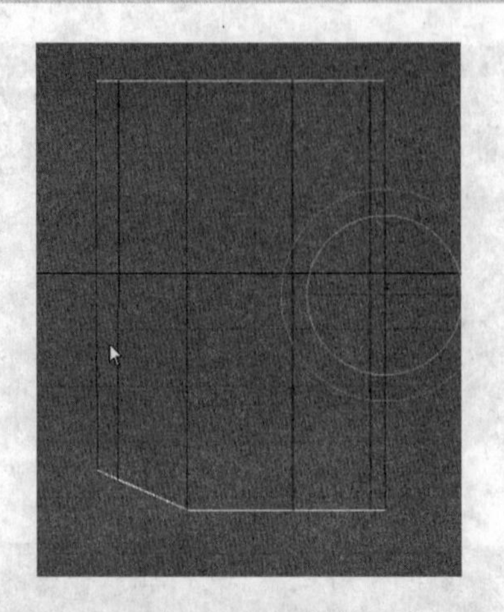

图 8.169　选择边

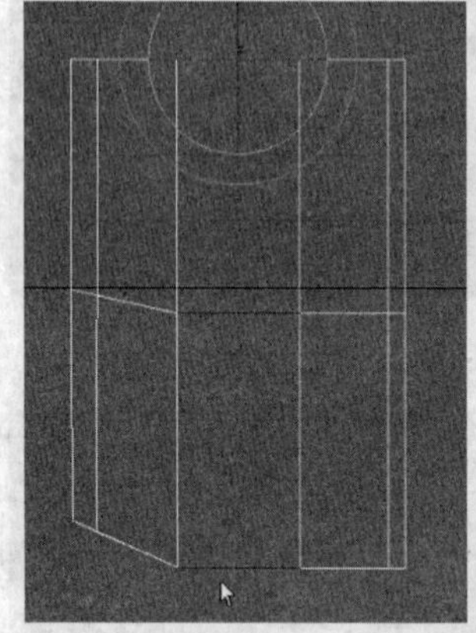

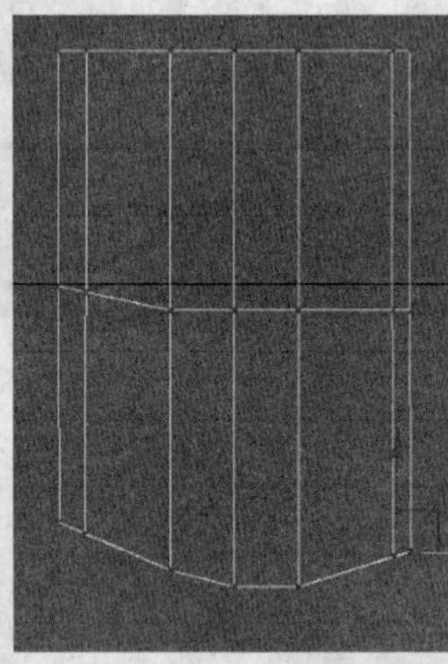

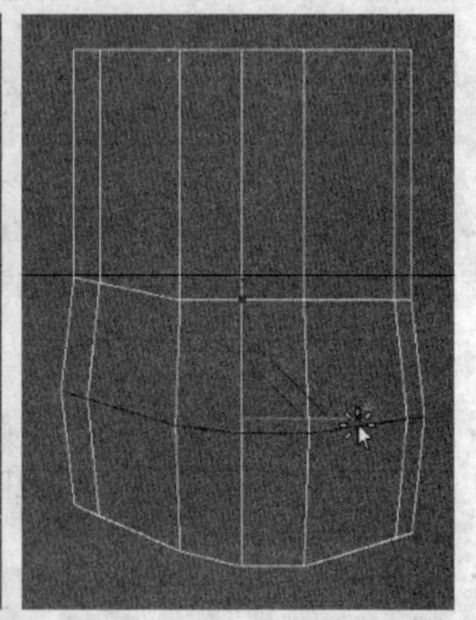

图 8.170　添加线段并调整形状

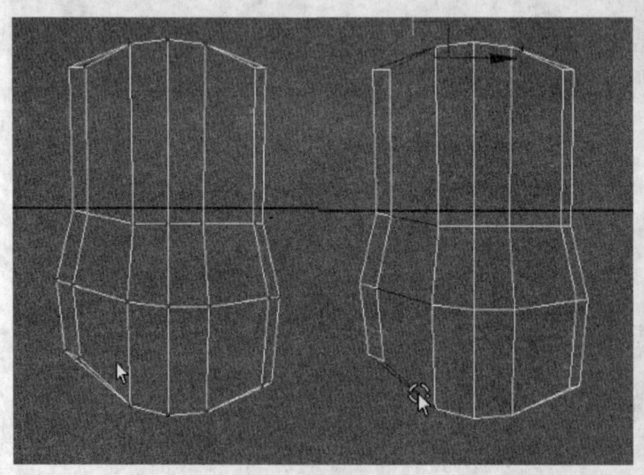

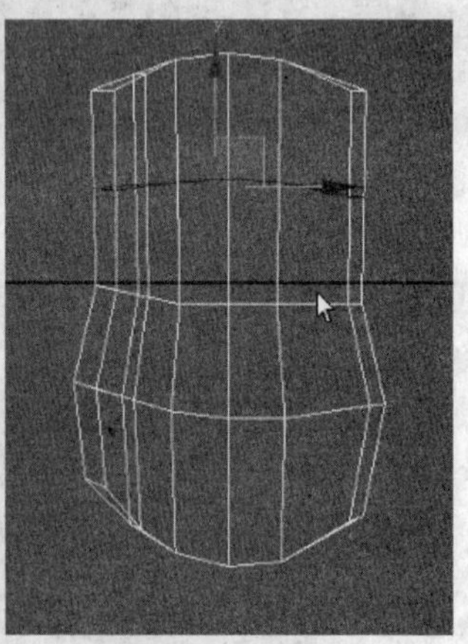

图 8.171　继续添线调整

⑤ 添加一条新的线段，设置“连接边”对话框中的“滑块”值为-74，如图 8.176 所示。框选这个面来制作鞋底，右击执行“挤出”命令，在弹出的对话框中设置“挤出高度”为 0.16，点选“局部法线”单选按钮，如图 8.177 所示。再添加一条线段，在弹出的对话框中设置“滑块”值为 97，如图 8.178 所示。在修改器面板中执行“网格平滑”命令，如图 8.179 所示，并在“细分方法”选项下将“迭代次数”的数值修改为 2，再查看效果。

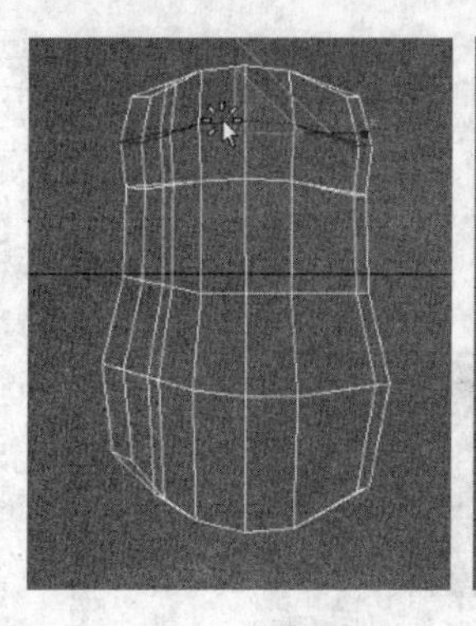
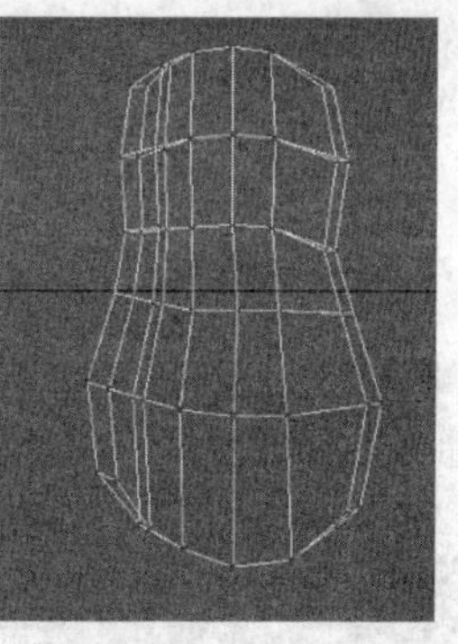

图 8.172 添加新的线段

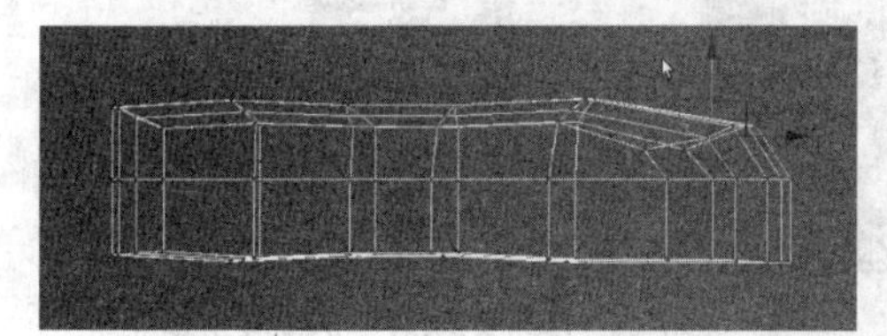

图 8.173 选择点

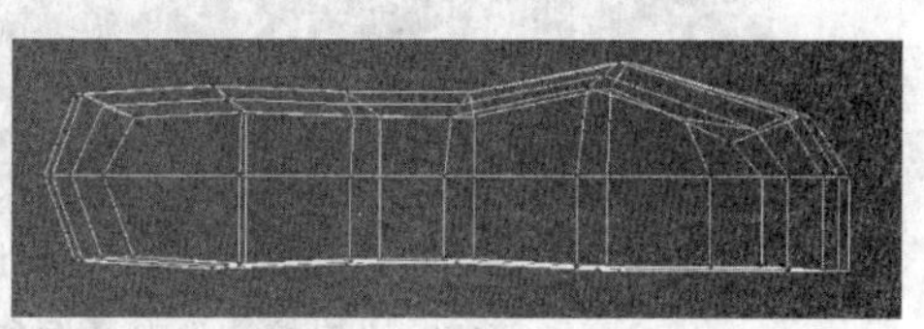

图 8.174 调整后的效果

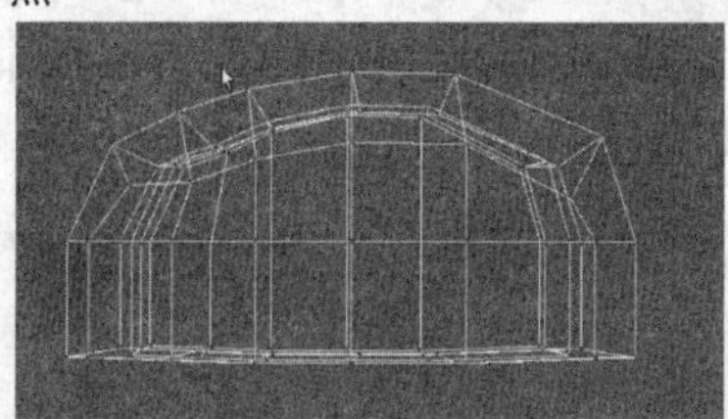

图 8.175 在前视图中调整形状

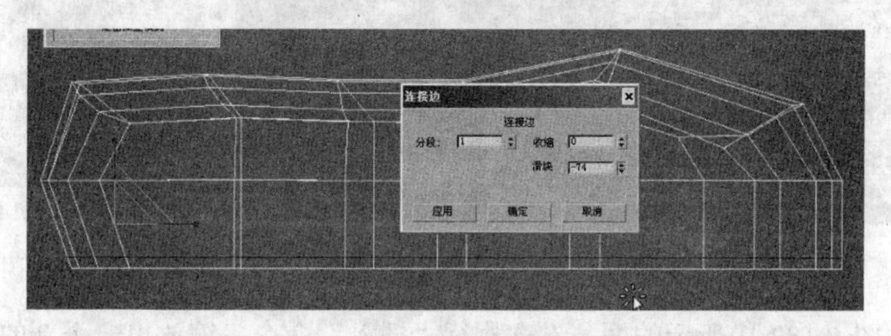


图 8.176 添加新的线段

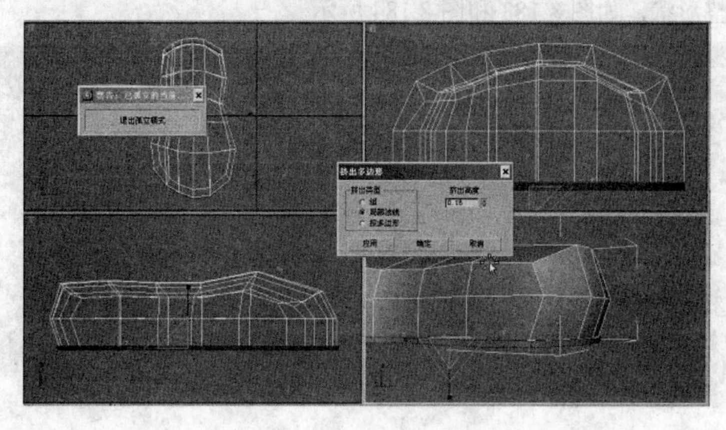


图 8.177 设置挤出多边形

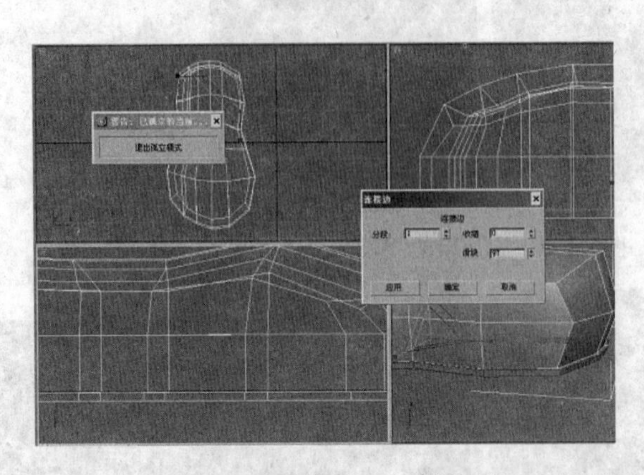

图 8.178 “连接边”对话框参数

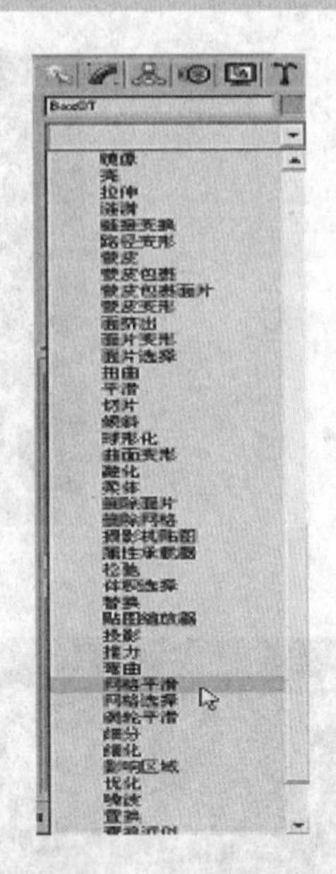

图 8.179 “网格平滑”

⑥ 切换到“顶点”层级，框选如图 8.180 所示的点，沿 Y 轴向下拉动一点距离进行调整。然后在顶视图中调整鞋子的形状，如图 8.181 所示。

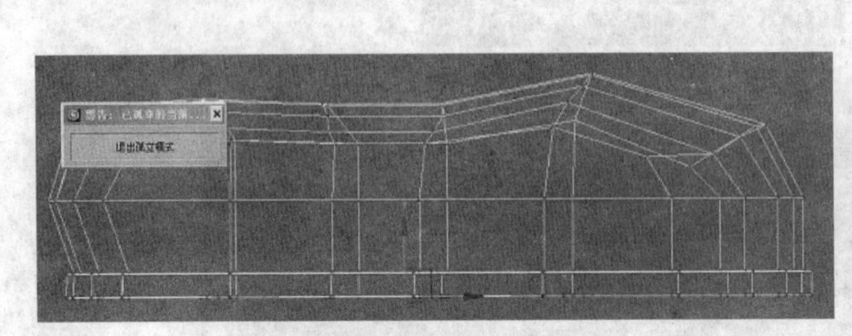

图 8.180 选择点并调整

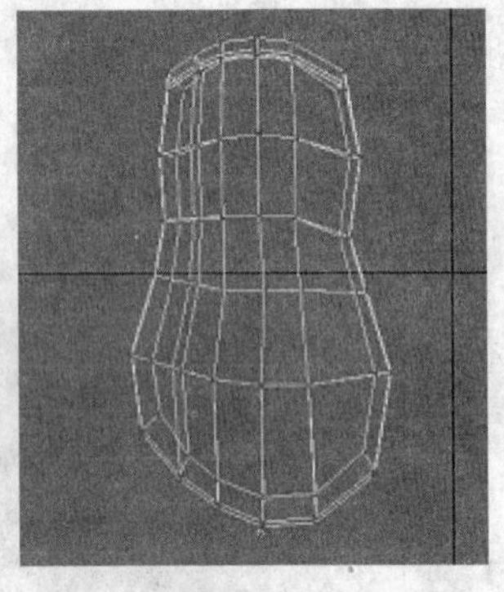

图 8.181 在顶视图中调整鞋的形状

⑦ 选择如图 8.182 中所示的面，右击执行“插入”命令，缩放出一个新的面。然后再挤出一个新面并调整形状，如图 8.183 和图 8.184 所示。

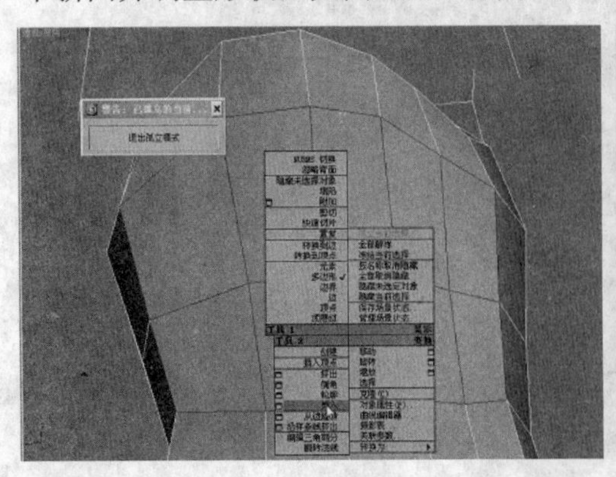

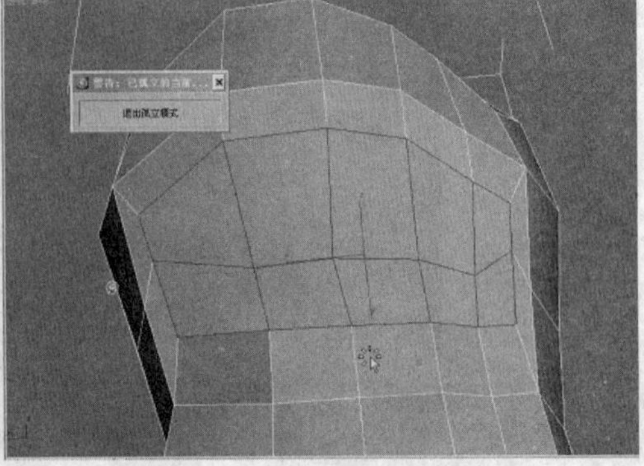

图 8.182 选择面并调整

图 8.183　形成新的面

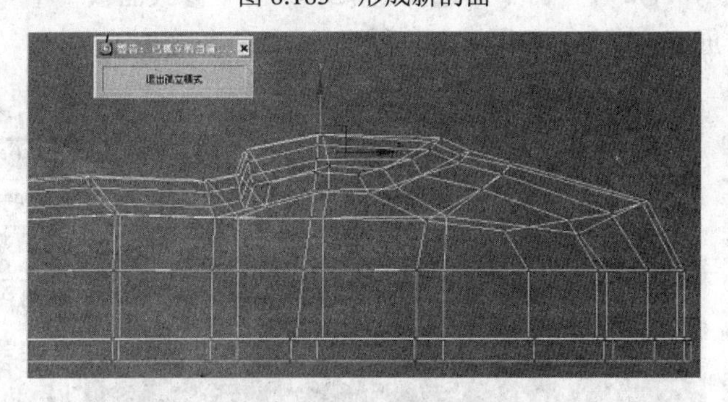

图 8.184　调整后效果

⑧ 单击工具栏中的“镜像”命令，在弹出的对话框中，把“克隆当前选择”设置为“复制”，如图 8.185 所示。最后查看效果，鞋子的制作就完成了。

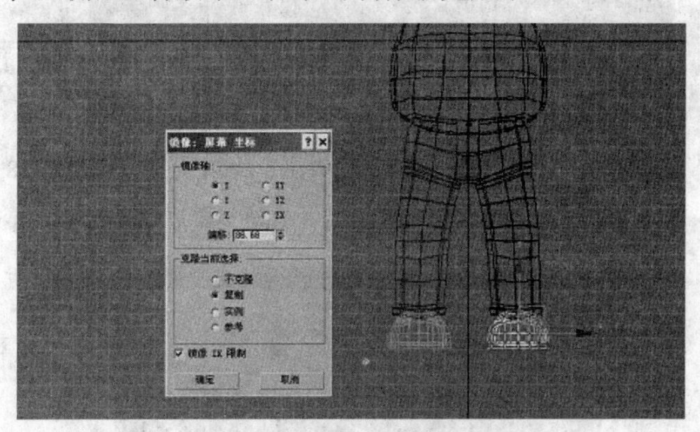

图 8.185　设置并完成鞋子制作

## 8.2　卡通人物贴图

本节介绍“展开 UVW”贴图的具体使用方法，还介绍怎样选择卡通人物的面与“UVW”命令结合。

### 任务目的

通过对卡通人物头部“展开 UVW”（简称“展 UV”）和“画贴图”的使用学习，掌握“UVW

贴图”的创建、修改以及使用方法和技巧。

① 启动 3ds Max 后，执行“文件”→“打开”命令，调入已经创建好的人物模型。打开卡通人物“小孩”文件，选择卡通人物模型的头部，然后在“修改”面板的“修改器列表”中选择“UVW 贴图”（UVW Mapping），如图 8.186 所示。单击下侧的“Box”选项，再单击“适配”工具将 Gizmo 适配到对象的范围并使其居中，如图 8.187 所示。

② 继续添加“展开 UVW”命令，选择对象，单击“修改面板”中“修改器列表”下的“对象空间修改器”，展开 UVW，如图 8.188 所示。

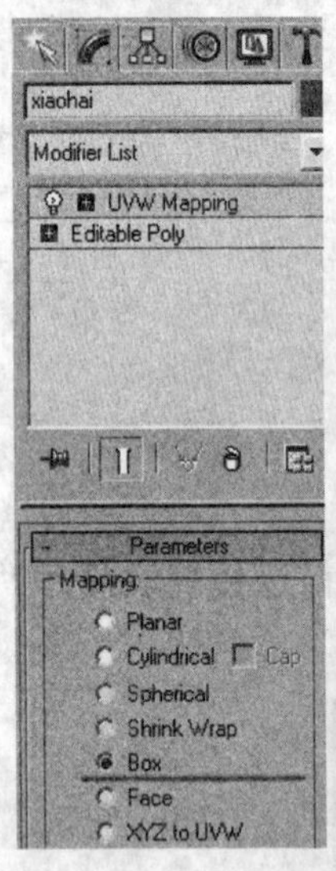


图 8.186 “UVW 贴图”菜单

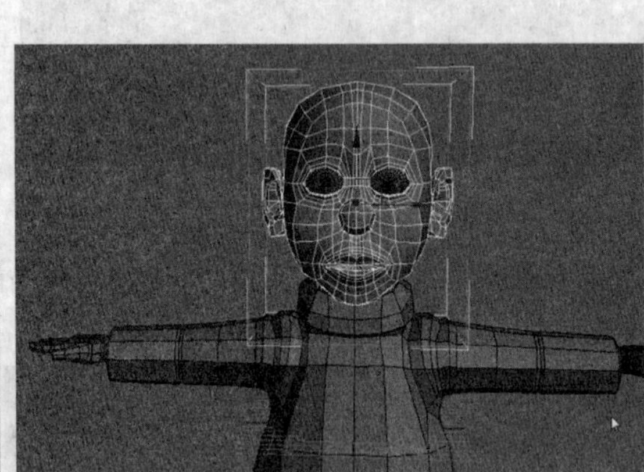

图 8.187 适配头部

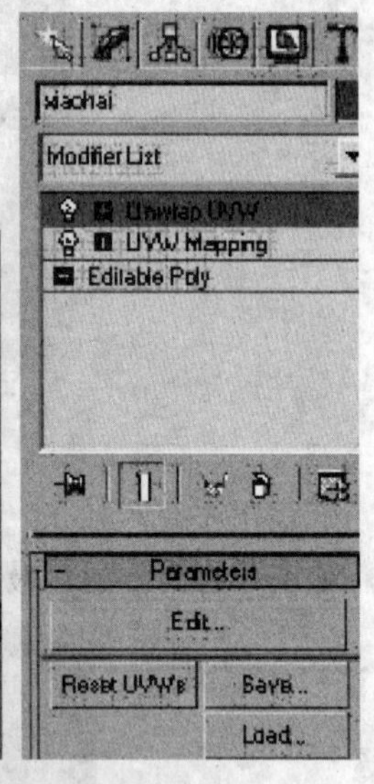


图 8.188 “展开 UVW”选项

③ 单击“Edit”（编辑）按钮，打开“编辑 UVW”窗口，如图 8.189 所示。

图 8.189 “编辑 UVW”窗口

**提　示**

❖使用“编辑 UVW”窗口可以编辑 UVW 子对象以调整模型上的贴图。例如，纹理贴图可实现模型的侧视图、俯视图及正视图等平面贴图。首先在“面”子对象层级上对模型的上面、侧面和前面进行平面贴图，可调整每个选择的纹理坐标以适合模型上对应区域的纹理贴图的不同部分。

其中，“选项”面板如图 8.190 所示。默认情况下，“选项”面板停靠在“编辑 UVW”窗口的底部，提供使用“软选择”的控件，指定选择模式并使用该选择。“选项”按钮用于切换位图、视口和编辑器的其他设置的显示。

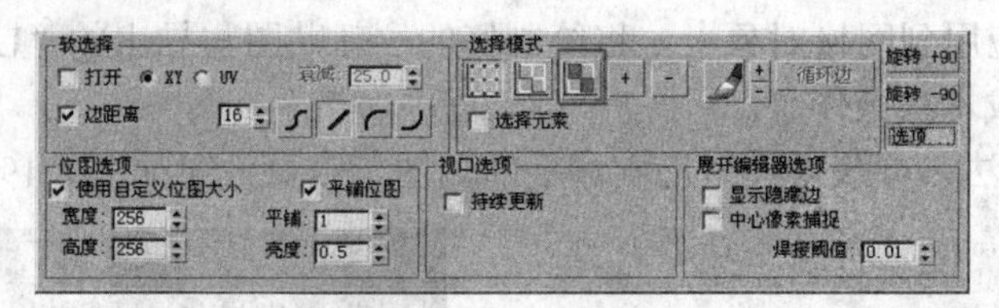

图 8.190 “选项”面板

④ 在“选项”面板中选择“面”模式，选择模型脸部的面。在“编辑 UVW”窗口中在模型上右击执行“打散”命令，使选择的面与模型分离。根据模型贴图的需要，选择模型耳朵部分的面，使用同样方法使耳朵部分与模型分离。

⑤ 在“编辑 UVW”窗口菜单栏中执行“贴图”→“法线贴图”→“后部/前部贴图”命令，使模型最终呈前后分割模式，如图 8.191 所示。

⑥ 在“编辑 UVW”窗口菜单栏中执行“工具”→“渲染 UVW 模板”命令，弹出“渲染 UVs”对话框，对当前纹理坐标进行保存，设置如图 8.192 所示。

在渲染模板中设置希望输出的“宽度”和“高度”分辨率。设置好宽度后单击“猜测纵横比”通常可以得到较好的结果。

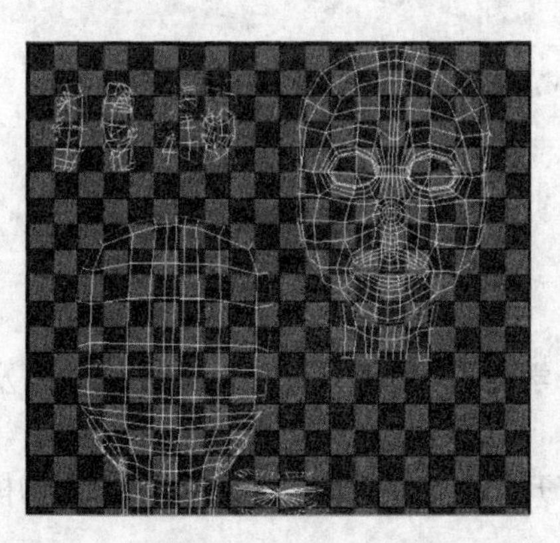
图 8.191 展好的 UV 贴图

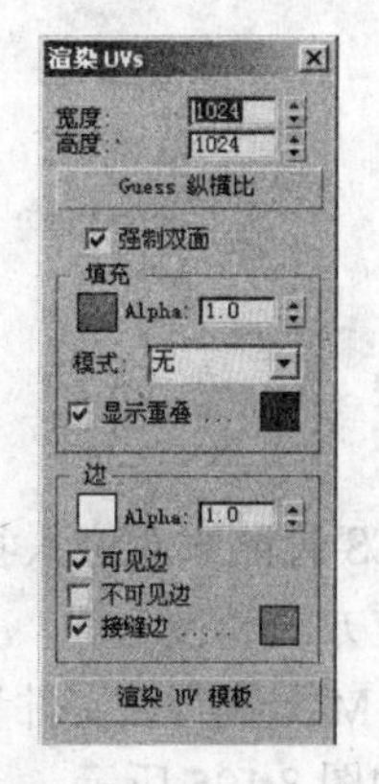

图 8.192 “渲染 UVs”对话框

**提　示**

❖当为游戏和其他实时 3D 引擎创建纹理贴图时，应确保两个尺寸均为 2 的幂次，如 256、512、1024 等。

在如图 8.192 所示对话框的底部，单击“渲染 UV 模板”，将打开一个新的“渲染帧窗口”，其中含有渲染为位图的模板。检查输出，如果还需要进行更改，可在“渲染 UVs”对话框中更改并重新渲染。如果对结果满意，在渲染帧窗口工具栏上单击“保存位图”，然后使用文件对话框指定文件类型和名称，单击“保存”以导出文件。

如果希望在绘图程序中使用渲染透明度信息，请确保将文件保存为支持 alpha 通道的文件格式，如“.TIF”或“.Targa”。

⑦ 在 Photoshop 软件中绘制贴图，打开导出的图像，利用渲染边作为绘制纹理贴图的向导，完成后保存图像。确保为所有边上色，或擦除所有边使其不出现在最终得到的纹理中。最终效果如图 8.193 所示。

⑧ 回到 3ds Max，创建一种材质球，将“漫反射”贴图设置为“位图”，打开上一步中保存的文件，将材质应用到网格对象上。将绘制好的纹理贴图与导出的“UVW 贴图”设置的轮廓相互吻合，就完成本次操作了。

⑨ 使用同样方法，可获得模型上衣和手的贴图，查看效果如图 8.194 所示。

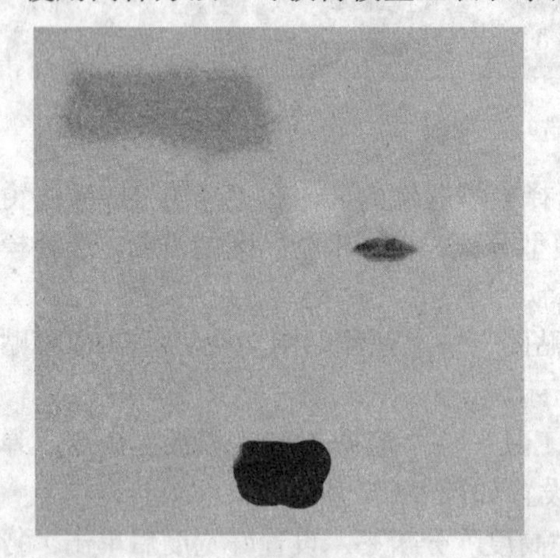

图 8.193　画好的贴图效果

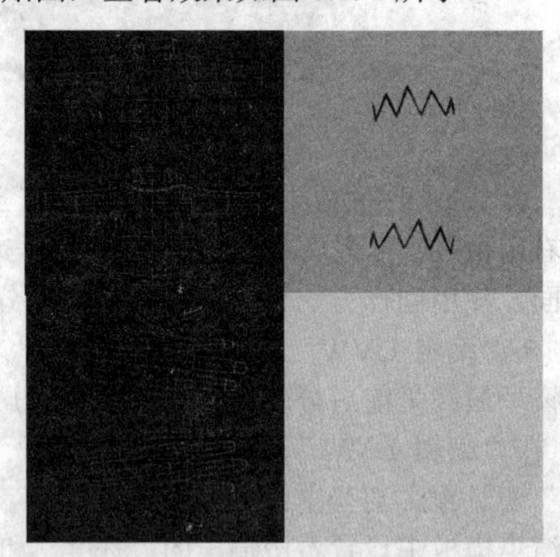

图 8.194　上衣和手的 UVW 贴图

## 8.3 骨骼对位

任务目的

通过创建 CS 骨骼来对位人物模型，学习 CS 骨骼系统的创建、修改以及通过使用扩展来展示骨骼的对位方法和技巧。

可启动 3ds Max 执行“文件”→“打开”命令，调入已经创建好的人物模型，查看对位好的骨骼模型，如图 8.195 所示。

（1）创建 CS 骨骼

单击打开“创建”→“运动”面板，在视图中创建 Bip 骨骼，如图 8.196 和图 8.197 所示。

图 8.195 卡通模型及骨骼效果

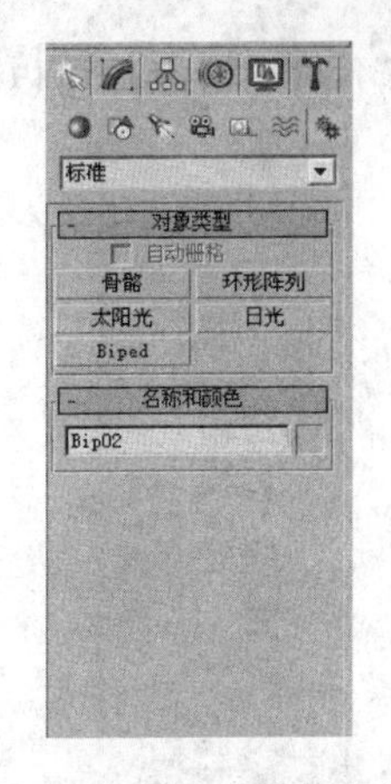


图 8.196 “运动”面板

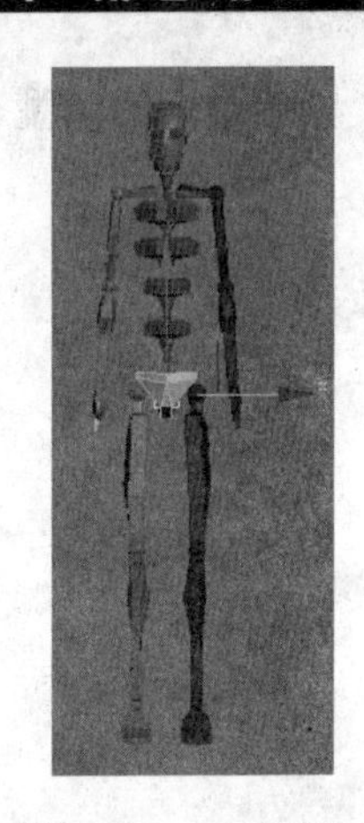

图 8.197 Bip 骨骼图

① 创建“Bip 骨骼”。在前视图中创建一个“Bip 骨骼”，只是一个大体的创建不需要精确的尺寸，如图 8.198 所示。

② 在前视图中调整“Bip 骨骼”的位置。

③ 框选角色模型各部分，右击执行“隐藏选定对象”命令或者执行菜单栏中“工具”→“孤立当前选择”命令，隐藏卡通角色模型，对剩下的骨骼系统就可以单独进行调节处理，如图 8.199 所示。

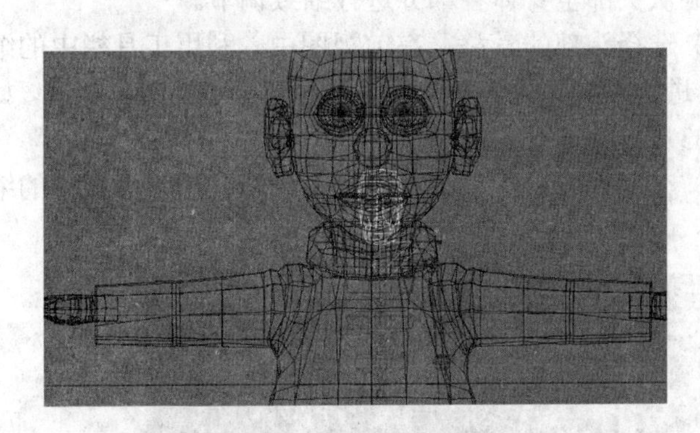

图 8.198 加入“Bip 骨骼”

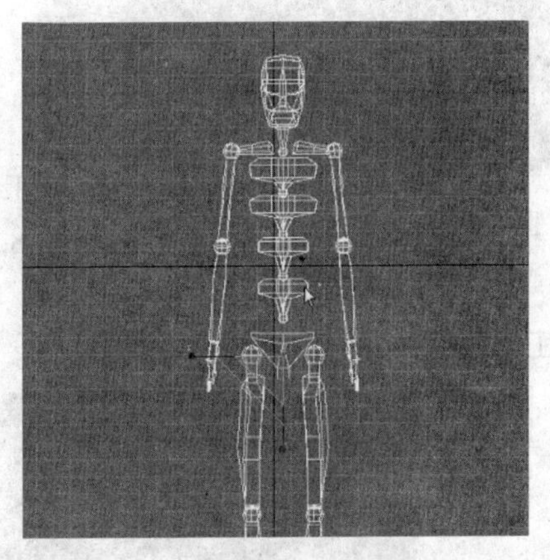

图 8.199 “孤立模式”下的效果

**提 示**

❖在调整骨骼对位模型时，一定要先单击“运动”面板——同时选中骨骼的中间的置心点，进入“体格”模式，然后继续进行调整；否则，当调整完大体形态后，再打开“体格模式”，前面的调整工作就会白白浪费，恢复初始体格状态。

（2）调整各部分的具体骨骼大小及位置

① 选择骨骼。

② 进入“运动”面板，在【结构】卷展栏中可以自由调节骨骼各部分的参数，如图 8.200 所示。在完成基本的骨骼参数设定后，下面还有一个“躯干类型”选项，可以从下拉列表中选择适合你制作角色的模型，本例因为是卡通角色，所以我们选择“标准模型”，如图 8.201 所

示。当然不同的模型有不同的特点，可以根据自己制作的需要进行自由选择、灵活运用。

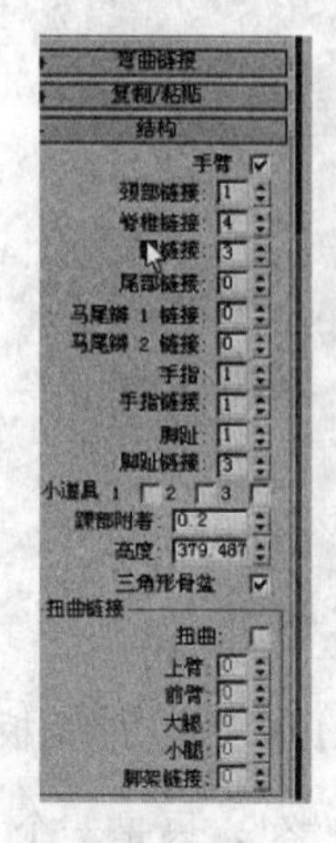


图 8.200 “结构”卷展栏

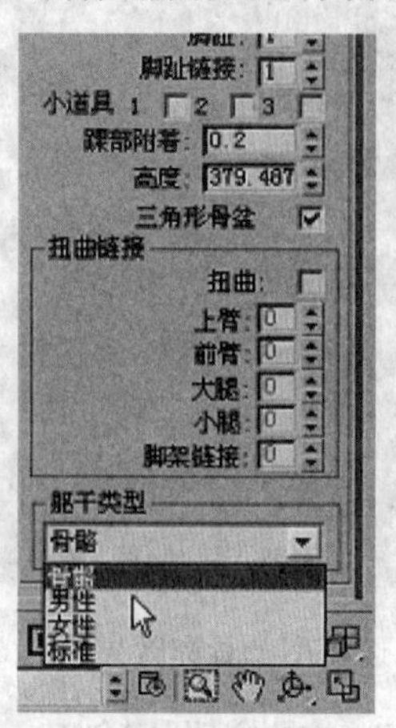


图 8.201 “躯干类型”选项

图 8.202 骨骼置心点与模型的中间点对位

③ 调整对位。

④ 取消隐藏，移动骨骼与卡通模型进行骨骼对位，第一步要做的就是对位好骨骼的置心点，然后把骨骼的白色置心点与模型相对应，骨骼置心点与模型的中间点必须保持一致，如图 8.202 所示。

⑤ 从头部至身体各部分进行细致调节。

⑥ 选择头部的骨骼，在前视图中，利用工具栏中的缩放工具进行缩放。要从多个角度去观察模型的对位情况，如图 8.203 所示。

⑦ 在左视图中继续调整模型，同样利用工具栏中的缩放工具进行缩放，如图 8.204 所示。

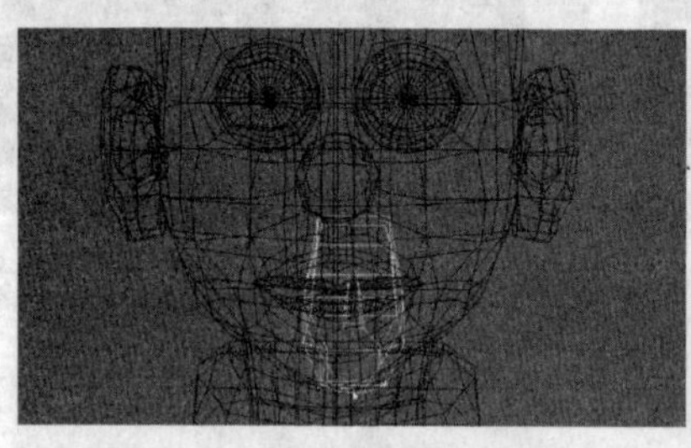
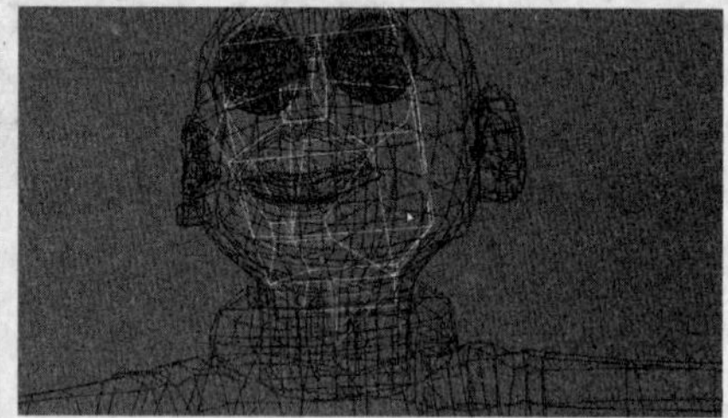

图 8.203 观察并调整头部骨骼

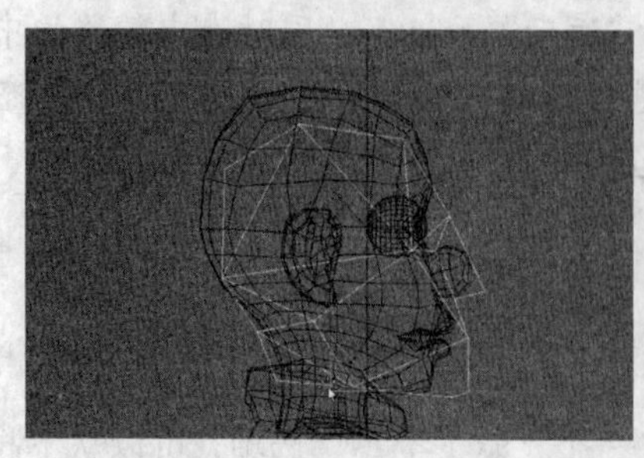
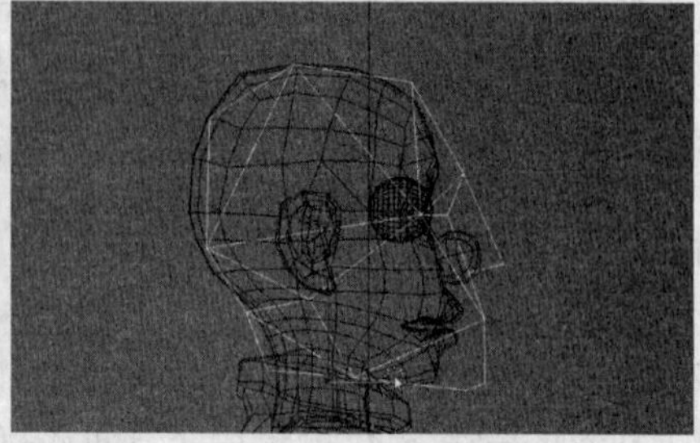

图 8.204 再次调整

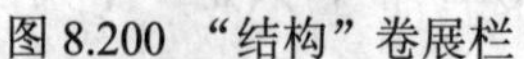

⑧ 前面通过在前视图和左视图中调整模型来达到对位的目的。但是，骨骼和模型始终是有差别的，不可能一一对应。为了更好地对位，可以进行转换为“可编辑多边形”的操作：选择头部骨骼，右击执行“可编辑多边形”命令，利用可编辑多边形中的顶点选择方式，就可以更好地调节骨骼与模型的对位，如图 8.205 所示。

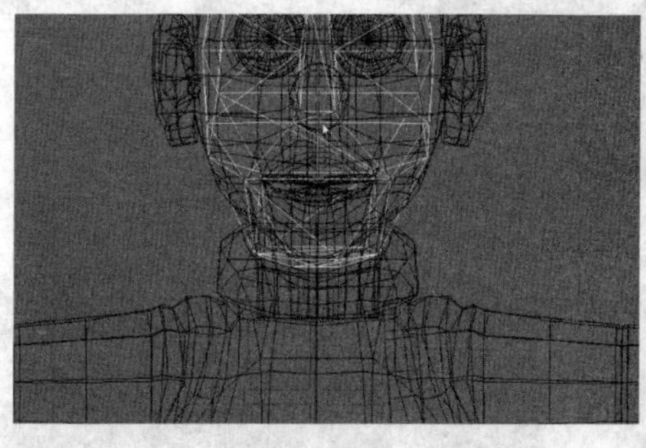
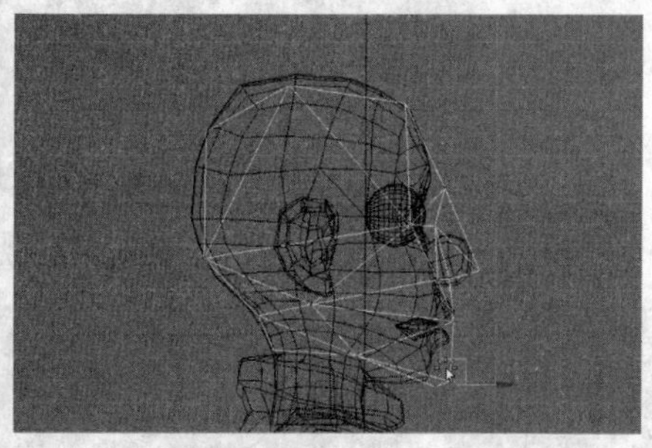

图 8.205　调整完成对位

⑨ 头部的对位完成之后，其余各部分的对位和头部基本相同，在此不再赘述。但是要特别注意手脚的对位，如图 8.206～图 8.208 所示。

（3）复制姿态

① 复制骨骼的思路。骨骼对称模型一半的效果如图 8.209 所示，然后另一半骨骼就可以采用复制姿态的方法进行复制。这样制作出来的骨骼不仅与另一半完全对称，还能大大提高我们的工作效率。

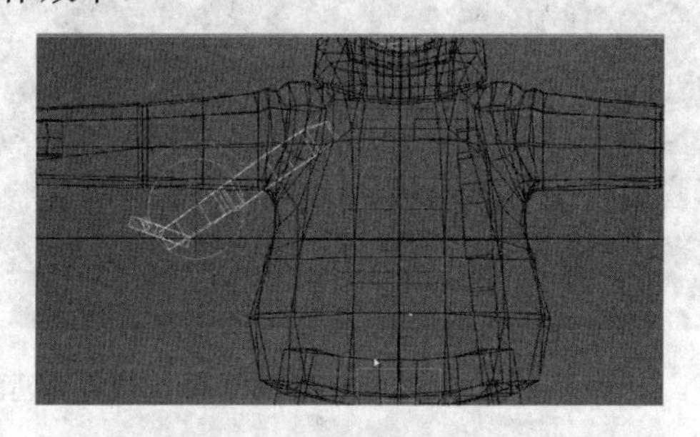

图 8.206　手臂骨骼对位

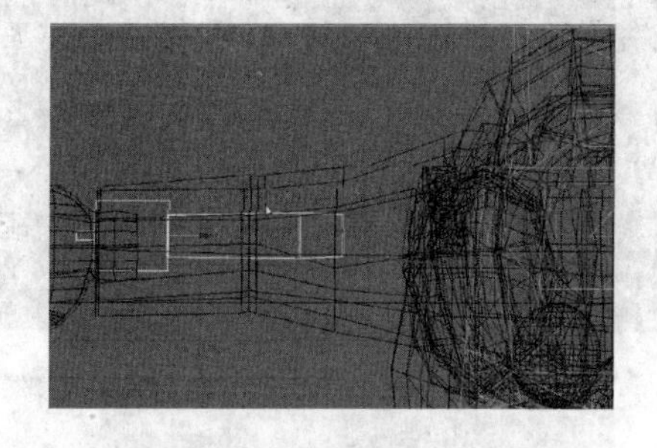

图 8.207　调整手臂骨骼

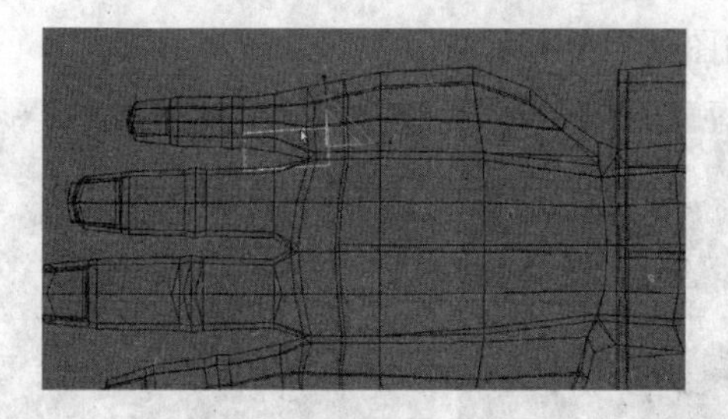

图 8.208　手指骨骼对位

图 8.209　对位完成后的效果图

② 复制另一半骨骼姿态的方法。以手臂为例，首先选择已经对位好的一侧的手臂骨骼，进入到“运动”面板执行“姿态”命令，如图 8.210 所示。然后选择另一侧的手臂，单击粘贴选项，如图 8.211 和图 8.212 所示。

③ 手臂部分的骨骼复制完成后，腿部和脚部骨骼的制作步骤同上，如图 8.213 和图 8.214 所示。

图 8.210　选择姿态命令

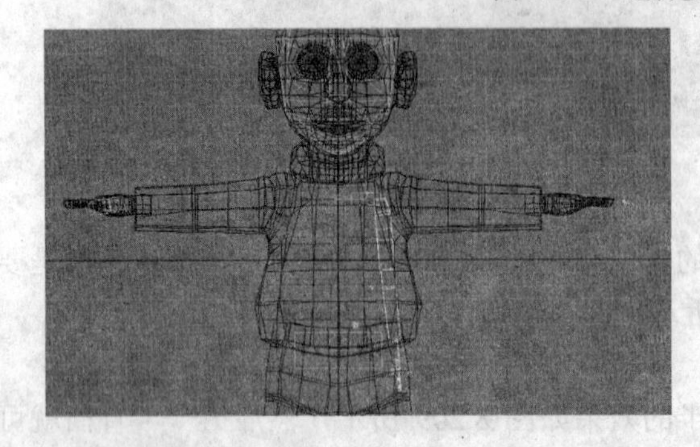

图 8.211　选择另一侧的手臂

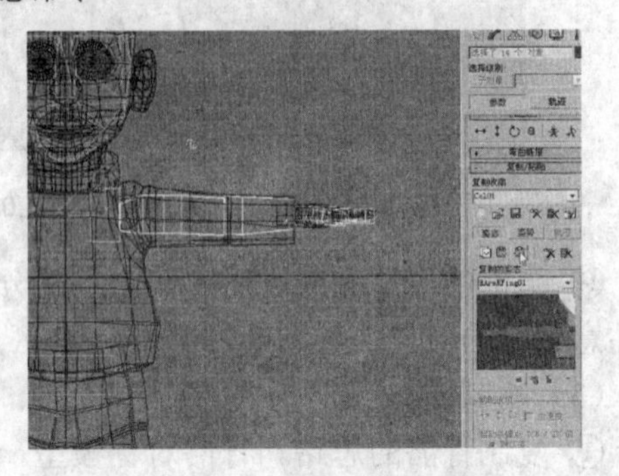

图 8.212　单击粘贴选项

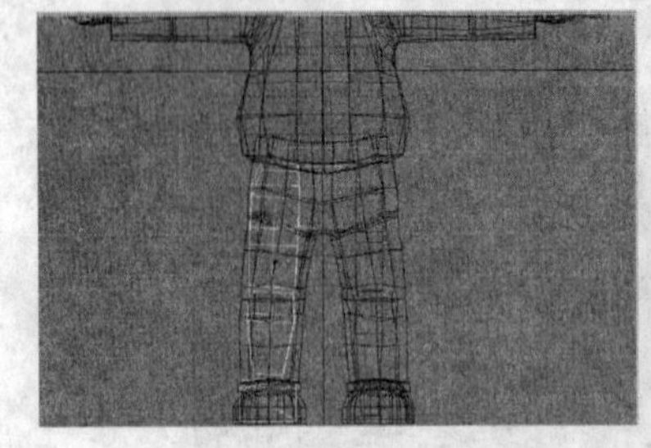

图 8.213　匹配腿部和脚部骨骼

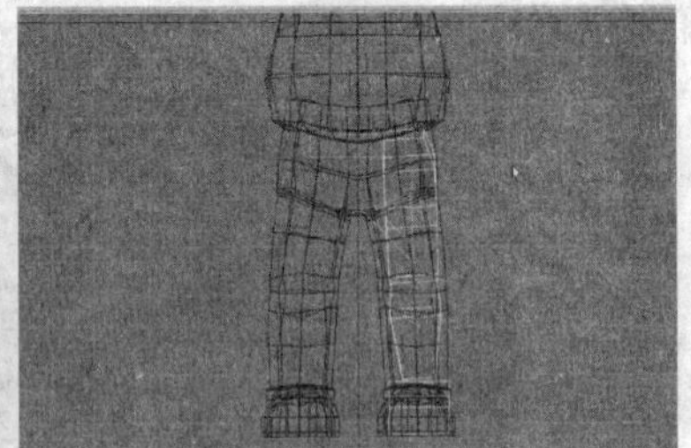

图 8.214　腿部和脚部骨骼匹配完成

④ 检查输出。

⑤ 检查模型各部分与骨骼的对位情况，如图 8.215 所示。

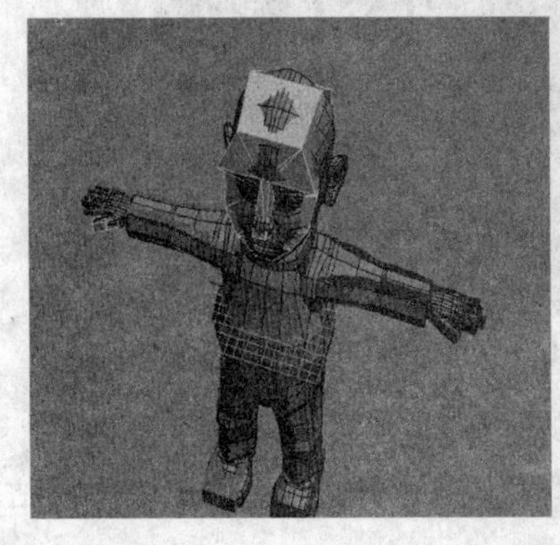

图 8.215　整体对位效果

⑥ 模型与骨骼的对位检查完成后，另存模型，如图 8.216 所示。

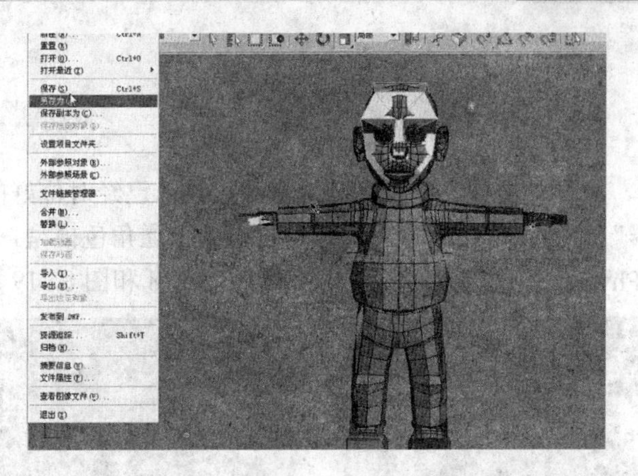

图 8.216 另存为“骨骼匹配”文件

**提 示**

❖孤立以隐藏模型的组合键为【Alt+Q】。

## 8.4 蒙 皮

本节主要介绍通过创建 Physique 蒙皮命令来对人物模型进行蒙皮操作，学习 Physique 蒙皮的创建方法、修改以及使用扩展来展示蒙皮的方法和技巧。

### 任务目的

将匹配好的卡通模型及骨骼进行 Physique 蒙皮操作，学习如何让骨骼和卡通人物模型变为一个整体，效果如图 8.217 所示。

图 8.217 蒙皮效果

“蒙皮”修改器是一种骨骼变形工具，用于通过另一个对象对一个对象进行变形。用户可以使用 Physique 蒙皮命令对制作好的模型进行蒙皮，还可进行多足的动物骨骼的蒙皮、绑定工作。

## 任务实施

启动 3ds Max 后，执行“文件”→“打开”命令，调入已经对位好的人物模型导入场景。

① “蒙皮修改器”的加载方法：单击选择场景中的卡通角色模型，选择角色头部模型，单击修改器，选择“Physique”修改器进行加载，如图 8.218 和图 8.219 所示。

图 8.218 添加“Physique”修改器

图 8.219 加载完成后的图片

② “Physique”蒙皮修改器的应用。加载完成后，执行“Physique”命令，滑动“Physique”命令的面板，在【Physique】卷展栏中单击“体形模式”，然后选择头部骨骼模型，如图 8.220 和图 8.221 所示。

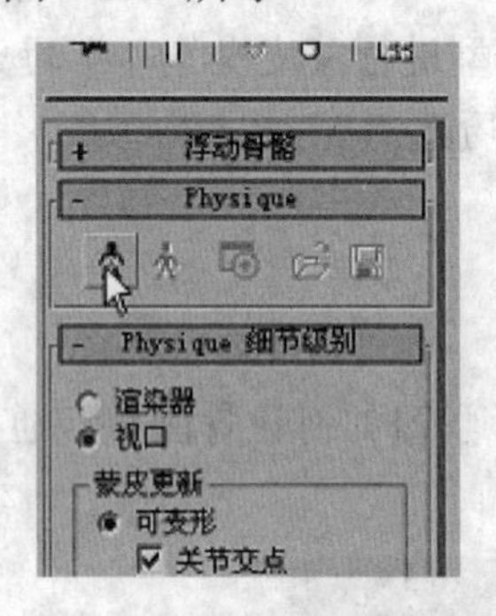


图 8.220 选择“体形模式”

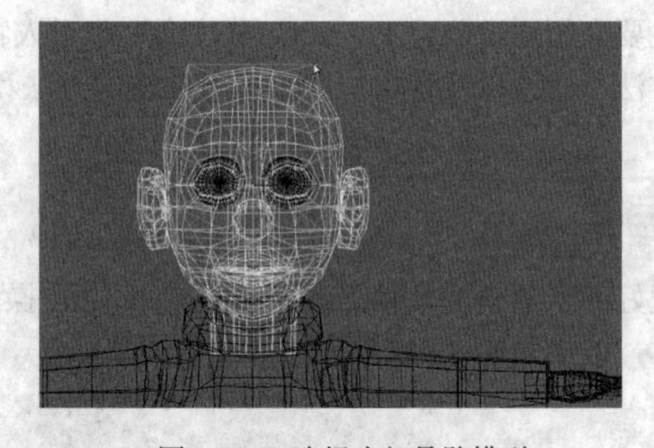

图 8.221 选择头部骨骼模型

③ 选中模型骨骼之后，弹出“Physique 初始化”命令面板，如图 8.222 所示。然后单击“初始化”按钮，封套自然加载到骨骼上，如图 8.223 和图 8.224 所示。

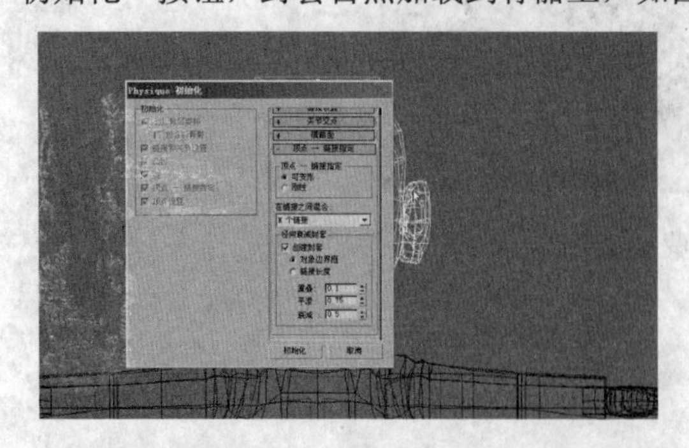

图 8.222 弹出的初始化命令面板

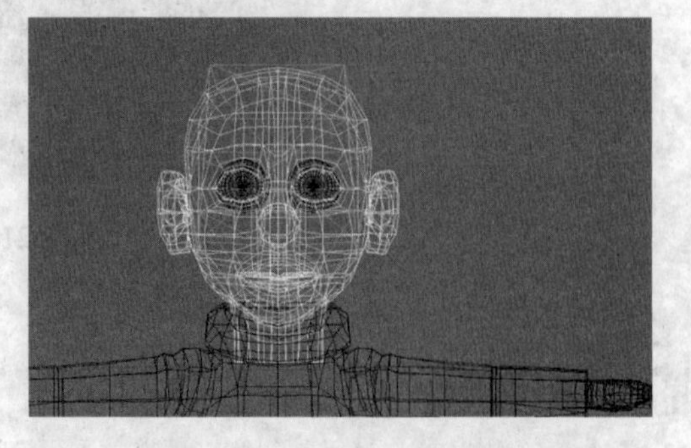

图 8.223 单击初始化的图像

④ 进入“修改”面板，然后单击“Physique”左侧的“+”号，展开“Physique”的子层级菜单，如图 8.225 所示。

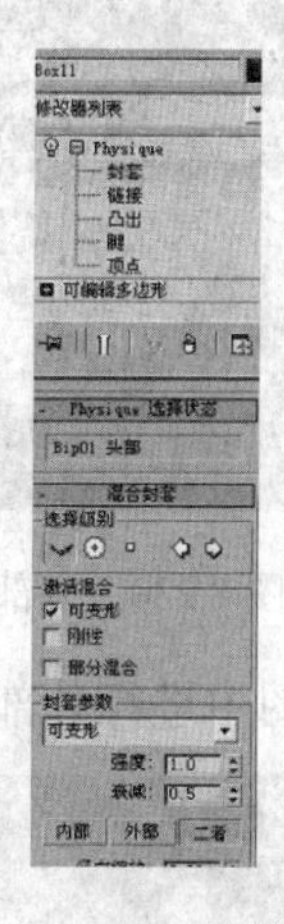


图 8.224 选择黄色线段　　　　图 8.225 “Physique”的子层级菜单

⑤“Physique”蒙皮修改器对角色模型的调节方法。在“Physique”的子命令菜单中展开【混合封套】卷展栏，如图 8.226 所示。模型在封套之后，各部分均需要进行调节。选择模型的头部，在视图中显示出模型头部“封套”的范围，如图 8.227 所示。

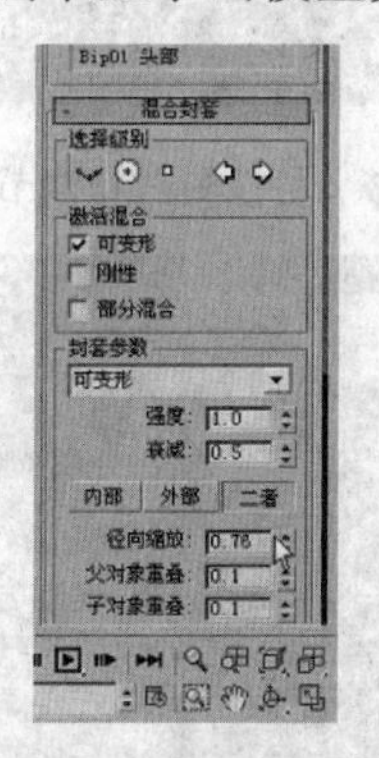


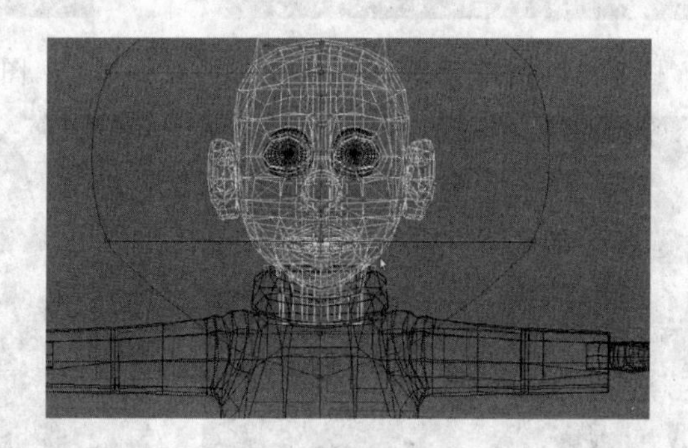

图 8.226 “混合封套”卷展栏　　　　图 8.227 选择模型的头部

⑥ 调节头部封套的方法。通过展开【混合封套】卷展栏，对“内部”、“外部”、“二者”及其下面的相关参数进行调节。

“外部”代表的是蓝色的封套，代表一个封套的范围，具体调节步骤如图 8.228～图 8.232 所示。

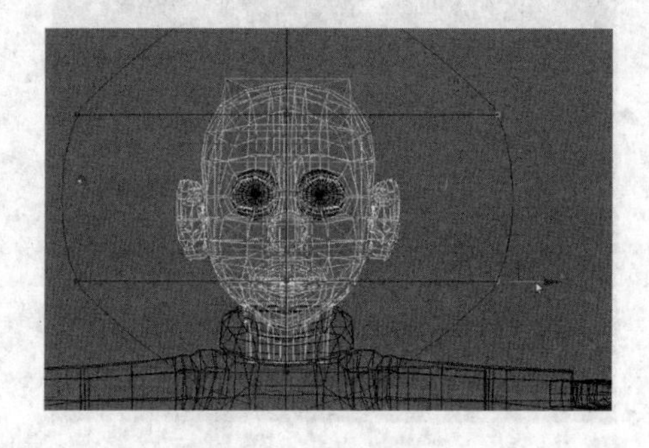

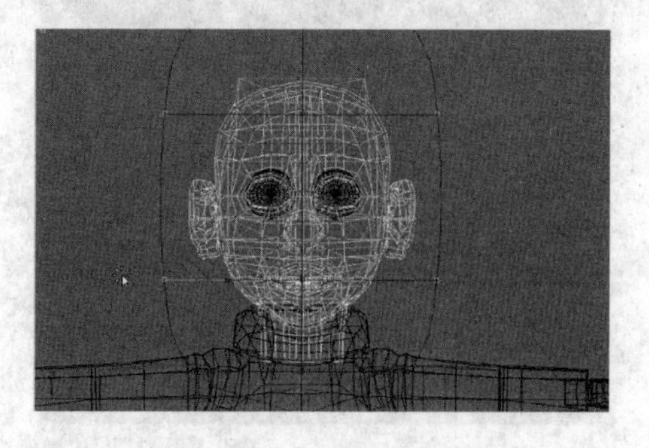

图 8.228 外部调节（1）　　　　图 8.229 外部调节（2）

图 8.230　外部调节（3）

图 8.231　外部调节（4）

在左视图中进行外部封套的调节，具体步骤如图 8.233～图 8.235 所示。

图 8.232　外部调节（5）

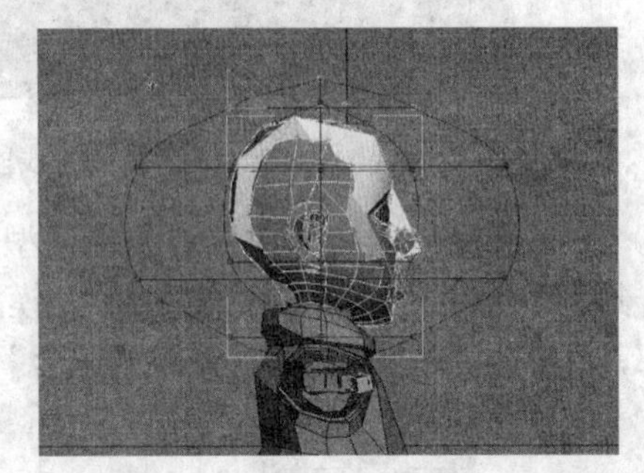

图 8.233　左视图封套调节（1）

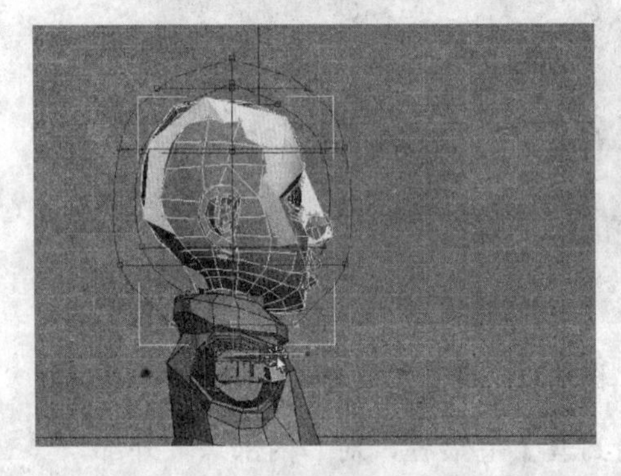

图 8.234　左视图封套调节（2）

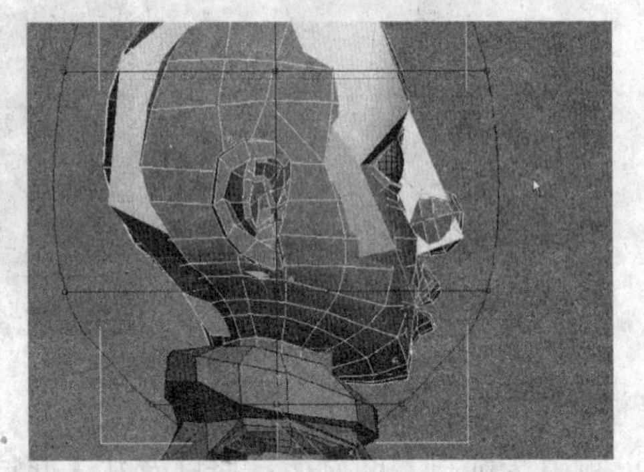

图 8.235　左视图封套调节（3）

在左视图中对红色封套进行调节，具体步骤如图 8.236～图 8.240 所示。

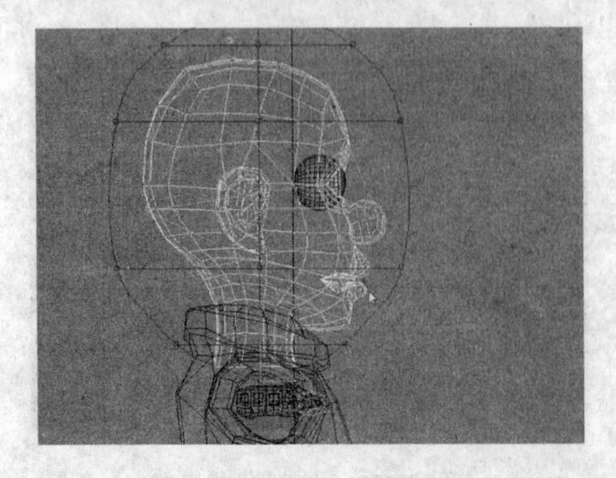

图 8.236　左视图红色封套调节（1）

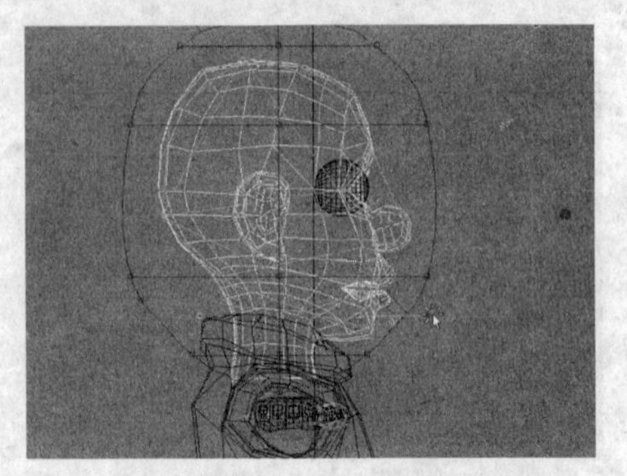

图 8.237　左视图红色封套调节（2）

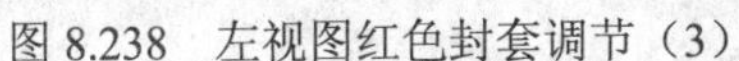

图 8.238 左视图红色封套调节（3）

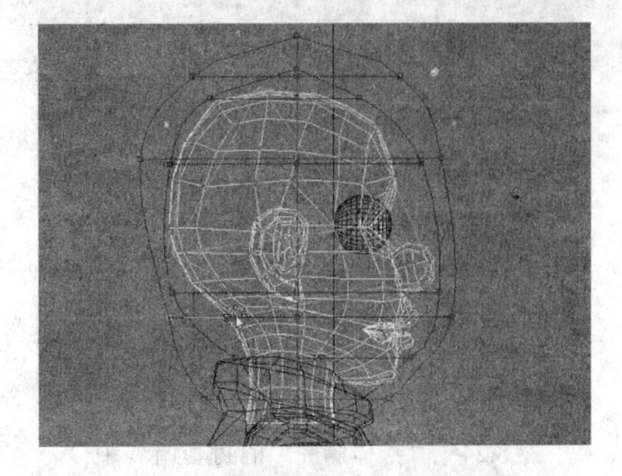

图 8.239 左视图红色封套调节（4）

⑦“Physique”蒙皮修改器对角色模型其他部分的调节方法及步骤，与上面头部封套的加载及调节是基本相同的。

“身体脖子”部分的封套调节，具体步骤如图 8.241～图 8.244 所示。

⑧“身体胸腔”部分的封套调节，具体步骤如图 8.245～图 8.247 所示。

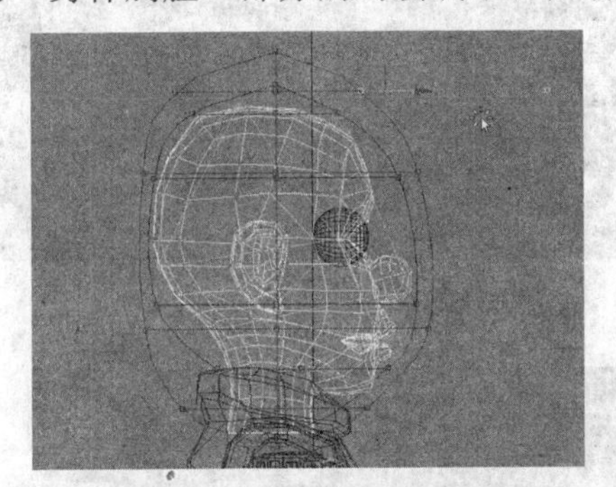

图 8.240 左视图红色封套调节（5）

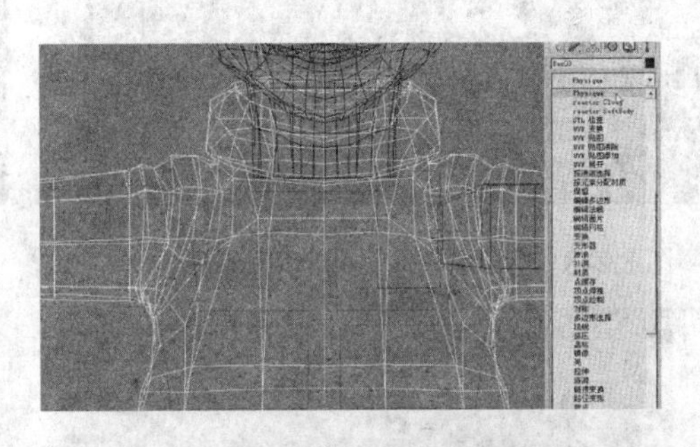

图 8.241 “身体脖子”的封套调节（1）

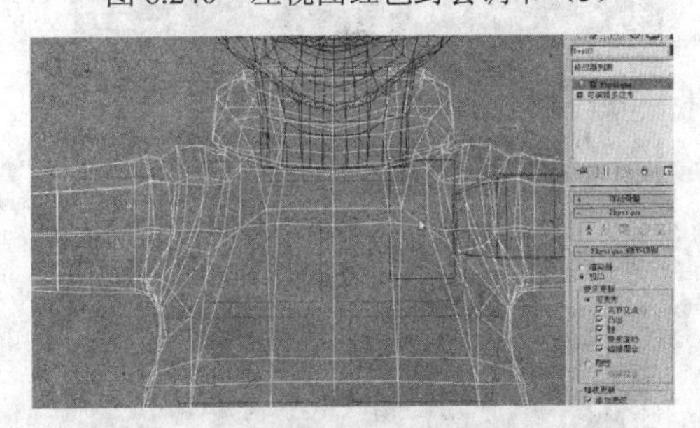

图 8.242 “身体脖子”的封套调节（2）

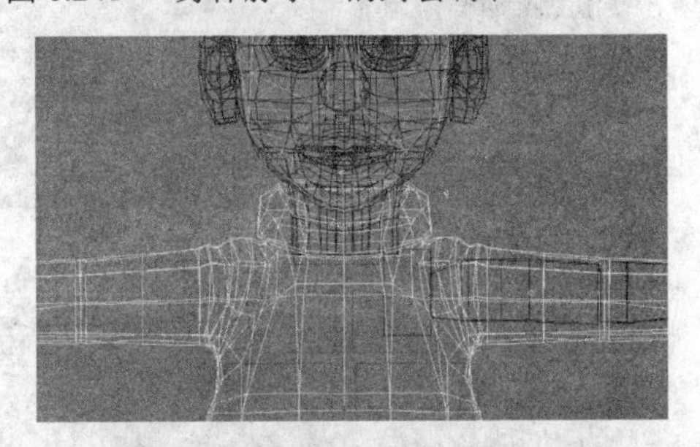

图 8.243 “身体脖子”的封套调节（3）

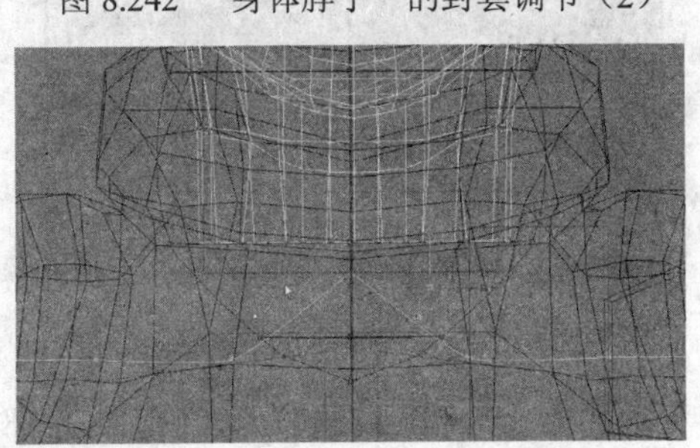

图 8.244 “身体脖子”的封套调节（4）

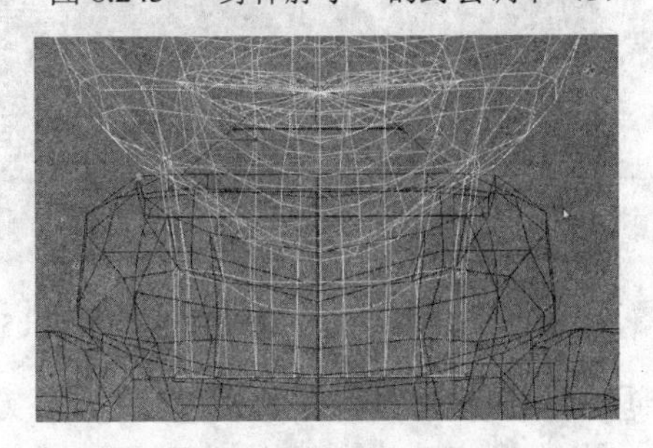

图 8.245 “身体胸腔”的封套调节（1）

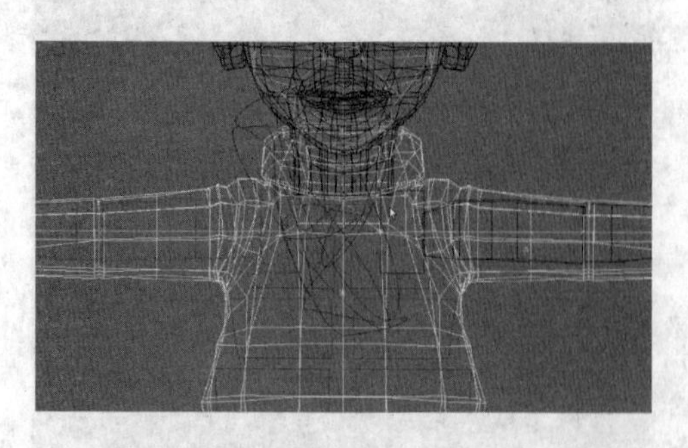

图 8.246 “身体胸腔”的封套调节（2）

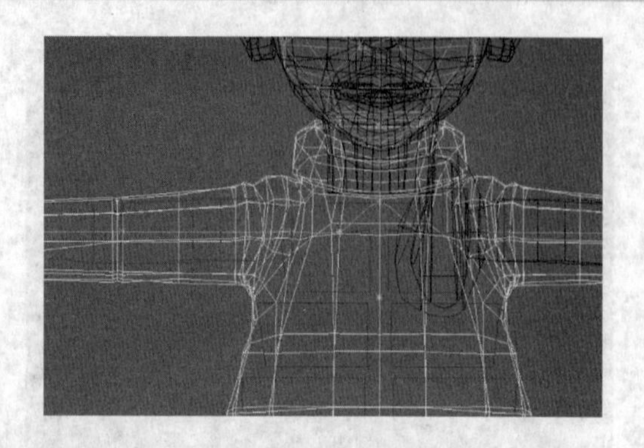

图 8.247 “身体胸腔”的封套调节（3）

⑨“身体手臂”部分的封套调节，具体步骤如图 8.248～图 8.253 所示。

⑩“身体”部分的封套调节，具体步骤如图 8.254 和图 8.255 所示。

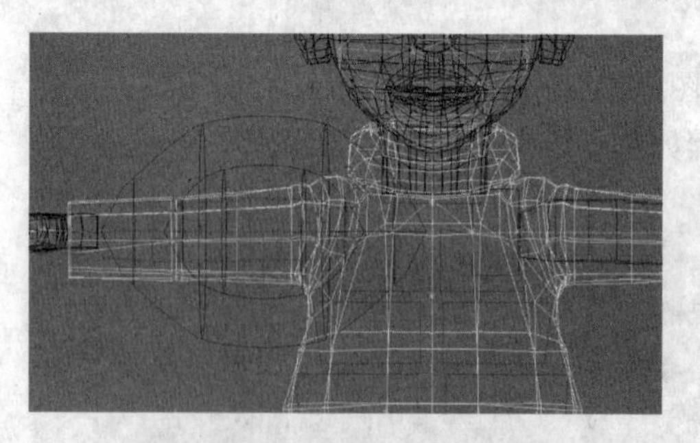

图 8.248 “身体手臂”的封套调节（1）

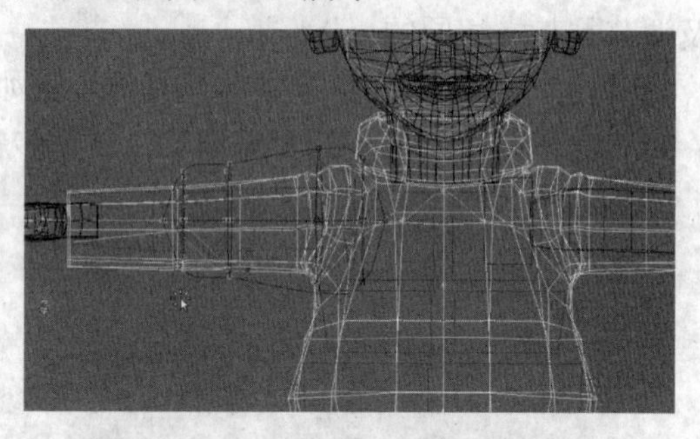

图 8.249 “身体手臂”的封套调节（2）

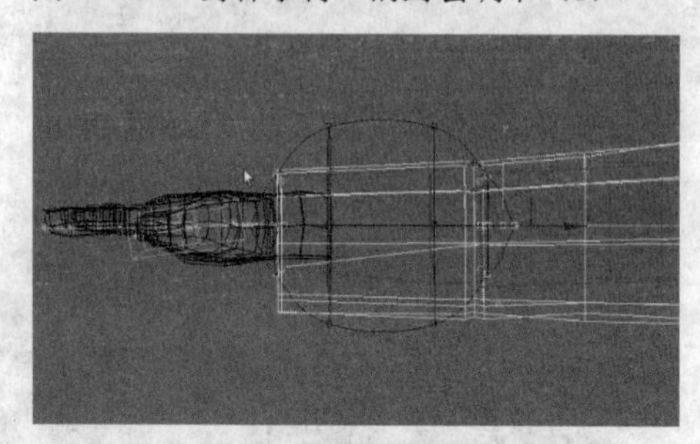

图 8.250 “身体手臂”的封套调节（3）

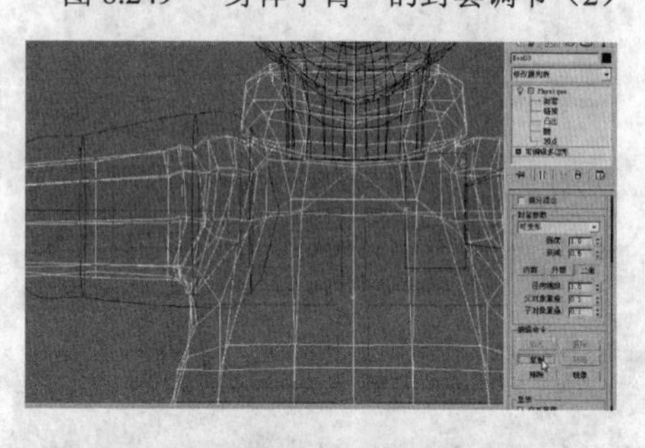

图 8.251 “身体手臂”的封套调节（4）

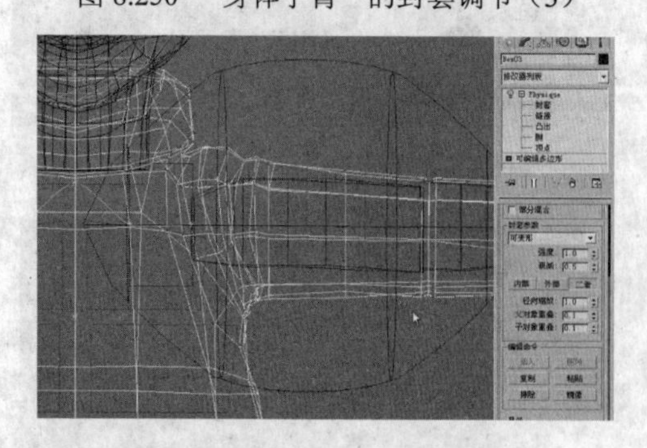

图 8.252 “身体手臂”的封套调节（5）

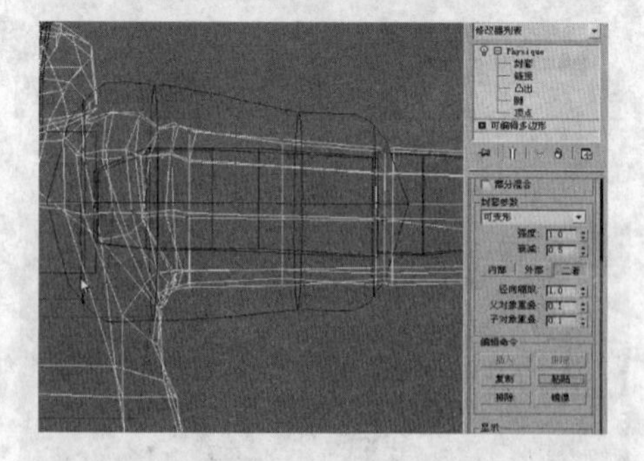

图 8.253 “身体手臂”的封套调节（6）

⑪ 腿部的封套就不详细介绍了，方法和手臂的封套一样。这样角色模型各部分的“Physique”蒙皮的修改完成，最终效果如图 8.256 所示。

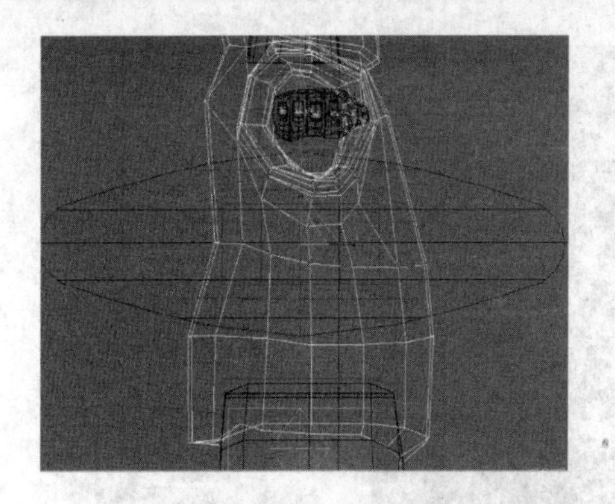

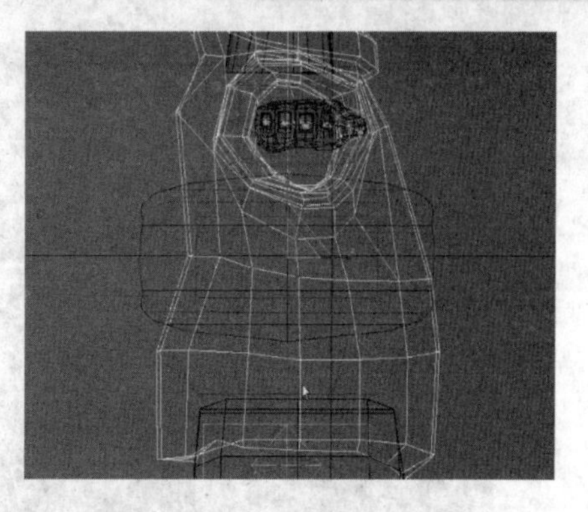

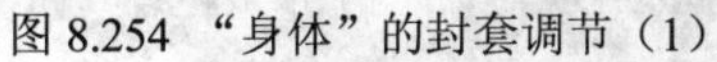

图 8.254 “身体”的封套调节（1）　　图 8.255 “身体”的封套调节（2）

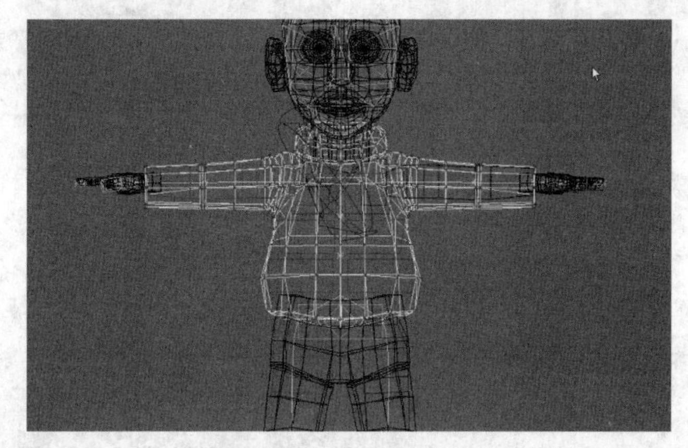

图 8.256 蒙皮完成效果

## 8.5 动作调节

本节介绍 Biped 足迹的创建与编辑方法以及运动流的使用，具体包括如何设置左右脚交替，设置足迹步幅宽度、长度、高度，如何使用行走足迹和双脚支撑命令，最后讲解动力学和调整卷展栏下命令的含义与应用。

### 任务目的

了解运动流模式的作用，结合搬重物和提水的实例明确运动流的含义和操作，以及如何保存和加载两足动物专用的.Bip 运动文件。

此外熟悉运动流图窗口下各种命令的使用方法，包括如何对运动剪辑文件加载和命名、对剪辑文件进行过渡、选择和移动剪辑文件以及平移和缩放窗口等。

### 任务实施

（1）步迹动画与运动流

① 创建 3 个 Biped 骨骼，如图 8.257 所示。然后进入“运动”面板，如图 8.258 所示。在如图 8.259 所示的“运动”面板中，有两个脚底印的图标就是“足迹模式”命令按钮。

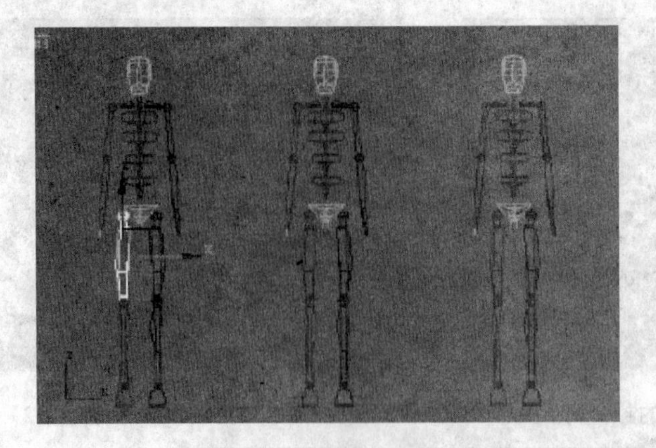

图 8.257　创建 Biped 骨骼

图 8.258 “运动”面板

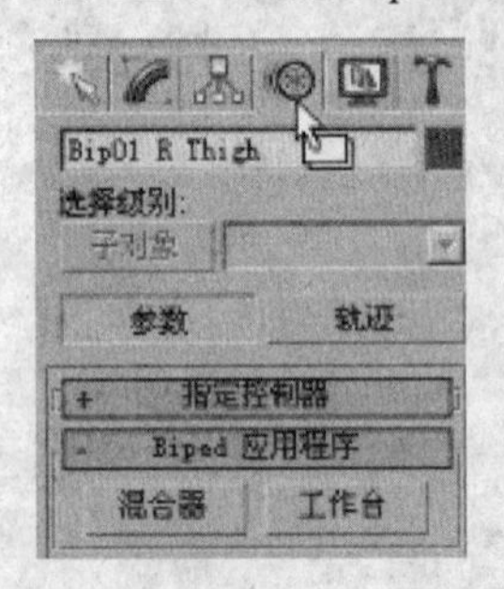

图 8.259 “足迹模式”按钮

② 单击如图 8.257 所示的第一个 Biped 骨骼，进入“足迹模式”。如图 8.260 所示，在“足迹模式”中有 3 种计算机运行模式，分别对应“走路”、“跑步”和“跳跃”，其命令按钮分别为和。当选择“走路”时，单击按钮，会弹出一个如图 8.261 所示的对话框，在“足迹数”中调节数值为 6，单击“确定”按钮。

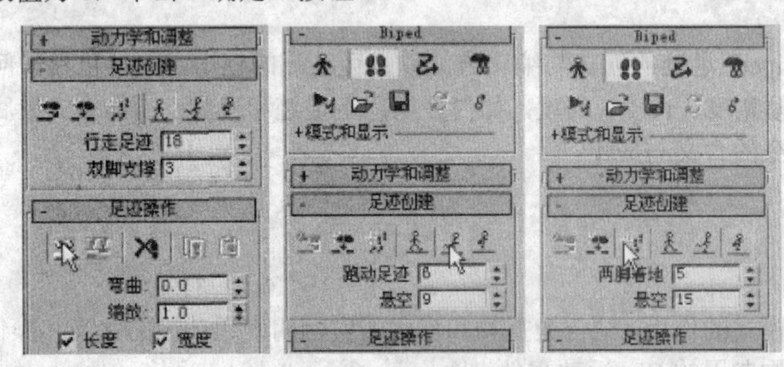


图 8.260 “足迹创建”卷展栏

**提　示**

❖ “足迹数”是指走多少步的意思。

③ 单击“足迹操作”中的“进行计算机的运算”按钮，第一个 Biped 骨骼就可以走动了。“跑步”和“跳跃”模式下的操作方法与走路的相同，这里不做说明。完成效果如图 8.262 所示。

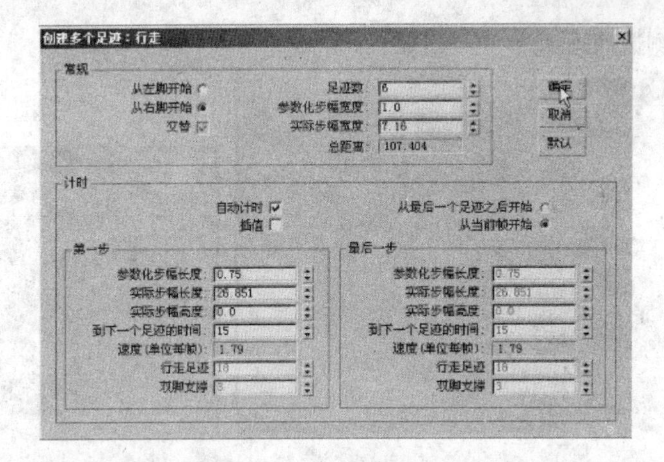


图 8.261　足迹创建对话框

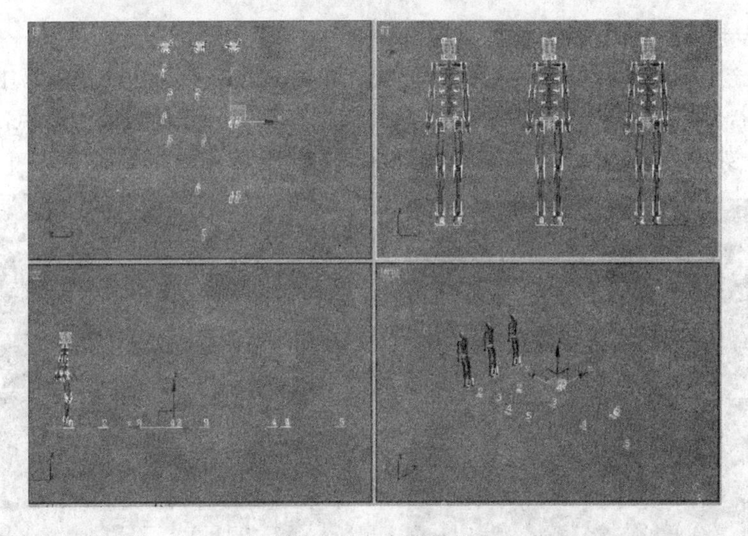

图 8.262　完成效果

④ 进入“运动流模式”的编辑模式，如图 8.263 所示。单击“显示图形”按钮，打开如图 8.264 所示的窗口，单击窗口中的“打开”图标，找到“搬重物.bip”和“提水.bip”两个文件，选择并打开文件如图 8.265 所示。

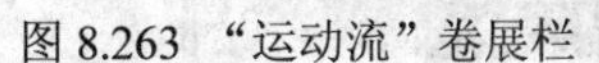

图 8.263 “运动流”卷展栏　　　　图 8.264　运动流图窗口

⑤ 单击“定义脚本”按钮，打开“运动流图”。单击“创建过渡自→到”选项，先单击“搬重物”选项，不要放开鼠标，将鼠标拖动到“提水”的选项上，如图 8.266 所示。

上述操作完成后，测试动画。

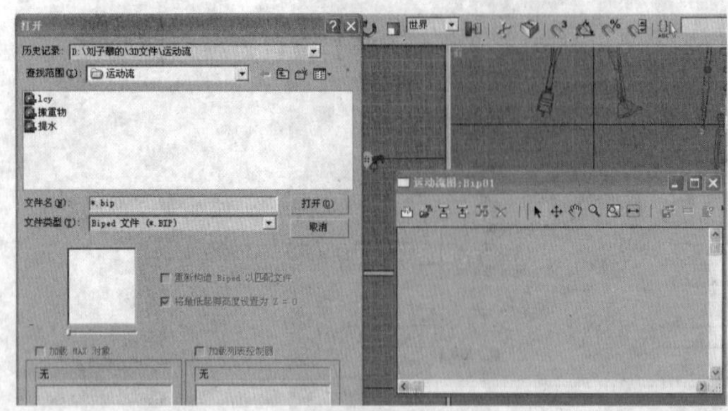

图 8.265　打开文件

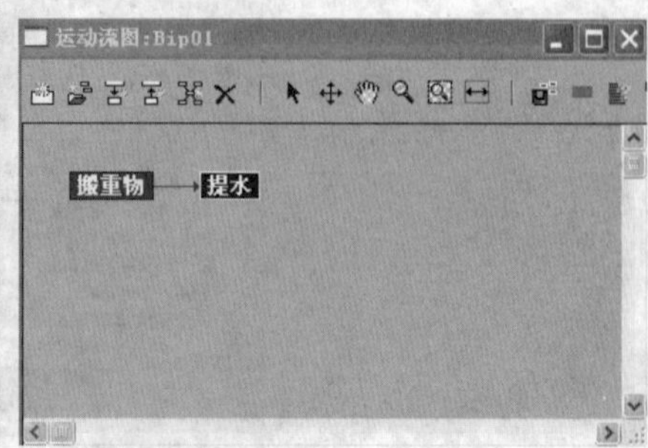


图 8.266　“运动流图”

（2）以正常走路为例调整帧动画

① 单击第一个 Biped 骨骼，并修改其形状，如图 8.267 所示；然后在第 1 帧处单击“自动关键点”按钮，用“轨迹选择”中的工具，向下移动 Biped 骨骼的中心点，调节 Biped 骨骼的走路姿势，如图 8.268 所示。将两只脚分别设为“滑动关键点”。

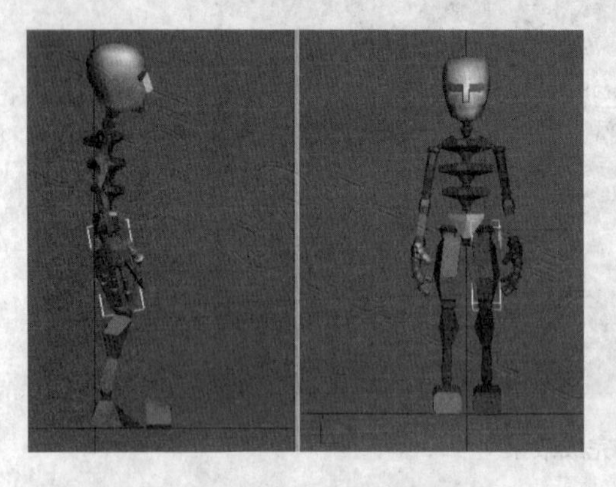

图 8.267　修改骨骼体形状

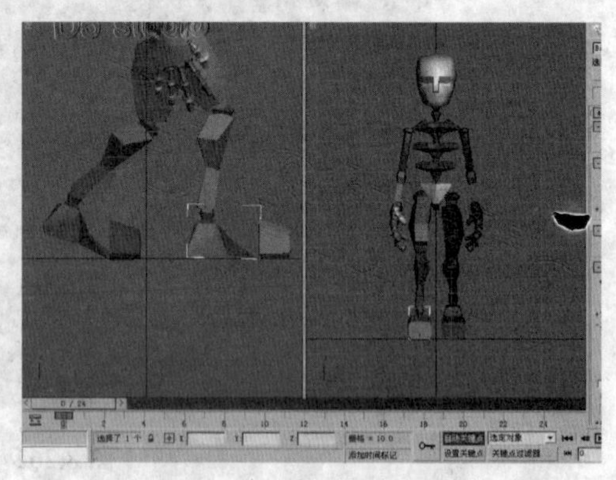

图 8.268　打开关键帧调整姿势

② 前脚的轴心点在前侧位置，如图 8.269 所示，要将轴心点移动到后脚跟的中间点位置上，单击图中所示的“选择轴”命令，再单击后脚跟的中间点即可。然后继续调整 Biped 骨骼的走路姿势，如图 8.270 所示。

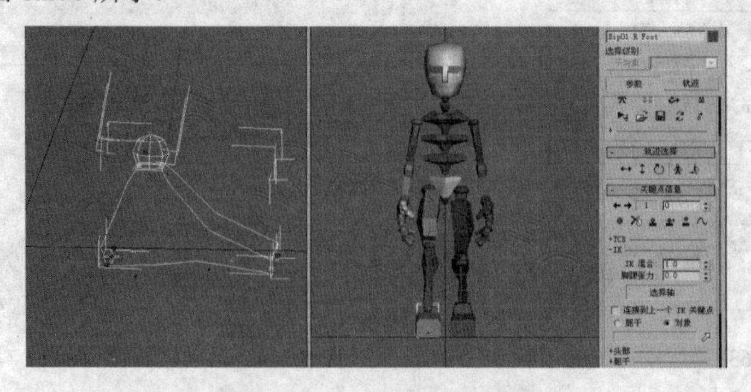

图 8.269　“选择轴”命令

③ 新建一个长方体，并转化为可编辑多边形，添加线段，调整其位置如图 8.271 所示，

这样长方体的两个部分可以分别代表脚和脚趾。单击长方体并按住【Shift】键，使用移动工具，复制 3 个相同的长方体。复制出的第一个长方体在第二只脚的下方，如图 8.272 所示。更改长方体的颜色分别与两只脚的颜色相同，如图 8.273 所示。

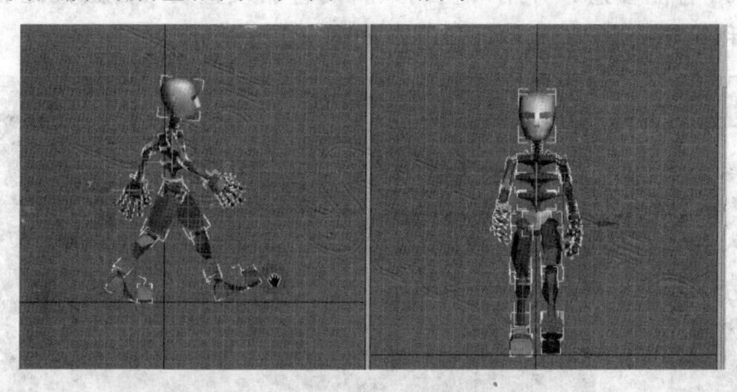

图 8.270 调整走路姿势

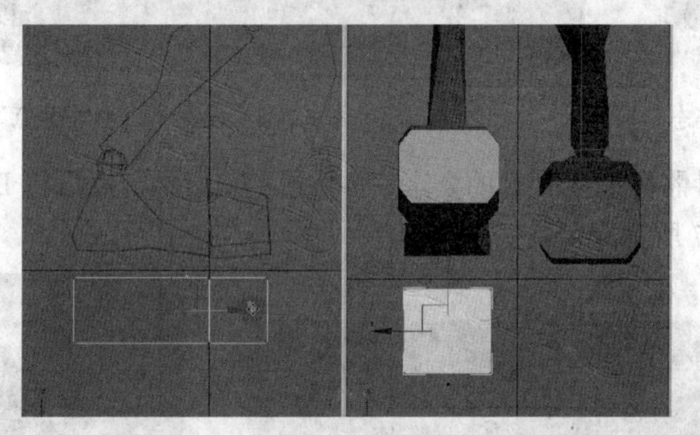

图 8.271 创建长方体并调整位置

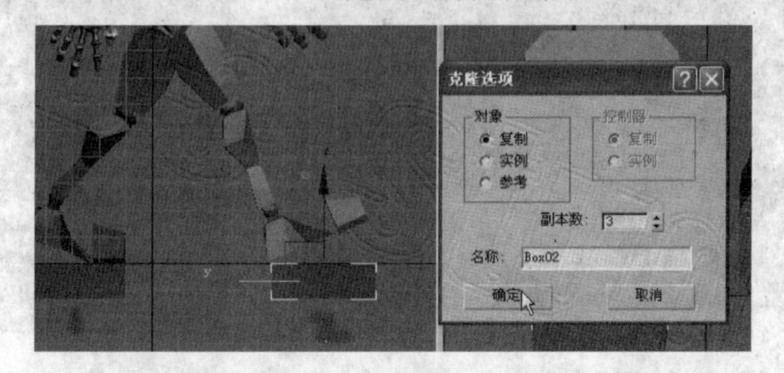


图 8.272 复制长方体

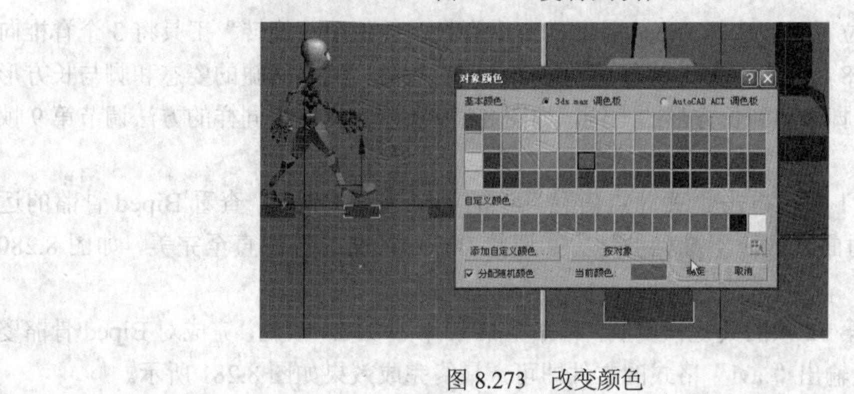


图 8.273 改变颜色

④ 框选调整好的整个Biped骨骼，单击“复制姿态”按钮，将关键帧移动到12帧的位置，单击“向对面粘贴姿态”按钮，如图8.274所示。然后用“轨迹选择”中的按钮选择在12帧位置的Biped骨骼姿态，并用将两只脚的骨骼设置为“自由关键点”，向屏幕的右侧移动，停在第二个和第三个长方体上面即可，如图8.275所示。

图8.274 “向对面粘贴姿态”按钮

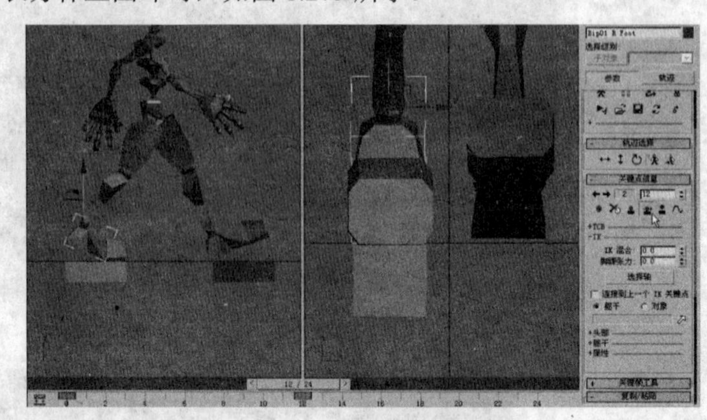

图8.275 设置“自由关键点”

⑤ 调整Biped骨骼在第6帧时的姿态，如图8.276所示，然后将Biped骨骼的中心点向左侧偏移，如图8.277所示。

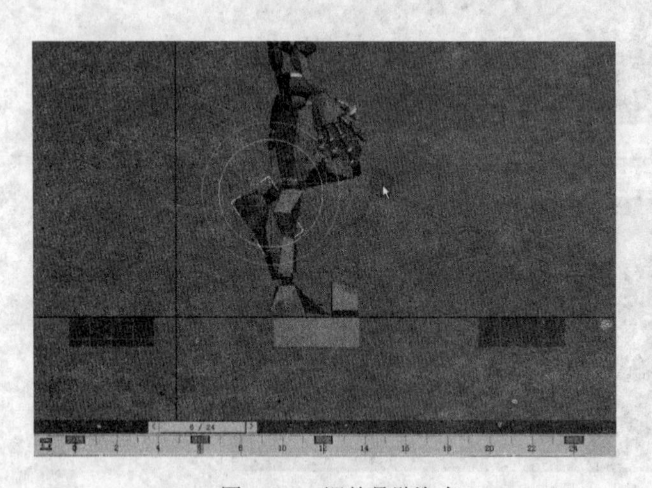

图8.276 调整骨骼姿态

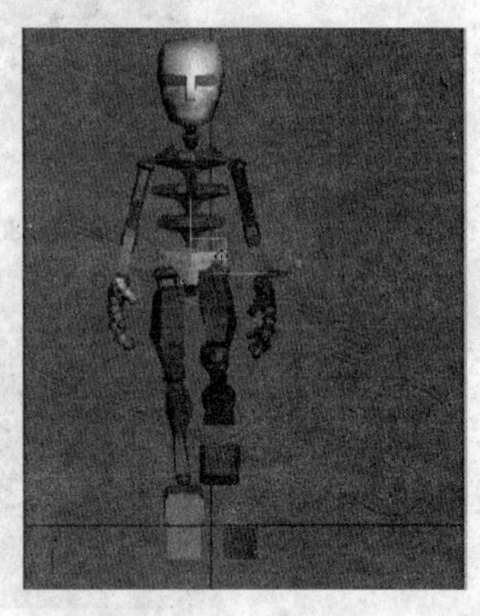

图8.277 移动中心点

⑥ 回到第1帧位置处，选择Biped骨骼的3个脊椎，并使用“旋转”工具将3个脊椎向左侧旋转，如图8.278所示。将关键帧移动到第3帧的位置处，调整两腿的姿态和脚与长方形的位置，并将右侧的脚移动到长方形的上侧，如图8.279所示。然后用同样的方法调节第9帧位置的Biped骨骼。

⑦ 再次回到第1帧，单击“关键点信息”中的“轨迹”按钮，查看Biped骨骼的运动曲线规律，在运动曲线规律不准确的地方，调整Biped骨骼的形态直至完美，如图8.280所示。

⑧ 将第1帧～第12帧的关键帧复制，粘贴至第13帧～第24帧处，完成对Biped骨骼姿态的行走动画。渲染输出“.avi”格式的文件即可，最终完成效果如图8.281所示。

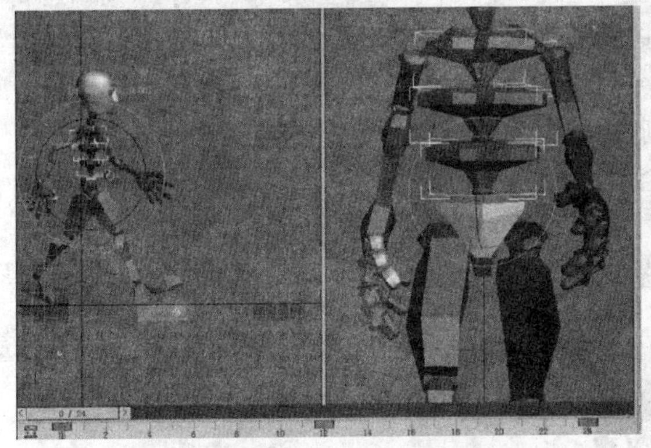

图 8.278　旋转脊椎

图 8.279　调整位置

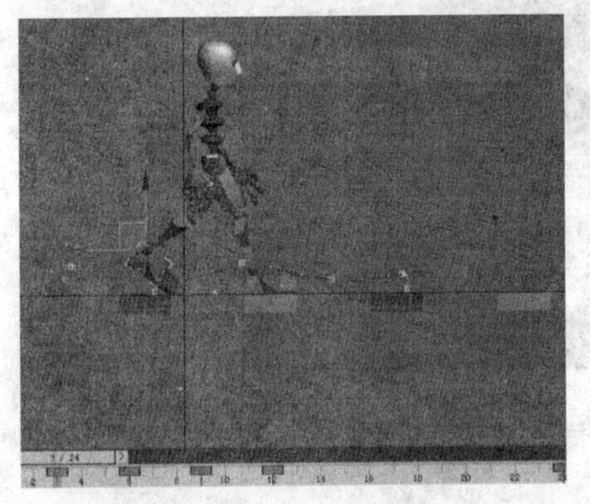

图 8.280　运动曲线规律

图 8.281　最终完成效果截图

## 本章要点

本章学习了如何制作卡通人物和创建骨骼，使用了 3ds Max 内置的骨骼系统和动画表现系统。讲解了运动流模式的作用，并结合搬重物和提水的实例了解了运动流的含义和操作，以及如何保存和加载两足动物专用的.Bip 运动文件。

此外，还介绍了运动流图窗口下各种命令的使用方法，包括如何对运动剪辑文件加载和命名、对剪辑文件进行过渡、选择和移动剪辑文件、平移和缩放窗口等。

# 习　题

## 一、选择题

1. 在“UVW Mapping”中我们常用的“贴图（Mapping）”方式是（　）。

A．planar　　B．box

C．XYZ to UVW　　D．face

2. 使物体可以半透明的快捷键是（　）。

A．Ctrl+R　　B．Alt+X

C．Alt+B　　D．Alt +W

3. 对模型添加“Physique”蒙皮后制作者往往对它们进行“封套”的设置，在对头部封套的时候我们会使用（　　）的激活混合方法。

A. 可变性　　　　B. 刚性

C. 部分混合　　　　D. 全部混合

## 二、操作题

制作一个运动员的卡通模型，大致形态如图 8.282 所示。

图 8.282　卡通运动员模型

**制作步骤提示：**

① 首先创建“长方体（box）”，利用“转化为可编辑多边形”制作运动员的头部，在制作过程中要注意嘴巴的制作以及给运动员添加头盔和橄榄球等。

② 制作运动员的上身、短裤、腿和鞋子时可以用“面片”或“长方体（box）”来完成。

③ 制作完成头部和衣服后，再制作运动员的手，与本章介绍的方法相同。

# 第 9 章

# 环境与渲染

本章介绍“环境和效果”编辑器的功能和结构，然后介绍大气效果的功能和使用方法以及 Effects 选项卡的功能与结构，最后通过一个实例演练讲述大气效果的使用技巧。

**学习目标**

- 了解3ds Max 9提供的环境特效和场景制作。
- 掌握使用环境和渲染的一些技巧。
- 掌握火效果的制作方法。
- 掌握雾的各种效果。
- 掌握Video Post影视特效合成中太阳的制作方法。

# 9.1 环　　境

## 9.1.1 环境编辑器介绍

3ds Max 9 的环境设置功能非常强大，使用它可以创建增加场景真实感的效果与气氛，这些效果的实现都是通过给场景增加体积光、标准雾、分层雾、体积雾以及使用燃烧和爆炸等来实现的。

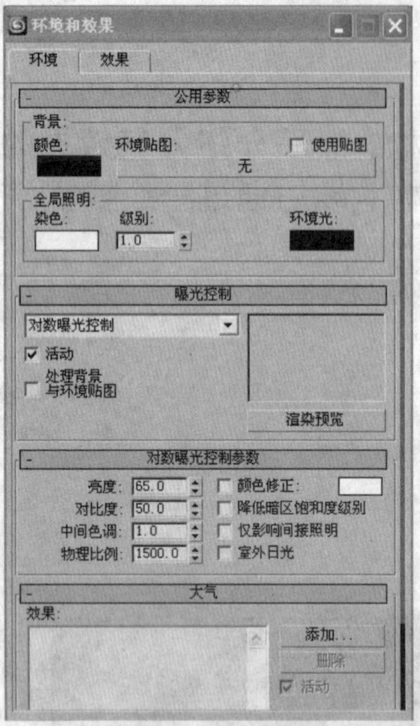

选择“渲染”→“环境”选项，在打开的“环境和效果”窗口中切换到“环境”选项卡，这就是环境编辑器，如图 9.1 所示。

图 9.1 “环境和效果”窗口

默认状态下，“环境”选项卡中包括 3 个最主要的参数卷展栏，分别是【公用参数】卷展栏、【曝光控制】卷展栏以及【大气】卷展栏。

### 1. 【公用参数】卷展栏

在该卷展栏中可以指定环境的基本参数。单击“背景”组合框中的“颜色”色块，在弹出的“颜色选择器：背景色”对话框中可以对背景颜色进行修改，如图 9.2 所示。

“全局照明”组合框主要用来指定场景中的环境色，有关选项含义如下。

- **“级别”微调框：**调整该微调框中的数值，可以指定环境光颜色对物体影响的强度。
- **“环境光”色块：**单击该色块，在弹出的“颜色选择器：全局光色彩对话框中可以对背景颜色进行修改，如图 9.3 所示。

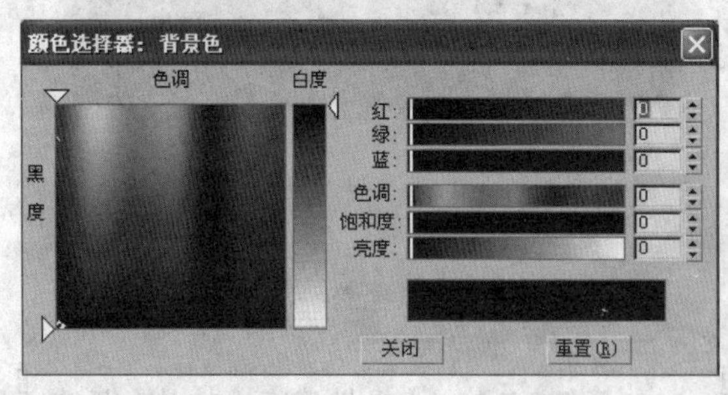

图 9.2 “颜色选择器：背景色”对话框

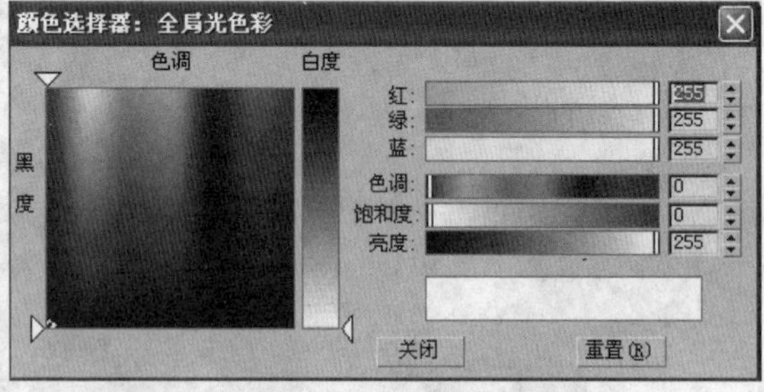

图 9.3 “全局照明”的“环境光”颜色

**提　示**

❖ “环境贴图”这部分内容在前面的贴图中已经介绍过，在此不再赘述。

2.【曝光控制】卷展栏

如果使用“光能传递”进行渲染，就必须在【曝光控制】卷展栏中进行一定的设置，这样才能使最终效果更加真实。在该卷展栏中可以选择多种方式对场景进行曝光控制。单击【曝光控制】卷展栏的下拉列表旁边的下拉箭头，在弹出的下拉列表中会显示4种曝光控制方式，如图9.4所示。

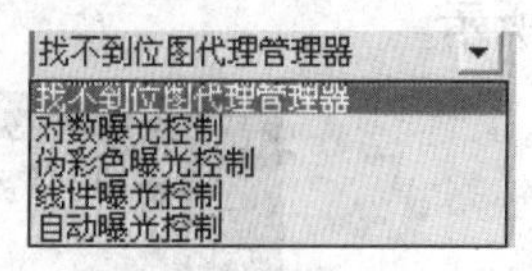


图9.4　4种曝光控制方式

每一种曝光控制方式会产生不同的效果。一盏IES太阳光可能会让场景中所有的物体材质呈现得过于饱和，而一盏光度学灯光可能会使场景过暗曝光。曝光控制会对这些差异进行补偿，这对于按照“光能传递”渲染方式进行渲染有很大的关系，应该熟练掌握。

（1）对数曝光控制

在3ds Max 9中进行工作时，其场景中的色彩范围超出了通常使用的RGB的0～255范围值，而曝光控制就是将内部使用的色彩范围映射到输出格式所支持的色彩范围中。在使用标准灯光时，这个功能不是必需的，但是使用视图光度学灯光时，这却是不可缺少的。

在“曝光控制”下拉列表中选择“对数曝光控制”选项，在“环境和效果”窗口中就会多出一个【对数曝光控制参数】卷展栏，如图9.5所示。有关选项含义如下。

- **“亮度”**：一盏IES太阳光的亮度过亮会造成场景中的物体完全曝光，而调节“亮度”微调框中的数值就可以将亮度降低到适当的程度。在视图中创建一盏IES太阳光，在“亮度”微调框中输入数值为65，此时渲染后的效果就会呈现完全曝光，如图9.6所示。

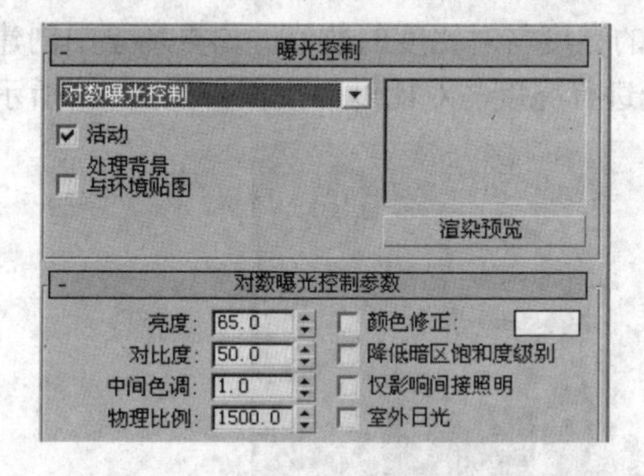


图9.5　“对数曝光控制参数”卷展栏

图9.6　完全曝光效果

修改“亮度”微调框中的输入数值为5，此时渲染后的效果就会恢复到正常的状态，如图9.7所示。

图9.7　“亮度”微调框数值改为5的效果

- **“对比度”**：调节该微调框中的数值可以影响场景的光照强度与画面的饱和度。
- **“中间色调”**：调节该微调框中的数值可以将场景中间的色调调节到更高或者是更低的范围值之内浮动。在“中间色调”微调框中分别输入数值为 3、1 和 0.3，调节效果如图 9.8 所示。

图 9.8 “中间色调”微调框的数值为 3、1 和 0.3 时的效果对比

- **“颜色修正”**：当一个阳光系统或者一个光度学物体灯光作用于渲染图像并且用于实现真实精细的色调时，该复选框是非常有用的，它可以将过滤色设置为与灯光相同的颜色。
- **“降低暗区饱和度级别”**：勾选该复选框有利于调节场景中暗区的色彩饱和度，但是通常人的眼睛对于这种颜色并不是非常敏感。
- **“仅影响间接照明”**：在使用标准灯光对场景进行照明时，勾选该复选框只会影响直射光。但是由于标准灯光不是计算光的能量的，因此对直射光不需要进行曝光控制。
- **“室外日光”**：对于一个建筑场景，一般需要设置一盏日光系统。日光系统是一种特殊的灯光，它用于补偿一盏过亮的 IES 太阳光的亮度与对比度的数值。如果场景中创建了一盏 IES 太阳光，就必须勾选该复选框，这样才能进行亮度与对比度的校正，如图 9.9 所示。

图 9.9 勾选“室外日光”的效果

（2）线性曝光控制与伪彩色曝光控制

“线性曝光控制”与“伪彩色曝光控制”在很多方而都是相同的，不同之处在于对超出范围的光信息进行缩放控制的时候，“线性曝光控制”与“伪彩色曝光控制”有如下区别：

① 在“曝光控制”下拉列表中选择“伪彩色曝光控制”选项时，在“环境和效果”窗口中就会多出一个【伪彩色曝光控制】卷展栏，如图 9.10 所示。

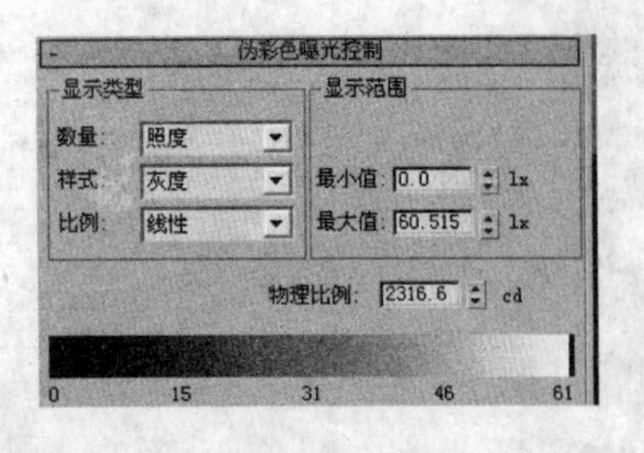


图 9.10 “伪彩色曝光控制”卷展栏

②“伪彩色曝光控制”使用了一个色彩的尺度或者是一个灰度的尺寸应用在场景的表面，使光的强度可以被看见。

③ 在“样式”下拉列表中有“彩色”与“灰度”两个选项。当选择“彩色”选项时，渲染出来的图像是有色彩的，如图 9.11 所示。当选择“灰度”选项时，渲染出来的图像则是灰度图，如图 9.12 所示。

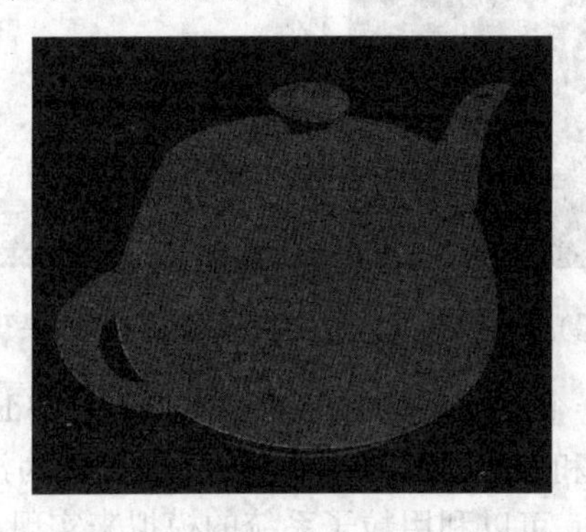

图 9.11　选择“彩色”选项时渲染出来的图像

图 9.12　选择“灰度”选项时渲染出来的图像

④ 在“曝光控制”下拉列表中选择“线性曝光控制”选项时，在“环境和效果”窗口中就会多出一个【线性曝光控制参数】卷展栏，如图 9.13 所示。

线性曝光控制类型常常用于光照分析，这个功能通常与“光能传递”一起使用，用于检查一个建筑内部场景的照明情况。

（3）自动曝光控制

在“曝光控制”下拉列表中选择“自动曝光控制”选项时，在“环境和效果”窗口中就会多出一个【自动曝光控制参数】卷展栏，如图 9.14 所示。

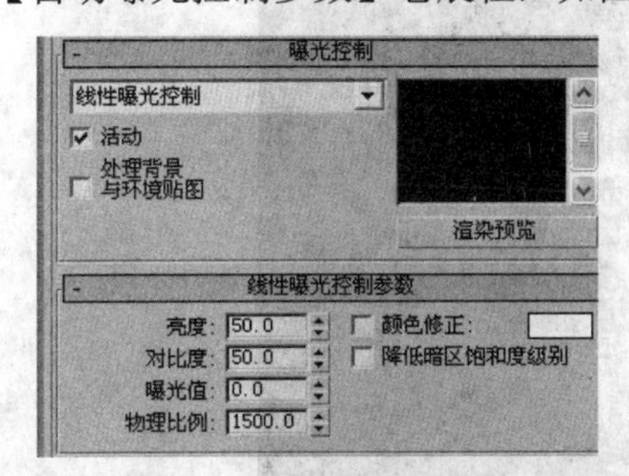


图 9.13　“线性曝光控制参数”卷展栏

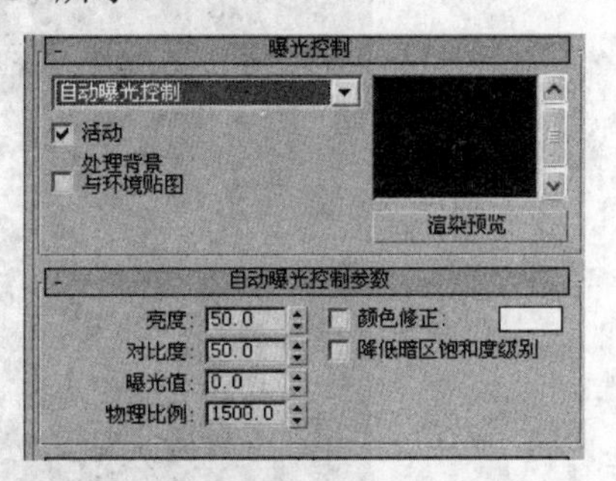


图 9.14　“自动曝光控制参数”卷展栏

“自动曝光控制”可以在渲染图像时对图像进行光照采样，最后通过采样完成的结果分别对图像中不同的颜色进行曝光控制，这种曝光控制可以提高景物的亮度，如图 9.15 和图 9.16 所示。

“对数曝光控制”是以上 4 种曝光类型中使用较多的一种，因为它使用的场景更为广泛。

### 3. 【大气】卷展栏

【大气】卷展栏主要为场景指定有关的大气影响效果，如雾、体积雾、体积光以及火焰等大气效果。单击【大气】卷展栏中的“添加”按钮 添加 可以弹出“添加大气效果”对话框，如图 9.17 所示。在该对话框中可以选择需要添加的大气效果。选择了不同的大气效果后，在其下方会出现相应的【大气】卷展栏。

图 9.15　不使用“自动曝光控制”效果　图 9.16　使用“自动曝光控制”效果　图 9.17　“添加大气效果”对话框

火效果的制作很简单，但是它的实现需要依赖一个大气装置的辅助物体。不过 3ds Max 中的火焰效果只适合制作火堆的效果，用来表现火苗和烛火等效果都不是很理想，因为没有粒子在其中表现。如果想要使制作的火效果燃烧很逼真，可以利用粒子系统的模拟来实现，只是会花费比较多的调节时间。而使用一些第三方插件、合成软件或 Maya 也可制作火效果。

## 9.1.2　火效果

### 任务目的

制作一个火炬中带有火焰的效果，如图 9.18 所示。

图 9.18　火焰效果图

### 任务分析

要制作火焰效果，首先要把制作好的火炬导入 3d max 9 中，再使用“大气装置”命令中的 球体 Gizmo 按钮，并添加“火效果”和“体积雾”效果。

（1）制作大气装置

根据原始文件路径打开“火效果”max 文件，这是一个简单的火炬造型，如图 9.19 所示。

① 在“创建”面板中单击“辅助对象”按钮，并在其下拉列表中选择“大气装置”选项，如图 9.20 所示。

② 在【对象类型】卷展栏中单击 球体 Gizmo 按钮，在顶视图中创建一个半径略小于火炬半径的环形框，如图 9.21 所示。

图 9.19 火炬造型

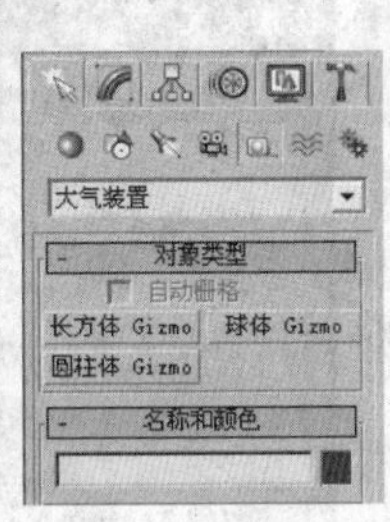


图 9.20 “大气装置”选项

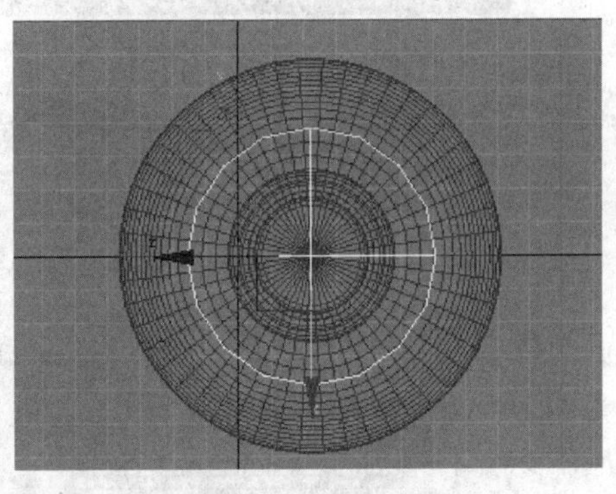

图 9.21 创建环形框

③ 进入“修改”面板，在【球体 Gizmo 参数】卷展栏中勾选“半球”复选框，这样可以用来限制火焰的填充范围，只保留上半部分，如图 9.22 所示。

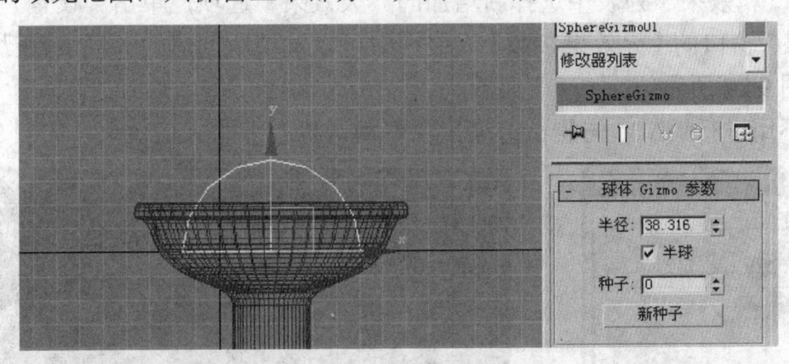


图 9.22 “球体 Gizmo 参数”卷展栏设置

④ 单击“选择并移动”按钮，将创建的大气装置向上移动，使其底部与火炬的顶部平齐，如图 9.23 所示。

⑤ 单击工具栏中的“选择并非均匀缩放”按钮在前视图中将创建的大气装置沿 Y 轴向上拉长，如图 9.24 所示。

（2）指定火焰特效

选择制作的大气装置，在“修改”面板中可以看到【大气和效果】卷展栏，因此设置火焰效果就不需要在“环境和效果”窗口中进行了，如图 9.25 所示。

① 单击“添加”按钮 添加 ，在弹出的“添加大气”对话框中选择“火效果”选项，然后单击“确定”按钮，如图 9.26 所示。

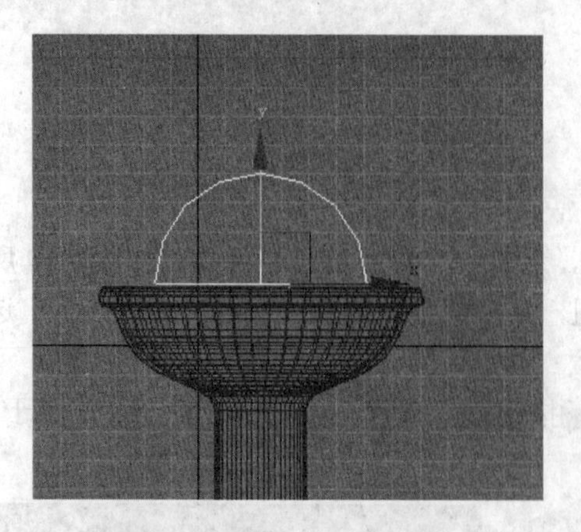

图 9.23　与火炬顶部平齐

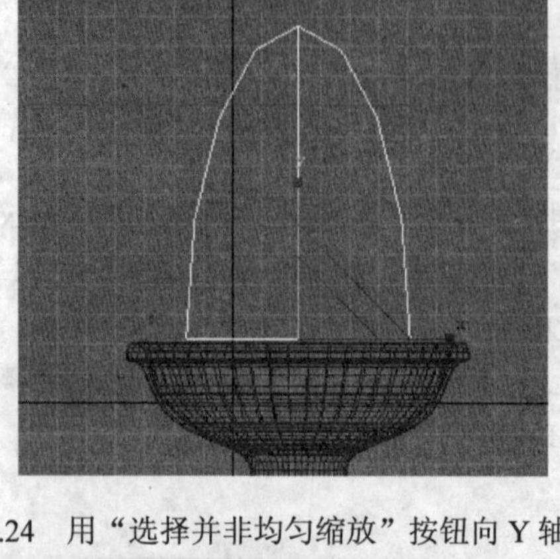

图 9.24　用“选择并非均匀缩放”按钮向 Y 轴拉长

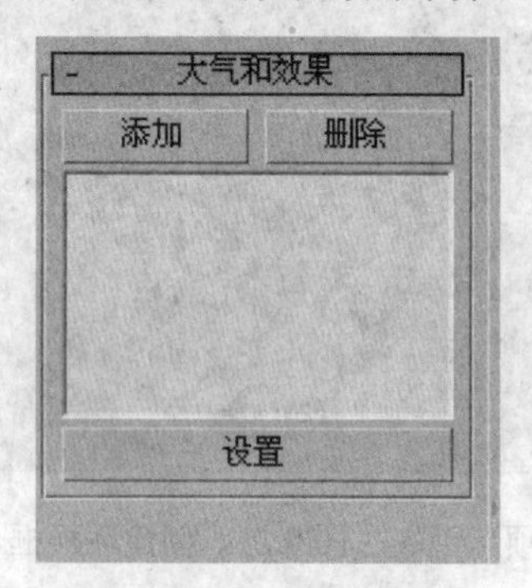


图 9.25　“大气和效果”卷展栏

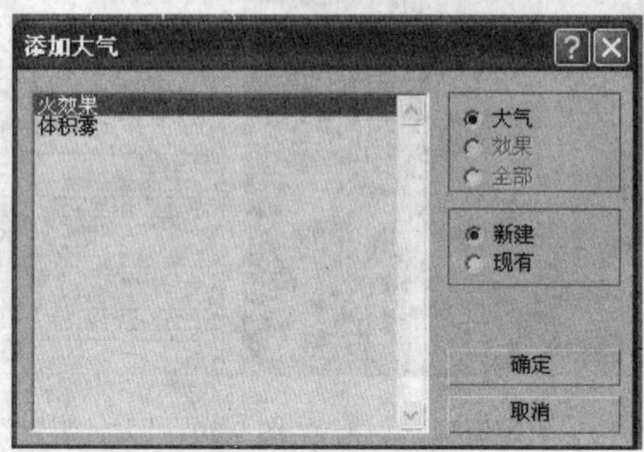


图 9.26　“添加大气”对话框

② 在“大气和效果”列表中选择新增加的“火效果”选项，单击“设置”按钮，在打开的“环境和效果”窗口的【火效果参数】卷展栏中可以发现所创建的大气装置已经变为火效果 Gizmo 了，如图 9.27 所示。

此时可以不用进行调节，先测试渲染，观察默认状态下的火焰效果，如图 9.28 所示。

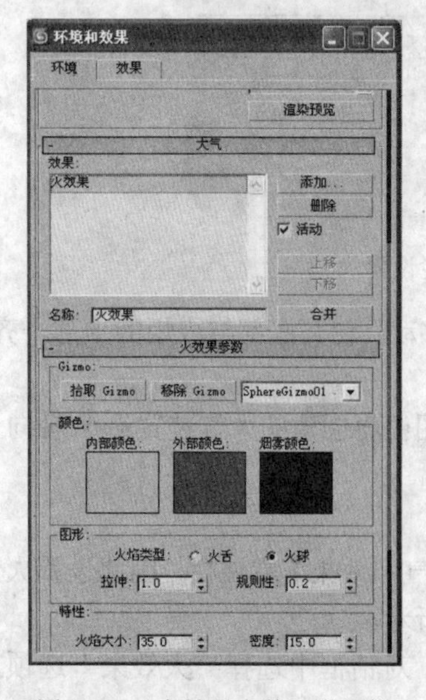


图 9.27　“火效果参数”卷展栏

图 9.28　默认状态下的火焰效果

（3）调节火焰效果

① 在“环境和效果”窗口中单击【火效果参数】卷展栏中的“内部颜色”色块，在弹出的“颜色选择器：内部颜色”对话框的“红”、“绿”、“蓝”微调框中分别输入数值为255、255、0，如图9.29所示。

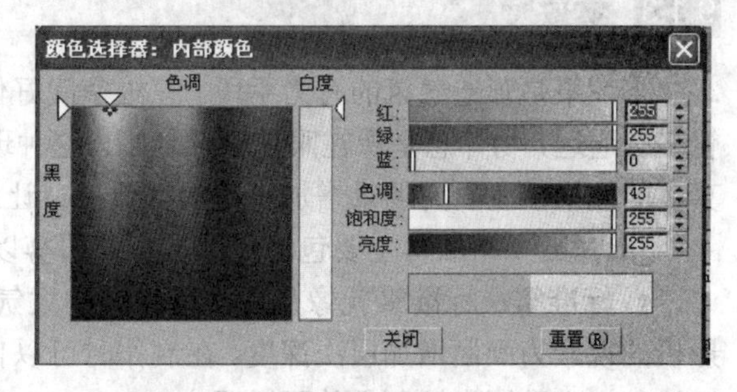


图9.29　“颜色选择器：内部颜色”对话框

② 在“特性”组合框的“密度”微调框中输入数值为36，此时进行渲染并观察调整后的效果时可以发现火焰变得更加明亮了，如图9.30所示。

③ 在“火焰大小”微调框中输入数值为15，此时渲染时可以发现火苗变小了，但是火苗的数目变多了，如图9.31所示。

图9.30　调整后的效果

图9.31　火苗的数目变多

④ 在“火焰细节”微调框中输入数值为6，此时渲染后可以发现火焰的渲染变得更加细致了，如图9.32所示。

⑤ 如果嫌火苗的大小不够，可以在视图中选择创建的大气装置，然后单击“选择并非均匀缩放”按钮，在前视图中将创建的大气装置沿着Y轴向上继续拉长，此时逼真的火效果就制作出来了，如图9.33所示。

图9.32　细致后的火苗

图9.33　最终效果

## 9.1.3 雾效果

雾效果是营造气氛的有力手段。三维空间好像真空一般，洁净的空气中没有一粒尘埃，不管多么遥远，物体总是像在眼前一样清晰。这种现象与现实生活中是完全不同的。为了表现出真实的效果，就要为场景增加一定的雾效果，让三维空间中充满大气。

3ds Max 9 中的雾主要包括标准雾、分层雾以及体积雾等 3 种。

- **标准雾：**标准雾就像是现实世界中的大气层，也就是现在常说的能见度。它会根据摄影机的视景为画面增加层次深度。在制作时可以自由地调节雾弥漫的范围和雾气的颜色，还可以为其指定贴图来控制雾的不透明度。
- **分层雾：**分层雾是雾的另一种效果。它与标准雾不同，标准雾作用于整个场景，而分层雾只作用于空间中的一层。对于分层雾的深度与宽度没有限制，对于雾的高度用户可以自由指定。
- **体积雾：**体积雾也被称为质量雾，该类型的雾对于创建可以被风吹动的云之类的动画很有用。这种质量雾产生的是真正的三维效果，并且可以随着空间与时间的变化而变化。体积雾的控制方式类似于其他类型的雾。“风力强度”用于控制风的速度，它与相应的选项一起作用可以创建移动的雾。质量雾也是一个外挂环境的模块，它能够为场景制作出各种不同密度的烟雾效果，并为场景提供许多种参数，可以控制云雾的颜色、浓淡、变化速度以及风向等。

### 1. 使用雾效果

在“环境和效果”窗口中，如果将雾效果添加到“效果”列表中，则将显示【雾参数】卷展栏。

该卷展栏包括一个用于设置雾色的“颜色”样本，还有一个“环境颜色贴图”按钮用于加载贴图。如果选定该贴图，那么单击“使用贴图”复选框可以将其打开或者关闭。可以选取一幅贴图用于改变环境不透明度，但这将影响雾的浓度。

① 勾选“雾化背景”复选框可以将雾应用于背景图像。“类型”选项包括“标准”和“分层”。选定这些“雾”背景设置中的其中一项，就会启用它的相应参数。

②“标准”选项包括一个“指数”复选框，用于按距离指数级提高雾的浓度。如果取消勾选该复选框，浓度和距离则成线性关系。“近端”和“远端”值用于设置浓度的范围。

③“分层”雾在雾的密集区域和稀薄区域间模拟了几个层次，“顶”和“底”值用于设定雾的界限，“密度”值用于设定其厚度。“衰减”选项用于设置雾浓度变为 0 的地方。

④ 勾选“地平线噪波”复选框，可以在雾层次的水平方向上加入噪波，由“大小”、“角度”和“相位”值决定。

⑤ 如图 9.34 所示为几种不同的雾选项效果。左上方的图像没有使用雾效果；右上方的图像使用了“标准”选项；左下方的图像采用了“分层”选项，“密度”值为 50；右下方的图像启用了“地平线噪波”选项。

### 2. 使用体积雾效果

通过单击“添加”按钮并选择“体积雾”选项，可以把“体积雾”效果添加给场景。该效果与“雾”效果不同，它能够更强地控制雾的位置，这个位置是通过大气装置线框设置的。

使用“拾取 Gizmo”按钮可以选定一个线框。选定的线框包含在按钮右侧的下拉列表

中，可以选定多个线框。“移除 Gizmo”按钮用于从列表中去掉选定的线框，如图 9.35 所示。

图 9.34 几种不同的雾选项效果

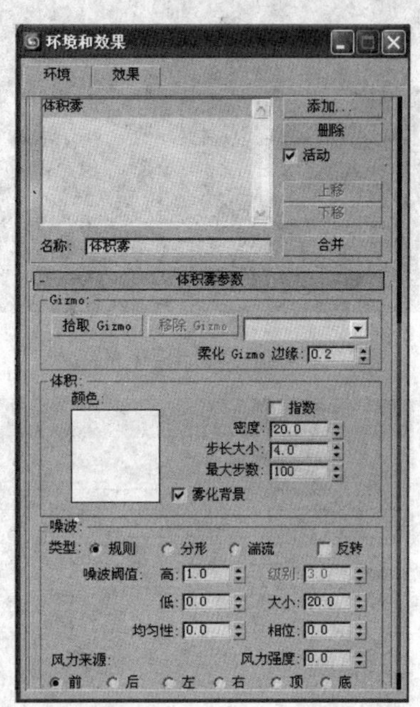


图 9.35 体积雾选项

**提 示**

❖大气装置线框只包含全部体积雾效果的一部分。如果该线框被移动或缩放，将会显示雾的不同裁剪部分。

“柔化 Gizmo 边缘”用于在每一条边羽化雾效果，该值的范围为 0 到 1。

“体积雾”中许多参数的设置与“雾”效果中的相同，但有一些特有的设置。这些设置有助于设置“体积雾”的面片本质。“步长大小”用于决定雾面片的大小。“最大步数”值限制了这些小步幅的采样，以便限制渲染的时间。

对“噪波”区域的设置也可以决定“体积雾”的随机性。噪波“类型”包括“规则”、“分形”、“湍流”和“反转”。“噪波阈值”用于限制噪声效果。风设置包括方向和风力。“相位”值用于决定烟雾如何移动。

① 执行“文件”→“打开”命令打开模型文件“香烟”，效果如图 9.36 所示。

② 在“创建”面板中单击按钮，进入“辅助对象”面板，在下拉列表中选择“大气装置”选项，然后单击“圆柱体 Gizmo”按钮。在顶视图中的烟头位置创建一个“圆柱体 Gizmo”，如图 9.37 所示。

③ 执行“渲染”→“环境”命令，打开“环境和效果”窗口，在【大气】卷展栏中单击“添加”按钮，然后从弹出的“添加大气效果”对话框中选择“体积雾”，如图 9.38 所示。

④ 设置体积雾参数。单击“拾取 Gizmo”按钮拾取圆柱体 Gizmo 大气线框，并设置其参数如图 9.39 所示。

⑤ 按【F9】键进行快速渲染，得到的效果如图 9.40 所示。

图 9.36　香烟模型的效果

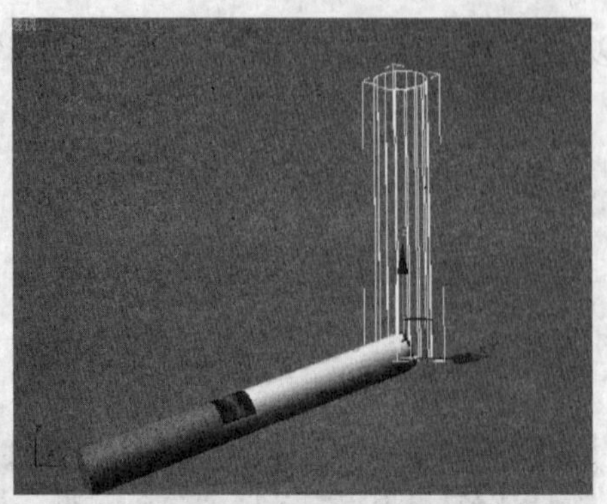

图 9.37　“圆柱体 Gizmo”

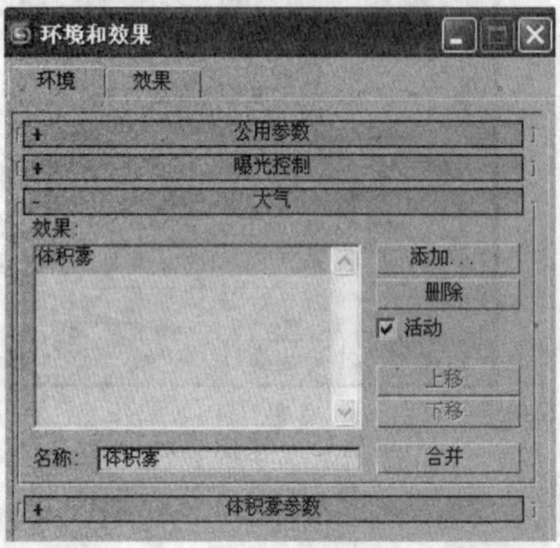

环境和效果
环境　效果
公用参数
曝光控制
大气
效果:
体积雾
添加...
删除
活动
上移
下移
名称: 体积雾
合并
体积雾参数

图 9.38　添加选择“体积雾”

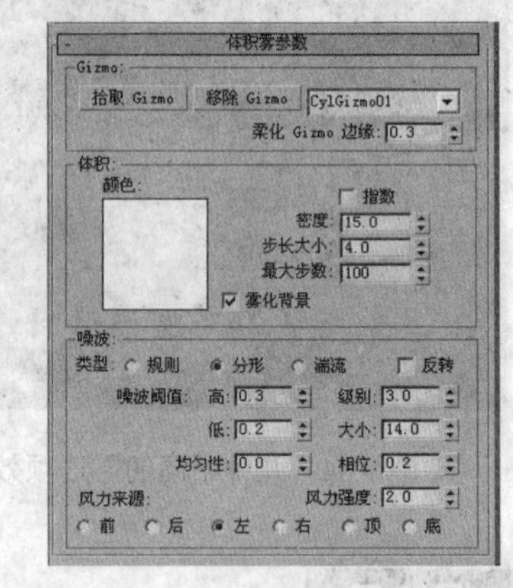


图 9.39　“体积雾”参数

### 3. 使用体积光效果

“添加大气效果”对话框中的最后一个选项是体积光效果，该效果的大多数参数同其他效果一样。尽管是大气效果的一种，但是因为它需要对灯光进行处理，因而更适宜在讲述灯光内容的部分进行介绍。

① 执行“文件”→“打开”命令，打开模型文件“海底”，效果如图 9.41 所示。

② 执行“渲染”→“环境”命令，打开“环境和效果”窗口。在【大气】卷展栏中单击“添加”按钮，在弹出的对话框中选择“体积光”选项，然后单击“确定”按钮，如图 9.42 所示。

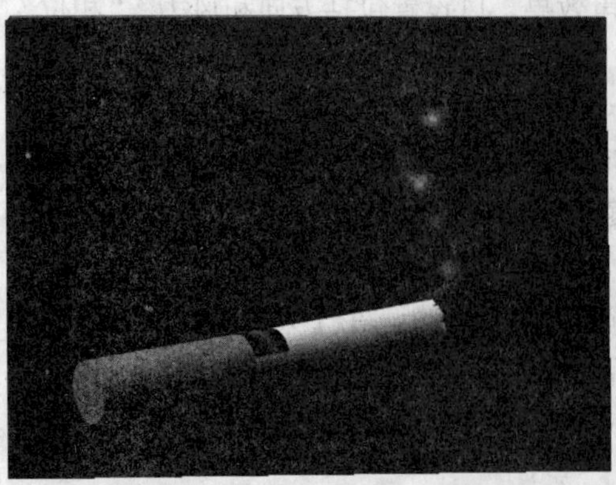

图 9.40　快速渲染效果

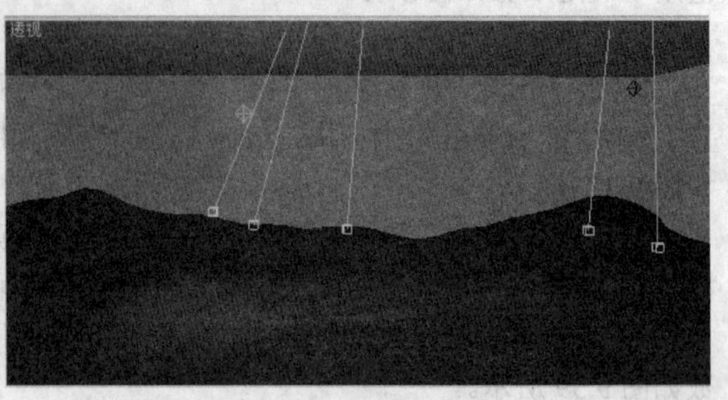


图 9.41　海底模型的效果

③ 参照如图9.43所示设置体积光的参数，单击“拾取灯光”按钮，在视图中选择新添的5盏聚光灯。

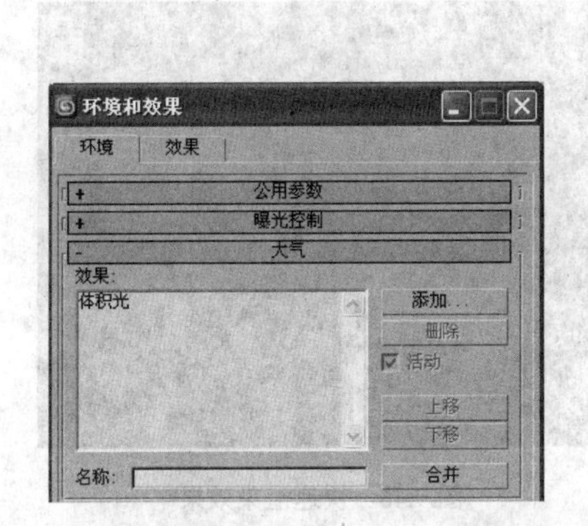


图9.42 添加体积光

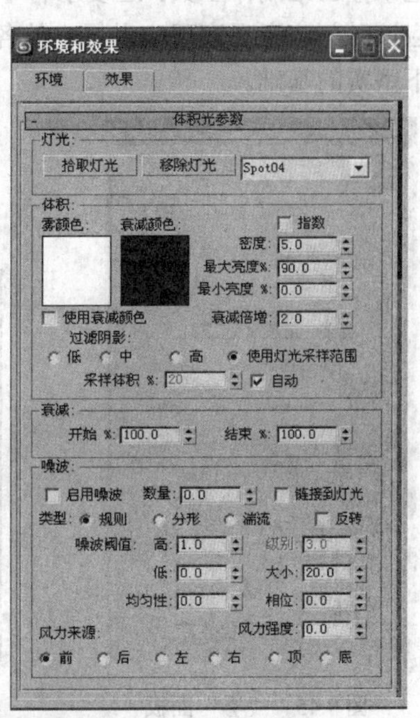


图9.43 新添的5盏聚光灯参数

④ 按【F9】键进行快速渲染，得到的效果如图9.44所示。

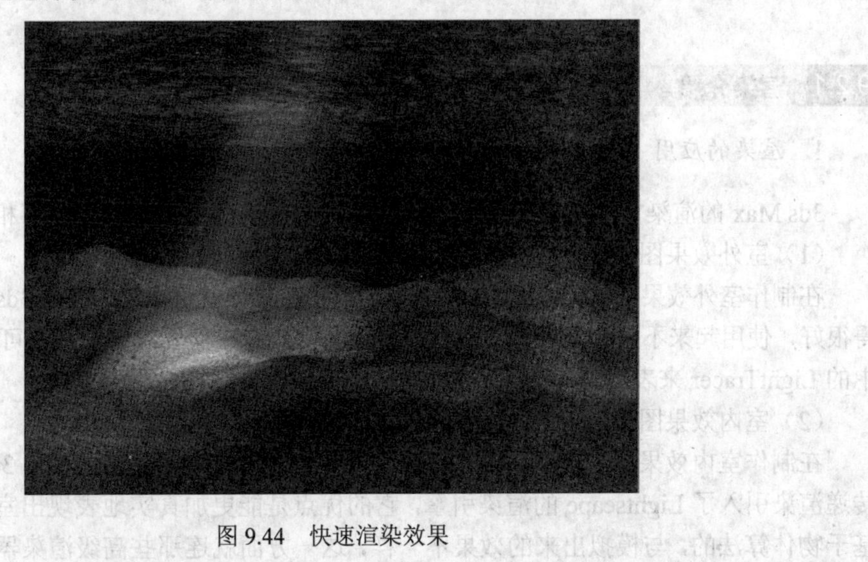

图9.44 快速渲染效果

⑤ 在【大气】卷展栏中单击“添加”按钮，在弹出的对话框中选择“雾”选项，然后单击“确定”按钮，再设置雾的参数，如图9.45所示。按【F9】键进行快速渲染，得到的效果如图9.46所示。

在三维制作中，环境是比较容易被忽略的概念。很多人往往沉醉于制作一个又一个造型和动画。当他们将几个生动的造型放在一起时，就会惊讶地发现这些造型显得平淡无奇、格格不入，这是因为他们忽视了三维环境。三维世界中的环境如同现实世界中的环境一样重要。一个好的环境加上生动的造型，动画就会让人有身临其境的感觉。环境制作非常复杂，它不仅需要用户熟练地掌握三维制作工具，还要求有丰富的美术、自然和摄影等知识。所以读者在学习三维制作时应该时刻注意观察现实世界中的各种现象，了解摄影等各个方面的知识，从而在三维创造中打下坚实的基础。

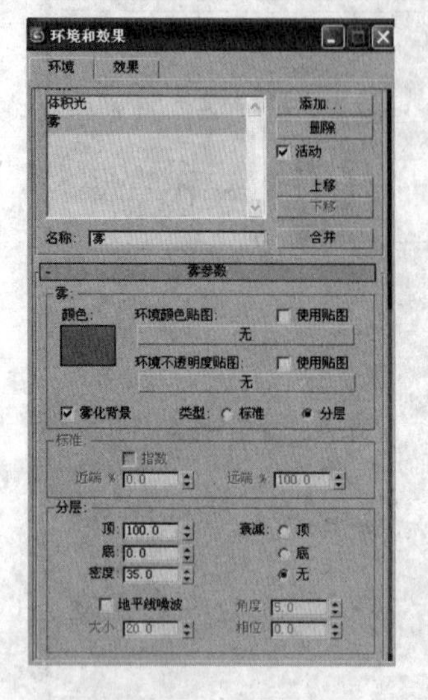


图 9.45 “雾”面板

图 9.46 快速渲染效果

# 9.2 渲 染

## 9.2.1 渲染介绍

### 1. 渲染的应用

3ds Max 的渲染方法有很多种，在不同情况下应用的渲染软件也是不相同的。

（1）室外效果图

在制作室外效果图时，使用 3ds Max 9 的默认渲染器就可以了。因为 3ds Max 9 本身就能做得很好，使用起来不仅非常方便，而且速度也非常快。在需要的情况下，可以配合 3ds Max 9 中的 LightTracer 来表现真实的天光漫反射效果。

（2）室内效果图

在制作室内效果图的时候，使用 3ds Max 9 中的光能传递渲染即可。3ds Max 9 中的光能传递渲染引入了 Lightscape 的渲染引擎，它的优点是能更加真实地表现出室内照明效果。它是基于物体算法的，与模拟出来的效果不一样，这一方面就连那些高级渲染器也很难做到。如果配置 3ds Max 9 中设置的建筑材质，就可以达到很完美的效果。

（3）电视广告

在制作电视广告的时候，使用 mental ray 渲染器即可。因为它的渲染速度超快，效果也非常鲜艳，对于透明的玻璃、闪亮的金属等表现尤为突出，特别适合制作广告效果，因为广告效果往往要求有夸张的表现，包括色彩以及质感。

（4）电视卡通片

在制作电视卡通片的时候，可以使用 3ds Max 9 默认的渲染器，或者是现在流行的 Brazil 与 finalRender 渲染模块。对于卡通片的制作，关键在于剧情以及人物的表现，利用什么样的渲染器都无所谓，但是需要考虑其渲染的速度。现在 3ds Max 在渲染性能方面得到了空前的提升。但是在渲染速度上还不及 Brazil 与 finalRender 渲染模块的功能强大。特别是现在的 finalRender，它具备了十分专业与方便的渲染模块。因此在渲染之前应该选择需要的渲染器。

（5）电影特技

在制作电影特技的时候，可以使用 Renderman 或者 Mental ray 渲染器。Renderman 在制作电影动画特技的时候有着明显的优势，对于胶片品质的渲染（4000 线以上）其速度快、稳定性强、质感细腻，并且还具有最优秀的网络渲染功能。

### 2. 渲染类型

在 3ds Max 中主要有 4 种渲染类型。

① 快速渲染：该渲染类型主要用于产品级的测试渲染。

② 实时渲染：该渲染类型主要用于材质、灯光的效果调节。

③ 最终场景渲染：该渲染类型主要用于最终的产品渲染，用于平面、视频的输出。

④ 合成渲染：该渲染类型主要用于可以在渲染的同时进行合成制作，其效果与最终渲染相同，类似于简单的合成软件。

这 4 种渲染类型分别用于动画制作的不同时期：在动作调节时可以使用快速渲染，在材质调节时可以使用实时渲染，在产品整体调节时可以使用最终场景渲染，如果有合成需要则可使用合成渲染。

### 3. 渲染工具

在工具栏的右侧提供有几个用于渲染的工具按钮，主要用于渲染制作。

（1）“渲染场景对话框”按钮

这是一个标准的渲染工具，单击该按钮可以打开“渲染场景：默认扫描线渲染器”窗口，在该窗口中可以进行各项渲染设置，如图 9.47 所示。

一般对一个新的场景进行渲染时，可以利用该工具进行各项渲染设置。

（2）“快速渲染”和“实时渲染”按钮

单击工具栏中的“快速渲染（产品级）”按钮，在弹出的按钮组中会出现一个“实时渲染”按钮。单击“快速渲染（产品级）”按钮可以进行快速渲染，单击“实时渲染”按钮可以进行实时渲染。快速渲染不需要经过渲染设置，直接利用当前设置即可进行渲染。对于实时渲染可以在“渲染场景：默认扫描线渲染器”窗口的【指定渲染器】卷展栏中进行设置，如图 9.48 所示。

（3）渲染类型

在渲染工具中还有一个“渲染类型”下拉列表框，在该下拉列表中提供有 8 种渲染类型，主要用来控制渲染图像的尺寸以及内容，它们只对实时渲染以外的渲染工具起作用。有关选项含义如下。

- **“视图”**：选择该选项，可以对当前激活的视图中的全部内容进行渲染。

- **“选定对象”**：选择该选项，可以对当前激活视图中被选择的对象进行渲染，步骤如下。

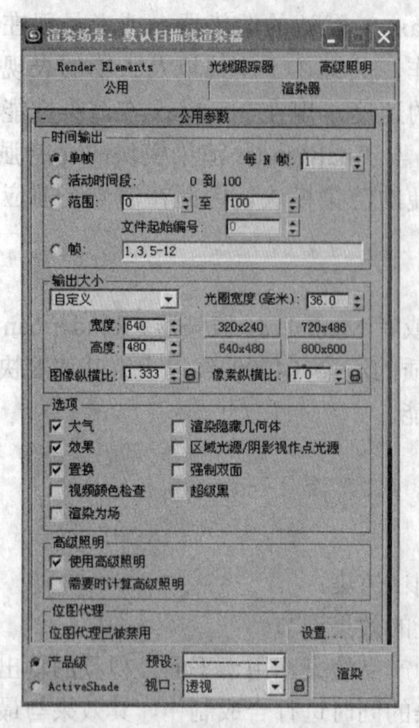


图 9.47 “渲染场景”设置

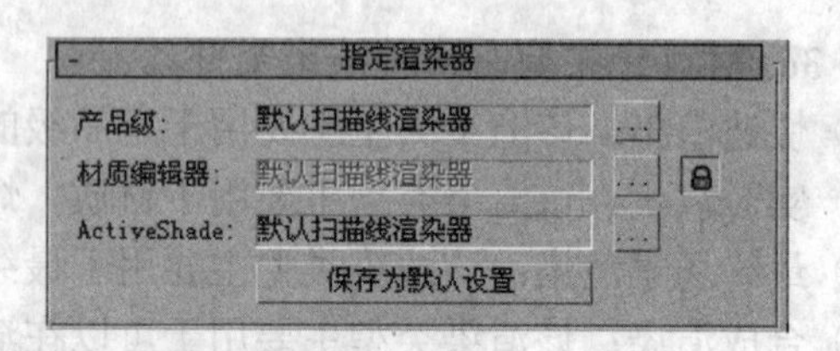


图 9.48 “指定渲染器”卷展栏

① 在视图中选择创建的一个物体造型，如图 9.49 所示。

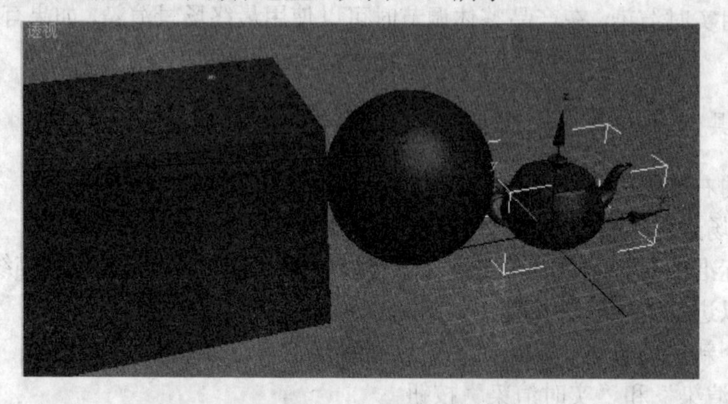


图 9.49 选择物体造型

② 此时进行渲染可以只将选择的物体渲染出来，如图 9.50 所示。

③ 在视图中选择想要渲染的物体后，在“渲染类型”下拉列表中选择“选定对象”选项，然后在视图中单击“选择并移动”按钮来移动选择物体的位置。

④ 调整视图后进行渲染可以发现，物体在移动前后的效果都被渲染出来了。

- **“区域”**：选择该选项，可以对当前激活视图中的指定区域进行渲染。

① 在“渲染类型”下拉列表中选择“区域”选项，然后单击工具栏中的“快速渲染（产品级）”按钮，此时在激活的视图中会出现一个虚线框。

② 在视图中可以对虚线框的大小以及位置进行调整，调整好后单击按钮即可将虚线框以内的区域渲染出来。

图 9.50 渲染后物体效果

• **“裁剪”**：选择该选项，可以只渲染在视图中所选择的区域，并且按照区域的面积进行裁剪，产生与框选区域等比例的图像。

• **“放大”**：选择该选项，可以将选择的区域放大到最后的渲染尺寸。该渲染方式与区域渲染方式的使用方法相同，只是利用区域渲染相当于在原效果图上切一块进行渲染，而放大渲染则是将选择的区域放大至最后的渲染尺寸。这种放大不是图像像素的放大，而是视野缩小，所以渲染图像的质量不变，仍然是高度清晰的。

• **“选定对象边界框”**：选择该选项，再单击工具栏中的“快速渲染（产品级）”按钮进行渲染可以弹出“渲染边界框 / 选定对象”对话框，在该对话框中可以对渲染的边界框进行设置。

• **“选定对象区域”**：选择该选项，可以对当前选择对象所在的区域进行渲染，并且保证原来的渲染尺寸不变。

• **“裁剪选定对象”**：选择该选项，可以对当前选择对象所在的区域进行裁剪渲染。

### 9.2.2 Video Post 影视特效合成

1. Video Post 的基本概念以及工具界面

① Video Post 是 3ds Max 9 中的一个强大的编辑、合成与特效处理的工具。使用 Video Post 可以将包括目前的场景图像和滤镜在内的各个要素结合在一起，从而生成一个综合结果输出。一个 Video Post 序列能包含所有的用来综合的元素，包括场景中的几何体、背景图像、效果和蒙版等。

**提 示**

❖ Video Post 序列提供一个图像、场景和事件的层次列表。在 Video Post 中，列表项目在序列里被称为事件。事件出现在序列中的顺序就是其被执行的顺序。序列中总是至少有一个事件。序列通常是线性的，但是某些特殊的事件，例如图层合并事件则总是合并其他事件并成为后者的母事件。

② 利用 Video Post 可以制作出令人难以置信的动画效果。如果用户想成为制作动画的真正高手，那么无论如何也要认真掌握它。

③ 执行“渲染”→“Video Post”菜单命令即可打开 Video Post 工具栏界面。

2. 关于事件的操作方法

① 把一个事件加入 Video Post 序列：单击任何一个添加事件按钮就将显示一个对话框，从中

可以设置有关事件的细节。对话框依赖于事件的类型，有些事件还具有不同的子类型。大体上新的事件出现在序列的最后，但是某些事件需要最初在序列中选择一个或多个事件。如果所选的事件不符合这些事件的相关条件，则相应的事件按钮会变成灰色而无法使用。在序列中删除事件方法为：选择一个事件并单击“事件”按钮则可删除任何事件，不论是当前能用的还是被禁止的。

② 在序列中调换两个事件的位置：选中这两个事件，然后单击“交换当前事件”按钮执行交换。有的时候交换事件这个操作可能不被允许。在最高层次的序列中几乎总能交换事件；在比较低的层次中，一个事件的输出必须是对它的母事件的合法输入。

### 9.2.3 镜头效果高光——太阳

制作镜头效果高光——太阳，如图 9.51 所示。

图 9.51 太阳等星球效果

本实例通过制作星球场景，学习镜头效果光晕的使用方法。使用火效果和镜头效果光晕制作出火焰的光晕以及高光效果。

任务实施

① 启动 3ds Max 9，进入“创建”→“几何体”面板。单击“球体”按钮，在顶视图中创建一个半径为 50 的球体。然后进入“修改”面板，在修改器列表中选择“UVW 贴图”修改器，在【参数】卷展栏中设置参数，如图 9.52 所示。

② 进入“创建”→“辅助对象”面板，在下拉列表中选择“大气装置”选项，单击“球体 Gizmo”按钮，在顶视图中创建一个半径为 64 的球形辅助体，利用“对齐”工具，把它和星球造型对齐，如图 9.53 所示。

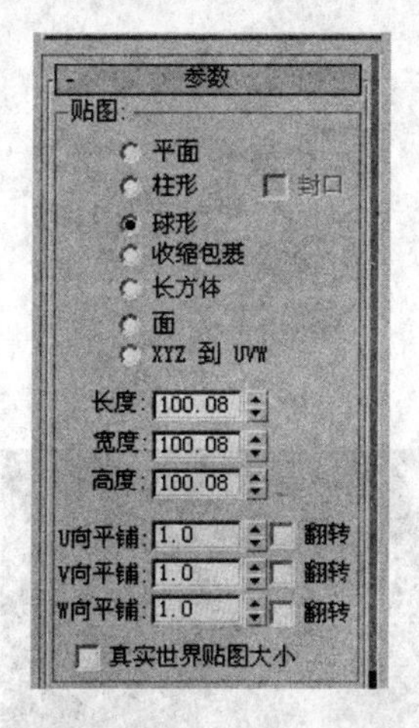

图 9.52　设置贴图坐标参数

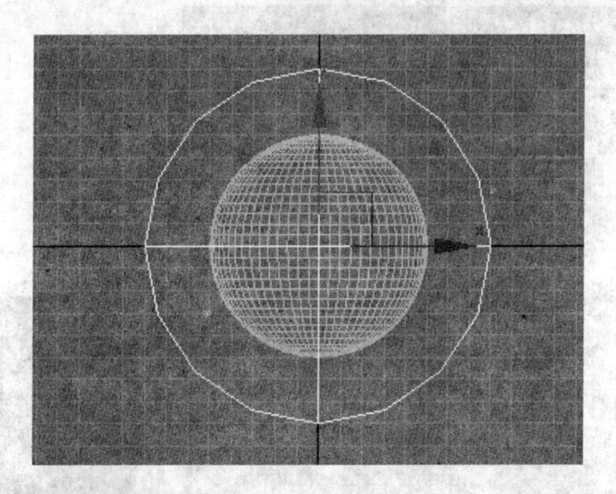

图 9.53　创建“球体 Gizmo”对象并对齐

③ 下面为星球设置材质，按【M】键打开“材质编辑器”，选择第一个材质样本球，单击“将材质指定给选定对象”按钮将材质赋给球体对象。展开【Blinn 基本参数】卷展栏，设定“环境光”、“漫反射”和“高光”的颜色设置为红绿蓝（255、220、0），其他参数设置如图 9.54 所示。

④ 单击“漫反射”右侧的“None”按钮，在“材质/贴图浏览器”中选择“噪波”贴图，设置参数如图 9.55 所示，然后设定“颜色#1”的红、绿、蓝参数分别为 225、95、80，“颜色#2”的红、绿、蓝参数分别为 255、255、80。

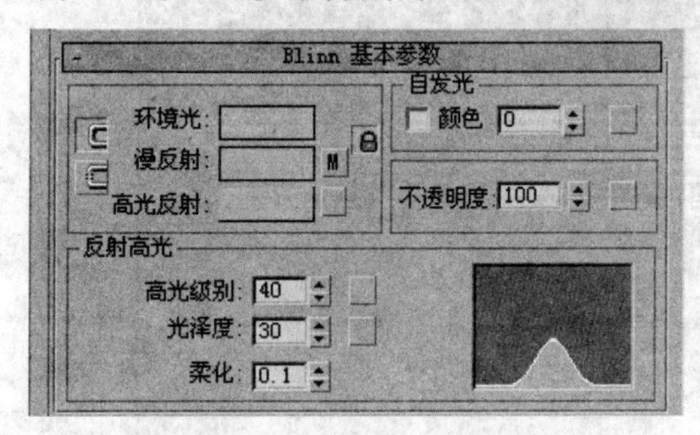


图 9.54　设定星球材质基本参数

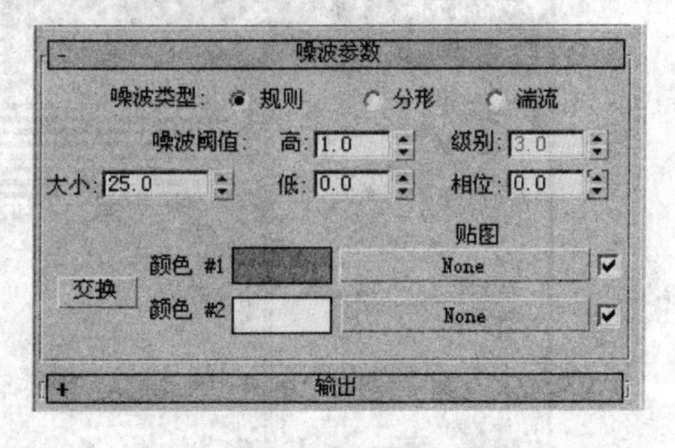


图 9.55　设定噪波贴图参数

⑤ 单击“自动关键点”按钮，启动动画制作；拖动时间滑块到第 100 帧，在星球材质中将“相位”的值设定为 3，关闭动画制作和材质编辑器。

⑥ 按【8】键弹出“环境设置”对话框，在【大气】卷展栏中单击“添加”按钮，在弹出的对话框中选择“火效果”，单击“确定”按钮。

⑦ 在【火效果参数】卷展栏中，单击“拾取 Gizmo”按钮，选择视图中的球形辅助体将燃烧效果施加给它，然后设定其他参数，如图 9.56 所示。按【F9】键进行快速渲染，效果如图 9.57 所示。

⑧ 在视图中选择球体对象右击，在弹出的快捷菜单中选择“属性”命令，然后在“对象属性”对话框中将“对象通道”设置为 2，单击“确定”按钮。

⑨ 执行“渲染”→“Video Post”命令打开“Video Post”窗口，如图 9.58 所示。单击“添加场景事件”按钮，在下拉列表中选择透视图，单击“确定”按钮。

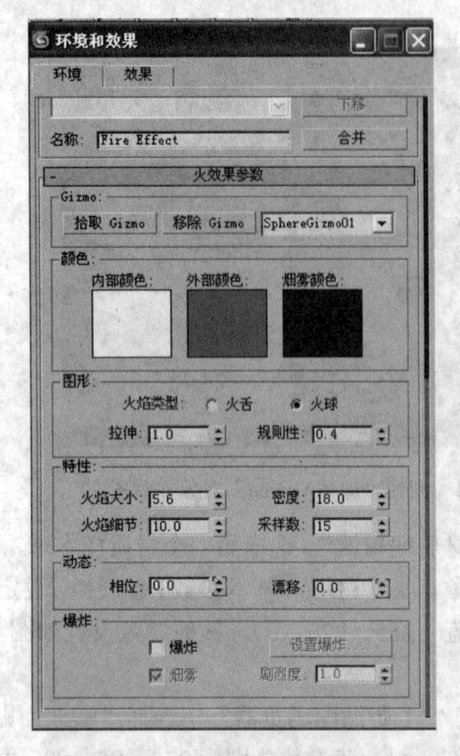


图 9.56 设定燃烧效果参数

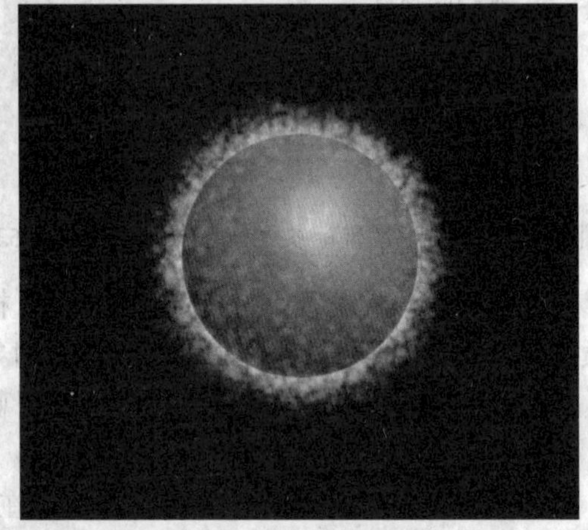

图 9.57 燃烧效果图

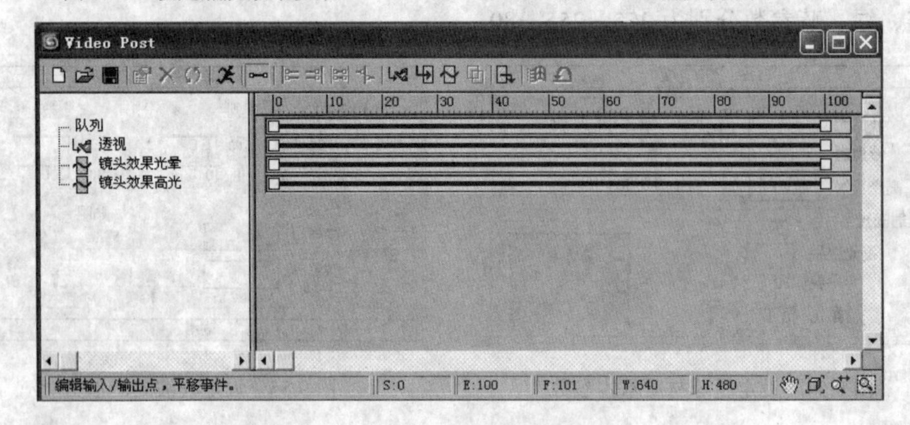


图 9.58 “Video Post”窗口

**提 示**

❖“Video Post”主要用于动画的后期制作与视频处理，相当于一个制片厂。在“Video Post”视频编辑器中可以对各个不同的场景、动画、摄影机之间的过渡与衔接进行处理，从而制作出满足需要的产品。例如，“Video Post”可以作为一个一定数目的渲染器同时渲染同一场景中的多个摄影机视图。

❖执行“渲染”→“Video Post”命令，将弹出“Video Post”窗口。从外表上看，其与“轨迹视图”窗口非常相似，主要包括 5 个部分，项端为工具栏，左侧为序列窗口，右侧为编辑窗口，底部是提示信息行和一些显示控制工具。

⑩ 为星球设置光晕效果。单击窗口工具栏上的“添加图像过滤事件”按钮，在下拉列表中选择“镜头效果光晕”选项，单击“设置”按钮，在弹出的对话框中设定“对象 ID”为 2，并在【过滤】参数栏中勾选“周界”复选框，再单击“首选项”选项卡，将其中的“大小”参数设定为 10，如图 9.59 所示。

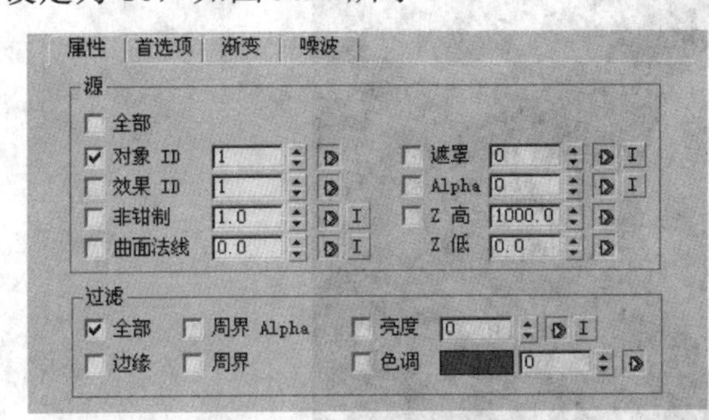


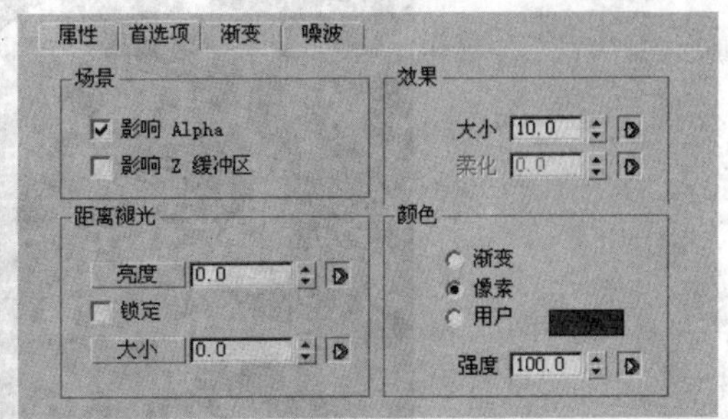


图 9.59 设置“光晕”滤镜参数

⑪ 单击“预览”和“VP 队列”按钮，预览场景效果，如图 9.60 所示。

图 9.60 “光晕”滤镜效果预览

⑫ 单击工具栏上的“添加图像过滤事件”按钮，在下拉列表中选择“镜头效果高光”选项，单击“设置”按钮，在弹出的对话框中设定“对象 ID”为 2，并在【过滤】参数栏中勾选“全部”复选框，再单击“首选项”选项卡，将其中的“大小”参数设定为 5，如图 9.61 所示。

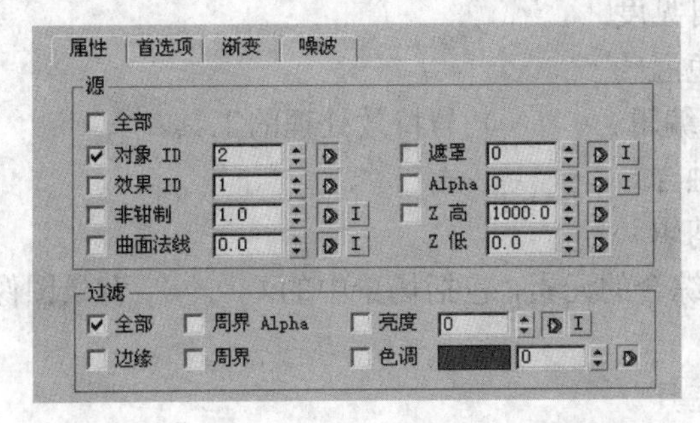


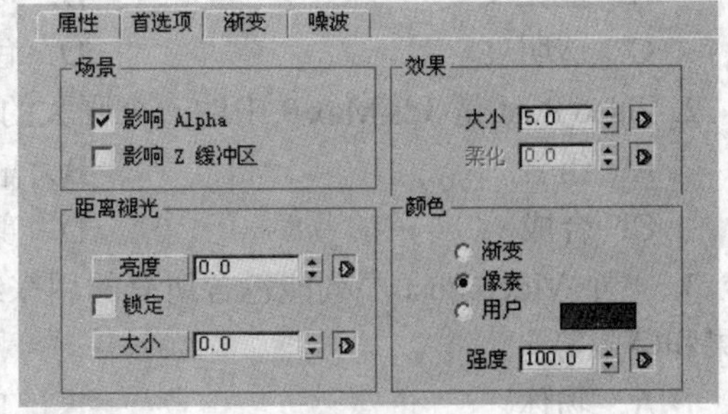


图 9.61 参数设置

⑬ 单击“执行序列”按钮，渲染得到最终的效果，如图 9.62 所示。

图 9.62　最终效果

## 本章要点

本章介绍了环境制作与一些渲染方法。环境的概念比较宽泛，3ds Max 中的环境编辑器用于制造各种背景、雾效、体积光以及火焰效果等，这些都需要与其他的功能相互配合才能发挥作用。对于效果编辑器里面的各项功能，可以利用各种合成软件进行制作，应用起来非常方便。

本章还介绍了合成渲染中的“Video Post”渲染。所谓合成渲染就是后期合成，目的是将制作好的各种作品素材收集在一起，包括最后场景所需要的各种资料，例如动态的图像、静止的图片、文字等。需要在“渲染场景：默认扫描线渲染器”窗口中对渲染器进行相关设置。

# 习　题

### 一、选择题

1. 标准雾就像是现实世界中的大气层，也就是现在常说的（　　）。它会根据摄影机的视景为画面增加层次深度。

A．能见度　　B．可见度
C．透明度　　D．色温

2. Video Post 是 3ds Max 9 中的一个强大的编辑、（　　）与特效处理的工具。

A．组合　　B．融合
C．合成　　D．剪辑

3. 一个 Video Post 序列能包含所有的用来综合的元素，包括场景中的（　　）、背景图像、效果和蒙版等。

A．物体　　B．工具
C．几何体　　D．对象

## 二、操作题

制作一个宝石效果，如图 9.63 所示（提示：首先打开“Video Post”窗口，单击“添加场景事件”，选择“照相机视图”选项，单击“添加图像过滤事件”，选择“镜头效果高光”选项，单击“设置”调节“属性”、“几何体”、“首选项”等的数值，执行“执行序列”命令，再渲染即可）。

图 9.63 宝石效果

# 第 10 章 职业项目实训

本章主要内容包括一个建筑效果图设计和一个电视栏目片头制作两个实例。两个实例都是本着考察学生对本书知识掌握的精细程度而精心挑选和设计的，其中包含了编者从业多年的教学经验和对实例教学的透彻理解。

**学习目标**

- 掌握实体模型的基本尺寸及创建技巧。
- 掌握贴图、灯光、摄影机等综合运用的技巧。
- 掌握3D特效制作的技巧与方法。
- 掌握对3D所学知识进行综合应用的能力。

# 10.1 建筑效果图设计

本节“别墅”实例相比于前面的例子最大的特点就是具有写实性，它的尺寸都是按照实体尺寸而来，同时不受制作方式的限制，重在对真实效果的完美体现。最后将渲染后的效果图导入到Photoshop中进行后期加工、处理，达到更加真实的仿真效果。

## 10.1.1 估算尺寸及建模

通过制作如图10.1所示的“别墅”效果实例，学习掌握实体建筑物的基本尺寸和建模技巧。

图10.1 别墅效果图

对于本例中的“别墅”模型，因为考虑到最终效果要体现真实感，所以在初始的建模上就应该严格按照真实尺寸的比例来做。任务的第一步就是对模型尺寸的精确估算。

① 首先确定别墅的大致高度，从效果图分析，该模型为二层半的阁楼式建筑。一般来说，此类建筑一层楼的毛高度为 300cm 即 3m，第三层阁楼的高度为 350cm，所以整体楼高为3m+3m+3.5m=9.5m。从目测来看，该楼每层为两大间，每间 6m，所以楼长为 6m+6m=12m。楼宽即等于一间的长度，即 6m。所以首先应创建一个长宽高分别为 12m、6m、6m 的长方体作为建模参考。

**提 示**

❖步骤①中提到的毛高度是指室内高度加楼层厚度，即 300cm＝270cm＋30cm。

❖作参考的长方体高度之所以为 6m 而不是测算的 9.5m，这主要是基于对创建后来二层的门窗时对门框底线准确把握方面的考虑。

② 执行“自定义（U）”→“单位设置（U）”命令，在“显示单位比例”参数栏中选取“公制”，然后在下拉列表中选择“厘米”，如图 10.2 所示。打开“捕捉开关”，创建一个长宽高分别为 12m、6m、6m 的长方体作为建模参考，如图 10.3 所示。

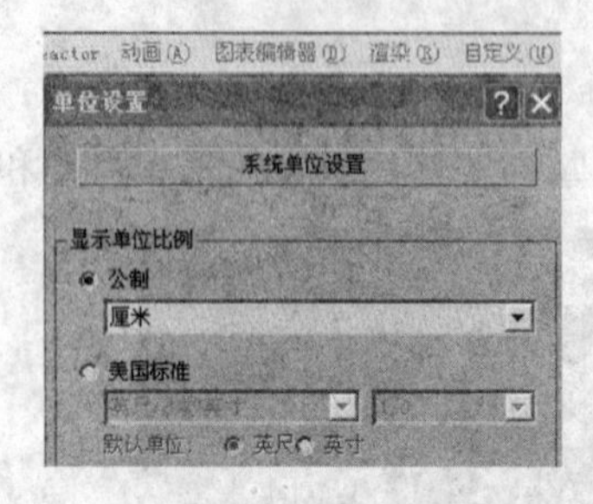


图 10.2　设置单位

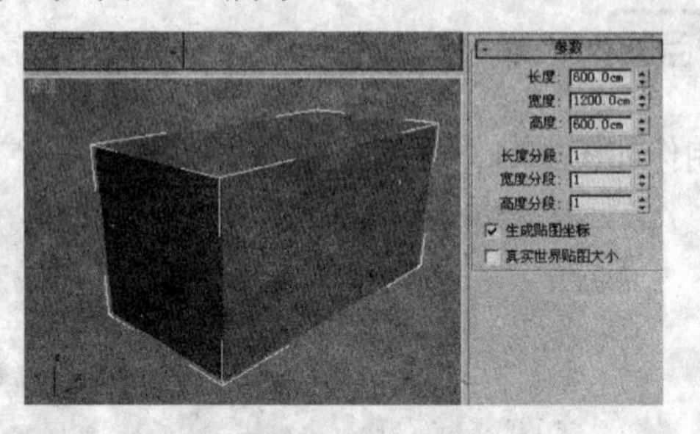


图 10.3　创建长方体

③ 切换到左视图中，依据如图 10.4 所示用线创建别墅的侧面墙的形状。

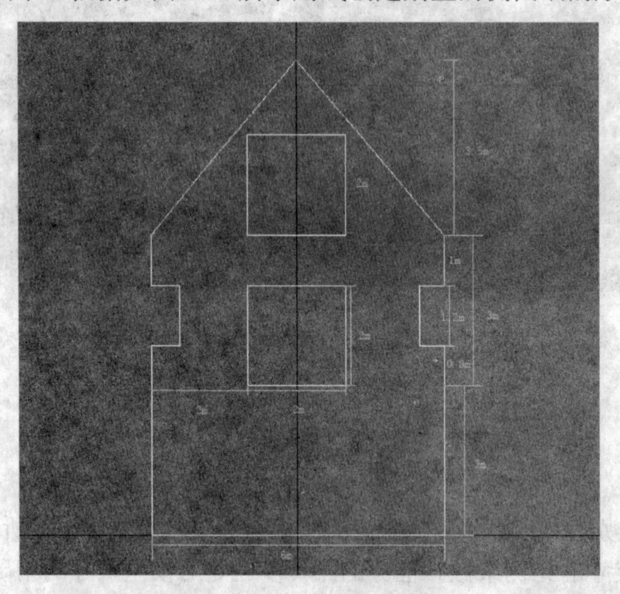

图 10.4　侧面墙形状及尺寸

④ 为图 10.4 中的二维线添加“挤出”命令，挤出“数量”设置为 30cm，效果如图 10.5 所示。

**提 示**

❖如图 10.4 所示的形状主要运用二维线，即“图形”中的线、矩形等创建而成，然后执行“附加”命令将所有的二维线附加成一个整体。

❖因为墙厚一般为 30cm，故步骤④中挤出“数量”设置为 30cm。

⑤ 打开“捕捉开关”，将已经创建好的墙体通过移动依附到如图 10.3 所示创建的立方体的一侧，另一侧的墙体则通过复制生成。

⑥ 房顶的制作方法如下：打开“捕捉开关”，选择“创建”→“图形”→“线”命令按钮，如图 10.5 所示。为如图 10.5 所示创建的图形添加“挤出”命令，调整挤出“数量”为 1240cm，调整屋顶的位置，然后为其添加“壳”命令，“内部量”、“外部量”都设置为 5cm，效果如图 10.6 所示。

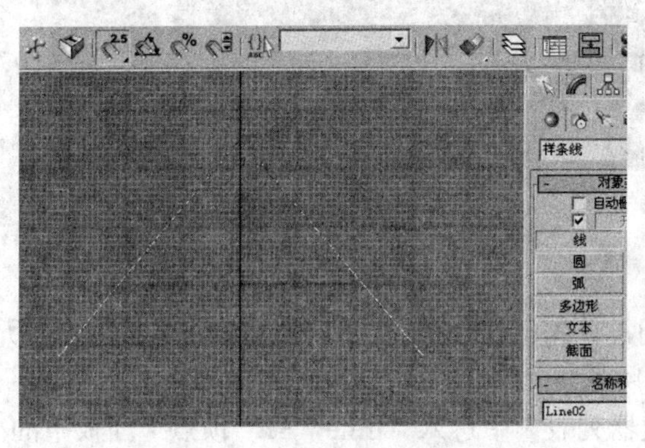


图 10.5　创建线

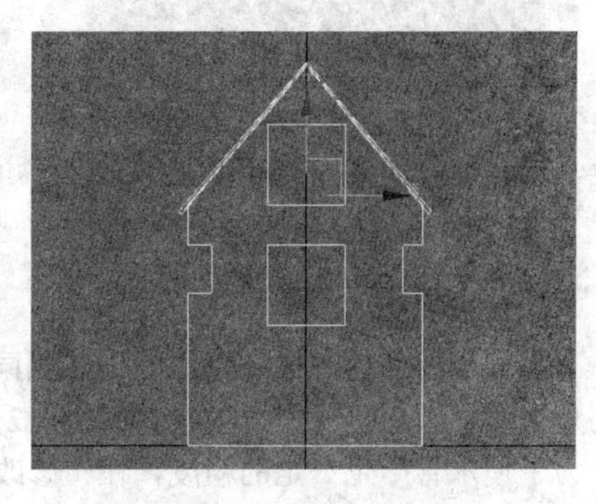

图 10.6　侧面图及房顶效果

⑦ 模型中的部分参数及说明：车库的长宽高尺寸分别为 6m、6m 和 2.7m。车库前沿厚度为 30cm，前视图中多出车库部分为 50cm。车库旁台阶横跨一般为 1.2m 或 1.5m，具体视情况而定。栏杆一般只考虑外露部分，为 1m，深入建筑物部分一般不作考虑。

⑧ 接下来针对此实例中的建模部分较难的环节做详解。

**楼梯部分：**

首先分析一格楼梯的高度为 20cm，楼梯的总高度为 300cm，那么此处楼梯的格数为 15。楼梯建模具体操作步骤如下。

打开“捕捉开关”，选择“创建”→“几何体”→“长方体”命令按钮，在后视图中创建长宽高分别为 150cm、15cm 和 20cm 的一格楼梯，如图 10.7 所示。然后再复制 14 格楼梯，如图 10.8 所示。

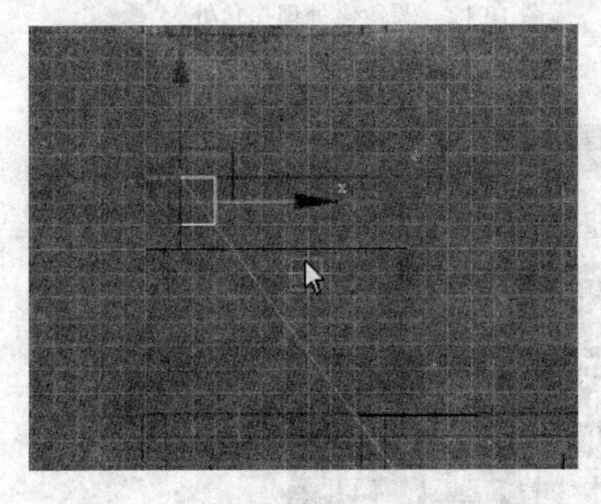

图 10.7　创建楼梯

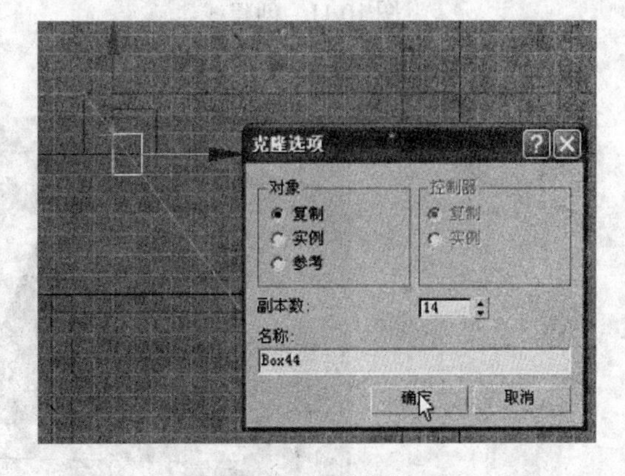


图 10.8　复制楼梯

**栏杆部分：**

栏杆的创建主要是选择“创建”→“几何体”命令按钮，选择“AEC 扩展”中的“栏杆”选项，然后拾取需要添加栏杆的路径创建完成。具体步骤如下。

在顶视图中，沿模型中需要创建栏杆的地方画线，注意需要做拐弯处的线段停顿，如图 10.9 所示。再在前视图中根据台阶坡度调整线的角度，创建 AEC 栏杆，并拾取路径，如图 10.10 所示。

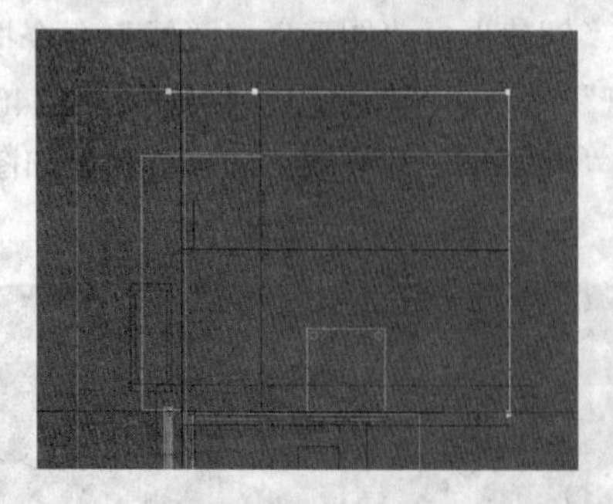

图 10.9　创建线

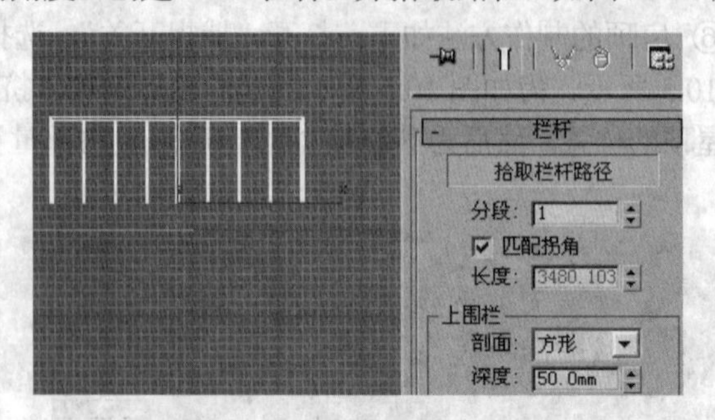


图 10.10　AEC 栏杆中拾取路径

**下水管道部分：**

下水管道的创建与栏杆路径的创建相同，首先创建“线”，并调整角度，如图 10.11 所示。对拐角处进行圆角化处理，效果如图 10.12 所示。

为了使水管产生一定的粗度，在“修改器列表”中进入“Line”→“顶点”面板下的【渲染】卷展栏下勾选“在渲染中启用”和“在视口中启用”两个复选框，然后更改“厚度”值，如图 10.12 所示。

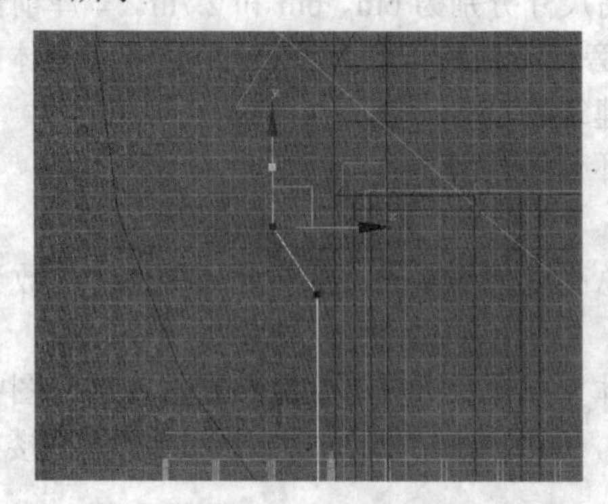

图 10.11　创建线

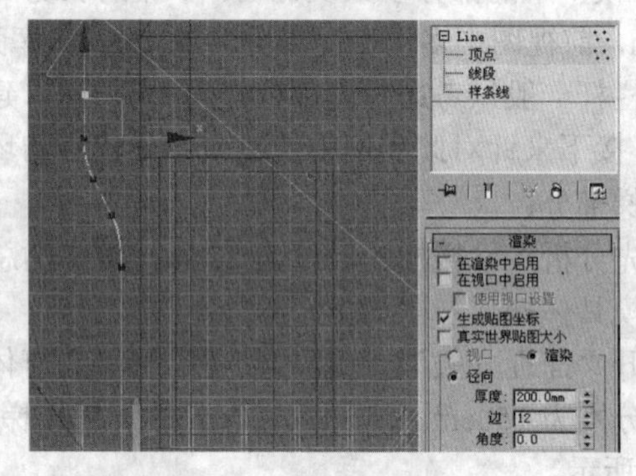


图 10.12　圆角化处理拐角处

最终建模效果如图 10.13 所示。

图 10.13　最终建模效果图

## 10.1.2 贴图、灯光和摄影机

前一小节中我们已经在设定尺寸的前提下的 3D 环境中完成了模型建模，接下来要做的就是对贴图，灯光和摄影机的处理。

（1）贴图

本例中的贴图较难的就是对屋顶和阁楼前的小房顶的贴图处理。这里以对屋顶的贴图处理为例进行详解。屋顶主要由屋顶上表面的瓦片和被瓦片覆盖的淡蓝色粉刷墙面两部分组成，此处需用到“多维/子对象”材质。具体设置操作步骤如下。

① 为屋顶模型赋予一个材质球，进入“材质编辑器”→“Standard”→“多维/子对象”面板，如图 10.14 所示。

② 在“可编辑多边形”堆栈的“多边形”层级下，选择全部屋顶的面，设置 ID 为 1，然后选择要赋予瓦片的前后两个面，设置 ID 为 2，如图 10.15 所示。

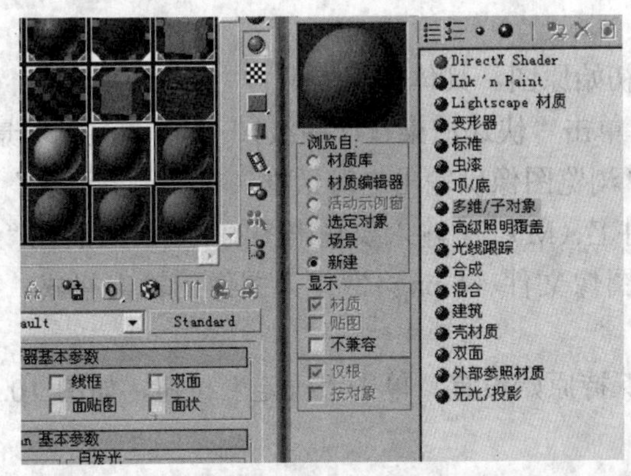


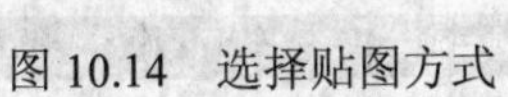
图 10.14 选择贴图方式

图 10.15 选择 ID

③ 返回“材质编辑器”，将 1 号 ID 的漫反射颜色调整为淡蓝色，将 2 号材质球的 Bitmap 中赋予瓦片的贴图。渲染结果显示贴图方式出错。解决方法：在“可编辑多边形”堆栈上加入“UVW 贴图”命令。

（2）灯光

本实例中要用到灯光类型的“光度学灯光”中的“IES 太阳光”，应用此类灯光的优势在于 3ds Max 自带的所有灯光中，“IES 太阳光”是能够比较真实模拟太阳光的一种高级灯光。本实例中应用了两盏“IES 太阳光”和一盏“泛光灯”，如图 10.16 所示。其中，右上角的一盏“IES 太阳光”（1 号灯）作为主要光源，它负责照亮整个场景，并使场景中的物体产生阴影。而左下角的一盏

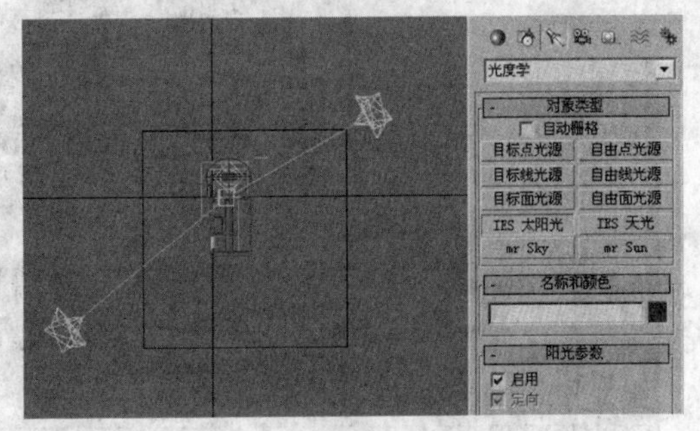


图 10.16 灯光设置

"IES太阳光"（2号灯）主要是作为背景光源，目的是让背光处的物体不至于因为过黑而令整个场景显得沉闷。最后的一盏"泛光灯"（3号灯），主要作用是用于补光。

三盏灯的一些基本参数如表10.1所列。

**表10.1　三盏灯的基本参数**

| 灯光名称 | 灯光强度/倍增 | 灯光颜色 | 是否开阴影 | 阴影类型 | 是否衰减 |
|---|---|---|---|---|---|
| 1号灯 | 3500 | 淡蓝色 | 是 | 区域阴影 | 无 |
| 2号灯 | 1600 | 淡黄色 | 无 | 无 | 无 |
| 3号灯 | 0.2 | 无 | 无 | 无 | 远距衰减 |

（3）摄影机

因本例为静帧作品，故摄影机的设置也较为简单，打开"显示安全框"，然后选好角度，将画面安排合理后，按下【Ctrl+C】组合键即可创建一盏摄影机。还可以继续运用相同的方法创建另外不同角度的摄影机。

**提　示**

❖可以通过按【C】键来对不同的摄影机角度进行切换。

（4）渲染出图

设置完贴图、灯光和摄影机后，渲染输出初始原图。具体步骤如下。

① 确定Camera 01视图处于被选中状态，单击"快速渲染（产品级）"按钮渲染场景。

② 单击"保存位图"命令按钮，弹出"浏览图像供输出"对话框。在"历史记录"右边的下拉列表中选择图像输出的路径，在"文件名（M）"中输入要输出图的名称，最后在"保存类型（I）"右边的下拉列表中选择"PNG 图像文件（*.png）"作为图像的输出格式，如图10.17所示。

③ 最后在弹出的"PNG配置"对话框中保持原始设置，单击"确定"按钮，如图10.18所示。渲染效果如图10.19所示。

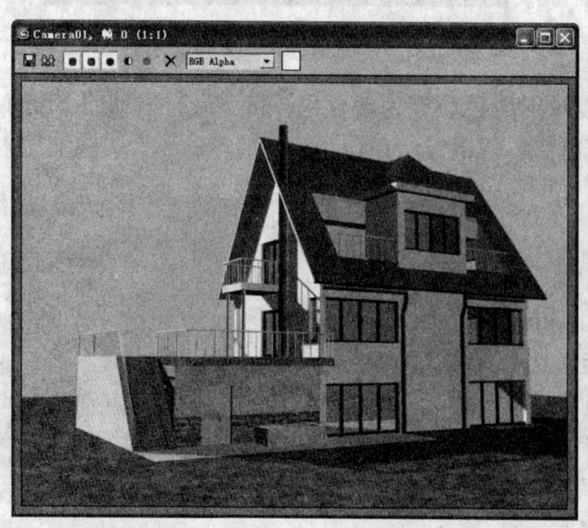


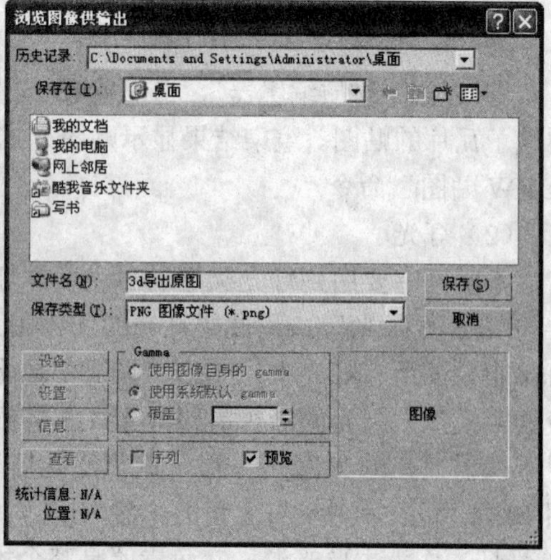


图10.17　渲染并设置输出格式

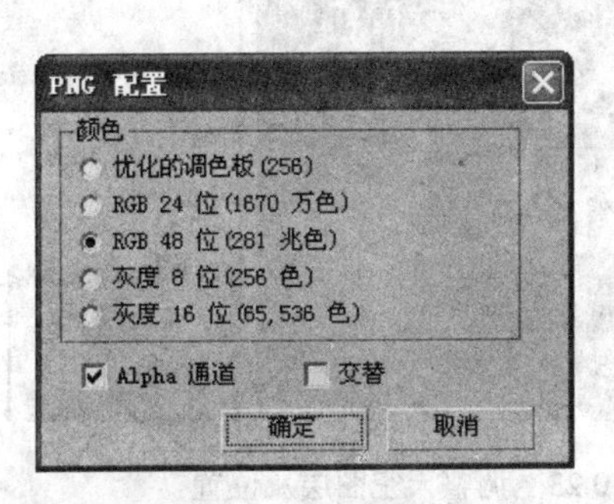


图 10.18 PNG 配置

图 10.19 渲染后的效果图

### 10.1.3 Photoshop 后期处理

任务目的

通过 Photoshop 软件对 3D 输出的如图 10.19 所示进行处理，最后完成如图 10.20 所示的效果。

任务分析

本小节主要将 3D 渲染后的效果图导入到 Photoshop 中进行后期加工、处理，以达到更加真实的仿真效果。

任务实施

① 双击打开桌面上 Photoshop 软件，打开 3D 中输出的“3d 导出原图.png”文件，如图 10.21 所示。

图 10.20 别墅最终效果

图 10.21 导入 png 格式原图

② 执行“文件”→“打开”命令，导入天空贴图“Sky-021.jpg”，通过“移动工具（V）”按钮将天空贴图拖拽到“3d 导出原图.png”文件中，如图 10.22 所示。

③ 通过软件上的“图层”面板调整图层顺序及位置，实现如图 10.23 所示的效果。

图 10.22　添加天空背景

图 10.23　调整天空图层及位置

④ 从图 10.23 所示的效果来看，背景天空的颜色偏暗，与前景别墅的色调搭配不尽合理，所以接下来需要调整背景天空的明暗级别。具体操作方法如下。

执行“图像（I）”→“调整（A）”→“曲线（V）”命令，在弹出的“曲线”对话框中调整背景曲线，如图 10.24 所示。

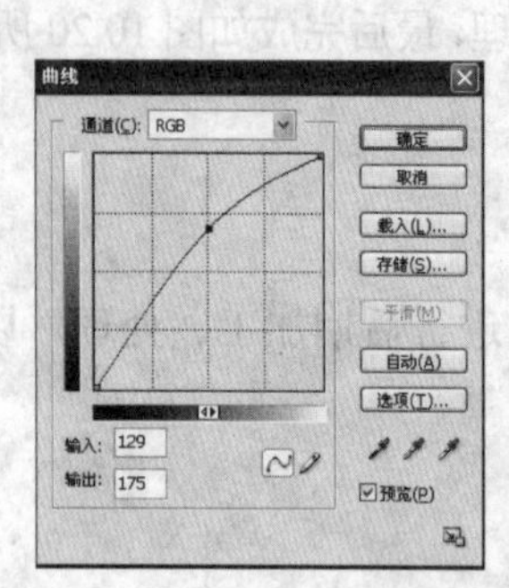

图 10.24　调整背景“曲线”

⑤ 执行“文件”→“打开”命令，导入背景树木“B-B-008.psd”文件，如图 10.25 所示。按照以上方法依次导入背景树木，并调整图层层次及大小，如图 10.26 所示。

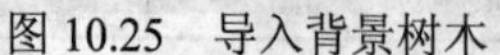

图 10.25　导入背景树木

图 10.26　添加其他植被

⑥ 选择画面中的树木所处的图层，执行“滤镜（T）”→“模糊”→“高斯模糊”命令，如图 10.27 所示。按照以上方法导入灌木丛，并用“画笔工具”在灌木层的图层下绘制出阴影部分，如图 10.28 所示。

图 10.27 调整背景树木的虚实

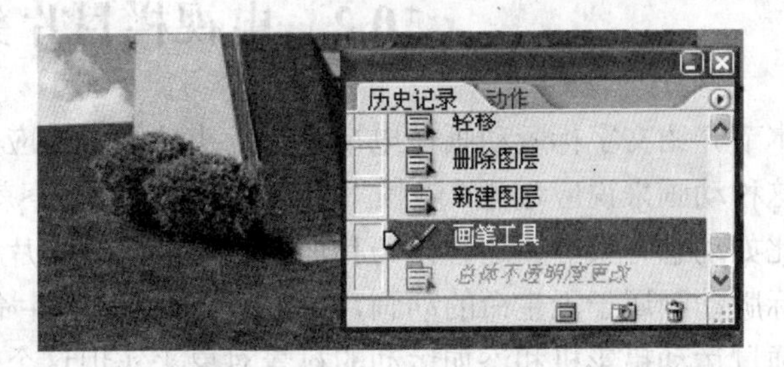


图 10.28 “画笔工具”绘制出阴影

⑦ 通过“图层”面板上的 不透明度: 67% 按钮调整阴影部分的“总体不透明度更改”选项，如图 10.29 所示。

⑧ 导入花坛植被“PL-010.psd”文件并通过“曲线”命令调整其明暗，如图 10.30 所示。通过“图层”面板上的 不透明度: 67% 按钮将花坛植被调整至半透明，如图 10.31 所示。使用“多边形套索”工具将多余的部分剪切掉，如图 10.32 所示。最后将该图层的不透明度调回 100，并为其添加阴影。别墅最终处理效果如图 10.33 所示。

图 10.29 调整阴影不透明度

图 10.30 导入花坛植被

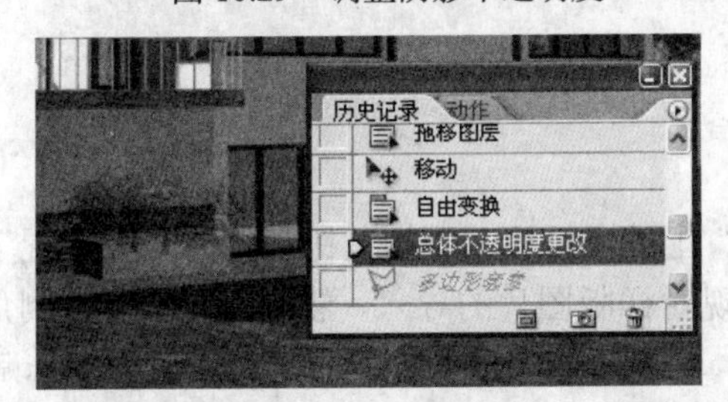


图 10.31 调整不透明度

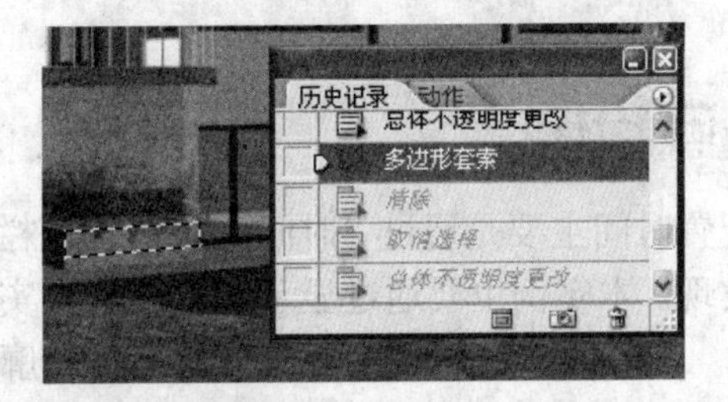


图 10.32 裁切多余部分

图 10.33 别墅效果图

## 10.2　电视栏目片头制作

本节介绍文字标版动画在电视栏目片头动画中的应用。标版动画属于无生命的动画，但是对于这种动画来说应避免“静帧”的出现。解决的方案就是运动摄影机，或是使用一些衬景对象，比如动态背景等，这种技巧我们在电影或是广告片头中经常看到。

标版动画属于无生命的动画，所以为了让其具有生命力，具有流动感，在制作标版动画时，可以通过运动摄影机和添加运动的衬景对象来实现这个效果，如图 10.34 所示。

图 10.34　电视栏目片头截图

本实例首先制作从分散到集中的文字和摄影机动画，然后添加跟随动画运动并交叉的发光线条，在时间和空间上交叉、呼应，使标版动画达到一个有机的统一效果。

### 10.2.1　场景的创建

本例主要介绍配置动画的时间、讲解如何导入图片作为背景，运用二维样条线对图片进行描绘创建标志的效果。

配置时间主要是通过“时间滑块与轨迹栏”上的“播放动画”按钮下的“时间配置”对话框来实现。本实例主要通过显示背景图片来实现对样版图片的导入，然后通过执行“倒角”命令制作出立体轮廓，然后复制生成其他的标志，最后为标志赋予贴图并进行材质参数的调整。

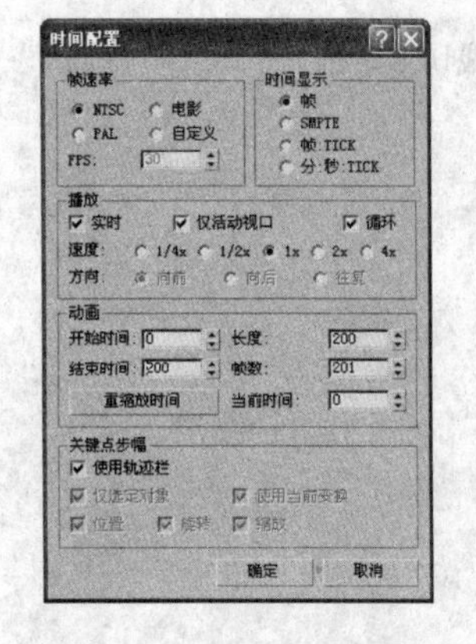


图 10.35 “时间配置”对话框

（1）设置动画时间

右击“时间滑块与轨迹栏”上的“播放动画”按钮或单击“时间滑块与轨迹栏”上的“时间配置”按钮，弹出“时间配置”对话框。在“动画”参数栏中设置“结束时间”为 200 帧，单击“确定”按钮，如图 10.35 所示。

（2）创建标志和标题

① 显示背景图片。按【Alt+B】键，在弹出的“视口背景”对

话框中单击“背景源”参数栏中的“文件”按钮，在弹出的对话框中选择随书光盘中的“走进科学图标.jpg”文件，单击“打开”按钮。在“纵横比”参数栏中选择“匹配位图”选项，然后勾选“锁定缩放/平移”复选框，并在“视口”选项后的下拉列表中选择“前”，单击“确定”按钮，如图 10.36 所示。

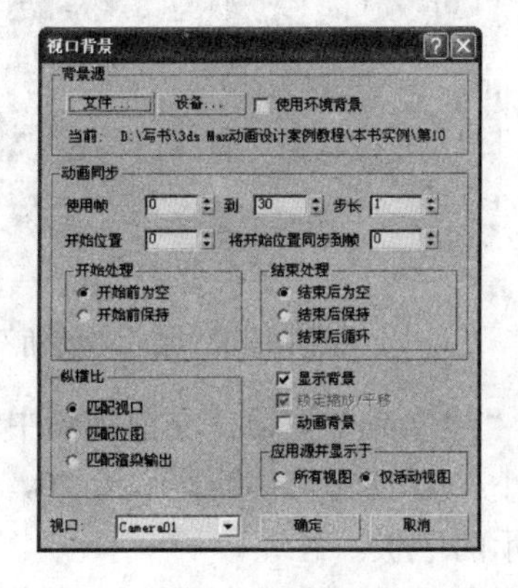

图 10.36 “视口背景”对话框及导入的标志

② 创建标志的基本形状。选择→中的“线”命令按钮，取消勾选“开始新图形”复选框，在前视图中描绘出标志的基本形状，如图 10.37 所示。

③ 取消显示背景的图片。按【Alt+B】键，在弹出的“视口背景”对话框中取消勾选“显示背景”复选框，单击“确定”按钮，如图 10.38 所示。

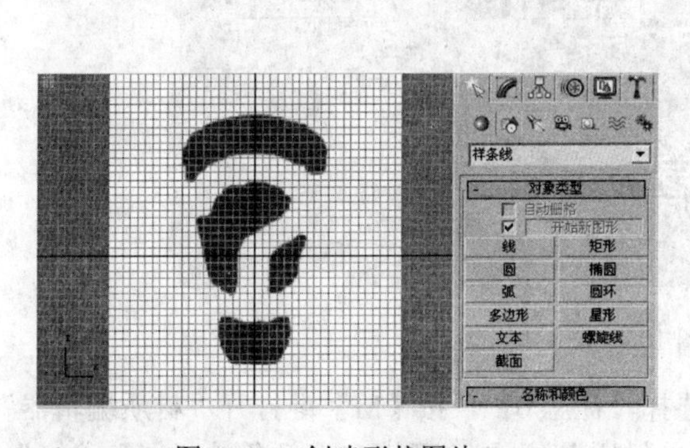


图 10.37 创建形状图片

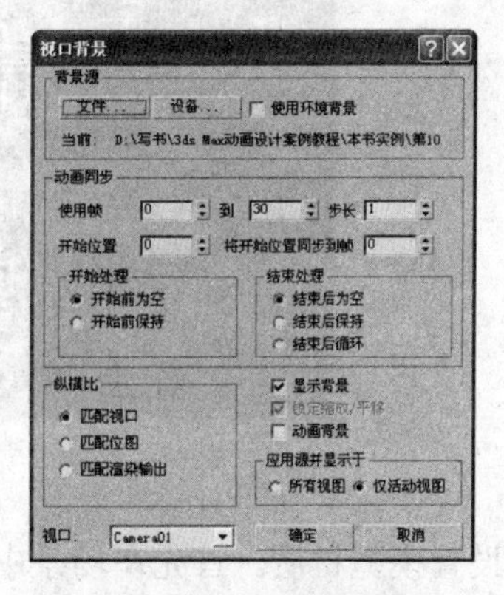


图 10.38 取消背景显示

④ 调整标志截面图形。切换到“修改”面板，将当前选择集定义为“顶点”，在场景中调整顶点，使其形成如图 10.39 所示的形状。

**提 示**

❖如图 10.39 所示中调整标志截面图形时，选择集定义为“顶点”时，可通过右击在“Bezier 角点”、“Bezier”之间来回切换以恰当的方式调整出圆滑的曲线。

⑤ 将标志截面转换为三维模型。关闭选择集，命名为“标志 01”，在“修改器列表”中选择“倒角”修改器，在【倒角值】卷展栏中设置“级别 1”的“高度”为 3，“轮廓”为 3；勾选“级别 2”复选框，设置其“高度”为 15；勾选“级别 3”复选框，设置其“高度”为 3，

“轮廓”为-3，如图 10.40 所示。

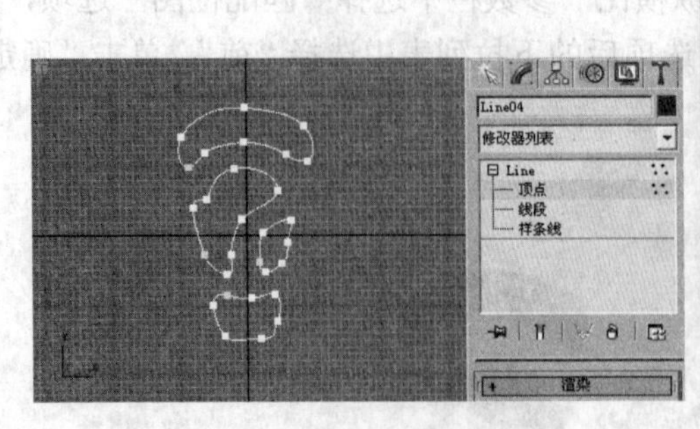

图 10.39 调整标志截面图形

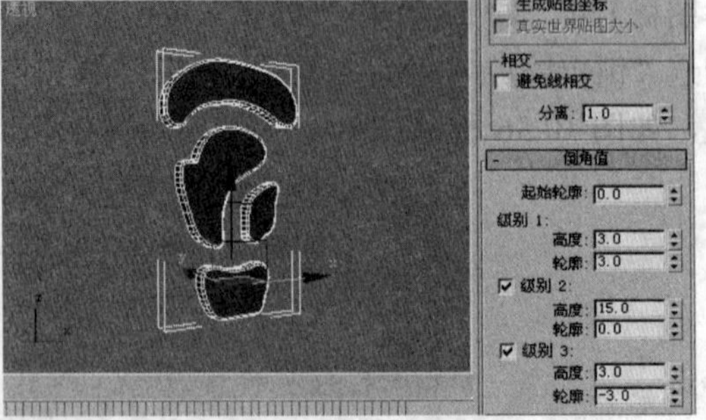

图 10.40 加入“倒角”命令

⑥ 创建“主标题 01”，选择→中的“线”命令按钮，在前视图中创建字体，在【参数】卷展栏中设置字体为“黑体”，设置“大小”为 180，“字间距”为 20，在“文本”文本框中输入“走进科学”，并调整至如图 10.41 所示的形状。

⑦ 复制出副标题。在前视图中按住【Shift】键沿 Y 轴移动复制出对象，命名为“副标题 01”，将“文本”文本框中的文字修改为“Approaching Science”，在【参数】卷展栏中设置字体为“黑体”，设置“大小”为 50，并调整至如图 10.41 所示的位置。

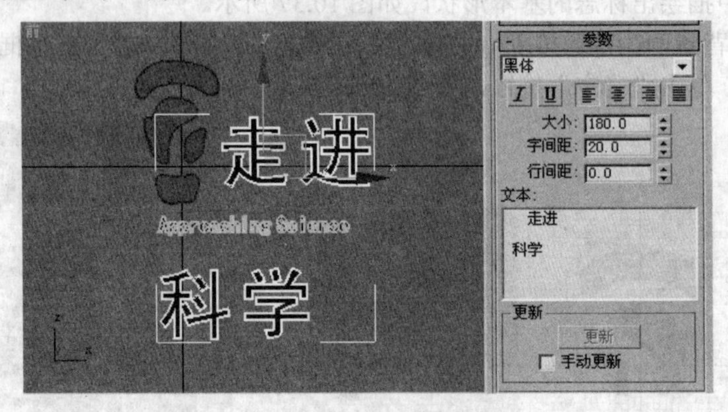


图 10.41 字体修改

⑧ 设置模型材质。首先在场景中选择“标志 01”，按【M】键打开“材质编辑器”窗口，选择一个新的材质样本球，命名为“发光材质”。设置“环境光”颜色的“红”、“绿”、“蓝”值分别为 255、5、5，“自发光”为 20，“高光级别”为 48，“光泽度”为 58，如图 10.42 所示。

然后在场景中选择“主标题 01”、“副标题 02”，打开“材质编辑器”窗口，选择一个新的材质样本球，命名为“金属”。设置“环境光”颜色的“红”、“绿”、“蓝”值分别为 0、0、0，“自发光”为 24，“高光级别”为 100，“光泽度”为 99，如图 10.43 所示。打开【贴图】卷展栏中的“反射”通道中后的“None”按钮，导入随书光盘中的“反射贴图.jpg”文件，如图 10.44 所示。

⑨ 设置材质动画。在“时间滑块与轨迹栏”中单击启用自动关键点按钮，拖动时间滑块到第 200 帧，在“材质编辑区”中选择“反射”后的贴图类型按钮，进入其层级面板，在【坐标】卷展栏中设置“偏移”下的 U、V 值分别为 0.3、0.3，然后单击自动关键点按钮禁用“自动关键点”状态，如图 10.45 所示。

⑩ 复制标志和标题。在场景中选择“标志 01”、“主标题 01”、“副标题 02”，在左视图中

按住【Shift】键沿X轴移动复制，“副本数”为10，选择“实例”模式，单击“确定”按钮，如图10.46所示。

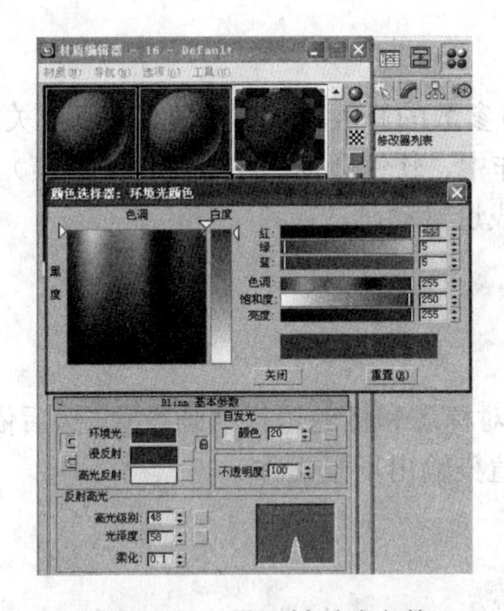

图10.42 设置材质球参数

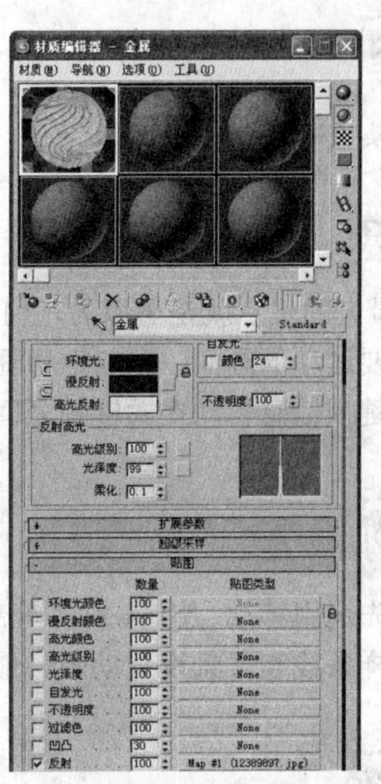

图10.43 设置“金属”材质球参数

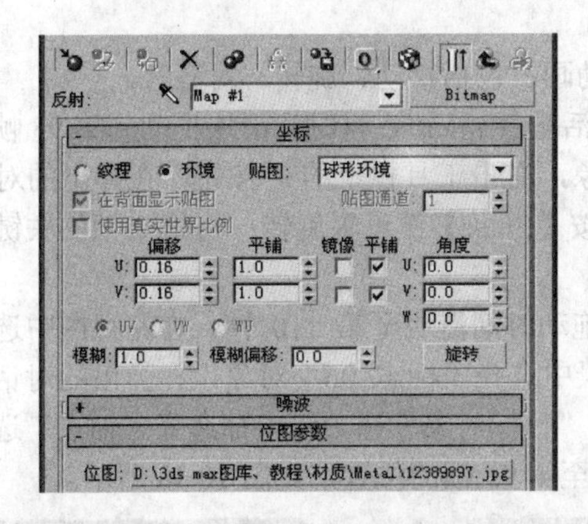

图10.44 导入反射贴图

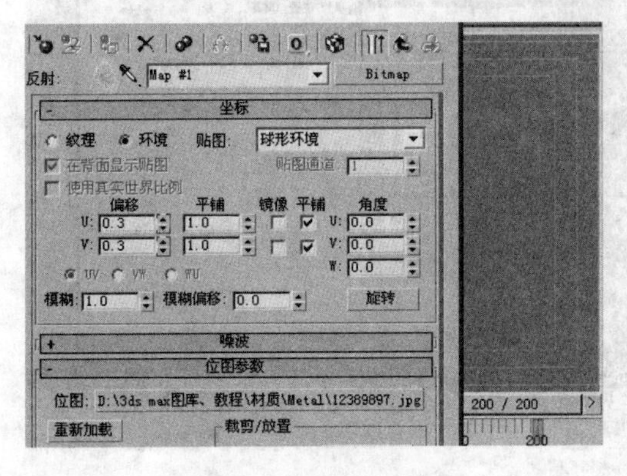

图10.45 设置材质动画

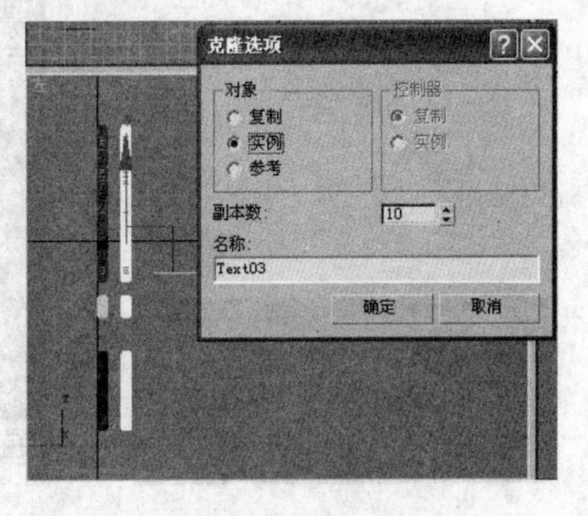


图10.46 移动复制模型

## 10.2.2 设置动画

为栏目片头设置关键帧动画。

3ds Max 最大的优点就是可以为任何具有参数的修改器设置关键帧动画，关键帧是传统卡通片中描绘主要运动的画面。在三维动画制作中，软件会使用主画面（关键帧）差值技术，根据已设置的关键帧信息自动在关键帧之间生成过渡动画。

本实例首先运用移动、旋转、对齐等命令对标志和标题进行动画设置，然后依次为摄影机、创建的装饰性样条线和背景设置动画，最后渲染输出场景文件。

（1）设置标志和标题动画

以下将使用关键帧创建标志和标题的动画，包括移动、旋转、对齐等。

① 设置标志和主标题的旋转动画。激活自动关键点按钮，将时间滑块拖动到第 95 帧，在前视图中选择所有的“标志”和“主标题”对象，右击工具栏上的按钮，在弹出的对话框中设置“偏移：世界”选项组中的 X 为-360，按【Enter】键设置旋转；将第 0 帧的关键点拖动到第 20 帧处，如图 10.47 所示。

② 设置对齐动画。激活自动关键点按钮，拖动时间滑块至第 110 帧，在左视图中选择所有的标志对象，在工具栏中单击按钮，在场景中选择“标志 06”对象，在弹出的对话框中选择“对齐位置”为 Y 选项，在“当前对象”和“目标对象”选项组中都选择“轴点”选项，单击“确定”按钮，然后将第 0 帧的关键点拖拽至第 95 帧的位置，如图 10.48 所示。

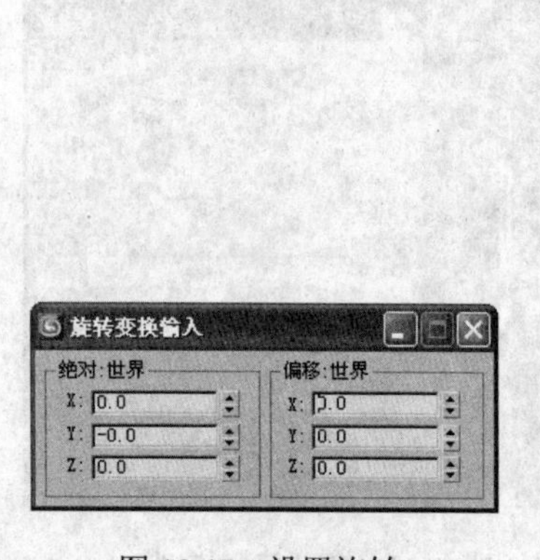


图 10.47 设置旋转

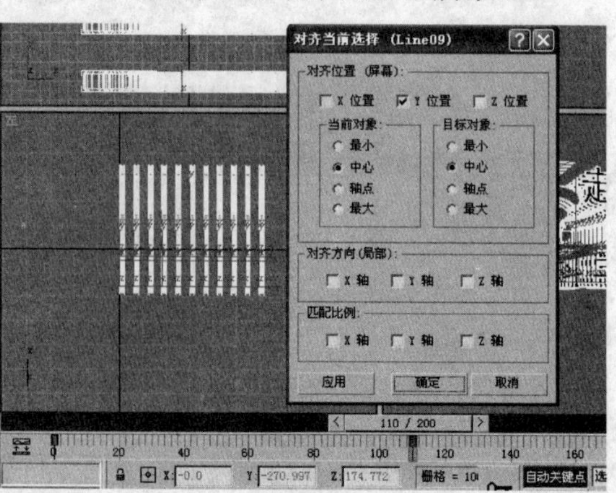


图 10.48 设置对齐动画

（2）创建摄影机动画

下面介绍创建并设置移动、旋转摄影机的动画效果。

① 创建摄影机。选择→中的“目标”命令按钮，在顶视图中创建摄影机，并在其他视图中调整摄影机的位置，使用摄影机默认的参数即可，如图10.49所示。

② 旋转摄影机镜头。在场景中选择“Camera 01”，在工具栏中右击工具，在弹出的对话框中设置“偏移：世界”选项组中的X为-90，如图10.50所示。

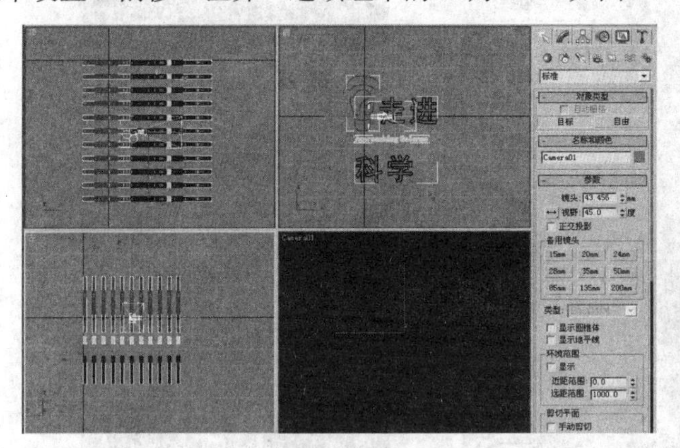

图10.49　创建摄影机

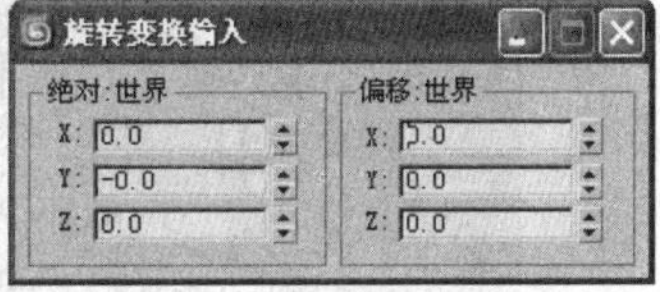


图10.50　旋转摄影机角度

③ 创建摄影机动画。激活自动关键点按钮，拖动时间滑块至第50帧处，在顶视图中沿X轴移动摄影机，如图10.51所示。

④ 拖动时间滑块至第120帧处，在工具栏中右击工具，在弹出的对话框中设置“偏移：世界”选项组中的X为90。

⑤ 确定时间滑块为第120帧，再使用移动工具，调整摄影机的角度，然后单击禁用自动关键点按钮，如图10.52所示。

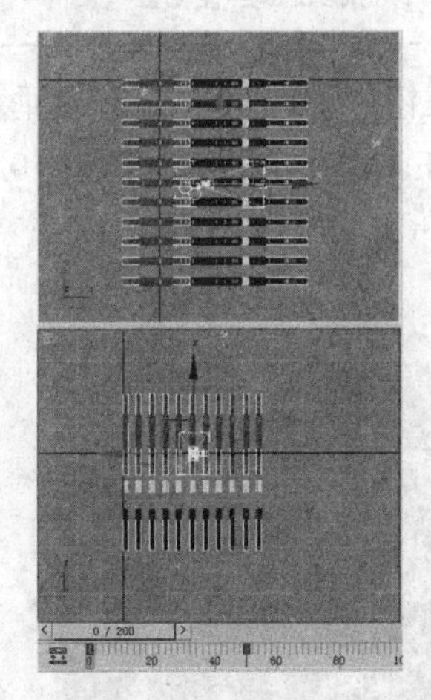

图10.51　创建摄影机的移动动画

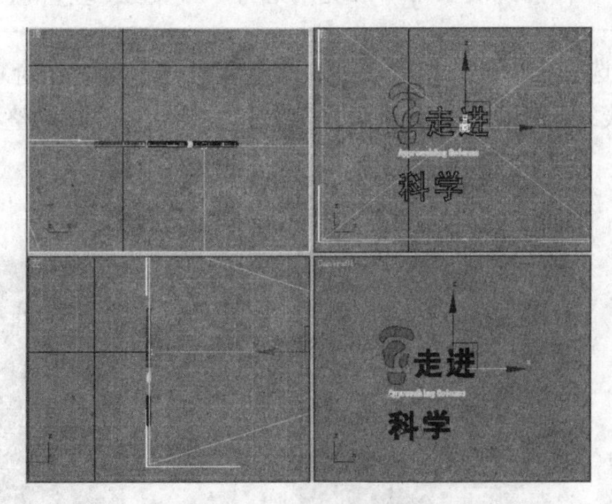


图10.52　旋转摄影机角度

（3）绘制直线并为其设置动画

以下介绍创建可渲染的装饰性线条效果，并为其设置在摄影机镜头中移动消失的动画效果。

① 创建可渲染的样条线。选择→中的“线”命令按钮，在顶视图中创建样条线，在【渲染】卷展栏中勾选“在渲染中启用”和“在视口中启用”复选框，设置“厚度”为2，“边”

为 3，如图 10.53 所示。

② 复制装饰样条线。在场景中按住【Shift】键移动复制样条线，并调整样条线的位置，如图 10.54 所示。

③ 选择上方的样条线，再按住【Shift】键移动复制该样条线到下方，然后调整其位置，如图 10.55 所示。

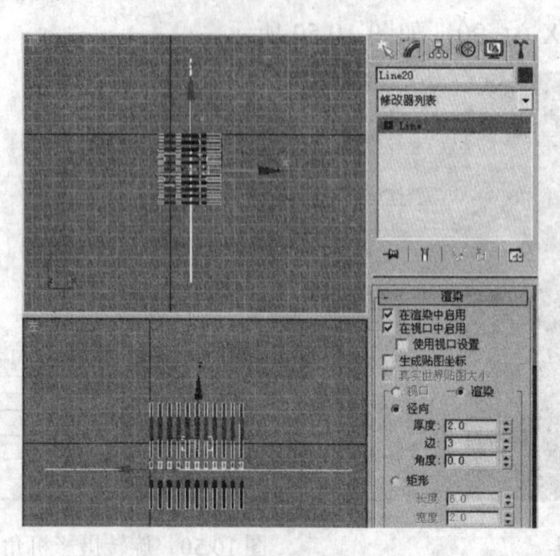
图 10.53　创建可渲染的样条线

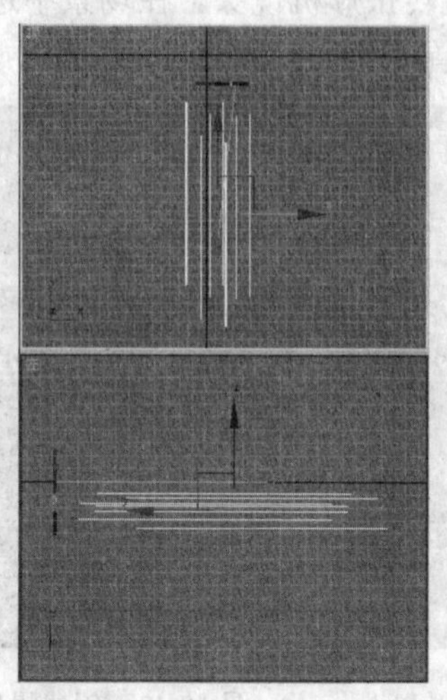
图 10.54　复制并调整样条线

**提　示**

❖为了方便制作动画，我们可以将样条线成组，将步骤②中创建的样条线命名为"线条组-上"；将步骤③中的样条线命名为"线条组-下"；将左视图中垂直方向上的样条线从上而下依次命名为"线条组-垂直 01"、"线条组-垂直 02"。

④ 选择其中的一组样条线，按住【Shift】键，结合按钮，旋转 90°复制出垂直方向上的样条线组，然后复制出垂直方向上的另外一组，并调整其在画面中的位置，如图 10.56 所示。

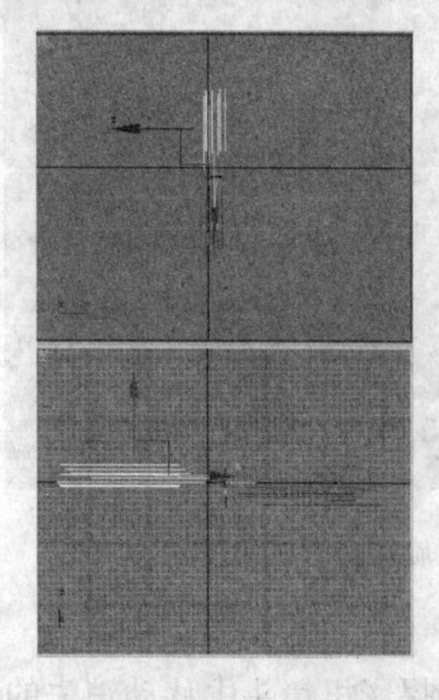
图 10.55　复制上边的样条线

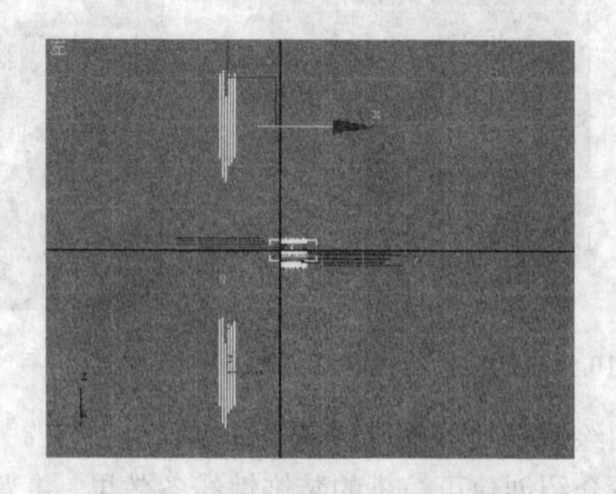
图 10.56　复制垂直方向的样条线

⑤ 确认"线条组-上"处于被选中的状态，将时间滑块拖动到第 120 帧处，单击"设置关

键点”按钮设定初始关键帧。然后激活自动关键点按钮，将时间内滑块拖动到第140帧处，运用工具将“线条组-上”沿X轴向左移动到摄影机视口看不到的位置，将“线条组-下”沿Z轴向下移动到摄影机视口看不到的位置，如图10.57所示。

⑥ 确认“线条组-垂直01”处于被选中的状态，将时间滑块拖动到第130帧处，单击“设置关键点”按钮设定初始关键帧。将时间内滑块拖动到第160帧处，运用工具将“线条组-上”沿Y轴向上移动到摄影机视口看不到的位置，将“线条组-垂直02”沿Y轴向下移动到摄影机视口看不到的位置，如图10.58所示。

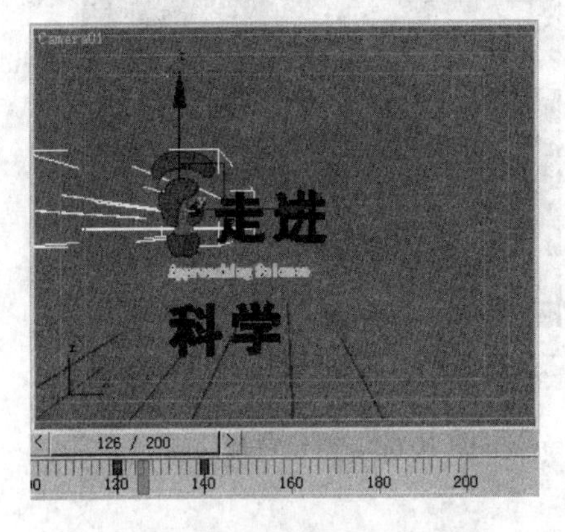


图10.57 设定样条线动画

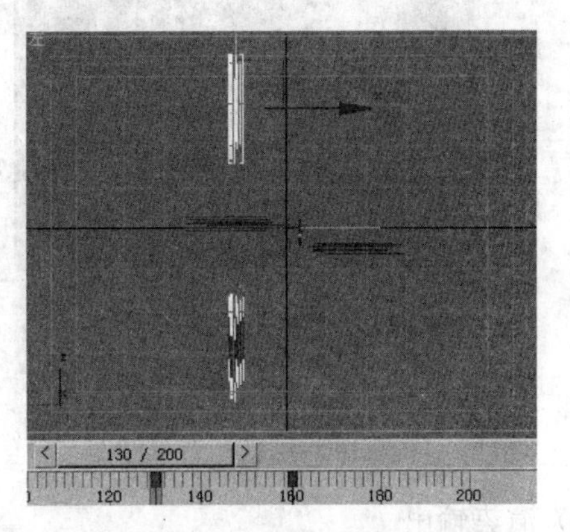


图10.58 设定样条线动画

⑦ 设置样条线的材质。按【M】键，打开“材质编辑器”，选择一个新的样本球，并命名为“样条线”。设置“环境光”颜色的“红”、“绿”、“蓝”值分别为4、4、238，“自发光”为100，如图10.59所示。

（4）创建背景动画

下面介绍使用位图作为视口背景，并为该背景设置材质区域的移动动画。

① 设置环境贴图。按【8】键，打开“环境与效果”窗口，单击“背景”组合框中“环境贴图”后的“无”按钮，在弹出的“材质/贴图浏览器”对话框中选择“位图”贴图，单击“确定”按钮。然后在弹出的对话框中选择随书光盘中的“蓝色背景.jpg”文件，单击“打开”按钮。按【M】键打开“材质编辑器”，将“环境与效果”面板中的“环境贴图”拖拽到一个新的材质样本球上，在弹出的对话框中选择“实例”选项，如图10.60所示。

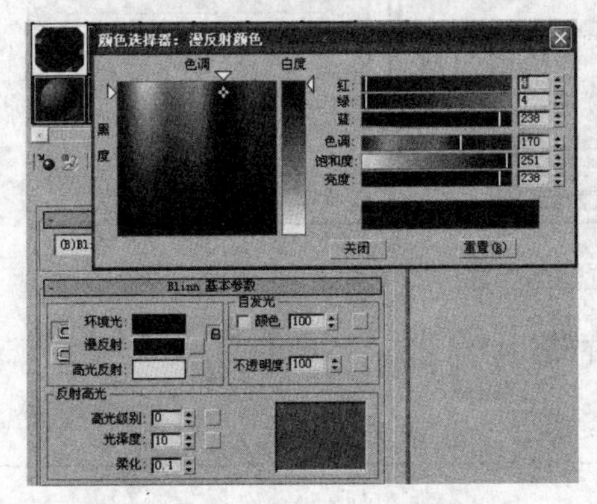


图10.59 设定样条线颜色

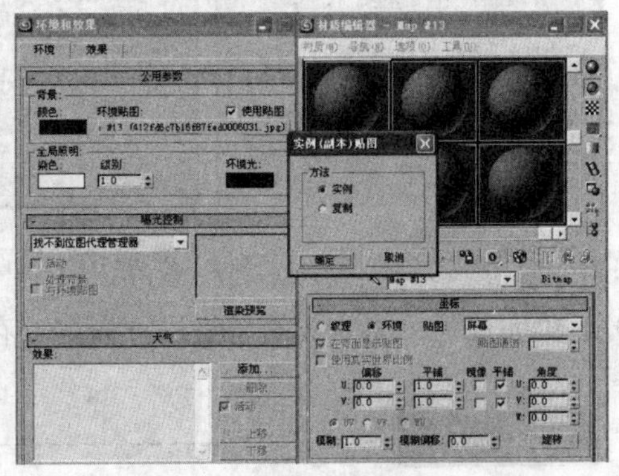


图10.60 复制材质属性

② 裁剪环境贴图。将环境贴图复制到材质窗口后，在【位图参数】卷展栏中单击“查看

图像”按钮，在弹出的对话框中裁剪如图 10.61 所示的区域，然后勾选“应用”复选框。

③ 设置背景动画。在“时间滑块与轨迹栏”中激活自动关键点按钮，拖动时间滑块至第 200 帧，在“指定裁剪/放置”面板中移动裁剪区至如图 10.62 所示的位置。

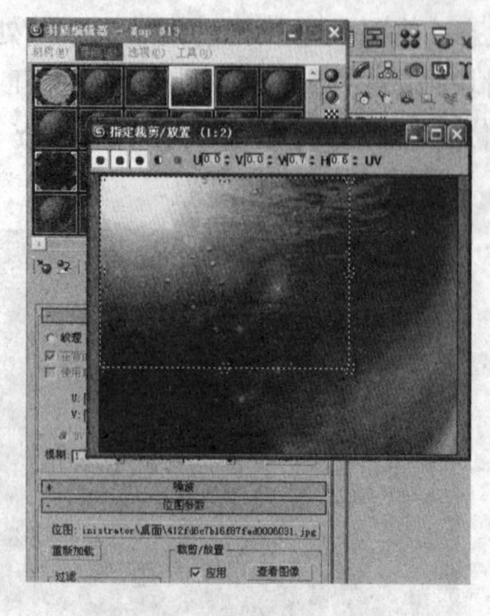

图 10.61 裁剪背景贴图

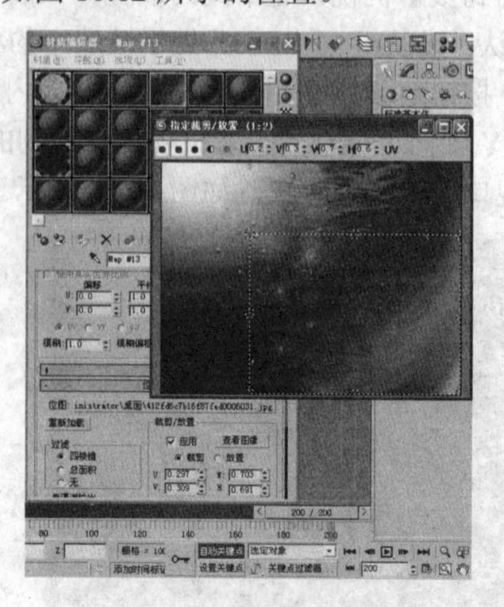

图 10.62 创建背景动画

（5）渲染输出

① 单击“渲染场景”按钮，弹出“渲染场景”对话框。在对话框中，点选“时间输出”组合框中的“活动时间段”。在“输出大小”组合框中单击 320x240，确定视频尺寸为 320×240 像素。在“渲染输出”组合框中单击“文件”按钮，弹出“渲染输出”对话框，输入文件名“走进科学”，选择保存类型为“AVI 文件”，在弹出的“AVI 文件压缩设置”对话框使用默认方式，再单击“确定”即可，如图 10.63 所示。

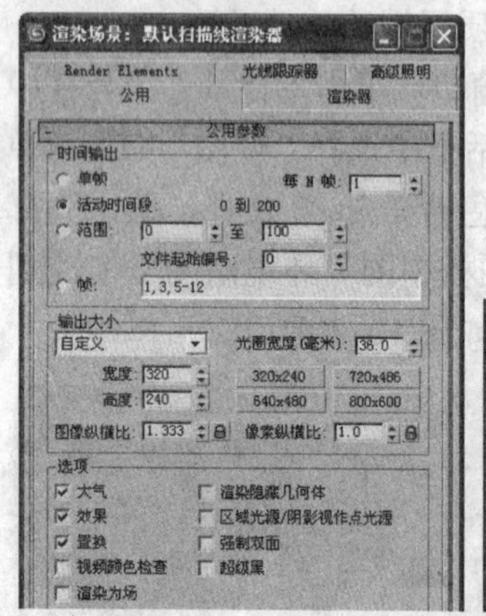

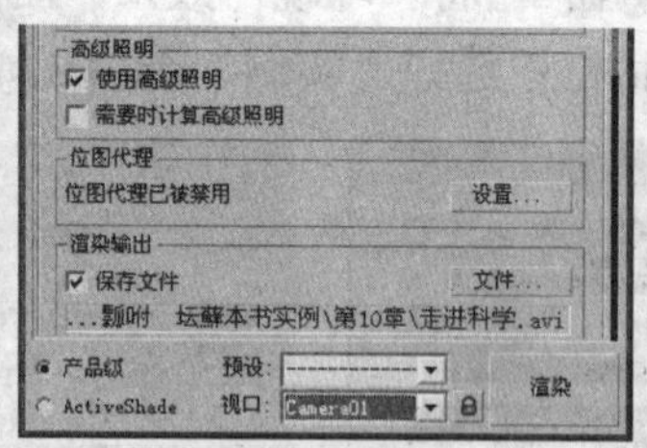

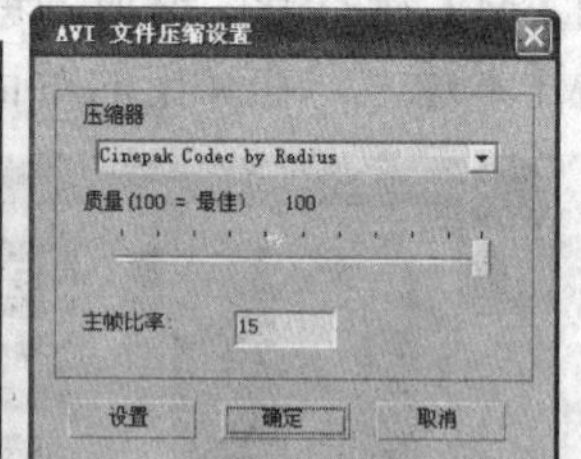

图 10.63 设置输出参数

② 渲染完成后，将完成的场景进行命名、存储。

**提　示**

❖激活“渲染场景”对话框也可使用快捷键【F10】。

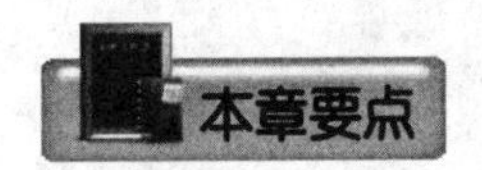


本章通过对两个综合实例从建模、贴图一直到后来的灯光、摄影机、动画调节的系统讲解，囊括和综合了本书中所涉及到的大量知识点。本章的实例是借编者从业多年的经验起到一个抛砖引玉的作用，更多的技巧和方法还需要读者在今后的学习中不断地去实践和摸索。

# 附录1　3ds Max 常用快捷键

1. 常用部分

打开一个 Max 文件【Ctrl+O】
创建新的场景【Ctrl+N】
保存（Save）文件【Ctrl+S】
删除物体【Delete】
快速（Quick）渲染【Shift+Q】
用前一次的配置进行渲染【F9】
渲染配置【F10】
撤销场景操作　【Ctrl+Z】
根据名称选择物体【H】
选择锁定（开/关）【空格】
透明显示所选物体（开/关）【Alt+X】
视图背景（Background）【Alt+B】
显示第一个工具条　【Alt+1】
专家模式全屏（开/关）【Ctrl+X】
当前视图暂时失效【D】
背景锁定（开/关）【Alt+Ctrl+B】
匹配到相机（Camera）视图【Ctrl+C】
材质（Material）编辑器【M】
最大化当前视图（开/关）【Alt+W】

2. 显示/隐藏部分

显示/隐藏几何体外框（开/关）【F4】
显示/隐藏主要工具栏　【Alt+6】
显示/隐藏安全框【Shift+F】
显示/隐藏所选物体的支架【J】
显示/隐藏相机（Cameras）【Shift+C】
显示/隐藏光源（Lights）【Shift+L】

3. 改变当前视图

改变到上（Top）视图【T】
改变到底（Bottom）视图【B】
改变到相机（Camera）视图【C】
改变到前（Front）视图【F】

改变到等大的用户（User）视图【U】

改变到右（Right）视图【R】

改变到透视（Perspective）图【P】

改变到后视图【K】

# 附录2　3ds Max 常用材质参数

1. 常用的几个经验参数

玻璃的反射率 15%，折射率 90%～100%；
金属反射率一般为 60%～70%；
地板一般只要有 bitmap（位图）即可，酒店大堂的地砖可设置 10%～30%的反射率；
大理石加 10%的反射率；
打蜡的地板一般加 5%的反射率。

2. 常用物质的物理特征（表 B1）

表 B1　常用物质的物理特征

| 金属名称 | 颜色（RGB） | 色彩亮度 | 漫射 | 镜面 | 光泽度 | 反射 | 凹凸/（%） |
|---|---|---|---|---|---|---|---|
| 铝箔 | 180，180，180 | 有 | 32 | 90 | 中 | 65 | 8 |
| 铝 | 220，223，227 | 有 | 35 | 25 | 低 | 40 | 15 |
| 磨亮的铝 | 220，223，227 | 有 | 35 | 65 | 中 | 50 | 12 |
| 铜 | 186，110，64 | 有 | 45 | 40 | 中 | 40 | 10 |
| 黄金 | 242，192，86 | 有 | 45 | 40 | 中 | 65 | 10 |
| 石墨 | 87，33，77 | 无 | 42 | 90 | 中 | 15 | 10 |
| 铁 | 118，119，120 | 有 | 35 | 50 | 低 | 25 | 20 |
| 银 | 233，233，216 | 有 | 15 | 90 | 中 | 45 | 15 |
| 废白铁罐 | 229，223，206 | 有 | 30 | 40 | 低 | 45 | 30 |
| 不锈钢 | 128，128，126 | 有 | 40 | 50 | 中 | 35 | 20 |
| 磨亮的不锈钢 | 220，220，220 | 有 | 35 | 50 | 低 | 25 | 3 |
| 锡 | 220，223，227 | 有 | 50 | 90 | 低 | 35 | 20 |
| 塑胶 | 20，20，20 | 无 | 80 | 30 | 低 | 5 | 10 |
| 橡胶 | 30，30，30 | 有 | 30 | 20 | 低 | 0 | 50 |

# 附录3　习题选择题参考答案

第1章

1. C　2. C　3. B　4. A

第2章

1. B　2. D　3. D

第3章

1. A　2. D　3. A

第4章

1. A　2. C　3. D　4. B

第5章

1. C　2. D　3. A

第6章

1. C　2. C　3. D　4. C

第7章

1. A　2. C　3. C　4. C

第8章

1. B　2. B　3. B

第9章

1. A　2. C　3. C

# 参 考 文 献

郭鹏飞．2008．3ds Max 9 中文版三维动画设计 100 例．北京：电子工业出版社．

龙马工作室．2008．新编 3ds Max 9 三维动画创作从入门到精通．北京：人民邮电出版社．

欧振旭．2007．零基础学 3ds Max 中文版．北京：清华大学出版社．

王琦．2007．Autodesk 3ds Max 标准培训教材．北京：人民邮电出版社．

朱巍．2006．3ds Max 8 中文版入门到精通（普及版）．北京：电子工业出版社．

邹杰．2006．3ds Max 8 基础教程．北京：清华大学出版社．